U0126634

社科文献  学术文库

| 文史哲研究系列 |

# 现代西方伦理学史

HISTORY OF MODERN WESTERN ETHICS（VOL.1）

（上卷）

万俊人　著

社会科学文献出版社

SOCIAL SCIENCES ACADEMIC PRESS (CHINA)

# 出版说明

社会科学文献出版社成立于 1985 年。三十年来，特别是 1998 年二次创业以来，秉持"创社科经典，出传世文献"的出版理念和"权威、前沿、原创"的产品定位，社科文献人以专业的精神、用心的态度，在学术出版领域辛勤耕耘，将一个员工不过二十、年最高出书百余种的小社，发展为员工超过三百人、年出书近两千种、广受业界和学界关注，并有一定国际知名度的专业学术出版机构。

"旧书不厌百回读，熟读深思子自知。"经典是人类文化思想精粹的积淀，是文化思想传承的重要载体。作为出版者，也许最大的安慰和骄傲，就是经典能出自自己之手。早在 2010 年社会科学文献出版社成立二十五周年之际，我们就开始筹划出版社科文献学术文库，全面梳理已出版的学术著作，希望从中选出精品力作，纳入文库，以此回望我们走过的路，作为对自己成长历程的一种纪念。然工作启动后我们方知这实在不是一件容易的事。对于文库入选图书的具体范围、入选标准以及文库的最终目标等，大家多有分歧，多次讨论也难以一致。慎重起见，我们放缓工作节奏，多方征求学界意见，走访业内同仁，围绕上述文库入选标准等反复研讨，终于达成以下共识：

一、社科文献学术文库是学术精品的传播平台。入选文库的图书必须是出版五年以上、对学科发展有重要影响、得到学界广泛认可的精品力作。

二、社科文献学术文库是一个开放的平台。主要呈现社科文献出版社创立以来长期的学术出版积淀，是对我们以往学术出版发展历程与重要学术成果的集中展示。同时，文库也收录外社出版的学术精品。

三、社科文献学术文库遵从学界认识与判断。在遵循一般学术图书基本要求的前提下，文库将严格以学术价值为取舍，以学界专家意见为准绳，入选文库的书目最终都须通过各该学术领域权威学者的审核。

四、社科文献学术文库遵循严格的学术规范。学术规范是学术研究、学术交流和学术传播的基础，只有遵守共同的学术规范才能真正实现学术的交流与传播，学者也才能在此基础上切磋琢磨、砥砺学问，共同推动学术的进步。因而文库要在学术规范上从严要求。

根据以上共识，我们制定了文库操作方案，对入选范围、标准、程序、学术规范等一一做了规定。社科文献学术文库收录当代中国学者的哲学社会科学优秀原创理论著作，分为文史哲、社会政法、经济、国际问题、马克思主义等五个系列。文库以基础理论研究为主，包括专著和主题明确的文集，应用对策研究暂不列入。

多年来，海内外学界为社科文献出版社的成长提供了丰富营养，给予了鼎力支持。社科文献也在努力为学者、学界、学术贡献着力量。在此，学术出版者、学人、学界，已经成为一个学术共同体。我们恳切希望学界同仁和我们一道做好文库出版工作，让经典名篇，"传之其人，通邑大都"，启迪后学，薪火不灭。

社会科学文献出版社

2015 年 8 月

# 作者简介

**万俊人**　1958 年 7 月 1 日出生于湖南岳阳。教育部"长江学者特聘教授",清华大学首批文科资深教授,国家"马克思主义理论研究和建设工程"《伦理学》教材编写小组首席专家兼召集人,中国伦理学会原会长,中华孔子学会副会长,北京哲学学会副会长,北京大学中国文化书院导师。北京大学原教授,清华大学文科一级教授、人文学院原院长。

主要研究领域为伦理学和政治哲学,目前学术研究方向主要集中于政治哲学、伦理学、应用伦理学、西方伦理学史等方面。迄今已出版学术专著《萨特伦理思想研究》(北京大学出版社1988)、《现代西方伦理学史》(上、下卷,北京大学出版社,1990、1992)、《伦理学新论——走向现代伦理》(中国青年出版社,1994)、《道德之维——现代经济伦理导论》(广东人民出版社,2000、2010)、《寻求普世伦理》(商务印书馆,2001;北京大学出版社,2009)、《弗罗姆》(香港中华书局,2000)、《正义为何如此脆弱》(河北大学出版社,2005)、《政治哲学的视野》(郑州大学出版社,2008)等 20 余部;出版译著《自为的人》(国际文化出版公司,1988)、《主体性的黄昏》(上海人民出版社,1992)、《道德语言》(商务印书馆,1996)、

《政治自由主义》（译林出版社，2001）、《20世纪西方伦理学经典》（四卷，中国人民大学出版社，2004~2005、2008；北京师范大学出版社2021年再版）、《詹姆斯文集》（社会科学文献出版社，2007）等20余部（卷）；用中、英文在海内外发表学术论文300篇，出版诗词集《悠斋清吟》（中华书局，2021）。

# 内容简介

　　本书比较全面、系统地介绍了自 19 世纪中叶以来，现代西方伦理学各种思潮和流派的发展脉络，对以叔本华、尼采为代表的德国唯意志论伦理学，以斯宾塞、赫胥黎为代表的英国进化论伦理学，以居友、柏格森为代表的法国生命伦理学，以格林、布拉德雷为代表的英国新黑格尔主义伦理学，以摩尔、普里查德、罗斯为代表的直觉主义伦理学，以罗素、维特根斯坦、石里克、卡尔纳普、艾耶尔、史蒂文森等为代表的情感主义伦理学，以及以图尔闵、黑尔等为代表的语言分析伦理学等都有较为深刻的论述。本书深入浅出、文笔清新、材料丰富、分析透彻，既可作为高等院校伦理学教材，又可作为伦理学爱好者、研究者参考用书。

# 前　言

　　《现代西方伦理学史》是北京大学"七·五"社会科学科研项目之一，也是我近年来教学和科研的一点成果。

　　我原计划写一部较为简明的现代西方伦理学教科书，鉴于现代西方伦理学理论近年来发展的实际状况，目前国内已有一些概论性著作，我觉得再去做那种概述性的工作，意义已经不大。几年来的教学实践也证明，一般性的介绍已经不能满足高校师生及伦理学爱好者的需要。因此，我决意写一部较为系统、较为全面，有一定深度的现代西方伦理学史，尽可能使较完整的系统与较充实的史料兼容一体，尽可能地把教学需要与科学研究统一起来，使本书既能满足高等学校教学要求，又能为有志于这一领域的研究者和爱好者的进一步探讨打下基础、提供方便。

　　诚然，要写出一部系统、全面而又具有较高水平的《现代西方伦理学史》绝非易事，本书虽已付梓，也只不过是一种初步的尝试而已。

　　在本书出版之际，我借此机会向给予本书写作提供宝贵帮助和支持的中外专家和朋友们表示诚挚的谢意。我的导师周辅成先生给了我永生难忘的启蒙教育，在后来的教学与科研中我一直得到他的精心指导，在本书写作过程中，他帮我解决了许多学术上的疑难问题。北京大学哲学系，特别是伦理学教研室的领导和同事，对本书的出版给予了热情鼓励和支持。我的好友孙永平、余涌、朱国均等对本书的写作都提供了许多帮助。特别应当感谢的是当代英国著名伦理学家、原牛津大学"怀特道德哲学"讲座教授 R. M. 黑尔（Richard Mervyn Hare）教授慷慨地馈赠了不少原著和有关材料，为本书写作增益不少。没有上述这些必要的帮助，本书是很难完成的。即令如此，本书还是有许多不尽如人意的地方，还望各位前辈、同人和广大读者不吝赐教，以便下卷写得更好些。

万俊人<br>1988 年 8 月

# 再版序

万俊人

  《现代西方伦理学史》是我早年的第二部习作，该书起手于 1986 年仲夏我完成硕士学位论文答辩之后，成稿于 1989 年底，分上下两卷，初稿逾 120 万字，后压缩至百余万字，1990 年春末由北京大学出版社出版上卷，是年底改定下卷，1992 年春下卷杀青。全书从交稿到出版，历时三年有余，但从着手准备到最后成书却用了六年时间。初版后，出版社曾数次重印。2011 年，中国人民大学出版社将其纳入"当代中国人文经典系列"予以重刊。眼下，社会科学文献出版社又将之列入"社科文献学术文库"出版，遵循该文库的体例，我需要写点说明性文字，以示郑重。

  我的第一部学术习作是我的硕士学位论文《萨特伦理思想研究》，由北京大学出版社 1988 年出版。在那个年代，硕士学位论文能够正式出版者尚不多见，感谢李泽厚先生和北大哲学系老主任朱德生先生！正是两位先生的鼓励和推荐，让这部十多万字的小册子能够在母校的出版社顺利出版。重要的是，这部小书的出版给了当时正在撰写《现代西方伦理学史》的我以极大的信心和勇气。学术一如人生，不但需要学人自身的努力，也需要某种学术机缘和学术幸运。早在大学三年级，我给自己设定了报考研究生的目标，起初想在中国哲学和西方哲学之间二者择一，不料大学毕业那年，中山大学哲学系中国哲学专业教授丁宝兰、李锦全二位先生和西方哲学专业教授罗克汀先生都不"开门"。原因是，那时候的研究生招生"指标"极少，许多名教授也只能隔年（即两年一次）招生，而我偏偏又特别迷羡名师大家。无路可走之际，我的大学恩师章海山在指导我的毕业论文时了解到我的苦衷，便鼓励我报考北大哲学系周辅成先生门下，跟周先生学习西方伦理学。海山师是周先生"文革"前招收的首届研究生弟子，自然了解周先生的为学与为师之道，也了解北大哲学系这座中国第一"哲学门"的"庭院深处"。我猜想，大概是因为大三、大四期间我帮海山师誊抄其《西方伦理思想史》手稿，也修过他的两门课程，他便以为我有了一些专业知识的准备，故极力鼓动我报考北大周子罢?!

　　侥幸入得周门，常听先生谈论其投身西方伦理学研究的经历和掌故，心底渐渐形成了一幅清晰的学术谱系：先生 1933 年考入清华大学国学院，受吴宓师爷之命，躬身西方伦理学，后辗转重庆大学、香港大学、中山大学和武汉大学，最后落脚于北京大学哲学系，虽先后教授过中国哲学、西方哲学，但先生始终专注的还是西方伦理学。从20 世纪 60 年代起，先生先后编译出版《西方伦理学名著选辑》（上下两卷，商务印书馆）、《西方哲学家政治学家论人性、人道主义言论选辑》等"大部头"，80 年代主编《西方伦理学家评卷》等书。先生"文革"前指导的研究生海山师也是一直专注于西方伦理学的教学与研究，并最早出版了我国第一部《西方伦理思想史》（辽宁人民出版社，1984）。从先生到海山师再到"文革"结束后先生门下的十来位研究生弟子，西方伦理学的学术谱系大致成型。自 1983 年秋跟随周先生学习西方伦理学不久，我便意识到一个学术的"课题"：无论是先生讲授的"西方伦理学史"课程和他早年编译的两卷本《西方伦理学名著选辑》，还是海山师在中山大学讲授的"西方伦理学"和他撰作的《西方伦理思想史》，时间跨度都止于 19 世纪末。这让我萌生了一个念头：沿着先生开辟的方向"接着讲"（冯友兰先生语）。于是，从研二开始，我便开始有意识地系统阅读和搜集现代西方伦理学的代表性作品，并征得先生同意，以当时"红极一时"的法国存在主义代表人物萨特的伦理思想作为硕士学位论文选题，以期先尝试做一些"点"的个案研究，而后再图由点织线，由线织面，最后由面立体。这便是我撰写这部《现代西方伦理学史》的动机与由来。

我的动机很单纯：既入师门，当延学脉。我的初始计划也仅仅是效仿先生，先接着先生的《西方伦理学名著选辑》续编一套两卷本的《20 世纪西方伦理学选辑》，再尝试接着海山师的《西方伦理思想史》撰写一部《现代西方伦理思想史》。但后来这一计划的顺序倒了过来：我先动手写作《现代西方伦理学史》，而编辑《20 世纪西方伦理学选辑》的工作却拖到 2004 年才在唐文明教授等弟子们的助力下最终完成。未曾想到的是，由于我内心一直存有"尽可能系统地接续"先生们的术业，所以在编写的时候很少考虑篇幅，只注重尽量减少遗漏。结果《现代西方伦理学史》的成稿超过了百万字，不得不分为上下两卷出版。而编译的《20 世纪西方伦理学经典》（仿效刘小枫学兄的做法，改了个名字）则超过了 270 多万字，最后以主题类型方式分为四卷出版。我必须坦承，这种颠倒多少有些时局和功利的考量，但主要还是因为时间和条件的约束，所编译者涉及面太广，参与者众多，而我又一向不愿意强人所难，催促别人总是件难为情的事。个人自己的学术写作则可以自主自律，加之年轻时精力足济，每天读书写作十多个小时竟然也无大碍，因之便造成了这种顺序颠倒。幸运的是，我终于可以不辱初衷，好歹也算达成了最初的学术愿景。关于这一点，我在为四卷本的《20 世纪西方伦理学经典》所写的长序中已有较为详细的叙述，这里就不再赘言。总之，能够大致完成这项"得偿所愿"的学术工作，还是让我颇感欣慰的，虽然我对结果还不是十分满意，好在还有改进的机会。

由于本书写于20世纪80年代中后期，因此并未涵盖20世纪最后20年的西方伦理学内容，如以麦金泰尔、威廉姆斯等人为代表的美德伦理学。我原本也想趁此次再版之机修改和补写缺失的部分，可惜眼下的时间和精力都有所不济，加之我已有另外撰写一部完整的《西方伦理学史稿》的打算，因之也就干脆留待稍后一并加以修缮弥补了。此外，我还想特别解释一下，这是一部成稿于30多年前的作品，那时的文献史料之匮乏是今天难以想象的。我只能说，我已尽到了当时所能。即便如此，本书在文献史料上所留下的遗憾，也只能留待日后弥补了。也许，这也是学术工作的时代性铭鉴罢。实话说，作为年轻时期的习作，拙著留下的差错和遗憾自然在所难免，纵然有再三刊印的机会也未能有所改正和完善，实在是不应该的，也多少留有我许多憾意和无奈，可偏偏此时此刻难以顾及。对此，我只能祈求读者和方家谅解了。

最后，我要特别感谢社会科学文献出版社！感谢出版社和"社科文献学术文库"编委会将拙著纳入该文库予以再版！我尤其感谢社会科学文献出版社的周琼编审，她的慧心和耐心是拙著得以顺利再版的充分必要条件！感谢我的博士生弟子王春池同学，他不仅帮我重新编辑了全书的电子文本，而且帮助我制作了新补充的著作"索引"。清华大学人文学院办公室的白彩凤女士帮我复印、编辑了本书的文本，在此特别致谢！

且为序。

2023年1月31日寒夜写于北京远郊悠斋

# 目 录

·上　卷·

# 第二部分　现代西方伦理学的发展（一）
## ——元伦理学

# 第三部分　现代西方伦理学的发展（二）

## ——人本主义伦理学

· 下　卷 ·

# 第四部分 现代西方伦理学的发展（三）
## ——现代宗教伦理学

# 第五部分 西方伦理学的当代发展

上　卷

# 导　论

在人类文化发展的长河里，伦理学作为一门以人类道德生活为基本研究对象的学科，随着历史岁月的推移，展示出越来越强大的生命力，呈现出日新月异的发展趋势和理论格局。现代西方伦理学的发展，构成了这一流变总体中的重要组成部分。因此，系统且深入地考察现代西方伦理学的历史发展和趋势，探讨其演变规律与社会文化背景，批判地把握其理论宏旨，对于我们建构科学的人类伦理学，把握人类道德进步的世界性图景，坚持和发扬马克思主义伦理学这一人类文明进步的重大成果，提高中华民族的道德知识水平和理论素质，其理论价值和现实意义都是不言而喻的。

## 一　西方伦理学的古典终结与现代转折

同整个现代西方文化思潮的发展一样，现代西方伦理学也没有一个截然的开端。从历史的总体观上看，它不过是西方古典伦理思想在新的历史条件下的更新与延伸。因之，了解西方伦理学的历史传统与现代转换，就成为我们研究现代西方伦理学所必须具备的理论前提。

## （一）现代西方伦理学的历史断代与范围

了解现代西方伦理学的历史转换与现代转折，首先需要确定其逻辑起点和历史范畴。对此，西方一些伦理学史的研究者大多习惯于以世纪的递进作为现代西方伦理学史的断代依据，甚至认为它的发展主要集中于 20 世纪以来的英语国家范畴，因而常常以英国新实在论者 G. E. 摩尔的伦理学作为现代西方伦理学史的逻辑起点（更具体地说，是以摩尔 1903 年发表的《伦理学原理》一书为标志）。① 事实上，现代西方伦理学的范围是难以用编年史的时间性标准来明确界定的。摩尔《伦理学原理》一书所表征的，也不过是西方现代经验主义伦理学转变的最终完成而已。从史学角度而言，人们对西方现代史的分界线也并不一致。以第一次世界大战或俄国十月革命为起点的有之；以第二次世界大战爆发的时间为起点的也有之；甚至，因对第二次世界大战爆发的时间点的看法不同，② 而使以第二次世界大战为起点的见解本身也莫衷一是。因之，作为一种历史观念现象的伦理学理论，要寻找一种统一的历史断代标准，不仅已成为不可企及的愿望，而且它与其他社会科学研究的不同特性也带来了这种统一标准的不确定性。

有鉴于此，我们将采用一种较为宽泛的划分原则，将"现代西方伦理学"这一概念的范畴确定为 19 世纪中下叶以后。在欧美等主要西方国家所产生的重大伦理思潮或流派，它们基本上（或就其实际影响而言）出现在马克思主义诞生以后，并以反西方古典伦理学传统为基本理论倾向。之所以作如是观，主要是基于以下几个理由。

---

① 参见〔美〕R. 汉科克《二十世纪伦理学》，哥伦比亚大学出版社，1974；〔英〕M. 瓦尔诺克《1900 年以后的伦理学》，牛津大学出版社，1978；〔英〕G. J. 瓦尔诺克《现代道德哲学》，哥伦比亚大学出版社，1967。

② 史学界有人认为，第二次世界大战爆发的时间应以德国 1939 年全面入侵波兰为准，另一些研究者则认为应以 1937 年日本全面进攻中国为准，众说不一，尚有争议。

首先，从西方历史发展的一般进程来看，虽然史学界对近现代史的断代问题存在争议，但是，对于 19 世纪中叶开始的自由资本主义向现代垄断资本主义的政治经济结构上的转化这一历史事实是公认的。这种社会政治经济结构的变化，不能不影响到西方社会的意识形态，而作为直接植根于人们社会生活土壤之中的西方伦理观念，则极为敏锐地反映了这一历史变化，进行着自身的历史转换。19 世纪中后期出现的各种非理性主义伦理思潮正式宣告了古典理性主义伦理学传统的解体。如果说，19 世纪中后期以叔本华、尼采为代表的唯意志论伦理学还带有德国资产阶级反封建革命进程中的某些时代印记的话，那么，紧接着出现的以海德格尔为代表的存在主义伦理学，就不能不说是德意志帝国时代的产物了。而以西季威克为代表的英国直觉主义伦理学，也开始摆脱传统狭隘的经验主义伦理学的圈子，即便是以"复活康德"为旗帜的新康德主义和新黑格尔主义伦理学，也不外乎借助德国古典哲学和伦理学的"旧瓶"，装入带有新时代气息的"新酒"而已。新康德主义对"事实"与"价值"的区分，已经孕育了 20 世纪元伦理学与规范伦理学分野的雏形，它是对以苏格拉底的"美德即知识"为标志的传统理性主义伦理学的最初质疑。这些都表明，19 世纪中下叶以来的西方伦理学主流，无论是在内容上，还是在形式上都具有了一种新的理论突变（对此，我们还要做具体的阐述）。众所周知，正是这些新的伦理思潮的兴起，带来了 20 世纪人本主义和现代经验主义等伦理思潮崭新的流变。尽管 20 世纪伊始摩尔的《伦理学原理》一书的出现使现代经验主义伦理学最终取代传统经验主义伦理学，并开了现代元伦理学之先河的划时代地位，但不可否认的是，从 19 世纪中叶开始的直觉主义，却是这种转折得以完成的重要中介和桥梁。

其次，与上述历史原因相联系，西方资本主义从自由竞争阶段发展到垄断阶段的重要条件之一，是 19 世纪中下叶现代科学技术的突飞猛进。这一科学文化背景，客观上也影响到当时伦理学理论的新变化。19 世纪中后期出现的非欧几何（G. 波里亚，N. I. 罗巴切夫斯基，C. F. 高斯和黎曼等）、符号逻辑（布尔和德摩根等）、达尔文的进化论等，较早突破了近代科学，尤其是数学和逻辑学的原有知识界限，极大地影响到当时的经验主义伦理学（如西季威克对伦理学常识公理化的寻求和斯宾塞的进化论伦理学）。这些新的道德影响有的成为后来 20 世纪摩尔直觉主义伦理学的先兆，有的则影响到 20 世纪的文化伦理学和生物技术伦理学。同时，正是这些科学成就的推动，带来了 20 世纪物理学上的伟大革命（如量子力学、相对论等），因而也促成了 20 世纪哲学、伦理学等领域的彻底变革：从绝对主义时代转向相对主义时代。从这个意义上说，19 世纪下半叶开始的科学技术革命的影响，已经渗透到西方伦理学的发展过程之中。20 世纪初摩尔等人的伦理学不过是将这种影响明朗化而已。

最后，还应当注意到，如果把现代西方伦理学的研究范围限制在 20 世纪，势必造成对西方伦理思想的总体发展研究的历史空白。以摩尔的伦理学理论作为整个现代西方伦理学的逻辑起点，在理论上确乎享有更为绝对的逻辑明晰性，但必须知道，这种做法是以损害现代西方伦理学发展的总体连续性和历史逻辑性为理论代价的。事实是，19 世纪下半叶的伦理学理论不仅已经具备了现代形态，而且它的丰富发展也是现代西方伦理学进入全面发展的重要过渡时期。因此，我们把现代西方伦理学的范围限定为 19 世纪下半叶以来的西方各主要伦理学思潮或流派，恐怕是一种更为合理的选择。

**（二）现代西方伦理学的理论传统**

确认西方伦理学发展史的间断性，与承认其历史发展的连续性是相互统一的。故此，只有系统地把握西方古典（特别是近代）伦理学的历史脉络和理论传统，才能深入洞见西方伦理学现代转折的理论契机和内在逻辑。

应当首先提及的是，对于西方古典伦理学发展的基本路线的划分，国内外学术界历来存在不同的观点。这无疑影响到人们对西方古典伦理学传统的基本看法，我们不妨先对此做一个简单的分析。

苏联伦理学界比较流行的看法，是以唯物主义的经验主义伦理路线和唯心主义的伦理路线作为西方传统伦理思想发展的两大阵营，然后，在这两大基本对立的阵营中再划分出若干伦理学派别和分支，其基本图式如下：

1. 唯物主义的经验主义伦理路线

A. 自然主义学派

a. 快乐主义伦理学

b. 幸福主义伦理学

c. 功利主义伦理学

B. 宇宙论学派

a. 自然哲学伦理学

b. 进化论伦理学

C. 社会学学派

a. 社会契约论伦理学

b. 理性主义伦理学

2. 唯心主义的伦理路线

A. 主观唯心主义伦理学派

a. 理性派主观唯心论伦理学

b. 情感派主观唯心论伦理学

B. 客观唯心主义伦理学派（包括柏拉图、黑格尔等人）①

在西方伦理学界，对西方传统伦理学派或线索的划分更是形形色

---

① 参见〔苏〕А. И. 季塔连科主编《马克思主义伦理学》，愚生、重耳译，上海译文出版社，1981，第14～20页。

色。英国现代著名伦理学家 G. E. 摩尔的观点是较有代表性的一种，他在其《伦理学原理》一书中虽然没有直接划分西方传统伦理学派，但他在反驳所谓"自然主义谬误"的名义下，明确地指出传统的、犯有"自然主义谬误"的伦理学理论主要包括三种：自然主义伦理学，它以自然进化为道德判断标准；快乐主义伦理学，即以感觉的快乐、幸福为道德判断的标准；形而上学伦理学，即以某种先验的普遍原则、善良意志或抽象观念为伦理学的基础。①

此外，还有以动机论或效果论来划分传统伦理学的；抑或以所谓目的论与义务论来加以分类的。

近年来，随着国内伦理学研究的深入，西方古典伦理学流派和路线的划分也引起了人们的关注。较有代表性和权威性的是章海山《西方伦理思想史》一书，作者在该书中把西方传统伦理思想的发展划分为理性主义伦理学和感性主义伦理学两大基本路线，并进一步阐述了这两条伦理学路线在关于道德起源，道德的作用、性质及其理论形式等方面的差异，从而较为客观地完成了自己对西方古典伦理思想发展的整体把握。尽管已有人提出不同看法，但这种探索的成果比之于那种简单"移植"哲学史路线划分的做法，无疑有着极大的优越性。②

综观上述几种观点，我们认为，苏联现行的观点存在着明显的缺陷。这集中表现在，它在根本上仍然没有摆脱传统哲学中"两个对子"的套路，简单地照搬了对西方哲学路线的划分方法，并没有反映出西方伦理思想发展史的独特面貌。哲学无疑是伦理学的理论前提之一，但具体到西方伦理学史来看，哲学史的发展并不等同于伦理学的发展。一方面，从历史上来说，西方伦理学史上的不同路线和派别的

---

① 参见〔英〕G. E. 摩尔《伦理学原理》，长河译，商务印书馆，1983，第 2~4 页。
② 参见章海山《西方伦理思想史》，辽宁人民出版社，1984；另参见万俊人《可贵的探索》，《哲学研究》1985 年第 5 期。

分裂，与西方哲学史上的"两个对子"并不一致，许多在哲学倾向上基本一致的思想家，其伦理思想并不彼此契合。如 17 世纪欧洲大陆的唯理论者斯宾诺莎，在哲学上和英国的经验论者同属于唯物主义，可在伦理学上却大相径庭：前者主张以人的理性为道德的前提和基础，理性使人超出自然而享有自由和德性；后者则以人的感性经验为道德的基础和最后圭臬。两者表现出理性主义和经验主义的不同伦理学风格。另一方面，伦理学虽然以哲学作为其一般的世界观基础，但两者研究的对象和具体方法都有差异，这也决定了伦理学自身的特殊内容和形式，笼统以哲学上的路线划分来看待西方伦理学史的发展，势必会导致以普遍、一般代替特殊、个别的理论后果，遮蔽西方伦理学发展的特殊规律。此外，西方伦理学所涉猎的范围与哲学史也不重合，许多重要的伦理学家并不具备系统的哲学体系或观点，如近代的亚当·斯密，现代的一些语言分析伦理学者等。而且，西方伦理思想家不仅包括一些重要的哲学家，也包括许多社会政治学家（如马基雅维利）、文学家、艺术家等。

与此殊途同归的是，西方学者对传统伦理学主流的划分也带有片面性，尤其是带有过于零散、缺乏普遍统一性和逻辑一贯性的弊端，因而也难以全面解释西方传统伦理学的整体。相比之下，我们更倾向于章海山先生的见解。然则，要真正全面地把握现代西方伦理学的历史传统，似乎还不能满足于此。至少，要从西方伦理思想自古至今的总体发展演化中，探讨其理论继承性和更新性，以把握其内在本质和逻辑联系。

我认为，无论西方古典伦理学的派别如何繁杂，但从总体上讲，传统的西方伦理学集中表现为三大理论系统：理性主义、经验主义和宗教伦理学。它们代表着西方两千多年的古典伦理思想史的主体构成，也是其发展流变的基本脉络，其中，理性主义与经验主义表现为两个基本对应（而非对立）的倾向，而宗教伦理学则是始终贯穿于西方伦理思想史的特殊理论形态和传统。

西方古典伦理学中的理性主义传统，最早发轫于古希腊神话的象征文化之中，太阳神阿波罗（Apollo）便是人类最高理性的超然性本体象征。但真正的理论渊源则是苏格拉底和柏拉图，经笛卡尔、斯宾诺莎，到康德、黑格尔。苏格拉底的"美德即知识"的著名命题，开了西方以人类智慧和理性为道德之基础的理性主义传统的理论先河；[①]柏拉图第一个系统建立了以理性（智慧）为最高美德的理性主义伦理学模式；到黑格尔，这种理性主义体系达到了庞大而缜密的顶峰时代。传统理性主义伦理学的基本特征可以概括为三个方面。第一，绝对的道德形而上学基础是理性主义伦理学家们所追求的一个共同目标。所谓道德形而上学，是指以某种先验既定的普遍性原则、观念或人性实体为出发点，来构建一种超经验的普遍道德原理，表现为绝对主义的方法论诉求。从柏拉图、亚里士多德到康德、黑格尔的伦理学，无一不散发出这种理论气息。第二，与前者相联系，古典理性主义伦理学，往往立足于人类的理性本质来寻求道德的普遍基础和一般原则，强调人类理性、精神对道德生活和关系的决定性作用。康德的伦理学是这一特征的突出典型。第三，理性主义者在道德上往往尊奉整体主义和理想主义的道德原则，强调人类道德关系和行为的共同性与理想性。黑格尔的社会总体主义（social totalism）、柏拉图的"理想国"、康德的"目的王国"无疑是最好的理论范式。

与理性主义伦理学不同，西方传统的经验主义伦理学则表现出不同的理论倾向。这种理论传统肇始于古希腊以普罗泰戈拉为代表的智者派和稍后的伊壁鸠鲁的感性主义伦理学（它是经验主义伦理学最古老的理论形态），更早一些还可以追溯到古希腊早期的神话传说，酒神狄俄尼索斯（Dionysus）便是意志、激情和力量的象征。经过 17 世

---

① V. Ferm, *Encyclopedia of Morals* ( New York: Greenwood Press, 1969 ) , p. 317.

纪的英国经验论和 18 世纪的法国唯物主义，以及 18 世纪末 19 世纪初的英国功利主义，到 19 世纪中叶费尔巴哈的人本主义伦理学，应该说这种传统比理性主义伦理学发展得更为成熟，其基本特征也有三个方面。

首先，经验主义伦理学家们一般并不热衷于建构某种纯粹的道德形而上学体系，而是通过经验、观察、归纳等实证方法来建立自己的道德理论。因此，他们重视人的感觉经验对道德生活的实际影响和直接意义，偏重于从个人道德生活的实际经验出发，探讨人类道德的本质。如果说，以智者派和伊壁鸠鲁、卢克莱修为代表的古希腊罗马伦理学还带有感性主义倾向而不具备完整的经验主义形态的话，那么，近代从培根开始的经验主义伦理学则使这种传统臻于完善，从而代之以带有近代科学色彩的经验主义伦理学，使经验主义伦理学传统与近代实验科学及其方法建立了一种理论联盟。无论是培根对知识的分类（即主张把人类全部科学分为自然科学、宗教和人的科学三大类）①，还是以狄德罗为代表的法国唯物主义伦理学，都反映出这一基本特征。

其次，传统经验主义伦理学一般都主张从人的感觉经验中寻找人类的道德起源、内容和标准，认为道德渊源于人的利益满足和快乐；道德评价的标准在于人们的行为或事物能否给人带来快乐和幸福。据此，西方一些学者又把传统经验主义伦理学分为快乐主义（阿里斯提卜、伊壁鸠鲁、爱尔维修等）、利己主义（霍布斯、洛克、霍尔巴赫等）、功利主义（边沁、密尔）等流派。

最后，经验主义伦理学传统往往坚持从个人道德经验出发，坚持以个体主义或利己主义（粗陋的或合理的）为基本道德原则。因此，

---

① F. Bacon, *Advancement of Learning and The New Atlantis* (Oxford University Press, 1980), p. 102.

它一般带有个人主义和现实主义的色彩。

与上述两大传统相联系的另一大伦理学传统是宗教伦理学。在人类社会的幼年时代，宗教与道德似乎是原始社会文化母体中的一对孪生子。图腾与禁忌典型地反映出宗教与道德的原始并联关系。弗洛伊德曾经正确地把图腾崇拜视为"原始的宗教形式"，而把禁忌当作"原始的道德形式"①。在西方古典伦理学发展史中，宗教与道德始终处于一种相互渗透的黏结状态。原始基督教构成了西方文化的重要渊源之一，经古希腊罗马时代的斯多亚派，罗马中后期的柏罗丁、西塞罗等人，希伯来宗教文化与古希腊哲学文化相互融会；至中世纪宗教神学，形成了西方传统宗教伦理学思潮，成为整个西方伦理学中的重要一脉。尽管经文艺复兴时代人道主义，特别是近代 18 世纪法国启蒙时代的战斗无神论唯物主义的猛烈冲击，宗教伦理学思潮的流变也始终没有过截然的断裂。不用说康德这样的启蒙思想家还保留着宗教在伦理学领域内的一席之地，即便是像费尔巴哈这样的唯物主义者，在其伦理学中也难免偷运一些宗教伦理的"禁品"（如所谓"爱的宗教"）。事实上，在宗教神学面临攻击的时刻，宗教神学本身就开始了自身的革新。15～16 世纪的新教（protestantism），或称"清教"（puritanism）伦理，已经标志着宗教从经院神学走向世俗社会，从而也同时开始了西方宗教伦理学的世俗改革历程。② 这说明，在西方古典伦理学史上，宗教伦理学也是一条重要的发展脉络。如果我们进一步考察，还可以把《圣经·旧约》中所记载的古代希伯来人的原始基督教作为西方宗教伦理学传统的理论滥觞。但必须说明的是，早期原始基督教的伦理思想，只是一种处于自发状态下，被压迫的犹太民族反抗的民众道德理想和观念的宗教表现，这与之后中世纪的教父伦理

① 〔罗〕亚·泰纳谢：《文化与宗教》，张伟达等译，中国社会科学出版社，1984，第6页。
② 〔德〕马克斯·韦伯：《新教伦理与资本主义精神》，于晓等译，三联书店，1987。

学是有着根本不同的社会性质的。因此，我们所说的西方宗教伦理学传统，乃是指中世纪以来被程序化了的各种宗教伦理学理论，它汇成了西方古典伦理思潮中的重要一脉，也是现代西方宗教伦理学的历史传统之一。

概而言之，理性主义伦理学、经验主义伦理学和宗教伦理学是西方古典伦理学的三大构成部分和主要潮流，它们交互渗透融合，构成了马克思主义以前的西方伦理思想主流，也为现代西方伦理学的发展做了历史的铺垫，布置了特定的道德文化的思想背景。事实告诉我们，现代西方伦理思想的主要流派都不同程度地继承和更新了上述三大传统。这种传统的继承和更新，不是一种简单的历史连续，而毋宁是一种包含着辩证肯定与否定的突变和飞跃，是崭新历史条件下的理论连续和中断，这便是对西方伦理学的古典终结和现代转折的基本理解。

### （三）现代西方伦理学的历史转换

那么，是什么原因使得西方古典伦理学寿终正寝了呢？西方伦理学由古典向现代转折的内在契机和具体内容是什么呢？无疑，西方社会历史演变是这种理论转换的最后说明，但要从理论上回答这些问题，还不得不从西方古典伦理学与现代伦理学两大系统的总体比较中获得历史的逻辑说明。

1. 传统理性主义的破产与现代非理性主义的兴起

如前所述，理性主义是西方古典伦理学的主要传统之一，它的最大特点就在于对伦理学绝对形而上学知识基础的先验假设和对整体主义道德原则的理想追求。前一个方面表明了西方古典伦理学中的极端认识主义倾向，从柏拉图、康德到黑格尔莫不如此。康德之所以专心于"道德形而上学"的探讨，其本旨也就是为建立绝对普遍的"实践理性"原则，寻求一种道德观念的"先天综合真理"，使其伦理学律令具有绝对至上的普遍性和确定性。至于黑格尔对这种绝对普遍性道德原理的探求，则完全纳入了"绝对理念"的辩证体系框架之内，将理性主义伦理学的绝对观念化致于极端。与这一特点相联系，理性主义伦理学在另一方面以理性知识为基础，建立带有浓厚理想主义色彩的整体主义道德原则。如果说，康德的伦理学还只是带有普遍理性基础和共同主体目的性的理想色彩的话，[①] 那么，在黑格尔这里，伦理学的理性基础则被极端化为带有神秘主义色彩的"绝对观念"，从而使个人的道德主体目的性完全成为隶属于社会伦理要求的相对附属品，整体主义的伦理原则也因之而成为一种强制性的"社会总体主义"。

康德关于道德形而上学本原的绝对知识化、理想化，与黑格尔对理性主义伦理学原则的总体化、观念化，使西方古典理性主义伦理学升入了完美无瑕的幻想世界，也使它步入了生命的最后旅程。伴随着资本主义的沉浮颠簸（经济危机、战争等），人们对理性主义道德观念开始动摇：他们发现，理性的力量似乎难以观照现实的人生，更不足以应付社会动荡给自身带来的烦恼、痛苦和失望。理性主义伦理学在这里开始破产了：它对道德的绝对形而上学基础的寻求，为19世纪下半叶以来相继出现的新兴科学（非欧几何、符号逻辑、量子力学、相对论等）所证伪；它所设置的理想化的道德观念原则系统，为自由资本主义向垄断资本主义的进化，以及由此产生的接踵而至的资本主义政治危机、经济危机和军事斗争等现象所带来的严酷现实证明为幼稚的心理主义幻想。结果是"个人意志""生命存在""心理情绪"等对"普遍理性""善良意志""观念理想"的取代，理想主义与整体主义的虚幻和现实个人存在的真实，成为人们梦醒后第一个赫然的比照和发现。在德国这块古典理性主义盛行的土地上，出现了唯意志论伦理学，它与法国的生命伦理学和发轫于丹麦神学家克尔凯郭尔的存在主义等现代哲学伦理学思潮一起，冲决了理性主义传统的金汤之堤，走

---

① 参见万俊人《康德与萨特自由主体伦理思想比较》，《中国社会科学》1987年第3期。

向了它的反动，从而开始了现代西方反理性主义（irrationalism）或非理性主义（nonrationalism）与反总体主义的伦理学运动，而西方社会经济政治结构的变化所产生的历史必然性与现代科学兴起所带来的理论变革，正是这一转折的历史前提和理论逻辑所在。

2. 传统经验主义伦理学的困境与现代经验主义伦理学的蜕变

与理性主义伦理学的发展相似，传统经验主义伦理学发展到 19 世纪中下叶，同样也进入了自身的危机时期。始于培根的近代经验主义，曾凭借着近代自然科学的成果，把经验论方法引入伦理学的研究领域，构成了近代经验主义伦理学的特殊方法论基础，即以经验观察、归纳综合的方法建立伦理学体系。这种方法论使近代经验主义伦理学注重道德的经验事实和具体行为的评价，使其具备鲜明的现实主义和个人主义伦理学色彩。但是，对经验事实的过分专注，导致了近代经验主义伦理学的理论狭隘性，把伦理学的基础始终奠基于个人的行为结果、情感和心理因素之上。这种弊端使它一开始就陷入了利己主义与利他主义的矛盾纠缠之中，从 17～18 世纪以霍布斯为代表的利己主义与英国新剑桥柏拉图学派、苏格兰常识学派及亚当·斯密、休谟的情感利他主义之间的争论开始，到 18～19 世纪的功利主义伦理学都是围绕这一线索而展开的。以边沁、密尔等人为代表的英国功利主义，修正和发展了霍布斯、曼德威尔等人的粗陋利己主义与法国爱尔维修等人的"合理利己主义"（一曰"理性利己主义"），进一步建立了以"最大多数人的最大幸福"为基本原则的功利主义伦理学体系。这一演进，非但没有从根本上超脱利己主义与利他主义的矛盾之争，反而使近代经验主义伦理学原有的矛盾更为复杂和深刻。一方面，为了使建立在有限经验基础之上的伦理学理论具有普遍确定性，就必须超出狭隘的经验观察界限，因为经验观察并不能保证伦理学原则或公理的明晰性和普遍性。换句话说，必须在逻辑的基础上证实道德规范的确定性和普遍适用性。另一方面，近代经验主义伦理学又始终不敢放弃原有的方法，穷究于具体个别的经验事实甚至是心理事实之中，以至于功利主义把伦理学引进了狭隘的"功利计算"和心理主义的岔道（如边沁关于"快乐的量"与密尔关于"快乐的质"的算式式规定）。①

这一矛盾，使近代经验主义伦理学不可避免地处于一种进退维谷的两难境地：或者坚守传统经验主义的方法论原则，放弃对道德规范普遍性的追求，但这势必使它陷入狭隘的经验主义和心理主义而不能自拔，最终丧失其伦理学理论的客观实践价值；或者以舍弃原有经验方法为代价去寻找超经验的具有逻辑必然性的道德普遍性规范，而这样又必定使它失去可靠的经验基础和依托。更为严重的是，在现代逻辑经验主义看来，无论哪一种选择都是无意义的。因为恪守传统的经验方法，伦理学就变成了一种经验事实的陈述，这不过是重复着社会学家的工作；若放弃经验基础去寻找道德的普遍规范性，则表明伦理学只是一种知识；而事实上，经验事实的陈述和任何知识都不具备规范性或命令的意味，它们无论如何也不可能给我们提供一套充分有效的行为规范或道德命令。②

这就是传统经验主义伦理学的理论困境——随着 19 世纪后期西方自然科学的新发展，特别是数学及由此引起的数理逻辑的变革而提出的诘难，传统经验主义赖以确立的以归纳综合为基本内容的形式逻辑受到了严重的挑战，在客观上动摇了传统经验主义伦理学的方法论基础，追求普遍道德规范原则的企图随着它依附的方法论体系受到挑战而失败。人们把兴趣从经验综合转移到逻辑分析上来，因此，从 19 世纪后期开始，在经验主义的故乡英国便出现了西季威克的公理直觉主义伦理学。稍后，摩尔提出了价值论直觉主义理论，他的《伦理学原理》标志着现代经验主义伦理学对传统经验主义伦理学的全面

① 参见章海山《西方伦理思想史》第三编第三章，辽宁人民出版社，1984。
② 参见〔德〕H. 赖欣巴哈《科学哲学的兴起》，伯尼译，商务印书馆，1983，第 213 ~ 214 页。

清算，"自然主义谬误"的论断宣判了传统经验主义乃至于所有传统伦理学理论的死刑，取而代之的是一种以伦理学概念、语言和判断来作逻辑分析的全新方法。于是，从摩尔开始，经"维也纳学派"、维特根斯坦等，便出现了传统规范伦理学与现代元伦理学的分野和对抗。或者进一步说，传统理性主义向现代非理性主义的转折，标志着西方人本主义伦理学思潮由理性的时代走向非理性的时代；而传统经验主义向现代经验主义的转折，则标志着西方科学主义伦理思潮由伦理规范时代进入逻辑分析时代，亦即由规范伦理学走向元伦理学。

　　3. 传统宗教伦理学的失败与现代宗教伦理学的革新

　　如前所述，宗教伦理学与宗教本身一样，始终是西方文化的一条重要线索。但是，从近代文艺复兴开始，宗教神学处于连续被攻击的境地，一直到法国激进无神论和费尔巴哈，这长达千余年的批判和讨伐，不仅在理论上摧垮了宗教神学的理论基础，而且也使其社会地位和形象大大降低。面对这种情况，一些明智的宗教神学者深切地感到，传统的宗教观念已经无法维系，宗教伦理的维系在于从新的社会历史条件中寻找出路，这就是调和宗教信仰与人格独立、盲目屈从与信仰自由、宗教与世俗现实等方面的尖锐矛盾。于是，从 19 世纪中期开始，便相继出现了宗教存在主义（克尔凯郭尔、马塞尔）、新托马斯主义、人格主义、新新教伦理（New Protestantism）等形形色色的现代宗教伦理学派。另外，现代西方社会所暴露的各种矛盾和弊端，又给现代宗教伦理学的兴起提供了一种合适的外部环境。正是在改善人类现实、引导人们寻找真实幸福和自由的幌子下，宗教伦理学得到了新的复活，基督教道德又以各种理论形式获得了张扬。[①] 从这个意义上说，调和的方法为传统宗教伦理学的现代复活提供了必要的理

---

　　① 参见〔英〕罗素《宗教与科学》，徐奕春、林国夫译，商务印书馆，1982，第 132 页。

论手段；现代西方社会的各种矛盾现象的客观存在则为它的转折完成提供了现实的生活基础和可能性；而宗教伦理学自身从教会的殿堂走向喧闹的现实世界又使这种可能性成为一种理论现实。这一方面说明西方宗教伦理学仍然具有其存在的客观社会需要；另一方面也从侧面暴露了现代资本主义社会的否定性特征。

总而言之，西方伦理学由古典到现代的蜕变是一个十分复杂的过程，上述三个方面仅仅是对这一历史过程的宏观描绘。即令如此，我们也不难看出，西方伦理学的发展与西方社会历史文化的发展有着深刻的一致性。或者换句话说，西方资本主义从自由竞争阶段发展到垄断阶段的递进，是西方伦理学由古典时代进入现代发展的社会历史依托，现代资本主义社会的政治、经济的变革和科学技术的进步则成为这一转折的直接动因；而这种转折的根本理论标志是伦理学相对主义对传统伦理学的绝对主义的取代。我们看到，无论是从理性主义到非理性主义，还是从传统经验主义到现代经验主义，抑或是传统宗教伦理学的现代世俗化，都展示出这样一个共同的趋势：传统伦理学的绝对主义梦幻（先验理性、天然情感、超验无限的上帝等）已经破灭，取而代之的是关于人类道德实存状态（人本主义）、逻辑结构和意义（科学主义或经验主义），以及世俗道德的宗教意味的重新思考。这种思考的主要后果是现代西方道德相对主义的降临，诚如 L. J. 宾克莱在考察现代"西方社会中变化着的价值观念"后得出的结论：现代西方社会中的道德价值思想发展，已经进入了"相对主义的时代"。①或许，这是一个不无意义的真理性洞见。

## 二　现代西方伦理学形成与发展的历史条件和背景

恩格斯曾经指出："人们自觉地或不自觉地，归根到底总是从他

---

① 参见〔美〕L. J. 宾克莱《理想的冲突》第一章"相对主义的时代"，马元德等译，商务印书馆，1983。

们阶级地位所依据的实际关系中——从他们进行生产和交换的经济关系中，吸取自己的道德观念。"① 也就是说："一切已往的道德论归根到底都是当时的社会经济状况的产物。"② 现代西方伦理学的产生、形成和发展，是与西方资本主义社会的现代发展相适应的。从本质上说，它是建立在西方现代社会的经济、政治条件之上的一种社会意识形态。同时，同任何一种社会意识形态一样，伦理学不仅受社会经济条件的制约，反映一定社会历史条件下的社会生活状况，而且也直接受到一定社会历史文化因素的影响。正是在特定时代的广阔社会文化背景下，并通过诸种文化中介的影响，伦理学产生了其独特的历史特征和理论特征。因此，要深入了解和研究现代西方伦理学的形成和发展，不仅要首先了解它所依据的社会历史条件和道德实际状况，还要进一步洞察其社会文化背景，从而把握其逻辑与历史的统一，把握西方道德文化与西方社会历史进步的统一。

### （一）社会历史条件

西方资本主义从自由竞争阶段发展到垄断阶段，是现代西方伦理学产生和发展的客观基础。这一时期可以进一步分为三个具体的历史阶段。一是过渡阶段，它包括 19 世纪中下叶到 20 世纪初；与此相应的是西方伦理学由古典向现代发展的过渡时期，或曰现代西方伦理学的孕育和形成时期。二是现代发展阶段，它主要指 20 世纪初至 20 世纪 60 年代末；与此相应的是现代西方伦理学的全面发展时期。三是当代发展阶段，它是指 20 世纪 70 年代以来西方资本主义的最新发展，与此相应的是现代西方伦理学的当代发展时期。

从 19 世纪 40 年代开始，西方主要资本主义国家的资产阶级革命都取得了胜利，资产阶级也随之获得了社会政治经济的统治地位，即

---

① 《马克思恩格斯全集》第 20 卷，人民出版社，1972，第 102 页。
② 同上书，第 103 页。

使是资本主义发展缓慢的德国，也在 1848～1849 年进行了资产阶级民主革命。但当德国资产阶级走上政治舞台，其统治意志的保守倾向丝毫不逊于率先完成革命的英法资产阶级。因此，虽然 19 世纪中期西欧各国尚处于自由资本主义的发展阶段，但资产阶级早期的革命性和进步性已开始丧失，取而代之的是千方百计维护其统治地位和既得利益。因而，社会的主要矛盾也由封建地主阶级与新生资产阶级的对立，转化为作为统治者的资产阶级与作为被统治者的无产阶级的矛盾，以及各资本主义国家之间的矛盾。1871 年法国巴黎公社起义，标志着前一矛盾的大爆发，而 20 世纪初爆发的第一次世界大战则是后一矛盾极端尖锐化的历史见证。可以说，19 世纪后半叶至 20 世纪初，是西方资产阶级由争取统治走向维护统治、由进步走向保守、资本主义由自由竞争阶段转向垄断阶段的大转折时代。因此，在这一时期内所产生的各种伦理思想流派也自然而然地打上了这一过渡时代的历史烙印。其理论上的表现是从理性主义走向非理性主义；从传统经验主义规范伦理学的现实主义模式走向现代逻辑经验主义元伦理学的形式主义模式。

20 世纪初，主要发达资本主义国家相继步入垄断资本主义阶段，随之而来的生产技术的飞速发展，带来了资本主义市场经济的世界性发展，资本主义国家之间的民族矛盾也上升到空前激烈的地步。20 世纪上半叶所发生的两次世界大战，标志着这种矛盾的总爆发。同时，与资本主义社会政治经济矛盾和民族矛盾相伴的是，世界范围内的资本主义经济危机此起彼伏，1929 年至 1933 年的经济大危机就是突出的一例。矛盾、战争、危机……不仅加剧了经济竞争和民族矛盾，使人们的生命财产蒙受了巨大的损失，而且也给人们的精神以沉重的打击。传统的价值观念在社会风雨中坍塌了，进取开拓和自由已经为怀疑迷茫和焦虑恐惧所代替。这是现代西方社会激烈动荡不安的年代，它给这一时期的各种社会思潮的兴起和发展留下了间隙，尤其给各种人文科学提供了不可多得的思想氛围和传播媒介。于是，各种哲学伦理学思潮纷纭迭起，甚至是在同一哲学伦理学旗帜下也出现了不同名目的流派。因此，这一时期的伦理学表现是较为复杂的，但大体上可以寻找到人本主义、科学主义和宗教伦理学这三条主线。

20世纪60年代末以来，西方资本主义经过短暂的战后振兴，并借助于高度发达的科学技术（电子计算机、核能技术、空间技术、信息以及企业管理的科学化、程序化等），进入了当代迅猛发展的时代。世界性的经济危机暂告平静，新兴技术不断突破，西方世界的政治经济发展出现了前所未有的复杂格局，甚至又开始趋于它早年上升时期的稳定状况，表现出某些返老还童的特征。这一背景同样也影响到当代西方伦理学的发展。许多盛行于动荡岁月的伦理学派又逐渐丧失了它们原有的活力，如存在主义伦理思潮等。相反，一些传统的道德观念和理论又重新受到人们的重视，开始了某种新的回归。如当代以美国为中心的人道主义、新功利主义、新历史主义等伦理思潮。同时，当代各种科学技术的大融合和一些边缘科学的出现，也影响到人们的道德观念和行为，随之也产生了一些新的伦理学流派，如行为主义、生物伦理学等。从上述情况来看，传统的回归和新型的道德理论的萌生，构成了当代西方伦理学的基本特征。

**（二）科学文化背景**

毋庸置疑，现代西方社会的政治经济发展是现代西方伦理学形成和发展的最终决定性因素，但是，诚如恩格斯在谈到社会经济基础和哲学的关系时所指出的，哲学是一种远离物质经济基础的意识形态，"在这里，观念同自己的物质存在条件的联系，愈来愈混乱，愈来愈被一些中间环节弄模糊了"①。这就明确告诉我们，社会存在与社会意识之间的关系绝不是直接的、单线式的因果关系。随着人类文明的进

---

① 《马克思恩格斯选集》第4卷，人民出版社，1972，第249页。

步，作为社会意识形态的伦理学与社会历史的联系也是如此。事实将告诉我们，现代西方伦理学不仅受西方社会的政治经济发展状态的制约，同时，也受现代西方各种其他文化思潮的影响；也正是通过各种文化中介的作用，形形色色的伦理学派别才会在现代西方社会舞台上呈现。因此，具体了解西方现代道德文化背景和结构，对于我们分析现代西方伦理学，乃是一个不可或缺的环节。

从宏观上说，现代西方文化背景是一个巨大而复杂的构成系统，它包括西方文化道德的传统、科学技术、文学艺术、宗教、价值观念等若干子系统。在这里，我们不可能巨细无遗地逐一分析，而只能就与现代西方伦理学的形成和发展有着重要关联的因素来谈。

简单地说，现代西方文化所面临的挑战来自两个方面：科学与战争。前者改变了西方传统文化的认识模式和思维方法，因而从方法论意义上影响到现代西方的哲学与伦理学。后者造成了现代西方道德状况的畸形发展，为各种人本主义的哲学伦理学思潮的形成提供了特定的环境和媒介。

我们知道，近代科学的兴起曾经给近代西方伦理学以巨大的方法论影响，近代科学注重经验材料整理和科学推理的方法，形成了近代以归纳和演译为主要类型的方法论，因之也影响到近代经验主义与理性主义两大伦理学传统的形成。现代西方科学的进步，打破了传统科学的思维方式，进一步拓展了人们认知世界、社会和自我的视野。量子力学、相对论、生物化学、遗传工程、电子技术和信息等新兴科学的产生，极大地改变了人们的认知方式。一切不再享有某种永恒的经典权威，相对性意义开始弥漫于各种科学、文艺和道德生活领域。观念的更迭、价值的变换以及人们思维方式和生活方式的革新，出现了前所未有的频率和态势。这一状况无疑影响到西方社会的价值观念和道德理想。道德相对主义取代传统的绝对主义成为现代伦理思潮的一种普遍趋势。

　　现代自然科学对伦理学的另一个重大影响是，现代数学的高度发展和应用，特别是数理逻辑的出现，极大地影响到伦理学理论的发展。注重语言、语词的意义和逻辑分析，已经深刻地渗透到伦理学的理论研究领域，从现代逻辑实证主义哲学思潮中衍生出来的种种伦理学理论就是这一趋势的直接后果，它使得伦理学日益疏远现实生活，由一门实践性学科慢慢演变为一种形式化、逻辑化的纯理论学科。正是从这一现况来看，西方学者才把现代西方的哲学发展称为"分析的时代"。①

　　此外，现代科学技术对伦理学的影响不仅表现在理论方法上，而且也表现在社会实际生活领域。应当承认，科技的发展促使西方社会的经济有了长足的发展，同时也使人们的劳动方式和生活水平有了极大的提高。但是，由于西方资本主义制度本身的内在矛盾，科学技术的进步也带来了许多消极的后果，加深了人自身的异化。人格价值的物化、客体化，反映出人在内在化创造的同时又被物质世界外在化。特别是科学技术的军事应用，使它滋生了一种极端的社会否定性，人们不仅深深感受到技术对自身主体性的压迫，而且亲身体验了由科技军事化带来的严重灾难。因此，人们在享受科学技术带来的琼浆的同时，也饱尝着它所带来的苦果；这又不能不使人们的道德价值观发生紊乱。例如，两次世界大战的爆发，不仅给整个人类投下了郁悯的阴影，也无情地摧毁了人们心中的传统价值理想。西方传统的理想主义和浪漫主义传统丧失殆尽，随之出现的是人们的无所适从、心绪忧然、孤独、烦恼、绝望，它沉重地压抑着人们的心灵。文学是现实生活最为具体和生动的反映，西方现代文学本身成为这一历史境况的写照和见证。19 世纪末叶以后的文学、美学和音乐都一反近代现实主义、浪漫主义和理性主义的传统，而转向形式主义、荒诞派或心理情

---

　　① 参见〔美〕M. 怀特编著《分析的时代》，杜任之译，商务印书馆，1981。

绪主义。"只要比较一下 19 世纪巴尔扎克式的现实主义的小说或雨果式浪漫主义的小说与 20 世纪卡夫卡或乔哀斯式的小说，谁都会感到现代文学的独特性。巴尔扎克对客观历史进程的信赖和雨果对人性的期望，在现代作家身上似乎逐渐消失了。对常识、理性和客观真理本身的怀疑在荒诞的形式中表现出来。"① 事实上，我们还可以列举许多文学作品来印证这一点，萨特的《呕吐》（一译《作呕》），加缪的《陌生人》《鼠疫》等，无一不反映着现代西方社会生活中人们的畸形心理和性格。

事实证明，现代科技和战争给西方社会带来的消极影响，使西方道德观念发生了可怕的堕落和沦丧。吸毒、自杀、淫乱和为弥补人生的空虚无聊而采用的各种令人眼花缭乱的刺激方式，以及由这些非道德的生存方式所带来的种种恶果，如 20 世纪六七十年代的家庭解体、离婚率上升、凶杀带来的恐惧感、私生子、流行病等，都严重败坏了西方社会的道德观念。同时，现代科技为一些消极的悲观主义和情绪主义以及心理主义等道德理论提供了客观的传播媒介。这一切都是影响现代西方伦理学发展的不可忽视的因素，也是现代西方伦理学理论本身的历史局限和实践价值局限的一个现实佐证。

## 三　现代西方伦理学的流变及一般特征

通过对现代西方伦理学的历史转折与社会文化背景的概略考察，我们有了进一步了解其历史流变、派别及一般特征的可能性条件，这也是我们接下来所要做的工作。

### （一）现代西方伦理学的流变脉络

概要地说，西方伦理学的现代演化大致与西方现代历史的演化相吻合，也可划分为过渡、全面发展和当代发展三个时期。

---

① 张隆溪：《二十世纪西方文论述评》，生活·读书·新知三联书店，1986，第 5 页。

1. 过渡时期

19 世纪中后期至 20 世纪初是过渡时期。这一时期的主要伦理学流派有德国的唯意志论伦理学、法国的生命伦理学、英国的进化论伦理学和新黑格尔主义伦理学等。

以叔本华、尼采为代表的德国唯意志论伦理学，是现代非理性主义的人本主义伦理学先导。叔本华是这一伦理学路线的开启者。叔本华虽然生活在与德国古典哲学大师黑格尔大致相同的时代，其基本思想也在 19 世纪中叶已经提出，但当时仍受着占统治地位的德国古典理性主义思潮的压抑，没能产生多大的影响。直到 19 世纪 50～60 年代，叔本华才声名鹊起，一时成为最具影响的哲学伦理学家。叔本华伦理学的独特之处，就在于他一反传统的以理性为基点的伦理观，把伦理学建立在一种非理性的生命意志的基础之上，并由此提出了与传统伦理学相对抗的悲观主义人生哲学。尼采是叔本华思想的继承者和发挥者，但他在许多方面修正了叔本华的思想，使其生命意志的悲观主义伦理学，成为一种以强力意志为基础的英雄主义"超人"道德论。总之，以个人生命意志或力量为基础、反对自古希腊苏格拉底以来的理性主义伦理学传统，把个人的生命意志力量神秘化、绝对化，是唯意志论伦理学的基本主旨，它直接走向了德国传统伦理学的反面，开了现代非理性主义的人本主义伦理学先河。

与唯意志论伦理学差不多同时的是英国进化论伦理学，它与现代实证主义哲学思潮相辅相成。这种哲学思潮最早发轫于法国的哲学家和社会学家孔德，以及近代英国著名的功利主义伦理学家密尔。但在伦理学上，主要是斯宾塞、达尔文、赫胥黎及俄国的克鲁泡特金等人的进化论伦理学。斯宾塞的进化论伦理学最为系统地表述了这派伦理思想的基本观点，赫胥黎对这派伦理学也有独特的发挥。这派伦理学的基本特点是，依据达尔文的生物进化论和休谟的经验情感论，高扬科学的旗号，推崇经验与自然，注重人类道德生活的自然过程和经验本性。从某种意义上说，进化论伦理学带有鲜明而又狭隘的科学主义与自然主义色彩，可视为现代唯科学主义伦理思潮的前兆。

唯意志论伦理学与进化论伦理学是现代西方非理性主义的人本主义伦理思潮和唯科学主义（或现代经验主义）伦理思潮这两大基本线索的起点。尔后的诸种学派基本上在方法论原则上沿袭了这两派的基本立场，从而构成了现代非理性主义的人本主义与唯科学主义伦理学的两种基本阵形。

与唯意志论伦理学一脉相承的是法国和德国的生命伦理学。主要代表人物是法国的柏格森、居友，德国的狄尔泰等，其中柏格森和居友的伦理思想最具代表性，其基本特点是，以非理性主义方法论为基本原则，从人的生命本能、冲动和内心的直觉经验出发，建立一种超越式的生命伦理学，带有明显的尼采英雄主义道德观的印记。

盛行于英、美等国的新黑格尔主义伦理学是一种黑格尔与康德的混合式产品，基本倾向是非理性主义和人本主义。新黑格尔主义作为一股哲学思潮波及很广，人物众多，但它在伦理学方面的典型人物是英国的格林和布拉德雷。

总而言之，处于"过渡时期"的现代西方伦理学大致有这样几个特点。其一，大多数伦理学派虽然已经基本上超越了古典伦理学的传统界限，但还或多或少地带有某些传统的痕迹，有的甚至还与传统理论藕断丝连。其二，反过来说，这一时期的大多数伦理学派虽然脱胎于西方传统伦理学，但走向了传统的反动，创立了现代伦理思潮的崭新开端。其三，这一时期的现代伦理思潮主要还只是发生在德、法、英、美等国，其社会条件和理论自身都带有明显的不成熟的痕迹。或者换句话说，它们的理论视野、框架及理论说明都有待进一步开拓（也许，尼采是个例外）。正因为如此，才促成了 20 世纪现代西方伦理思想的大发展。

2. 全面发展时期

20 世纪初至 20 世纪 60 年代，是现代西方伦理学的全面发展时期。其基本标志是，流派繁多、观点复杂，而且基本上摆脱了传统的理论形式，各种新论点、新方法、新体系纷至沓来，格局错综复杂。尽管如此，我们仍可大致地划分为三大主要线索，然后把各种流派分归这三条线索之下。

（1）元伦理学的发展

第一条线索是现代西方元伦理学的发展脉络，它的基本理论特征是以现代经验主义（逻辑经验主义）为哲学基础，以唯科学主义为方法论原则和理论目标，在否定传统规范伦理学的前提下，建立具有严密逻辑性的分析伦理学。由于在具体方法和分析论证方面各有不同，现代元伦理学理论内部也并不一致，有的甚至是相互对立的，如所谓认识主义与非认识主义、直觉主义与情感主义的争论。因此，按其历史发展和具体的理论方法差异，可进一步将元伦理学派分为直觉主义、情感主义和语言分析学三个发展阶段。

直觉主义伦理学是现代西方元伦理学发展的初级阶段，其代表人物有价值论直觉主义的代表人物摩尔，义务论直觉主义的代表人物普里查德和罗斯，等等。虽然直觉主义内部分为价值论与义务论两种观点，但在根本理论倾向上是一致的：这就是坚持伦理学基本概念（"善"或"正当""应当""义务"等）的不可分析性和不可定义性，反对伦理学的自然主义方法，强调人的道德直觉能力的认识意义。因此，直觉主义伦理学是非自然主义的、认识主义的和直觉分析式的。其中，摩尔是最早提出分析伦理学方法，并把伦理学分析与传统自然主义规范伦理学对立起来的人物，因之也是现代西方元伦理学派公认的先驱。

情感主义伦理学是现代西方元伦理学发展的重要阶段，其间又历经发生、发展和完成三个步骤。情感主义伦理思想的发源可以追溯到英国现代语义学家奥格登和理查兹的《意义之意义》（1923 年）一书，但首次提出情感主义伦理学理论主张的是维特根斯坦和罗素后期的著作；其后，经以石里克为领袖的"维也纳学派"（石里克、卡尔纳普、克拉夫特等人）的发展，到史蒂文森这里获得了系统的总结性表述。情感主义内部也有极端派和温和派之分。维特根斯坦、卡尔纳普等人属于极端情感论；石里克、艾耶尔、史蒂文森属于温和情感论。他们的共同特点是，依据逻辑实证原则或语言分析原则，把伦理学断定为情感的产物，因而不属于科学范畴；它既不能提供行为的规范，也不能表述事实真理，而仅仅是个人主观情感、愿望或心灵状态的表达。因此，非认识主义和主情说是他们的一致主张。

继情感主义伦理学之后，便是语言分析伦理学的出现，它是现代西方元伦理学的最新发展成果，其主要代表是黑尔、图尔闵和诺维尔－史密斯等人。这派伦理学批判性地总结了所谓现代"分析伦理学"（即元伦理学）的前期发展，纠正了直觉主义和情感主义的理论偏颇，在调和的基础上提出了元伦理学的具体理论论证。他们或从道德语言的分析入手（黑尔），论证道德语言的规定性质及其与一般语言的区别；或者集中探讨道德判断的逻辑理由与根据（图尔闵）；抑或论证道德的语言意义、特征、规则和应用（诺维尔－史密斯）。一言以蔽之，道德语言分析学派除了坚持元伦理学的非自然主义立场和逻辑分析方法以外，最大的特点是把元伦理学理论的基本原则具体化、逻辑化和语言程序化。它标志着现代西方元伦理学迄今为止的发展水平，也反映出元伦理学的理论局限和日趋形式化。

（2）人本主义伦理思潮

现代西方伦理学全面发展的第二条基本脉络是所谓人本主义伦理思潮。这股思潮的最初缘起是 19 世纪末叶唯意志论伦理学、生命伦理学和稍后的现象学伦理学。但是，与现代西方元伦理学略有不同，这一思潮内部在理论上并没有严格的逻辑统一性。也就是说，它所包括的各个派别之间有的具有逻辑连续性，有的则不尽如此。因此之故，又可以区分为存在主义伦理学（包括有神论的存在主义与无神论的存在主义）、自然主义伦理学（包括新实在论的自然主义与实用主义）、现代精神分析伦理学。

存在主义是现代西方最为典型的非理性主义和人本主义的伦理学流派，也是现代西方哲学、伦理学、美学和文学发展史上最有影响的派别之一。存在主义伦理学内部又可分为有神论的存在主义与无神论的存在主义。前者以克尔凯郭尔、雅斯贝尔斯、马塞尔为代表；后者以海德格尔、萨特等为代表。存在主义伦理学的基本特征是：以个体自我的存在为本体；以个人的绝对自由和价值为核心；反对一切形式的决定论和传统价值体系；以期建立以自我为目的的人生价值理论。克尔凯郭尔和萨特的伦理思想最为典型地反映了这一基本特征，同时，现代存在主义文学思潮也有着重要的影响。

实用主义思潮是 20 世纪出现的以美国为大本营的一种重要的哲学伦理学理论，它渊源于 19 世纪末叶的哲学家和数学家皮尔斯，主要代表人物是美国的詹姆斯、杜威、刘易斯和胡克等人。实用主义伦理学是一种典型的自然主义道德理论，它的基本理论是反对任何绝对的目的和理想，主张"有用即真理"，强调手段的现实价值和人生的相对性意义。实用主义伦理学与传统经验主义尤其是近代功利主义伦理学有着密切的关联，也是现代美国精神的伦理化。从 20 世纪 60 年代左右开始，实用主义伦理学一方面与现代自然主义相互渗透；另一方面又向马克思主义靠拢（胡克等人的实用主义的马克思主义），至今仍极有影响。

所谓自然主义伦理学，是指在现代新实在论哲学基础上发展起来的一种伦理学理论，它主要指桑塔耶那的道德实在论，培里的价值"兴趣论"，以及福特等人的新自然主义等。这派伦理学发展了传统经验论特别是 19 世纪的实在论哲学，并将其贯彻到道德研究领域。强调道德生活经验（实在、兴趣或利益等），反对形式主义方法，追求普遍一般的道德原则和价值标准，是该派伦理学的主要特色。

精神分析伦理学是现代西方伦理学发展的一个特殊领域的代表，也是继存在主义之后又一个极有影响的思想流派，其主要代表有弗洛伊德和弗洛姆。前者是现代精神分析思潮的泰斗，后者是把精神分析学与马克思主义调和起来的著名人物。精神分析伦理学的最大特色是开辟了从人的无意识心理场去探索人类道德现象的新途径、新领域和新方法，强调人的自然本能对行为的支配作用；建立了一种独特的道德心理主义分析方法。

现代人本主义伦理学是现代西方伦理学史上最引人注目的道德思潮。它不仅有其深刻的理论影响，而且也有着广泛的历史影响和现实影响。因此，从一定的意义上来说，它代表着整个现代西方伦理学发展的主流。

（3）宗教伦理学的发展

与前两条基本线索相交织的第三条脉络是现代西方的宗教伦理学发展。它主要包括新托马斯主义伦理学、人格主义伦理学和新正统派（或称新正教派）伦理学。现代西方的宗教伦理学发展与传统宗教有着千丝万缕的联系，但已有许多更新和不同。同时，这一流派也是整个现代西方伦理思想发展史中的重要组成部分。

新托马斯主义以马里坦为核心代表，它曾是罗马天主教会的官方哲学，早在19世纪末叶由罗马教皇通谕建立，但真正发生影响还是在第一次世界大战以后。新托马斯主义伦理学的基本理论是：改造传统基督教神学和经院哲学，以适应现代资本主义的社会需要；它以上帝为中心，把人道主义宗教化，宣扬以"教会的道德权威"来拯救"威胁的现代文明"。

另一个现代宗教伦理学派是以鲍恩、霍金等人为代表的人格主义伦理学。它以道德伦理为中心，其影响与新托马斯主义伦理学难分伯仲。人格主义流行甚广，几乎遍及西方主要资本主义国家，其中以美国为最。人格主义伦理学的特点是把个体的人格价值和道德品质绝对化、普遍化，并以现代信仰主义为依托，把宗教道德与自由人格的实现（即所谓"道德之再生"）作为解决一切社会矛盾的根本道路。因此，人格主义伦理学既是一种新的宗教信仰主义，也是一种特殊的道德至上主义或伦理社会主义。

新正教派伦理学也是现代宗教伦理学中的一个重要派别。它产生于第一次世界大战之后，流行于欧美地区，其创始人是瑞士神学家巴尔特。此外，美国的莱因·尼布尔等人也是其重要代表。新正教派伦理学主要是借助于第一次世界大战以后的资本主义战争危机所带来的各种非道德现象，综合马丁·路德、加尔文及 19 世纪丹麦神学家克尔凯郭尔的一些观点，来解释当时的西方道德现象，把现实的灾难和痛苦归诸人性的沦丧和世俗的苦难，从而树立上帝与天国的绝对价值地位。

总之，现代西方宗教伦理学的发展从不同的方面延续着传统宗教神学的精神，不同的是，它们各自抓住现代西方社会的某一现实问题，特别是针对现实中的某些阴暗面，来发展和巩固宗教道德的世俗地位。这一方面反映了现代西方社会所面临的现实疑难和本身的内在矛盾；另一方面，又表明了现阶段宗教伦理学存在的客观性和复杂性。

3. 当代发展阶段

20 世纪 60 年代以后，现代西方伦理学进入了一个新的发展阶段，各种流派层出不穷，令人目不暇接，但综合起来，不外乎这么三个基本趋势。一是规范伦理学传统的复归。代表这一趋势的有当代进化论伦理学、新新功利主义伦理学以及以罗尔斯为代表的社会政治伦理学。二是现代科学技术伦理学。如当代的"行为技术伦理学""生命伦理学"等。三是基督教伦理学。如弗莱彻尔的基督教"境遇伦理学"等。此外，在当代科学大分化与大融会的新背景下，还出现了许多新兴的与伦理学有密切关系的学科，如阐释学、人类文化学、行为科学、遗传生物学等，这些都是我们研究现代西方伦理学所需关注的问题。

### （二）现代西方伦理学的一般特征

尽管现代西方伦理学发展的历史只有短短的一个多世纪，但它的内涵如此丰富和复杂，以至于常常使人们感到无从把握、眼花缭乱。因此，从这种复杂的思想格局中探索一些基本特征和规律，是我们准确系统地把握现代西方伦理思想发展所应当具备的理论条件。从前面备述的现代西方伦理学的流变历程中，我们至少可以窥见这样一些基本特征和规律。

1. 非理性主义

非理性主义是现代西方伦理学的普遍特征之一，而从传统理性主义到现代非理性主义则是现代西方伦理学发展的基本规律和趋势。

这种非理性主义特征首先表现在现代人本主义伦理学中。从叔本华开始，几乎所有的人本主义伦理学派（除新康德主义和新黑格尔主义外）都把矛头指向了以康德、黑格尔等人为代表的近代理性主义伦理学传统。叔本华直接指斥康德颠倒了人类道德的基础，认为这一基础绝对不是什么"普遍理性"，而只能是无理性的个人生命意志。尼采进一步把这种意志伦理极端化、绝对化。同样，以柏格森为代表的生命伦理学把人类道德的本原还原成生命本能的冲动，并以神秘的直觉排斥理性认识的道德作用。肇始于丹麦神学家克尔凯郭尔的存在主义伦理思潮，首先是以反黑格尔为其理论的批判前提的，从海德格尔到萨特无一不是执着于非理性主义的方法论原则，以人的本体存在代替人的理性本质，力图创立一种绝对自由的存在主义本体化伦理学。至于以弗洛伊德为代表的精神分析伦理学，这种非理性的特征就更为明显了，道德和道德行为成为纯粹的个人生理性本能的心理升华，即从"本我"趋向"自我"和"超我"。

其次，现代西方的宗教伦理学也表现出反理性主义的伦理学特征。在这一点上，现代宗教伦理学仍然保持了传统宗教的道德信仰主义传统。从新托马斯主义、人格主义到当代基督教的"境遇伦理学"都是如此，甚至连某些有神论的非宗教化伦理学理论（如有神论的存在主义等）也主张信仰高于理性、宗教优于道德。克尔凯郭尔曾经把人的生活分为情感的、道德的、美学的和信仰的四个境界，认为信仰是人类生活的最高境界。值得注意的是，虽然现代宗教伦理学把传统的道德信仰主义打扮得更加精致和圆通，但本质上都是反理性主义的。这一倾向，使现代宗教伦理学与现代人本主义伦理学之间常常出现许多默契和一致（如萨特与克尔凯郭尔）。

此外，非理性主义特征也表现在现代科学主义伦理学派的理论中。这些派别打着科学的旗号，却并不承认理性对道德的积极作用，相反，他们常常把事实与价值对立起来，或把伦理学视为某种人类的情感表达；或干脆把它视为某种语言的逻辑判断；甚至把伦理学与宗教等同视之（如维特根斯坦）。这种做法实际上也是把伦理学当作一种非理性的情感产物，它所蕴含的非认识主义同样带有非理性主义色彩。

现代西方伦理学的这种非理性主义特征，并不是一种偶然的理论现象，它的出现有着深刻的社会物质根源和认识论根源。如前所述，现代资本主义社会各种矛盾的交错和激化所带来的民族战争、经济危机、道德紊乱以及由此造成的种种社会心理变态，都为非理性主义道德因素的萌生提供了适宜的气候和土壤。如果说这种社会现实背景直接铸造了现代人本主义伦理学的非理性和反理性特征的话，那么，对这种社会文化背景中科学技术的发展及由其带来的消极社会后果的狭隘认识，则间接成为现代科学主义伦理学从科学的出发点滑向非科学、非认识的伦理学结论的认识论根源，因而导致它人为地割裂了事实真理与道德价值、自然科学与社会人文科学之间的内在客观联系，最后陷入了哲学科学主义与伦理学的非认识主义的矛盾之中。

2. 形式主义

形式主义是现代西方伦理学的另一特征，它反映着现代西方伦理学由传统规范伦理学向元伦理学发展的又一规律和趋势。

形式主义特征主要表现在科学主义伦理学中。自摩尔首次在《伦理学原理》一书中明确把伦理价值（善）与自然事实分裂和对立起来以后，便开始了规范伦理学与元伦理学的两极分化，也因此出现了一种形式主义的伦理学理论倾向。科学主义伦理学派普遍主张用非自然主义（non-naturalism）的方法来研究道德价值问题，反对以自然属性（进化、快乐、欲望等）来规定伦理学概念。他们认为，伦理学的根本宗旨不在于解释事实真理，而在于研究道德语言（"人工的"或"逻辑的"与"日常的"）、逻辑、句法、语词等表达形式、功能、结构，分析道德概念彼此间的联系、规则，以及道德价值判断与科学事实描述的区别等。对此，他们之间又分为人工语言分析学派（罗素、卡尔纳普等）与日常语言分析学派（维特根斯坦后期、艾耶尔、史蒂文森、黑尔、诺维尔－史密斯等），但无论是从哪一种形式入手，所有的分析伦理学都表现出一个共同的特点，即对传统规范伦理学的鄙视和对形式化（逻辑化）的元伦理学的推崇。

现代科学主义伦理学的这一形式主义特征在根本上是对传统规范伦理学的反动，它所主张的逻辑实证原则和分析原则与传统伦理学的经验论方法或唯理论方法都是大相径庭的。从表面上看，它们与传统伦理学尤其是近代伦理学都表现出某种科学主义的倾向，但由于对科学方法论的不同理解和应用，导向了不同的理论结局。近代思想家们崇尚科学，但并不把价值科学排斥在科学王国之外，相反，现代科学主义的思想家们却把对科学的崇尚推向了极端，以至于把科学与价值截然分割并对立起来，这一认识的片面性使他们模糊了自然科学与社会科学之间的共同联系与不同特质，狭隘地主张以唯科学主义的方式来忖度和处理一切学科，企图把伦理学建成一门像数学和逻辑那样具有严格逻辑程序的学问，结果适得其反，科学主义的出发点带来的却是非科学的伦理学结论，使伦理学这门实践性学问成为无血无肉的逻辑骨骸和语言空壳。

客观地说，现代科学主义伦理学对道德语言、概念和逻辑等方面的研究是有其合理价值的。在一定意义上，这种倾向源自对传统规范伦理学缺乏严谨科学性的不满，代表着一种现代科学化的理论进步。它对于人类语言，特别是道德语言的研究无疑有着深刻的启发意义。长期以来，人们对自身语言的发生史和发展史，对语言的表达意义与表达对象之间的联系，以及道德语言的特殊形式和它所蕴含的价值指向与表达方式等都缺乏深入的研究，当人们说"张三是个好人"或"张三应该是个好人"的时候，他们并没有注意到"好"这一价值词的特殊功能（是指身体健壮，还是指其外表漂亮，抑或是他的内在品性的高尚？……），更没有意识到这两种语言表达之间隐含的一个重大差别，即"是然"（to be）与"应然"（ought to be）的不同，实际上，它们分属于事实真理与价值判断两个迥然不同的领域。正是基于对这种区别和它的意义的充分意识，现代科学主义伦理学家们倾心于人类一般语言与道德语言的研究，并确实用他们无可争辩的理论成果给我们提供了大量有益的启示。从这一点来看，现代科学主义伦理学的合理性和进步性也是毋庸讳言的。

然而，问题在于，科学研究的价值不只是建构某种理论程序和系统，更重要的是它所提供的方法对于人类实践的意义，伦理学尤其如此。人类道德发展的历史证明，作为一门以人类道德生活为对象的特殊价值科学，伦理学有着十分强烈的现实实践性和规范性。它不仅是一种道德价值理论，也是引导和规范人类道德认识和行为及其相互关系的实践科学；就此而论，康德把伦理学视为一种"实践理性"的主张依然是正确的。而且，道德的规范性是把道德理论原则付诸人们的具体生活实际的中介。因此，道德的纯粹理性与实践理性的统一，理想引导性和现实规范性的统一，才是伦理学体系的完整构成。任何脱离实践的理论或缺乏严密科学的理论而失之于简单经验描述的做法都是不可取的。① 如此看来，现代科学主义伦理学的失误，并不在于它对伦理学科学性的强调，而在于把这种强调片面化、孤立化，忽略甚至否认了伦理学的实践规范性本质，使其成为脱离实际的纯理论形式。因之也就丧失了伦理学本身的存在意义和科学价值，这才是它留给我们的理论教训。

3. 个人本位主义

个人本位主义是现代西方伦理学的一个突出特征，它标志着传统利己主义的新的复活和对以柏拉图、黑格尔为代表的社会总体主义的反动。

从根本上说，个人主义是资产阶级伦理学的本质特征。但这绝不意味着所有的资产阶级伦理学家都作如是观。事实上，在近代西方伦理学史上，历来就存在着利己主义与利他主义、个人主义与社会整体主义（或国家主义）的争论。黑格尔的伦理学是后一种伦理倾向的典型代表，他强调理性，贬低感性；强调客观必然性，轻视主观偶然性；强调社会伦理高于个人道德（黑格尔认为道德与伦理是有区别的，前者与个人相联系，后者是社会整体和关系的反映，且后者高于前者）。尽管黑格尔也不乏对个人利益和情感的论述，但总的倾向是一种为集权政治服务的社会伦理总体主义；这突出表现在他把一切都纳入"绝对观念"的必然性运动轨道，使个人处于社会普遍必然性的

---

① 关于伦理学的本质或特征，是 20 世纪 80 年代国内理论界争论颇为激烈的难题之一。在这里，笔者依然主张这样的观点：伦理学是一种"实践理性"，它不仅具有其本身的理论逻辑性，而且更重要的还在于它自身的实践性和规范性；当然，这种规范性特征并不是其全部本质，而且对伦理学规范性本身的理解也有待深化，这是需要专题讨论的问题。

绝对支配下，忽视了个体的自由主体性和人格价值。对这种理论倾向的直接反动，构成了现代西方人本主义伦理学转向个人本位主义的最初动因。回顾一下从 19 世纪下半叶的叔本华、克尔凯郭尔、尼采，到 20 世纪的萨特、杜威等著名伦理学家，几乎都把攻击的矛头指向了黑格尔。叔本华与黑格尔公开的分庭抗礼，表现出对黑格尔哲学和伦理学的最初蔑视。克尔凯郭尔更具体地批判了黑格尔的国家总体主义，他尖锐地指出："我们的任务并不是把个人当作别人的牺牲品加以放逐，而是要描述每个人的平等状态，并把他们统一起来，而统一的中介物就是存在。"① 又说："个人绝不意味着这样，即一切都是锁链上的一环。"② 相反，"'个人'是这样一个范畴，……这个时代、一切历史以及整个人类都必须通过它"③。更耐人寻味的是萨特对黑格尔辛辣的讥讽，他说，黑格尔"建筑了一座观念的宫殿，自己却躲在茅棚里"④。并说："即便是黑格尔忘记了他自己，我们也不能忘记黑格尔。"⑤ 这种对黑格尔伦理学总体主义的诘难和对以个人为中心本位的极端强调，不仅限于克尔凯郭尔、萨特等存在主义者，而且也是现象学伦理学、西方马克思主义，乃至于一些分析伦理学家的共同呼声。同时，现代西方伦理学的个人本位主义已经不是对传统个人主义或利己主义伦理学的简单复兴，而是一种本体化（存在主义）、实体化（自然主义）和非理性化了的个人本位主义。

---

① S. Kierkegaard, *Concluding Unscientific Postscript* ( Princeton University Press, 1944), p. 311.

② S. Kierkegaard, "Diary," in *Concise Dictionary of Existentialism* ( New York: American Philosophical Library, 1960), p. 51.

③ 〔丹麦〕S. 克尔凯郭尔：《观察点》，转引自高宣扬《存在主义概论》，香港天地有限图书公司，1979，第 103 ~ 104 页。

④ 〔法〕萨特：《辩证理性批判》第一卷第一分册《方法论问题》，徐懋庸译，商务印书馆，1963，第 9 ~ 10 页。

⑤ J – P. Sartre, *Being and Nothingness*, trans. by T. Barns ( London：Mathun Ltd. Company, 1957), p. 243.

现代西方伦理学的个人本位主义特征及其特殊的理论意义是有其独特的社会文化基础的。由于现代西方资本主义社会朝着高度垄断化、整体化方向疾进，科学技术和社会经济的客观物质力量日益强化，加上对战争的恐惧，个人自身的主体性陷入社会与战争的峡谷之间。面临着赫然巨大的外在世界的威胁和压抑，人们真切地感受到自我生命存在的"眩晕"和恐慌。因此，寻求自我生命的真实意义和超越，以及自我价值的实现，就自然而然地成为人们普遍关注的生活主题，现代西方人本主义伦理思潮恰恰适应了这一普遍的社会心理。值得特别提及的是，现代西方伦理学的个人主义与传统伦理学利己主义的差别，不单体现在两者所反映的社会背景的不同，而且各自的内涵也有着不同的层次：传统伦理学利己主义往往局限于生活经验的层次，反映的是一种物质利益要求；现代西方伦理学个人主义则不只如此，而是立足于个人生命的存在和价值，从本体论角度来反映个人的精神要求。这种差异正好说明了在自由资本主义时期与科技现代化时期内，人们在道德生活中的不同需要和体验。对于现代西方社会来说，人们关心的远不是物质生活的满足和享受，以高消费为标志的现代西方生活方式足以使普通人获得基本的物质生活满足。但是，动荡的社会环境与战争带来的恐怖给人们造成的心理失调和精神空虚是西方社会本身难以解决的，这些精神因素铸造了现代西方伦理学个人主义的特殊内容。

4. 道德相对主义与非历史主义

道德相对主义与非历史主义是西方伦理学的共同理论特征。从近代绝对主义和历史主义伦理学传统转向道德相对主义和非历史主义，是西方资产阶级伦理学发展的共同趋势，它首先表现在现代人本主义伦理学的理论中。"重新估价一切"——尼采是这一倾向的突出代表，他反对一切传统价值体系，主张"重新估价一切"，一切价值和道德都是"超人"的自我创造。萨特也主张唯有个人的绝对自由和选择才是道德的基础和"价值的唯一来源"。而实用主义伦理学则更加露骨地宣扬"有用即真理"的道德工具论。

与此殊途同归的是，科学主义伦理学也在反规范的基础上，把道德诉诸人的主观情感、愿望和心灵状态的表达；同时，他们反对用传统的历史主义方法来处理道德问题，赖欣巴哈就明确指出，科学哲学（包括伦理学）的目的就是"摆脱历史主义而用逻辑分析方法达到我们今天的科学结果那样精确、完备、可靠的结论"①。

显而易见，现代西方伦理学的各种流派，都已经摒弃了传统伦理学所追求的绝对主义方法和曾经包含的某些合理的历史主义洞见（如黑格尔的伦理学），它们漠视道德的历史连续性和继承性，片面强调道德的创造性和更新性，使道德理论孤立化、主观化和相对化。这种片面否定传统文化价值和道德普遍性的极端，造成了现代西方伦理学的一种主观情绪倾向的泛滥，也使它自身陷入重重矛盾之中。当今出现的一些新的道德理论（如罗尔斯的正义论）和其他哲学文化学（如阐释学、人类文化学）正是在意识到这一矛盾困境的情形下，重新转向历史遗产和文化传统，开始了传统伦理学的复归。这一方面反映出现代西方伦理学发展的艰难曲折，同时也给我们提供了一个历史的经验。

前面谈到，现代西方伦理学流派众多、演化复杂，因此，探究现代西方伦理学的演变规律和一般特征，确乎是一件十分艰巨的工作，我们上述几个方面的扼要概述仅仅是一种初步的管窥蠡测而已。

## 四　现代西方伦理学的研究方法

西方伦理学的研究历来是我国理论界的一个薄弱环节，对其现代发展的研究更是如此。如果说在西方古典伦理学的研究上还多少取得了一些初步成果的话，那么，应当承认我们对现代西方伦理学的研究

---

① 〔德〕H. 赖欣巴哈：《科学哲学的兴起》，伯尼译，商务印书馆，1983，第251页。

还只是处于起步阶段。与哲学、美学、社会学等社会科学领域相比，这种落后状态是一目了然的。我们不仅在原始材料和学术信息上十分贫乏，即令是人们对研究现代西方伦理学的迫切性与重要性的自觉意识也远不如其他学科领域敏锐和深刻。这显然给当代的伦理学研究者们提出了一个十分严肃的课题：面对改革开放的社会局面，伦理学如何实现面向世界、面向未来、面向现代化呢？

正确回答上述问题当然需要多种努力，但我认为首先要探讨研究现代西方伦理学的方法论和态度问题，这是我们深入开展现代西方伦理学研究的首要关键所在。

探讨研究现代西方伦理学的方法，必须要解决好两个关系：一是马克思主义的一般方法论与现代西方伦理学的具体研究方法的关系问题；二是西方现代道德文化与中国传统道德文化和马克思主义伦理学的关系问题。

毫无疑问，马克思主义的历史唯物主义方法依然是我们研究现代西方伦理学的基本方法论原则，但必须把历史唯物主义的一般方法论具体地运用到现代西方伦理学史研究这一特殊的观念领域。换句话说，一般方法论原则并不能代替特殊学科的具体研究方法，这是我们历来没有透彻认识的一个重大理论问题。因之，常常造成一些具体的人文社会学科，特别是具体学科的历史研究的方法流于抽象和空泛。

历史唯物论是马克思主义为我们提供的认识人类社会历史的科学方法，同样也是我们研究人类社会各种文化观念历史的科学方法论基础，它具有普遍的科学指导性。现代西方伦理学史的研究也不例外。历史唯物主义基本方法论的要求，是对人类社会及其各种文化观念的产生、发展进行唯物的、客观的、辩证的和历史的解释。它告诉我们，任何社会的道德现象（活动现象、关系现象及意识现象）都是一定历史时代里人类社会的经济发展和人们社会交往关系的产物，它既是一种形成于社会经济基础之上的上层建筑，也是受社会存在制约和影响的社会意识形态。现代西方伦理学作为一种系统化、理论化了的道德理论，在根本上也不外是现代西方社会经济和文化发展的产物，是人们经济交往关系和社会心理的道德反映。这是我们研究现代西方伦理学首先必须坚持的出发点。

但是，任何理论的产生，并不是社会经济状态的简单"摄影"。现代西方伦理学的种种理论作为一种道德事实的历史反映，除了有它特定的社会历史背景以外，还有着许多其他文化影响因素和理论中介，诸如思想家们本身的理论修养和旨趣、传统文化的影响，以及各种社会思潮的相互影响等。而且，就西方伦理学史研究本身而言，也有其独特的内容和形式，因之也要求有其独有的具体方法。我们对现代西方伦理学的研究是将其作为一门历史观念现象的研究。对这一观念的历史形成、发展、变化，对它所出现的各种新的理论形式及它所反映的特殊内容等，都要求我们不能简单地套用一般的历史研究方法，否则，我们就只能得到简单的平面性结论，对现代西方伦理学的科学研究也就成了空想。此其一。

其二，研究现代西方伦理学还有一个如何处理西方现代道德文化与中国传统道德文化的关系，以及它与马克思主义伦理学的关系问题。任何民族的道德传统既是一种独特的文化构成，也是一个开放性的文化系统。人类几千年的文化发展史证明，各个不同区域、不同民族、不同阶层或社会集团在文化观念上总是相互渗透、相互影响的，其中既有排斥或差异，也有融合或同化。任何封闭自守、盲目排斥的做法都会损伤乃至毁灭自身文化的发展，伦理学理论也是如此。因此，开放是社会文明进步的必要条件之一，而且，"对外开放作为一项不可动摇的基本国策，不仅适用于物质文明建设，而且适用于精神文明建设"①。中华民族是一个具有悠久道德文化传统的民族，这种传

---

① 《中共中央关于社会主义精神文明建设指导方针的决议》，人民出版社，1986，第7页。

统在中华民族的文明史上产生过积极的历史作用。同时，也应当看到，由于它主要地形成于中国封建社会，不可避免地带有其历史局限性。就中国传统道德文化而言，这种局限性主要表现为它在社会功能上的保守性、封闭性以及理论形式的陈腐性；过于守旧，强调绝对人伦关系的和谐和等差、弱于进取、重义轻利等，在客观上造成了它特有的历史惰性和消极作用。对此，我们一方面需要用马克思主义加以历史的批判改造；另一方面也要正视我们所面临的世界道德文化环境，从现代西方伦理学理论中摄取有益的成分（如语言学研究成果、一些理论观点的合理因素以及研究方法等），充实和提高中华民族的道德文化观念，为其输入新鲜的活力。当然，这丝毫不意味着"全盘西化"、生吞活剥，而是在科学批判的基础上吸收、改造和利用，这是我们解决中西文化和道德传统交汇冲突的基本方法和态度。交汇无可避免，冲突也是必然的，关键是在这两个不同特质的文化系列中寻找同一相容的因素，这与我们过去片面夸大两者间的对立或一味主张"以西化中"的两个极端做法都是不相同的。就此而论，研究现代西方伦理学不仅是一种人类现代文化发展的客观必然性要求，同时也是我们发扬和建设中华民族的社会主义现代道德体系的必要。

马克思主义是我们建设社会主义道德理论的指导方针，我们建设的是具有中国特色的马克思主义伦理学。因此，在探讨现代西方伦理学的方法问题时，还不能不回答如何处理好这种研究与马克思主义伦理学的关系问题。马克思主义的道德理论是科学的思想财富之一，遗憾的是，由于历史条件的限制，马克思主义创始者未能完成其伦理学理论体系的建构。这与他们的历史唯物主义哲学有些不同，也需要我们在马克思主义的基础上建立马克思主义的伦理学体系。完成这一理论使命首先当然是结合中国的实际（包括中华民族的道德传统和中国革命与建设的道德实践经验），一如中国共产党人把马克思列宁主义的普遍真理与中国革命的具体实际相结合，从而创造了具有中国特色的马克思主义理论——毛泽东思想一样。同时，也要联系现代西方伦理学发展的现实，回答西方各种伦理学流派所提出的新问题。现代西方种种伦理学是马克思主义诞生以后所出现的世界伦理学潮流，它们以各种不同的形式提出了许多有待解答的新课题，有的甚至直接向马克思主义提出了公开的挑战（如存在主义、实用主义和新弗洛伊德主义等）。回避是不明智的，也是不可能的，唯一的办法是直面现实，批判地分析现代西方伦理学，吸取其精华，扬弃其糟粕，使马克思主义伦理学获得健康充实的发展生命力。因此，研究现代西方伦理学的根本目的是建设和发展马克思主义伦理学。

明白了上述两个关系，就可以进一步探讨现代西方伦理学研究的具体方法了。对此，由于目前的条件限制和我们认识水平的局限，不可能取得统一的全面的意见，仁者见仁、智者见智的局面在所难免，我在此仅仅是将个人的初步研究结论提供给大家讨论而已。

笔者以为，对现代西方伦理学研究方法问题可以做下面几个方面的理解。

第一，宏观总体与微观具体的系统研究方法。

现代西方伦理学的研究是一种总体性的历史研究，首先必须有宏观总体的准确把握。这里所谓的宏观总体有两层含义。一层含义是从横向维度把握现代西方伦理学的总体图景，它包括现代西方伦理学的不同类型、派别、各派之间的联系，以及它们所倚赖的历史文化条件等。全面地把握这些要素，才能把握现代西方伦理学的宏观框架，为具体研究确定一个基本的"坐标"。另一层含义是从纵向方面系统地把握现代西方伦理学的形成、发展演变的趋势和规律性，达到对它的动态理解。同时，也要把它放入整个西方伦理思想发展史的长河里加以历史的比较分析，以获得对每一个流派、每一个思想家的理论乃至于某一种理论观点的历史理解，弄清它们递嬗的内在逻辑和历史价值。这是研究历史观念所特别需要的步骤，缺少这一点，我们对现代西方伦理学的研究就会流于一般性的概论，横向把握与纵向把握的有机结合就是所谓的宏观总体理解，亦即对现代西方伦理学的客观必然性与一般规律性的综合理解。

所谓微观具体是与宏观总体相对而言的，后者是一种大系统的一般概览，前者是对这一大系统中的各子系统的特殊研究。它包括三个方面。其一是"中介"的具体把握。我们知道，任何一种理论的形成，既不是先验主观的产物，也不是纯客体的简单临摹；它是有目的、有意志、有情感的认识主体对认识对象的能动意识和思维抽象的产物。从主体到对象，从认识到理论，从现象的经验观察到本质的理论概括，其间存在着各种复杂的中介因素，如思想家的认知方式、表达方式、生活方式及研究境况等。同时，思想家个人的文化修养、传统因袭、情趣爱好等因素，也是影响其理论形成和特质的中介因素；对于伦理学家来说，这些中介因素的影响程度就更为明显了。如现代元伦理学理论的出现，就不单是现代科学技术发展所造成的，它除了受到逻辑实证主义哲学的影响外，还与许多思想家个人的生活特性、职业及思维方式有着密切的联系。众所周知，罗素不仅是一位哲学家、思想家，而且首先是一位杰出的数学家。

其二是偶然性的具体把握，这就是说，我们不仅要研究现代西方伦理学的客观必然性和一般规律性，同时要研究它所包含的各种偶然性和差异性。用存在主义者梅洛－庞蒂的话说，就是不单要研究事物的"积分"和"常量"，也要研究其"微分"和"变量"①。任何事物的产生和发展有其客观必然性，也伴随着偶然性原因。作为一种历史观念现象，现代西方伦理学的具体成因也包含着许多主观偶然性因素，也正是这种因素带来了现代西方伦理学的丰富多样性。只要我们

---

① 参见萨特《辩证理性批判》第一卷第一分册《方法论问题》，徐懋庸译，商务印书馆，1963，第107页。

稍微留意一下现代西方伦理学演变的内幕，就不难发现这样一些现象：在同一哲学和伦理学的旗帜下，会出现许多不同的甚至是相反的见解。萨特说得妙，有多少存在主义者，就有多少存在主义。这种理论的差异性无疑是思想家们主观性差异的直接印证，只有承认这一点，才可能解释为什么在相同历史文化背景下产生不同流派或同一流派中的不同见解这些理论现象。进一步说，即使某一个思想家的伦理思想发展也常常受到某些偶然性因素的左右。罗素就是一个突出的例子，他早期坚定地奉行着摩尔的伦理学主张，可是，当他的观点遭到自然主义者桑塔耶那的抨击时，这一意外的思想触动，却驱使罗素改变了自己的伦理学方向，由直觉主义转向情感主义，用非认识主义的方法取代了认识主义的方法。[1] 这一理论现象无疑是十分耐人寻味的。

其三是具体综合性理解。现代西方伦理学的产生和发展不是一种孤立的理论现象，它与现代西方的文学、美学、宗教、艺术及其他新兴学科都有着交叉联系，完全撇开这些相互性联系，不可能真正了解现代西方伦理学的发展。比如说，曾经风靡全球的存在主义思潮就不仅是作为一种哲学或伦理思潮而流行的，而且也表现在文学、艺术、音乐乃至某些社会阶层的生活方式之中，如果不全面地了解这些有关的因素，就无法揭示存在主义伦理学的全部内容。当然，作为一门专门性的历史观念研究，我们不可能在研究现代西方伦理学时，把其他相关学科中的道德见解、材料等包揽无余，这不可能，也无必要。但对一些典型的学派和思想家，这种具体的综合性研究却是不可缺少的一环。

总结起来，我们对现代西方伦理学的系统研究方法，是宏观总体与微观具体相互结合的系统方法，也是对现代西方伦理学的社会客观性与主体的主观性、历史必然性与观念现象的偶然性、一般规律性和

---

[1]　W. Sellars and J. Hospers, *Readings in Ethical Theory*, Second Edition( Englewood Cliffs, N. J. :  Prentice – Hall,  Inc.  1970) , p. 3.

具体理论的特殊性的系统理解。这也是我们研究现代西方伦理学（史）所要达到的基本目标。

第二，道德历史主义的研究方法。

道德历史主义的方法，就是坚持历史唯物主义的立场，辩证地、历史地看待历史上一切道德观念和道德理论。恩格斯曾经在分析阶级社会里各阶级的道德状况后深刻地指出："我们驳斥一切想把任何道德教条当做永恒的、终极的、从此不变的道德规律强加给我们的企图，这种企图的借口是，道德的世界也有凌驾于历史和民族差别之上的不变的原则。"① 这就告诉我们，对任何道德理论的研究，必须坚持道德历史主义的基本原则，对阶级社会里的道德理论现象更应该坚持科学性、历史性与阶级性的统一。既要反对一切道德相对主义和抽象原则，也要坚持把坚定的党性原则与科学的历史态度结合起来，杜绝道德虚无主义。

因此，道德历史主义的方法包括两个基本方面的内容：一方面是求得科学性与阶级性的统一；另一方面是把历史的态度与辩证的分析结合起来。前一个方面要求我们，研究现代西方伦理学必须实事求是，首先必须在全面了解和掌握现代西方伦理学的实际状况的基础之上，对各种伦理学流派的思想、史料和社会影响进行具体地分析、反省和筛滤，以科学的尺度去全面估价其理论价值（包括积极可取的与消极落后的）；同时，把科学研究的尺度与阶级分析的方法结合起来，并使之统一。问题在于，要正确理解所谓"阶级分析方法"，特别是在现代西方社会的政治经济背景下，"阶级"这一范畴已经有新的变化。比如说，第二次世界大战后，美国蓝领工人与白领工人的比例就与第二次世界大战前有着很大的变化。因此，阶级分析绝不是某种僵死的狭隘的教条运用。而且，人类社会历史发展的大背景比某种阶级

---

① 《马克思恩格斯选集》第 20 卷，人民出版社，1972，第 103 页。

性背景更为根本。所以，列宁说："判断历史的功绩，不是根据历史活动家有没有提供现代所要求的东西，而是根据他们比他们的前辈提供了新的东西。"① 这一论断包括了极为丰富的思想，其中之一就是要我们以历史发展的眼光去审视、评价历史现象。

　　事实上，认真研究某一伦理学或某一伦理学派的思想，从历史发展的高度去评价其理论价值，要比简单地进行阶级定性分析复杂和困难得多。而且，从根本上说，没有一定的定量分析（史料等）和历史分析，阶级定性分析也就会成为无理由的判断，也不可能获得其正当性和权威性。就现代西方伦理学而言，各种流派和人物的思想大都形成于复杂的社会环境之中，各自的理论层次、角度和影响也大不相同。这种状况要求我们必须耐心地考察和分析，否则，就会失之毫厘，谬以千里。比如说，对萨特存在主义伦理学的评价，我们必须从它所特有的社会历史背景中把握它的特质，同时又要从历史发展的角度考察它的历史地位和理论意义。一方面是它作为第二次世界大战以后法国小资产阶级市民阶层，特别是小资产阶级知识分子的心理情愫与道德心理的真实写照，确乎在根本上没有脱离其阶级局限；另一方面也要看到，由于它积极大胆地反映了当时资本主义社会的现实矛盾，尤其是由于马克思主义和世界社会主义阵营的某些积极影响，萨特在一定程度上超脱了自己所属的时代和阶级，对世界被压迫民族和人民的正义斗争寄予了人道主义的同情和声援，这些行为都使他的思想在某些方面超过了他同时代的和他以前的思想家。同时，他对伦理学本体化的改革、对人们道德的心理分析、对人的"总体化研究"以及对一些现代"马克思主义者"的诘难，在很大程度上都有着无可争议的合理意义。只有这样看待萨特和他的伦理学，才能得其实质、防止偏颇。

---

① 《列宁全集》第 2 卷，人民出版社，1984，第 154 页。

道德历史主义的方法还要求我们坚持历史性与辩证法的具体统一。研究现代西方伦理学，无疑要了解其理论渊源和历史发展，研究它与西方传统伦理学乃至于整个西方传统文化的联系，这就需要以辩证的眼光来看待它与传统文化和传统道德理论之间的继承性与更新性。一般说来，现代西方伦理学的各种理论或流派总是以与传统的理论相对立的面貌出现的，现代人本主义伦理学对传统理性主义的反动，现代元伦理学对传统规范伦理学的否定，都是如此。这种现象似乎给现代西方伦理学以一种彻底反传统的面貌。然而，这只是问题的一个方面。否定传统是一种理论发展的间断和突变，没有传统的否定也不可能有观念的更新和发展。人类文化观念的发展史与人类社会历史的发展一样，总是在否定中肯定，在连续中突变飞跃，从而求得自身的历史发展。但是，任何传统的否定绝不是全然抛弃，它既有否定，又有否定之否定，即在否定中重新肯定，在新的肯定中不断否定，这就是传统与革新的辩证法。现代西方伦理学的发展也是如此。它确实摒弃了传统伦理学的许多重要因素，然而，它与传统伦理学依然有割不断的联系。更值得注意的是，现代西方伦理学也在反复中发展，并在一段长期的探索后，又在许多方面重新返归到传统。从传统规范伦理学到现代元伦理学（反规范或非规范伦理学），又从元伦理学复归于规范伦理学的曲折历程，就是其辩证历史发展——"肯定→否定→否定之否定"的逻辑范例。因此，只有把历史性与辩证性统一起来，才能达到对现代西方伦理学发展的科学了解，达到历史与逻辑的统一。

第三，史料的阐释学理解方法。

如前所述，现代西方伦理学研究是一种文化观念史的研究，也正是在这个意义上，我将本书定名为《现代西方伦理学史》。对一种理论、观念的历史研究，首先必定遇到的是如何运用和处理其历史材料的问题。史料是我们研究的基本对象，尽管现代西方伦理学史料并不悠久，但对于任何一个历史研究主体来说，他所面临处理的材料都具有其历史性意义。而且，从绝对的意义上说，现代西方伦理学本身也是一种传统道德理论的重新阐释、重新建构的过程。因之，研究现代西方伦理学，在纯理论的意义上也就是一种阐释的再阐释。

阐释学是当今西方理论界的一个热门论题，简单地说，"阐释学可以大致地定义为意义解释的理论或哲学"①。它是由欧洲大陆的一些哲学家和思想家以及文艺批评家所创立发展起来的新兴方法论科学。按人们通常的说法，它最早源于狄尔泰和稍后的海德格尔，当代最著名的代表人物有伽达默尔、哈贝马斯、贝蒂、利科等。

阐释学的基本宗旨在于确定并理解语词、语句、文本（text）的意义内容，在既有的语言、本文等象征形式中发现各种意义的启迪，达到对本文的历史性阅读。② 本文的阅读过程，也就是一种理论阐释和文化建构的过程；是通过文字去发现人物、世界和历史的过程。无论人们对阐释学本身的科学性是否完全确认，但是，它作为一种方法论科学，对于研究人类文化观念史是极富启发性的，对于我们研究现代西方伦理学史同样有着重要的借鉴作用和方法论价值。

具体地说，阐释学方法在本学科中的主要意义是为我们提供一种新的史料学方法。在中国思想史上，对待史料的研究方法呈现出两种截然不同的倾向，这就是通常所说的"六经注我"与"我注六经"。与此不同，我们对待西方哲学伦理学的史料研究，常常是一种片面的"实用主义"方法。换句话说，由于长期"左"的倾向的影响，我们对待西方文化的态度往往是采取单纯的为我所用的方式。这不仅影响了我们对西方文化的全面了解，也导致我们对西方文化评价的片面性和不公正性。我并不是主张在"西学为体、中学为用"或"中学为

---

① J. Bleicher, *Contemporary hermeneutics* ( London, Boston and Henley: Routledge & Kegan Paul Publishing House, 1980) , p. 1.

② Ibid., pp. 11 – 16.

体、西学为用"这两极中做某种片面的选择，也不是随意附和所谓"中西互为体用"的主张。我认为，对待西方文化尤其是对待西方伦理学，首先必须坚持本色的理解原则，然后进行科学的批判和分析，去伪存真、扬长避短。因此，现代阐释学给我们研究现代西方伦理学的新史料学方法论意义就在于：首先，必须占据充分的史料，客观地确定其"本真"意义，这是我们的研究的先决条件。当然，史料的占有是有限制的，但这并不意味着我们可以随意取舍。同时，我们应承认每一个研究者本身的主体性，但这种"主体性"是研究者"阅读"历史"本文"的能动性和创造性，是建立在比较系统地了解研究对象的前提下的再认识、再理解和再建构，而丝毫不等于研究主体的任意目的性，更不能带有随意情感和心理式的主观阐释。

其次，阐释学的理解也不是一种"本文"的重述，而是一种历史的理解和洞见，是创造性的再建构。它要求我们从语言逻辑理解中，领悟到历史的逻辑，从而发现其超语言的历史文化意义。在这一点上，阐释学的启发使我们重新回到了马克思主义关于历史与逻辑的统一性原则上来。从理论中发现历史，在历史中解释理论，这就是我们研究现代西方伦理学所遵循的阐释学原则。

总之，现代西方伦理学的研究方法是一个极为困难的课题，我们的上述看法也只是一些不成熟的看法。在现代科学文化发展的形势下，各种方法层出不穷（如心理学的或精神分析的方法等）。我们相信，随着人们对现代西方伦理学研究的不断深入，人们会提出更多更好的具体研究方法，这也是我们的期望所在。

# 第一部分

## 现代西方伦理学的历史形成

# 第一章

# 德国唯意志论伦理学

## 第一节　唯意志论的产生与流传

唯意志论伦理学是现代西方人本主义伦理思潮的先河，也是整个现代西方伦理学史的理论开端。它的产生标志着西方古典理性人本主义伦理学向现代非理性的人本主义伦理学的重大转折。

"唯意志论"（voluntarism）一词，最初源于拉丁文中的"voluntas"，原意是指人的意志（will）。现代德国的唯意志论是现代西方最早的哲学流派之一。它的基本哲学观点是以人的意志为核心，来解释自然、社会和人的行为、关系等各种自然现象、社会现象和人生现象，从而取代德国古典唯心主义哲学以理性观念来解释一切的传统方法。唯意志论伦理学是建立在这种哲学基础之上的道德理论。叔本华是这一伦理学派的开创者。其后继者有德国的菲利普·门兰德尔（Phillipp Mainlander，1814～1875）、朱利斯·布朗恩司达特（Julius Branenstadt，1813～1879），后者是《叔本华全集》的编纂者；还有朱利斯·班逊（Julius Bahnsen，1830～1881）、爱德华·冯·哈特曼（Eduard von Hartman，

1842～1906），以及法国的生命哲学家居友（Jean-Marie Guyau，1854～1888）等人。但最为著名的是稍后的尼采。从伦理学方面来看，最为典型的当推叔本华和尼采两人，居友的伦理学将在生命伦理学一章再谈。

德国唯意志论伦理学的产生，并不是西方社会意识形态领域中的一种偶然现象，它有其深厚的社会根源和理论根源。19世纪中叶（1848～1849）德国爆发了资产阶级民主革命，但最终以妥协而归于失败，德国资产阶级最后屈服于普鲁士封建王朝和容克地主的镇压，天生软弱的德国资产阶级完全就范于失败的境遇，顿感自己前途渺茫，因此，他们逃避现实、悲观失望，原有的一丝理性主义精神也丧失殆尽。悲观主义人生哲学一时成为德国市民阶层，尤其是德国资产阶级知识分子的时尚。这种社会政治氛围使得叔本华曾经遭受冷落的唯意志论悲观主义人生哲学幸逢甘露，死灰复燃，一时间在德国蔓延开来。据说在此之前，虽然叔本华的哲学大作《作为意志和表象的世界》一书早在1819年已经出版，但一直受到冷遇，而这之后，却突然变得珍贵起来。1858年叔本华70岁寿辰时，许多原来对叔本华其人其书茫然无知的著名人物，也倏然大彻大悟，把这位曾默默无闻的人物一下子抬高到"伟大哲学家"的尊位。可见，德国唯意志论伦理学的产生与德国资产阶级革命的失败情绪是直接相关的。正如德国著名的马克思主义者梅林所指出的："叔本华的悲观主义证据如此可怜，资产阶级在尚有一丝勇气的时候，从来就对它讥笑不已。但当资产阶级在50年代中挨了官僚封建反革命势力一顿痛揍而感到头痛的时候，这种悲观主义对它就非常合适了。因为，这时候资产阶级已经没有一点政治意志，它宁愿任凭头脑清醒和丧失全部意志后常有的'精神宁静'这类诱人的景象愚弄自己。"①

① 〔德〕梅林：《文艺批评论文集》第2卷，俄文版，1934，第500页，转引自〔苏〕斯·费·奥杜也夫《尼采学说的反动本质》，尤南译，上海人民出版社，1961，第50页。

与此不同，当19世纪末叶德国资产阶级终于登上社会政治舞台后，叔本华的生命意志悲歌已难以表达他们的心声，取而代之的是得志后的雄心勃勃，在西方资本主义由自由向垄断进发的竞争中表现出年轻德国资产阶级后来者居上的气势，使整个德国开始酝酿着一股空前的民族心理意识的强化态势。正是适应这一社会政治经济条件的需要和民族心理的变化，尼采的强力意志论应运而生，叔本华生命意志的悲歌变成了一首强力意志的壮行诗。

从理论上看，德国唯意志论哲学和伦理学的产生直接与德国古典哲学的发展逻辑相联系（尽管这种联系是否定性的）。康德的哲学和伦理学虽然以理性主义为基调，但它夹杂着浓厚的调和倾向，因而也带有经验论与唯理论、感性与理性、自由与宗教等一系列的理论矛盾。这种矛盾状态为后来德国哲学伦理学的发展留下了产生偏差和分歧的基因。康德之后，德国哲学和伦理学的发展出现了两极分化的趋势：一方面引向了以黑格尔为代表的保守的泛理性主义和伦理总体主义；另一方面则引向了以叔本华为代表的激进的非理性主义和个人主义。前者把康德的哲学预制引入了极端化的道路，以至于遭到了费尔巴哈的唯物主义批判；后者直接走向了康德哲学和伦理学的反动，在一种彻底否定的基础上导向了现代非理性主义思潮，这便是唯意志主义的兴起。了解这一理论根源，将使我们明白，为什么叔本华的唯意志论伦理学在哲学上以整个理性主义传统为敌，而在伦理学上却把矛头直接指向康德这一奇特的理论现象。

## 第二节　叔本华的生命意志伦理学

### 一　生平与著作

阿图尔·叔本华（Arthur Schopenhauer，1788～1860）出生于德

国东部的但泽（Danzig），今属波兰领土。早年，叔本华受父亲影响曾就学于汉堡的一所商业学校，后于 1809 年转入哥廷根大学学习医学和哲学，两年后再转入柏林大学专攻哲学，聆听过费希特的讲课，1813 年获柏林大学哲学博士学位。叔本华的母亲是一位通俗小说家，她对叔本华的思想有较大的影响。1813 年至 1814 年间，叔本华就曾在他母亲于魏玛（Weimar）举办的文学沙龙里结识了歌德，并一起和诗人探讨过色彩理论。此外，他曾在当时著名的东方哲学家迈耶尔（F. Mayer）的指导下潜心研究过印度哲学和佛教，深受印度佛教思想的影响。1820 年，叔本华取得柏林大学讲师资格，两年后升为副教授。他公开与黑格尔在柏林大学的哲学讲坛上唱过对台戏，但听众寥寥，惨遭失败，这种失意加重了叔本华的抑郁心理。1833 年他迁居梅茵河畔的法兰克福并定居下来，一直到 1860 年逝世。

叔本华一生多有周折，少有得意，这铸造了他忧悯消沉的性格心理，只是到了暮年时才受到人们的重视。叔本华的著作不少，现有布朗恩斯达特编纂的《叔本华全集》。最能集中代表其伦理思想的著作有：《作为意志和表象的世界》（1819 年），这是他哲学、伦理学和美学的主要代表作；还有《论人的意志自由》（1839 年）、《道德的基础》（1840年）（这两篇文章最初是叔本华的应征之作，后合编为《伦理学的两个基本问题》，于 1941 年出版）、《论人性》（此书包括《论人性》《政府》《自由意志与宿命论》《性格》《论道德本能》《伦理学反思》六篇论文，最早于 1897 年在英国伦敦出版）、《人生的智慧》（1890 年）。

## 二　伦理学的批判前提

通观叔本华的整个思想体系，我们可以清晰地看到，叔本华哲学的全部任务不外乎两个方面：一是以反理性主义的哲学方法，对抗以黑格尔为代表的德国理性主义哲学权威；二是以唯意志论的人生哲学批判以康德为代表的理性主义实践哲学（即伦理学）。这两大批判构成了叔本华哲学伦理学的批判前提。

首先，基于对黑格尔思辨哲学的深刻不满，叔本华提出了与之抗衡的唯意志论哲学体系。他一反近代传统哲学从主客体关系出发来建构哲学体系的传统，从"意志"与"表象"出发，建立自己的新哲学体系。在其代表作《作为意志和表象的世界》一书中，他提出了两个基本的哲学命题："世界是我的表象"，"世界是我的意志"。叔本华认为，哲学并不研究所谓主体与客体的认知关系，而是研究作为现象世界之表象与作为本质世界之意志的本体意义。现象世界的一切都只是我的表象，我的意志才是世界"实际存在的支柱"①。人们对表象的存在和关系的认识，都必然地归结于某种形态的"根据律"，或存在的，或变化的，或行为的，或认识的。对时空的感知属于存在的根据律；知性与因果关系属于变化的根据律；理性与逻辑属于认识的根据律；而有关人类行为的自我意识和动机则属于行为的根据律。然而，作为世界的本质存在和运动，是任何认识能力都不可企及的，而只能凭直觉感知到。这就是生命意志的存在与运动，它是一切表象存在与活动的根本。生命意志无所不在，充盈一切；又无所不能，创造一切。世界的一切都只不过是这种生命意志的"客体化"显现形态，显现的过程犹如柏拉图的理念运动，具有不同的等级和形式。人是生命意志客体化显现的最高形态。因此，我的意志便是生活意义的本原和所有行动的原因与目的。可见，以意志取代传统的"理性""理念"的绝对本原地位；强调意志、贬抑理性；突出自我意志的绝对性，便是叔本华生命意志哲学的基本特征，它为叔本华的生命伦理学开辟了哲学道路。

同时，叔本华也明确意识到，要建立以生命意志为核心的本体伦理学，不仅要摧垮黑格尔式的理性主义哲学，还必须驳倒康德式的理

---

① 〔德〕叔本华：《作为意志和表象的世界》，石冲白译，商务印书馆，1982，第62页。

性主义伦理学，才能使生命意志原则贯彻到人生哲学领域。因此，他展开了对康德伦理学的全面批判。叔本华认为，康德的哲学是有所贡献的，因为他明确地区分了"物自体"与现象双重世界，这为我们认识意志与表象的双重世界存在提供了某些启示。但是，康德的伦理学却恰恰相反，它没能给我们提供任何有意义的东西，充满着虚幻性和不可信成分。

第一，康德的伦理学基础是一种缺乏经验根据的空洞假设，难以成立。叔本华指出，康德在考察和评价人们的道德活动之前，就预先设立了各种"应当"的律令，而事实上这是无法证明的。他反诘康德说："你有什么理由一开始就作出这种假设，因而又把这种假设作为唯一可能的、以立法的律令术语表达的伦理学体系来强加给我们呢？"① 由于康德从"假设原则"出发，使他的整个道德原理都缺乏真实内容，最终成了"一些先验的、纯粹的概念，这些概念不包括任何由内在经验或外在经验而来的东西。因此，这些概念仅仅是没有内容的空壳"，无异于"绝对的假设"。② 叔本华还明确地指责康德的道德命令与宗教神学戒律不谋而合，甚至说它们是从宗教道德中借来的，因而使我们很难把它与神学的道德教条区分开来。③ 应该说，叔本华对康德伦理学的上述诘难，在一定意义上切中了其先验主义和形式主义的要害，康德的道德律令假设确乎是超经验，甚至是与经验相对立而设置的一种纯粹形式。但是，叔本华的批判毕竟还只是一种抽象的否定，其目的是为他的生命意志伦理学打开传统理论的封锁而已。

第二，叔本华尖锐地批判了康德以理性为基础的义务理论。在康

---

① Arthur Schopenhauer, *The Basis of Morality* (London: Allen Publishing Company, 1915), p. 28.

② Ibid., p. 40, p. 60.

③ Ibid., p. 35.

德看来，道德义务是人遵从理性本质的要求所产生的道德责任感，是个人道德良心的普遍化和社会化，也是衡量人们行为之道德价值的最高标准。对此，叔本华大不以为然，他嘲笑"康德（诚然是很方便地）把实践理性当作一切美德的直接来源，把它说成是一个绝对（即自天而降的）应为的宝座"①。依叔本华所见，道德义务不能建立在理性的基础之上，因为人的本质并不在于理性，而在于其生命意志。任何以意志为根据的行为只能是利己主义的，因此，道德义务只能建立在正当与爱的基础上才有可能，而这必须以生命意志的压抑为代价。他说："对我们自己的义务如同对别人的义务一样，必须被建立在正当或爱的基础上。而我们自己的义务建立在正当的基础之上是不可能的，因为自明的基本原则是：意志所难，所作无害。因为，我所做的总是我愿意的，因而，我对我自己所做的也仅仅是我所愿意的，而非别的什么；因此也就不会是不公正的。"② 这就是说，人的一切行动都是基于自身意志要求之上的，它本身无所谓正当与否，行为的道德性质是被赋予的，而义务并不是建立在人的意志之上的东西，因而不可能成为人类行为的基本德性。显然，叔本华看到了康德伦理学义务观的抽象性，以抽象的理性来论证人的义务是软弱无力的。这在很大程度上暴露了康德伦理学义务论本身的局限性。但是，叔本华从一个极端走到了另一个极端，他片面强调个人意志的作用，把道德义务视作一种消极被动的东西，这就否认了义务的道德实践意义和积极的价值，也是一种片面性的见解。

第三，叔本华全面批判了康德伦理学的三条道德律令。康德伦理学的第一条律令是："人是目的"。它要求人们在行为中始终把人当作

① 〔德〕叔本华：《作为意志和表象的世界》，石冲白译，商务印书馆，1982，第132页。

② Arthur Schopenhauer, *The Basis of Morality* (London: Allen Publishing Company, 1915), p. 38.

目的，而不只是当作手段。这一律令是基于人是最高的理性存在者这一思想而提出来的。叔本华认为，康德的这一命题虽然强调了人的地位，但仍然是不彻底的。按康德的说法："人，的确每一个理性的存在，在他本身是作为一个目的存在的，……'人在其本身'也就是'目的在他本身'，……归根到底，'目的在其本身'同样是作为一个'绝对的应当'。"① 叔本华指出，这种目的论是不彻底的，它并没有洞察到人的真正本质。事实上，人自身是一个双重的存在，一是作为表象存在的人的实体，一是受生命意志支配的人的本质。现实的人只不过是意志客体化了的表象，主宰这个躯体的还有另一个内在的本质——生命意志。因此，人不是一种理性的存在，其自身的目的性也不具备绝对的意味；人实在是一个受制于生命意志运动的存在，现实的人并不具备真实的目的性价值。

康德伦理学的第二条律令是普遍道德律，即每个人都应使自己行为所遵循的道德原则成为一个普遍的道德格准。在叔本华看来，这一律令本身就是一种不可能性。每个人的行为都是以个人自我的意愿作为出发点，不可能存在什么普遍通用的道德原则。他说："当我们结识一个新相知的时候，作为一个原则，我们首先想到的是，是否这个人在某种方式上于我们有用。假如他于我们的利益无所助益；那么，如同我们很快确定这一点一样，他自己大概也就很快变成了对我们无用的东西。"② 显而易见，叔本华所主张的只是以我为目的，一切为我所用，所谓普遍的道德律令也就只是一种幻想而已了。在一些问题上，叔本华也曾谈到个人与整体的相互关系，比如说他在谈及性爱中个体与种族发展的关系时，也曾认为个体牺牲之于种族发展的客观实在性。但在他看来，这只是个体的不幸和宿命，在任何普遍的整体性

---

① Arthur Schopenhauer, *The Basis of Morality* (London: Allen Publishing Company, 1915), p. 38.

② Ibid., pp. 96 – 97.

行为中，个人的价值都是一种虚无。因而，个体与整体乃是对立的两极，相互间没有普遍共同的道德关系。

康德的第三条道德律令是意志自律。叔本华指出，这只是第一条律令的结果而已，同样不能成立。因为在康德那里，意志自律是人们通过对自身理性本质的认识而获得的行动自由，这在根本上颠倒了意志与理性的关系。叔本华认为，意志是绝对的，意志自由不依赖理性，而且对于任何现实的人来说，非但是不自由的，而且生命意志的支配和驱使使他永久地处于一种痛苦的被动状况。人的生存"必须不停地跳跃疾走在由灼热的煤炭所圈成的圆周线上"①，永无止境却又不能不如此地走下去。

可见，叔本华的意志论与康德的意志自由论完全是背道而驰的。首先，两者的理论层次不同。在康德看来，意志自由是一种理性认识基础上的必然结果，它意味着人们完全摆脱了物质利益和感性欲望的缠绕而达到道德意志的自律境界。而在叔本华看来，自由只属于人的生命意志本质，而不属于人的行动表象。其次，康德的意志自律具有某种纯道德动机的意味，而叔本华以为，人的动机恰恰是不自由的，它是一种受生命意志驱动的追求和盲目冲动。最后，两者的结论也恰恰相反，意志自由之于康德，是伦理行为的产生前提，而在叔本华这里，伦理行为的发生恰恰是以牺牲意志自由为代价的。此外，叔本华还指出康德的意志自律说的矛盾性：既然人的意志是自律的，那么，就无须给人的行为规定各种规范和义务约束，也谈不上"应当"与否，更不能为意志自由立法。意志的本性是"自主自决"，但现实中的人却只是生命意志客体化的高级显现，他是不自由的。所以，康德并没有把握住意志的真实本性与意志的表象之区别。

最后，叔本华还抨击了康德的良心学说。他指出，康德的良心学

---

① 〔德〕叔本华：《爱与生的苦恼》，陈晓南译，中国和平出版社，1986，第30页。

说不过是对他的"绝对应当"的新概念"做了一些阐明"，康德把良心视为一种"超自然的法令"，甚至当作一种永远跟踪人的行为的影子，一种催醒眠人的声音，使人无法摆脱，并把它抬高到抽象的道德法庭之上。这无异于把良心作为宗教教堂的供品，是将"伪造的、人为的良心""建立在迷信的基础上"，最后"使迷信成为良心的必然结果"①。换言之，康德的良心学说只是一种宗教迷信的翻版，是不可信的。

通过对康德伦理学的典型批判，叔本华借助非理性主义的方法，全面否定了康德理性主义伦理学的基本理论。这种批判无疑有一些合理的理论成分，至少暴露了康德伦理学的形式主义和过分理想化的先验主义缺陷。但是，从根本上说，叔本华的批判是非科学的，它更多的是对传统理性主义伦理学不满的一种情绪反应。而且，叔本华是以盲目的生命意志取代康德的理性，以纯粹感性的神秘化的意志冲动抹杀道德义务的客观价值意义，非但没能真正驳倒康德，而且在理论上排除了人类道德主体性意义。然则，叔本华正是从这一错误的批判前提出发，去建立自己的伦理学主张和人生哲学的，它无疑已经埋下了导致错误结论的危险。

## 三　伦理学的两个基本问题

拆除了传统理性主义哲学和伦理学的栅栏后，叔本华进一步具体展开了自己的伦理学理论。客观地说，叔本华的伦理学并不系统，也缺乏严格的逻辑统一性。在他看来，伦理学是关于人类行为的科学，这一科学包含的基本问题有两个：一是意志自由的问题，它是我们解释人类道德行为的前提；另一个是道德的基础问题，它关系到我们对

---

① Arthur Schopenhauer, *The Basis of Morality* (London: Allen Publishing Company, 1915), pp. 111–113.

人类行为的动机、评价等一系列问题的理解。

意志，是叔本华全部思想的核心范畴，也是其伦理学的起点。他认为，人们历来只是局限于人的行为本身来进行道德讨论，没有更深入地洞察行为表象背后的内在本质，即行为的内在原因。事实上，任何行为都是一种意志的活动，而对意志的认识应该是双重的，这就是作为意志客体化显现的活动（行为）与生命意志本身（一种神秘的"物自体"）。因为，正如同现象世界必有其根据一样，意志活动也有其内在的根据，这种根据永远在"自身之外"，是"动机中的根据"。但是，意志本身却相反，"它是在动机律的范围以外的"，即生命意志本身是"无根据的①"。换句话说，意志活动是有根据、被引起的、相对的，而意志本身则是无根据的、绝对的。

于是，人类的行为活动在叔本华这里受到了与世界存在相同的处理——一种毫无理由的两重化，即：如同世界被分为意志与表象一样，人类的行为也被分为生命意志本身与意志的活动两重领域。这样一来，使叔本华推出了一种完全与康德的意志自由论相对立的结论：虽然意志本身是无根的、绝对"自主自决的"，但是，人类的所有行为都是不自由的。因为"个体的人、人格的人并不是自在之物的意志，而已经是意志的现象了，作为现象就已被决定而进入现象的形式，进入根据律了②"。而人的行为归属于行为的根据律，因而具有某种必然性。叔本华这样写道，尽管人们"有许多预先计划和反复思考，可是他的行动并没有改变，他必须从有生之初到生命的末日始终扮演他自己不愿担任的角色，同样地也必须把自己负责的〔那部分〕剧情演出到剧终③"。这就是现实生活中的人和人的行为的宿命。

---

① 〔德〕叔本华：《作为意志和表象的世界》，石冲白译，商务印书馆，1982，第160页。
② 同上书，第169页。
③ 同上书，第169页。

叔本华还告诉人们："唯一存在的自由只是一种形而上学的品格。在物理世界中，自由只是一种不可能性。"[①] 这也就是说，在现实世界中不存在什么意志自由。那么，仅强调意志自身的自主自决又有何意义呢？叔本华认为，只有意识到意志本身这种现象世界背后的自在之物的绝对自由，才能领悟到它在现象世界中的客体化显现过程，这种客体化的过程是一个不断由低级向高级显现的冲动过程。在这个过程中隐藏着一种必然的规律，那就是"蛇不吃蛇，不能成龙"。因为，意志本身"是一个饥饿的意志"，它"必须是以自身饱自己的馋欲而产生的"[②] 意志。

不难看出，叔本华采取了康德将世界存在划分为现象与物自体的两分法形式，将意志与意志之表象双重化。从而把现实的人与人的本质、人的现实活动与生命意志本身割裂开来，分化成两个对峙的层次。一方面极端强调意志本性的绝对自由，另一方面又把人的现实行为变成了受支配的宿命论举止，最终把人的行为解释完全诉诸神秘化的生命意志的冲动。这样一来，不仅使人的行为成为一种无法理解的宿命论对象，也根本无法说明人的行为动机和道德价值。这种宿命论与非理性的意志论一方面无疑给他的人生哲学埋下了悲观主义的伏笔，另一方面，他对意志客体化显现过程的非理性描述，又给尔后尼采的"超人"理论提供了一种雏形，使尼采把其生命意志的追求改装成了一种强力意志的馋食。

伦理学的另一个基本问题是道德的基础问题。对此，叔本华从另一个角度批判地考察了历史上有代表性的观点。他反对把人的幸福或快乐满足作为道德的基础的传统观点，认为幸福或快乐与道德之间并

---

① A. Schopenhauer, "Free Will and Fatality," in *On Human Nature* (London: Allen Publishing Company, 1910), p. 70.

② 〔德〕叔本华：《作为意志和表象的世界》，石冲白译，商务印书馆，1982，第222、210页。

没有必然联系。相反，道德行为本身意味着对个人幸福的否定，意味着行为者本身必然要忍受更大的痛苦，或者干脆说，道德是对生命意志的一种否定和牺牲。因为道德行为只是一种为他的给予，它建立在牺牲自我利益的基础上，这恰恰与生命意志的本性是背道而驰的。

因此，道德的基础不能诉诸人的幸福和快乐，而应当从人的本性中去寻找。叔本华认为，"道德的基础在人性本身"。作为意志的高级显现物，人的本性是绝对利己的。意志的本性决定了人的自私本性，人的一切欲望和行动都受着意志冲动的规律的支配。既然意志本身如同一个永无满足的饥饿之神，那么，受它支配的个人也就只知道满足自己永无止境的饥馋了，因此，"'一切为我，毫不利人'是他的格言。利己主义是超世界的庞大的巨人"①。"因而，对于他自己，他是一切的一切，因为他感到在他的自我中间，一切都是真实的，没有什么比他自己的自我对他更为重要。"② 由此看来，以人性作为道德的基础也不具备必然性的条件。叔本华承认，在本真的意义上，人类的行为是无所谓道德的，因为人类的各种行为从动机、过程到结果都是利己主义的，没有道德价值可言。他说："如果我们相信人类所有正义和合理的行为都有一个道德的根源，我们将会犯一个极大的、非常幼稚的错误。"③

既然人的本性也不能引出道德的结论，那么，道德就只能是"人为的产物"。叔本华采用了霍布斯的逻辑推理，认为道德的产生是由于人类整体（种族）的生存和发展需要，为了使人类个体行为和关系避免冲突，更好地维护人类整体的生存意志，人们便在相互间形成了道德观念，正像霍布斯所谈到的，道德的目的乃是避免人与人之间的

---

① Arthur Schopenhauer, *The Basis of Morality* (London: Allen Publishing Company, 1915), p. 151.
② Ibid., p. 153.
③ Ibid., p. 136.

战争，维护种族的发展。① 换句话说，与其说道德的基础在于人性，毋宁说在于人类共同本性的要求。这种要求改变了人类行为动机的结构，使单纯的利己主义动机变成了一种多因素的复合动机构成。

在叔本华看来，人类行为的动机不外乎三种：利己主义（egoism）；恶意（malice）；同情（compassion）。每个人的特定行为总是发自其中的某一种动机，有时也可能两种相掺，但这两种动机必须是非对抗性的。例如，某个人的行为可能同时是从利己主义的和恶意的双重动机出发的，但对于一种恶意伤人的行为来说，绝不可能同时夹带任何同情的动机成分。

三种动机规定了三种不同的结果和价值。从利己主义出发，只能是自私利己的行为，这属于普通人的生活境界，是人性正常的表现。从恶意的动机出发，必然是只关注他人的灾祸，它不仅是自私利己的行为，而且是一种意志侵略和掠夺，这有违正常的人性，属于动物式的生活境界。三种动机所发生的行为有着根本不同的价值意义。第一种是人类行为的最基本最普遍的动因。第二种是纯粹的意志冲动。这两种行为都无道德价值可言，唯从第三种动机出发的行为才有道德意义。换言之，"没有任何利己主义的动机，才是具有道德价值的行为的标准"②。同情是自我对他人的奉献，是以压抑自我生命意志为代价换取他人生命意志的发展。因此，它是痛苦的、强制性的、相对的。同情的相对性条件在于，人们"对他人的直接同情受着他的遭遇的限制"，诚如卢梭在《爱弥儿》中所讲的："人生的第一箴言便是：在我们的心中，除了只能使我们自己与那些比我们更不幸的人打成一片以外，是不会使我们自己与那些比我们更幸福的人打成一片的。"③ 即

---

① Cf. D. W. Hamerlin, *Arthur Schopenhauer* (London: Allen Publishing Company, 1980), p. 70.

② Arthur Schopenhauer, *The Basis of Morality* (London: Allen Publishing Company, 1915), p. 163.

③ Ibid., p. 172.

是说，人们只会同情弱者，不会同情强者。

即令如此，叔本华认为，同情是人类本性中固有的一种事实。他说："同情是人的意识中一个无可否定的事实，是人的意识的一个基本部分，它不依赖于假设、概念、宗教、教义、神话、训练和教育。相反，它最初源于并直接存在于人性本身。"① 在这里，叔本华陷入了一个极大的矛盾之中：一方面，他把利己主义作为人性的基本事实；另一方面，又承认同情的基础在于人性。究竟哪一种更根本？这两种性质截然不同的事实如何共存于同一人性的假设？叔本华都没能进一步予以说明。而且，他似乎也犯了与康德相同的理论错误：在拆除理性假设的同时又设立了一种新的人性假设，这显然是殊途同归的，不同的只是这种假设的内容变换而已，而这种变换恰恰是以一种非理性化（欲望或情感）的人性取代康德理性化的人性，这与传统情感主义伦理学（休谟和亚当·斯密）并无二致。

在叔本华看来，从同情出发的行为有两种道德价值意义：一种是履行公正；另一种是履行仁爱，由此形成了公正与仁爱两种基本的德性。公正与仁爱两者"都根植于自然同情之中"②。同情的基本原则是"不伤害他人"，这也就是"公正德性的基本原则"③。仁爱则是基于公正之上的一种更高尚的情感，也是一种具有崇高感的同情，"一切仁爱（博爱、仁慈）都是同情"④。

但是，叔本华否认理性认识在道德情感中的作用，认为美德只能从直观中产生，而不需要任何道德训条和抽象的认识。所谓"直观"，就是人们对个体化原理的洞穿。他说："美德必然是从直观中产生的，

① Arthur Schopenhauer, *The Basis of Morality* (London: Allen Publishing Company, 1915), p. 177.
② Ibid., p. 177.
③ Ibid., p. 178.
④ 〔德〕叔本华：《作为意志和表象的世界》，石冲白译，商务印书馆，1982，第514页。

直观的认识才在别人和自己的个体之中看到了同一的本质。"① 这就是叔本华提出的所谓"洞穿个体化原理"，它是人们产生同情心理和道德情感的基础，意味着个人对自我本质的认识和超越，使人生的直观超出主观自我的界限，达到对自我与他人的共同存在本质的直觉。洞穿个体化原理也有程度的差异，较低者产生起码的公正，较高者产生仁爱。叔本华说："我们已经看到自觉自愿的公道，它的真正来源是在一定程度上看穿个体化原理；而不公道的人都是整个儿局限在这个原理中的。"② 同样，"我们已经看到如何在较低程度上看穿个体化原理就产生公道；如何在较高程度上看穿这个原理又产生心意上真正的善，看到这种善对别人如何显现为纯粹的、亦即无私的爱"③。

由上可见，叔本华关于伦理学两个基本问题的理论基本上是从与康德相反的角度来论证的。康德以理性为起点，建立普遍的实践理性，叔本华却是以非理性的意志为起点，推论出以情感和直观为基本构架的道德理论。在康德那里，道德是客观必然的；而在叔本华这里，道德却成了主观偶然的相对性产物。不独如此，由于叔本华执着于非理性主义的唯意志论和带有神秘主义的直观方法，使他在根本上剥夺了人类道德的客观普遍性，变成了一种偶然的相对主义工具，这种偏差最终导致了他对人生的哲学误解，由非理性主义哲学伦理学滑向了悲观主义的人生结论。

## 四 悲观主义人生哲学

悲观主义人生哲学是叔本华唯意志哲学和非理性主义伦理学所导致的必然结果。由于他把生命意志绝对化、神秘化，并使其与现实的

---

① 〔德〕叔本华：《作为意志和表象的世界》，石冲白译，商务印书馆，1982，第504页。
② 同上书，第509页。
③ 同上书，第514页。

个体人生（表象）隔开来；由于他把道德视为个人自我的生命意志的否定形式，甚至把它视为一种虚幻的"摩耶之幕"，因而不可避免地沉入消极悲观的人生哲学观照之中。

叔本华认为，除了生命意志本身外，一切都是相对的、偶然的。人的本质在于其生命意志的不断追求，人这个生命体是客体化的生命意志，它"是千百种需要的凝聚体"①。需求、欲望、追求即是人的生命。人的欲望最基本的有两个方面：其一是个体自我生存的欲望，即食色等生活欲望；其二是人类自我发展的欲望，即人类"种族绵延的需求"。人的欲望源于人的需求，需求就是缺乏，就是不能满足的痛苦。欲求不断，需要无穷，因而人生也就痛苦不止。叔本华指出："欲望是经久不息的，需求可至于无穷，而所获得的满足都是短暂的，分量也扣得很紧。何况这种最后的满足本身甚至也是假的，事实上这个满足了的欲望立即又让位于一个新的欲望，前者是一个已经认识到的错误，后者还是一个没有认识到的错误。"② 因之，人生永无快乐和满足。人们常常会因一时的饱餐痛饮或纵情享乐所陶醉，然而梦醒之后依旧饥馋不已，昨日的欢乐仿若烟云一般，剩下的只是空虚、烦恼和痛苦。烦恼起自这无穷的生命欲望与有限满足之间的差距；痛苦乃是不能实现目的的必然反应。不独如此，人们对生命本身也难以把握，在无限的时空中，有限的人生又值几何？以有涯待无涯岂不悲乎？人们展望眼前，如有风月黄昏，昙花人生之眩：过去，已成为无法追补的历史；现在，依旧痛苦不堪；将来却无法预卜。苍茫尘里，渺渺人生如何是？漫远程中，匆匆步履岂不空！因此，人生除了痛苦，便是虚无，或者换句话说，痛苦即生命的本质。而且，意志现象越臻于完美，痛苦就越烈。植物没有感受，也就无痛苦感；动物的感

---

① 〔德〕叔本华：《作为意志和表象的世界》，石冲白译，商务印书馆，1982，第427页。
② 同上书，第273页。

觉能力有限，痛苦也是相对的；唯有人才是最痛苦的，因为人是生命意志客体化的最高显现。而对于人来说，智力越高，痛苦越甚，故天才最为痛苦。叔本华告诫人们，人生就是痛苦，除却痛苦，便是虚无。当人们甘于痛苦的炼狱之后，所剩的只是一个巨大的无聊。所以，人生如同"钟摆"，摇摆于痛苦与无聊之间，永无终止。叔本华无情地抨击那些乐观主义的人生观只是一种"荒唐"而"丧德"的、"对人类无名痛苦的恶毒讽刺"①，它掩饰了人生的真谛，使人们沉溺于噩梦的汪洋而不能自省，这是极为可恶的。

面临无边的人生苦海，我们需要的不是生命快乐的醍醐，而毋宁是正视现实，咽下人生的苦药。叔本华认为，生命意志的本质就是痛苦，对生命意志的肯定就是甘于忍受痛苦，要摆脱它，就必须否定生命意志。他提出了解脱痛苦的两种方法：一种是通过艺术的"观审"达到暂时的解脱；另一种是通过禁欲来求得永久的超脱。艺术，是解脱痛苦的良方，人们通过艺术活动而进入"纯粹的观审"，沉浸于对艺术的直观之中，生命便进入了忘我的超然境界，使自我的主观性"自失"于对艺术对象的观审之中。个体超脱了自我生命意志的缠绕，逃离了痛苦的沙漠。为此，叔本华把艺术称为生命意志的"清静剂"，并认为，在诸种艺术观审中，最基本的是建筑美与自然美的观审，最高的是悲剧的观审，而最深沉的则是音乐。然则，艺术观审的良方只有暂时的效力，一俟人们从艺术的观审中回醒，作为生命意志的存在和关系又重新套到人们身上，痛苦的折磨又重新开始。因此，人们不能指望靠艺术来净除永生的痛苦，要至于此，必须彻底地否定生命意志，这就得以禁欲乃至死亡的方法来摧毁生命意志。

叔本华明确指出，禁欲就是"故意的意志摧毁"②。因为"生命

---

① 〔德〕叔本华：《作为意志和表象的世界》，石冲白译，商务印书馆，1982，第447页。

② 同上书，第537页。

意志的否定是必须以不断的斗争时时重新来争取的"。只要生命存在，
"整个生命意志就其可能性说也必然还存在，并且还在不断挣扎着要
再进入现实性而以全部的炽热又重新燃烧起来"①。故唯有禁欲和死亡
才能彻底挣脱生命意志的桎梏，摆脱痛苦的人生。但是，禁欲必须基
于对生命意志本质的顿悟和意识，一个对自身生命本质茫然无知的
人，不可能摒弃对欲望的追求。

叔本华认为，禁欲也有多种方式，但最基本的有三种：自愿放弃
性欲、甘于忍受痛苦和绝食自尽。

性欲，是生命意志最基本最顽固的冲动，"因为性欲是生存意志
的核心，是一切欲望的焦点，所以，我把生殖器官名之为'意志的焦
点'。不独如此，甚至人类也可以说是性欲的化身，因为人类的起源
是由于交接行为，同时两性交合也是人类'欲望之中的欲望'，并且，
唯有借此才得以与其他现象结合，使人类绵延永续"②。这就是说，性
欲是万欲之最，性欲的满足不仅是个体生命意志的肯定，给个体招致
终生的痛苦，而且也是对整个人类（种族）的生命意志的肯定，使人
类的痛苦无限延绵（传种接代的连续）。结果，性欲的满足给新的生
命"钟摆"又上紧了发条，重新开始在痛苦与无聊之间摆动的悲惨历
程，如此永续不断，人生痛苦便漫无边际。因之，维持性欲无异乎向
生命意志递交"卖身契"，默认痛苦的磨难。所以，自愿放弃性欲是
对生命意志的首先否定，也是告别痛苦人生的第一步。

禁欲的第二种方式是甘于忍受痛苦。叔本华认为，痛苦既是生命
意志带来的苦果，也是人生苦难的"净化炉"。人们只有像佛教所教
导的那样，甘于忍受现实人生的煎熬，达观淡恬，才能真正彻悟到绝
望人生的底蕴，从生命的绝望之巅转向寂静的内心世界，达到清心寡

---

① 〔德〕叔本华：《作为意志和表象的世界》，石冲白译，商务印书馆，1982，第
536 页。
② 〔德〕叔本华：《爱与生的苦恼》，陈晓南译，中国和平出版社，1986，第 4 页。

欲，进而自觉地超脱痛苦，进入"寂灭中的极乐"。

最后的禁欲方式是死亡与自灭。这种自灭绝不是斯多亚派所宣扬的那种自杀，也不是犬儒学派所主张的那种归复自然或动物的自鄙。因为在叔本华看来，斯多亚派的自杀表面上是对生命躯体的消灭，但实际上却是"强烈地肯定意志的一种现象"。它不过是"对那些轮到他头上的〔生活〕条件不满而已，所以他并没有放弃生命意志，而是在他消灭个别现象时，放弃了生命"①。也就是说，这种自杀是在人们再也找不到其他方法来肯定自身的生命意志时才使用的，它毋宁是以表面的否定形式给予生命意志最绝对的肯定。与此相仿，犬儒学派的复归自然或动物，也只是对生命意志的力量无可奈何的退却，因为自然和动物对生命意志缺乏充分的意识，自然物不知痛苦，动物也不谙死亡的真谛，它只知其生，不知其死。因此，自灭不能是消极盲目的，而应当基于积极而清醒的人生意识之上，这就是它不同于一般自杀的本质特征所在。叔本华说："另有一种特殊的自杀行为似乎完全不同于普通一般的自杀，……这就是由最高度的禁欲自愿选择的绝食而亡。"② 自愿绝食而亡不是从生命意志中产生的，而是一种"完完全全中断了欲求，才中断了生命"③。它是既能达到身体死亡，又能根本否定生命意志的唯一绝对有效的方法。

死亡（当然是绝食而亡），意味着痛苦的消解，它宣告了无聊人生的终止，剩下的只是一个虚无。于是，我们看到，叔本华生命意志的悲歌便升华到了一种空无的涅槃境界，从而完成了痛苦→无聊→虚无的人生三部曲，最后向人们托出生命的主题：一个硕大的"无"。这就是他的结论。

---

① 〔德〕叔本华：《作为意志和表象的世界》，石冲白译，商务印书馆，1982，第546页。
② 同上书，第549页。
③ 同上书，第550页。

　　既然我们已经看到世界与人生的本质只是意志，既然我们永远无法认识和把握这种生命意志的本质，既然我们只能永久地就范于生命意志的驱策和奴役，"那么，我们也决不规避这样一些后果，即是说，随着自愿的否定，意志的放弃，则所有那些现象，在客体性一切级别上无目标无休止的，这个世界因之而存在并存在于其中的那种不停的熙熙攘攘和蝇营狗苟都取消了；一级又一级的形式多样性都取消了，随意志的取消，意志的整个现象也取消了；末了，这些现象的普遍形式时间和空间，最后的基本形式主体和客体都取消了。没有意志，没有表象，没有世界。……于是留在我们面前的，怎么说也只是那个无了。……无是悬在一切美德和神圣性后面的最后鹄的，……我们应该驱除我们对无所有的那种阴森森的印象；而不是回避它，如印度人那样以进入涅槃来回避它"①。

　　至此，叔本华的人生哲学终于由悲观主义堕入虚无主义的云烟之中。从而，我们不难看出，叔本华的这种人生哲学不过是用现代反理性主义这架疯狂的钢琴，向人们重新演奏古老印度佛教的涅槃与虚无的人生悲歌而已，这与其唯意志主义的哲学世界观是一脉相承的。正因为叔本华把我们眼前的世界视为一种不真实的表象存在——它是赫拉克利特所感叹的"流动不息的潮水"；是柏拉图比作依赖于"绝对理念"而出现的非本真的"洞穴"；是被斯宾诺莎称为唯一永恒不变的实体存在之"偶性"；是康德称之为与"物自体"相对立的"现象"；是印度上古智者谓之的"摩耶面纱之虚幻"。因此，生活于这个世界之中的人也不过是一场梦幻而已，这就是叔本华的基本答案。

## 五　评价与结论

　　综上所述，作为现代非理性主义和唯意志主义的哲学伦理学先

---

① 〔德〕叔本华：《作为意志和表象的世界》，石冲白译，商务印书馆，1982，第562～564页。

驱，叔本华的伦理学带有强烈的非理性化色彩，同时表现出明显的非道德主义和浓厚的悲观主义特征。

首先，叔本华的伦理学是人的非理性因素的理论汇合，是人的生命价值的讽刺性漫画。他极端强调人的生命意志的盲目冲动，蔑视人的理性认识在人类道德生活中的积极作用，以神秘化的"直观"和"洞见"作为沟通人们道德情感和联系的唯一手段。这在根本上排除了理性的作用和道德认识的可能，使伦理学成为某种神秘的直观交感。这种抬高意志、直觉，贬斥理性的方法，导致了伦理学上的非理性主义出现。同时，由于他把矛头直接对准以康德为代表的传统理性主义伦理学，使之走向了传统的彻底反动，开创了现代西方非理性主义伦理学思潮的先河，为后来的尼采、柏格森、萨特等人的伦理学提供了理论雏形。

其次，说叔本华伦理学的基本倾向是非道德主义的，这并不是说他完全否认道德的存在。相反，叔本华也耐心地探讨了道德基础，特别是人的意志自由问题。这种观点在一定意义上是合理的。众所周知，恩格斯也曾明确指出，不讨论好自由与必然的关系问题，就不能很好地讨论道德与法律问题。的确，意志自由问题是伦理学中的一个关键性问题，在西方伦理学史上历来就是人们关注的中心之一，从柏拉图、亚里士多德到康德、黑格尔莫不如此。因此，可以说，叔本华将道德基础与意志自由问题作为伦理学的两个基本问题是把握到了伦理学理论的枢纽。问题是他对这些问题没有从根本上给予正确的解释，他否认了道德基础的客观必然性，使道德成为某种人性的产物。而这种人性本身却只是某种意志的化身，最终，道德被看作某种意志"物自体"的偶然性表象。同时，由于叔本华片面地夸大了人类行为中的非理性因素，甚至以个人生命的欲求和冲动来说明道德现象，把道德视为人类生活中的一种不可能性，这无疑是对人类道德的蔑视。在某种意义上，这是霍布斯、曼德威尔和马基雅维利等人的道德相对主义的现代发展，也是现代非道德主义思潮的最初反映。这种倾向把尔后的尼采推向了极端，使其走向了反道德主义的顶峰。

最后，叔本华伦理学的悲观主义特征也是一目了然的。在他的视野里，人类是一群挣扎于水深火热之中的囚徒，世界只是虚幻，人生只有痛苦。生活的价值全等于痛苦与无聊的磨难。因此，人生并无积极肯定的价值，只是一个只有忏悔和绝望的噩梦，一场不得不硬着头皮演下去的悲剧，甚至连人本身的存在也是一种错误。这种悲观的人生哲学，给叔本华的伦理学乃至于整个哲学都涂上了一层灰暗阴冷的色彩，甚至带有明显的印度佛教的出世主义和虚无主义色彩。这大概与叔本华曾经跟随迈耶尔教授潜心于印度佛学的经历直接相关。但从现实的内容来看，这一特征更多地受制于他所属的特殊时代。

人们知道，叔本华的时代正是德国资本主义发展的困难时期，一方面，德国资产阶级受到英、法等国资产阶级革命胜利的巨大鼓舞，企图挣脱普鲁士封建王朝的羁绊，夺取政权。因而在理论上必须摒弃理性主义的抽象道德呼吁，一切都有待诉诸行动和意志，成功在于追求。然而，另一方面，德国资产阶级又没有足够的力量去实现自己的政治抱负，力不从心。当1848年至1849年革命失败后，封建容克地主在德国大举复辟，在这种反扑的屠刀面前，德国资产阶级的野心昙花一现，一下子掉进了失败与恐惧的冰窟，追求的欲望为"横亘于追求与现在目标之间"的东西所阻隔，结果只是失败，欲望无法满足，剩下的只有不能满足的痛苦。于是乎，绝望、悔恨、空虚……接踵而至。作为一位过于敏感的思想家，叔本华无疑深深感受到了这一现实，他没有像黑格尔那样依偎于普鲁士王朝的怀抱，感受着现存事实的合理性，而是从另一个方向发现了这一现实所蕴含的人生寓意，预言性地道出了这一时代里资产阶级的内心情愫和心理，更何况叔本华本人也承受着哲学失意的铅块而苦不堪言呢?!

# 第三节　尼采的强力意志伦理学

## 一　人生三步

人生乃是一面镜子，

在镜子里认识自己，

我要称之为头等大事，

哪怕随后就离开人世！！①

这是 14 岁的尼采所写下的《人生》诗篇，它过早地向人们暗示着这位作者将要展示给人类的非凡预见，历史在后来印证了这一意蕴。尼采作为现代西方哲学家、思想家、伦理学家和文学家的地位是如此显赫，以至于有人将他和马克思、萨特、弗洛伊德等人相提并论。

早在 20 世纪初，尼采的思想就被中国近现代史上一些著名的国学宗师和文豪引入国内。1904 年，国学大师王国维就开始介绍尼采。五四前后，又有陈独秀、蔡元培、鲁迅、傅斯年、田汉、郁达夫、郭沫若、茅盾等人成了尼采学说的推崇者和鼓吹者。可以说，尼采的思想尤其是他的反传统精神，曾对中国五四反封建的思想解放运动起到过积极的启蒙作用。

但是，尼采的学说也常常是众家聚讼的是非之地。最不幸的是，由于德国希特勒纳粹分子对尼采的过分吹捧，特别是希特勒曾亲自拜谒尼采之墓，并把《尼采全集》作为送给意大利法西斯头目墨索里尼的生日大礼，又加之尼采胞妹伊丽莎白对他原著的一些篡改、伪造等，尼采长期以来以一尊法西斯理论化身的形象裸露于世。不仅是苏

---

① 〔德〕尼采：《尼采诗选》，钱春绮译，漓江出版社，1986，第 3 页。

联和我国的理论研究者作如是观，就是西方乃至德国本土的许多哲学史家也这样看（如德国哲学史家阿尔弗雷德·鲍姆勒尔等人）。这一定论，不仅使人们对尼采学术思想的了解大大失真，而且也妨碍了我们对其思想特别是他的伦理思想的正常研究，这是当下为许多人所应引以为戒的。

弗雷德里希·威廉·尼采（Friedrich Wilhelm Nietzsche，1844～1900）出生于德国萨克森省洛坎城（Röcken）的一个传教士之家。远祖系波兰伯爵，后来因宗教改革而迁至普鲁士定居。尼采的祖父和父亲均是新教传教士，母亲也是牧师的女儿。他的父亲还因做过王族子弟的老师而深得普鲁士国王的特殊恩宠。由于尼采家庭素来享有贵族社会阶层的特殊待遇，他全家保持着极为严格的家长制传统。1858 年至 1864 年，尼采在普福塔（Pforta）的一所特权阶层子弟的住宿学校就读，深受贵族思想的影响。据说尼采从小聪敏过人，勤读不辍，即使是课余时间也手捧《圣经》独吟漫步，被同伴们称为"小牧师"。尼采从小还酷爱音乐，除数学外，各科成绩一直很好。1864 年秋，尼采转入波恩大学神学系，因为他特别崇拜当时著名的语言学家李奇耳（Ritschl），便不顾家庭反对，放弃了神学，次年随李奇耳教授进莱比锡大学学习古典语言学，这为他以后的哲学创造和文学创造打下了良好的基础。在此期间，尼采偶然读到叔本华的《作为意志和表象的世界》一书，深感震撼，一时竟成为叔本华哲学的狂热信奉者。稍后，他又结识了叔本华悲观主义哲学的音乐诠释者、著名的音乐家理查德·瓦格纳（Richard Wagner，1813～1883），两人兴趣相投，大有相见恨晚之感。1869 年，25 岁的尼采还差一年取得大学毕业文凭，便以其优异的成绩为李奇耳教授所垂青，竭力举荐他到瑞士巴塞尔（Basel）大学担任古典语言学的编外教授，可谓少年得志。后来，由于尼采逐渐疏远了叔本华的悲观主义哲学，与瓦格纳等挚友的关系也日渐恶化，加上生活上的长期孤居与苦闷，尼采的身体日益衰弱，

1879 年不得不因病辞去巴塞尔大学的教授职务，专心于哲学和文学写作。不久，尼采患精神病，1889 年 1 月在都灵街上疯癫游荡，次年逝世。

尼采终生精于写作，他的著作涉猎极广，几乎包括了哲学、美学、伦理学、文学等大部分人文学科。人们通常依据尼采的生平和著作，将其人生和思想的发展划分为三个时期，即所谓"人生三步"。

第一个时期是从大学时代至 1877 年，称之为"美学时期"或"艺术时期"。在这一时期里，尼采保持了从小养成的音乐爱好，并深受叔本华的哲学和瓦格纳的悲剧的影响。他精心研究过叔本华，常与瓦格纳一起谈论悲剧音乐和艺术问题。1870 年至 1871 年，尼采吸收了瓦格纳悲剧音乐的思想，将它与自己对古希腊悲剧艺术的理解结合起来，写成了他的第一部美学著作《悲剧的诞生》（*Die Geburt der Tragödie*）；1873～1876 年，尼采又以"不合时宜的看法"（*Unzeitgemäßen Betrachtungen*）为题，写了四部论战性著作，它们是：《自白者和作家大卫·施特劳斯》（*David Strauss，der Bekenner und Schriftsteller*）、《论历史对生活的优点与缺点》（*Vom Nutzen und Nachteil der Historie für das Leben*）、《作为教育家的叔本华》（*Schopenhauer als Erzieher*）和《拜罗伊特的理查德·瓦格纳》（*Richard Wagner in Bayreuth*）。

从 1876 年始，尼采开始了对瓦格纳、叔本华等人的悲剧思想的批判和否定，《拜罗伊特的理查德·瓦格纳》一文中已对瓦格纳的思想提出保留意见。1878 年出版的两卷本《人性的、太人性的》一书，正式宣告尼采进入了否定性的哲学时期，这也就是人们通常谓之的尼采的"科学时期"或"实证哲学时期"，它包括 1878～1882 年的五年时间。除上述《人性的、太人性的》（*Menschliches allzumenschliches*）一书外，其代表作品还有 1880～1881 年的《朝霞》（*Morgenröte*，亦译为《晨光》）；1881～1882 年的《快乐的智慧》（*Die fröhliche Wissenschaft*）。哲学时期的尼采思想已由单纯的崇拜，转向了对传统哲学的批判考察，其思想明显带有密尔、边沁和斯宾塞等人的实证哲学影响的痕迹。

尼采思想发展的第三个时期是被他自己称为完全独立研究的创造性时期，通常也称为"伦理学时期"。主要著作有1883～1885年的四卷本《查拉图斯特拉如此说——为所有的人而不是为一个人写的书》（*Also sprach Zarathustra—Ein Buch für Alle und Keinen*）；1886年的《善恶的彼岸》　（*Jenseits von Gut und Böse*）；1887年的《论道德谱系》（*Genealogie der Moral*）；1895年未完成的《强力意志——改变旧价值评价的尝试》（*Der Wille zur Macht：Versuch einer Umwertung aller Werte*）。此外，还有他1888年开始写作的《偶像的黄昏——怎样用锤子讲哲学》（*Götzen-Dämmerung, oder wie Man mit dem Hammer Philosophiert*）、《反基督教徒》（*Der Antichrist*）以及自传性著作《请观斯人》（*Ecce Homo*，亦译为《瞧！这个人》）等书。可以说，这一时期是尼采最富创造性的思想发展时期，这些著作也大多是他伦理学的主要代表作品，最能代表尼采的基本立场。由于尼采的著作体裁新颖，多用格言式或诗化语言，极富感染力，尼采也因此被西方誉为"诗人哲学家"。

## 二　重新估价一切

在现代西方伦理学史上，尼采属于一个典型的破旧立新式的人物。尼采自诩为"第一个反道德者"，是现有的颓废文化堆下的"炸药"，是旧价值体系的"彻底的破坏者"①。因此，"重新估价一切"是他的思想出发点，而毁灭后的旧文化、旧价值、旧道德的废墟，正是他的"狄俄尼索斯"（Dionysus）生命凤凰的再生之地，因而，"重新估价一切"又是他"对人类最高的自我肯定活动的公式"②。

---

① 〔德〕尼采：《瞧！这个人》，刘崎译，中国和平出版社，1986，第109页等。
② 同上书，第107、110页。

尼采认为，从苏格拉底以来的西方文化和道德，已经完全丧失了它存在和发展的必然性理由。迄今为止，"一切生活价值的判断都是不合逻辑的发展的，因此，都是不公道的"①。"现今欧洲的道德只是一种群集动物的道德（herding-animal morality）"②，而不是真正人的道德。在尼采看来，所谓"群集动物的道德"，也就是西方传统文化中的理想主义道德和基督教道德，它们是长期困扰和窒息西方人生命精神的恶魔。所以，他明确宣称他的反道德也就是对传统颓废道德或基督教道德的否定和反动。他说："从根本上说，在反道德这个名词中，含有两种否定。第一，我否定以往被认为最高者那种形态的人——即善良的、仁慈的、宽厚的人；第二，我否定普遍承认所谓道德本身的那种道德——即颓废道德，或者用更不好的名词来说，基督教的道德。"③ 换句话来说，尼采所要否定的是传统理想主义伦理学所宣扬的那种道德理想人格（"最高者"）和基督教的道德。他认为，对后者的否定"更具有决定性"，因为它是西方道德文化的腐朽根源，是西方价值观念颓废败坏的最根本原因。

尼采尖刻地指出，长期以来，西方文化观念中始终洋溢着一种幼稚的"理想主义"，它给我们设置各种美妙而俗不可耐的"目标""美德"，"这个'文化'自始至终都要我们忽视现实事物，完全要我们去追逐那些值得怀疑的所谓理想目标"④，甚至把这种文化价值当作一种"古典文化"加以推销。从苏格拉底到康德、黑格尔都是如此，乃至于从文艺复兴时期的文学、艺术和诗歌也充盈着这种理想精神。于是，人类生命意志的激情被这种理想的幻影笼罩了，人性的律动被抑制了，剩

---

① F. W. Nietzsche, *Human, All – too – Human*, trans. by Helen Zimmern ( Edingbourgh: Morrison & GIBB Limited Publisher, 1984 ), p. 46.

② F. W. Nietzsche, *Beyond Good and Evil*, trans. by Helen Zimmern ( New York: Boni & Liveright Publisher, 1966 ), p. 114.

③ 〔德〕尼采：《瞧！这个人》，刘崎译，中国和平出版社，1986，第107页。

④ 同上书，第17页。

下的只是一派梦呓般的邪恶气息。在尼采看来，这种理想主义文化精神的致命要害，就在于它使人们的心灵滋生出一种可怜的"乐观主义"，使生命的勃发缺少激情和悲壮感，失去了古希腊早期原有的悲剧精神——这是一种以悲痛为阶梯，使人从痛苦中崛起的壮烈人生感。瓦格纳和叔本华虽然感受到这种悲壮，但他们远远没有这种崛起的勇气，只是生命意志的一种消极退让。西方这种幼稚的理想主义所派生的乐观主义文化心理与基督教一道，铸就了西方文化与道德的颓废本质。

尼采认为，相比之下，基督教的文化和道德更为恶毒，它主宰着迄今为止的西方文化道德。这种道德传统最初渊源于古希腊苏格拉底开始的"希腊颓废精神"。苏格拉底以前，人类的文化和道德洋溢着酒神狄俄尼索斯的狂醉精神，但由于苏格拉底借用道德理性之神阿波罗神庙上全无血性的名言"认识你自己"，使古希腊英雄时代那热情洋溢的贵族道德堕入冷酷的理性深渊①，并影响到柏拉图等人，把他们从一个热情的活动家变成了"前基督的基督教徒"和理想主义哲学梦幻者。于是乎，古希腊"昔日表现于马拉松身上的雄壮体魄和心灵，为优柔寡断的文明所凌夷，体力和心力一天天趋于贫弱了"②。

尼采一方面把古希腊"英雄时代"的道德精神与苏格拉底以后的西方道德对立起来，扬此抑彼；另一方面，他又把原始希伯来人的基督教与后来罗马以后的基督教对立起来，崇前鄙后。他认为《旧约》中所记载的早期希伯来人的基督具有反叛的性格和独立精神，但后来罗马的保罗却把这些反叛精神湮没在信仰、同情、仁爱与屈从的道德

---

① 尼采曾把西方艺术的力量归结为两个来源：一是太阳神阿波罗；二是酒神狄俄尼索斯。前者是梦，表征着理性、观念或理想；后者是醉，表征着人的潜在力量、意志的爆发。西方学者也把前者当作人类理性、真理和智慧的象征，把后者当作感性、意志与力量的象征，并以此作为西方两类道德文化传统——理性主义与经验主义（或感性主义）的史前标志。尼采歌颂酒神的狂醉精神，实际上是贬抑理性，高扬意志、力量和现实。

② F. W. Nietzsche, *F. W. Nietzsche's Letter collected* ( New Jersey: Humanities Press, 1979 ), p. 102.

教条里，这是一种勇敢道德向怜悯道德的堕落。因此，"基督教乃怜悯的宗教"，而"怜悯与提高我们生命力的强身情感（tonic emotions）相反对：它导致消沉的结果，……使苦难蔓延……"① 正是由于基督教道德的腐蚀，导致了"人们在习俗的伦理范畴中，第一忽略了原因，第二误认了结果，第三错看了现实，而以一切最高的情绪（如敬畏、崇仰、高傲、感谢、爱好等情绪）织入一个幻想的世界中，即所谓高等世界"②。尼采还特别攻击了基督教道德用虚幻的上帝来钳制和软化人的意志力量，它披着仁爱的外衣，宣扬一种"东方女人式"的道德气氛，使人的强力意志受到低下的平等与民主式的道德的牵累，得不到充分的发展。因此，他指责教会是"最严重的邪病"，"它把一切有价值的东西都变成废物"③。

不难看出，尼采对传统理想主义和基督教道德的批判实质，在于对传统道德的抽象性、保守性和非现实化倾向的深刻不满，和对基督教道德中的温情主义与反生命意志论倾向的否定，表现出对传统道德的抽象理想主义和宗教道德的神道主义的无情揭露和彻底批判。这是不无合理性的一次历史性否定，它代表着现代非理性主义伦理学与传统理性主义和西方基督教神学伦理的一次划时代的决裂。

如果说，尼采反基督教道德和传统道德是因为它们对人类生命意志的禁锢和软化的缘故的话④，那么，他对叔本华伦理学的悲观主义情调的不满，则直接源自它对人的生命意志力量缺乏彻底的把握。叔本华把生命意志作为自己全部哲学的基础，但他仍然残留着康德哲学中的二元本体论的不彻底性，把意志本身与意志表象割裂开来，从而无法摆脱

① 转引自 B. F. Porter ed., *The Good Life: Alternative in Ethics* ( New York: Macmilan Publishing Company, 1980 ), pp. 220 – 221.
② 〔德〕尼采：《朝霞》，徐梵澄译，商务印书馆，1935，第 24 页。
③ F. W. Nietzsche, *Anti-Christ*, trans. by H. L. Mencken ( New York: Independent Publishing Group, 1981 ), p. 120.
④ 参见〔英〕B. 罗素《西方哲学史》，何兆武译，商务印书馆，1981，第 318 页。

作为生命意志本质的绝对追求与作为意志现象的人生痛苦之间的矛盾，最终导致了悲观主义和虚无主义的人生哲学。尼采曾对叔本华的这些思想深信不疑，但到后来终于领悟到叔本华思想中的"腐尸难受的气味"，摒弃了这种软弱的生命意志的呻吟。他把生命意志一体化为人的生命本体，使叔本华的那种沉湎于往昔回忆的人生哲学昂起头颅，正视现实。于是，我们在叔本华和尼采之间便清晰地发现如下差异：叔本华的生命意志是二元化的结构，尼采的则是一体化的生命实体；叔本华的生命意志的现实化是灰暗而悲壮的，而在尼采这里却成为强力意志的火山爆发般的迸发、超升和老鹰般的飞翔；叔本华的未来人生是一种由悲观的洗礼中超向虚无的印度佛学式预言；而尼采则把哲学伦理学指向了未来超人的境界和强烈现实主义的价值实现行为。因此，叔本华的人生哲学是一种悲观主义的沉寂，而尼采的人生哲学却是一种以悲剧的壮美感为形式的超悲观主义和行动主义。所以，他在认肯叔本华以生命意志为核心的哲学立场上，把消融在痛苦之中的意志自主要素（elements of self-command）重新挖掘出来。在尼采看来，叔本华确实比那些理想主义者高明，因为他没有那种幼稚的乐观主义轻浮之气。但他过于怯弱，累于人生痛苦的现状。事实上，痛苦并不可怕，而且唯有痛苦才能产生崇高的人生价值。他说："如果要使快乐变得很大，那就必定使痛苦变得很长，生活的折磨变得很凶。"① 因此，在叔本华那里最痛苦的天才，在尼采这里则成了最为快乐、最为强健的"超人"。

由上可见，尼采确乎是聚集了"千万年的破坏能力"，给西方传统的道德文化安放了"炸药"，进行了一次"彻底的销毁"。然而，千万别误以为尼采仅仅是一个传统价值的破坏者或反道德者，更重要的是，要弄清尼采在抛弃旧的"群集动物的道德"以后，是如何来重新估价一切的。

---

① 〔德〕尼采：《强力意志》，载洪谦主编《西方现代资产阶级哲学论著选辑》，商务印书馆，1982，第17页。

## 三　强力意志

尼采的重新估价，也就是在摧毁旧的价值系统的废墟上建立一种全新的价值标准。为此，尼采首先改造了叔本华提出的生命意志理论。尼采认为，生命的本质是赤裸的利己主义本能力量的冲动，它是生命意志的根本。所谓生命意志，也即是人们追求力量、能量或潜力发挥的"强力意志"（Der Wille zur Macht）①。尼采概括说："生命在本质上就是掠夺、伤害，对陌生者和弱者的压迫、压制、严酷，就是把自己的倾向强加给别人、吞并，以及用最委婉的措施——剥削，……'剥削'并不属于一种作为基本有机机能的生命体的本质，它是固有的'强力意志'的一个结果。强力意志正是生命意志。"②

强力意志是支配世界和人类行为的最终动因。世界是一股巨大的力量之流，是一种强力意志的迸发和交汇过程。尼采说："你们知道'世界'在我看来是什么吗？……世界就是：一种巨大无比的力量，无始无终；一种常住不变的力量，永恒不变，永不枯竭。只是流转易形，总量不变。……它为'虚无'所包围……——这就是我的这个无目的的'超出善恶的世界'，……——这个世界就是强力意志——岂有它哉！你们自己也是这个强力意志——岂有它哉。"③ 这就是说，在尼采眼里，一切存在都只是强力意志的追求和运动，人本身也是存在

---

① "Der Wille zur Macht"的德文原意是"强力的意志"，"zur"相当于英文中的"for"，有"为……"之意；"Macht"相当于英文中的"power"，有"力量""权力""潜力"等意思。原惯译为"权力意志"，近有人提出异议，认为"权力"一词在中文中意义易于模糊，使人们与政治上的权力等同视之，故改译为"强力意志"，或"潜力意志"，我们取前一种译法。参见周国平《尼采——在世纪的转折点上》，上海人民出版社，1986。

② F. W. Nietzsche, "Beyond Good and Evil," in R. J. Hollingdale, *Nietzsche* (New York: Penguin Books, 1973), p. 93.

③ 〔德〕尼采：《强力意志》，载洪谦主编《西方现代资产阶级哲学论著选辑》，商务印书馆，1982，第23~24页。译文略有变动。

着的强力意志；它如同狂醉的酒仙逍遥自在，无所不能；任何已有的价值和道德都不能规范其行动和意义，它超越于善恶价值领域之外。反过来说，生命意志所作所为无所谓善恶。这样，尼采便用强力意志对叔本华的生命意志做了更彻底的肯定性注释，从而使唯意志论伦理学一元化、本体化。

为了更具体地阐明唯意志论伦理学的基本原理，尼采还对强力意志在人的身上的表现做了进一步论述。他认为，就人的生命而言，强力意志的本质就在于"释放"生命的力量或能量；在于追求对自我生命和其他事物的支配权力。他说："一个活着的东西，首先追求的是释放它的力量——生命本能即强力意志；自我保存是间接的和最经常的唯一结果。"① 在《强力意志》一书中，尼采把这种"追求"和"释放"的具体内容解释为"追求食物的意志，追求财产的意志；追求工具的意志，追求奴仆（听命者）和主子的意志"。② 而这种强力意志追求的结果，就是争夺、兼并、压迫，是"坚强意志"对"软弱意志"的鲸吞。尼采结论："生命自身，本质上就是对陌生者和弱者的占有、损害和征服，就是对异己的镇压、残酷和强制，就是兼并，或者最温柔地说，至少就是剥削；……它将必然成为强力意志的化身，它要竭力生长，要取得土壤，把强力引向自己，并获得支配权——这并非由于什么道德或不道德，而只是因为它活着，并且因为生命正就是生命意志。"③

尼采还告诉我们，除了我们的生命激情和意志是确实无疑的外，

① F. W. Nietzsche, "Beyond Good and Evil," in R. J. Hollingdale, *Nietzsche* (New York: Penguin Books, 1973), pp. 14–15.

② 〔德〕尼采：《强力意志》，载洪谦主编《西方现代资产阶级哲学论著选辑》，商务印书馆，1982，第17页。

③ 〔德〕尼采：《善恶的彼岸》，载周辅成编《从文艺复兴到十九世纪资产阶级哲学家政治家有关人道主义人性论言论选辑》，商务印书馆，1966，第875页。译文略有变动。

一切都是不真实的。所以，人要自由地放纵强力意志的烈马，不要瞻前顾后，受困于各种虚伪道德教条的规范。所谓道德，不过是基督教借助可怜的上帝为人类设置的栅栏。而所谓良心也并不是什么"人心中的上帝之声"，它也不外"是一种残忍的本能"，是"当这种残忍本能不能再向外发泄时"，"回过来对自己发泄"① 而已。因此，不必顾及良心道德一类，坚决克服一切"伤感的柔弱"，挣脱陈腐的价值规范，因为真正的生命意志行为是超越于善恶之外的，也就无所谓道德与否。

很显然，尼采的强力意志理论，实质上是对人类一切道德传统的全盘否定。排除意志行为善恶标准的目的，是使强力意志行为成为凌驾于道德之上的绝对行为，实际上是以否定传统道德价值为代价，去换取意志行为的超越性特权。从这种意义上来看，把尼采的思想归结为反道德主义是不无根据的。但是，在这种公开的反道德主义表象背后，却还存有一个更隐秘的目的，即以对传统道德的反动来确立其新的道德价值目标，这就是尼采所谓的"英雄道德"观。

## 四　两种道德观

尼采认为，由于生命意志的作用，产生了不同的人生价值，这是一种命定的、无可改变的宿命。人生价值的固有不同，产生了不同的道德观念。尼采把这种差别归为两种类型。他说："我把生活分为两种类型，一种是奋发有为的生活，另一种是堕落的、腐化的、软弱的生活。"② 两种不同的生活，具有不同的属性和价值：前者是真正人的生活，即英雄主义式的生活，它代表着真正的人类意义。后者是群氓奴隶的生活，这种生活低下卑微、毫无活力，如同动物一般，它对于

① 〔德〕尼采：《瞧！这个人》，刘崎译，中国和平出版社，1986，第94页。
② 〔德〕尼采：《强力意志》，载洪谦主编《西方现代资产阶级哲学论著选辑》，商务印书馆，1982，第22页。

人类的进步非但全无价值，而且是一种羁绊和累赘，故必须趋前弃后。

两种不同性质的生活导致出现了两种不同的道德：代表英雄和主人生活的是"主人道德"（或曰"英雄道德"）；代表奴隶群氓生活的则是"奴隶道德"（或曰"群氓道德""群集动物的道德"）。两种道德不仅在内容和性质上根本不同，而且是截然对立的。尼采说："奴隶道德要求一种外在与客观的世界作为它存在的条件"；相反，主人道德则"仅仅是追求它（指奴隶道德——引者注）的反面"。① 换句话说，它要求一种内在的、绝对独立和自主的意志力的实现和超越，而不依赖于任何外在的支配和引导。

由于两者指向的对象和依附的道德主体不同，因而两者在道德价值标准上也背道而驰。尼采的说法是："按奴隶的道德，'恶'人激起恐怖；而按主人的道德，激起恐怖和寻求激起恐怖的正是好人，而那些被认作可鄙弃的人才是坏人。"换言之，两种道德的根本区别在于："求自由、求幸福以及文雅的自由感情，必属于奴隶德性与道德"；而"忠诚与尊敬上等的技巧与热情，必是贵族的思维与评价方式的正常特征"②。这就是说，奴隶道德仅仅是一种满足于物质生活幸福和平稳情感方式的平庸德性，它缺乏奋进与热情，没有强力意志的超越和勇敢，代表着典型的奴隶生活情趣和追求。相反，英雄道德则表现着忠诚与高贵，显示着意志的力量和行动的技巧，洋溢着生命追求的热情。

为了确证两种道德观，尼采还从语言学上寻找依据。他从德文的词源考据中，发现"善"与"恶"这两个道德词有着不同的社会历

---

① F. W. Nietzsche, *The Genealogy of Morals*, trans. by B. Horace and M. A. Samuel ( New York: Macmillan Publishing Company, 1932), p. 35.

② 〔德〕尼采：《善恶的彼岸》，载周辅成编《从文艺复兴到十九世纪资产阶级哲学家政治家有关人道主义人性论言论选辑》，商务印书馆，1966，第879页。

史含义。他指出，在德语中，"恶"这个词在不同社会地位的人们中有着完全不同的解释和表述。上流贵族社会所谓的"恶"，用的是"schlecht"这个词，本意为"平凡""庸碌""粗俗""低劣"等；而下流社会所说的"恶"则是使用"böse"这个词，其意思是"不熟悉""不规则""危险""伤害""残酷"等。同样，"善"的含义也有类似情况，虽然大家都使用"gut"这个词，但贵族对"gut"的解释是"强化""勇敢""权力""奋斗"等；而下等平民则用"gut"指称"熟悉""和平""无害的""好意的"等意思。① 依此，尼采认为，奴隶道德与主人道德本身就不能同日而语，它们的价值标准完全是针锋相对的。对奴隶道德来说，善恶的标准在于是否"有害""和平""熟悉""规则"；因此表明这种道德习惯于"相互同情怜悯"，讲究平等仁爱；倡导"忍让"和"自我牺牲"。由于它追求生活中可怜的物质或生理的满足，而对自身的行为评价又缺乏自主性，因而往往诉诸信仰、理性等自身以外的其他客观因素。这就是奴隶道德的本质特征所在。所以，"奴隶道德本质上是功利的道德"②。与其相对，对于主人道德来说，在奴隶道德中被视为恶的东西（如"伤害""残酷"等）恰恰具有"善"的价值；因为它不安于现状，而是着力超越一切；它不倾向于平静与和谐，而习惯于在激烈的颠簸中奋起追求；它不求助任何外部的东西作为价值标准，它自己便是自身行为的主宰者和仲裁者。③ 它"偏爱古人"④，憎恨一切平庸之辈，因此，它崇尚高贵的权力与尊严，鄙视奴性；拜仰力量与热情，鄙弃柔软与理性；一句话，英雄道德之于奴隶道德，如同主人之于奴隶、英雄之于

---

① F. W. Nietzsche, *The Genealogy of Morals*, trans. by B. Horace and M. A. Samuel (New York: Macmillan Publishing Company, 1932), pp. 22–23.
② 〔德〕尼采：《善恶的彼岸》，载周辅成编《从文艺复兴到十九世纪资产阶级哲学家政治家有关人道主义人性论言论选辑》，商务印书馆，1966，第878页。
③ 同上书，第876页等。
④ 指希腊"英雄时代"的奴隶主贵族。

庸才一样，他们之间好像高峰之巅的巨人与被巨人所俯视的谷底深沟的走兽一般，相距遥远。

由于尼采公开地主张两种道德观的对立，使他对各种传统的道德理论都采取了否定的态度，把它们统统地划归为奴性道德之列。他敌视基督教道德的仁慈主义（Humanitarianism），以及西方传统的民主主义、功利主义和人道主义传统，认为它们严重地束缚了西方文化的发展，特别是理想主义道德导致了"德国文化"的平庸和沦丧。他攻击马丁·路德的宗教改革，嘲弄康德、黑格尔的理性主义和乐观主义（这一点为后来的萨特所发挥），甚至诅咒卢梭的民主思想和伦理学，指责他的道德理论是道德颓废派中的典型。他说："我恨卢梭，还因为革命。革命结果变成了流血的丑剧，革命当中'道德荡然'；这些我都不在乎。我恨的是卢梭的道德，所谓革命的'真理'。革命用这些'真理'直到现在还在影响人心，还在吸引一些凡夫俗子。"① 显而易见，尼采对所有的传统道德都是不屑一顾的，而他否定传统道德的目的却是力图树立一种全新的英雄道德，这种道德的理想人格化，便是所谓的"超人"。

## 五　超人

"超人"（Übermensch，英译 superman）的出现，是尼采英雄主义道德观的必然结果，也是他最高的道德理想人格。依尼采所见，两种道德的根本对立，也就是高贵与卑下、进步与保守、意志和理性的对立。它体现出一种真正的人与非人的对立。因此，只有"主人道德"才有真正的人类意义，而它所追求的最高价值目标"超人"，也就是其理想人格的象征了。

----

① 〔德〕尼采：《偶像的黄昏》，载《尼采全集》第 10 卷，Walter de Gruyter & Co.，1906，第 338 页。

在尼采看来，正如必须要重新创造一种新的价值观念体系以挽救人类道德的堕落一样，也必须要创造一种"超人"以挽救人类自身可悲的退化。"超人"是人类能够而且必须创造的最高价值的人格代表，对人类一切行为的评价都应该根据"超人"的行为来评价。他说，人类应当为"超人"而奋斗、献身，为"超人"降临大地创造一切条件，这就是人类最高的道德义务（如果说人类确实负有道德义务的话）。人类本身无关紧要，唯"超人"才是最重要的；即是说："目标并不是'人类'，而是'超人'！"①

人类有高低贵贱之分，上等的人是"非人"和"超人"；下等的人是"非动物"和"超动物"②。下等人是介乎"超人"和动物之间的存在，它是人类自身的一种"羞耻"，这种存在物因循守旧、生性胆怯软弱；他们在道德上满足于可怜的物欲与低下的性欲，缺乏雄心壮志、趋于同情怜悯、残弱相聚，不求进取。这种人只能是人类退化的产物，代表着生命意志的软化和堕落。"超人"的出现，正是为了遏制人类自身退化的败水，"超人"把现存的整个人类视为一种必须超越的对象。

因此，依尼采所见，"超人"至少有这样几个特点。其一，超人是人类生物进化的顶点，是人类物种中最优秀的民族，他们应当雄踞于整个人类之上，而不能混同于平庸的群体；换句话说："超人"就是人类、社会或民族不平等的见证。其二，超人即英雄、天才。他们"最有力、最雄厚、最独立、最有胆量"，具有"坚强的心和矫健的步伐"。尼采认为，历史上曾经显现过这种"超人"的雏形，如恺撒大帝、耶稣、拿破仑等人，就具有超人的气派和风度。其三，

---

① 〔德〕尼采：《善恶的彼岸》，载周辅成编《从文艺复兴到十九世纪资产阶级哲学家政治家有关人道主义人性论言论选辑》，商务印书馆，1966，第876页。

② 〔德〕尼采：《强力意志》，载洪谦主编《西方现代资产阶级哲学论著选辑》，商务印书馆，1982，第23页。

"超人"即最勇敢的战士。他们充满着征服异己、占有异地、夺取最高支配权力的意志力量，而毫无胆怯、懦弱的性格。由此，尼采赞赏战争，把战争视为产生"超人"的最佳摇篮。其四，"超人"也是一种至上的道德理想，"超人"本身就是真理与道德的化身，是规范与价值的创造者和占有者。在尼采眼里，"超人"是一种高度凝聚的"强力意志"，是一切旧价值的破坏者和一切新价值的创造者；他超于善恶之外，又能自我立法行事。对于"超人"来说，首要的道德标准和原则就是"我能做"（I can do），而不存在什么"我应当做"（I ought to do）的东西。其五，"超人"是绝对自由、自足而又自私的，他如同天马行空，无视一切，独来独往，驰骋逍遥。其六，"超人"是最能忍受痛苦的折磨，又能从痛苦中崛起的坚强勇士，他忍受着最炽烈的痛苦和煎熬，也拥有最强劲的意志力。最痛苦的天才也就是最有超越力量的英雄。因此，尼采借扎拉图士特拉之口向人类大声疾呼："超人是地球的意义。让你们的意志说：超人必定是地球的意义！"①

"超人"是人类世界的最高价值目标，那么，如何创造"超人"呢？尼采认为，这需要适宜的环境。所谓适宜，并不是顺利之义，相反，它是指超人成长所需的险恶环境。环境越恶劣，超人的出现就越有可能。"温室里长不出参天大树"。尼采说："仔细审查一下最优秀、最有成效者的生平，然后反躬自问：一棵参天大树如果昂首于天宇之间，能没有恶劣的气候和暴风雨之助吗？外部的不善和对抗、某种仇恨嫉妒、顽梗疑惑、严酷贪婪和暴戾，是否不算顺利环境之因素呢？没有这种顺利的环境，甚至连德性上的巨大长进也不可能。"② 由此，尼采毫不掩饰地给人们提出一条充满血腥气味和恐怖气氛的超人

---

① 〔德〕尼采：《扎拉图士特拉如此说》，载周辅成编《从文艺复兴到十九世纪资产阶级哲学家政治家有关人道主义人性论言论选辑》，商务印书馆，1966，第865页。

② R. J. Hollingdale, *Nietzsche* ( New York: Penguin Books, 1973 ), p. 103.

之途：“我教你们超人的道路，人类是应该超过的东西。”① 不要顾左及右，也不要为自己的行为感到内疚与不安，撇开良心的嘈杂之嚷和价值规范的缠绕吧，顺从强力意志一往无前吧，哪管它浮尸遍野、血流滔天。“剥削人和虐待人吧！——历史对妒忌欲、仇恨欲和竞争欲如此说——要逼得他们走投无路、山穷水尽；要煽动人跟人作对、民族跟民族作对，而且要永远这样做。那时，以这种方式点燃起来的精力之火所爆发出来的火星，也许突然之间大放天才之光；发了野的意志，犹如骏马在骑士的马刺踢刺下，突然脱缰而去，驰入另一个境域。”② 不难看出，尼采的“超人”理论确实带有英雄主义道德观的极端性，它不仅与西方近代民主主义的社会政治理论传统背道而驰，而且与传统人道主义的道德思想也是格格不入、水火不相容的。虽然，我们并不能简单地苟同苏联学者把尼采的超人视为“把被奴役的人类系在文化战车后拖着走的满身鲜血的胜利者”③ 这一过激评价，但是，尼采超人理论本身所隐含的反传统人道主义和反道德主义的倾向却是无可怀疑的。

## 六　对尼采伦理学的评价

对尼采伦理学的评价问题，是一个十分复杂而敏感的问题。其所以如此，有三个方面的原因。其一，由于尼采整个思想的独特性，要求人们不能用一种常规的历史尺度或理论眼光来看待它的价值。尼采是一位处在世纪转折点上的重要思想家和哲学家，也是西方哲学乃至整个西方文化演变流程中的一位划时代人物。因此，单纯从现代的或从传统的西方哲学史发展阶段来评价他的思想显然是不够的。其二，

---

① 转引自〔苏〕斯·费·奥杜也夫《尼采学说的反动本质》，允南译，上海人民出版社，1961，第152页。

② 同上书，第153页。

③ 同上书，第155页。

由于尼采死后著作的真伪无法确辨，也使人们难以全面评价其思想的整体价值。其三，由于法西斯时代尼采思想所受的特殊待遇，特别是希特勒对其过分推崇，在客观上左右了人们对尼采思想的观察视角，甚至常常为某种感情因素所累，使理性的、公正的历史评价的可能性大大减弱。现有的大部分看法在很大程度上就是如此，如苏联的奥杜也夫、我国20世纪60年代至70年代的一些见解等。

鉴于上述情况，我们想从下述几个方面谈谈尼采的伦理思想的历史地位和理论得失。

1. 关于尼采的反传统文化和道德的态度

尼采的反传统、反道德精神是最引人深思的，究竟尼采的这种反叛精神是否合理，人们的看法普遍是否定性的。对此，我们认为，应该从整个西方文化和道德的发展状况来加以考察。众所周知，古希腊文化哲学和希伯来文化（《圣经》）是西方文化、哲学和道德的两大基本来源之一。这种文化渊源构成了西方文化和道德的主体，也形成了它鲜明的理性认知主义和宗教信仰主义两种相互矛盾的文化特征。而19世纪中叶以前，西方的道德文化也基本上是沿袭着这一线索而发展的。因此，浓厚的理性主义与基督教道德的混合便成为西方古典文化的一大传统特色。而从道德方面来说，基督教文化的影响似乎更大。因此，以理想主义和基督教宗教道德为主体的两大道德传统便成为现代西方所面临选择的价值系统。不同的时代有着不同的选择。文化选择既是一种否定，也是一种肯定。事实表明，从叔本华开始的现代思想家们对西方传统的道德文化采取了否定性的选择，这也是它作为与西方古典哲学区别开来的事实标志。

尼采所采取的选择，无疑比叔本华走得更远，因而对西方传统文化价值和道德的否定也来得更彻底、更坚决。我们看到，叔本华虽然走向了传统理性主义的反面，但他多少还残留着某些康德主义的成分，更没有动摇宗教传统文化和道德的基础。而尼采却不同，他对西方传统文化的洞察远比叔本华深刻。他不仅看到了理性主义和基督教道德在西方几千年来的文明史中的消极影响，而且剖析了它们在理论上的抽象性和虚伪性，特别是基督教道德所特有的保守性。无疑，尼采的这一见解是正确的。长时间以来，人们总习惯于把基督教道德或作为这种道德之经典的《圣经》看成充满人情、宽容和慈爱的文化表征，却很少从人性的独立发展这一角度来审察它的非人性，甚至反人性的消极因素。① 即令是文艺复兴以来的人道主义者们，也只是满足于把神学从绝对统治的地位上拉下马来，而并没有彻底地清算基督教千百年来的历史作用和它与人类自身发展的逆反因素。尼采正是基于对这一状况的充分认识，提出其反基督教道德理论的。因此，我们认为，尼采的反传统文化和反道德主义的核心，是对基督教道德文化的否定。

前述表明，尼采以最彻底的反叛精神，用生命意志根本取代了上帝意志，用以生命意志的充分发展为基础的主人道德取代了传统的颓废道德。他宣布上帝已死，警告人们忠实于大地，重新在一个没有上帝的新世界树立人类的价值体系。从这个意义上说，尼采的反宗教立场是西方有史以来最为彻底的，它克服了叔本华伦理学的柔弱和悲观，摒弃了一切用理性或人道来抗拒上帝而又无法抵御上帝侵蚀的软弱做法，直接用强健的生命之力去埋藏上帝和所有宗教的幽灵。这种彻底的无神论精神和人本主义，显然有其巨大的历史意义和人性价值，也直接影响到后来的海德格尔、萨特等人。正是由于这种彻底的否定前提，才使得尼采有可能：（1）使以人为本位的伦理学第一次上升到哲学本体化的理论层次；（2）使人类道德的研究有可能成为真正

---

① 关于这一点，陈鼓应先生的《耶稣新画像》一书有很透彻的分析，该书由生活·读书·新知三联书店 1987 年出版。

属于人的科学；（3）开创了完备的现代人本主义伦理学，使一种新的人类道德价值体系的建立有了充分的可能性。这就是尼采反传统文化——基督教文化和道德的基本意义所在。

但与此同时，由于尼采对历史传统采取了绝对否定的态度，因而也拒绝了人类文化和道德发展的历史连续性。这种断然割裂人类道德文化历史性的极端做法是典型的反历史主义态度，它使我们在获得文化创造自由的同时，失去了文化传统的依托和借鉴，使道德与文化观念的更新成了一种离开土壤的"空中种植"。值得注意的是，尼采的这一反历史主义原则，曾与其非理性主义方法一起，成为现代西方人本主义伦理学所沿袭的基本方法。因此，它绝不是现代西方伦理学发展中的一种偶然现象，而是一种带有一定普遍意义的理论特征。

2. 关于尼采的两种道德观

我们说过，尼采反传统反道德的目的绝不是树立道德悲观主义和虚无主义，而是在旧文化和旧道德的废墟上建立新文化和新道德。换言之，"重新估价一切"只是为了"重新建立一切""创造一切"。因此，尼采提出了奴隶道德和主人道德，并把两者尖锐地对立起来，以后者压倒前者。在这里，我们依旧不难发现，尼采的所谓奴隶道德与前面所谈到的基督教颓废道德是相通的，因而他提出两种对立道德的目的，仍然是进一步贯彻他重估一切、以新文化道德取代旧传统道德的基本意图。如果我们剔除尼采在论述两种道德的过程中的过激成分，就可以看出，他的两种道德的对立，实际上也就是道德文化中传统与革新、保守与进取、抽象理想主义与个人本体现实主义之间的对抗和选择，尼采的做法是绝对的两者择一、非此即彼的极端方法。

应该承认，尼采这种做法在客观上带来了矛盾的后果。一方面，对传统道德和保守性道德的彻底拒斥，使尼采的道德观获得了一种进取和创造性的绝对个人主体性意义，它改变了人们在道德本性上的一种古老观念——道德是维系和调和生活现状的手段，而不是人性的一种自由展现和创造。这就是我们通常所规定的，道德是"一种规范"。但尼采的做法启发了人们，道德不仅具有规范性，更重要的是具有进取性特征。人的道德必须是与人性的发展相一致的。由此可见，尼采对奴隶道德的否定实质上是对传统规范性道德的否定，其目的是确立一种进取性、创造性道德。就此而言，与其把他视作一个反道德主义者加以鄙弃，不如把他作为一个新道德的鼓吹者而给予应有的谅解和重视。

然则，尼采的失误在于，他仅仅依据强力意志的法则设置了一种主人道德，而人为地把人类本身划分为群氓与英雄，并明目张胆地鼓吹人类不平等观念和剥削观念。这不仅散发着浓厚的道德英雄主义气息，而且沾染着他固有的狭隘而又狂妄的贵族等级意识。从这种意义上说，尼采的两种道德观不仅与人类道德发展的方向相悖，而且暴露了它的反人性、反人道主义倾向，使道德从人性的极端化走向了普遍的反人道化。因此，我们同样可以在这个意义上把尼采视为反人道主义者。

正是由于上述失误，尼采英雄主义和贵族心理恶性勃发，创造出一种"半神、半人、半兽"式的"超人"人格模式，并在"超人"与人的关系之间人为地制造了一种紧张的对峙和等差，甚至宣扬一种超人对人的支配、奴役、压迫和剥削。这样一来，尼采犯下了一个极大的错误，即在撤除上帝对人类的统治的同时，又给人类重新安放了一个新的上帝（超人），即便尼采并没有把"超人"归诸某一个人的特权，但"超人"的出现，无疑埋藏了人类共同主体性的希望，这不能不说是一种极端反道德主义的做法。

顺便提及一下，尼采的两种道德理论在现代西方伦理学上产生了重大的影响。法国生命伦理学、新黑格尔主义乃至 20 世纪的存在主义，都不同程度地受到他的影响。柏格森的"开放道德"与"封闭道德"，新黑格尔主义者的"自我实现伦理学"与"自我限制伦理学"，萨特的绝对自由价值伦理学理论，等等，都直接或间接地与尼采的道德理论有着历史的亲缘关系或相似性。

3. 关于尼采的伦理学与法西斯主义

应该说，尼采的哲学和伦理学是共为一体的，两者间很难有断然的界限。既然如此，我们在分析其伦理学时，也就不能不回答它与法西斯主义的真实关系问题。历史地看，尼采的思想与法西斯主义并没有直接的关系。希特勒当道之时，尼采已长眠墓地了。但历史的理论与历史的逻辑之间往往有着极为复杂的联系。我们不应简单地把尼采的思想作为法西斯主义的理论基础而弃之不顾，但我们必须解释它为法西斯所利用这一客观历史事实的原因。笔者以为，下述两个方面的解释可以回答这一难题。第一，尼采的伦理学和整个哲学的内在矛盾潜伏了它为法西斯主义所利用的危险性和可能性。如前所论，尼采是一个罕见的极端型思想家，在传统价值与文化道德革命、理性与意志之间，他从不关注相互性关系的研究，而是绝对地抑此扬彼，这导致他的伦理学乃至整个思想中的绝对反历史主义和非理性主义。同时，他过分地强调两种道德的对立、公开，主张英雄道德或贵族道德，宣扬"超人"理想的做法，不仅使他的伦理学充盈着一种个人英雄主义的极端情绪，而且表现出明显的反民主主义和反人道主义（平等、自由、博爱）的政治化伦理倾向。对此，罗素曾有过深刻的见解，他说："尼采和马基雅维利都特有一种讲权力、存心反基督教的伦理观，固然在这方面尼采更为坦率。拿破仑对于尼采来说，就相当于恺撒、鲍吉亚对于马基雅维利：一个让貌小的敌人击败的伟人。"[1] 尼采伦理思想中的反历史主义、反理性主义、个人英雄主义及强力意志的政治化伦理观，无疑在客观上契合了尔后德国法西斯主义的政治需要。对于以力量和意志来对待一切的法西斯来说，历史传统、理性和自由平

---

[1] 〔英〕B. 罗素：《西方哲学史》下卷，何兆武译，商务印书馆，1981，第313页。

等的民主政治观点，显然是一堆有碍力量强化和意志统治的垃圾。第二，尼采思想本身从侧面反映了 19 世纪末叶德意志资产阶级的意志状态，因而有可能满足德国资产阶级在特定历史条件下的精神需要。众所周知，德国资本主义的发展远远落后于英、法等资本主义国家。但从 19 世纪 60 年代开始，德国资产阶级日渐强大起来。1870 年普法战争的胜利，不仅使德意志民族获得了空前的统一，而且大大强化了其经济政治力量和民族心理。阿尔萨斯和洛林两省的割让及所获的大量战争赔款，使德国资本主义经济迅速发展。但是，现存的局势使后来居上的德国资产阶级非常恼火，各种资源和殖民地已被英国、法国、西班牙等国瓜分完毕，世界商品市场也大多为英、法等国所控制。在此形势下，德国资本主义的发展和扩张受到严重的限制。要保存和发展自己，就必须重新审视一切。而要获得这种支配权力，除了有强大的政治、经济和军事力量外，还需要在精神心理上有足够的力量和勇气，这正是当时德国资产阶级最迫切需要的精神支撑。尼采的"重新估价一切""强力意志"等理论观点，与这种客观历史状态和需要不期而合，因此也就难免成为希特勒格外垂青的精神产品了。这种历史的巧合，一方面说明历史与逻辑的深刻一致性，另一方面也告诉我们简单地看待历史理论与历史本身的联系，或无视这种联系的片面性都不可能是科学的。

# 第二章

# 英国进化论伦理学

## 第一节　进化论伦理学的基本概况

### 一　进化论伦理学的形成与发展

进化论伦理学是现代西方伦理学早期发展中的一个重要派别，它主要发生于 19 世纪 50 年代至 20 世纪前夕的英、俄两国，其中尤以英国为甚。

历史地来看，进化论伦理学是近代英国经验主义伦理学传统的一种现代新发展，它同样体现着伦理学与自然科学两者结成联盟的科学化特点，只不过这种"同盟"的内涵更具有现代科学品格而已。换言之，它从同近代物理学、心理学（如休谟的"联想心理主义"等）等科学与伦理学的相互联合转向了现代生物学与伦理学的联合，成为西方伦理学从传统经验主义向现代科学主义或曰"现代经验主义"转变的关键环节。

众所周知，从 17 世纪以霍布斯为代表的伦理学利己主义，到

17～18 世纪以剑桥柏拉图学派（昆布兰等人），以及沙甫慈伯利、休谟和亚当·斯密为代表的情感主义伦理学，再到以边沁、密尔、哥德文等人为代表的功利主义伦理学，英国近代的经验主义伦理学的发展经历了三个逐步完善的阶段，即以个人利益为中心→相互情感论→以普遍功利为目标的道德理论发展。此后，它便进入了一个相持而困难的选择时期：一方面，它已经完成了为英国近代自由资本主义发展寻找道德根据的历史使命；另一方面，随着英国资本主义由自由向垄断发展的新形势，尤其是面对现代科学的新发展（以现代生物学、心理学、社会学等最为突出），英国的传统伦理学又不得不做出新的选择和转向。进化论伦理学的出现，正是这一社会政治经济和文化背景下的理论产物，也是西方现代经验主义伦理学形成和转折的先声。

进化论伦理学的形成和发展大约可分为两个阶段。以达尔文（Charles Robert Darwin，1809～1882）、斯宾塞和赫胥黎三人为代表，是进化论伦理学的发展前期；而以史特芬（Sir Leslie Stephen，1832～1904）、俄国的克鲁泡特金（Kropotkin，1842～1920）等人为代表的伦理学则是其发展后期。20 世纪以后，进化论伦理学没有明显的发展，直到 60 年代以后，才开始重新受到人们的重视，并影响到现代"生物伦理学"（Bioethics，亦可译为"生命伦理学"）。对 20 世纪 60 年代以后的有关进化论伦理思想，我们将在本书的最后一部分加以讨论。这里所要探讨的主要是盛行于 19 世纪下半叶的英国现代进化论伦理学，其基本理论在斯宾塞、赫胥黎两人的伦理学著作表现得较为完备。后期进化论伦理学主要是对前期理论的发挥和论证。因此，系统地了解前期伦理学的基本内容，也就把握了现代进化论伦理学的大概要旨。

## 二　进化论伦理学的理论前提和一般特征

现代西方进化论伦理学主要是依据现代生物学、遗传学、人类学、社会学等学科的理论成果而形成和发展起来的，在某种意义上，它是一种社会有机进化论的变种。同时，它作为英国资本主义现代发展的理论产儿，又与其传统的经验主义伦理学有着密切的师承关系。霍布斯的人类双重状态学说（自然状态与社会状态）；休谟和亚当·斯密的以"同情"为母体的情感主义伦理学；边沁、密尔的功利主义理论等，都为现代进化论伦理学直接提供了丰富的理论来源。此外，19世纪中后期法国的孔德实证主义哲学和社会学，也给现代进化论伦理学以深刻的哲学方法论影响。为此，在现代西方哲学史上，斯宾塞与孔德一起被归于早期实证主义哲学一派。[①] 由此可见，现代进化论伦理学的理论渊源有三个端点：其一，现代生物进化论和遗传学的自然科学基础，它为之提供了丰富的经验科学材料，也为之涂上了一层浓厚的科学主义伦理学色彩；其二，英国传统经验主义伦理学的理论前提；其三，孔德实证主义哲学方法论启示。关于这些问题，我们在后面将做必要的具体分析。

关于进化论伦理学的一般理论特征，可以做以下四个方面的概述。

1. 坚持从生物进化论到社会进化论的自然主义原则，把人类道德生活现象的最终说明诉诸"社会有机体"的进化过程

进化论伦理学家们一般都认为，社会并无独立于宇宙自然之外的生存和发展过程，它不过是自然进化的高级阶段而已，正如人类本身是动物高级进化的产物一样。因此，他们主张"自然进化过程"与"社会进化过程"的连续性、同一性，并由此把进化过程中的"自然表现"与"伦理表现"相提并论，甚至用自然现象解释和证明人类的道德生活现象。因此，他们把所谓道德解释成为人类行为与环境的"最佳适应性"和"合目的性"，认为人类"生命力"（vitality）发展

---

① 刘放桐等编著《现代西方哲学》，人民出版社，1981。

与社会进化有着某种同步关系，并用以解释人类各种道德情感、心理、行为和关系的社会本质，使其道德理论带有浓厚的自然主义特征。

2. 坚持实证主义的方法论原则

进化论伦理学者们一般都以为，传统伦理学或把道德的根基建立在对上帝与神的信仰的先验唯心主义基础上，根本没有解释人类自身的道德经验基础。形而上学哲学家（如康德）则热衷于抽象的理性方法，预先假设人类普遍的理性本质是道德的唯一基础，却不能进一步说明人类理性、意志、良心、义务等道德意识与行为的终极来源。唯有他们坚持从整个自然界到社会界的进化过程中寻找道德的根源，才能最后找到解释道德现象的科学方法，这就是从整个宇宙进化的过程中寻找社会进化的有机关系和人类道德情感、道德意识和道德行为的自然生成、发展和原因。因此这种方法具有经验科学的基础和实在性，而科学的伦理学方法既不是信仰主义的，也不能是抽象理性的，只能是经验的、实证的。

3. 坚持功利主义的道德传统

进化论伦理学者们虽然都在不同程度上批判和矫正了英国近代功利主义道德学说，但从根本上看，他们并没有最终脱离功利主义伦理学的传统。事实上，他们大多精心于论证利己主义与利他主义的相互关系，并确乎提出了各自的不同见解。但归根到底，又绕到功利主义或情感主义的老路上来了，不同的只是论证的方法和某些具体结论的差异而已。斯宾塞反对霍布斯的极端利己主义，主张实行利己主义与利他主义的"和解"，最终仍偏向于以利己主义为出发点的所谓"社会功利主义"，坚持认为个人的利己主义先于或高于社会的利他主义。克鲁泡特金的社会主义进化论伦理学则有所不同，它主张道德的基础在于社会正义和人与人之间的天然互助关系，主张纯粹的利他主义道德原则，以求实现所谓公正自由的社会主义伦理理想，亦即自由无政府主义的社会道德。

4. 进化论伦理学基本倾向于社会伦理与个人道德的统一，比较强调伦理学自身的社会性特征

达尔文以动物（包括人类）的天然"合群性"（sociality）本能，论证了人类道德的原始基础在于由这种社会本能（或群集本能）所产生的"同情""互爱""理解""理智判断"等。斯宾塞也明确地把公正或社会正义作为伦理学的核心范畴之一，并对各种正义现象——如"动物的正义""亚人类的正义"或"半人类的正义""人类的正义"——进行了详尽的论述。而克鲁泡特金也把正义作为其伦理学的三大原则之一（第一，互助的原则；第二，正义的原则；第三，自我牺牲的纯粹利他主义原则）。这种强调正义的伦理学倾向，突出地表明了现代进化论伦理学的社会有机本体论道德精神。但是，在如何坚持这种立场的具体问题上，各位思想家又不尽一致。斯宾塞倾向于社会伦理主义，克鲁泡特金则最终转向了巴枯宁、蒲鲁东式的无政府主义或自由社会主义伦理学。

总之，现代进化论伦理学的理论基础是经验唯物的，其方法是科学实证的，其基本道德倾向是功利主义和社会正义论。这些特征形成了它自身的理论品格，也使它一度在现代西方哲学和伦理学发展中产生了较大的影响，其中以斯宾塞、赫胥黎、克鲁泡特金等人影响为最。

# 第二节　斯宾塞的进化论伦理学

## 一　生平与著作

赫伯特·斯宾塞（Herbert Spencer，1820～1903）出生在英国德尔比（Derby）的一个具有浓厚宗教气氛的家庭。他一生靠自学成才，早

年其叔父托马斯·斯宾塞（Rev. Thomas Spencer）曾想送他上剑桥大学学习，但他谢绝了这一恩惠，自己勤学不辍。17 岁时，斯宾塞被聘雇为伦敦—伯明翰铁路的工程师；1848 年至 1853 年曾任《经济学家》杂志的编辑，这期间他开始了大量的阅读和写作，为《威斯敏斯特评论》杂志撰写过不少文章，初露其思想倾向的端倪。1850 年，他出版了第一部重要的学术著作《社会静力学》（Social Statics），该书包含了他的早期哲学、社会生物学和伦理学的基本思想，被人们认为是达尔文《物种起源》（1859 年）之前较早提出进化论模式的代表作品。① 1855 年他又出版了《心理学原理》（Principles of Psychology）；1861 年出版《论德育与体育》（On Moral and Physical Education）。从 1860 年开始，他陆续开始发表他的 10 卷本《综合哲学》（Synthetic Philosophy）的纲要和全书，先后花了 30 多年时间（1862～1896 年）来完成这部鸿篇巨制，其中包括《第一原理》（The First Principle）（1862 年）、《心理学原理》（即 1855 年版的再版，在 1870 年至 1872 年作两卷重印）、《社会学原理》（The Principles of Sociology）（共三卷，在 1876 年至 1896 年完成）、《伦理学原理》（The Principles of Ethics）（共分两卷，六个部分，其中第一部分至第三部分为第一卷，于 1873 年至 1892 年出齐，第四部分至第六部分为第二卷，1893 年出版）。可见，除《社会静力学》一书以外，斯宾塞的所有著作都包括在《综合哲学》的系列之中。实际上，斯宾塞本人也正是想通过这一系列的著作，来建立一个庞大而完整的社会科学体系。这种巨大的努力使他在 19 世纪下半叶成为英国学术界的"思想泰斗"，被誉为"维多利亚的亚里士多德"。

在斯宾塞浩繁的著作中，主要的伦理学代表作品有他早年的《社会静力学》、《论德育与体育》和《伦理学原理》，其中后者最为集

① 〔俄〕克鲁泡特金：《伦理学的起源和发展》，巴金译，重庆文化生活出版社，1941，第 437 页。

中。他的《伦理学原理》共有六部分，后来大多以单行本发行过。第一部分为《伦理学材料》（1879 年），第二部分为《伦理学归纳》（1862 年），第三部分为《个人生活伦理学》（1892 年），第四部分为《正义》（1891 年），第五部分为《消极的仁慈》（1893 年），最后一部分是《积极的仁慈》（1893 年）。

斯宾塞一生勤奋自学，作品丰厚，在现代西方思想史上享有崇高的声望。他与达尔文、路易斯（G. H. Lewes）、赫胥黎等人不仅交情深厚，而且享有同等的学术地位。他是现代英国实证主义哲学运动和进化论伦理学派的杰出代表，也是英国 19 世纪社会科学发展的历史见证人。

## 二　伦理学的两大支柱

如前所述，和所有进化论者的伦理思想一样，斯宾塞的伦理学主要是依赖于实证主义哲学方法论和生物进化论的科学基础而完成的。因此，在研究他的伦理学理论之前，有必要首先了解它与孔德实证主义哲学和达尔文等人的生物进化论观点之间的理论联系。

孔德实证主义哲学的基本精神，在于他对实证哲学方法原则的极端强调和对"社会动力学"的社会学描述，后者是孔德哲学思想在其社会学中的引申和发展。孔德认为，人类的各种知识发展经历了三个不同的理论阶段，这是他发现的"一条伟大的根本规律"。这三个阶段是"神学阶段，又名虚构阶段；形而上学阶段，又名抽象阶段；科学阶段，又名实证阶段"①。三个阶段各不相同，循序渐进。实证阶段乃是人类思维发展的最高阶段，因而也是一切社会科学，特别是社会与道德研究的方法论基础。孔德的实证哲学方法，在当时理论界产生了极大的影响，斯宾塞也不例外。一方面，他和孔德一样，把科学实

---

① 〔法〕孔德：《实证哲学教程》，载洪谦主编《西方现代资产阶级哲学论著选辑》，商务印书馆，1982，第 25 页。

证原则视为高于宗教神学和一切形而上学方法之上的科学方法论，并比孔德更为彻底地将这种实证哲学方法运用到进化论伦理学之中，同时，又表现出与孔德的社会道德理论的相似点。例如，他们都坚持"社会有机进步论"这一原则，并把人类的道德现象视为这一进化过程中的重要组成部分。由此，他们的伦理观似乎都具有一种倾向于伦理社会化的理论特征。

但是，斯宾塞与孔德有着理论上的分歧。首先，他们两者注重的对象有所不同。孔德更注重于社会的整体运动，因而把个人仅视为社会整体之部分，个人应服从整体运动的一般倾向和要求。而斯宾塞则更关注于个体的生存和发展，以个人的实在进化去说明社会的总体进化。因此，他反对那种把个人视为某种纯粹的社会工具或手段的"总体主义"。其次，由于在个人与社会的关系上各有偏重，使他们对利己主义与利他主义两种不同的道德原则采取了不同的态度。孔德认为，人类作为一种社会的存在，具有天然的普遍同情心，这种普遍的同情心"使每一种思想、愿望和行动都服从社会感情"①。因之，人类道德感情对社会整体的普遍关注，必将导致普遍的利他主义。相反，斯宾塞虽然承认人类同情感、正义感、仁慈感等道德感情对于人类社会的存在和发展的重要意义，但他更认为，人类的利他主义道德感情并不优于利己主义。因为无论是从发生学意义上，还是从价值判断上，人类的利己主义感情都先于，甚至优于他们所形成的利他主义感情（关于这一点，我们稍后还有详细的论述）。故此，伦理学的目的并不在于以利他主义的价值优越性去排斥利己主义，而是寻求两者之间的和谐和合理的和解。② 由此可见，孔德的实证主义哲学和社会

---

① Auguste Comte, *A General View of Positivism*, trans. by J. H. Bridges ( New York: Cambridge University Press, 1970), p. 119.

② Cf. C. W. Maris, *Critique of the Empiricist Explanation of Morality*, trans. by J. Fenoulhet ( The Netherland: Kluwer - Deventer, 1981), pp. 113 - 114.

学确实给予了斯宾塞伦理学的方法论影响，但并没有同化其伦理学理论的具体内容。

除实证主义哲学方法的间接影响外，直接影响斯宾塞伦理学的便是生物进化论。应当说明的是，虽然斯宾塞早在达尔文的《物种起源》一书发表以前便提出若干进化论的重要思想，诸如"自然选择"（the natural selection）、"最适者生存"（the survival of the fittest）等命题，但是，完整的进化论理论模式的建立，应当归功于达尔文的《物种起源》一书。并且，斯宾塞曾与达尔文、赫胥黎等人常常在一起讨论有关进化论问题，他们之间的影响也是必然的。当然，除达尔文等人的进化论思想的影响之外，更重要的还是斯宾塞本人在这个领域中的独立思考和探讨，这也使他的某些基本观点与达尔文等人的主张并不完全一致。

大家知道，作为现代生物进化论的天才奠基者，达尔文的学说对整个现代西方科学的发展和社会科学思维都产生过巨大的影响。由于他把人类现象归属于整个自然发展过程的总体进程，并提出和阐述过许多重大的道德理论问题，因而使其进化论对现代伦理学的影响更为突出。简单地说，达尔文的基本观点可概括为三个方面。第一是"自然选择"的生物竞争原理，即是说，自然（包括人类社会）的进化过程，是一种充满着竞争淘汰的过程。适者生存，不适者淘汰。于是便有第二，"最适者生存"原理。在自然的淘汰中，各种物类对自然环境的适应性程度各不相同，对自然环境的适应性程度越高，其生存和发展的可能性越大。人类是万物之中的佼佼者，最能适应周围的世界，故人类的进化程度最高，是自然进化过程中的最高阶段。第三是"进化与遗传"原理。达尔文认为，物种的进化过程不单是一种竞争淘汰的过程，也是一种生物基因的遗传过程，优秀的物种及其特性必定随着进化而持续发展下去。最后是关于动物的"合群性"与"社会本能"的原理。达尔文认为，动物具有其先天的合群性和社会本能，孤行独居必使动物的进化受到阻碍，甚至濒临灭绝。进化与适应环境的要求，使动物产生了群体生活和组成"社会"的本能（如蜜蜂等）。这种合群性和社会本能使动物特别是高级动物形成了某种原初的道德感和道德行为，即相互协助、相互同情、自我牺牲的情感和行为。但是，达尔文也指出："唯有人才能被确定地列入道德存在者的行列。"① 因为人类是一种高于动物的物种，其合群性与社会本能格外突出和强烈。这种特征与人类的风俗、理智和文明进步一起构成了人类道德的本源。

达尔文的上述思想极大地影响到斯宾塞乃至整个进化论伦理学。但是，在认同达尔文进化理论的同时，斯宾塞也提出了独特的看法。第一，与达尔文不同，他确信所谓"自然选择"与"最适者生存"的过程，不是一种充满偶然性与巧合性的过程，而是一种有意义、合目的的适应过程；目的性是物种进化，特别是人类进化过程中的基本特征之一。第二，斯宾塞发展和丰富了达尔文关于道德起源的理论。他不仅从动物的合群性和社会本能中寻找人类道德的起源，而且从动物和人类进化的历史过程中去考察和寻找解释人类道德观念变化的钥匙，这似乎比达尔文的见解更为广博。

## 三 伦理学的体系构成

### 1. 伦理学的领域

伦理学的对象和范围是什么？究竟如何使伦理学置于科学的研究层次？这是斯宾塞伦理学首先要关注的问题。在《伦理学原理》的第四部分"正义"中，斯宾塞开宗明义地指出："大多数人都把伦理学的对象（subject-matter）视为可以激发认可或指向的行为。但人们客观地把伦理学的基本对象考虑为对自我或他人，或对两者都能产生善

---

① J. G. Schurman, *The Ethical Import of Darwinism* ( New York: Charles and Son's Publishing Co., 1887) , p. 29.

与恶结果的行为。"① 在斯宾塞看来，人们行为的善恶确实是伦理学的基本对象，这规定了伦理学研究的基本范围是行为所包含的自我与他人（社会）两个基本方面。他说："伦理学的整个领域包括两个重大的区域：个人与社会。"② 由这两个区域来考察人的行为，便可将这种行为划分为两大类："一种行为直接指向个人的目的，人们从它与个人目的的关系中来判断它们，……尽管它们间接地影响到同类，但最基本的则是影响行为者本身；而且，必须根据它们对行为者所产生的有利的或确定的结果在本质上把它们划分为正当的与错误的。另一种行为则直接或间接地影响到同类，尽管其结果并不否认自我，但他必须依据它们对他人所带来的结果来判断其善恶。"③ 这即是说，人类的行为无非个人（为我）行为和社会（为他）行为两大类，伦理学研究的是具有善恶意义的行为，或者反过来说，行为结果之于行为者或他人（社会）所特有的善恶意义是伦理学研究的主题。

那么，判断行为结果之善恶价值的依据何在呢？斯宾塞认为，行为结果的道德价值，取决于它对外在环境的适应程度，取决于它对于个体保存、后代发展及种族繁衍的意义。在《社会静力学》一书中，斯宾塞曾经说道："所有的恶都是由于对环境的不适应性所引起的。"失去阳光，灌木便会枯萎；缺乏适应环境的能力，人就会感到痛苦。因此，"无论恶的特殊本性如何，一律可以诉诸一个共同的原因——即诸种能力与它们的行为范围之间缺少合适性（congruity）"④。斯宾塞依据进化论原理，详细地考察了不同物种与环境之间的关系，他认为，任何有助于提高物种与环境之间适应性的行为就是善的行为，进而指出："任何有助于后代或个体保存的行为，我们把它视作相对于

---

① H. Spencer, *The Principle of Ethics* (New York: Library Funds, 1896), p. 3.
② H. Spencer, *The Data of Ethics* (New York: Library Funds, 1881), p. 281.
③ Ibid., pp. 281 – 282.
④ H. Spencer, *Social Statics* (London: Williams and Norgate, 1892), p. 27.

物种而言的善的行为，反之否然。"① 生存是一种斗争，适者生存，适应性越高便越符合自然进化的方向和规律，因而所具有的积极价值便越高。人类具有最佳的环境适应性，它对环境适应的目的性恰恰在于它对自我保存和发展的追求。由此，便产生了适应过程中的人类个体与种族的关系问题，即个人与社会的道德关系问题。判断人的行为之善恶价值的依据也因此必须建立在它能否对人类个体与种族社会的生存和发展具有适应性这一基础之上。依斯宾塞看来，人的天性本身并不适应其社会性要求，因为它仍然保留着某种"先前状态"的自私性，残存着"原始掠夺性生活"的习惯。而事实是，"社会要求每个人只能在不侵犯其他人获得满足的能力的情况下，才能有这种欲望。如果不这样限制每个人的这种欲望，那么，所有的人必定会感到他们的欲望不能满足，或者是一些人必定以牺牲他人为代价来满足自己。这两种选择都必然会带来痛苦，产生不适应性"② 。因而也就会失去道德价值。

由此可见，斯宾塞最终是根据人的行为与社会环境之间的适应性——利于自我、他人和种族保存与发展这一标准，来确定行为的道德价值和伦理学研究范围的。但是，以行为的善恶作为伦理学的根本问题，并不意味着我们仅仅局限于善恶行为这一狭小的范围之内，要真正了解善恶行为，还必须了解行为的一般特点。为此，斯宾塞还进一步考察了行为的类型与层次。他在《伦理学材料》一书中，一开始就系统地考察了行为的种类。他认为："行为是一个整体，而且在某种意义上，它是一个有机的整体——即一个由有机物执行的交互依赖的行为的集合。"这就是他关于行为的一般定义。而在他看来，"伦理学所涉及的行为部分或方面，则是这个有机整体之一部分——一个与

---

① H. Spencer, *The Principle of Ethics* ( New York: Library Funds, 1986 ), p. 4.
② Ibid., p. 30.

其他部分具有无法摆脱的密切关系的组成部分"①。换言之，行为本身是一个集合式系统，它有着不同的方面或层次。

由此，斯宾塞将行为系统具体地划分为三个子系统。第一是所谓"一般行为"，即"一切适应目的的行为"。它包括低级动物、高级动物和人的行为。这些行为无论其特性如何，都可以从一般意义上视为适应目的的动作调整，差别只在于这种适应目的的动作调整有着简单与复杂之别。低级动物的行为是最简单的，它没有内在的道德特征，只有进化到高级动物和人的行为的复杂层次，才产生道德特征。② 因此，具有道德价值的行为只属于复杂行为。第二是所谓"进化行为"，这种行为是指物种在自我保存和发展的进化过程中产生的"种族维护的行为"，因为对任何种族而言，"每一代的自我保存都是通过前一代而又依靠后代子孙的保存"③。斯宾塞认为，进化行为是"生存斗争"的组成部分，它"既产生于同物种的成员之间，也存在于不同种族的成员之间"④。相互竞争以求种族延续，就是进化行为的目的所在。第三种行为便是"善恶行为"，它是伦理学研究的主体对象（但非唯一的对象材料），是行为整体系统中最为复杂和特殊的构成部分或行为方面。斯宾塞指出，从一般意义上说，行为的善恶取决于它的合目的性和适应性，而从进化的观点看来，"我冠之以善的行为是相对较为进化的行为；而恶的行为则是相对不进化的行为"⑤。

斯宾塞把判定行为进化与否的程度规定为"三个等级目标的完成"。他说："在这里，我们主张一种行为为善是就这样三个方面来谈的：我们把其他合理调节的自我保存行为称之为善；同样，我们把合理调节的为养育后代能够完善生活的行为称之为善；而把进一步完善

① H. Spencer, *The Data of Ethics* (New York: Library Funds, 1881), p. 5.
② Ibid., p. 10.
③ Ibid., p. 15.
④ Ibid., p. 17.
⑤ Ibid., p. 25.

他人生活的行为也规定为善。"① 换句话说，有利于个体保存、种族延续和他人完善即是具有善的价值的道德行为标准；而同时达到这三种要求的行为，就获得了道德的总体价值，达到的程度越高，其善越大。斯宾塞总结道："当行为对自我、后代和同类同时获得最大的生活总体性时，进化也就成为了最高的可能。因此，我们在这里看到，当行为同时完成三种目的时，所谓善行为，就可以设想为最好的行为。"②

### 2. 伦理学的方法

关于行为及其意义的种种界定，为斯宾塞伦理学体系的展开规定了一个基本的格局，但要完成这一体系的建构，这不能不涉及伦理学的方法问题。

斯宾塞把历史上已有的伦理学理论归结为四种基本类型：它们是目的论伦理学（包括宗教伦理学）、政治伦理学（以霍布斯、柏拉图、亚里士多德为代表）、直觉伦理学（指近代 17～18 世纪英国以赫起逊、普赖斯等人为代表的直觉伦理学，而不是 20 世纪初期的直觉主义）和功利主义伦理学。他认为，迄今为止的诸种伦理学都犯了一个共同的错误，这就是它们各自的方法论都带有片面性和抽象性，它们只限于说明道德的一般现象，而没有找到解释道德最终根基的因果规律。他说："所有现行的伦理学方法都有一个不足——它们忽视了最终的因果联系。当然，我并不是说它们完全否认了行为的当然结果；而是说他们仅仅把这些结果视为偶然的。"③

宗教伦理学把道德等同于宗教的教条，它基于一种抽象的信仰基础，把是与非、善与恶的标准诉诸上帝的权威，因而在行为与判断方式之间完全缺乏经验的因果依据。"某种行为之所以为善或为恶，仅

---

① H. Spencer, *The Data of Ethics* ( New York: Library Funds, 1881 ) , p. 44.

② Ibid., p. 26.

③ Ibid., p. 61.

仅是因为神意，这无外乎说，某行为必然不具有某种结果。"① 而为柏拉图、亚里士多德等人积极倡导的政治伦理学，以国家的法律（柏拉图）、法令（亚里士多德）和社会契约（霍布斯）作为道德的起源和标准，实际上是把法律与统治者的政治权力和意志作为道德标准，它所体现的并不是个人行为自身的道德意义，而是把道德义务和道德判断标准抽象化了，事实上，"行为与结果之间的联系根植于事物的构成之中，是不能为国家既定法律所改变的，也无需由经验的一般化来建立"②。此外，直觉伦理学借助某种自然的意识来判断人们行为的是非善恶，这既不具备必然的因果关系，也不能最终指望那些逻辑上的推理得出客观的结论。因此，"不可避免的结论是，直觉主义者没有也不能否定正当与错误最终从快乐和痛苦中推导出来"③。至于功利主义伦理学把道德的基础建立在"最大多数人的最大幸福"这一原则上，也是没有绝对确定性的。因为人类并没有绝对统一的幸福标准。家庭对于瑞士人来说是一个幸福的场所，而对于漂泊游荡的吉卜赛人却是一个生活的累赘。"因此，适合于一个人的最大快乐的条件，对另一个人来说，可能完全不会达到同样的目的。结果，幸福的概念必定因人的气质和性格的不同而改变，即是说它必定变化无常。"④

　　总而言之，已有的各种伦理学都缺乏充分的经验基础，没有找到行为与结果之间的自然因果关系，因而都不可能创立科学的理论体系和方法。斯宾塞总结说："无论是目的论的、政治的、直觉的或是功利主义的伦理学，它们所展示的一切，仍然缺乏因果观念，如果说它们不是在同等程度上缺少的话，也大多在很大程度上缺少这一点。"⑤在斯宾塞看来，要找到和说明人类行为的动机与结果之间的自然因

---

① H. Spencer, *The Data of Ethics* (New York: Library Funds, 1881), p. 50.
② Ibid., p. 59.
③ Ibid., p. 40.
④ H. Spencer, *Social Statics* (London: Williams and Norgate, 1892), p. 8.
⑤ H. Spencer, *The Data of Ethics* (New York: Library Funds, 1881), p. 49.

规律，必须建立科学的伦理学研究方法，这就是从对行为的多学科的综合研究中，科学地解释道德现象。既然伦理学以人的善恶行为为研究对象，那么，就必须以人的行为为出发点。但是，由于人的行为涉及物理学、生物学、心理学和社会学等多种学科，因而，"只有在为它们（即指上述各学科——引者注）所共有的那些基本的真理中，伦理学才能找到它的最佳解释"①。

首先，斯宾塞指出，伦理学有其物理学方面的特征，"因为它探讨人的活动，而这些活动与所有的活力消费一样，都遵从'活力的持久性'（the persistence of vitality）规律：道德原则必须遵从物理必然性"②。这就是斯宾塞所主张的人的生命活力进化的协调与物理学上的"运动守恒"（moving equilibrium）之间的一致性观点。他以为，如同物理运动的平衡和能量守恒定律一样，人的生命活力进化虽然呈现出由简单到复杂、从同质到异质的进步趋势，但它必须保持自身活力发挥的协调性和持久性，否则，人的进化就不可能。作为人类较高级进化的道德行为，同样要遵守这一规律。

其次，斯宾塞认为，伦理学"也有一个生物学的方面，因为它涉及某种在动物的最高形式中继续着生命变化的内在与外在、个人与社会的结果"③。人，无外乎是一种高级动物。从生物学（或生理学）角度来看，作为道德主体的人的价值，就是他的"各种功能都得到充分的发挥"。如同我们从物理学上把一个"理想的道德者"视为"一个具有运动守恒［能力］的完人或最接近于完人的人"一样；人的进化行为和道德行为在生物学意义上就表现为"功能平衡"（balance of functions）。④ 不独如此，生物学本身还"给予快乐与福利（welfare）

---

① H. Spencer, *The Data of Ethics* (New York: Library Funds, 1881), p. 62.
② Ibid., p. 62.
③ Ibid., pp. 62 – 63.
④ Ibid., p. 74.

的关系以一种更进一步的判断"。这就是——"每一种快乐都增加生命力，每一种痛苦则减弱生命力。每一种快乐都升高生命的潮水，而每一种痛苦则降低生命的潮水"。① 既然衡量一种行为之道德价值的最终标准在于它有助于自我、后代、同类的生存与发展的目的性，那么，一种善的行为也必须能够给人带来更多的快乐而不是痛苦，以增加人的生命活力。从这种意义上说，合理地运用和发挥人的各种生命功能，也就是人的道德义务之一。

再次，斯宾塞指出，伦理学"还有一个心理学的方面，因为伦理学的对象是一种行为的集合，而这些行为是由感情激发、由理智而引导的"②。通过人的感情之间的关联，才产生了理智和情绪，也才使道德行为的发生有了内在的心理契机，这就是伦理学与心理学的共通性确证。不过，在斯宾塞看来，人与动物的感情构成因它们各自进化的程度不同而有着相互差异。低级动物的感情趋于简单，因而难以形成健全的理智和合理和谐的情绪，也就很难意识到行为目的与结果之间的必然因果关系。例如，一种低级的动物，常常因缺乏足够的经验和理智，就因为饥饿的缘故去攻击比自己强大的对手，结果反被对手蚕食。随着物种的进化，高级动物，特别是人的感情逐渐趋于复杂和丰富，并通过不断的感情交换和经验遗传，使理智日益健全。因此，它们懂得自己行为的因果必然联系。人不仅能够自觉认识到自己行为的必然后果，而且还能意识到行为对自我、后代和他人的复杂影响，这就是人类在长期的进化中所积累起来的生活经验和道德情感，它通过种族的遗传和生活体验，逐步持续下来，并日趋丰富。斯宾塞在给J. S. 密尔的信中明确写道："人类种族之根本的道德直观，乃是关于

---

① H. Spencer, *The Data of Ethics* (New York: Library Funds, 1881), p. 87.
② Ibid., p. 63.

某种相互关系的功用之积累起来的经验之结果。"①

最后，斯宾塞认为："伦理学也有一个社会学的方面，因为这些行为（指道德行为。——引者注）有的直接甚至全部间接地影响到社会的生存。"② 因此，"从社会学的观点来看，伦理学不外乎是对一种适合于社会状态的行为形式的明智地说明而已"③。这也就是对道德行为的社会学研究，在此意义上，社会学为我们考察人们行为对社会环境的适应性，提供了更广阔和更深刻的可能性认识。斯宾塞借用孔德的社会学观点，认为人类社会的进化正经历着由军事（野蛮）状态向产业（文明）状态的进步。在前一种状态下，人类行为的社会意义十分狭小，人们只知道两种基本的道德——爱同胞、恨敌人，这是由战争所造成的结果。在后一种状态下，人类行为的社会意义越来越普遍，随着人类文明状态的真正实现，人类将产生更广泛的社会合作，形成和平、公正、友爱等文明化的道德。因此，斯宾塞坚信道德乐观主义的原则，对人类道德发展的前景充满信心。

综上所述，斯宾塞对历史上四种道德的批判和对伦理学与物理学、生物学、心理学、社会学之联系的论述，都集中表现了这样一个鲜明的主题，即强调道德行为的结果与其道德价值之间的必然因果关系。这并不是一种简单的道德因果论，而是一种客观的综合性科学伦理学方法论探求的新尝试。他的目的在于：在客观的自然主义的道德基础上，解释人类道德现象的复杂性和多样性，以建立一种多学科的综合性伦理学研究方法。就前者而言，斯宾塞对道德行为的因果规律的强调，无疑是对宗教伦理学的神秘主义和传统形而上学伦理学的抽象性缺陷的一个有力诘难，具有一定的唯物主义倾向和理论合理性。

---

① 转引自〔俄〕克鲁泡特金《伦理学的起源和发展》，巴金译，重庆文化生活出版社，1941，第450页。
② H. Spencer, *The Data of Ethics* (New York: Library Funds, 1881), p. 63.
③ Ibid., p. 133.

同时，斯宾塞的观点也是对近代机械唯物论者的经验主义伦理学的一种新发展。它一方面力图借助于各门具体学科的方法把自然主义道德原则贯彻到底；另一方面，又从多学科的综合性角度使传统经验主义伦理学理论的视野大大扩展。由此又引申到他对经验主义方法论的强调和深化。在客观上说，强调从多学科的角度去研究人类道德现象的主张，不仅适应了现代科学发展的大趋势，使进化论伦理学享有超越传统伦理学的方法论的高度和广度，而且也确乎洞见了科学地揭示人类道德生活现象的崭新途径。20世纪中期出现的心理分析伦理学、生物伦理学（或曰生命伦理学）以及社会学和文化人类学等，虽然并不是直接得益于斯宾塞理论的启示，但在客观上印证了斯宾塞的许多预见。从某种意义上说，这种方法论上的开拓和启迪，部分地弥补了斯宾塞伦理学中的自然主义所带来的某些朴素性，比之于他的理论失误来说，似乎更值得我们认真思考。

3. 伦理学的原则

在斯宾塞之前，利己主义与利他主义之争就一直是英国伦理学领域长期争论不休的一个重大疑难问题。以霍布斯等人为代表的经验主义伦理学，基本上倾向于以利己主义作为道德的基本原则。霍布斯把人类的存在和发展划分为"自然状态"和"社会状态"，认为人的天性是自私利己的，在"自然状态"下，人人之间如同豺狼相逐，通过制订"社会契约"，人类才步入"社会状态"，而这一转变是以人类整体生存的要求作为外在强制性前提的。另一派是以"剑桥柏拉图学派"和以休谟、亚当·斯密为代表的英国近代情感主义伦理学，他们主张人的本性是天生赋予的同情感和利他心，因而反对霍布斯等人的利己主义。至18世纪末和19世纪初，英国功利主义伦理学兴起，使这种争论进入了一种缓和时期。以边沁、密尔父子和哥德文为代表的功利论者，力图调和利己与利他的道德矛盾，提出了"最大多数人的最大幸福"原则，但在根本上并没有解决这一理论分化局面。同时，在整个西方近代伦理学史上，这种利己主义与利他主义的争论也日益引起一些伦理学家的注意，至近现代之交的法国实证主义哲学，特别是以孔德为代表的社会学家，在批判近代英国经验主义伦理学和18世纪法国唯物论者（爱尔维修等人）的伦理学基础上，提出了利他主义的道德原则主张。孔德认为，利他主义才是人类天然的普遍道德情感，人类自身的社会情感必然成为支配人们行为的基本动因。因为人不过是社会的一部分，正如整体高于部分一样，社会也必定优于个人。这种社会整体主义与德国近代唯心主义者黑格尔的国家总体主义有着共同的道德倾向。

面对历史上两种不同的观点，斯宾塞采取了一种折中调和的立场，提出了使利己主义与利他主义达到"和解"的道德见解，并详细地论述了两者间的内在关系。

首先，斯宾塞认为，从行为发生学的角度来看，利己主义先于利他主义。他说："如果我们把利他主义定义为在事物的正常过程中一切有利于他人而不是有利于自己，那么，从生活一开始，利他主义一直就不比利己主义更根本。首先是利他主义依赖于利己主义，其次是利己主义也依赖于利他主义。"[1] 依斯宾塞所见，任何人首先必须能维持自身的生存，才能做其他事情。一个饥肠辘辘的人，连起码的自我满足都不能获得，也就很难谈得上为他人的生活做些什么了。人类的自我保存（self-persevation）是自我生命调节的基本目的，只有在实现了这一目的的情况下，一个人才能够为后代、同类的快乐和幸福而行动。无论是利己主义的行为，还是利他主义的行为，在本质上都是一种"生命力的消耗"。利他主义的行为必须在行为主体本身的生命力具有足够的能量时才能实施，否则，个体的生命运动就会失去生命力的守恒而停滞枯竭。以小孩为例，一个孩子在他成为成年人以前，

---

[1] H. Spencer, *The Data of Ethics* ( New York: Library Funds, 1881), p. 201.

还得靠父母抚养，其生命力远远不能维持自身生命存在和发展所消耗的能量，利他主义的行为又从何谈起呢？而且就每个人类个体来说，生存总是最先的、基本的，没有个体的基本存在，种族的保存和发展就不可能实现，进化也就终止了。所以，就个人而言，只有当他生命力的存在和发展进化到一定的阶段，有了剩余的生命力时，才能做出利他主义的行为。

其次，斯宾塞以利己主义与利他主义两者产生和存在的客观必然性，论证了两者相互依赖、相互渗透的关系。一方面，斯宾塞认为，在人类的生活中，利己主义与利他主义历来是相互包含、不可分割的。他说道："存在在其最简单的物理形式中，绝对需要一开始就能生活——它是在其自动的形式下扩张着的存在，它对于各种种族的可欲求的维持是不可缺少的，它是在其半意识（semi-consciousness）和意识的形式中发展着的存在——并沿着连续和复杂的为不断成熟的更高同类的后代所加入的路线而持续发展下去，利他主义同时也就包含了利己主义。……能够使个人更好地保存自身的优越性，也能够使个人由此而来的种类得到更好的保存；每一个较高级的物种利用它增长的能力，首先是为利己主义的利益，并随着它对它们的利用而获得延伸，然后为利他主义的利益。"① 这就是说，个人的自我保存不单是基本的，而且对种族的生存和发展是必要的，甚至可以说个人自我保存也是种族保存和发展的一部分。个人与种族的自然联系，决定了以自我保存为目的的利己主义和以种族保存为目的的利他主义本来就相互包含，因为个人的自我保存本身也是一种种族自保和延续。斯宾塞以母子关系为例，他告诉人们，在通常情况下，母亲的行为既是利己主义的个人行为，因为她必须首先维持自身的生活，但这种利己主义行为同时也包含了利他主义的成分，因为母亲的自保同时意味着种族的

---

① H. Spencer, *The Data of Ethics* (New York: Library Funds, 1881), pp. 203 – 204.

自保。哺育子女、传种接代，正是母亲以种族生存和发展为目的的利他主义行为的自然表现。所以，斯宾塞又指出："一方面，正常的利己主义行为的不足，会导致生活的衰弱和丧失，因而也就丧失利他主义的能力；另一方面，这种利他主义行为的缺乏，也会引起后代的死亡或他们发展得不充分，意味着未来自然传种接代的消亡，所以，利他主义的不足，也会减少平均的利己主义。"① 由此便引申出利己主义与利他主义关系的第二个方面，即两者不仅相互渗透包含，而且也相互促进。利己主义的增长，有助于增长利他主义的行为；反过来，利他主义的普及，也会增加每个人的利己主义的利益。斯宾塞结论道："从生命之初起利己主义就依赖于利他主义；正如利他主义也依赖于利己主义一样；而在进化的过程中，两者相得益彰，不断增长。"②

再次，斯宾塞指出了利己主义与利他主义的相对性，认为任何把利己主义或利他主义推向极端的做法都是错误的，唯一正确的态度是求得两者之间的"和解"（compromise）。他极为通俗地指出："如果说，'为自己而生活'的格言是错误的话，那么，'为他人而生活'的格言也是错误的。因此，和解是唯一的可能性。"③ 为此他剖析了边沁所谓的"最大多数人的最大幸福"的功利原则，他认为，这一原则既不适合于社会，也不适合于个人。因为，对于社会来讲，这种原则忽略了个人，不适于每个社会成员的利己行为；而就个人而言，它又不可能实现，流于荒唐。尽管边沁想借用这一功利原则来解决利己与利他的矛盾，但实际上却是顾此失彼，最终也没能给人们提供可能而必然的道德原则。④

同时，斯宾塞还分析了目的与手段、个人幸福与共同幸福的关

---

① H. Spencer, *The Data of Ethics* (New York: Library Funds, 1881), p. 204.
② Ibid., pp. 215 – 216.
③ Ibid., p. 219. 着重点系引者所加。
④ Ibid., pp. 220 – 221.

系，指出了把利己主义或利他主义极端化、片面化的弊端。他认为，"共同幸福"不能够直接地追求，而只能间接地求得。他说："当我们讨论到手段与目的的关系时，我们看到，作为个人行为的展开到它作为一种结果，其〔行为〕原则越来越多地成为最近目的的手段，抛开了最终的目的、福利或幸福。而当一般福利或幸福作为最终目的时，人们会更严格地主张同样的原则，因为在其非个人的形式下，最终目的比在个别形式下更难决定；而且，通过直接追求的方式所取得的福利和幸福仍然较大一些。那么，我们就要认识到这样一个事实：共同幸福仍然比个人幸福更多一些，人们必须不得直接地追求它，而只能间接地追求。"① 斯宾塞这一冗长的论述，实际上是通过个人目的与共同目的、个人幸福与共同幸福的关系，进一步说明利己主义与利他主义的相互关系。其基本要旨在于：既承认利己主义的合理性，又强调最终目的与共同幸福的必要性，但他对追求共同幸福的"间接性"的限定，实际上也就是对利他主义界限的规定。因此，当斯宾塞谈到"自我牺牲"（self-sacrifice）的道德行为时，尖刻地讽刺了那种绝对夸大自我牺牲行为的做法，认为"那些仅仅以人类之间通过有意识地为他人而作出自我牺牲〔的事实〕来理解利他主义的人，将会认识到把利他主义的意义扩展得如此宽泛是奇怪的，甚至是荒谬的"②。

复次，斯宾塞还特别考察了利他主义产生的基础和条件。他吸收了休谟和亚当·斯密的道德同情说的某些理论成分，认为利他主义和人类的其他情感一样，发源于人类自身的同情心理和感情。通过同情，激发了人们的快乐和痛苦两种基本情感。当人们所处的环境具有某种快乐的氛围而不是痛苦的氛围时，人们的同情感便会给他们带来

---

①　H. Spencer, *The Data of Ethics* ( New York: Library Funds, 1881), pp. 237 – 238.

②　Ibid., p. 203.

某种"剩余的快乐"（surplus pleasure）；反之，则会产生"剩余的痛苦"（surplus pain）。这种不同的结果反过来又会影响到人们同情感的变化，当同情能够带来"剩余痛苦"时，人们的同情感就会减弱，因为痛苦的感受，使人们同情别人的能力受到限制和压抑，因而利他主义行为就难以产生。相反，如果同情可以带来"剩余快乐"，人们的同情感就会增长，也就有了更多的能力去履行利他主义行为。用斯宾塞的话说："如果社会状态表明快乐占优势地位的话，同情就会增长；因此，同情的快乐增加了生命力快乐的总量，有助于最富于同情的物质繁荣；因为，同情的快乐在总体上超过其痛苦，引导同情的实践并使它得到加强。"①

最后，斯宾塞从进化论的角度分析了利他主义的生成过程及其特征。在他看来，利他主义经历了一个由无意识的血亲利他主义到有意识的血亲利他主义，又由家庭的利他主义到社会的利他主义的逐步进化过程。他指出："正如从无意识的血亲利他主义（parental altruism）到有意识的血亲利他主义一样，从家庭的利他主义到社会的利他主义也是逐步进步的。"②

所谓无意识的血亲利他主义，是指人类传种接代、保护婴儿幼子的自然本能。鸟类常常为自己的雏婴而精心觅食哺育，人也一样，任何正常的父母都会自动地保护和哺育自己的婴儿，这并不是在任何意识和理智指导下的利他主义行为，而是一种处于无意识状态下的自然本能。随着人类的进化，人的这种保幼抚养的自然本能逐渐进入有意识的利他主义行为状态，人类意识到了哺育儿女不单是一种个人的自然需要，而且也是一种族类保存和发展的需要。因此，个人的自然本能便渐次为有意识的血亲利他主义行为所取代。

---

① H. Spencer, *The Data of Ethics* ( New York: Library Funds, 1881), pp. 244 – 245.

② Ibid., p. 204.

斯宾塞把上述两种利他主义统归为家庭利他主义，并且认为，家庭的利他主义是社会的利他主义产生的前提，失去这一前提，社会的利他主义便不可能产生。他这样写道："首先必须注意到的事实是，只有在家庭群体中利他主义的关系达到了高度发展的地方，才能产生政治群体中的利他主义关系可能充分发展的条件。"而且，"只有在一夫一妻制婚姻一般化和最终普遍化的地方——只有在最后建立起最亲密的血缘关系的地方——只有在培养家庭的利他主义的地方，社会的利他主义才能明显地发展起来"①。斯宾塞的这两段话表达了两个重要的思想。其一是把家庭的利他主义作为社会的利他主义形成的基本条件，实际上是以家庭伦理为母体，来推演出社会道德关系的基本原则。这种把家庭伦理与社会道德结合起来的见解，颇类似于我国古代伦理学中把"家"与"国"、"孝"与"忠"融为一体的做法。其二是进一步从社会学角度规定了家庭构成的基本形式，认为家庭利他主义的真正形成是以一夫一妻制婚姻关系的普遍社会化为前提的，即是说，合理的婚姻结构规定着家庭伦理的意义。这无疑是斯宾塞强调从社会学等多种学科的综合角度来研究伦理学的具体应用，也极大地深化了他关于利他主义解释的理论见解。

社会利他主义依赖于家庭利他主义，但两者毕竟不能同日而语。这种差别表现在：社会的利他主义永远不可能达到家庭的利他主义的道德境界，而只能作为人类追求的共同目标。斯宾塞说："尽管社会型的利他主义缺乏某种血亲利他主义的因素，也永远不可能达到同样的水平，但人们仍然可以期待它获得这样一种水平，即在这种水平上，它将像血亲利他主义一样，是自发性的，而且为他人幸福服务也将成为日常的必需，利己主义的满足将持续地从属于这种更高的利己主义的满足，人们不仅努力服从它们，而且会偏爱这种更高的利己主

① H. Spencer, *The Data of Ethics* ( New York: Library Funds, 1881), pp. 204 – 205.

义满足，无论什么时候可以获得这种满足。"①

这就是斯宾塞在调和利己主义与利他主义两种道德原则的矛盾后所得出的最后结论，即：坚持利己主义在发生学意义上的优越性和超前性，同时又肯定利他主义发展趋势的最终优势和理想性。不难看出，斯宾塞的进化论伦理学所坚持的道德基本原则，乃是一种折中主义的混合物。从一定意义上说，他对利己主义与利他主义的起源、发生、关系及其进化的历史趋向进行了详尽而独特的论证，的确远远超过了历来关于利己和利他关系的传统理论范型。它比之于 17 世纪英国经验论者单纯从人的自然本性和感觉经验出发论证利己主义道德原则的合理性做法，在论证方法和科学依据等方面都要高明和全面。斯宾塞不单找到了利己主义和利他主义道德原则的实在生活基础，而且运用了生物进化论的科学成果揭示了它们更深奥的发生根源和情感依据。而比之于 18~19 世纪的功利主义以"最大多数的最大幸福"原则来解决利己与利他的道德矛盾的做法，斯宾塞的论述又更为高明和圆通，他不是简单地用某种抽象的理论逻辑推理来回避这一矛盾，而是正视了这一矛盾的客观实在性，同时又具体而全面地阐述了这一矛盾的起因、内涵及其解决的方法和立场。

然而，必须同时指出的，尽管斯宾塞坚持以调和利己主义与利他主义之间的矛盾为目标，提出了使两者"和解"的折中主张，但他最终依旧倒向了利己主义。无论是从其论证的出发点上，还是从对两者关系的相对性解释上，抑或是在对两者在人类道德生活中的实在表现的描述中，利己主义在斯宾塞的心底仍保持着不可动摇的基础地位。所谓"和解"，不过是对利己主义合理性的更为温和巧妙的辩护而已。诚如许多研究者们所指出的，虽然在大体上，斯宾塞采取了功利主义者的观点，但不幸的是，他还是把推理的基础建立在"霍布斯式的观

---

① H. Spencer, *The Data of Ethics* (New York: Library Funds, 1881), pp. 243 – 244.

念"之上，认为人类迄今仍难以克服利己的本性和侵占性现实，而只能通过外在的社会强制才有所收敛和节制。①

### 4. 伦理学的范畴

正义与仁慈是斯宾塞伦理学体系中最基本的两个范畴。他的《伦理学原理》一书共有六个部分，其中后三个部分是专门讨论正义与仁慈的，足见这两个范畴在他的伦理学体系中的地位。

关于正义（justice），斯宾塞同样是从进化论的角度对它进行动态性的划分和描述。他认为，正义有三种不同层次的表现形式。第一是"动物的正义"（animal-justice）。在斯宾塞看来，正义是一个群体性意义的概念。在低级的群集动物中，正义表示一种动物个体对动物群体的"自我从属"。每一个个体都在一定的程度上"为联合所必然带来的自我抑制所限制"；同时，"又在很小的程度上进一步被个体为保卫种族所做出的部分的或完全的牺牲所限制"②。这就是说，为了种族的生存，个体必须从属于（to be in subordination to）种族，建立种族内部的共存共为联合，这既是动物正义产生的基础，也是一些动物种族在自然选择中得以生存下来的"法律"保证。但是，在低级动物中，正义只具有一种原始的、简单的自然形式，动物个体也缺乏对正义观念的自觉意识。

随着物种进化的日趋复杂和进步，这种原始的正义观念也得到了进一步的发展。在高级动物群体中，便形成了一种"亚人类的正义"（sub-human-justice）。斯宾塞说："每个个体获得其自我本性的利与害（恶）以及行为的必然性［认识］，这就是亚人类正义的法律。"③换句话说，在亚人类正义的层次上，每个个体对自己的本性、行为目的

---

① Cf. C. W. Maris, *Critique of the Empiricist Explanation of Morality*, trans. by J. Fenoulhet (The Netherland: Kluwer – Deventer, 1981), pp. 107 – 108；〔俄〕克鲁泡特金：《伦理学的起源和发展》，巴金译，重庆文化生活出版社，1941，第450~451页。

② H. Spencer, *The Principle of Ethics* (New York: Library Funds, 1896), p. 21.

③ Ibid., p. 21.

及必然后果有了一定的意识，从而产生了自觉维护其所属整体之生存的意识观念。但是，斯宾塞认为，亚人类的整体无论是从一般总体上还是从具体细节上看，仍然还是"极不完善的"。从一般总体上看，这种不完善性表现在，某种族的整体维持往往要以其他种族整体的毁灭为代价。一个种族整体的行为目的的实现必然导致别的种族整体的行为目的的破灭，使它们的生存维持成为不可能。这种族类整体之间的相互否定性结果，表明了亚人类正义的局限，它不可能成为超出个别种族之外的普遍的正义。从细节上看，亚人类正义的不完善性则表现在：由于种族整体之间的正义达不到普遍的平衡，因而使每一个体的生存维持和行为目的也常常为偶然性的不测所威胁，个体的生存与发展仍然缺乏绝对的正义保障。①

亚人类的正义观念的进一步完善便是人类的正义。斯宾塞指出："从进化的观点来看，必须把人类的生活视为亚人类生活（sub-human-life）的进一步发展。由此推论，从同样的观点来看，人类的正义也必须是亚人类正义的进一步发展。"② 在他看来，人类的正义与亚人类的正义虽然有其进化层次的不同，但两者在根本上是一致的，它们的本质都在于保存某种整体的延续和发展。因此，他又说："如同所有低级物种的法律一样，人通过遵从法律而使其种族得到保存，人的法律是成年人中的个体对他们存在条件的最佳适应，它使人类获得最大的繁荣，而个体对其存在条件的最劣适应则使人类最不景气——因此，如果没有妨碍的话，人的法律是一种最具有适应性的生存法律和最具有适应多样性的扩张。……从伦理学上考虑，这种法律意味着每个个体应当获得他自身本性的利与害及当然的行为：它既不阻止他获得其正常行为所带来的任何善，也不允许他把他的行为所带

---

① H. Spencer, *The Principle of Ethics* (New York: Library Funds, 1896), pp. 9 – 10.
② Ibid., p. 17.

来的任何恶卸给别人。"① 这就是人类的正义在人类道德中的基本要求：善有善报，恶有恶报。一方面，正当的自我行为理所当然；另一方面则是"己所不欲，勿施于人"。

斯宾塞认为，正义观念的进化与物种组织的进化相辅相成，"随着［物种］组织越来越高级，正义就越来越受到强调，……正义的等级与组织的等级是同时发展的"②。人类的组织与人类的正义是迄今为止最高级的形式。但斯宾塞指出，人类社会初期，与动物界相差无几，仍处于一种侵占掠夺的"人狼阶段"，诚如霍布斯所说的："人对人像豺狼一样。"这种充满民族间、人人间的侵占掠夺状态，即所谓"战争状态"。在这一状态下，人类的正义受到极大的限制，不具备社会普遍性，这就是所谓"相对伦理学研究的范围"。而随着人类自身的进化，"战争状态"逐渐为文明的工业（产业）状态所取代，和平代替了战争，正义得以弘扬。当人类完全适应于社会生活时，就能自觉形成完全正当公平的行为原则，人类的正义就有了真正彻底的意义，这就是"绝对伦理学"所研究的范围。③ 从这一观点出发，斯宾塞进一步探讨了人类的正义情感、观念和一般公式等具体问题。

关于正义的情感，斯宾塞认为，在人类各种进化了的社会情感中，"最重要的情感之一便是正义的情感"④。人类的正义情感又可分为"利己主义的正义情感"和"利他主义的正义情感"；前者是个人的一种主观属性，它意味着"每个成年人必须接受自身本性的结果和必然的行为"。也就是说，个人的行为必须首先符合自我生存和发展的自然要求，必须符合适应社会环境的目的性，才有所谓人的正义可言。而"利他主义的正义情感"则是一种客观的社会要求，它"只

---

① H. Spencer, *The Principle of Ethics* ( New York: Library Funds, 1896), p. 17.
② Ibid., p. 18.
③ Ibid., pp. 23 – 24. 另见第 34 页等。
④ Ibid., p. 27.

有在适合于社会生活的过程中"，才能成立；同时，它也意味着"只有通过维持那些包含着利他主义正义情感的公平关系，社会生活才有可能"①。要达到这种利他主义的正义情感，必须抑制纯粹的利己主义的正义情感，促进和培养人们的同情心与利他心。因为，斯宾塞以为，"同情的培养使利他主义的正义情感成为可能"②。但他又认为，利己主义的正义情感先于利他主义的正义情感，前者是后者产生的先决条件。每个人都必须首先具有利己主义的正义情感的充分意识和体验，才能进入利他主义正义情感的发展水平。他这样写道："每一种利他主义感情都以符合于利己主义感情的经验为先决条件。正如在人们感受到痛苦之前，不会有对痛苦的同情一样；也正如一个没有耳朵的人去听音乐，不可能进入音乐给予他的快乐一样；利他主义的正义情感只能产生在利己主义的正义情感之后。"③ 总而言之，正义的情感既有利己与利他之分，也有先后、轻重之分。这种看法使斯宾塞关于利己主义和利他主义的关系理论获得了进一步的具体化，所谓利己主义的正义情感也就是个人自我的正义情感，而利他主义的正义情感则是个人的社会正义情感。这实质上仍然归到了个人自我与社会他人的利益关系问题。正因为如此，斯宾塞才认为，利己主义的正义情感是首先的、基本的和绝对的，它无论何时都存在于人们的生活之中；利他主义的正义情感则是其次的、相互的、有条件的。

关于正义的观念。斯宾塞详尽地考察了历史上几种有代表性的正义理论（如柏拉图、密尔等人），提出了自己的见解。他认为，正义的观念与正义的情感是相互联系的两个阶段，从正义的情感的形成到正义观念的产生是一个道德意识发展的"过程问题"。因此，与正义的情感相似，人类的正义观念也表现出两种因素。其一是积极的因

---

①　H. Spencer, *The Principle of Ethics* ( New York: Library Funds, 1896), p. 29.
②　Ibid., p. 32.
③　Ibid., p. 32.

素，它包含在每个人"对无妨碍性活动及其由这些活动所带来的利益"的认识之中。换言之，正义观念的积极性方面，表现着人们对行为的绝对自由与纯粹善的绝对要求。其二是消极的因素，这种因素包含在人们"对他人所拥有的同样要求的必然的现在的界限之意识"中，也就是说，前者是个人对自我的绝对自由行为要求的认识，后者是对他人的自由行为要求所带来的行为限制的认识。用斯宾塞的话来说，就是"积极的因素表达一般生活的前要求，而消极的因素则是用被要求的方式来限制这种前要求。这时候，人们就用共同的生活代替孤独的生活"①。很显然，斯宾塞是把个人的生活自由要求作为正义观念的积极因素，而把社会（他人）的生活自由作为正义观念的消极因素来看待。在这里，个人仍然是他考察人类正义观念的出发点。

最后是关于正义的"公式"（formula）。斯宾塞认为，正义的公式应当是积极因素与消极因素的统一，即个人自由要求与社会自由要求的统一。它既能使每一个人接受这一观念，又能使他们共同意识到自我与他人和社会的一致性，形成共同的社会正义观念，使自我的自由行为与他人的自由行为协调起来。基于这两个基本要求，斯宾塞把正义的公式表述为："每个人的自由只能为所有人的同样的自由所限制。这就是我们所说的——每个人可以自由地做他所愿意的，但以不侵犯他人的同等自由为条件。"② 这就是自由行动、互不侵犯的正义原则。斯宾塞的这一主张与他早期的主张是基本一致的。在《社会静力学》中，他就曾说道："如果人们乐于主张，自由对于人们能力的实现是必需的话，那么，自由也必定为所有的人的同等自由所限制。……因此，……每个人都可以主张实现其能力的最充分的自由与每个他人所拥有的同等自由不相矛盾。"③ 毋庸赘述，斯宾塞的正义公

---

① H. Spencer, *The Principle of Ethics* (New York: Library Funds, 1896), p. 45.

② Ibid., pp. 45–46.

③ H. Spencer, *Social Statics* (London: Williams and Norgate, 1892), p. 35.

式理论，实质上表达了他的个人自由主义的政治主张，这种要求个人充分自由和互不侵犯的政治道德，与近代洛克、亚当·斯密及功利主义者们的主张是一脉相承的，他反映了英国资本主义商品经济条件下的普遍的市民心理意识。

如果说，正义范畴是斯宾塞对其伦理学利己主义原则的具体深化的话，那么，其"仁慈"（beneficence）范畴则是他对利他主义原则的具体化表述了。在斯宾塞看来，正义与仁慈在某种意义上也是利他主义行为的两种不同层次的具体表现形式。正义"通过强迫实行"，仁慈却"必须诉诸自然的行动"①。因此，我们又可以把正义叫作"第一利他主义"或"初步的利他主义"（primary altruism），而把仁慈称为"第二利他主义"或"其次的利他主义"（secondary altruism）。前者是外在的、强制性的和起码的道德要求，后者则是个人内在的、自愿的、然而却是第二位的道德要求，这就是正义与仁慈的基本区别所在。斯宾塞认为，正义的实行有利于人类个体的自由发展和人类共同生活的维持；仁慈的发扬则能够强化人类的同情感；两者相辅相成，不可偏颇。

斯宾塞认为，正像正义具有利己主义与利他主义两种不同类型一样，仁慈也有着两种不同的类型。一种是"消极的仁慈"（negative beneficence，或译为"否定的仁慈"），另一种是"积极的仁慈"（positive beneficence，或译为"肯定的仁慈"）。所谓"消极的仁慈"，就是在没有侵犯他人的情况下，不给他人造成直接的或间接的痛苦。斯宾塞说："要达到最大的幸福，人的素质（constitution）就必须是这样：个人可以实现他自己的本性，但这不仅不减少他人的活动范围，而且也不会以任何直接或间接的方式使他人承受不幸的痛

---

① H. Spencer, *The Principle of Ethics* ( New York: Library Funds, 1896 ) , p. 274.

苦。……我们可以把对这种条件的遵守称为消极的仁慈。"① 这就是说，人们自觉地做到了不伤害他人，便达到了消极的仁慈。所谓"积极的仁慈"，是指人们不仅能够感受到自己的快乐和痛苦，而且也能够从他人的幸福中感受到幸福，从他人的痛苦中感受到痛苦，即乐他人之所乐，悲他人之所悲是也。斯宾塞说："对于每一个人在不减少其他人的幸福的情况下取得完善幸福的基本要求，我们还必须加上第二个要求：每个人将会从其他人的幸福中得到幸福。依从这种要求，就意味着积极的仁慈。"②

在完成对两种仁慈的分类后，斯宾塞具体地陈述了"积极的仁慈"所包含的具体内容。他把这种"积极的仁慈"的表现列为十种，它们是：（1）婚姻中的仁慈（marital beneficence）；（2）父母的仁慈（parental beneficence）；（3）子女的仁慈（filial beneficence，或译为"孝顺的仁慈"）；（4）伤残人的抚恤（aiding the sick and the injuried）；（5）对残疾者与危险者的救济（succour to the ill-used and the endangered）；（6）对亲戚朋友的资助（pecuniary aid to relatives and friends）；（7）对穷人的救济（relief of the poor）；（8）社会的仁慈（social beneficence）；（9）政治上的仁慈（political beneficence）；（10）普遍的仁慈（beneficence in large）。

概括起来，斯宾塞的上述陈述又可以归为家庭伦理、社会伦理和人类共同道德三个大层次，再进一步看，斯宾塞的这种划分，实际上包含着一种方法论的意图，亦即从人类学、社会学、心理学和伦理学等多种角度，把"积极的仁慈"建立在具体而全面的生活经验基础上。这一努力，大大丰富了他的伦理学的实用性。但是，我们看到，斯宾塞对仁慈的分类和论述，仍然是遵照其有关利己主义和利他主义

———————

① H. Spencer, *Social Statics* (London: Williams and Norgate, 1892), p. 33.
② Ibid., pp. 33 - 34.

关系的理论图式展开的。所谓"消极的仁慈"无异于一般的道德主义，而所谓"积极的仁慈"也就是利他主义的道德情感的一种具体化。他明确地把"消极的仁慈"看作是第一位的，把"积极的仁慈"看作是第二位的、从属的。这说明他从根本上并没有改变其利己主义道德原则的基本立场，对此，我们也应该有清楚的认识。

## 四　关于斯宾塞伦理学的总体评价

到此为止，我们终于完成了对斯宾塞庞大的伦理学体系的概览。回首反思一下斯宾塞的进化论伦理学，我们首先应该承认，斯宾塞的伦理学理论给我们提供的东西是十分丰富的。他关于伦理学对象、范围和方法的详尽论述，关于利己主义与利他主义关系的缜密的分析，以及对正义与仁慈两个重要的伦理学范畴的深入探讨，无一不显示出这位博学广识的"自学天才"所独有的"维多利亚的亚里士多德"式的智慧，也给我们留下了不可多得的道德理论财富。对此，我们可以从下面几个方面做出一个基本的评价。

一方面，坚实的科学基础和全方位的理论方法是斯宾塞伦理学的一大特征，也是他对西方伦理学发展的主要贡献之一。我国学术界的某些研究者，根据恩格斯、列宁对现代进化论哲学的某些分析和批判，笼统地把斯宾塞的伦理学斥之为"庸俗的进化论"，把他视作地道的"帝国主义的代言人"，这似乎有失公允和准确。作为一个颇负盛名的思想家，斯宾塞当然不可能超越于他所属的特定时代和阶级局限，但他的许多理论成果并不能被简单地视为资产阶级的独有财富，它们也拥有其普遍的科学因素。因此，更应该把他视为一个时代的思想家加以研究，批判地吸收其理论的合理成分。

从对斯宾塞伦理学的上述分析中，我们认为，斯宾塞不失为一位严肃的伦理学家。他自觉地运用了生物进化论的科学成果，开辟了人类道德现象研究的新方向。无论进化论伦理学本身的科学程度如何，这种新的伦理学研究方向和方法却是创造性、开创性的。达尔文虽然在其生物进化论中多多少少涉猎了人类的道德问题，但他并没有像斯宾塞那样建立系统而严格的伦理学体系。这一新型的道德理论在19世纪末至20世纪初，曾对西方伦理学的发展产生了巨大的影响。除了直接导致现代进化论伦理学思潮的兴起外，它对19世纪末的法国生命伦理学（柏格森等）、尼采的伦理学、20世纪的新自然主义伦理学（或曰新实在论伦理学）等流派都发生过间接的影响。而且，直到当代新进化论伦理学，斯宾塞的道德理论仍有着经典性的权威地位。

与此同时，斯宾塞的进化论伦理学在方法角度上大大突破了英国近代经验主义伦理学传统，他不仅试图建立新的伦理学的经验科学基础，超越了感性直观的层次，而且，在更具体更坚实的经验科学基础上坚持了道德客观唯物主义的立场，主张以彻底的因果必然性作为道德解释的唯一根据。尽管仍带有自然主义的片面性，但他对人类道德的起源、发生发展等问题的解释已远远跳出了近代英国伦理学的狭隘性和抽象性，并在很大程度上洞见到人类道德现象的生命发生学意义。他有关人类道德的生物学起源和家庭血缘关系的基本要素的探讨，在今天仍然是有科学参考价值的。现代人类文化学和社会学有关人类道德渊源的理解和许多积极的理论成果，都或多或少地印证了斯宾塞某些道德见解的合理性。

此外，斯宾塞有意识地克服狭隘经验论的局限性，主张从生物学、物理学、心理学、社会学等多种学科的角度，来研究人类的道德现象，并为之做出了巨大的努力和尝试。这种方法论要求，不啻对传统伦理学的一次理论革命，它较早地使伦理学跳出了哲学形而上学的窠臼，从而获得了跨学科的综合研究的可能性前景。这不仅使人文科学与自然科学结成了横向的联盟，而且也开辟了探索人类道德之谜的多向性新途径。因此，虽然斯宾塞的伦理学的主要依据是生物进化论和所谓"社会有机体"，而且其实际研究的结论也远不能臻于科学之景，但他所倡导的一种全方位、多向性的研究方法，却给后来的思想家们以丰富的启示。我们看到，在孔德与斯宾塞之后所出现的社会文化伦理学〔威斯特马克（Westermarck）、涂尔干（Durkheim）等人〕、精神分析伦理学（弗洛伊德等人），还有当代行为技术伦理学（斯金纳等人）、生命伦理学（bioethics）等，都在方法论上不同程度地受到斯宾塞的影响。可以说，在一定范围内，从斯宾塞开始伦理学已经由哲学形而上学的"专利品"，变成了多门学科研究的共同主题了。这种趋势是现代西方伦理学与西方古典伦理学的一个显著区别之一。

然而，另一方面，斯宾塞的伦理学也并没有真正克服传统经验主义伦理学的矛盾，而且，由于他在根本上拘泥于自己的实证主义哲学和进化论圈子，并常常采取一种纯客观的自然主义和折中主义方法论原则，因而不能不陷入重重理论矛盾之中。

首先是道德的客体性与主体性的矛盾。这一矛盾的产生主要是因为斯宾塞过分强调道德的自然经验基础，忽略了人类道德本身的主体性。他坚持以严格的经验因果必然性规律作为权衡人们道德行为的唯一根据，只强调道德行为的经验效果，而忽视了人类道德现象中的主体性因素，由此导致了他只注重道德的经验性表象，看不到这种经验表象背后所潜存的各种人的主观心理、意识、意志的能动作用；只重视人自身的自然特性，看不到人的文化特质的历史内聚和外化。因此，绝对客观主义和经验主义是他的伦理学的又一大特征，也是其重要缺陷之一。

其次是利己主义与利他主义的矛盾。如前所述，斯宾塞曾力图解决英国近代伦理思想史上长期存在的利己与利他之争，他把个人与社会作为伦理学研究的两大领域，但最终仍然没有超越功利主义，甚至是利己主义的界限。诚然，比之于英国近代传统的利己主义和功利主义，斯宾塞的进化论解释确乎显得高明和机智。这主要体现在，他基本上摆脱了从人的自然本性和生理欲望出发来论证利己主义或功利主义的合理性的习惯做法，着重于从人类生命的保存和种族发展的社会需要，来分析利己主义与利他主义的相对范围和相互关系，其间一些见解也不无道理。但是，他太过执着于生物进化论的基本规律，即令是用折中主义的方法做出种种解释，最终也无法解决利己与利他、个人与他人（种族或社会）、自我幸福与共同幸福等理论矛盾，结果是，非但没有实现其"和解"的愿望，反而滑向了一种生命利己主义的结论，这是斯宾塞进化论伦理学的第三大特征。不过，斯宾塞的确为解决这一矛盾提供了一个新的不成功的尝试，而这种矛盾本身却还是移交给后来的英国伦理学家们。稍后出现的英国新黑格尔主义伦理学（格林、布拉德雷）和直觉主义伦理学（摩尔、罗斯等），仍然未能逃脱这一矛盾的困扰。

最后是斯宾塞伦理学的自然主义特征。这一特征的具体表现是，由于斯宾塞始终恪守进化论原理，使他过分地突出了社会文明与自然进化的某种原始关联，忽略了人类社会文明化进程与自然生物进化过程的分裂和对抗，因而把人类道德现象与自然动物界的某些"亚道德现象"混为一谈，模糊了两者之间的本质区别。尽管他不时地提醒人们注意人类道德现象与自然进化现象之间的差异，但他没有指出两者间质的区分，严重地漠视了人类道德作为一种社会文化现象的特质，使我们很难从他的理论看到人类的道德现象与动物合群行为之间的本质区别。正是从这种意义上，我们同意 G. E. 摩尔教授在其《伦理学原理》一书中把斯宾塞的伦理学称为"自然主义伦理学"的评价。①

从更根本的观点来说，斯宾塞伦理学的"自然主义谬误"是由于他缺乏马克思主义的社会实践观，因此也就无法看到使人类挣脱动物进化的脐带而成为真正的社会人的深刻变革。这一点正是斯宾塞进化

---

① 参见〔英〕G. E. 摩尔《伦理学原理》，长河译，商务印书馆，1983。

论伦理学的根本教训所在，也是他的同路者赫胥黎力图解决的理论难题之一。

## 第三节　赫胥黎的进化论伦理学

### 一　生平与著作

托马斯·亨利·赫胥黎（Thomas Henry Huxley，1825～1895），曾被列宁称为"羞羞答答的唯物主义者和不可知论的唯物主义者"。[①]他是19世纪下半叶英国卓越的科学家和思想家，享有与达尔文同样的声誉。在英国的南肯辛顿博物馆前，他的大理石雕像与达尔文的雕像比肩而立，受到人们的敬仰。

赫胥黎出生于英格兰米德尔塞克斯郡的伊灵，本是一个穷牧师的儿子。少年时代以自学为主，后在查林·克劳斯医学院学习，20岁便取得伦敦大学的医学学位。1846年，他以助理外科军医的身份到英国海军的"响尾蛇号"军舰服役，在海上连续航行了四年。这一工作环境使赫胥黎对海洋生物学发生了浓厚的兴趣，并趁机对海洋植物、动物进行了深入的研究。不久，他写出了有关海洋生物学的论文《论水母族的解剖和类缘》，并被刊登在英国皇家学会的《哲学学报》（*Philosophical Transactions*）上。这篇论文获得了极大成功，在赫胥黎未返回英国之前便引起英国学术界的轰动，为他第一次赢得了学术声誉。1851年他被选入英国皇家学会，次年获该学会的奖章。这以后，赫胥黎名声大振，先后被许多学校聘请为讲师、教授和名誉教授、校长。1852年他结识了斯宾塞，两人常在一起讨论有关生物进化问题，但他对斯宾塞的所谓广义进化论仍持保留态度。1855年，赫胥黎与希

---

① 参见《列宁全集》，第18卷，人民出版社，2017，第216页。

晨（H. A. Heathorn）女士结婚。

1859 年，达尔文的《物种起源》一书问世，给现代科学带来了一片崭新的光明世界。赫胥黎为之欢欣鼓舞，他终于第一次找到了从拉马克（Lamark）那里未能找到的理论凭借，并为之倾倒。从此以后，赫胥黎不仅成为达尔文的忠实门生，而且也成为进化论最得力的宣传者和鼓吹者，被人们誉为"达尔文的随从"和达尔文进化论的"总代理人"①。从 1862 年起，赫胥黎担任了众多的公共职务，至少有十多个。由于公务繁重，从 1870 年起他的身体健康状况便急剧恶化。1871 年至 1880 年，赫胥黎被选为英国皇家学会秘书，随后于 1881 年至 1885 年又荣任该学会的会长，由于健康状况不佳，他只承担了头两年的工作。这一职务是赫胥黎学术地位的最高象征。1895 年 6 月 29 日赫胥黎病逝在伊斯特伯恩。

赫胥黎一生不仅忠实地宣传和捍卫了进化论这一伟大的科学成就，而且也为之做出了许多理论贡献。与达尔文不同的是，19 世纪 70 年代以后，赫胥黎的兴趣越来越多地移向了科学与政治、科学与道德的关系，并在伦理学、文化人类学和教育学等方面提出过非常丰富非常重要的理论。他的伦理学虽然与斯宾塞的伦理学同属于进化论伦理学范畴，但有着自己独特的见解。其伦理学的主要代表作品有：1844 年发表的《进化论与伦理学·导论》、1893 年在牛津大学"罗马尼斯"讲座上发表的著名演讲《进化论与伦理学》，以及 1886 年发表的《科学与道德》等。这三部作品统收在他的《论文集》第九卷中，总标题为《进化论与伦理学》。此外，1881 年出版的《科学与文化及其它论文》和他的《自传》，也都包含许多有关的伦理学见解。

---

① Cf. Encyclopaedia Britarmica, "T. H. Huxley" in *Encyclopedia Britannica* ( London: Macmillan Publishing Company, 1958).

## 二　"超自然主义"的社会进化论

赫胥黎的伦理学与斯宾塞的伦理学同属于进化论伦理学的范畴，但这绝不意味着两者如出一辙。相反，两者之间有着重要的差别。前节备述，斯宾塞的伦理学的特征之一是其自然主义，它所研究的对象始终是处于生物进化之高级阶段的善恶行为，这种人的道德行为与自然生物，尤其是动物的进化行为之间并无质的区别，只是在量的级别上有着层次高低的不同而已。因此，伦理行为不过是动物之自然行为的一种进化表现，社会进化是整个自然进化链条上的一个环节，这即是斯宾塞的所谓"广义进化论"。

与此不同，赫胥黎认为，"自然进化"与"社会进化"不是相互统一的过程，恰恰相反，只有在与自然进化相对抗的情况下，社会进化才有可能。社会进化不单是自然进化的某种层次上的超越，而且是一种迥然各异的对立过程。赫胥黎说："文明的前进变化，通常称为'社会进化'，它实际上是与在自然状态中引起物种进化的过程具有根本不同性质的过程，它也不同于在人为状态中产生变种进化的过程。"① 这即是说，社会的进化过程既非自然进化中的物种进化过程，也不同于人为状态下的变种进化，而是一种文明化的过程。

在赫胥黎看来，自然进化与社会进化的基本区别在于：前者是以"自然选择"和"生存竞争"为基本特征的；而后者却不然，它不是某种自发的"自然选择"，或低下的"生存竞争"，而是一种人为的有目的的"理想选择"和"享乐竞争"。因为，"最文明的社会实质上已经达到这样一种地步，所以对他们来说，生存斗争在他们里面不

---

① T. H. Huxley, "Evolution and Ethics, Prolegomena," in *Collected Essays of T. H. Huxley*, Vol. 9 (New York: Macmillan Publishing Company, 1901), p. 37.

起什么重要作用。换言之，它不会发生在自然状态中实现的那种进化"①。他以"宇宙过程"和"园艺过程"的区别和对立为例，说明了"社会进化过程"的特殊本质。他认为，前者只是一种自发的自然运动，它生生不息，进化不已；后者则是人为状态下有目的的选择过程，它的目的恰恰在于通过人类的理想追求来限制和消除自发的竞争和盲目的选择。他总结道："我还要进一步指出，这种违反'宇宙过程'而建立起来的'园艺过程'，在原则上是同'宇宙过程'对立的，因为它倾向于通过限制构成生存斗争的主要原因之一的繁殖，并通过创造比自然状态条件更适合于培植的人为生活条件来制止生存斗争。……这样的变化依旧靠人为的选择而产生作用，这种选择是根据一种对人有用和令人满意的理想来进行的，而这种理想，自然状态却一无所知。"②

不难看出，赫胥黎所谓的"宇宙过程"即是自然进化过程，而所谓"园艺过程"也就是人类改造自然世界的社会文明进程。这一理论与我国著名美学家李泽厚所提出的"工艺—社会结构"过程（亦即"人化自然"过程）颇有相通之处。③ 把这两个过程区分并对立起来，其目的在于使社会文明过程获得超自然进化过程的特殊意义，这种意义的本质在于它的超自然的理想性和人为选择的目的性。由此，赫胥黎违背了斯宾塞自然主义的"社会有机进化论"原则，使社会进化与自然进化有了原则的分野，从而使其社会进化论超出了"自然主义"的生物学范畴，这一立场，为他的"两种过程"的伦理观奠定了基础。

---

① T. H. Huxley, "Evolution and Ethics, Prolegomena," in *Collected Essays of T. H. Huxley*, Vol. 9 (New York: Macmillan Publishing Company, 1901), p. 36.

② Ibid., pp. 33 – 34.

③ 参见李泽厚《关于主体性的补充说明》，载《李泽厚哲学美学文选》，湖南人民出版社，1985，第 165 页。

## 三 "两种过程"伦理观

由于赫胥黎坚持把社会进化与自然进化区分并对立起来①，很自然地带来了他关于所谓"两种过程"的伦理观。

在赫胥黎看来，人类的道德现象产生于人类社会中的情感进化，它主要表现为人类以同情为基础的良心情感，这种情感的升华过程，即所谓"伦理过程"（ethical process）。他说："那些用以锻造人类社会绝大部分原始结合的情感，进化成我们称之为良心的这种有组织的和人格化了的同情心。我们曾把这种情感的进化称之为伦理过程。"②依赫胥黎所见，亚当·斯密的《道德情操论》（*The Theory of Moral Sentiments*）是最早系统阐明这种伦理过程的代表作品之一。③ 另一位学者哈特莱（Hartley）则简明地把这一过程叫作"我们从自利到自我献身的进步"（our progress from self-interest to self-annihilation）。④ 所谓宇宙过程（cosmic process），即指在自然进化过程中适者生存的生存竞争过程，它表现着自然进化中的原始规律，这一过程中的行为准则是竞争、淘汰、"适者生存"，是一种完全处于自发的自然状态之中的非人格化过程。相反，伦理过程是一种"社会结合的逐渐强化"⑤ 过程。由于道德和法律的约束作用，使人们以完全悖于宇宙过程规律的法则行动，它的必然结果不是生存竞争下的自然选择和淘汰，而是人类相互间的社会结合不断强化，从而不断增进"社会作为一个共同体

---

① 这一点在某种意义上颇似于我国古代哲学史上的"天人相分"的思想（如荀子、柳宗元、刘禹锡等人），而赫胥黎在自然与社会两种进化之关系问题上的见解与斯宾塞的区别，恰似于我国古代哲学史上"天人相分"说之于"天人合一"说。这种现象及其理论蕴含值得研究。

② T. H. Huxley, "Evolution and Ethics, Prolegomena," in *Collected Essays of T. H. Huxley*, Vol. 9 (New York: Macmillan Publishing Company, 1901), p. 30.

③ Ibid., p. 30.

④ Ibid., p. 45.

⑤ Ibid., p. 35.

的生存机会"。

　　赫胥黎还含蓄地批判了斯宾塞的所谓"广义进化论",认为以这种理论来解释道德的做法是错误的。他指出:"依我所见,在所谓的'进化论的伦理学'中,还存在着另一种谬误,这种观点认为,既然从整体来看,由于生存斗争和因之而来的'适者生存',动物与植物才在结构上发展到完善的地步;所以,在社会中,人作为伦理学上的人,也必须求助于或寻找同样的方法来帮助他们趋于完善。我怀疑是由于'适者生存'这一词义上不幸的含糊而引起这一谬误的。"① 很显然,赫胥黎所批评的看法恰恰是斯宾塞所主张的,这种分歧反映出进化论伦理学内部自然主义与超自然主义观点之间的差异。对此,我国著名的道德学家张东荪先生在其《道德哲学》一书中已有所披露。②

　　另外,赫胥黎还批判了古希腊罗马时期斯多亚派的"顺应自然而生活"的道德原则,认为他们"把人的全部责任概括为'顺应自然而生活',似乎意味着宇宙过程是人类行为的榜样。这样,伦理学就会变成自然应用史"③。这就是说,斯多亚派混淆了自然事实与人类道德事实之间的界限,以至于最终必然会导致把人类伦理史混同于自然应用史。当然,赫胥黎的这种指责带有牵强的成分,事实上,斯多亚派的所谓"自然",并非他所指的"宇宙过程",而是含有"理性""神"及"人的本性"等多重含义的伦理学范畴。④ 然而,从另一方面也可看出赫胥黎坚持把伦理过程与宇宙过程绝对区分开来的明确意识。

---

① T. H. Huxley, "Evolution and Ethics, Prolegomena," in *Collected Essays of T. H. Huxley*, Vol. 9 (New York: Macmillan Publishing Company, 1901), p. 80.

② 参见张东荪《道德哲学》,中华书局,1930,第434页。

③ 同①,第73~74页。

④ 参见万俊人《斯多亚派伦理思想研究初步》,载《外国哲学》第8辑,商务印书馆,1986。

把宇宙过程和伦理过程严格区分开来后，赫胥黎指出，将这两个过程对立起来，并不是说人和社会具有超宇宙的存在。作为社会之中的伦理的人，无疑也受着宇宙过程之规律的客观支配。但问题的实质在于，人类社会进化的历史已经告诉我们："社会的文明越幼稚，宇宙过程对社会进化的影响就越大。"反之，社会文明化程度越高，人类社会与自然宇宙间的分裂就越深刻，因而人类对自然的反作用力就越强。赫胥黎深刻地指出："社会的进步，意味着对宇宙过程之每一步的抑制，并代之以另一种可谓之为伦理的过程；这个过程的结局，并不是那些碰巧最适应于已有的全部环境的人得以生存，而是那些在道德上最优秀者得以继续生存。"① 这一段论述似乎包含着对达尔文进化论中的"适者生存"的偶然性原则的忤逆，但它确实向我们展开了一个深刻的道理：随着人类文明的发展，人类自身文明的伦理意义将日趋强化，人类存在和发展的道德要求也将不断升华。

不过，赫胥黎毕竟没有脱离进化论的轨道，在对上述论述的详细注释中，他又强调指出："严格地说，社会生活及其赖以日趋完善的伦理过程，是进行中的总过程（即自然宇宙进化过程——引者注）中的重要部分，……对个体的过分的'自行其是'倾向是以战斗来进行抑制的，……在此范围内，总的宇宙过程开始受到一种初步的伦理过程的抑制，而严格地说，这种伦理过程也是宇宙过程中的一部分，正如蒸汽机中的'调节器'是发动机结构中的一部分一样。"② 可见，在赫胥黎这里，宇宙过程与伦理过程的分野并不是断然地分割，两者的对立也不是一种绝对的否定关系。正确的理解应该是，伦理过程与宇宙过程分裂的含义，是前者对后者的超越与升华，即以"自我约束"的伦理过程取代"各行其是"的自然竞争，而两者对立的实质

---

① T. H. Huxley, "Evolution and Ethics, Prolegomena," in *Collected Essays of T. H. Huxley*, Vol. 9 (New York: Macmillan Publishing Company, 1901), p. 81.

② Ibid., pp. 114 – 115.

则是前者对后者的一种抑制，是对自然化的宇宙过程的社会伦理化。正是在这种意义上，赫胥黎又强调指出，道德行为不同于宇宙过程中的生存斗争行为，"它要求以'自我约束'代替无情的'自行其是'；它要求每个人不仅要尊重他的同伴，而且也要帮助他们，并以此取代、排斥或践踏所有竞争对手。它的影响所向与其说在于使适者生存，毋宁说在于使尽可能多的人适于生存。它否定争斗的生存理论"①。换句话说，宇宙过程发展的结果是各存在物之间"各善其身"的生存竞争，而伦理过程的发展则以每个人的"自我约束"为前提，来根除个体间的斗争，求得大多数人的共同生存和发展。就这种观点来看，赫胥黎的伦理观更富于集体主义的精神，这是他与斯宾塞伦理观相区别的一个重要标志。

## 四　伦理学范畴种种

对同情（感）与良心、荣誉感、正义等道德范畴的论述，构成了赫胥黎伦理学的另一个重要组成部分，也显示了他独到的理论见解。

与斯宾塞相似，赫胥黎同样接受了亚当·斯密关于同情的基本道德观点。他认为，同情和同情感是人类最基本的道德感情之一。但是，关于人类同情的产生和形成，赫胥黎做了独特的解释。在他看来，人类从"自行其是"的自然状态进入"自我约束"的社会伦理状态的重要条件之一，是人类道德同情感的作用。在人类的幼年时代，形成了"父母与子女之间的相互之爱"，但这种血缘式的互爱还只是初步的。随着人类自身的文明进化，"更重要的是，人类异常强烈地发展着一种倾向，即每一个人身上都重复表现出与他人行为和情感相似或相关的行动和感情"②。赫胥黎把这种感情的相似或相关现象

---

① T. H. Huxley, "Evolution and Ethics, Prolegomena," in *Collected Essays of T. H. Huxley*, Vol. 9 (New York: Macmillan Publishing Company, 1901), pp. 81 – 82.

② Ibid., p. 28.

称为人的"模仿"，认为这是人类同情（感）产生的社会心理根源。

赫胥黎进一步指出，"社会发展每前进一步，就使人们和他们的同类之间的关系更密切一些，也就增加了由同情心所产生的快乐与痛苦的重要性。而我们以自己的同情心去判断别人的行为，同时也以别人的同情心来判断我们自己的行为"，这就是说，"除了天然的人格以外还建立了一种人为的人格，即'内在人'，亚当·斯密把它称为'良心'，它是社会的看守者，负责把自然人的反社会倾向约束在社会福利所要求的界限之内"[1]。由此，赫胥黎认肯了亚当·斯密的观点，提出了一个良心概念：良心就是人类"有组织的人格化了的同情心"[2]。可见，赫胥黎的"良心"定义与亚当·斯密的"良心"观相似，都是以人类的相互同情和体谅为心理基础和情感依据的，它是自我与他人在道德感情和道德价值判断上的"人格换位"，而自我与他人之间的"心理换位"则是"人格换位"的心理机制和前提。这就是赫胥黎关于同情与良心的基本见解。

赫胥黎还对荣誉（感）做了精彩的论述。他说："只要我们考察一下周围的世界，就可以看出，对人们反社会倾向的最大约束力并非是对法律的惧怕，而是对他的同类的舆论之畏惧。传统的荣誉感约束着一些破坏法律、道德和宗教约束的人们；他们宁愿忍受肉体上的巨大痛苦，也不愿与生命告别，而羞耻心却使最懦弱的人去自杀。"[3] 这就是说，在人类社会关系中，道德舆论对人们行为的影响常常胜于法律，而由这种外在压力所形成的个人内在的荣誉感和羞耻心，则深刻地制约着人们的情感和行为，其深刻性乃至于使人们宁愿舍弃生命，也不愿失去荣誉和名声。

① T. H. Huxley, "Evolution and Ethics, Prolegomena," in *Collected Essays of T. H. Huxley*, Vol. 9 (New York: Macmillan Publishing Company, 1901), p. 28.
② Ibid., p. 28.
③ Ibid., p. 29.

最后，赫胥黎在综合考察古代西方思想和印度佛教伦理思想，以及社会文化的基础上，重申了正义在伦理学中的重要地位。他指出："伦理学这门科学宣称能为我们提供理性生活的原则，告诉我们什么是正当的行为和为什么是正当的行为。"① 而关于正当行为的观念，早在古希腊和印度佛教的道德思想中就有所表述。在这些古老的伦理学体系中，最重要的就是正义的观念。因为，在这些古代贤者和哲学家们（如古希腊人和印度佛教的始祖乔达摩·悉达多）看来，正义的法则是对人们行为正当与否，或是善是恶的适当报答（报应）。依赫胥黎所见，这些古老的见解无疑洞见到有关正义的伦理实质，但他们还没有分清楚正义之于人们有意的与无意的行为和自然性的与社会性的行为之间的界限。如古代印度哲学家们就常常以"羯磨"（Karma）这种以人的生前行为和思想的结果来规定今世人生的价值，由此他们推出了所谓"轮回转世""因果报应"等价值观念，这未免失之于空幻和偏颇。事实上，正义只是人类现实生活中的一种行为准则，是人们"一致认肯的相互之间的某些共同遵守的行为准则"，它是维护社会稳定和强化人们相互联系的纽带，没有它，社会的稳定和人们的道德关系就会削弱，甚至遭受破坏。② 他定义道："这种对共同谅解的遵守，和随之而来的依据公认的规定对赏罚的分配就叫正义；相反则是非正义。"③

同时，赫胥黎还指出，正直和正义也是一样，是指从正当动机中所产生的行为，它不仅是"正义的同义语"，而且成为纯洁而积极的要素和善的真正核心。④ 因此，一个人的正直品格也就意味着他的行为动机不仅具有纯洁而积极的道德意义，而且必定是符合正义原则的

① T. H. Huxley, "Evolution and Ethics, Prolegomena," in *Collected Essays of T. H. Huxley*, Vol. 9 (New York: Macmillan Publishing Company, 1901), p. 28.
② Ibid., p. 56.
③ Ibid., p. 57.
④ Ibid., pp. 57 – 58.

道德行为。在这里，我们发现，赫胥黎似乎不仅仅是像斯宾塞那样过于偏重行为的功利效果，而且也注意到了道德行为的动机因素。这使得他虽然没有斯宾塞那样关于正义的复杂论证，却拥有被斯宾塞严重忽略了的重要的理论洞见。

与斯宾塞的伦理学相比，赫胥黎的伦理学体系无论是从结构上，还是具体论证上，都显得过于单薄。但是，从两者的伦理学所包容的实际思想来说，结论就不会如此简单。对此，我们不妨从两者的对比中来寻找赫胥黎伦理学本身的特征，从而做出具体的理论评价。

首先，与斯宾塞伦理学的自然主义特征形成鲜明对照的，是赫胥黎伦理学的超自然主义特征。应当说明，我们这里所使用的"超自然主义"概念，并不意味着把它作为与传统形而上学或宗教伦理学相等同的"意义词"来使用的，而是在进化论伦理学这一范围内所使用的。同时，它也不包含某种超经验实在的意味，而是在与斯宾塞的进化论伦理学相比较中，指称一种把自然与人类文化道德对立起来，并使后者具有某种超越于前者的文化意义这一意蕴的。

依此说明，我们认为，尽管所有的进化论伦理学家都坚持道德经验主义的原则立场，但他们相互间却采取了不同的理论方法。就斯宾塞和赫胥黎而言，前者依据所谓"广义进化论"，把人类社会与自然界笼统地归于"生物进化"这一范畴内，由此将人类社会中的道德文化现象与自然生物进化现象同日而语，强调了两者的同一性、连续性，却严重忽略了它们的差异性和发展的间断性，最终倒向了伦理自然主义。与此不同，赫胥黎则从划分"宇宙过程"与"园艺过程"入手，进而指出了"自然进化"与"社会进化"的分裂与对立，以"宇宙过程"和"伦理过程"的不同特质，阐明了人类道德现象与生物进化现象的重大区分，并证明了后者对前者的超越性。这一点无疑使赫胥黎的进化论伦理学享有一种超自然主义的特征，也显示了他的伦理学见解超于斯宾塞及其他进化论者的合理性。

另一方面,与斯宾塞不同,赫胥黎的伦理学并不热衷于论证人的天然利己主义的道德倾向,更多的偏向于带有利他主义色彩的近代英国的道德情感论。这一事实也使他的伦理学表现出一种情感利他主义的理论倾向。总而言之,赫胥黎的伦理学缺少斯宾塞伦理学研究的缜密和系统,其思想包容面也不及斯宾塞伦理学那样广阔。但它朴实明了,基于科学经验却不拘于此,甚至洞见到人类道德文化要素的许多特殊的内在本质。这一切使他的伦理学虽不如斯宾塞那样深受后来的生命伦理学家们的青睐,却使许多人类文化学家产生了更浓厚的兴趣。

# 第三章

# 法国生命伦理学

## 第一节　生命伦理学的形成与特征

### 一　生命伦理学思潮的来龙去脉

生命伦理学是 19 世纪末至 20 世纪初主要流行于德、法两国的一股现代伦理学思潮，也是继现代德国唯意志论伦理学之后又一个重要的现代人本主义伦理学派。

生命伦理学思潮最初发轫于德国，后盛行于法国。广义地讲，叔本华、尼采的唯意志论也可纳入生命伦理学范畴。不过，人们在严格意义上所讲的生命伦理学主要是指狄尔泰、居友和柏格森等人的道德理论，其中以后两者尤为突出。生命伦理学派生于生命哲学这一母体，并兼蓄了现代英国进化论伦理学的许多理论成分，因此，可以把德国的生命哲学（甚至包括德国早期叔本华的唯意志论）和英国现代进化论伦理学视为现代生命伦理学的两个主要理论源头。

生命哲学最早出现在 18 世纪末叶的德国。德文中"生命哲学"

一词原文为"Philosophie des Lebens"，它由德国浪漫主义哲学家弗里德里希·施莱格尔（Friedrich Schlegel，1772～1828）第一次在《关于生命哲学的三次讲演》（1827 年）中明确阐述。但施莱格尔宣称，早在 1772 年即他出生的那一年就有人匿名出版过《论道德上的美和生命哲学》，提出了生命哲学和伦理学的有关理论。不过，众所周知，施莱格尔所处的时代，生命哲学还不过是群星灿烂的德国古典哲学之理性主义天幕上一点儿暗淡的星光而已。直到 19 世纪 70 年代以后，由于以叔本华为先驱的反理性主义哲学得势，驱散了传统理性主义哲学的浓雾，才使生命哲学之光亮起。继而，威廉·狄尔泰（Wilhelm Dilthey，1833～1911）和乔·齐美尔（Georg Simmel，1858～1918）又开生命哲学的一代新风。随后又有德国的鲁道夫·奥伊肯（Rudolf Eucken，1846～1926）、法国的让－马利·居友（Jean-Marie Guyau，1854～1888）和亨利·柏格森（Henri Bergson，1859～1941）相继大显身手，使生命哲学达到了极盛时期，同尼采的唯意志主义一起构成了 19 世纪末至 20 世纪初期西方哲学界最具影响的现代人本主义哲学伦理学思潮。

生命哲学的基本观点是：反对传统的形而上学，特别是德国的理性主义哲学方法，力图超出所谓主客体关系的思维定势，把传统的以认识论为主体的哲学层次改变为以生命存在为本体的哲学本体论层次；以个人现实的生命存在现象和运动现象作为哲学的唯一对象，达到对生命存在的本体把握和动态说明。这一基本的哲学原则，构成了现代生命哲学的灵魂。于是，个体的生命现象既是哲学的唯一对象，也成为伦理学的最高本体。狄尔泰把"生命本身"和"生命的充实"作为人类思维、道德和一切历史文化的解释本体；居友以"生命的生殖力"作为人类道德的本源；柏格森同样是以"生命的冲动"和"生命之流的绵延"解释人类的各种道德现象。这一切都与生命哲学原理直接关联，也是现代生命伦理学的突出特征。

如果说，发轫于德国的生命哲学是现代生命伦理学的第一源泉的话，那么，从叔本华开始的现代西方非理性主义思潮和现代英国的进化论伦理学则是它的间接理论来源，而从伦理学角度来看，这种理论渊源关系似乎更耐人寻味。

从整个生命伦理学流派来看，其方法论与现代德国非理性主义是一脉相承的。所有的生命伦理学家，几乎无一例外地执着于非理性的方法论原则，他们或直接以对生命的"心理体验"和对这种体验的解释来阐述人类的道德起源与发展，如柏格森的"心理直观"和狄尔泰的生命存在的"历史阐释学"，或是借助于现代生物学、病理学、心理学的成果来说明人类的道德行为，如居友的"道德生殖"理论。

由于生命伦理学理论汲取了多重理论来源，使它形成了自己独特的理论色彩和方法论特征，对它的同代或后来的许多伦理学派产生了较为深远的影响。例如，居友关于超义务超制裁的道德理论和对生命力量的主体价值的极端强调，就曾直接影响过尼采的强力意志伦理学。居友的父亲阿尔弗莱德·傅里叶（Alfred Fouillée）就曾在《尼采与非道德主义》（*Nietzsche et l'immoralisme*）一书中谈到，尼采常引用并诠释居友的著作，并把居友的《无义务无制裁的道德概论》一书作为案头读本。[①] 而同样的事实也存在于对稍后的存在主义伦理学的影响之中。从居友的著作里，我们不仅可以看到存在主义有关生命死亡之意味的思想雏形，而且也在萨特的著作中发现居友有关"生命存在即是行动""价值发明"等观点的重现。因此，在某种意义上，我们可以把唯意志论伦理学、生命伦理学和存在主义伦理学称为现代西方人本主义伦理学发展的"三部曲"。或者换句话说，生命伦理学思潮的运动在一定程度上为20世纪的存在主义伦理学发展做了某些理论上的铺垫。

---

① 参见〔俄〕克鲁泡特金《伦理学的起源和发展》，巴金译，重庆文化生活出版社，1941，第478页。

## 二　生命伦理学的特征和背景

与其他现代人本主义伦理思潮略有不同，生命伦理学派别在理论上似乎更趋于一致。它既没有唯意志论伦理学从悲观主义悲歌的哀婉（叔本华）到强力英雄主义意志的昂奋（尼采）那种跌宕起伏的旋律，也没有存在主义伦理学基于有神论与无神论的那种明显的双重道德趋向，而基本上保持着伦理学上的统一特征。

首先，生命伦理学都是以生命存在的价值为其全部理论的中心，表现出特别强烈的人本主义伦理学倾向。伦理学可以说是现代生命哲学的主题，在某种意义上甚至可以把它视为一种特殊的伦理哲学或人生哲学。从狄尔泰对生命意义的历史性阐释，到奥伊肯对人生问题的沉思（如他的专著《人生问题》），从居友对生命力量的拓掘，到柏格森有关生命之流的冲动和开放性道德的关系论述，都表现出共同的人生主题思想。虽然他们中有不少人涉猎哲学方法论、本体论问题，狄尔泰甚至还被视作现代阐释学（Hermeneutics）的开创者之一。① 但他们所关注的，首先是人类生命的存在和运动。

其次，生命伦理学坚持从个人生命本体的内在性出发，排除了一切道德的、宗教的、形而上学的和理性主义或功利主义的外在性解释。狄尔泰把生命本身作为解释一切道德行为和关系的基础；居友明确地否定了各种宗教，甚至种种传统的道德理论，批判它们没有洞见到生命内在力量的道德意义，甚至把功利主义斥为从"生命外部的结果"来计算道德的非科学理论，主张超越一切传统伦理学。他们牢牢地固守着生命这一活的存在本原，从生命能量的内在"冲动"（柏格森）、"消耗"与"生殖"（居友）等方面，来解释道德产生与发展的内在原因或内在

---

① Cf. J. Bleicher, *Contemporary Hermeneutics* (New York: Routledge – Kegan – Paul Publishing Company, 1980), Part I, Chapter 1, Sec. 4.

动力。因此，他们一般都注重个人的心理体验、无意识本能、情感等内在要素，认为以前的伦理学家"只注意到了人的有意识行动，而忘却了更深层次的'行动源泉'"（居友语）。这一立场，虽然使生命伦理学在形式上摆脱了宗教道德和形而上学道德的先验性，但也常常使他们的道德理论有某种"活力自然主义"和心理情绪主义的色彩。

最后，生命伦理学强调对生命价值的动态性和开放性研究，主张对人类道德以某种"历史性"的解释（狄尔泰）、"动力学"的洞察（居友）或"开放性"把握（柏格森）。他们认为，生命的存在是一种连续性的运动或行动，正是由于生命的运动（"冲动""绵延""生殖"或"发散"等），才产生了人类生命的价值意义和道德行为。因此，他们反对行动上的因循守旧，反对依赖既定的道德原则规范和价值体系，强调生命自身的主体创造，价值不过是创造的意义，表现出浓厚的行动主义（actionism）道德特征。在这一点上，生命伦理学保持了与尼采强力意志伦理学和后来萨特存在主义伦理学的一致立场，稍有不同的是，生命伦理学对行动的强调更多地汲取了现代生物进化论和物理学的某些科学形式，有着一种"活力主义"（energeticism）的气息，居友和柏格森在这方面尤其突出。

一方面，生命伦理学的上述特征，是它所属时代的精神馈赠，与它们所处的特殊社会历史条件息息相关。大家知道，从 19 世纪中后期开始，由于资产阶级革命在西方的全面成功和资本主义的垄断发展，带来了西方主要资本主义国家的道德观念的重大变化。资产阶级所关注的已不再是某种一己的宗教解放和政治解放，而开始转向对自身的存在和发展的关心和思考。因之，人的现实存在、价值的增长实现，以及暂时稳定的社会条件下个人与他人的关系的调节等问题，就日益成为伦理学必须解释的现实主题。与此同时，社会作为一种人的整体性集合存在的方式，也受到了道德学家们的关注，柏格森关于两类社会（开放性社会与封闭性社会）和两种道德（开放性道德与封闭性道德）的理论，正是对这种新的社会发展趋势及由此带来的道德观念的变化的一种反思。况且，生命伦理学的形成之际，与进化论伦理学一样，也面临着生物学、心理学、社会学等现代科学发展的一种崭新的文化氛围，这种科学文化因素不能不渗透到道德研究领域中来，柏格森的伦理学便是一例。

另一方面，从伦理学本身理论逻辑演化的内部规律来看，生命伦理学的崛起也是一种逻辑的必然。对叔本华的理论成果的认肯，实际上已经标志着传统德国理性主义伦理学的没落，它反映着一种历史逻辑与理论逻辑的一致性。因而，也就不难理解法国生命哲学和伦理学为什么也同样会步入非理性主义行列的缘故了。事实上，虽然19世纪下半叶德、法两国在具体的社会发展进程上略有差异，但是，它们所面临的基本任务或表现出来的发展方向是一致的。因而，传统理性主义的启蒙精神已经成为历史的陈迹，与德国的情况相似，正像叔本华、尼采的唯意志论的产生，宣告了康德、黑格尔理性主义哲学的终结一样，法国生命哲学和伦理学的兴起，同样也表明自笛卡尔以来到18世纪启蒙思想家们的理性精神，结束了它们对法国近代资产阶级革命的历史承诺。精神启蒙已成为过去，现实旨在创造，生命的存在与运动才是最迫切的思想主题。这一时代的变奏，使我们领悟到哲学思维的新的构成。理解这一点，才会使我们明白，为什么柏格森的生命哲学一出现在讲台上便会在法国掀起一股生命哲学的狂潮，这无疑是时代理论与时代需要之间的一种默契和呼应，也是法国生命伦理学取代笛卡尔、狄德罗式的启蒙思想的内在逻辑必然。

## 第二节　居友的生命活力伦理学

### 一　短暂的青春与天才的智慧

让－马利·居友（Jean-Marie Guyau，1854～1888）是现代法国

生命伦理学的先锋。他出生在法国的拉瓦尔（Laval），他的青春年华不足 34 载，然而他丰富的伦理思想却充盈着深邃的见解和智慧的光芒，表现出异常丰富而系统的理论性，被西方许多学者誉为"天才的诗人哲学家"。

居友从小聪颖过人，由其叔父一手教育成人。17 岁时便获得文学学士地位，19 岁时就曾以《功利主义伦理学研究——从伊壁鸠鲁到英国学派》（*Mémoire sur la moral utilitaire, depuis Épicure jusqu'à l'Ecole anglaise*）一文而荣获法兰西伦理与政治科学院的奖金。次年，居友被聘请为孔多塞中学的哲学教师，但因健康状况不佳，被迫辞退此职，转而把绝大多数时间投入著书立说。居友思维敏捷，文笔空灵，是一位兼备文学形象与哲学思维、翻译与创作的诗人哲学家。他一生虽然短暂，但著译颇丰，其中，绝大部分著作是关于伦理学（史）的著作。

1875 年，居友出版了第一部译著《埃皮特克手册》（*Manuel d'Epictéte*），1878 年发表《伊壁鸠鲁的伦理学及其同当代学说的关系》（*La Morale d'Epicure et ses rapports avec les doctrines contemporaines*），1879 年，年仅 25 岁的居友就出版了《当代英国伦理学》（*La Morale anglaise contemporaine*）；1881 年出版《一个哲学家的诗》（*Vers d'un philosophe*），1885 年出版最重要的伦理学代表作品《无义务无制裁的道德概论》（*Esquisse d'une morale sans obligation ni sanction*）。除此以外，居友还发表了许多美学、艺术、教育和宗教等方面的著作，它们是：《当代美学问题》（1884 年，*Les Problèmes de l'Esthétique contemporaine*），《未来无宗教说》（1886 年，*L'Irréligion de Pavenir*），《从社会学观点看艺术》（1889 年，*L'Art au point du vue sociologique*），以及《时代观念的创造》（1890 年，*La Genèse de l'Idée du temps*）。后两本著作是居友逝世后出版的。这些著作中也都有一些伦理见解。

不难看出，居友是一位将短暂青春与丰富智慧集于一身的哲人。

他是诗人，也是非凡的美学家；他是生命哲学的重要代表人物，更是法国生命伦理学的先导者。从其整个学术生平来看，伦理学是他关注的中心；而从整个生命伦理学流派来看，他的伦理思想又占有十分突出的先导地位。因此，把居友的伦理学作为生命伦理学派的典型代表之一，是理所当然的。

## 二 "三种假设"的超越

在《无义务无制裁的道德概论》一书的前言中，居友开宗明义地谈到，该书的目的是一种确定伦理学的"范围、程度和特有的科学道德概念之界限的尝试"。"它的价值不在于主张任何绝对的和形而上学的道德基础。"[①] 在同一书的结论中，他又申述："我们的目的是寻找一种无任何绝对义务和制裁的道德哲学。"[②] 从这一目的出发，居友首先对各种试图证明道德义务的"教条主义道德"的企图展开了批判。他把这些企图归纳为三种假设，即乐观主义假设、悲观主义假设和自然冷漠的假设。

所谓"乐观主义假设"，是指西方古典伦理学中的一种道德乐观主义。居友认为，从柏拉图、亚里士多德、斯多亚派的芝诺，到斯宾诺莎、莱布尼茨，乃至康德，都主张一种道德乐观主义，"并试图建立一种符合这种世界观念的客观道德"[③]。这种绝对的客观道德是一种形而上学的乐观主义，它或以天命（providence）、上帝为基础建立道德体系，或者把道德诉诸某种"不朽的假设"（如康德）。例如，基督教的道德就是以神圣的基督耶稣作为一种绝对的道德理想，然后借助于这种理想化的象征来设置其客观道德的。居友说："基督本身为

---

① J - M. Guyau, *A Sketch of Morality Independent of Obligation or Sanction*, trans. by Gertrude Kapteyn (London: Henry W. Sages, 1898), p. 5.

② Ibid., p. 208.

③ Ibid., p. 9.

了能够存在，就需要人们相信现实和他所解释的苦难的凌辱。"事实上，这种假设却否认了客观绝对主义道德的前提，因为按照这种道德，一切神圣的东西都是善的，也就意味着任何非道德的东西都不存在，而为了使这一假设得以成立，却又把一切自然尘世的东西视作苦难和不幸。如此一来，就产生了一种矛盾："如果贫困、痛苦、无知（神圣即精神上的贫穷！）和世界上的一切罪恶都不是真正的恶，而根本上只是自然的错误和荒谬性；那么，基督又怎能保持其作为一切美德的存在条件之理性特征呢?"① 显然，以天命或神为道德的基础是不能成立的，因为它隐含着一种理想的绝对的道德乐观主义。而依居友所见，"这种绝对的乐观主义不仅不是道德的，而且毋宁是不道德的，因为它包含着对进步的否定。……如果存在的一切都是善的，就不必改变了"②。换句话说，乐观主义的道德假设从一种完善的理想出发，把一切都看得完美无瑕，这样，就在根本上否认了个人生命创造的必要性，仿佛生命的价值不需要主体的独立创造，而只需恪守某种神圣的观念。

乐观主义道德假设的另一个依据是所谓"不朽"，这种观念是一切宗教和理性主义的必然归宿。居友认为，不朽的观念与绝对的义务观念是密切联系的，它压抑和贬低个人生命的"实际价值"，使有限的个体在无限不朽的追求中变得微不足道，由此带来对人类生命自身的一切道德情感的漠视和对人生创造的无动于衷。值得庆幸的是，这种观念已遭到了许多人的反驳，居友把这些反驳概括为三种。

第一种反驳来自达尔文等人的生命进化学说，他们认为，个人仅仅是人类生命进化的一个部分或阶段，岂能有不朽的存在呢？第二种反驳则指出："如果意志不朽，它们就会拥有一种优于自然的力量，

---

① J - M. Guyau, *A Sketch of Morality Independent of Obligation or Sanction*, trans. by Gertrude Kapteyn (London: Henry W. Sages, 1898), p. 9.

② Ibid., p. 8.

并能够支配和征服它。"而根据不朽的假设，"生命就成了某种精神与自然的斗争，死亡便是胜利了"。① 而这一结论又是多么荒唐：生命本是一种自然的存在，怎能超出或优于自然呢？第三种反驳则认为，不朽的假设乃是一种虚幻的推理，它从"我存在"（I am）中推出"我将存在"（I will be），这简直不可思议。居友指出，人是一种有限的生命存在，希望只在于活着的生命运动，不能够寄于未来虚幻的不朽。所以，不朽只是一种不可能性。他这样说道："实际上，死亡的确是一种生命力的熄灭，是内在能力的干涸。因此，可以设想，死亡更无希望。我们可以从一种偶然的昏迷中苏醒，但怎么能从完全的枯竭中复活呢？"② 可见，无论是乐观主义的理想设置，还是它的不朽设置，都不合乎生命的价值原则。

居友接着分析了所谓悲观主义假设。他认为，"悲观主义在道德价值上也常常优于夸张的乐观主义"，因为，"它并不总是束缚着趋向进步的努力，如果能在黑暗中清楚地观察一切，有时候比在彩色中观察一切更有用些"。也就是说，能够正视痛苦现实的悲观论也比沉溺于幻梦之中的乐观主义要高明得多。居友指出："悲观主义可能是一种为世界的罪恶所严重伤害了的道德情感的不健康的过度刺激（over-excitement）症候；相反，乐观主义却常常表明着对一切道德情感的一种无动于衷和麻木不仁。"③ 的确，对可悲现实的失望总比对幻梦的沉醉要好，它毕竟没有沉湎于超自然的幻想而对现实生命无动于衷。在某种意义上说，生命的存在确如帕斯卡（Pascal）④ 所说："去感受

---

① J - M. Guyau, *A Sketch of Morality Independent of Obligation or Sanction*, trans. by Gertrude Kapteyn (London: Henry W. Sages, 1898), p. 20.

② Ibid., p. 23.

③ Ibid., p. 9. 着重点系引者所加。

④ 帕斯卡（Blaise Pascal，1623～1662），亦译为"巴斯噶"，是法国的哲学家、散文家和数学家、物理学家，他的哲学是一种典型的怀疑论，认为一切均不可靠，晚年转向神学，其《沉思录》对法国文学尤其是散文影响较大。

罢，人所拥有的一切正在消失，它是绝望。回首追溯，令人心碎，
［人生］如同被捎带在一条永无终点的航道上，他看到自己祖国的海
岸线正慢慢消失。"生命随时间流逝的步履而陷入对不朽的绝望，韶
华如水，但正因为如此，"我们需要再一次发现我们自己；而且又一
次遇到我们已经失落的一切；我们要弥补失去的时间"①。时间，是生
命的记忆，它无情地掠夺着生命，如同一把尖利的钢刀切割着人的生
命体，鲜血淋淋。"而生命却持续着它的进程，医治着它的创伤，如
同树的元液医疗着被斧头和岁月砍蚀的伤痕一样，生存（working）
陷入矛盾之中——记忆默默地充满着整个宇宙，保持着它鲜血流淌的
伤口，又不时地更新着它们。"② 在这里，居友似乎在用悲观主义的道
德情调和诗一般的语言，一方面表达他对道德乐观主义的辛辣讽刺，
另一方面又暗示着生命运动的悲观主义情绪的不可避免。正因为时间
铸造了生命的记忆，使人类深切地感受到生命的感叹。人类对生命过
去的努力记忆和这种记忆的"无用性"（uselessness），使我们产生
"眩晕"，这时候，"悲观主义便随乐观主义之后接踵而至"③。这就是
悲观主义假设的心理根源。

　　然则，居友认为，尽管悲观主义假设没有沉于幻想，但它在本质
上与乐观主义一样，也不能作为生命道德的前提。首先，悲观主义同
样否定了生命运动的必要性和积极力量。因为悲观主义假设隐含着一
种生命价值的绝望，如同斯多亚派所说："生命是一桌伟大的筵
席。……人类的筵席不过朝夕之际，而宇宙才是永恒的。因而去想象
一种无限延长的筵席、游乐和类似的舞会，毕竟是可悲的。"这种以
有限生命作抵押去敬颂宇宙永恒的做法，把我们"引回到无能的情感

---

① J - M. Guyau, *A Sketch of Morality Independent of Obligation or Sanction*, trans. by Gertrude Kapteyn (London: Henry W. Sages, 1898), pp. 24 - 25.

② Ibid., p. 25.

③ Ibid., p. 25.

之中，而时间最终使我们产生这种感情"①。其次，悲观主义者以人们对痛苦与快乐的不同感受心理来推演出悲观主义生命道德结论是没有意义的。在他们看来，人们对痛苦的感受总是多于快乐的感受。从时间上看，人们对痛苦的感受往往延续得漫长难熬，而对于快乐的感受却常有稍纵即逝之感。这即是所谓"快乐与痛苦在记忆中的不相等性"。在强度上看，痛苦的感受强烈而又深刻，而快乐的感受却显得轻松恬淡，这便是人类的"不可忍受性情感"。居友指出，这是一种不科学的心理主义规律的解释。因为它"把痛苦与快乐之间科学比较的可能性作为其原则，在这种比较中，痛苦会使平衡起变化。……人类生活中痛苦的总量组成了一个高于其快乐的总体，并从这里推演出涅槃（nirvana）的道德哲学。但这种自称为科学的公式，几乎没有任何意义"②。

居友认为，人生的幸福与不幸，都是一种"后思"（afterthought），"完美的幸福由记忆与欲望组成；而绝对的不幸则由记忆与恐惧组成"③。因此，在可接受的词义上，幸福与不幸都是一种生命理解的结果，一种视觉的幻影。④ 居友承认人们对痛苦与快乐感受的不同心理情景，但他认为，仅依据这种感受心理的比较，随时都有可能得出错误的结论。因为，"量"上的优势既不能靠经验来证明，也不能诉诸算术式的计算。既然快乐与痛苦的感受是人们对生命的一种后思和对生命过去的历史性理解，那么，就不能享有现实的经验基础。事实恰恰相反，生命的经验不断地否定了悲观主义的道德假设。人类不断证明着一种"后验的生活价值"，人类的快乐也不仅仅是物质上的获取或肉体上的满足感受，而且还有着更高的理智快乐或精神快乐，它们

---

① J – M. Guyau, *A Sketch of Morality Independent of Obligation or Sanction*, trans. by Gertrude Kapteyn（London: Henry W. Sages, 1898）, pp. 26 – 28.

② Ibid., p. 26.

③ Ibid., p. 30.

④ Ibid., p. 30.

往往会使人们超脱痛苦，获得超然的安慰与享受，从而得到生命力的新生。他以艺术为例，认为"艺术是一种值得重视的快乐之源，……它的目的是成功地使生命最忧郁的时刻充满快乐——这即是说，在艺术中我们从行动中得到休息；它是懒汉的伟大安慰。在物质与艺术的两种消费之间，文明化的人——他不像原始时代的人那样贪睡——能够以理智的或美学的方式使他自己获得享受，而且这种享受延长得比任何享受都长"①。欣赏贝多芬音乐所获得的快乐，远非物质上的烦恼和痛苦所能抵消。

居友越过了伦理学的界限，从美学的王国借来了反驳悲观主义假设的有力武器。由此，他自信地认为，在道德领域里，人类的情感不应当停滞在物质苦乐的低层次。人是作为一种高级的、能够"使最细微的感觉性与最强壮的意志相统一"的生命存在。痛苦固然深刻而真切，"但是，痛苦仍煽起更生动的意志反应，他忍受的痛苦越多，他的行动就越烈；而且，正如行动永远是一种快乐一样，他的快乐一般都超过他的痛苦"。相反，如果"痛苦超过快乐，就表明意志的虚弱和枯竭，随之而来的是生命本身的虚弱和枯竭"②。在这里，我们发现，居友在尼采之前就已经洞见到意志力、生命力与痛苦之间的肯定性的内在机制：这是一种对人生痛苦的洒脱；是生命力对痛苦的超越；是借助痛苦感受的情感之翼来负载起生命意志翱翔的积极的人生理解；而对痛苦的感受积极与否是一个人生命力量强弱与否的见证。显然，居友的这种见解与叔本华相违而与尼采的近似，或许，这也是尼采曾特别看重居友的《无义务无制裁的道德概论》一书的缘由之一。

---

① J‐M. Guyau, *A Sketch of Morality Independent of Obligation or Sanction*, trans. by Gertrude Kapteyn (London: Henry W. Sages, 1898), p. 32.

② 〔俄〕克鲁泡特金：《伦理学的起源和发展》，巴金译，重庆文化生活出版社，1941，第478页。

但是，居友毕竟对叔本华悲观主义人生哲学抱有同情。他告诫人们，应当把纯粹理智上的痛苦与纯粹感情上的痛苦区分开来，也就是说要把理论体系上的悲观主义者（如叔本华）与实际生活中的悲观主义者区别开来。① 而且他承认，一定的幸福也是生存的必要条件，人类毕竟没有在悲观主义的声浪中沉沦。他借哈特曼（M. von Hartman）的观点总结说："哈特曼认为，如果有朝一日悲观主义的道德在人类获得胜利，所有的人都将赞成返回到他们自己意志的虚无（nothingness）之中，一种普遍的自杀将了结［人类的］生命。然而，这种朴素的观念都包含着这样的真理：如果悲观主义深深地植根于人类的心脏，它就会逐渐减弱其生命力，而且不只是导向哈特曼所说的滑稽剧的戏剧事件，而且会导向生命缓慢而持续的沉沦。"②

居友所批判的"教条主义道德"的第三条假设是所谓"自然冷漠的假设"（hypothesis of the indifference of nature）。持这种假设的道德学家主张，人要超越自然的苦乐情感，对一切都泰然处之。因为，自然生生不息，变化万千，它如同赫拉克利特眼前的河流，无法把握。因此，只有对它采取绝对的冷漠态度，人生才能安然。居友尖锐地指出，这种自然冷漠的假设是所有教条主义道德中"最或然性的"假设，它的主要理由"首先是人类对于整个宇宙意志的无能性——即他不能用任何可估计到的方式来改变宇宙的方向"③。这种对自然的冷漠，实际上是对道德善恶的冷漠，而"对善恶的自然冷漠则是对道德利益的冷漠"④。

在居友看来，世界确乎有朝一日会出现善恶相互抵消的情形，但自然对此却并不介意，我们每一个人依旧要继续开辟我们自己的路。

---

① J - M. Guyau, *A Sketch of Morality Independent of Obligation or Sanction*, trans. by Gertrude Kapteyn (London: Henry W. Sages, 1898), pp. 35 - 36.
② Ibid., p. 37.
③ Ibid., p. 38.
④ Ibid., p. 40.

所谓自然冷漠，不过是面对伟大而盲目的自然骚动，无法求得某种永恒的生命价值而感到失望的心理表现而已。但实际上谁又能求得如自然一般的永恒呢？孔子、释迦牟尼、基督耶稣在亿万年以后还能留下什么？居友抱怨人类过于执着于某种信念而满足于消极等待，却不去主动行动，这即是自然冷漠的恶果之一。他形象地把人类描绘成一个等待做新娘的姑娘，她信心十足却又不敢行动，每日梳妆打扮，等待着梦中新郎的到来，可日复一日，终归失望。她依旧如故，坚信着"旨在明日"，把自己牢牢地禁锢在"理想的真理"之中。信念是永恒的、美丽的，宛如春天的鲜花，可等待与信念又能获得什么？这种信念使"我们的大地在天宇的沙漠中失落，人类本身失落于大地，而我们个人的行动则失落于人类"[1]。这又是自然冷漠的假设所依据的第二个理由，即"伟大整体的方向是我们所无法改变的，它本身并没有道德方向——它缺乏目的、它的完全非道德性和无限机械主义的中立性"[2]。换句话说，这种假设以为，在人类巨大的整体中，个人是无能的，正如整个人类在广袤的自然宇宙面前无能为力一样。每个人都是孤立存在着的微型金字塔，是无数寂寞的小人国，他们之间无法组成一个整体与自然抗衡。[3] 居友指出，这种宇宙机械主义的基础，只能建立一种利己主义的"道德原子论"，它会把自然的本质规律与道德利己主义混为一体，从而导向"最深刻的道德怀疑主义"，使人类对道德的前景丧失信心，这是自然冷漠的假设所导致的又一必然后果。

　　总之，持这种假设的道德学家好似静坐在海岸线上面对着汪洋大海：他们眼前的景象如此不可捉摸——排排浪潮你追我赶，直抵天际，不断地向他离去，又朝他涌来。人类是多么无能！大海的浪潮无

---

① J－M. Guyau, *A Sketch of Morality Independent of Obligation or Sanction*, trans. by Gertrude Kapteyn (London: Henry W. Sages, 1898), p. 40.

② Ibid., p. 41.

③ "小人国"（Lilliputian），出自英国作家斯威夫特（Swift）的小说《格利佛游记》（*Gulliver's Travels*）中的假想国。

休无止，它必将人类卷去，而生命本身就如海潮，"在我们周围急速地旋转，裹缠着我们、淹没着我们"，自然如此庞大而盲目，而平地小洼何以匹敌于汪洋大海？况且，"海洋本身给我们呈现出一幅无休止的战争与争斗的图景；……最大的激浪盖过弱小的浪花，横扫着碎波细浪，它给我们提供了一部世界性的剥夺史和大地与人类的历史。……如果我们的眼睛可以饱览这巨大的太空，我们将看到，到处都只有一种惊心动魄的浪潮冲击，一种无终无止的斗争，……一场一切人反对一切人的战争"①。这毋宁是一幅充满着道德冷漠的讽刺漫画，然而，在居友眼里却是一种机械主义对能动的生命创造的恶毒扼杀。

在结束对三种道德假设的批判分析后，居友总结道："在一个仁爱的自然（指乐观主义的道德假设——引者注）、一个对峙的自然（指悲观主义道德假设——引者注）和一个冷漠的自然这样三种假设之间，人们怎能做出选择和决定呢？给予人们这种规律——即适应自然——是一种毫无根据的幻想。我们不知道这种自然是什么。因此，康德说，我们切莫请求教条式的形而上学给予我们一种确定的行为规律，这是对的。"② 不难看出，居友对三种假设都是持批判性态度的。他没有停留在一般的理论层次上去批判传统的"教条主义道德"，而是选择了生命伦理学为立足点，逐一详细地剖析了这些传统道德理论所表现的精神实质。他以现实的分析手术，剖开了宗教伦理学的心脏：道德的虚幻性和非现实性本质。他无情地嘲笑了传统理想主义和乐观主义道德精神的虚伪，同时也分析了悲观主义道德假设的心理根源和理论失误，杜绝了任何消极无为的道德冷漠主张。这一切都集中表现出一个鲜明的主题：那就是，任何道德都必须以生命的存在和发

---

① J-M. Guyau, *A Sketch of Morality Independent of Obligation or Sanction*, trans. by Gertrude Kapteyn (London: Henry W. Sages, 1898), pp. 41-44.
② Ibid., p. 44.

展需要为基础，一切轻视、压抑、否定生命价值或对生命价值的现实性抱有怀疑、失望和冷漠态度的道德理论都应彻底摒弃。居友的批判目的在于超越，在一定的意义上，他的批判确乎是合理的，甚至是深刻的。但毋庸讳言，他严重地忽略了人的历史性和社会性，因而也难以科学地解释人类的生命现象本身，其批判也就不可能成为真正的科学结论。所以，我们说居友对传统道德的批判和超越依然是有局限性的。或者换言之，居友对传统道德文化的批判基础是非历史主义的，而他所试图确立的生命伦理学也缺乏深厚的社会历史基础，因之未能获得科学的生命现象理解。

## 三 "三种道德"的超越

与对历史上"三种假设"的批判分析相对应，居友还批判地分析了三种类型的道德，即确信道德、信仰道德和怀疑道德。

居友认为，历史上出现过一种可称之为"实践确信的道德"（morality of practical certitude）观点，它认为"我们拥有一种肯定的、绝对的、毋庸置疑的和绝对必然的道德法则"[①]。这种确信道德有两种不同的表现形式：其一表现为道德直觉主义，如普赖斯（Price）等直觉论者就认为，人自身是一种包含着善的实体，通过自我的直觉便能把握善的自明性意义；其二是道德普遍理性主义，如康德认为，道德法则是一种人所共守的纯形式的普遍行为准则。两种形式的道德虽有不同的偏重，但本质上都属于一种确信道德，即以先验普遍的道德法则来规定人的行为和义务感。

居友认为，这种确信道德并没有揭示人类道德的本质特征。如果我们从"精神动力学"的观点来看，义务感不过是一种感觉性的东

---

① J-M. Guyau, *A Sketch of Morality Independent of Obligation or Sanction*, trans. by Gertrude Kapteyn (London: Henry W. Sages, 1898), p. 45.

西，它"不可能产生于我们与道德法则的关系"，而是"产生于我们与自然的和经验的法则的关系"。严格地说，"义务感并不是道德的，而是感觉的"①。因此，不能对人类的道德感情做任何理性的或先验的解释。② 确信道德恰恰违背了这一原则，使道德情感成为某种先验自明的或普遍必然的东西。事实上，人们的道德情感和义务感不可能"为意识所把握"，而只能为生命运动本身所解释。换言之，"普遍的东西作为普遍的只能产生一种逻辑上的满足，而它本身仍然是人的逻辑本能的满足，这种逻辑是一种自然的倾向，在其更高的形式上乃是一种生命的表达"。所以，"做某种行动的意志，不能建立在任何不基于行为本身的实践的与逻辑的价值法则之上"③。这即是说，道德情感与行为只是一种生命本能的自然倾向，而不是某种超生命经验的意识，它之所以具有普遍性的特征，并不在于其理论上的纯粹逻辑，而在于其生命本身的自然倾向和必然要求。

第二种道德是所谓"信仰的道德"（morality of faith）。居友指出，信仰道德是继康德教条主义道德假设之后的一种"有些改观了的康德主义，它把义务当作一种道德信仰的对象，而不再是一种确信的对象。康德开始只是把信仰作为导致肯定义务的确认假设，而今天信仰本身则已经扩充为义务了"④。居友所指，是针对当时法国的新康德主义者的伦理学而言的（如 M. Renouvier 和 Secrétan 等人）。⑤ 在他看来，法国新康德主义伦理学把康德的义务论推向了信仰化的极端，使它由某种理性的必然成为信仰的必须。这种信仰道德实际上是使"信仰从宗教领域转移到了伦理学领域"。居友认为，道德信仰与宗教信

---

① J – M. Guyau, *A Sketch of Morality Independent of Obligation or Sanction*, trans. by Gertrude Kapteyn ( London: Henry W. Sages, 1898) , p. 48.
② Ibid., p. 49.
③ Ibid., p. 50.
④ Ibid., p. 53.
⑤ Ibid., p. 54.

仰并无本质区别，两者常常相互包含着。而且，道德上的信仰似乎比其他方面的信仰更为原始和普遍。人们最初的道德信仰并不具备严格的宗教意义，如人们对丘比特、基督的信仰，但后来却与宗教信仰混为一体了。

新康德主义者是制造混淆的好手，在他们眼里，道德义务和道德原则既不靠理论逻辑的证实，也不靠其实体的自明性直觉，而仅仅是因为道德的"善"是"客观真理的标准"，是我们信仰的目标。因此，在信仰道德的主张里，人人只能"为信仰义务而义务"。对此，居友予以明确的反驳，首先，他认为这种做法首先跌入了宗教道德的怀抱，是一种神谕式的假设。其次，他指出，所谓"信仰义务的义务"不过是一种同语反复和"恶性循环"，它等于说"信仰宗教的宗教""信仰道德的道德"，如此等等。最后，这种信仰道德的条件无非想把义务作为某种社会客观必然性，这使我们想起了帕斯卡的"赌注"（即人生只是一种无能而短促的感觉存在——请参看本节前面部分）。① 此外，居友对"信仰"做了理论上的分析，他指出："信仰标志着一种心灵上确定的习惯性方向，如果人们突然试图改变这种方向，就会感到一种抵抗力"，故"信仰是一种已经获得的习惯，是一种理智的本能，它沉重地压着我们，抑制着我们，在某种意义上产生一种义务情感"②。很显然，信仰道德是对生命的自然运动的一种压抑和限制，是一种外在的必然性规定，它与生命自身的发展要求是格格不入的。

第三种是所谓"怀疑的道德"（morality of doubt）。居友认为，预想（presupposition，或译为"预设"）是人类进步的最大敌人，怀疑总比预设或确信要好，也比"放弃一切个人的首创精神"的信仰道德

---

① J－M. Guyau, *A Sketch of Morality Independent of Obligation or Sanction*, trans. by Gertrude Kapteyn (London: Henry W. Sages, 1898), pp. 56－62.

② Ibid., p. 58.

高明。"确信"是一种生命的盲目；"信仰"则是一种不可饶恕的"理智自杀"①。长期以来，人类太过于"使尊严依赖于谬误"，习惯于轻信和盲从，在这种意义上，"怀疑道德"要远远高于"信仰道德"和"确信道德"。居友说："真理并不像梦那么美丽，但它的优越就在于它是真理。在思想的领域里，没有什么比真理更为道德，而当真理不能靠肯定的知识来护卫的时候，就没有什么比怀疑更为道德了。怀疑是心灵的尊严。因此，我们必须使我们自己摆脱对某种原则或某种信仰的盲目崇拜，我们必须能够询问、省察和透视一切。"② 不难看出，居友是在与前两种道德的比较中来肯定怀疑道德的合理性的，这种肯定不仅是对传统信仰主义道德和理性主义道德的进一步否定，也是对人类精神的道德主体性的一种初步确证。

但是，居友并没有停留在怀疑道德的层次，他的目标不只在于对理性真理的怀疑，更在于创造一种生命活力的道德价值哲学。从这一最终的目的来看，怀疑道德仍然是不完善的。居友以 A. 富耶的《道德体系批判》(*La Critique des systèmes de morale*) 为例，批判地分析了那种根据人类知识的相对性原理把人类的道德知识置于相对性地位的道德怀疑论。他指出，怀疑论的道德确乎包含了大量的真理，但如果将怀疑绝对化，也会导致相反的结果，换言之，"完全的怀疑不仅必然会避开一般的行动，而且也会避开非正义"③。这样，不仅无助于确定人的生命主体性和道德行为的现实创造性，而且会最终否认它们，适得其反。因此，居友强调对人类行动的坚信，强调人类生命的创造性和肯定意义，认为怀疑只是起点，目的在于行动中的"选择和决断"，即从否定的怀疑走向肯定的行动。

---

① J - M. Guyau, *A Sketch of Morality Independent of Obligation or Sanction*, trans. by Gertrude Kapteyn (London: Henry W. Sages, 1898), p. 63.

② Ibid., p. 63. 着重点系引者所加。

③ Ibid., p. 66.

如果说，居友对"三种假设"的批判旨在超越宗教神秘主义和抽象的理性主义道德传统的话，那么，对"三种道德"的分析批判，则是这一超越的再一次升腾。它更直接地把矛头对准了康德和新康德主义伦理学，展开了对传统道德理论的非理性主义清算，为其生命伦理学的建立进一步铺平道路。

应当指出的是，居友对"三种道德"的批判分析是有许多合理见解的，这集中表现在两个方面：其一，他切中了传统义务论伦理学的要害，指出了它滑向道德信仰主义的危险；其二，居友的批判并不是一种简单地否定，而是着眼于具体的批判对象的内在理论矛盾，进行一种合理的批判取舍，这种不自觉的辩证分析显然高于许多现代人本主义伦理学家，其理论也带有更多真诚与公允的成分。

## 四　生命活力的超越

通过对各种传统道德和假设的系统批判，居友排除了建立生命伦理学的理论阻碍，开始着手于"寻找一种无任何绝对义务和绝对制裁的道德哲学"[①]。他说："在系统地排除各种先于或高于事实、因而是先验的和绝对的道德法则之后，我们必须从事实本身出发，推论出一种法则，从现实出发来建立一种理想，从自然中引申出一种道德哲学。"[②] 所谓从事实出发，即是从人的生命存在和运动这一事实出发，因为"我们的自然本质和构成性事实，就在于我们是生活着、感觉着和思想着的存在"[③]。因此，"我们必须在生命的物质形式或道德形式上向生命要求一种行为原则"[④]。生命现象是一切现象的基础，生命存在是人类最根本的事实。因而人类的一切道德行为原则都必须从生命

---

① J‐M. Guyau, *A Sketch of Morality Independent of Obligation or Sanction*, trans. by Gertrude Kapteyn (London: Henry W. Sages, 1898), p. 208.

② Ibid., p. 208.

③ Ibid., p. 208.

④ Ibid., p. 208. 着重点系引者所加。

事实本身寻找根据。人类的道德无须任何外在的神灵天启或社会压力，也不必诉诸人的心理恐惧或精神信仰，而只能基于生命自身的存在和运动。

居友认为，从生理学意义上看，人的"生存与生命意味着营养，因而是它自身的自然力量的占用和转换"。正如自然界存在着万有引力的物质运动规律一样，人的生命自身也是一种"万有引力"，而"节俭就是自然的一种规律"①。生命的第一条件是维护它自身存在所必需的"营养"和"力量"，在这种意义上说："科学的道德必须首先是个人主义的，……它只能或多或少地包括个人幸福的范围内，才应去考虑社会命题。"② 生命首先要能够维持存在，才谈得上生命的运动，才有其道德可言。人的道德行为是其生命力发散的表现，但这只是对具有剩余的生命活力的人才有可能。婴儿缺乏足够的生命活力来维持自身，因而他只有自私为己的欲望和行为表现。老弱病残的生命力或趋于衰竭，或显得残弱不济，因而也难以做出为他人或社会的道德行为来。唯有成年人才有丰裕充足的生命活力向外发散，使其生命力增殖和生长，道德行为的产生才有可能。

生命力是个体自我的"营养"和"获取"，也是群体的"生产和繁殖"。因此，人类生命力的扩张和生殖首先就表现为"性生殖"（sexual fecundity）。居友把"性生殖"视为人类"道德生活中最为重要的"，没有它，就无所谓生命，社会就无所存在，更谈不上人类生命力的维持和发展了。他这样写道："我们已经看到，对于自然的生命来说，产生另一个个体是每个人的需要，以至于这个所产生的个体完全成为了我们生存的必要条件。生命如薪火，只有通过传递自身，

---

① J-M. Guyau, *A Sketch of Morality Independent of Obligation or Sanction*, trans. by Gertrude Kapteyn (London: Henry W. Sages, 1898), pp. 81-82.

② Ibid., pp. 71-72.

才能维持自身。"① 这种生命的传递就是生理学意义上的生命自我生殖，"生殖的最初结果是产生有机的群体，产生家庭，通过家庭又产生社会，但这只是最显而易见的结果"②。在居友看来，生理学意义上的生命生殖只是一种表面的自然事实，重要的是还需了解内在生命力的生殖和扩散，它是人类道德行为产生的基本原因。

内在生命力的生殖表现为三种形式。第一种是"智力生殖"（intellectual-fecundity，一译"智力相生"）。所谓"智力生殖"，也就是人的精神生产。人们通过形而上学沉思（哲学）、艺术、音乐、文学以及其他学术研究等方式，把思想和智慧传播给他人，表现出高度的精神利他主义。居友指出，首先，智力的生殖如同生命本身的生殖一样，必然指向他人，因此，"包藏智力如同包藏火焰一样是不可能的，生命的存在就是为了发光"③。其次，智力生殖与生命的体力生殖（physical fecundity）是相对的，即是说，对于同一个生命体，智力的生殖与体力的生殖不可能成正比例的同时增长，对于一个人来说，"不可能在没有痛苦的情况下完成这种双重的消耗"，而"体力的生殖往往减弱智力的发展"。换言之，人的生命力是一种能量守恒，智力的发展必然伴随着体力的不发达。居友还具体论述了形而上学沉思之于人类的意义及它和艺术等智力生殖的内容。他认为，对于思想家和艺术家来说，他们常常为一种内在力量驱策，去排斥自己最内在的自我，把智力发散给他人。他特别谈到，形而上学沉思对于人类是不可或缺的，它是人类沉思中的一种"冒险"方式。他说："在思想的领域里，形而上学是关于艺术的奢侈和开销，如同在经济领域里的奢侈和开销一样。它是一种更有用的东西，……我们可以没有它而行

---

① J - M. Guyau, *A Sketch of Morality Independent of Obligation or Sanction*, trans. by Gertrude Kapteyn (London: Henry W. Sages, 1898), p. 210.

② Ibid., p. 83.

③ Ibid., p. 210.

动，但我们将因此而失去很多东西。……正如经济学家已经表明，经济中的奢侈突然成为了一种必需，……实践也突然需要形而上学。"①很显然，居友把人类的智力活动与经济生活中的消费活动简单地加以类比，不免有些牵强和失当。然而，这也表明他对人类智力活动，特别是形而上学沉思的高度评价。

第二种形式是"情绪生殖与感觉生殖"（fecundity of emotion and sensibility）。在居友这里，情绪生殖与感觉生殖有着相似的含义，均指人们在感情上对他人的发散。同人类的智力与体力一样，人类的情感也充满着强大的活力，它要求向生命体外发散，与他人同感互应，悲他人之所悲，乐他人之所乐。居友认为，人常常需要超出自己走向他人，一个正常的成熟的人都"有着多于自己的痛苦所需要的眼泪，也有着多于为自己的幸福所证实的更多的快乐"。人的生命本性"要求通过思想与情感的交流而使我们自己增殖"②。比如，当我们感受到某种艺术的快乐时，我们绝不会自我独醉，而往往希望别人也能同我们一起感受这种快乐，并能理解我们的快乐情感。真正的艺术家绝不会孤芳自赏，也不希望独自去感受某种丰饶的情感，而更多的是想把它们传达给别人。依居友所见，正是通过生命的"情感生殖"，才使个人"洞穿个体性的面纱"③，从自我走向与他人的情感互应，产生利他主义的道德情感。

第三种形式是所谓"意志生殖"（fecundity of will）。居友认为，意志生殖就是人们在行动中所产生的一种有利于他人的欲望和行动。

① J - M. Guyau, *A Sketch of Morality Independent of Obligation or Sanction*, trans. by Gertrude Kapteyn (London: Henry W. Sages, 1898), p. 137.
② Ibid., p. 84.
③ Ibid., p. 84. 居友所说的"洞穿个体性面纱"与叔本华的"洞穿个体化原理"有着相似的含义（参见本书），但也有着不同的意味，两者都指称一种突破个体自我的超越意义，但前者意指超出生命个体而趋于他人；后者则指超脱现实的生命而趋于虚无和解脱。

在他看来，人们的行动（如工作）"是一种最有经济意义，同时又最具有道德意义的现象，在这种现象中，利己主义与利他主义最容易调和"。因为"工作即是生产，而生产既对人们自己有利，也对他人有利"，即使在资本的形式中，人们的工作"有可能表现出一种坦率的自私特征，……但是，在其活生生的形式中，工作总是好的"①。

在这里，居友遇到了意外的麻烦，他本想通过人们的一般实践行为（工作）来表明人的"意志生殖"所包含的利他主义道德意义，却又不期遇到了资本生产方式下，人们的生产活动所表现出来的自私利己特征。这确乎是一种经济主义与道德主义的二律背反。居友无法克服这一矛盾，最终只能绕道而行，凭借其生命哲学原理来加以解释。他说："生命有两个方面，根据第一方面来看，它是营养和同化；而根据另一个方面来看，生命就是生产和生殖。……消耗不是一种生理上的恶，而是生命的条件之一。它是吸气之后的呼气。"② 这就是说，生命自我维持的营养需要与为他人的消耗发散，需要同样都合乎生命运动的自然规律，也符合人类社会的需要。为此，居友批判了边沁和功利主义伦理学派到处宣扬一己的快乐，把痛苦视为恶魔而千方百计地去逃避它们的观点。事实上，即令最完善的有机体，也应当是最有社会性的存在，"个人生命的理想即是共同的生命"。因此，居友做了如下总结："社会生活所要求的为他人而消耗——如果从总体上考虑的话——并不是个人的失落，而是一种可欲求的扩张，甚至是一种必需。人希望成为社会的和道德的存在，他不断地受着这种观念的鼓动。……生命是一种生殖，而相互的生殖是生命的丰富，它是真正的生存。"③

---

① J－M. Guyau, *A Sketch of Morality Independent of Obligation or Sanction*, trans. by Gertrude Kapteyn (London: Henry W. Sages, 1898), pp. 85–86.
② Ibid., p. 86.
③ Ibid., pp. 86–87.

　　总而言之，通过智力、情感和意志的生殖三种形式而表明的生命力的生殖，就是居友的所谓"道德生殖"。它的基本特征在于其表达的生命力生殖的利他主义；其基础和来源是生命的丰富和过剩所带来的必然的扩张和发散。居友说："生命的特征使我们能够在一定程度上将利己主义与利他主义统一起来——这种统一是哲学家的道德试金石——是我的所谓道德生殖。个人的生命应该为他人发散自身，如果必要的话，应该为他人而放弃自身，这种扩张与其本性并不矛盾，相反，它是与其本性相一致的。不独如此，更重要的是，它是真实生命的条件。"[1] 有时候，居友也把这种生命力的过剩所带来的道德生殖，称为"生命对生命的调节"，即"一种较完善的和较强大的生命"对"较不完善的和较弱小的生命"的调节，它是"一种唯一科学的道德哲学之唯一可能的规则"[2]。

　　从上述观点可见，以生命力的发散和生殖为基础的道德生殖理论，不啻一幅生命活力的超越图，它表明了居友关于道德起源和基本道德原则的核心观点。或者说，把人类道德的基础从宗教"神谕式"的空洞说教和抽象的理性原则移植到人的内在生命本体，从人自身的生命力量内部寻找人类道德的发生，就是居友伦理学的人本主义所体现的高度主体性特征所在。它是生命的自我创造，是生命力的自然而必然的自生自长，是人类精神（理智）、情感和意志的自动扩张、发散和超越。这种道德主体性特征构成，在于它所依据的生命力对自我本体和环境的超出，以及对外在价值规范和传统的超越。它表现为生命智力的能动升华，生命情感的自然扩张，以及生命意志与行动的完全自律。这一切，正是自叔本华以来的现代人本主义伦理学所孜孜以求的理想道德模式，一直到萨特、弗洛伊德的伦理学都是如此。然

---

[1]　J - M. Guyau, *A Sketch of Morality Independent of Obligation or Sanction*, trans. by Gertrude Kapteyn (London: Henry W. Sages, 1898), p. 209.

[2]　Ibid., p. 209.

而，叔本华最终把这种主体生命的道德期待遗失在悲观主义的绝望之中，而稍后的尼采则又采取了过于武断的方式来表达这一期待，以致受到世人的非议。相比之下，居友的方式似乎更为明智和灵活，在许多关键性问题上甚至超过后来的存在主义。

我们看到，居友凭借"道德生殖"这一魔方，用生命活力论或"生命动力学"（dynamics of life）原理，奇迹般地"弥合"了西方伦理学史上长期存在的利己主义与利他主义之间的裂缝：利己与利他都是生命本身的要求和自然运动表现，一如人对空气的呼吸都是为了生命体的存在。从抽象的意义上说，居友的这一见解确乎有合理之处。对于任何一个生活在人类群体之中的个体，都无可避免地要成为社会性的存在，因此，都具有自我需要（利益）与社会需要（利益），而使两者在自己的行动中得到统一，就必须是利己与利他的相互共容。居友看到并认肯了这一事实。然而，由于居友仍然缺少对人类社会实践活动的具体的历史理解，最终并没有也不可能科学地解决利己与利他的实际道德矛盾，而只能停留在纸面上的一般规定，当他遇到在"资本生产"条件下，人们的行动（工作）必然导致自私而又应做到利他这种现实社会生活中的道德矛盾时，也只能笼统地做出"工作总是好的"这种模糊的结论。当然，我们也没有任何理由把居友的"道德生殖"理论肤浅地理解为一种生命利他主义。它在形式上确乎如此，但在这种利他的形式下所潜藏的实质内容，仍然是对个体生命主体的一种绝对肯定，利他并非自我行为的目的，而是一种生命力扩张、升华的必要手段，根本的目的仍在自我生命本身。可见，这一理论包含着居友对个体生命主体性的绝对肯定和强调，同时，也为他建立"无绝对义务和绝对制裁的道德哲学"埋下了理论伏笔。

## 五 意识的超越（本能与理性）

人类的道德现象渊源于生命活力的运动所产生的"道德生殖"，

但生命活力引起人们道德生殖（情感、意志和行为）的内在机制如何？这是居友不能不回答的一个重要理论问题。

居友认为，道德生殖表现在人们的道德行为上，但关于人类道德行为的发生却是人们长期没有解决好的疑难问题。一些道德学家只关注人的意识行为，而一些神学伦理学家则干脆把人类的道德行为说成是天意启示的反应。造成这些谬误的根本原因，仍在于人们对生命自身缺乏深入的了解。依居友所见，人的生命包括两大构成，这就是"无意识的生命和有意识的生命"，而"绝大多数道德学家都只看到了有意识的生命领域。然而，无意识的或下意识的生命才是行动的真正来源"①。在这里，居友明确地指出了对人类无意识生命现象的研究，这一见解先于尼采和尔后的弗洛伊德，我们不妨把它当成现代道德心理主义的先声。

在居友看来，要建立科学的道德哲学，除了确定生命力生殖这一基础外，还得进一步解决人类无意识生命与有意识生命的矛盾，建立两者间的统一与和谐。他认为，有意识的生命产生有意识的行动，无意识的生命产生无意识的行动。前者表现出人类行为的有意识性或理性特征，后者表现出人类行为的原始自然性和本能性特征。长期以来，道德学家们似乎忘却了对人类本能的研究，迷信于道德理性主义的力量。与此相反，功利论者甚至是进化论者却又没有充分考虑到人类意识能力的作用，偏信于人的自然本能和生理遗传的力量。这样，关于人类有意识的行为与无意识的行为之间所存在的联系始终没有得到合理的解决，而只是在对立的两极之间徘徊。居友说："从长远的观点来看，有意识的生命可以通过其分析的敏锐性，对已经在个人或民族身上所积累的朦胧的综合遗传因素产生反作用，并逐步地消灭它

---

① J – M. Guyau, *A Sketch of Morality Independent of Obligation or Sanction*, trans. by Gertrude Kapteyn (London: Henry W. Sages, 1898), p. 208. 着重点系引者所加。

们。意识具有一种溶解力，这是功利主义甚至是进化论伦理学派所没有充分考虑的。因而，有必要重建意识反映与无意识本能的自发性之间的和谐。"①

要重建本能与意识之间的和谐，首先，必须确认这样一个事实：人的无意识行动是一切行动的发端和起源。在人类的行动总体中，真正有意识的行动仅仅是有限的一部分，所有行为的最初发动都源自无意识的生命冲动。居友说："我们必须承认，意识只掌握生命和行动的很有限的一部分，即使那些通过充分的意识而达到的行动，其发端与最初的根源，一般都在于无声的本能和反射运动。"② 其次，居友进一步分析了人类行为的发展过程，并指出道德科学必须要考虑行动的各种发端和发展。他认为，人们的行为往往发端于本能，形成于习惯，扩展为有意识的行动。这也就是行动由无意识到下意识，再到有意识的发生发展过程。③ 而对于这一过程内容的研究，是建立科学的道德哲学的必要条件之一。最后，居友主张，道德哲学必须研究各种不同类型的行为间的差异，以及本能（无意识）行为与有意识行为之间的相互影响，以找到两者的"会合点"。居友强调指出："道德科学必须慎重考虑所有这些偏差（指无意识的本能行为、下意识的习惯行为和有意识的理智行为之间的差异——引者注），要寻找我们存有的两股重大力量：本能与理性的会合点，以及它们相互的接触和终止的转换。道德科学必须研究这两种相互依赖的力量的行为，调节本能对思想和思想心灵对本能的双重影响，并反映各种行动。"④

显而易见，居友不仅仅想确立人类行为发生的无意识端点，而且也试图从这种生长点出发，全面解释人类不同行为类型之间的相互关系，

---

① J–M. Guyau, *A Sketch of Morality Independent of Obligation or Sanction*, trans. by Gertrude Kapteyn (London: Henry W. Sages, 1898), p. 208.

② Ibid., p. 74.

③ Ibid., pp. 77 – 80.

④ Ibid., p. 80.

把它们的"会合点"作为道德科学的突破口。这表明了居友对人类行为过程的无意识深层结构的高度重视。可以说，他是尼采与弗洛伊德之前较早发现人类无意识行为领域的思想家。同时，居友对无意识行为的研究虽然表现出非理性的倾向，但他是温和的、折中的，这与后来的尼采和弗洛伊德相比，并没有陷入完全否认人类意识和理性的作用的极端。

为了进一步阐明人类行为的本能因素，居友还就本能、遗传和教育三者的联系做了大量补充说明。进化论伦理学对生理遗传在人类道德生活中的作用的强调，近代法国启蒙思想家对环境和教育之于人类道德进步的重要性的解释，都为居友所注意到。依他所见，正确的方法应该是从本能、遗传和教育的统一中，探索人的道德行为、情感和观念等现象。在较早的《无义务无制裁的道德概论》一书中，居友较为强调遗传在道德现象发生中的重要意义，基本上倾向于斯宾塞的观点，但在他的后期著作《教育与遗传》一书中，却又偏重于教育对道德现象的重要影响，转向了法国近代的传统观点。①

居友特别强调教育中"示意"（suggestion）的作用，并力图说明它通过遗传与人们所形成的道德习惯的一致性。他说："每一种道德的或自然的本能都源自一种梦行症（somnambulism），因为它给我们一种要求，而我们自己对它的原因却不得而知，我们听到'良心的声音'，并把这种声音置于我们身内，尽管它的起源非常遥远，然而它是一种代代相传而又悠远的共鸣。我们本能的良心是一种遗传性的示意。"② 这即是说，人类的道德现象与其本能的自然发生一样，是一种遗传性示意的产物。遗传与教育是人类道德本能长存的基本媒介，通

---

① Cf. C. W. Maris, *Critique of the Empiricist Explanation of Morality*, trans. by J. Fenoulhet (The Netherland: Kluwer – Deventer, 1981), p. 127.

② 〔法〕让－马利·居友：《教育与遗传》，载 C. M. 马里斯《道德经验主义解释批判》，芬劳尔利特英译本，第 129 页。Cf. C. W. Maris, *Critique of the Empiricist Explanation of Morality*, trans. by J. Fenoulhet (The Netherland: Kluwer – Deventer, 1981), p. 129.

过它们，道德逐渐溶化和积淀为人类生命内部的特定的传统性和习惯性的生命"基因"，形成人们的道德人格。所以，"正如每一种本能都是必然性的萌芽，有时甚至也是义务的萌芽一样，每一种示意都是一种开始把它自身强加给心灵的冲动——它是一种最初的目的，并在行动中使自身具体化入人格之中"①。

然而，居友又告诫人们，虽然本能与遗传是人类道德形成的重要因素，但绝不能就此解释人类道德现象的全部内容。事实上，它们只是人类道德形成和传播的外在因素，而人类道德行为的最终原因仍在于我们生命内部。他说："事实上，我们切莫相信，由自然选择所固置的本能的和遗传的情感创造了个人的行动，并解释了个人行动的全部细节。相反，所积累的活动常常创造了一种相应的情感。这种社会情感产生于我们肌体的自然本身，它由我们事先的行动塑造而成，力量先于义务感。"② 所谓行动创造情感，也就是说生命的行动才是道德感情发生的终极原因；而所谓力量先于义务感，亦即生命力本身比义务感更根本。在这里，居友再一次回到了生命伦理学的本体。

从居友对人类生命和行为的双重划分，到他把本能、遗传和教育三者的归宗如一，都进一步说明了居友始终坚持着生命伦理学的基本原则。居友把人类道德行为的研究领域扩张到无意识的前理论层次，旨在超越传统伦理学局限于意识行为或理性行为的习惯模式。这确实极大地扩展了道德现象的研究范围，使人类对自身价值行为的认识开始触及无意识的深层结构，为20世纪弗洛伊德的精神分析伦理学提供了预先的启示，这是人们在今天仍然未能充分意识和发现的一个耐人寻味的历史事实。

但是，居友在使行为的研究越过意识界限的同时，不免有些失误。尽管他并未完全排斥意识和理性在道德行为产生过程中的作用，

---

① Cf. C. W. Maris, *Critique of the Empiricist Explanation of Morality*, trans. by J. Fenoulhet (The Netherland: Kluwer – Deventer, 1981), p. 128.

② Ibid., p. 126.

然则，他把人类道德行为的最初起端追溯到无意识的生命本能，这在客观上大大损伤了其生命伦理学的主体性意义。第一，把道德行为的发生诉诸人的无意识本能的前理论层次，难以避免把人类行为混同于动物行为的理论后果。第二，这一见解在客观上容易导致否定人类道德行为所特有的目的性和自觉性特征，使之落入盲目的自发性之中而无以解释，这无疑破坏了道德主体性行为的透明性和纯洁性。第三，从科学的意义上看，本能与无意识固然是人类行为发生的内在生理机制，但这绝不是作为社会道德存在的人所具有的道德行为的特质。恰恰相反，人类道德行为的超越性，非但不在于它所带有的潜在的本能冲动，而在于它超越盲目的本能冲动所表现出来的明确自觉的意识和目的，在于它是一种高度自主自觉的社会化主体行为。换句话说，如果把道德行为的发生诉诸无意识本能的冲动，势必混淆人类的一般行为与道德行为，甚至是人类一般行为与动物行为之间的本质区别。

## 六　义务与制裁的超越

倘若说，对各种道德及其假设前提的系统批判，为居友建立绝对无义务无制裁的生命伦理学扫清了传统的理论障碍，而对生命和行为的超越性论证为这种伦理学奠定了理论基础的话，那么，确立行为对义务与制裁的超越性便是其伦理学的最终归宿了。

居友断然否定了历史上各种外在的义务理论和道德制裁理论，主张从生命自身寻找义务和制裁的"当量"（或"等价物"）。他把历史上形形色色的义务论道德归结为"超自然的义务"（supernatural duty）或"形而上学的义务"（metaphysical duty），认为它们都是根据某种神秘的上帝或绝对的观念原则来制定其外在强制的义务或制裁理论的。因此，这些义务论与生命本身的自然要求和运动规律背道而驰。依居友所见，既然一切道德现象都是个人生命力的自然表现和内在要求，那么，所谓道德义务与道德制裁就成了无稽之谈。道德不过是个人生命的自我活动表现（消耗、吸收和发散），不存在任何生命力要求以外的义务，也无须任何超生命的规范或制裁。如果说，人类确实存在着某种义务情感的话，那也只是生命本身所存在的某种与义务相当的内在性因素，这就是所谓"义务等价物"或"义务当量"（the equivalents of duty）。它基本表现为五种形式。

第一种义务等价物是人们对生命本身的内在力量的初步意识，或者说，对生命内在活力的初步意识是每个人的一种道德义务。生命是一种能动的力量，它要求实践自己、扩散自己。对这种生命力之本性的最初意识就是人的义务之一。居友说："义务可以归结为对一种确定的内在的并自然高于所有东西的力量之意识。……从事实的观点来看，……义务是一种超丰富的生命（a superabundance of life），这种生命要求实践，要求将它本身给予别人。"① 生命本身就是一种冲动，一种扩散和生殖。"生命只有在发散自身的条件下，才能维持自身。"② 因此，人们首要的道德义务就是对这种生命要求的意识。

居友指责功利主义"沉湎于考虑结局"，只看到行为产生的快乐、满足和幸福等功利目的，把追求功利作为基本的道德责任，只看到了行为的外在价值，而没有看到其内在意义，因而建立在这一基础上的道德责任是不能成立的。实际上，人们真正的道德责任和义务是发挥生命的能量，去行动和创造。"行动即是生命，增长行动即是增长内在的生命火花。从这个观点来看，最大的罪恶就是懒惰和惰性。道德理想就是具有其一切表现多样性的活动。"③ 每个人都应意识到，行动是生命的根本，目的只在行动之中。居友说："从胚胎在母腹中的第一次躁动，到老人的最后一次抽动，每个运动的创造物（人）都有着

---

① J－M. Guyau, *A Sketch of Morality Independent of Obligation or Sanction*, trans. by Gertrude Kapteyn ( London: Henry W. Sages, 1898 ), p. 91.

② Ibid., p. 91.

③ Ibid., p. 76.

在其进化之中的作为原因的生命。从另一种观点来看，我们行动的这种普遍原因，也就是生命的恒常结果和目的。"① 因此，生命力的发散并不是为了功利，而是适应自身的内在要求。也即是说，"生命通过对不断发展的渴望而创造自己的法则，它正是通过行为本身的力量来创造自己对行为的责任的"。② 进而言之，对生命运动的自觉意识也就是对行动创造的意识。一切外于生命的超自然法则或绝对义务观念都是谎言。所以，居友不同意传统的"道德应然"主张，认为与其说"我必须故我能够"（I must therefore I can），不如说"我能够故我必须"（I can therefore I must）。

第二种义务等价物是所谓"理智自身的动机力量"（motive power），也就是富耶所提出的"作为力的理念"（ideas as force）。居友指出："在同样的方式下，正如活动的力量创造一种自然的义务或绝对必然的冲动一样，理智本身也有一种动机力量。"③ 又说："高级行动的观念本身，如同所有行动的观念一样，是一种趋向其现实化的力。这种观念本身已经是这种高级行动开始了的现实化。从这种观点来看，义务仅仅是存在于思想与存在之间的深刻的同一性意义之中。正是由此之故，它又是存在的统一，生命的统一。"④ 居友这些表述的基本思想是，同人们对自身生命力活动的意识一样，人们对生命所包含的智力冲动的意识与感受也是一种义务。行动是观念力量（理智冲动）的现实化，观念冲动是生命力内在扩张的表现之一，犹如"智力生殖"是"道德生殖"的一种表现。通过观念的扩张和延伸，人们也实现着自我生命活力的发散，对这一生命要求的意识，就是生命伦理学所主张的第二种道德义务。在此意义上，"义务是一种内心的扩张——一种

① J－M. Guyau, *A Sketch of Morality Independent of Obligation or Sanction*, trans. by Gertrude Kapteyn (London: Henry W. Sages, 1898), p. 75.

② Ibid., p. 211.

③ Ibid., p. 92.

④ Ibid., pp. 211 –212.

通过把观念转化为行动而完成我们的观念的需要"①。这样一来，我们就再一次超越了功利主义伦理学：义务不再是身体上的快乐满足和功利计较，而是对生命内在智力的高级冲动与实现的自觉意识。

居友所谓第三种义务等价物"源于［人们］不断增长的感觉的融合和不断增长的高尚快乐的社会特征"②。居友利用所谓"精神动力学"（spiritual dynamics）理论，认为生命的功能在于它具有向自身以外发散的能力和必然趋向，生命力所产生的"情感生殖"使每个人在感情上自然地倾向他人，与他人及整个社会的感情融合起来。而且通过生命进化的力量，人们的快乐感更为宽广，也"越来越非个人化""社会化"，由此又产生出具有社会化特征的生命快乐。这种情感的扩张与社会融合以及快乐的社会化，就是道德义务的第三"当量"。居友说道："我们不能在一个孤岛上自我陶醉。我们的环境是人类社会，在这种环境中，我们每天都在使我们自己更好地适应它，在这种环境之外，我们所获得的幸福不可能比我们在大地的空气层以外呼吸的空气更多些。某种伊壁鸠鲁式的纯粹自私的幸福是一种懒惰的幻想，是一种抽象，一种不可能性。真正的人类快乐都或多或少是社会性的。正如我们所说的，纯粹的自私性并不是一种自我的真实确信而是一种自我的残废一样。因此，在我们的活动、理智、感觉中，存有一种依利他主义来实践自身的压力。有着一种如同作用在星际之间的强有力的扩张力，正是这种扩张力在意识到它自身的力量时，就给予它自身以义务的名称。"③ 利他情感不仅是生命冲动的自然结果——生命情感的生殖必然指向他人，也是生命存在的必然性要求。生命个体间情感的社会融合，使个体生命本身产生了把自己社会化、外在化

---

① J - M. Guyau, *A Sketch of Morality Independent of Obligation or Sanction*, trans. by Gertrude Kapteyn (London: Henry W. Sages, 1898), p. 93.

② Ibid., p. 212.

③ Ibid., p. 212. 着重点系引者所加。

的主体性要求，这就是生命自我"强加"的道德义务，也是生命之功能创造的又一道德产物。它虽然表现为客观社会化的形式，但本质上仍然是一种生命自身的要求和功能生殖。所以，居友说："道德义务根植于生命的功能本身。"①

除上述三种义务等价物以外，还有两种特别的义务等价物，其一是"冒险的爱"（love of risk）；其二是"斗争的爱"（love of struggle）。居友也把它们称为"体力冒险"或"行动中的冒险"（physical risk or risk in action）和"智力冒险"或"形而上学的冒险"（intellectual risk or metaphysical risk）。他说："高级存在是通过思想或通过行动进行最大冒险的人。这种优越性产生于一种更丰富的内在力，他拥有更大的力量，因此，他也就拥有更高的义务。"② 在居友看来，对于拥有很丰富的生命力的人来说，他们所要求的并不是普通人所进行的生命扩散，而是通过高级的思想与行动的冒险来显示自己的力量和价值，表现他们的优越性，追求更高更大的快乐，因而，他们的行为所表现出来的义务也就更高。

居友认为，冒险的快乐来源于冒险行动的胜利，人们喜欢去征服、去沉思，以至于不怕担任最大的风险来争取最大的快乐。他说："简而言之，人需要感到自己的伟大，以便随时对他的意志之崇高有充分的意识。这种意识使他进入斗争——与他自己斗，与他的激情斗，或者与物质的障碍和智力的障碍斗。"③ 居友讽刺人类是一种"太理性的存在，以至于他们完全无法赞同使柬埔寨的猴子对着鳄鱼的口开玩笑；或者也完全不会赞同英国人波尔德温走进非洲的心脏去寻找打猎的快乐"④。这意思是说，人类过于理智和胆怯，不敢冒险去

---

① J - M. Guyau, *A Sketch of Morality Independent of Obligation or Sanction*, trans. by Gertrude Kapteyn ( London: Henry W. Sages, 1898 ), p. 97.

② Ibid., p. 213.

③ Ibid., p. 122.

④ Ibid., p. 122.

寻找生命力的最高爆发，缺乏冒险探索的精神。因此，人们要最大限度地发挥自己的生命潜力，必须挣脱理性的桎梏，追求生命的冒险和最高成功。

首先是追求真理和艺术的超越，这就是思想的冒险。人是哲学的动物，形而上学沉思是人类不可或缺的高层的精神生活，它促进并标志着人类高超智力的生殖和发展，也是生命发展的一个永恒主题。居友告诉人们："理性使我们窥见两个不同的世界——真实的世界；……和一个确定的理想的世界。" 在理想的世界里，"我们的心灵不停地获得新的活力；它是必须要考虑到的"①。为此，居友特别强调哲学形而上学和艺术的地位，认为它们是生命力的崇高超越，具有极为重要的生命价值意义。

其次是行动中的冒险或曰体力冒险。居友以为，思想的冒险还只是行动冒险的内在精神形式而已，贯穿于人类生命始终的是行动中的冒险。他说："浮士德（Faust）曾说过'开始即是行动'。我们发现，终止也是行动。如果我们的行动与我们的思想一致，我们也可以说，我们的思想差不多与我们的活动扩张相一致。最抽象的形而上学体系本身也只是感情的程式而已，而感情又多多少少与内在活动的张力（tension）一致。在怀疑与信仰、不确信与绝对确信之间有一个中介——它就是行动。"② 行动是思想的实现，是医治一切悲观主义和怀疑主义的良药。"人类长期等待着上帝的出现，而最终出现的并不是上帝。等待的时间已经过去，现在该是工作的时候了。如果理想并不像一座已经建好的房子，那么，就靠我们一起劳动来建设它吧！"③ 居友对生命的行动发出了急切的呼唤；他把大地上的人看成一群站在巨

---

① J - M. Guyau, *A Sketch of Morality Independent of Obligation or Sanction*, trans. by Gertrude Kapteyn (London: Henry W. Sages, 1898), p. 137.

② Ibid., p. 147.

③ Ibid., pp. 147 - 148.

轮甲板上等待着救援的人，然而巨轮已经折帆断桨，正在向大海深处沉没，人只有靠自己的创造、发明和行动才能拯救自己的生命。因此，敢于冒险、敢于行动、敢于探索，才是拯救和发展生命的唯一出路。卑躬屈膝、苟且偷生是最大的无能和真正的绝望，也是最大的不道德，是对人生的最大犯罪。探险而行，甚至不惜生命的躯体去寻求人生的价值实现才是人生最高的意义所在。居友如是说道："在某种情况下，真正牺牲生命也是一种生命的扩张，这种扩张具有足够的强度，使它宁可选择一种庄严超升的冲动，也不愿选择在一种平凡的岁月中苟且偷生。"①

总之，在居友看来，只有尽力发挥生命的力量，甚至不惜冒险，才能有人类生命和道德的高度发展，而所谓道德义务不过是对这一要求的自觉意识和践履罢了。由于居友把道德义务从传统的外在规范性和客观限制性的地位完全移到了个人主体的生命内部，使道德义务成为一种纯主体性的道德权利，因此，也就进一步导致了他对一切旧的道德制裁理论的否定。

居友从四个方面批判了形形色色的传统道德制裁理论。

第一，关于"自然制裁"与"道德制裁"的批判。这主要是针对古代斯多亚派的伦理学和近代功利主义伦理学而言的。所谓"自然制裁"，即是从某种自然秩序中寻找道德仲裁的依据。居友说："古代道德学家们习惯于在自然制裁中寻找一种作为赎罪的相同秩序。"② 而事实上这种说法最不确切，因为，"自然不能惩罚任何人，……也没有人受自然的惩罚，原因在于没有人真正得罪自然"③。在他看来，斯多亚派的"以人法天"主张，把"自然法则"作为道德制裁的原版，

① J – M. Guyau, *A Sketch of Morality Independent of Obligation or Sanction*, trans. by Gertrude Kapteyn (London: Henry W. Sages, 1898), p. 213.

② Ibid., p. 154.

③ Ibid., p. 155.

这实际上是用非道德的东西来处理道德问题，用非人性的东西钳制人，完全是荒谬的。功利主义者把道德制裁诉诸行为物质功利上的公正分配，这实际上又是以经济行为来代替道德行为，同样是不科学的。居友指出："如果一种罪行可以通过物质上的惩罚而获得赎补，如果可以通过一定量的身体上的痛苦来处罚恶的行为；那就像教会的纵欲可以用来缝补皇冠上的裂缝一样太方便了。不！所做的只是做了而已，但道德上的罪恶却依然存在。"① 道德上的功过决不能用物质上的利害赏罚代替，道德制裁也不是物质或肉体上的惩罚。居友讥讽功利主义者的这种做法是"孩子式的数学和婴儿式的判断"，即用"以眼还眼，以牙还牙"来作为道德上的功过是非的评价和补偿，这是极为幼稚可笑的。

依居友所见，道德上的善恶只能用生命原则来评判。从理论上讲，"由一个杀人犯执行的谋杀与由刽子手执行的谋杀之间"并无区别，都是对生命的戕害，因而都是一种违背生命原则的恶行为。在这里，我们看到居友的见解包含着某种合理的因素，却又陷入一种新的困境之中。前者表现在：他深入地洞察到人类行为的道德价值与经济价值的不同特性，因而两种评价不能诉诸同一个标准，这是他超出功利主义者的地方。但与此同时，居友完全把道德行为的价值意义与其实际社会效果割裂开来，仅仅以生命原则作为一切道德行为的评价准绳，又不免滑入主观主义的泥淖，最终也无法确立道德评价的科学方法，以至于把蓄意谋杀与法律制裁混为一谈，不自觉地抹杀了人类行为的道德意义与法律意义之间的不同本质。的确，在某种特定的社会条件下，蓄意谋杀与法律程序上的裁判有着相同的道德意义，罗马宗教法庭对布鲁诺的判决与蓄意的谋杀都是非道德、非正义的。但是，我们决不能因此笼统地把判决一个罪犯与杀害一个淳朴的公民相提并

① J‐M. Guyau, *A Sketch of Morality Independent of Obligation or Sanction*, trans. by Gertrude Kapteyn (London: Henry W. Sages, 1898), p. 161.

论。因此，在一定意义上，功利主义强调以社会功利效果（即"最大多数人的最大幸福"）来规定道德行为价值的评价标准，也并非没有合理之处。问题的关键在于，任何道德评价和制裁的客观标准都只能是具体的、历史的，甚至是阶级的。真正科学的结论应当是历史主义与伦理主义的统一，亦即科学真理的价值标准与道德价值标准的统一。

第二，对把社会制裁作为道德制裁的批判，亦即对所谓"法律制裁"的批判。居友承认："人类法律具有功利和义务的双重特点"，但他认为，我们决不能以社会的法律制裁来作为上的制裁，因为社会的法制并不等于个人生命之间的互换原则本身。从根本上说，人类的道德行为并没有什么制裁可言，只有人类在自身进化中形成的一种本能上的自我要求和自我限制。它"首先通过自然的和合法的本能，然后又越来越多地随着人类进化的继续发展过程来限制和界定自己"①。换句话说，人类的道德行为只能靠它不断进化的生命本身所限制，随着这种进化的不断发展，人类对自我行为的意识和自我调节程度也将越来越高。除了人类的生命运动规律以外，一切外在的制裁都是不可能的。

第三，关于所谓"内在制裁和忏悔"的批判。居友批判康德形式主义义务论把普遍道德律和义务感作为人们"内心的制裁"，因为他把道德评判的依据归于人们内在的义务感或良心，主张"人为自己立法"。这种理论无异于一种"道德病理学"。居友说："道德满足或忏悔，完全不是先验地源于我们与道德法则的关系，而是出自我们与自然和经验法则的关系。"② 从形式上，居友并不反对康德把道德行为的评价建立在人的道德主体性基础之上，"人为自己立法"，在形式上是可取的。但在内容上，居友与康德却大相径庭：康德以普遍的道德原则为

---

① J－M. Guyau, *A Sketch of Morality Independent of Obligation or Sanction*, trans. by Gertrude Kapteyn (London: Henry W. Sages, 1898), p. 173.

② Ibid., p. 188.

基础来建构人的道德主体性，义务与良心都只是普遍道德律令在个人内心的内化；而在居友看来，人类的道德行为和情感（满足或忏悔）只能与个体生命的经验相联系，不存在任何先于经验的价值标准。

第四，对宗教制裁和形而上学制裁的批判。如前所述，居友是一位彻底的反宗教伦理学家，他对宗教制裁理论进行了同样彻底的揭露。他指出，所谓宗教制裁不外是把上帝作为最大的力量和权威的象征，然后依上帝的假设来为人类设置地狱和天堂，它是一种地道的捏造。而所谓形而上学的制裁包括两种，即"爱的制裁与友爱的制裁"（the sanction of love and the sanction of fraternity）。居友认为，"友爱可能是一种新的制裁原则"，它排除了惩罚和功利赏罚，而试图从道德情感上说明道德制裁的性质，但是"这种制裁对个人也是无效的"①。因为，爱并不是个人的，而是相互性的。它意味着人人之间的"合作与帮助的相互性，以及有效的欲望与幸福的满足的相互性"②，表征着一种关系性的约束力，但对于生命个体来说，相互性关系原则也不能作为个人道德行为的制裁原则，它毕竟是外在的、非个人性的。

概而言之，居友的生命伦理学既不承认任何外在的先验的道德义务，也不承认任何外在的先验的道德制裁。除了生命本身，一切道德义务和价值评价都不成立。因此之故，他明确地把自己的伦理学宣布为"绝对无义务无制裁的"道德哲学。通过上述考察，我们确乎领悟了居友这一主张的真实意图。如果说，居友在否定道德义务的同时还给我们提供了若干内在的道德义务的"等价物"的话，那么，在对待道德制裁问题上，居友是否定一切，唯生命自主是从。这种做法的实质，是为了摆脱和超越传统伦理学的客观主义和形式主义的羁绊，使伦理学完全基于人类生命存在和运动的内在规律之上。

---

① J-M. Guyau, *A Sketch of Morality Independent of Obligation or Sanction*, trans. by Gertrude Kapteyn（London: Henry W. Sages, 1898）, p. 198.

② Ibid., p. 198.

# 七 几点结论

不难看出，居友的生命伦理学是一种以超越传统、弘扬生命本体意义为宗旨的主观主义伦理理论。它丰富而又奇特，兼天才的颖悟与狭隘的武断于一体，不时地显露其深刻的洞见和卓识而又常常落入矛盾与片面性之中。这无疑给我们的进一步评价带来许多困难，对此，我们只能从以下几个方面做一个初步的分析。

（1）居友的生命伦理学是一种完全以个人生命为本体的人本主义伦理学体系，它是德国唯意论和生命哲学的非理性主义方法在法国伦理学中的具体发展，同时，也兼蓄了英国现代进化论伦理学的某些理论成果，最后形成了以生命活力为核心范畴的非理性的人本主义伦理学特征。值得注意的是，一方面，由于居友直接吸收了进化论的一些理论成果，使其生命伦理学带有某种生命"动力学"的特点；另一方面，他还一定程度上保留了理性、精神，甚至是形而上学方法的合法地位，其伦理学的非理性主义表现出温和的色彩。

（2）反传统反宗教是居友生命伦理学的又一特征。如果说，在否定传统道德理论这一点上居友还不及稍后的尼采彻底的话，那么，对宗教神学的彻底批判则是他们两者相互一致的目标，而且其否定态度和批判程度也旗鼓相当。特别引人注目的是，居友不仅从多方面展开了对宗教伦理学的批判，主张建立一种无宗教的伦理学，而且还较为深入地剖析了宗教伦理学的社会心理根源和理论上的荒谬性，这一点，比起20世纪的萨特来毫不逊色。进而言之，就现代人本主义伦理学思潮来说，绝大多数思想家几乎都对传统道德理论和宗教伦理学持否定立场（除叔本华等少数人以外），即令是居友的同路者柏格森，也对传统的宗教道德持否定态度，主张以"开放性的宗教"去代替传统的"封闭性宗教"。这种普遍的反传统反宗教的现代人本主义伦理学倾向，确乎是值得深思的理论现象。

（3）居友的生命伦理学以个体生命为本位，但它并不主张生命利己主义的道德原则，相反，他批判了伊壁鸠鲁伦理学的利己主义，以及斯宾塞的利己主义，认为生命的自然运动必然使人的道德行为导向利他主义，使利己与利他最终获得统一。然则，我们并不能因此认为，居友的生命伦理学是一种利他主义。从形式上看，居友主张生命自我的外向发散，甚至认为在特殊条件下牺牲生命也是一种生命力的扩张与实现，这确乎带有生命利他主义的特征。但是，在根本上，居友所要表达的是一种生命本体的必然要求，生命力的扩散是其自身实现和完成的一种必要条件，"扩散"本身并不是目的，而是生命价值实现的手段。换言之，人并不是为生命力的扩散而扩散，而是为了实现其价值而"扩散"。因此，它是生命运动的自然结果，生命的内在目的却在于其内在性要求。也正是在这种意义上，居友鼓励人们去冒险、去超越、去实现自我并使之达到最高的价值点。就此而论，居友的反传统道德文化（包括宗教）的真实意图也就不难理解了。或者更进一步说，反传统的目的也就在于为生命主体的价值行为开辟道路，拆除精神心理障碍，摒弃保守封闭甚至是懒惰的人生哲学。于是，我们又在尼采以前发现了积极的行动主义的伦理学的雏形，这种行动主义特征从居友到尼采，一直延续到萨特。它在一定程度上代表了现代无神论的人本主义伦理学的共同特征。而根据这些分析，我们认为，与其把居友的生命伦理学称为生命利他主义，不如说它是一种绝对主体化的行动主义，它所表现出来的外向型倾向与后来的柏格森的"开放性社会"与"开放性道德"的学说具有相似的理论特点。

（4）主体超越性是居友生命伦理学最突出的特征。通观居友伦理学的全部，一个贯穿始终的主题是：以生命为唯一的道德本体，剥夺一切客观外在的非人性的道德教条和宗教对人类道德生活的干预，否认任何外在于生命本体的义务、规范、制裁的必要性和客观性。从而，人类道德的起源和基础完全从外在客观世界转移到了生命内部，道德现象仅仅是生命力的外向"生殖"的结果。如此一来，道德的主体性不仅体现在行动与意志的自由支配上，而且也体现在对行为价值评价的绝对权力支配上。它是生命活力的自我超越，是生命主体行为对外在规范、义务和评价（"制裁"）的超越，是生命无意识本能对理性的超越。一言以蔽之，是生命之自我行动、自我创造、自我评价、自我升华的绝对超越性要求。

显而易见，居友的生命伦理学在本质上是一种非理性主义、非历史主义和自然心理主义的综合理论体系。它并没有超出现代人本主义的理论范畴，与人类"科学的道德哲学体系"还相距甚远。进而言之，居友并没有超越他所属的时代和阶级，他力图超越的只不过是传统的资产阶级道德理论，而实际上，这种"超越"远不能与马克思主义伦理学对西方古典伦理学的彻底的革命变革相比，最多也只能被看作是"更新"或"改造"的同义语。况且，他在"超越"的同时，又以绝对否定传统理性主义（它多少有着某些合理的历史价值和真理性——如康德的伦理学）为代价，换取了以生命本能或无意识的道德心理主义与自然主义伦理学方法的确立，不免使其道德解释落入自然主义的窠臼。无怪乎西方有的学者把他的伦理学称为"活力自然主义"①。

## 第三节　柏格森的生命伦理学

### 一　生平与著作

亨利·柏格森（Henri Bergson，1859～1941）是继居友之后最有代表性的生命伦理学家。他出生于法国巴黎，父亲是一位音乐家，母

---

① Cf. C. W. Maris, *Critique of the Empiricist Explanation of Morality*, trans. by J. Fenoulhet (The Netherland: Kluwer – Deventer, 1981), pp. 125 – 126. 另参见苏联《哲学百科全书》"居友"词条。

亲系犹太血统，出生于英国。柏格森从小受到典型的法国式教育，曾在巴黎著名的孔多塞中学就读，对自然科学和人文科学都极感兴趣。1879 年，柏格森以优异的成绩考入举世闻名的巴黎高等师范学院，从此开始了对古希腊和拉丁古典文学、哲学的潜心研究，1881 年毕业。随后，柏格森到外省的中学任教，1889 年发表了他的第一部哲学代表作《时间与意志自由》，该书也使他获得了博士学位。不久他转到巴黎的亨利四世中学教书。1896 年发表其成名作《物质与记忆：身心关系论》。1897 年，被聘请为巴黎高等师范学院的哲学教授，1900 年又被聘请为法兰西学院的哲学教授。在这世纪之交的时刻，柏格森的讲课引起了人们的极大兴趣，尤其得到了社会上流人士的赞赏，使他声名大噪，在当时的法国一度产生了"柏格森狂"。1907 年，柏格森发表哲学著作《创造进化论》，1921 年退休。但柏格森的影响并未减退，不久，他以代表团团长的身份领队访问美国，曾在哥伦比亚大学等地发表过一系列的演讲。1928 年，柏格森荣获诺贝尔文学奖。从此之后，柏格森把兴趣从哲学、伦理学转向了宗教，1932 年，他发表了自己经过 20 多年的研究写出的唯一的伦理学名著《道德与宗教的两个来源》（*Les deux sources de la morale et de la religion*，1935 年出版了英译本，*The Two Sources of Morality and Religion*）。晚年，柏格森曾接近天主教会，但最终没有成为教徒。

在现代西方哲学史和伦理学史上，柏格森都占有极为重要的地位，他不仅是生命哲学的主要代表人物，而且也是现代心理学、伦理学、美学的著名思想家，其伦理学尤有影响。总的说来，柏格森的伦理学是一个以神秘主义生命哲学和非理性主义直觉论为理论基础，融会现代英国进化论和德国唯意志论伦理学因素的理论体系。因此，要了解他的伦理思想，有必要先简单地考察一下他的生命哲学理论。

## 二　生命哲学基础

柏格森的哲学思想与叔本华以来的非理性主义思潮是一脉相承的，但这并不是说他的哲学思想只是这一思潮的简单的逻辑延伸。在柏格森这里，无论是在哲学本体上，还是在哲学方法上，都有着自己独特的理论阐释。首先，他进一步把哲学的本体由叔本华、尼采的生命意志扩充为生命运动的整体。因此，他的哲学的理论出发点不只是作为生命体之部分的意志，而是一种流动着、展开着的生命的本体过程。其次，柏格森的基本哲学方法虽然仍是以非理性主义为其原则，但由于柏格森汲取了英国进化论和当时法国"新康德主义"（又称"新批判主义"）的许多理论方法，特别是他对心理学的研究成果的充实和渗透，使其哲学方法论带有浓厚的神秘主义和直观论的色彩。

柏格森认为，哲学是对生命存在的一种"超意识"的直观把握，生命的存在不是一种僵死的物理存在，而是一股永恒流动、生生不息的"生命之流"，是一种永恒的生命创化过程。因此，它流动不居，是一种无穷的"绵延"（durations）和"生命冲动"（élan vital），如同一切存在都是连续表现的动作而无静止的存在一样。他说："事物和状态只不过是我们的心灵所采取的一种变化观点，事物是不存在的，存在的只有动作。"① 换言之，"实在就是可动性，没有已造成的事物，只有正在创造的事物，没有自我保持的状态，只有正在变化的状态，……如果我们同意把倾向看作是一种开始的方向变化，那一切实在就是倾向"② 也就是说，在柏格森眼里，没有静止的存在，只有变化着、流动着的"倾向""趋势"，而生命则是一种最为活跃、最富于变动的运动态势。

---

① Cf. Henri Bergson, *Creative Evolution* ( New York: Random House, 1928), pp. 240 – 250.
② 〔法〕柏格森：《形而上学导言》，商务印书馆，1963，第 29 页。

因此，作为生命存在的一种把握方式的哲学，必须抛弃那些既成不变的理性形式和传统教条，用一种新的方法去把握生命。理性无法解悟"生命之流"的底蕴，生命的冲动变幻无常，令人无法把握。柏格森认为，要认识生命存在是不可能的，唯一的可能是去"直观"，以心理的直观去体现生命之流的律动。因为，在本质上说，"生命是心理的东西"，或意识才是"生命之源"①。心理的存在只能诉诸心理的体验，理性无法企及"超意识"的生命本源。这样，柏格森就得出了反理性主义的心理直觉论的方法论结论。

直觉是属于个体生命的内在心理活动，它无法通约，又不可能诉诸语言表达；每个人的心理体验都是一种神秘不可知的内向世界，因此，心理的直觉证明了自我的独存意义。依柏格森之见，自我本身也只是一种"纯情绪的心理状态"，而非实在。世界的一切状态都依赖自我而得以觉悟，自我是一切存在状态的中心，自然万物、社会都流动在自我的周围。因为，人的生命之流和冲动是一切存在状态中最强大的，宇宙万物都是某种神秘的生命之流的派生和显现，但不同的存在状态下，生命的冲动有着不同的形式。在自然界，生命的冲动表现为万物的进化，却受到最大的阻碍，几乎枯竭；在动物界，生命之流所受的阻力较自然界要小，有着进化的可能，但远不能充分流动；唯人类的生命之流才能逾越一切，自由地绵延发展。因此，对于人类生命的冲动来说，永远不存在任何自然的或理性的客观规律和制约，它是一种自动创化、自由发展的行动过程。柏格森用"我是一个绵延的存在"（Je suis une chose qui dure）代替笛卡尔的"我是一个有思想的存在"（Je suis une chose qui pense）；以"绵延"（durations）范畴取代斯宾诺莎的"永恒"（aeternitatis），并进一步以这种生命哲学去审视和说明人类社会的一切现象。

---

① Cf. Henri Bergson, *Creative Evolution* (New York: Random House, 1928), p. 257, p. 261.

总而言之，把现代非理性主义方法神秘化、相对化，以"生命之流"作为哲学和伦理学的本体，以对这种动态的生命本体的心理直觉代替静止的理性主义，崇尚变动与行动的价值和"超意识"的生命本能，……就是西方学术界称之为"真正的柏格森式的变革"的实质内容。也正是在这一哲学变革的基础上，柏格森提出了自己独特的道德理论。

## 三　双重道德起源论

生命是万物的本原，人类社会也不例外。人的生命是构成社会的基质，它有内在的自我与外在的自我两种运动形式。外在的自我形式即人的自然的自我，它从属于内在的生命自我，而所谓内在的生命自我即是人的生命之流绵延的本真状态。柏格森认为，正是人的外在自我构成了人类社会，因为这种外在的生命自我表明，人是一种进化着的生物，是生命冲动之泉的最高喷散状态的表征，而作为生物的高级进化者，必然以社会生活的组织形式为条件。柏格森说："不管你属于哪一个哲学派别，你都不能不承认：人即生物，生命沿着两条主要道路的进化，都以社会生活的方向为目的。联合是生命活动的最一般形式，因为生命就是组织，如果是这样，那我们就不知不觉地从有机体的细胞之间的关系而过渡到社会中的个人之间的关系。"①

人的双重自我决定了人类社会生活的必然性，而这种社会生活要求产生了人人关系的道德要求。柏格森从人的双重自我追溯了人类道德的双重起源，其一是由内在的生命自我所产生的主体道德起源，它是生命冲动的内在爆发，表现为"爱的冲动"（impetus of love）；其二是由外在的生命自我所产生的客观外在的道德要求，表现为"社会

---

① H. Bergson, *Two Sources of Morality and Religion* (London: Macmillan Company, 1935), p. 77.

压力"（social pressure）。所谓"爱的冲动"，是指生命个体内在的主体情绪、意志和行为的"渴望"与"冲动"，它是生命之流在个人身上的一种向外的流动和趋向。"爱的冲动"又包括两方面的内容，即由人类肉体本能产生的冲动和由心灵激起的情绪外泄。前者是一种本能冲动或类似这种冲动的自然倾向，它指向生命本身的保存和运动；后者是人的内心情绪所表现的对生命发展的渴望，具体表现为人的生命之流的绵延进化的未来趋向、对英雄的崇拜、对生命价值的更高追求。而所谓"社会压力"，则是指人类社会生活所自然形成的各种习惯传统、道德义务和职责。它指向人类生命的整体，是某种具有外在强制性的行为规范约束。

柏格森认为，历来的伦理学家们都"没有认识到道德的这种双重起源"[1]。他们或是误把道德对人类行为目的的合适性当作道德产生的源泉，或是错误地把人类道德的起源诉诸人的理性作用。因而，不仅未能正确地解释人类道德行为的动机，而且也对现存的道德义务的复杂本性产生了误解。例如，功利主义伦理学家和康德就是如此。在柏格森看来，要解释人类道德行为的动机和道德义务，决不能靠理性来获得，正如人的生命本质不能用理性认识来把握一样，人的道德现象也不能诉诸理性，而只能凭心理直觉来领悟。因为道德首先起源于生命内部的冲动和由此带来的社会压力，人类道德行为的产生更多更根本的是由于生命的情绪和冲动，要领悟人类的道德现象，必须先了解人类道德的双重起源，否则就不可能。柏格森指出："如果我们恢复［道德］起源的双重性，这些困难就消失了。而且，道德双重性本身结合成一个统一体，因为'社会压力'和'爱的冲动'是生命唯有的两种补充的表现形式。"[2] 换言之，人类生活中的道德现象的发生，

---

[1]　H. Bergson, *Two Sources of Morality and Religion* ( London: Macmillan Company, 1935), p. 79.

[2]　Ibid., p. 79.

仅仅是由"爱的冲动"和"社会压力"这两种原因所导致的结果。

但是，柏格森认为，道德的双重起源是各有其不同的性质和方向的。"爱的冲动"源自生命内部，它比"社会压力"更具有决定性意义，一如内在的生命自我比外在的生命自我更为根本。他认为，由"社会压力"所产生的道德只是一种"社会道德"（social morality），它是人们感受到社会的外在规范制约和生命的"自然职责"（natural obligation）时才产生的，是人类心灵的封闭性表现。在此情景下，人只是"社会团体的部分与局部"，"他和社会团体都只专心个人的保存和社会团体的保存之同一任务，二者都以自我为中心"①。也即是说，由"社会压力"所产生的"社会道德"，只是一种自我（个人的自我与社会的自我）保存行为，不具备外向的和未来指向的开放性。与此相反，由"爱的冲动"所产生的道德则指向未来，指向生命的外部。人的爱的冲动或情绪包含三种，即爱家、爱国、爱人类。前两种爱是相对的，它们的产生直接为它们所涉及的对象吸引；而爱人类则不尽如此，它是通过人类而爱人类，是一种最普遍绝对的爱，是人类心灵开放性的最高表现。② 人类心灵中的爱的冲动和情绪的发散是一种逐步开放的过程，它以爱人类为目标，如同宗教以另一种方式来施放其人类之爱一样。

由此可见，道德的起源是一种过程。柏格森强调，在任何时候，我们都不能把道德视为一种既定的事实或凝固的理论原则，否则，就会重蹈传统伦理学的覆辙，使道德的起源无从说明。他说："若认为把道德压力和道德渴望仅仅作为一种事实来考虑，而不在社会生活中寻找它们的最终解释，那就错了。"③ 换言之，道德的起源并不是某种

---

① H. Bergson, *Two Sources of Morality and Religion* (London: Macmillan Company, 1935), p. 26.
② Ibid., pp. 26 – 27.
③ Ibid., p. 82.

静止的东西，它的根基乃在于生命的创化过程之中，因此，道德的渊源也只能从生命本身中去寻找。因为"压力或渴望在本质上都是生物学的"①。离开了生命的本体，压力与渴望也无从谈起。可见，柏格森与居友一样，都是凭借着生命进化这一生物学理论来解释人类道德现象的。

## 四　两类社会与两类道德

两种不同的道德起源产生了两种不同的道德，而两种不同的道德又分属于两类不同性质的社会。柏格森依据其生命哲学原理把人类社会划分为两种类型：一种是"封闭型社会"（closed society），属于这种社会的道德也是"封闭型的道德"（closed morality）或"静态道德"（static morality）；另一种是"开放型社会"（opening society），与之相适应的是"开放型的道德"（opening morality）或"动态道德"（dynamic morality）。

所谓"封闭型社会"，是指与生命之流的冲动相忤逆的社会状态。在这种社会状态中，社会的"成员依约定而相处在一起，而对其他人类则漠不关心，警惕着攻击或〔自我〕保卫，事实上却又囿于不断的争斗，这种社会刚脱胎于自然。人天生倾向于这种社会，正如蚂蚁倾向于蚁冢一样"②。准确地说，封闭型社会也就是霍布斯曾经谈到的人类的"自然状态"，它故步自封，对某一社会以外的一切都抱有拒斥心理，因此，它难以发展，表现为静止的生命状态，其道德也就因此而趋于保守、僵化和褊狭。所以柏格森又称："这种社会是静态的社会，其宗教也是一种静态的宗教，其道德也是一种静态的道德。"③

---

① H. Bergson, *Two Sources of Morality and Religion* (London: Macmillan Company, 1935), p. 82.

② Ibid., p. 229.

③ Ibid., pp. 229 – 232.

与此相对，"开放型社会在原则上被认为是一种胸怀全人类的社会"。在这种社会里，生命之流喷发无阻，"爱的冲动"与"社会压力"也归宗如一，"个人的意志变成了社会的压力，而且职责适用于整个社会"①。因此，这种社会是一种动态的、永恒创化的、不断文明化的社会，其宗教也是一种不断创化的开放性宗教，其道德也是一种动态的向前进化着的道德。而且由于人的职责与义务的普遍化，社会的压力也就不再是一种压力，而是一种"吸引力"（attraction）。概而言之，封闭型社会是一种朴素的、保守的、强制压力型的无发展的社会，与它相应的道德也是保守的、静止的、消极的，而开放型社会则是丰富的、不断文明化的（civilizing）、开放着持续发展的社会，与它相应的道德也是积极向上的、肯定的、动态的道德。由此，柏格森给两种不同的道德冠以许多不同的名称：他在不同的语言情景中称封闭型社会的道德为"封闭型道德""静态道德""压力道德"（the morality of pressure）等，而把开放型社会的道德称为"开放型道德""动态道德""渴望道德"（the morality of aspiration）等。

正如两类社会各不相同一样，两类道德也各有其迥然不同的特征。

首先，两类道德的存在形式不同。封闭型道德与封闭型社会一样，处于一种没有发展进化的静止状态，"这种静态道德，在既定的时刻里，作为一种事实存在于社会中，在风俗观念和法制中变得根深蒂固：其强制性的特点可以追溯到［人类］对一种公共生活的自然要求"②。这就是说，封闭型道德与封闭型社会的社会环境、传统观念、法制等政治结构凝合在一起，都是一种固定不变的意识形态或上层建筑。它以一种纯规范性的形式存在于社会之中，其作用在于维持（仅

---

① H. Bergson, *Two Sources of Morality and Religion* (London: Macmillan Company, 1935), p. 230.

② Ibid., pp. 231 – 232.

仅是强制性的、消极的维持）现存的社会生活，因此，封闭型道德职责仅"相当于一种压力"，甚至成为封闭性社会的"实体本身"①。与此不同，开放型社会里的开放型道德则以动态的形式表现着，"这种道德是冲动，是与一般生活相联系的、创造社会要求的自然创造"②。因此，它既不是一种凝固不变的观念或制度形式，也不是一种消极强制的外在规范，相反，它已为生命之流的自然冲动所融合，代表着生命本身的内在要求，这就是开放、创造和指向普遍人类的未来。因此，它与生命本身一样，实质上也是一种"情绪状态"，一种创造、扩张、渴望和吸引的情绪与意志的表征。所以，从最一般意义上说，封闭型道德的存在形式是"静止"（repose）；而开放型道德的存在则是一种"运动"（moving）。

其次，两类道德在内容上不同。形式上的不同来自内容上的区别。柏格森认为，就内在的实质意义而言，封闭型道德只不过是"社会的表象，而这种社会的目的仅在于自我保存，正如社会是在一种不变的场合中旋转一样，在其圆周运动中，道德也只是围绕个人［旋转］，只是一种通过习惯和不变本能的中介的含糊模仿而已"③。所以，与其把这种"含糊的模仿"称为道德，不如说它是一种社会压力或"压力道德"。与之不同，开放型道德在本质上是一种"渴望道德"，它"含蓄地包含着情感的进步"，"是一种向前运动的热情，通过这种热情，这种道德争取了少数人（指少数英雄与天才——引者注），然后通过他们扩展到世界。而且，在这种情况下，'进步'和'发展'也就与热情本身没有区别了"④。也就是说，封闭型道德只是一种"准理性的"（infra-rational）习惯传统，它之所以缺乏突破封闭

---

① H. Bergson, *Two Sources of Morality and Religion* (London: Macmillan Company, 1935), p. 230.
② Ibid., p. 232.
③ Ibid., pp. 38 – 39.
④ Ibid., p. 39.

的力量，在于它缺乏生命的热情，而这恰恰是开放型道德所具备的内在动力。因此，柏格森把开放型道德完全情感化（或非理性化），使之成为一种纯粹的生命热情的表达，甚至由此推出以少数人为杰出代表的英雄主义道德观。

最后，柏格森还指出两类道德在理论性质上的区别。由于封闭型的静态道德只是人类封闭性生活的反映，对于人类本身它只是一种压力和羁绊，而它本身又是以习惯和风俗为中介的，因而它是"准理性的"，它不仅缺少生命的热情，甚至连理性的层次也未达到。而开放型的动态道德作为一种渴望、一种热切的情绪冲动，是不能为习惯或理性所容纳的，因此，它是"超理性的"（supra-rational），它不受任何既定习惯、传统和理性原则的束缚，是"生命冲动"的绝对自由的表现。

此外，柏格森在进行两类社会与两类道德划分的同时，提出了两类宗教的观点。他认为，人类历史上所出现的宗教也同社会和道德一样，有着不同的存在形式和性质。与开放型社会相适应，宗教也和道德一样表现为开放型的动态发展。它超脱了原始宗教的境界，不再只是一些僵死的教规、训谕和礼仪，而是立足于未来的理想境界，引导人们趋于人类普遍博爱的目标。相反，与封闭型社会相联系的宗教也只能是封闭型的、压迫型的宗教，各种习惯性的保守教条约束着人们的热情，使之消失在被动性的纯信仰、纯服从之中。这种宗教的不同性质的区别也因为它们有着不同的来源：封闭型宗教产生于人类原始的自然需求，是为了维护某种团体的需要而建立起来的；开放型宗教则不然，它是由人类生命中的"爱的冲动"而形成的，代表着人类普遍之爱的渴望。正是它与开放型道德的这种来源上的相似性，使开放型道德与开放型宗教最后同归如一，共同表达着人类生命运动的理想本质。柏格森的这一见解曾使他晚年对天主教发生了浓厚的兴趣，由科学转向宗教。同时，他有关宗教的两个来源及两种类型的理论对后来的新托马斯主义和人格主义的道德理论产生过很大的影响。

两类社会→两类道德→两类宗教，表明了柏格森生命伦理学的基本主张，它不是一种简单的道德两分法，而是现代生命伦理学思潮的一种反历史主义、反传统道德文化倾向的继续。大家知道，从叔本华开始，传统伦理学，特别是理性主义伦理学就一直成为现代非理性主义伦理学所共同否定的对象，对于这种否定的方式虽各有不同，但他们相似的立场却使他们都采取了一种非历史主义的方法，即通过将传统伦理学与他们提出的新的伦理主张对立起来，进而将道德两重化并绝对对立起来，以确立他们的伦理学理论对传统理论的优越性。叔本华是一般地制造理性与非理性的对立；尼采进一步制造了现代与传统、主人与奴隶的对立；柏格森则从更广阔的社会背景中制造了两类社会、两类道德和两类宗教的对立。这基本上是沿着一条反理性主义和反历史主义的线索发展下来的。

值得注意的是，柏格森两类道德的划分在形式上与尼采的两种道德（即主人或英雄道德与奴隶或群氓道德）的划分更为相似，但在内容上看却又不能完全等同视之。它们的区别表现在，柏格森两类道德划分的依据是人类社会和生命的进化，它以生命存在和发展的本体运动为圭臬和准绳来进行道德类型的划分，并进一步扩展到整个人类社会的划分。而尼采则是以人的强力意志（它当然是生命本体之重要部分）来区分主人道德与奴隶道德的，而这种区分不是最终指向社会的结构与性质，而是指向人本身的存在价值，这就是高贵的主人与卑贱的奴仆。因此又有其二，两者划分的方式与意图有所不同。柏格森是从更一般的形式上来区分不同特征的道德，虽然不同特质的道德之间有其价值的优劣之分，但他没有归到人本身作为道德存在的内在分裂与对抗。而这恰恰是尼采划分两种道德的真实意图所在，在他这里，道德的不同不单单表现在它们的一般特征和性质上，更主要表现为道德者之间的绝对对抗，一方面是只知服从的奴仆，另一方面是只知支配或统治的英雄。对此，柏格森甚至提出了异议，他说："尼采的错误在于相信这样一种形式的分类：一方面是'奴隶'；另一方面是'主人'。而事实是［道德的］二态性通常使我们每个人既是一个本能上要求［道德］的领导者，又是一个准备服从［道德］的主体。尽管在绝大多数人中，第二种倾向支配的只是他们存在的表面方面。"① 由此可见，柏格森的两类道德的划分是以道德主体性的两重特征来实现的。换言之，他的开放型道德意味着人类作为道德立法者和自觉服从者的统一，而封闭型道德则意味着人类道德主体性的缺乏，人只是道德的服从者，而不能成为道德的创造者，这才是两类道德的主要区别所在。但对于尼采来说，两类道德本身就意味着道德创造者与道德服从者的对立。最后，还应注意，柏格森对开放型道德本身的规定与尼采对英雄道德的规定也是不同的：前者指向普遍人类的爱；后者则是少数英雄意志的实现，它的宗旨恰恰是对普遍人类之爱的否定。因此，柏格森的开放型道德是抽象肯定性的、普遍化的，而尼采的英雄道德则是否定性的、排斥的。

然而，我们承认柏格森两类道德的理论与尼采两种道德观之间的差异，并不是说它们之间是全然对立的。尽管柏格森本人力图使自己的观点与尼采的观点区别开来，但他的这一理论仍在客观上带有尼采影响的痕迹，甚至同样带有英雄主义道德的色彩。虽然他没有明确地主张英雄道德与奴隶道德，但他却坚持两种道德的划分，并把"开放型道德"置于封闭型道德之上，认为开放型道德的发展是通过少数人而扩展到全人类的发展过程。这种道德价值优越论明显渗透着尼采英雄主义道德气息。况且，柏格森也认为，征服者和英雄是打破自然禁

---

① H. Bergson, *Two Sources of Morality and Religion* (London: Macmillan Company, 1935), p. 240.

锢、给人类以新的命运的先驱，甚至明确地提出："让我们呼唤英雄的到来吧！我们不会全然仿效，但我将感到我们应当那样，我们将看到我们眼前的道路，只要我们沿着它前进，它将变成一条光明大道。"①

## 五　职责与正义

"职责"（obligation）与"正义"（justice）是柏格森伦理学的两个主要范畴。如果说，"职责"是柏格森生命伦理学的起点范畴的话，那么，"正义"则是其总结性范畴了。

"职责"与"责任"、"义务"等概念的意思相似；而"正义"也与"公道""公正"相同，只是译法上有所区别而已。在柏格森这里，"职责"实质上可以被看作是"义务"的同义语。

什么是职责？柏格森就其道德含义下了好几个定义。他说："职责，我们把它看作是人们之间的约束，首先是我们对我们自己的约束。"②又说："职责在任何意义上都不是一个唯一的事实，它与其他的东西不相称，而是在它们之上隐隐显露的一种神秘的幻影。"③职责不是事实性的存在，而是一种抽象的显露于人人之间的关系中，特别是人们对自身的关系中的一种无形的约束，这就是柏格森关于职责的基本观点。柏格森认为，人具有双重的生命形态，它既属于自己（内在的自我）也属于社会（外在的自我）。因此，道德职责既包括个人的情感，也包括社会的要求。"人类团体是一种自由存在者的集合"④。职责产生于人的社会要求并作为人类得以维持其存在和发展的必要条

---

① H. Bergson, *Two Sources of Morality and Religion* ( London: Macmillan Company, 1935), p. 270.
② H. Bergson, *Two Sources of Morality and Religion* ( London: Macmillan Company, 1935), p. 6.
③ Ibid., p. 11.
④ Ibid., p. 3.

件。所以，道德职责是生命存在与创造的需要，是社会进化的必然，"职责之于必然，正如习惯之于自然一样"。①

人类生命的双重存在是生命之流的必然结果。如前所述，人除了有一种单个的"自然自我"（natural ego）以外，还有一种"社会自我"（social ego）。这种"社会自我"既不是亚当·斯密的"公正旁观者"（impartial spectator），也非卢梭的所谓"道德良心"或康德的"理性存在"，而是人类生命创化所产生的一种道德情感，它使我们感受到社会整体的存在。每个人都是社会团体中相互联系的个体，社会整体本身就由每个人的外在的社会自我构成，因此，人人都负有构成社会整体之部分的义务和职责，而"培育这种社会自我是我们对社会职责的本质"②。

柏格森认为，职责是形成于社会之中的一种约束，但决不能因此把它与流行于社会现实中的一些习惯和理性原则混为一谈。他明确指出，"职责的本质不同于理性的要求"；康德的理性主义伦理学试图用理性原则或"绝对命令"来作为道德义务的根据，这是错误的。道德职责或道德义务决不是理性的产物，唯有生命冲动的情绪才是它们的源泉。理性对道德职责只会产生消极的作用，使它凝固化，变成僵死的教条。在柏格森看来，现存的道德义务和职责观念就是因理性主义的作用而凝固化了，不利于生命之流的"绵延"和人类社会的发展。同样，传统的风俗习惯也不能作为道德职责的依据，它们仅仅是一些"准理性"层次的陈规俗套，束缚着社会的开放和道德的进步。不过，柏格森似乎并不反对把道德职责习惯化，即以真正的道德职责为行为习惯。他甚至认为，以合乎人类生命运动的道德职责为基础，使之成为人们行为的共同惯性，那么，这种习惯无论就其作用的"强度"，

①　H. Bergson, *Two Sources of Morality and Religion* ( London: Macmillan Company, 1935),
　　p. 5.
②　Ibid., p. 6.

还是就本身形成的"规则性"来说，都具有与直觉相匹敌的力量。柏格森把这些立足于社会的职责习惯称为"总体职责"（totality obligation）①。他认为，承认这种职责习惯或习惯化社会化的职责，与否定理性原则并不相悖。习惯不属于理性，职责习惯也不同于那种传统的陈规陋习，而是一种适合于人类生命运动的道德情绪的稳定性倾向表现。况且，从一般意义上说，社会本身就是一个"根植于习惯，适应于团体需要的体系"，人们正是通过这种习惯才在社会生活中感受到自己的"职责感"。

在柏格森看来，人们对道德职责的感受是有条件的、有过程性的。这种条件就是个人的自由，没有自由的人是无法感受到道德职责的。例如，在封闭型社会条件下的人，只能被迫囿于社会压力的桎梏之中，只知消极服从，不能积极地感受和履行自己的职责。而人们对职责的感受过程，是从具体的"特殊职责"（particular obligation）到"一般职责"（obligation in general，或译"普遍职责"）的进步过程。柏格森说："一个人，只有在他自由的时候，他才能感到职责，而且分别考虑起来，每种职责也包含着自由。"② 换句话说，自由是人们感受道德职责的必要前提，否则就谈不上道德自觉，而只能服从，这正是道德职责与理性原则要求的根本分野所在。在实际生活中，人们自由地感受道德职责，并自觉地去履行它。首先是在具体的生活中感受到具体的职责，继而逐步感受到社会的普遍职责，从而自觉履行生命创造的普遍要求。生命是运动，人类社会生活也是不断进化的，因而职责也就随"自己的发展而增长"，它不是一成不变的理性原则，而是开放性的变化过程。社会越发展，道德职责就越复杂、越具体，因

---

① H. Bergson, *Two Sources of Morality and Religion* (London: Macmillan Company, 1935), p. 17.
② Ibid., p. 19.

而也就越容易为人们所感受并履行。①

显然，柏格森的职责范畴，是其两类道德理论和生命哲学方法的具体化。他对康德理性主义义务论的否定包含着反形式主义的合理因素，对人们职责感受过程的分析也有着正确的一面。的确，在社会实际生命中，人们的道德义务感，首先而且经常是从具体的生活境遇中开始形成的，在某种意义上，人们对职业生活的道德职责感的感受的确先于对普遍社会生活中的一般道德义务的感受，前者具有直接性，后者具有间接性。同时，人的自由与人的道德责任确乎有着必然的联系，一个缺乏自觉独立的道德意识、缺乏自律自为的道德意志或自由超越性的道德情感的人，不可能成为真正的道德行为主体，也不可能感受并自觉履行自己的道德责任。但同时，道德责任的客观性本身也是对道德主体之自由的一个限制。人们的道德自由是自觉认识和履行道德责任的自由，而不是漠视、逃避甚至是推卸道德责任的自由。从这一点来看，柏格森的观点只对了一半。

与职责范畴相联系的另一个重要的伦理学范畴是所谓"正义"，这是柏格森伦理学中的一个总结性范畴。柏格森认为，正义是伦理学中最具有普遍性的范畴。他说："全部道德观念都相互渗透，但没有哪一种观念比正义更有教育意义，首先，因为它包含了其余大多数道德观念；其次，因为它是以更简明的公式表述的、尽管富有特殊性；最后，也是最重要的，因为在这里人们可以看到职责的两种形式（指特殊职责与一般职责——引者注）相互吻合。"②

柏格森认为，正义的概念虽然有着广泛的伦理意义，但它的形成有着一个历史的过程。起初，正义的概念与古代几何学和算术相联系，表示一种算术式的均等、平衡的数形关系。由此之故，"正义总

---

① H. Bergson, *Two Sources of Morality and Religion* (London: Macmillan Company, 1935), p. 10.

② Ibid., p. 54.

是引起平等、均衡、补偿的观念"①。随着人类社会的进化和发展，正义的概念逐渐与人们的道德职责、法制观念等相互渗透，使它"不仅适用于客体的交换"，而且"逐渐延伸到人与人之间的相互交往"②。正义概念的这种历史性特征，使它的道德意义总是以一种强制性的关系形式表现出来，在相当长的时间里，它似乎成了一种特殊的职责。柏格森说："像别的职责一样，它（指正义——引者注）适应社会的需要，给个人以一种社会的压力，这种社会压力使正义具有强制性。"③

在柏格森看来，正义与职责一样，也有两种形式：一种是"相对的正义"（relative justice），另一种是"绝对的正义"（absolute justice）。前者指向个人，后者指向全体。个人的保全就是一种相对的非强制性的正义，对于奴隶来说甚至无所谓正义，而公共的安全则是人类最高的法律，是一种绝对的、强制性的正义。正义的相对与绝对的区分，根源于正义本身的双重形态。正如人类的道德有着封闭型道德与开放型道德一样，正义也分为"封闭型正义"（closed justice）与"开放型正义"（opening justice）。"相对的稳定的正义，是一种封闭型正义，它表示刚脱胎于自然的那种自发的平衡，自身显示于风俗之中，而总体职责也隶属于这些风俗。"相反，开放型正义则是一种"连续的创造"，它"存在于普遍团体的更替之中，胸怀全人类"④。开放型正义随社会的进化而升华，是一种趋于普遍平等和自由的永恒的运动。在古代（如古希腊），人类社会生活局限于城邦的狭小范围，城邦的界限也就成了自由的界限。随着社会的不断进化，社会生活的界限也随之扩大，自由日趋普遍，正义的内涵也随着人类社会的不断进化和自由的日趋普遍而不断丰富。而且，与人类生命之流的绵延相

① H. Bergson, *Two Sources of Morality and Religion* (London: Macmillan Company, 1935), p. 54.
② Ibid., p. 55.
③ Ibid., p. 60.
④ Ibid., p. 61.

适应，正义将不断由封闭趋向开放，基督教道德的发展正是这一发展趋势的体现。

很显然，柏格森的正义论同样是遵循生命哲学和双重道德价值划分的理论逻辑而展开的。柏格森所见，一方面部分地揭示了"正义"范畴的历史演化过程和它所包含的社会政治、人们的经济关系等客观内涵，同时也在一定程度上揭示了道德正义的普遍意义。这些都不乏可取的成分。但是，另一方面柏格森却没能告诉人们道德正义所包含的个人与社会关系的阶级实质，而且过于局限于自己双重道德划分的理论模式，使其正义论难免带有牵强附会的论证痕迹。而且，最终回归到生命哲学的基础上，以生命之流这种神秘化的理论来解释正义，甚至表现出一种向宗教靠拢的倾向，这反映出其正义论依然没有超出主观主义的界限。

还需顺便提及的是，柏格森的整个伦理学是充满乐观主义精神和理想精神的，他崇尚科学，坚信科学进步与道德进步的一致性，反对卢梭道德观的反科学主义态度。在他看来，既然科学有助于社会文明的进步，也必定有益于道德的进步。这看来似乎与柏格森的反理性主义方法相矛盾，实则不然。因为在柏格森看来，科学与道德一样，都是人的生命情感冲动的产物，科学的实质不外是生命力量的进步和升华，而不是理性的结果。这种观点无疑是片面的。

总而言之，柏格森的生命伦理学是复杂的，它的根本特征仍然是一种道德非理性主义和道德相对主义。首先，他贬低理性，崇尚直觉和心理情绪，把"超理性"的心理意识（亦即无意识）当作伦理学研究的根本，排斥了理性在人类道德生活中的积极作用。同时，柏格森否定传统和历史，推崇变化和运动，这无疑有其合理性。但他歪曲了斯宾塞等人的进化论，把人类生命现象神秘化、相对化，从而使其道德理论常常暴露出相对主义的倾向。

其次，柏格森把人类道德的起源诉诸人的情感冲动和社会压力，这种双重起源说，在一定意义上，看到了人类道德产生的客观的社会文化心理和主观的人性情感的复合条件，这显然比机械唯物论者的历史解释要合理得多。但他毕竟没有进一步洞穿这一复合条件所构成的帷幕，也就是说，他没有更彻底地看到"社会压力"与"爱的冲动"背后的社会物质根源，甚至回避了经济利益与道德之间的基本矛盾，这也是非科学的。

最后，柏格森沿袭（至少在形式上）了尼采两种道德的做法，虽然他批判了尼采两种道德观的理论错误，看到了作为道德主体的人所必然具有的道德创造者与道德服从者的双重身份，但他依然坚持一种道德价值优越论，在根本上并没有否定尼采的英雄主义道德观。所以，他的生命伦理学在总体上也不外是 19 世纪下半叶的非理性主义和人本主义伦理学的继续。不同的是，柏格森缺乏居友和尼采的那种坚定的反宗教立场，常常沾带一些宗教伦理学的痕迹，这不仅反映了他的伦理学的历史局限，而且也损伤了其生命伦理学的彻底性，在客观上表现出狭隘的人本主义伦理学难以幸免的历史教训。

# 第四章

# 英国新黑格尔主义伦理学

## 第一节　新黑格尔主义概要

新黑格尔主义是现代西方哲学史上一次德国古典黑格尔主义的复兴运动。它主要盛行于 19 世纪末至 20 世纪初期的英、美、德等国，波及大部分欧美国家，其影响触及哲学、宗教、伦理学、社会学和政治学等各个方面。从现代西方伦理学发展史来看，新黑格尔主义伦理学以英国的格林与布拉德雷两人最有代表性。

### 一　新黑格尔主义的兴起

众所周知，黑格尔是近代理性主义哲学的集大成者。他的精神哲学、自然哲学和历史哲学（包括伦理学），似乎不失为德国古典哲学乃至整个西方古典哲学的一次大综合。它们不仅构成了一个严密而庞大的理论系统，而且也确立了近代西方精神文化的整体观念和理性辩证法方法论。这样一种哲学不能不影响到后来西方思想与文化的发展。事实上，黑格尔哲学在西方思想界的影响从来就没有消失过，而且成为现代西方最具影响的哲学思潮之一。人们通常把这一哲学思潮的历史发展划分为三个时期。

第一个时期是指 19 世纪上半叶黑格尔在世期间和辞世不久，在德国、北欧及东欧等地区出现的黑格尔思潮，西方学者把这一期间的黑格尔派称为"老黑格尔主义"①。19 世纪 20 年代，黑格尔的哲学思想开始步入德国社会的哲学宝座，成为普鲁士王朝所认肯的正统哲学，也出现了大批黑格尔信徒，其中较有名的是冈斯（E. Gans，1798 ~ 1839）等人。黑格尔死后，其影响依然不减，但出现了所谓左、中、右三派黑格尔主义。哥谢尔、B. 鲍威尔（B. Bauer，1809 ~ 1882）为右派黑格尔分子；罗森克兰茨（Rosenkranz）被称为不偏不倚的中间黑格尔派；施特劳斯（D. F. Strauss，1808 ~ 1874）为左派黑格尔主义的代表，费尔巴哈更为激进。早期老黑格尔主义基本上停留在阐释黑格尔学说及其与宗教的关系等问题上，它集中于德国本土，尚未根本突破德国古典哲学范畴。

至 19 世纪下半叶，黑格尔的思想越出了德国本土向欧美扩散，形成了一股近乎全球性的新黑格尔主义思潮，这是黑格尔主义发展的第二个时期，被人们称为"新黑格尔主义"。在北欧，尽管黑格尔的哲学遭到了丹麦神学家克尔凯郭尔的猛烈抨击，但在荷兰等地却不乏坚定的黑格尔分子。如格尔特（P. G. Ghert，? ~ 1852）、波尔兰德（G. J. P. J. Bolland，1854 ~ 1922）。在东欧的波兰以及俄国，也出现了克赖梅（J. Kremer，1806 ~ 1877）、基列也夫斯基（I. V. Kireyevsky，1806 ~ 1856）等人。但真正能代表新黑格尔主义特点的，还是英、美、意等国的新黑格尔主义者。

近代英国的哲学界几乎是经验主义传统一统天下，理性主义哲学在这里无立足之地。但是，到 19 世纪中后期，新黑格尔主义像一股

---

① 《哲学百科全书》，"黑格尔主义"词条，1972。

旋风吹进"大英帝国"，形成了现代英国思想史上第一次理性主义与经验主义相抗衡的格局。1865 年，斯梯林访问德国归来后出版的《黑格尔的秘密》一书，成为英国新黑格尔主义兴起的标志。但斯梯林的理论还不足以抵抗传统经验主义的力量，连他本人在爱丁堡大学的道德哲学教授职位也在 1866 年受到经验主义伦理学的主将密尔的阻挠。只是到了稍后的格林、凯尔德兄弟（John Caird，1820～1898；Edward Caird，1835～1908）、里奇（David George Ritchie，1853～1903），新黑格尔主义才在英国哲学界站稳脚跟。格林是牛津大学的道德哲学教授，是英国及整个西方现代新黑格尔主义的杰出代表，其伦理学是黑格尔与康德理性主义伦理学的典型复活，并一度占据了英国哲学伦理学的统治地位。爱德华·凯尔德是英国格拉斯哥大学的道德哲学教授，这曾是亚当·斯密占据 13 年之久的位置，① 他的《黑格尔》一书，被称为是关于黑格尔的最好的通俗读物，对黑格尔思想在英国的传播起了极大的作用。继他们之后，有最杰出的新黑格尔主义思想家布拉德雷（F. H. Bradley，1846～1924）和鲍桑葵（Bernard Bosanquet，1848～1923）、麦克达加（John MacTaggart，1866～1925）等人。其中，格林的《伦理学绪言》与布拉德雷的《伦理学研究》是现代新黑格尔主义伦理学的两部代表性作品。英国的新黑格尔主义风行了近 40 年，到 20世纪初，以 G. E. 摩尔在 1903 年发表的《对唯心主义的驳斥》一文为标志，新黑格尔主义在现代经验主义的反扑下开始衰退。

除英国外，美国的新黑格尔主义思潮也颇具规模。19 世纪 60 年代开始，以哈里斯为先锋开始了美国新黑格尔主义运动。哈里斯（W. T. Harris，1835～1909）和布洛克迈耶尔（H. C. Brockmeyer，1826～1906）为代表的"圣路易学派"和以威利希（A. Willich，

---

①　参见周辅成主编《西方著名伦理学家评传》"亚当·斯密"篇，上海人民出版社，1987。

1810～1878）为代表的"辛辛那提派"是美国新黑格尔主义思潮的主要构成。哈里斯 1869 年创办了《思辨哲学杂志》，同布洛克迈耶尔一起创办了"圣路易学派"，主要从事黑格尔著作的译释和研究。"辛辛那提派"更近似神学性质，其影响较小。此外，美国最有影响的新黑格尔主义者还有罗伊士（Josiah Royce，1855～1961）、克莱顿（James Edwin Creighton，1861～1924），及稍后一些的布兰夏德（Brand Blanshard，1892～1964）。罗伊士曾留学德国哥廷根大学，著有《哲学的宗教方面》（1885 年）、《近代哲学精神》（1892 年）、《忠的哲学》（1908 年）等著作。克莱顿曾是美国哲学协会的第一任主席，有遗著《思辨哲学研究》（1925 年）。布兰夏德是第二次世界大战期间涌现的著名新黑格尔主义人物，其《思想的性质》（1939 年，两卷本）曾在美国引起轰动，成为宣传黑格尔主义的力作。

德国的新黑格尔主义出现在新康德主义思潮流变晚期。由于费尔巴哈对黑格尔哲学的叛逆，特别是马克思主义创始人对"老黑格尔主义"的彻底批判，使黑格尔哲学一度在德国本土受到冷落。当黑格尔主义闯入英国之际（以 1865 年斯梯林发表《黑格尔的秘密》为信号），正是新康德主义在自己的故土重新抬头之时（以同一年李普曼发表标志新康德主义在德国兴起的代表作《康德及其后裔》为信号）。因此，德国的新黑格尔主义较英、美要晚几十年时间。最先开始复兴黑格尔主义的人物，是由新康德主义者转变而来的文德尔班、那托普、卡西尔和李凯尔特等人。稍后主要有 N. 哈特曼（Nicolo Hartmann，1882～1950）、克罗纳（Richard Kroner，1884～?）、格洛克纳（Herman Glockner，1896～?）、拉逊（G. Lasson，1862～1932）。但应当特别提及的是，现代生命哲学的奠基者狄尔泰是现代德国最早注意到黑格尔的人，他于 1905 年出版的《黑格尔的青年时代》一书，被看作德国新黑格尔主义兴起的起点，但他本人的思想与黑格尔主义却相距甚远。后来文德尔班等人提出了恢复黑格尔哲学的口号，却并没有完全脱离康德。所以，最能代表德国新黑格尔主义的还当推克罗纳，其主要著作有《从康德到黑格尔》（1921～1924年，两卷本）、《国家的思想和现实》（1930年）、《想象的宗教之功能》（1941年）等。拉逊是黑格尔著作的编辑出版者。

意大利也是现代新黑格尔主义的主要流行地区，主要盛行于第二次世界大战前后，著名代表人物有克罗齐（Benedetto Croce，1866～1952），他的主要作品有《精神哲学》（1908～1917年，四卷本）、《黑格尔哲学中的活的东西与死的东西》（1906年）、《历史唯物主义和马克思主义经济学》（1900年）、《伦理学和政治》（1931年）等。此外，还有金梯利（Giovanni Gentile，1875～1944），代表作有《作为纯粹活动的精神的理论》（1922年）。

19世纪下半叶至20世纪前期的"第二阶段"是现代新黑格尔主义发展的主体部分。这一阶段的基本特点是：流传广泛、演化多变、思想纷纭复杂。但是，除了英国新黑格尔主义者以外，其他新黑格尔主义者们大多较少关注伦理学问题。

新黑格尔主义发展的第三个阶段是它的当代时期。它包括法兰克福学派的马尔库塞（Herbert Marcuse，1898～1979）等西方马克思主义者，还有法国存在主义的新黑格尔主义，主要代表有让·华尔（Jean-Wahl，1888～1974）、科耶夫（Alexandre Kojeve，1902～1969）、希波利特（Jean Hyppolite，1907～1968）等人。这些人均被称为当代新黑格尔主义者。由此可知，黑格尔主义由老到新，直至当代，并没有从西方哲学思潮中消失。如果我们把一些反黑格尔主义的思想家考虑在内（他们代表着黑格尔思想在现代西方的否定性影响），情况也许更复杂了，兹不赘述。

## 二　英国新黑格尔主义伦理学形成的依据

为什么英国的新黑格尔主义者特别关注伦理学问题？回答只能

是，这是英国新黑格尔主义者所面临的特殊的社会历史状况与文化背景所带来的必然结果。

19世纪下半叶，英国资本主义发展仍处于世界资本主义体系中的领先地位。在资本主义从自由形态向垄断形态的转变中，英国率先获得大帝国主义的政治经济地位。在此社会状态下，迫切需要与之相适应的文化和道德理论作为其社会意识形态。由此带来了一个突出的社会矛盾，即垄断资本主义的政治经济发展所产生的理论需要，与英国传统的经验主义哲学和利己主义或功利主义伦理学之间的不相适应。从自由发展的资本主义政治经济转到以国家垄断资本主义经济结构为基础的社会存在，必然要求社会意识形态特别是社会的政治和道德理论，由以个体性自由、民主、利益为本位的个人主义和功利主义原则转到以国家整体主义和集体主义为原则的层次上来，而这一点是英国传统经验主义伦理学（包括情感主义、利己主义和功利主义）所无法满足的。

大家知道，自17世纪以来的英国近代伦理学，适应了近代英国资本主义的自由发展要求。因此，经验主义或个人主义曾一直占据着统治地位。肇始于霍布斯的利己主义与利他主义之争，是近代英国伦理思想发展的一条基本脉络。沿着这一脉络，我们可以发现近代英国伦理学的发展呈现出一种不断突破狭隘经验主义和个人主义的态势：霍布斯与剑桥柏拉图派情感论的对抗，实际上是粗陋的经验利己主义与朴素的情感主义的对立，争论的结果是对狭隘经验论的有限突破。随后出现了18世纪以休谟、亚当·斯密为代表的心理情感主义伦理学，这种情感主义又大大超过了17世纪的朴素情感论。休谟的联想心理主义方法和亚当·斯密对人类道德现象的双重分析（即所谓"经济人"与"道德人"的分析），使经验主义伦理学得到了更广阔更圆通的解释。至19世纪前后的功利主义伦理学，在形式上又超出了一般心理情感主义的范畴，使经验主义伦理学有了形式上的普遍性（如

"最大多数人的最大幸福原则")。在某种意义上说，功利主义是近代英国伦理思想的大汇合，因此，它作为近代英国伦理学理论的典型，在英国社会中享有极大的权威性和实用性，甚至构成了英国道德文化的一种基本特质。应该说，这种理论对于英国近代资本主义的发展是起过巨大的历史作用的。

但是，当资本主义蜕变为垄断形态时，功利主义乃至于其他形式的经验主义伦理学的历史使命已经结束，新型的道德理论已成为一种社会历史的必然。正是这种社会运动的客观必然性要求使然，出现了以斯宾塞为代表人物的社会有机进化论伦理学。这是对英国功利主义伦理学传统背离的开始，也是英国乃至西方经验主义伦理学由古典经验情感型向现代科学型转变的开始。而英国新黑格尔主义伦理学的出现，则是传统背叛的另一环节，即由对近代狭隘经验主义伦理学的否定，走向对理性主义伦理学的肯定。但对于英国文化来说，这一环节毕竟只是短暂的异域文化的渗透，经过 40 余年的历史理论反思后，发轫于 G. E. 摩尔的现代经验主义伦理学又否定了新黑格尔主义伦理学，以一种新的形式重建了英国民族的现代道德理论。这同样反映着一种历史与逻辑的必然（详见本书第二部分第五章）。

## 三　英国新黑格尔主义伦理学的基本特征

由于英国新黑格尔主义伦理学是与英国传统伦理学，特别是与功利主义伦理学直接相对立而出现的，因此，我们可以从它们的相互比较中，窥见其基本特征。

与英国近代经验主义伦理学相反，新黑格尔主义伦理学是一种现代理性主义。格林与布拉德雷都摒弃了英国传统的伦理学方法，他们不再是以个人的生活经验（快乐、满足、情欲等）为道德研究的出发点，也不再满足于从人的经验行为和情感状态中寻找道德的基本解释。相反，他们继承了黑格尔的"观念辩证法"，主张在建立可靠的"道德形而上学基础"的前提下，探讨人类的道德现象，强调从人的"意识"出发，把人类道德作为一种"自我实现"之意识的现实过程。从而，使伦理学的基础由个体的生活经验转到了一般的形而上学的道德本原上来，而对人类道德现象的解释也从单纯的经验论转向了普遍意识的理性分析。

同样，与功利主义或利己主义相对立，新黑格尔主义伦理学以国家整体主义为基本道德原则。格林、布拉德雷都主张社会和国家高于个人，整体优于部分。他们既批判了功利主义只注重道德个体性和特殊经验性的狭隘做法，也批判了康德等人只注重道德形式的"抽象普遍性"，运用黑格尔的具体理性辩证法，主张把伦理学的内容与形式、特殊性与普遍性统一起来，建立所谓"具体的普遍性"（concrete universality）道德。同时，他们强调了道德的"关系性""共同性""社会性"等特点，以"共同善"（common good）为最高的道德理想。他们认为，只有在整体中，才能认识和评价个体的道德行为，也才可能有个体价值的实现。"关系"是构成一切事物的本质。离开"关系"或"整体"，任何个体性道德行为都无法认识，也不可能"现实化"（realization）。相比之下，格林更强调人类道德的关系性意义，而布拉德雷则更注重从整体中把握个体。两者的共同特征在于：强调道德的社会性和整体性，强调个人的道德权利与其对家庭、国家、社会的道德义务的统一。因而，他们往往把道德与政治结合起来考虑（格林尤为突出），表现出较强的政治伦理化倾向。

突出人类主体精神的意义是新黑格尔主义伦理学的又一特征，它带有明显的理想主义色彩。这一点，又使得新黑格尔主义者的伦理学与康德的伦理学一脉相通，以至于国内外学者都以为他们的伦理学观点主要是"康德式的"。① 在格林和布拉德雷的伦理学中，"自我实

---

① Cf. V. J. Bourke, *History of Ethics* ( New York: A Division of Doubleday & Company, Inc., 1968), p. 250；另参见贺麟《现代西方哲学讲演集》，上海人民出版社，1984，第144~161页。

现"（self-reslization）是一个共同的主题。这种"自我"是整体化的人类共同主体精神的自我，自我实现便是人类主体精神在社会及其社会关系中的道德价值实现，即人类的"共同善"的实现。格林明确地指出，任何人都具有"个体自我"与"社会自我"的双重人格，道德的理想，即是这种双重人格的"自我实现"。布拉德雷也以类似的口吻提出了"自我实现的原则"，它就是在整体自我中实现个体自我，在个体自我的实现中求得整体自我的完善。这种以"自我实现"为道德理想的伦理观念，一方面表现了他们对人类道德的共同主体性的推崇；另一方面，也包含着一种道德理想主义精神。这表明他们在一定程度上吸收了康德伦理学的某些理论因素。就此而言，现代新黑格尔主义伦理学并非黑格尔伦理学的简单重复，而毋宁是经过某种康德式修缮后的理论成果。

还应该特别提及的是，由于英国现代新黑格尔主义者所处的特殊历史文化背景所致，他们的伦理学并没有完全免于本民族传统伦理学的某些影响，特别是 19 世纪下半叶的进化论伦理学也在他们的思想中留有许多痕迹。例如，布拉德雷在论及传统习惯对个人的道德影响时，就承认人类的遗传和生物本能等因素的重要作用。此外，虽然他们反对功利主义伦理学的基本观点，但在某些问题上又不自觉地暴露了一些传统的东西，对此，也应该予以重视。

# 第二节　格林的伦理学

## 一　"思辨天才"与功利主义的叛逆

托马斯·希尔·格林（Thomas Hill Green，1836～1882）被其导师、《柏拉图全集》的译注者乔威特（Jowett）教授称赞为"是一位具有伟大才能和非凡深邃心灵的人，是一位具有真正思辨才能的天才。他反抗当时流行的倾向，反抗那种认为身体或肉体高于精神、物质和可见世界高于永恒和不可见世界的倾向。他是一个以内心的未来生活为现实的人，对于他来说，绝对的善就是自身的善，真理本身就是通向另一个世界的大门"①。这无异于是对格林的人格与思想倾向的权威性评价。思辨的理论才能与反潮流的精神气概构成了格林学术生平的两大个性，他的伦理学和全部哲学都使人们强烈地感受到这种个性的魅力。特别是他勇于在英国经验主义传统道德文化的凝重氛围中，力举理性主义伦理学旗帜，以及对功利主义的大胆背叛，足以使人们把他看作英国近现代哲学和伦理学发展史上一个划时代的人物。

格林出生于英国约克郡的伯尔金（Birkin, Yorkshire），少年时代并未见其才能特殊。14 岁的格林在鲁比念中学时，人们才开始感到他的非凡之处。1855 年他进入牛津波利奥尔（Balliol）学院学习，1862 年被选为该学院的公费研究生，五年后成为该院的第一位无教职人员导师。1878 年，格林进入牛津大学，担任"怀特讲座"（Whyte）的道德哲学教授，直到他离开人世。

格林的理论成就是非凡的，他所著的《政治义务原则演讲集》（*Lectures on the Principles of Political Obligation*）（收入《格林全集》第二卷）成为现代英国最重要的经典政治理论著作之一，为 19 世纪后期英国在社会和政治方面放弃放任主义而转向由国家干预的新自由主义政治学说奠定了理论基础。1883 年出版的《伦理学绪言》（*Prolegomena to Ethics*）（该书由另一个著名的新黑格尔主义者 F. H. 布拉德雷的同母胞弟 A. C. 布拉德雷编辑）是格林最主要的伦理学和哲学代表作。

---

① Benjamin Jowett, *Sermons* (Oxford: Oxford University Press, 1899), p. 217.

## 二　重建"道德形而上学基础"

我们知道，西方古典理性主义伦理学的一大特征，就是热衷于为伦理学建立一种绝对的道德形而上学基础（参阅本书导论）。奇怪的是，当这一传统已为现代非理性主义所唾弃的时候，格林却重新开始了康德曾经为之沉思的工作，竭力为人类道德知识重建具有绝对真理性的知识基础。

在《伦理学绪言》一书卷首，格林开宗明义地指出：如果伦理学家"首先要向人们提出他的学说，他就应该先解释一下他主张一种'道德形而上学'是可能的和必然的。道德形而上学即使不是伦理学的全部基础，也是它的合理基础"①。建立一种科学的伦理学体系，首先必须确立它的理论上的可能性和必然性基础。格林看到，传统的伦理学体系不外有两种原则基础：其一是"自由意志学说"（康德）；其二是"道德感（moral sense）学说"（休谟）。他认为，休谟力图把道德感与同情感结合起来，进化论者则试图为伦理学开辟一个全新的经验实证的起点。但是，对于英国的伦理学家们来说，都只注重"在自然科学的原则上来解释道德情感"，而"没有用同样的方式来处理自由意志"，正如康德未能正确处理道德经验一样。格林说："我们民族的哲学家们……一般都把意志自由作为一种排除了动机决定的行动能力，作为一种与理性和欲望相区别的力量。"② 把意志自由视为一种与理性、欲望截然分开的非动机能力，实际上是从狭隘的目的论出发，否定人类道德行为的义务品格，最终也就剥夺了意志自由的本质属性，剥夺了道德的知识论基础。

格林指出："对于道德学家们的一般要求是：他们不仅应该说明

---

①　T. H. Green, *Prolegomena to Ethics* (Oxford: Oxford University Press, 1883), p. 3. 着重点系引者所加。

②　Ibid., pp. 7 – 8.

人们怎样去行动，而且应该说明他们应该怎样去行动。"① 也就是说，伦理学不能只停留在经验描述的层次上，而要为道德经验和道德规范提供更深刻的基本理论说明，亦即要建立一种"道德形而上学基础"，这就是康德等人曾经为之努力的目标。

建立"道德形而上学基础"，首先必须回溯到道德知识的条件上来。格林认为，要回答人类道德的特殊本性问题，先当理解道德知识的本性。而要达到这一目标，"我们不得不又一次返回到知识条件的分析上来，它组成了一切批判哲学的基础，无论这种哲学是否用康德的名称来称呼"②。自然是人类知识的基本对象，但人类关于自然的知识本身却不是自然的产物。人是自然现象中的一种现象，但人的知识并不是一种自然现象，而是一种"意识现象"。

人的意识一方面必然为人的经验所限制，另一方面，人不单是作为认识或"智力经验"的主体，还作为意识着的"自我实现"的主体。人与物的本质区别就在于：一切事实或事物都是"一种相互决定的单一体系"，它们是"条件的集合"；而人则是一种"自由因"（free-cause）③，是一种超于自然的、意识着、行动着的自我决定和自我实现的主体。人的世界不仅是一种认识的"自然现象世界"，而且是一种"实践的世界"，这就是人类道德知识解释的形而上学本原。它表明着人类认识与实践的联系和区别，意味着人类知识的可能性与人类道德（实践）的可能之间的深刻关联。对这种关联的认识便是我们探索道德问题的知识论前提。

## 三　道德的本体：意志与意志自由

伦理学的领域涉及人类的道德行为及其关系性，它基于形而上学

---

① T. H. Green, *Prolegomena to Ethics* (Oxford: Oxford University Press, 1883), p. 9. 着重点系引者所加。
② Ibid., p. 11. 着重点系引者所加。
③ Ibid., p. 79.

的知识论基础，指向人类的实践世界。格林指出，所谓"实践世界是由道德的或特殊的人类行为及其结果所组成的，在这个世界中，决定性的原因是动机。一种动机也是一种目的观念，它是一种自我意识主体为自身所提出并努力趋向于实现的动机"①。人是自我意识的主体，其道德行为是一种目的性行为或有意识、有理性（动机）的行为。因此，伦理学研究的最初本原便是道德行为的动机或目的问题。

格林认为，"道德的动因"（moral agent）部分是动物式的，部分是理性的。诚然，人的动机"产生于它与自我意识的关系"，但它"并不是自我意识的一部分"。饥饿与动机相伴，但饥饿本身并不是动机或动机的一部分。否则，由此而"导致的行为就不是道德的"就是本能的。

那么，道德行为的动机究竟是什么？格林以为，它的基本特征是它所代表的"自我反思"特征。人是意识着的主体，道德行为即是一种自我意识的实现，它的动机决非单纯的需求满足，而是掺杂着一种现实化的善的观念的动机。这种动机的特殊构成，决定了人的道德行为与一般的自然事件具有不同的性质，同时也表明道德行为的善恶价值依赖于行为者本身的性格（character）。性格决定动机构成的特质。② 格林认为，人的性格有其形成的历史，它不是一蹴而就的。因而，由这种性格所决定的行为动机也就不可能是孤立的，而是一个复杂的有机整体。人的行为是"性格与环境结合的产物"，环境是影响行为的外在因素，性格才是决定行为的内在原因。一种有道德意义的行为总是代表着行为者自身的性格。他说："如果一个人的行为不代表他的性格，而只是一种任意的、某种无动机的由意志的无可说明的力量所支配的怪诞之举，［那么］，人们为什么应该为其行为感到惭

---

① T. H. Green, *Prolegomena to Ethics* (Oxford: Oxford University Press, 1883), pp. 92 – 93.
② Ibid., p. 99.

愧，并因此而自我责备呢?"① 反过来说，人类对自身行为所具有的道德意识，恰恰证明了人类的道德行为是有动机的，并为其性格所决定。更彻底地说，作为"自由因"的人的主体意志和目的，才是道德行为的终极原因。因此，道德问题，最终也就成了人的主体意志问题，意志自由也即是道德的最高本体。于是乎，格林与康德也殊途同归了：从人的自觉意识、性格最后返回到以意志自由为伦理学的本体，使动机论伦理学主张得以证实。

抽象地说，所谓动机，就是一种理智化的自由决定的可能性。可能不等于现实。但是，人作为一种高级动物，具有"一种持久的自我更新（self-reform）的潜在性"和"可能性"，这使他不断地追求和实现"更好的存在"之愿望，达到"自我成熟"（self-sophistication）。格林认为，我们可以从两个方面来理解人类在道德上的"自我更新"和"自我改善"（self-improve）。首先它"意味着［人的］一种自我突出（self-distinguishing）和自我追求的意识，由此之故，人们不会像他为他的过去所决定和将要为他的将来所决定一样，给自己以自我限制"。另一方面，"这种自我突出与自我追求的意识，带有把他自己置于更佳状态的热望，这种状态是尚未获得的，意识携带着这种热望，在一种特别的意义上使他成为他所是的存在，并创造了他自己过去的历史，他的现在依赖于他的过去。因此，正是在这个范围内，他的将来也依赖于他的现在和他的过去，依赖于这种意识，依赖于他内在生活的方向，在这个方向中，他是自我决定的，他是他自己的主人，因为这种意识是他自己的对象"②。在这里，格林把人的自我实现和自我完善作为人的道德行为的基本动机和目的，从人的自我完善过程（过去、现在和未来）中，洞察到支配这一过程的内在动因是道德

---

① T. H. Green, *Prolegomena to Ethics* (Oxford: Oxford University Press, 1883), p. 113.

② Ibid., p. 116. 着重点系引者所加。

主体的自我意识和自由决定。因之，他反对进化论伦理学把人的自我改善与动物的自然进化混为一谈①，坚信对人类这种自我决定的意识和力量的确证必然推出"人类的自由学说"②。格林做出了这样的结论：正如我们不能把道德行为归结为自然现象一样，也不能把伦理学归结为自然科学。意志自由是人类道德成为可能的基本前提，也是伦理学的根基所在。③

谈到意志自由问题，不能不涉及传统伦理学对意志的种种界说。格林以为，在这一点上，传统伦理学的观点似乎都犯有把意志与理智、欲望割裂开来的错误。为此，他较为详细地阐述了意志、理智、欲望（情感）三者之间的关系。

在格林看来，欲望、理智与意志三者间不可分割，它们统一于自我实现的主体之中。长期以来，欲望、理性（理智）、意志等"准人格化"（quasi-personification）的语言，成为支配历代道德学家们的主要范畴。他们常常把欲望和理性作为人们不同性质的道德行为的根源，而把意志作为"根据理性的或非理性的欲望来决定行动的仲裁者"④。他们的共同倾向是把欲望、理性、意志三者之间相互对立起来，分割成三种不同性质的东西。这种做法是导致人类长期无法建立科学伦理学体系的重要原因之一。休谟曾经聪明地察觉到了这一问题，但他远没有科学地解决问题。格林指出，在一个自我意识的主体身上，欲望、理性和意志是三种相互共存的东西。他说："我们是在这样一种意义上采取这种观点的，即有一个主体或心灵（mind），他在总体上欲望着一个人的欲望的经验，欲望着他的全部理智功能及全部意志行动中的意志；而且，他的欲望的本质特征依赖于他的完全相

---

① T. H. Green, *Prolegomena to Ethics* (Oxford: Oxford University Press, 1883), p. 117.
② Ibid., p. 119.
③ Ibid., p. 115.
④ Ibid., pp. 120 – 121.

同的也在理解着的主体的所有欲望；他的理智的本质特征依赖于他的完全相同的也欲望着的主体的活动；而他的意志的本质特征，也依赖于为他们完全一样的也欲望着和理解着的意志所引起的意志。"① 即是说，欲望、理智和意志三者在个人身上的表现是统一不可分割的整体构成，不能孤立地看待其中任何一种因素而不及其他。

格林具体论述了欲望（情感）与理智（理性）之间的相互渗透关系。他认为，人的理智即是一种理解着的自我意识，但这"并不意味着自我意识的抽象形式就是一种事实的理智。除开了情感，我们对自我意识便一无所知，……因此，我们所说的自我意识包含着情感"②。他补充说："所谓欲望的真实动因（agent）是作为欲望着的人，或欲望着的自我，或欲望着的主体；而所谓理智的真实动因，则是作为理解着、领悟着和想象着的人；欲望着的人与理解着的人是同一的。然而在另一方面，很明显欲望与理智又不是一码事。"③ 欲望与理智既相同一，又各有特点，对于某一个人、自我或主体而言，其欲望与理智是不能分开的。理智不是完全涤除了欲望情感的抽象形式，没有欲望情感的理智如同没有血肉的躯壳；反过来，真正人的欲望决非动物式的本能冲动，而是在自我意识支配下的主体的自我追求。因此，没有理智的欲望也不是真正人（或更具体地说道德人）的欲望，正如没有人的形体骨架支撑的血肉无法构成人体一样。

同样的道理，意志与理智（思想、理性）和欲望的联系也是对立的统一。意志受理智的支配，但它不是理智本身。理智是不同于意志的"观念表现"，但它离不开意志的"运载"，正如它不可能完全脱离欲望和情感一样。格林说："思想永存于意志之中。一个无思想的意志不是意志。没有思想的自我和没有思想的相互决定着的世界，就

---

① T. H. Green, *Prolegomena to Ethics* (Oxford: Oxford University Press, 1883), p. 122.
② Ibid., p. 125.
③ Ibid., p. 134.

不会有意志，而只有盲目的冲动。即使在意志为动物式的欲望所支配的情况下，意志仍然是意愿着对象的观念的实现。"① 按格林的解释，意志永远是有思想（理智）参与的动因，除了在字面上以外，"意志中没有任何与思想分裂开来的因素或成分"②。这就是意志与思想或理智的同一。但这样说势必带来一个问题：意志是否等于理智加欲望？格林告诉我们："回答是否定的，意志不是思想加欲望。一种进入意志的欲望包含思想，一种进入意志的思想包含欲望。因为欲望是自我意识主体指向一种观念实现的方向，而思想则是这个主体促使其自我实现中的一种观念的表现。"③ 换言之，欲望与理智是两种不同指向的活动。前者是主体对实现某种观念理想的追求，后者则是这种追求过程中的观念表现，两者同时存在和表现于主体自我实现的意志构成之中，而意志是主体追求无限与完善的动因，是这一追求不断由潜能转化为现实的努力过程。

格林还指出，意志与欲望的关系也是一种相互包含却又相互矛盾的关系。他说："意志常常与人的欲望相冲突，并克服人的欲望——甚至欲望对于构成意志并不是必要的，……因此，一种意志的行动必须区别于一种欲望。"④ 依格林之见，意志高于欲望，虽然意志的构成中包含着欲望的成分，但两者并不相同：欲望常常是人们行为的一种自发动机，意志则是理性化的道德动因；决定道德行为价值的是意志而非欲望。但就两者都具有行为动机的性质而论，又是相似的，因为"在这种意义上，欲望总是一种可归因于人类行为的原则或动机，也具有道德性质——善与恶、应奖赏的或应惩罚的，或是适于赞扬的或指责的行为之原则或动机"⑤。

---

① T. H. Green, *Prolegomena to Ethics* (Oxford: Oxford University Press, 1883), p. 156.
② Ibid.
③ Ibid., p. 157.
④ Ibid., p. 148.
⑤ Ibid., p. 149.

总之，意志、欲望、理性三者间既相互联系，又相互区别。但在这三种主体道德行为的构成因素之间，并非齐头并进、等量齐观的关系。在这三者中，意志具有特别关键的意义，如果人们"把意志视为如同一个人所拥有的其他能力——那些思想、情绪、欲望等——一样的能力的话，就必定是一个错误"。因为"意志具有独立于其他能力之外的独有的特权，所以，在任何时候，一个人既定的性格都是由那些别的能力所取的方向而带来的结果。而意志则保留着某种不同的东西，它可能在行动中产生出不同于那种由情绪所激发起来的东西。某种意志仅仅是某一个人。任何意志的行动都是作为此时此刻存在着的人的表达。……人在意志中担待着（carries with）它，这就是说，他的整个自我都实现着一种既定的观念"①。在这一总结性的论述中，格林最终确定了意志在主体自我的诸种构成要素中的核心地位。欲望是主体自我实现的感情冲动，理智是主体自我实现的"观念表现"，意志是主体自我实现过程的综合的现实化的构成。因此，意志超于欲望，又是理智的现实化，它是主体本身的表征，或者干脆说，意志即是主体（人）本身。正是基于这一分析，格林才苟同于康德，把意志作为道德的本原，进而把意志自由作为伦理学的理论出发点。

从格林对意志自由及其意志与欲望、理性的关系的详细分析中，我们不难发现一个有趣的伦理学问题：从柏拉图到康德，意志、理性、欲望三者及其关系，长期困扰着西方伦理学家，尤其是理性主义伦理学家们。柏拉图曾借助一个形象的比喻来解释三者的关系实质，他认为，欲望是一匹桀骜不驯的野马，意志是一匹经过驯化的好马，而理性则是一位智慧的御者，三者关系的实质就是御者（理性）熟练地驾驭着驯马（意志）与劣马（欲望），朝人生至善的目标奔驰。②

---

① T. H. Green, *Prolegomena to Ethics* (Oxford: Oxford University Press, 1883), p. 158.

② 参见章海山《西方伦理思想史》，辽宁人民出版社，1984，第87~88页。

因此，在柏拉图这里，居核心地位的是理性而不是意志。在康德的道德哲学中，理性被当作一种人类普遍本性的既定设置，人的感情和欲望并不像柏拉图所说的那样是一种纯粹的非道德因素，相反，康德在调和伦理学中的经验论与唯理论两大传统的基础上，把意志作为人的理性与情感的综合产物，意志范畴成为一种理性化情感与情感理性化的统一本体，它代表着人类对自身主体目的性的追求，具有绝对的道德价值和理想意义。因此，伦理学中的意志，乃是一种"善良意志"，它是伦理学中的本体问题。

格林的做法似乎与柏拉图、康德有着某种"亲缘关系"，与康德的观点更是形似神同。即便是格林本人也敏锐地察觉到这一点，他在《政治义务原则演讲集》中曾指出："道德约束对于康德，如同对于柏拉图和斯多亚派一样，都是对肉体的束缚。意志的自律是意志对追求快乐冲动的屈服，这样，人就不是一个理性的意志创造者，而仅仅是一个自然的存在。……因为康德主张，意志实际上是'自律的'，即由应然的纯粹意识所决定的，它只是人的偶然的最佳行动。"[1] 但是，格林并非对康德的简单临摹，他深入探讨了意志、理智、欲望三者的关系，并剔除了康德关于意志自律中的偶然性，给予意志和意志自由以必然的主体性证明，从而把意志、理性和欲望三者都作为统一于自我实现主体之中的道德构成性因素，这不啻为康德理论的进一步改造和发展。

## 四 双重人格的"自我实现"

如果说，意志自由是格林伦理学的理论出发点的话，那么，关于意志的善恶本性问题则是其伦理学理论的具体展开。格林认为，意志

---

[1] T. H. Green, *Lectures on the Principle of Political Obligation* ( London: Cambridge University Press, 1948), p. 5.

自由问题是建立伦理学体系的基础。人的意志是自由的，自由意志的实质内容就是主体自我对实现某种理想观念的追求。因之，意志的本性必须从道德理想的角度求得解释。

"所谓道德理想，是把某个人、某种性格或者个人的活动本身作为一种目的来考虑。"① 既然人的自由意志是一种理想观念现实化的追求，那么，意志的善恶本性就必定依赖于它所表露的意愿的目的。反过来说，意志所追求的理想观念的性质决定着意志的道德本性。对此，传统伦理学往往容易出现两种极端的见解：一方面，功利论根据行为所带来的快乐来确定意志行为的道德性质。在功利论者看来，"行为的道德性质不源自它所表现的动机或性格，而是源自它所产生的结果"② 。另一方面，进化论者则以自然进化的规则来衡量道德行为的善恶，也无法洞见道德的真理。

在格林看来，行为的道德性质只能依据行为者的性格和行为动机，更具体地说，就是主体自我的意志行为所依据的"自我实现原则"（the self-realizing principle）或说"自我客体化原则"（the self-objectifying principle），这即是所谓"实践理性"（practical reason）。

格林借用了康德的"实践理性"概念来描述人的自由意志的本性。格林说："实践理性是人把他的本性设想为一种靠行动来获得完善的能力。"③ 又说："我们的'实践理性'意指一种在意识主体中或靠意识主体来实践的一种完善的可能性意识。而我的'意志'则意味着自我意识主体满足自身的努力。"④ 通过主体的意识和行为得以证明和实现的一种完善的可能性观念，即实践理性，它表现出人类主体行为的理想性和现实性特征。格林把人类自我实现过程所表现出来的善

---

① T. H. Green, *Prolegomena to Ethics* (Oxford: Oxford University Press, 1883), p. 205.

② Ibid., p. 161.

③ T. H. Green, *Lectures on the Principle of Political Obligation* (London: Cambridge University Press, 1948), p. 31.

④ Ibid., p. 20.

恶价值视为人类道德行为的性质的根据，而把道德行为的理想性特征归结为两大类型。

其一是道德理想的个人特征，或者说是个体性人格的道德理想。它是指个人通过自己某种确定的能力来实现其内在精神，实现真正的个体善的理想。格林说："通过某种中介，在某种必然的限制下，并由于自我意识和自我客体化的恒定特征，一种神圣的精神（divine mind）逐步在人类心灵中再生着自身。依靠人身上的这种原则，他具有确定的能力，并实现这种能力，因为只有在这种实现中，他才满足自己，形成他真正的善。"① 人类具有某种神圣的原则和精神，它深深地根植于每个个体的心灵之中，并在每个人的身上不断获得实现，这既是道德理想的个体化表现，也显示出道德理想的个体人格化特征。

格林反对进化论者以人类种族发展的有机模型来解释人类道德进步的错误做法。他认为，用一种简单的"种族发展沉思"并不能解释人类道德理想的个体化特征。因为，"一种'民族精神'不是某种空气中的东西，它也是一连串的特殊形式的现象"，"它只有在个人中才能有其存在并实现自身，……除了在个人中存在以外，它没有别的存在"②。否则，所谓"民族精神"就会成为上帝式的空洞。格林甚至提出："我们最终的价值标准是一种个人的价值理想。对于个人的价值理想来说，或者在个人的价值中，其他一切价值都是相对的。谈论一个民族、社会或人类的进步、完善和发展，除了把它作为相对于某种更伟大的个人价值来说，否则没有意义。"③ 诚然，像经验论者那样认为"一个民族仅仅是一种个人的集合"确乎荒谬，但我们怎么也不能把民族精神或普遍的道德理想视为凌驾于个人之上的空洞观念，它只能在每个个体心中存在，并在每个人的意志行为中不断实现着自

---

① T. H. Green, *Prolegomena to Ethics* ( Oxford: Oxford University Press, 1883) , p. 189.

② Ibid., p. 194.

③ Ibid., p. 193.

身。这就是格林对道德理想之个人特征的见解。

格林同时指出，道德理想只能在个人身上存在和实现，并不意味着个人的意志自由行为是绝对孤立的，"'自由'并不意味着人或意志是非决定性的，也不意味着纯粹的自我决定"①。相反，个人的自由和行为仅仅是相对的、关系性的，必须在人类社会条件下才能成为现实。个人人格的本质在于它的自我客体化。② 这是人类道德的普遍性特征对每个个体的义务要求，也是个人的社会化的道德理想表现。格林把这种义务要求表述为："首先，每个人不得不完成他的岗位义务（station duty），而他超出这些义务范围的行动能力很明显是受到约束的，这种明显的约束也就是他的个人利益、他的性格和他的实现的可能性范围。"换言之，个人行为的限制也就意味着个人利益、性格及其自我实现与他人或社会的关系。格林明确地说："社会生活之于个体性，犹如语言之于思想。语言以作为一种能力的思想为先决条件，但是，在我们（us）的身上，思想能力仅仅是语言中的现实化。所以，人类社会以有能力的个人为先决条件——每一个主体都可以设想他自己并使他的生活更好地作为他自身的目的——但是，只有在人们的交往中，一个人才能被另一个人认作目的，而不仅仅是手段。"③ 道德理想不仅是个体自我的目的性，更重要的是还必须注意到它的关系性和社会性特征。只有把人类视为一个相互关联的整体，并把个人的自我主体实现的特殊过程与人类的共同主体目的（理想）实现的普遍过程联系起来，才是合理的。因此，格林指出，每个人不仅要把自我当作目的，同时也要把自我当作客体化的手段，履行自己的岗位义务，这样，才能达到个人善与共同善的统一实现。

---

① T. H. Green, *Lectures on the Principle of Political Obligation* ( London: Cambridge University Press, 1948 ) , p. 9.

② T. H. Green, *Prolegomena to Ethics* ( Oxford: Oxford University Press, 1883 ) , p. 191.

③ Ibid., p. 192. 着重点系引者所加。

依格林所见，任何主体都是"某种尚未实际生成的东西"，人类是一个永恒的主体性关系的整体。人类的精神在自我意识自我实现的主体中现实化，而每个主体的自我实现又必须在人类相互联系着的主体性关系整体中才能完成，这必然要求每个人的自我主体与同样作为主体的他人既互为目的，又互为手段，并在社会生活中求得相互间目的与手段关系的和谐发展。这就是社会之于个人的客观性和个人的自我客体化之于其主体性实现的必要性。格林总结说："没有社会，就没有个人，这如同我们所了解的没有个人、没有自我客体化的动因，也就没有这种社会一样真实。"① 只有通过个人，社会的共同善才能实现，同样也只有通过社会，个人的理想人格才能完成。作为目的的人的完善与作为目的之手段的完善在本质上是同一的，区别仅在于"完善"与"不完善"之间。人类的共同善是一种不断完善的理想，因此，"人的善在于对人类理想的贡献，而人类的理想则又在于人的善"②。这就是人类社会的"共同善"的道德理想与个人善的道德理想的同一关系。

格林还批判了进化论者把人们追求社会利益和共同善的动机诉诸"动物式的原始感情"的做法。他认为，人们对社会利益的道德感情既不是天生的，也不是遗传的，它是人自身的理想品格的必然要求。"理想是自我客体化的意识，……它构成人追求一种绝对善并把这种善想象为他人与自身所共同的善的能力，这种理想能力使人们成为一个可能的原造者（author），形成一种自我服从的主体性法则。"③。

这段论述最能代表格林的伦理学特征，它表明，道德理想不是个人自身的一种简单的自我意识，而是自我客体化的自觉意识，它才是人类追求共同善的内在契机。由此，格林把理性作为人类道德生活中

---

① T. H. Green, *Prolegomena to Ethics* ( Oxford: Oxford University Press, 1883 ) , p. 199.
② Ibid., p. 206.
③ Ibid., p. 214.

的"一种联合的功能，……通过理性，我们便可意识到我们自己，又意识到作为我们自己的他人，……在这种意义上，理性是社会的基础。因为它既是在共同利益中建立平等的实践规则的来源，同时也是自我强迫去服从这些规则的原则。这样，我们就有权利主张，在最原始的人与人的联系中，理性履行着一种相同的内在功能：在理性与家庭和公共团体的现实制度，以及国家和民族的现实制度之间，一直存在着各种发展的连续性"①。

由理想推及理性，理性成了人与人之间相互联系的认识论基础，也成了人类共同道德理想的认识论基础。理性作为一种自我客体化的意识，使每个人自觉地充当他人的手段，由此形成了人类共同的道德实践规则。进而，格林依据共同理想及理性的联合功能，把它视为人类社会的基础，使社会生活的政治制度和一切共同的政治结构都奠基于人类理性之上，甚至认为，以理性或自我客体化意识作为道德（理想）的基础，与把人类共同的生活制度作为道德的基础两者间并无二致。② 这样一来，理性与社会制度就成为了一而二、二而一的东西了。这种以理性为基础推出人类互为目的道德关系，进而把这种互为目的性关系同化于社会生活的"共同制度"的做法，使我们想起了康德伦理学与黑格尔伦理学之间的某种联系。也就是说，格林的这种推论，实际上是从康德的共同目的性的道德解释中推导出黑格尔把社会和国家理性化的政治结论。就这一点而言，格林是第一个真正把康德与黑格尔伦理学联系起来的伦理学家。

## 五　功利主义批判

《伦理学绪言》的最后一卷是关于"道德哲学对于行为引导的应

---

① T. H. Green, *Prolegomena to Ethics* (Oxford: Oxford University Press, 1883), p. 216.
② Ibid., p. 216.

用"的讨论。格林认为，根据前面种种解释，我们可以得出如下结论：如果我们确认道德的本体是人类主体意志的自由与实现，那么，它的根本要求也就是确立"一种无条件的善良意志"。因为道德的理想和价值是人类意志的完善，道德的善归根到底不过是人的意志状态所显示的性质。用格林的话说："如果善是人类的一种完善；……只有在它与意志状态相联系，或作为意志状态的表达，或作为有助于激发意志状态的趋向，或者是兼而有之的情况下，人的行为才能完全有道德价值。……应当做的行动是表达善良意志的行动。"① 因此，善良意志是伦理学的基本原则。显然，格林又回到了康德那里。

基于上述原则，格林在分析道德的实际应用问题时集中对英国功利主义伦理学展开了针对性批判。

首先，格林认为，人类道德行为不是一种功利欲求或快乐满足，而是主体在追求理想观念的过程中不断求得自我实现的行为，它的价值不在其外部结果，而在其内在的善的性质。格林认为，人本身具有双重的人格，即内在的人与外在的人，其行为也有精神性与物质性的双重表现。因而，人的价值也就有内在与外在之分。功利主义只看到了人的外在方面和道德行为的外在价值，因而导致了根本性的错误结论。格林倾向于把人类道德行为视为一种"精神性的行为"（spiritual action）；"自我卑谦"（self-abasement）与"自我超升"（self-exaltation）是这种精神性行为的不同方面的表现。通过它们，人们使自己的心灵升华到完美的理想境界甚至是宗教境界。格林说："整个内在的人按照一种个人的神圣精神理想而前进，……［道德行为的］价值是一种内在的价值，而不源于任何自身以外的结果，但它却有助于这种结果，在这一方面，它的确与其他善良意志的表述没有区别。"② 依格林

① T. H. Green, *Prolegomena to Ethics* (Oxford: Oxford University Press, 1883), p. 317.
② Ibid., p. 329.

看来，善良意志与共同的善绝对统一，基于善良意志这一动机的行为绝不会产生任何义务之间的矛盾。功利主义的错误恰恰在于把道德行为的价值标准诉诸"享乐主义"的动机，"这种学说认为快乐是欲望唯一可能的对象，这在逻辑上排斥了人们渴望个人至圣（holiness）的可能性和努力为善而求善的可能性"①。即否认了人们的道德精神追求和人格理想。

其次，格林坚持认为，伦理学的目的不单是现实的认识和实践，更重要的在于引导人类行为达到理想的完善层次。他说："任何一种道德理论所可能具有的引导行为方向的价值，都依赖于对一种理想的、作为一种实践原则的，并已经发动的心灵（mind）的应用和解释。"② 这就是说，对绝对善的理想说明和引导人们对它的应用和追求就是伦理学的实践任务。因此，格林要求建立的是一种"绝对善的伦理学"。在他看来，道德的最终价值标准是人类的完善和社会的进步。所谓道德的至善或绝对的善即是与人类和社会的完善之一致性。伦理学是关于人类"应然行为"的解释，我们建立"至善"或绝对善的伦理学，正是因为现实的不完善性，它虽然不能给我们解决所有的道德问题，但以这种至善观念作为道德的最高理想，才能引导人类的进步和社会的发展。③ 而这种理想性的品格恰恰是功利主义伦理学的"败血症"。

格林特别批判了功利主义伦理学混淆道德现实与道德理想之间的界限，这突出地表现在他们混淆了"欲望的满足"与"欲望的对象"之间的区别。例如，西季威克在其《伦理学方法》一书中，就宣称，"人寻求到的快乐与应求的快乐"是相通的，这就把"已欲求的"（desired）与"可欲求的"（desirable）混为一谈了。事实上，"已欲

---

① T. H. Green, *Prolegomena to Ethics* (Oxford: Oxford University Press, 1883), p. 398.

② Ibid., p. 339. 另参见 344 页等处。

③ Ibid., pp. 353 – 354. 另参见第 363 ~ 364 页。

求的与应欲求的""满足欲望的快乐与欲望的对象"之间是有原则区别的。格林单刀直入地指责道:"西季威克先生混淆了一种伴随着欲望满足的快乐与欲望的对象,混淆了对这种快乐的预期(anticipation)和这种欲望本身。"① 这样一来,他就不可避免地陷入"利己主义的享乐主义"的窠臼之中了。格林分析,像西季威克这样的伦理学家之所以会导致如此后果,主要是他遵循着一种错误的逻辑:快乐是一种"可欲求的感情",这种感情能表现出或产生"最终的或内在可欲求的目的";又,道德的善的意义仅仅是幸福,幸福等于可欲求的意识,可欲求的意识等于快乐;故善即快乐。② 这显然是一种荒谬的逻辑,因为可欲求的东西或已欲求的东西并不等于应欲求的东西。人类所追求的内在目的并不是快乐。快乐是暂时的、偶然的、瞬即消逝的东西,人们行为的道德价值只能从理性中得到解释。格林说,理性"是最高的实践之善。如果我们要寻找一种理由来说明我们为什么应该追求这种目的,除了说明这样做是合乎理性的以外,别无他说。理性吩咐它,这种追求是自我意识的或理性的心灵追求自己完善的努力。……即是说,理性给予他自身以目的,人的自我意识精神表现着它自己的完善,这种完善对它自身是作为一种内在的真实可欲的——它不为欢笑所驱使"③。换言之,"一种最终的、内在的(真实的)、绝对的善,除非它源于我们有理性的心灵的努力,否则,对我们毫无意义"④。

由此,格林针对功利主义者把利己之心作为人的天性的观点提出了批评。他指出,既然人类是一种理性的存在,理性就会要求人们使自己较低的欲望服从最终的理想和目的;同时,理想的联合功能教导

---

① T. H. Green, *Prolegomena to Ethics* (Oxford: Oxford University Press, 1883), p. 407.

② Ibid., p. 408.

③ Ibid., p. 411.

④ Ibid., p. 414.

人们各自要理解自我与他人和社会的共同性关系。因此，人不会只耽溺于自我一己的欲望满足，而且也会顾及他人的目的，甚至服从普遍理性的要求，为他人的目的实现做出必要的自我牺牲。格林以类似于居友的口吻说："自我牺牲，为有价值的对象而奉献，永远是一种自我增值（self-propagatory）。"①

## 六　道德与法律、宗教

如前所述，格林曾有过许多关于社会政治制度、法律等方面的重要论述。在一定意义上，它们是格林道德理论的进一步扩展，其中关于道德与法律、宗教等方面的论述，构成了他伦理学体系中不可忽略的组成部分。

关于法律与道德。格林从其理性主义的伦理学视角，考察了"市民生活"中的道德现象，对国家法律进行了"伦理学批判"。他认为，"市民生活的构成性价值"就在于使人的意志与理性真正发生了实践的作用。人们在社会生活中，不能不首先涉及自己作为社会一员的法律责任。因此，有必要对国家法律做出"伦理学的批判"。这种"批判"有两个原则：其一，在严格意义上，法律的责任只有对外在的行为才有意义；其二，必须把权利与责任和道德目的结合起来考察。② 从这两个原则出发，我们就可以看到："法律上的责任……不是出自某些动机的行为义务，或出自带有某种气质（disposition）的行为义务。"③ 法律责任不具有内在的主体性特征，但由于人类的道德对象并无严格的限制，人们便创造了法律，它控制着人们的道德气质的发展。因此，格林做出了三个批判性的结论："第一，法律是通过合

---

① T. H. Green, *Prolegomena to Ethics* (Oxford: Oxford University Press, 1883), p. 420.
② T. H. Green, *Lectures on the Principle of Political Obligation* (London: Cambridge University Press, 1948), pp. 34–35.
③ Ibid., p. 37.

法的宗教礼仪的要求和宗教信仰所创造的，它们导致了道德的宗教源泉的败坏；第二，法律由不必要的或者已经不再必要的禁令和限制所创造，这些禁令限制是为了维持道德生活的社会条件，它阻止人的自恃（self-reliance）的膨胀，妨碍人的良心和道德尊严感的形成——简言之，妨碍作为最高善的条件的道德自律；第三，法律由合法的制度所造成，这些制度取消了践行某种道德德性的必要。"①

　　分析一下，第一个论点阐明了社会法律形成的最初渊源是宗教礼仪和信仰，在一定意义上与道德有相同之处，这是从人类文化史的角度来谈的。值得注意的是，在格林看来，人类宗教、法律、道德三者之间的最初混沌同一的滥觞与各自不同的发展史和实践作用，使它们的"血缘关联"的同一性遭到了破坏。这一见解，似乎是对人类法律与道德的历史发展和不同社会功能的一种卓见。第二个论点表明，格林既承认法律对维持人类道德生活的社会客观条件的肯定意义，也指出了法律的强制性和规范功能对人类道德主体性发展的消极作用。具体地说，法律既是人类道德生活的必要维系，也损耗了人类高度自觉的道德行为的内在价值成分。这是一对客观存在的文化矛盾，即人类外在强制性规范（法律）与内在自觉性约束（道德）的矛盾，它包含着人类社会发展过程中一种历史的二律背反：行为的自由度与行为的必然性的冲突、道德与政治的背离。最后一个论点实际也是就法律的社会作用而言的。在格林看来，法律一方面代表着合理的社会制度，这是其肯定的意义；另一方面却又限制和损伤了人类的道德发展。比如说，某种"粗陋的法律"（poor-law）的实施，实际上也就取消了人们履行父母远虑、孝敬父母和睦邻友好等德性的必要性，法律取代了道德在这些方面的实际功能。

---

① T. H. Green, *Lectures on the Principle of Political Obligation* ( London: Cambridge University Press, 1948), p. 39.

关于个人权利与社会义务。格林详尽地考察了亚里士多德、霍布斯等人的"自然权利"学说，认为"自然权利"只是"自然状态"下的某种自然形成的风俗习惯，个人权利在这里并没有特别的意义。只有在社会状态下，个人才有权利和义务可言。他指出，关于个人的权利与义务的一般论述是："每一种权利都包含着一种义务，或者说权利与义务是相关的。"但是这并没有和道德目的联系起来，格林主张："一切权利对于道德目的或义务都是相对的，……即是说，个人有要求社会确保其安全的某种力量的权利或要求，而社会则实行着某种超个人的力量的反要求（counter-claim），……这些力量对于作为一种道德存在的人履行其天职都是必要的，对于发展他自身和他人的完善品格而做出有效的自我奉献也是必要的。"① 这就是说，个人的权利与他对社会的义务是两个相辅相成的方面，个人有对社会的要求和权利；社会则是一种超个人的存在力量，它同样对个人有其"反要求"。这种"反要求"并不是对个人完善的否定，而是每个人自我实现的必要条件。对于个人来说，权利是有限制的、相对的，他既有自我要求的权利，也有遵守社会"反要求"的义务。因此，"除了作为社会的一员；并且在这个社会中的社会成员都把某种共同的善视为他们自己的理想的善，并作为应该是为他们每个人的以外，任何人都没有其他权利"②。依照这种观点，格林还具体讨论了个人的权利和国家的权利。他认为，个人有"生命与解放的权利"，但没有"反对国家"的权利，在战争中，国家的权利高于任何个人的权利，国家有惩罚的权利和促进道德进步的权利。③ 不难看出，格林的本意在于强调社会和国家权利的绝对性，把国家的政治权利置于个人道德权利之上。这就

---

① T. H. Green, *Lectures on the Principle of Political Obligation* ( London: Cambridge University Press, 1948), p. 41.

② Ibid., p. 44.

③ Ibid., pp. 137 – 207.

是他主张以国家干预的新自由主义政治原则取代放任自由主义政治原则的基本根据所在。从理论上看，它与格林的理性主义和整体主义的道德观是一脉相通的。这种观点在一般意义上无疑有其合理性，但历史地看，它的实际意义在于为 20 世纪前后的英国垄断资本主义新发展谋求政治上和伦理上的理论根据，有着十分明显的保守倾向和阶级性。

关于道德与政治。同样是从对历史上各种政治学说的批判考察中（如胡克尔、格劳修斯、霍布斯、洛克、斯宾诺莎和卢梭等人），格林提出了自己有关政治与道德的见解。他认为，"国家的基础是意志而不是力量"①。卢梭曾经谈到的"社会契约"不仅是统治者或市民政治的基础，同时也是社会道德的基础，只有通过它，人才能成为有道德的行为者。人的权利"即是一种为他自己的目的而行动的力量"②，而国家的权利则是为保护和促进人的自我完善的共同意志的体现。因此，国家的建立必须基于社会全体成员的共同意志之上。从这种意义上看，社会与个人是相互关联着的，人的"道德与政治服从具有共同的来源，……这就是某种人类存在的理性认识"③。基于这一认识基础，人们才能在履行自己的政治权利的同时，也意识到并履行自己的政治义务。政治义务与道德义务不同，它"包括主体对统治者的义务、公民对国家的义务和由一种更高的政治所强迫的个人相互间的义务"④。在这里，格林又重新回到了他在《伦理学绪言》中所提出的观点上，把理性作为人类道德和社会存在的共同基础，这多少带有黑格尔历史哲学的味道。

① T. H. Green, *Lectures on the Principle of Political Obligation* ( London: Cambridge University Press, 1948), pp. 113 – 118.
② Ibid., p. 207.
③ Ibid., p. 124.
④ Ibid., p. 29.

## 七　格林伦理学的历史地位与影响

综上所述，格林的伦理学确实不失为一个缜密而严格的理论体系，与英国传统伦理学相比较，它具有崭新的理论风格和特殊的历史地位。

首先，格林的伦理学是西方传统理性主义的现代复活，是对英国经验论和功利主义伦理学潮流的反动。格林继承了苏格拉底以来的理性伦理学路线，立志重建形而上学的道德知识论基础，使伦理学摆脱了狭隘的经验论。这种努力，一方面表现了格林伦理学与德国古典伦理学的渊源关系。他机智地综合了康德与黑格尔伦理思想中的主要因素，重构了一个现代理性主义的伦理学体系。对此，可做三点解释。第一，他采纳了康德的以意志为本体的道德本体论，又借鉴了黑格尔的综合性的观念辩证法，使意志本体与整体关系的分析得到了新的综合。第二，格林高扬了康德以"实践理性"为基础的道德主体性思想，又采取了黑格尔的国家整体主义的政治伦理学原则，建立了以个体自我与社会自我、道德自由与必然、有限与无限、现实与理想、外在价值与内在价值相统一的"自我实现原则"。这在一定程度上克服了黑格尔绝对总体化的社会伦理主义的片面性，又淡化了康德伦理学中的先验主观主义色彩，使个人与社会、自我主体性与共同主体性之间的关系内涵有了更全面的解释。第三，格林伦理学的折中调和方法，并没有真正洞穿人类主体伦理学的全部真理：他太过于热衷于对伦理学理论的形式建构，崇仰抽象理性的力量，却忽视了对人类道德的实际内容的具体分析，更没有像马克思那样从人类社会发展的内在动因上探寻人类道德现象的经济根源，也无法说明社会政治与道德伦理之间的关系实质。

另一方面，格林的伦理学仰仗着理性知识的力量，来批判经验主义和功利主义伦理学，最终走向了功利主义的反面：他主张动机论，反对效果论；他以康德攻击密尔、西季威克，又以黑格尔来修正霍布斯、洛克。同时，他推崇理性、意志，贬抑感性、经验。这种理论传统上的颠倒，在一定程度上反映了英国近代传统伦理学的理论局限，也确实体现出格林伦理思想所包含的许多合理性。但这种批判在根本上仍然只是以一种传统（尽管是复兴和改造过的）来代替另一种传统，它并不意味着一种创造性的理论革命，因而无法达到对经验主义伦理学的科学批判的高度。相反，正因为格林的这种"批判"的局限性，反而使经验论伦理学的某些合理因素也被当作糟粕而一并洗掉了。如强调行为效果的唯物主义与现实主义的道德倾向，以及对道德与经济利益的客观联系的某些见解等。这很容易使人们想起马克思主义创始人在谈到费尔巴哈对黑格尔哲学的批判时所做的深刻的隐喻：费尔巴哈把脏水和婴儿一起泼掉了。格林似乎也重复了这一教训。

其次，格林伦理学的基本特征是理想主义和整体主义。以理性为基础，格林特别注重道德的理想性特征，也具体地探讨了道德理想的双重特征，从个体和社会两个方面说明了道德主体的双重理想人格，即个体的自我实现与社会的自我实现。与康德不同的是，格林吸收了黑格尔关于观念发展过程的辩证法，把主体的自我实现视为一个由潜能到现实的永恒的意志追求过程。这个过程流动的动因是道德至善理想的引导，最终的理想是这种至善的实现，格林把道德理想又称为人类心灵之中的"神圣精神"。这种注重道德人格完善的视角点，支配了格林伦理学的全部理论，使其沉浸在一种超现实主义的精神冥想之中。这种理想性特征与康德、黑格尔如出一辙，就现代人本主义伦理思潮而言，也是独树一帜的，成为新黑格尔主义伦理学特有的理论品格。

强调道德的理想性，逻辑上必然导致对经验享乐主义和功利主义的否定，这确乎是整个西方伦理思想发展史上的一条规律。格林当然也不例外。对于他来说，行为的结果并不重要，唯绝对的善良意志的动机才是决定行为道德价值的根本，道德价值本质上是一种内在的精神价值，其评价标准只能是主体自身的内在性格、心灵或意志。由此，格林推崇义务论，强调以人类共同善为本位。他改造了黑格尔的极端整体主义，耐心地论述了人与人之间及人与社会之间的关系性和同一性，从联系的角度论证整体和社会之于个体和个人的优越性。但比之黑格尔，格林显然更全面地给个人利益、价值留下了一定的位置。

必须指出，格林的伦理学毕竟还不完善，由于他所面临的特殊社会背景和文化氛围，使其道德理论具有多重性的社会理论含义。一方面，他看到了 19 世纪末期英国政治经济结构的新变化，自觉地借助德国古典伦理学来改变当时伦理学理论与社会实际相脱节，甚至矛盾的状况，这种努力使其思想一度成为英国现代新自由主义思潮的理论基础，产生了深刻的社会影响，同时也获得了与密尔等人的功利主义分庭抗礼的理论地位。另一方面，这种急迫的理论借鉴也带来了许多理论上的不足。矫枉过正，这常常使格林的理论处于矛盾和困惑之中，如对个人与社会、现实与理想等究竟如何统一起来等，格林都采取了回避的态度，更多的是囿于抽象的逻辑推理。这些理论上的不足，表明了格林伦理学的困难，也是他留给后来的同路者的理论课题，而力图解决这些疑难，正是另一位新黑格尔主义大师布拉德雷的伦理学理论的历史承诺。

## 第三节　布拉德雷的伦理学

### 一　布拉德雷及其《伦理学研究》

被人们公认为"盎格鲁—黑格尔派"（Anglo-Hegelian）领袖的布拉德雷，是英国新黑格尔主义哲学和伦理学当之无愧的总结者。他的学术生涯印证着英国新黑格尔主义思潮兴起、发展和衰落的历史轨迹。

弗兰西斯·赫伯特·布拉德雷（Francis Herbert Bradley，1846～1924）生于英国布莱克诺克郡（Brecknock）的克拉彭（Clapham），1854 年后迁居切尔腾汉（Cheltenham）。父亲查尔斯·布拉德雷（Charles Bradley）是一位颇为活跃的牧师，易婚多次，子嗣众多，一共拥有 22 个孩子（一说有 20 个）。弗兰西斯·赫伯特·布拉德雷是他第二个妻子爱玛·林顿（Emma Linton）所生的第四个孩子。布拉德雷兄弟姐妹甚众，大多很有出息。最出名的除他本人以外，还有他的同母胞弟 A. C. 布拉德雷（Andrew Cecil Bradley，1851～1935），也是新黑格尔主义文学派的重要人物，曾在牛津大学讲授诗学，并编纂了格林的《伦理学绪言》一书。另外，其异母兄长 G. G. 布拉德雷也是牛津大学的硕士，担任过教长、公校校长等职，对布拉德雷的影响和帮助很大。1856 年，布拉德雷进切尔腾汉公学念书，五年后在其兄长担任校长的马尔波劳（Marlborough）公学学习，在那里接触了康德的哲学名著《纯粹理性批判》。1861 年他感染伤寒病，次年又患肺炎，但终得以康复。1865 年他进牛津大学学习，据说因他的思想有违当时占统治地位的密尔实证主义正宗而常常考试成绩不佳，以至于未能谋得牛津大学的研究员之职而不得不靠其兄弟维持生活。1870 年底，布拉德雷获默尔顿（Merton）学院给他的研究员职务，终得以专心研究哲学。由于该学院规定凡研究员供职期间不得结婚，他终身未娶。1871 年 6 月，布拉德雷又患肾病，使他本来孤单的生活又蒙上一层郁闷的阴影，长期过着孤独寡欢的半隐士式生活。不过，这也让他获得了专心雅思之机，写出了大量深邃睿智的哲学名著，据说他的全部著作都是在他病后写的。

布拉德雷仪表堂堂却性情深沉孤僻；智能活跃，爱好广泛却又精于沉思；在书斋中整整度过了他近半个世纪的学术生涯。著书立说似乎是他唯一的生活方式，也为他赢得了巨大的学术声誉。1874 年出版的《批判性史学的预设》（*The Presuppositions of Critical History*）是他的第一部著作，标志着他思想方法的初步形成。1876 年出版的《伦理学研究》（*Ethical Studies*）和次年出版的《西季威克先生的快乐主义》（*Mr. Sidgwick's Hedonism*）是布拉德雷的主要伦理学著作，代表着他早期学术思想的主要旨趣。19 世纪 80 年代，布拉德雷从伦理学转向逻辑学，1883 年出版了两卷本的《逻辑学原理》。90 年代布拉德雷又转向哲学，并出版了《表象与实在》（*Appearance and Reality*，初版于 1893 年出版，1897 年第二版，增补了三篇长文及若干补注），该书是他的主要哲学代表作，但遭到了以美国实用主义者詹姆斯、杜威及英国新实在论者 G. E. 摩尔、罗素等人的反驳。为了回答这些驳论，布拉德雷从 1907 年后先后连续在《思想》（*Mind*，一译《心灵》）杂志上发表文章反驳，1914 年将这些论文汇集出版，题为《真理与实在论文集》。此外，还有他死后出版的《论文集》等著作。

从上不难看出，布拉德雷的学术生涯可以分为伦理学→逻辑学→哲学三大阶段。众多的学术作品为他赢得了崇高的社会声誉，1883 年，他被格拉斯哥大学授予法学博士学位；1921 年和 1922 年，他先后被丹麦皇家学院和林塞（罗马）科学院聘为院士；1923 年担任米兰的伦巴第皇家学会通讯会员。只是因为健康原因才使他未能成为英国科学院的创始成员，但在另一位新黑格尔主义者鲍桑葵的提议下，仍授予了他名誉会员的称号。最重要的是，1924 年 6 月，英国国王颁发给他一枚功勋勋章，他是英国历史上第一位获得此项殊荣的哲学家。不幸仅三个月后，布拉德雷因血液中毒在牛津一家私人医院溘然长逝。这位大智若愚、终生孤郁的思想家的去世，使得现代英国新黑格尔主义像一颗耀眼的流星一般随着他的故去一道陨落。

布拉德雷的伦理思想基本上集中在他的《伦理学研究》一书中。该书以专论及注解的形式构成，全书共有七篇论文，若干注释附于第

一、二、三、五篇论文之后。按这些论文的思想内容大致可分为四个部分。第一部分关于意志自由与道德责任的问题，包括论文Ⅰ《论意志自由和必然性相联系的一般责任概念》和三个注释。第二部分关于自我实现的原则和对快乐主义的批判，包括论文Ⅱ《我为什么应该有道德?》和论文Ⅲ《为快乐而快乐》，及这两篇论文的三个注释。第三部分是关于权利与义务，包括论文Ⅳ《为义务而义务》和论文Ⅴ《我的岗位和义务》及一个注释。第四部分是关于道德理想与自我牺牲，包括论文Ⅵ《理想的道德》和论文Ⅶ《自私性与自我牺牲》。从内容和形式上看，布拉德雷的伦理学体系与格林并无很大的差别，但他们的具体表述和方法却各有千秋。在许多方面，布拉德雷大大深化了格林的思想。下面，我们将从这四个部分来具体考察他的伦理学思想。

## 二　意志自由与道德责任

与格林不同，布拉德雷首先涉猎的是关于意志自由这一古老而关键性的伦理学问题。

他首先批判地剖析了两种传统的错误观点：一种是传统的决定论，另一种是抽象的非决定论。布拉德雷认为，现存伦理学中最流行的观点是把意志自由与必然性简单地同一化，这就是从决定论出发来谈意志自由与道德责任的关系。为了分析这种观点的得失，我们必须考虑以下几个问题：第一，从一般意义上确定责任概念的一般意义；第二，辨别意志自由与必然性两个概念之间的不一致性（即矛盾性）；第三，探究道德责任与自由和必然性之间的关系内涵。

在布拉德雷看来，所谓道德责任，是人的自主行为本身拥有的一种道德属性。道德责任的存在必须有三个条件。第一，任何责任必须有一个行为主体作为其承当者。也就是说，我的责任必须建立在两方面的前提之上，一方面，我必须是行为的所属者，即某一行为的主人；另一方面，该"行为必须属于我——它必须是我的行为"。两个方面相辅相成，前者是对我与行为的同一关系，后者是我的意志与行为的同一关系。换言之，具有道德责任这一属性的行为不仅是属于我的，而且是建立在我的意志自律基础之上的，它的实质在于："行为必须出自我的意志，用亚里士多德的语言来说，就是 the αρχη 必须在我自身。强迫之下，我无所作为。"[1] 第二，行为者的自觉意识（必要的理智）是责任的第二个条件。布拉德雷指出："行为者必须是有理智的，他必须知道事实的特殊环境。如果这个人茫然无知，又不了解他的义务。……那么，这种行为就不是他的行为。因此，某种相当的理智或'感觉'（sense）是责任的条件。"[2] 第三，行为者必须具备必要的道德能力，也就是说，他能够充分意识并判断出道德行为的性质，才能谈得上对自己的行为负责。因为"责任意味着有一种道德动因（agent），任何不知道其行为的道德性质的人，……就无法说明行为的道德性质"，因而也无法承当行为的道德责任[3]，例如，小孩、精神病人等。行为者的存在是道德责任的载体，理智与道德能力则是道德责任产生的必要条件，"缺乏理智和道德能力，责任就不可能存在"[4]。承认并确定这些条件与那种简单的决定论毫无共同之处。

布拉德雷尖锐地指出，决定论（determinism）或曰"必然论"（necessitarianism）完全否认了意志的主体，否认了主体的理智与道德能力，因之也就否认了行为主体的自我独立人格，结果是"使所有的行为千篇一律"，这实质上，"既否认了作为意志的自我，也否认了作为自我同一（self-same）的意志"[5]。所以，决定论也就不可能洞见到道德责任的实质。布拉德雷把决定论斥之为一种"心理学"，认为它

---

① F. H. Bradley, *Ethical Studies* (Oxford: Oxford University Press, 1927), pp. 5 – 6.

② Ibid., p. 6.

③ Ibid., p. 7.

④ Ibid., p. 8.

⑤ Ibid., p. 34.

忘记了个人与行为的同一性（sameness），找不到责任的主体，因而也就失去了确认责任的必要条件。他总结说："决定论者不仅看不到'我意志'的行动中的'我'，而且也不能认识到意志的特征；它不仅主张一种意志无的意志，失去了一种包含在责任之中的因素；而且，它否认或否定了所有自我行动中的自我的同一性；……没有个人的同一性，责任就是纯粹的胡说八道。"① 这就是决定论的根本失足所在。

但是，把责任诉诸行为主体及其理智与道德能力，是否与那种主张把自由作为责任的绝对前提的观点是一码事呢？布拉德雷机智地指出，有一种学说主张"我们必须有根据我们的选择行动的自由"，才有责任可言。如果我们排除那种把人的行为归结为"本能的"行为这种可能性的话，不妨苟同这种学说。但问题远非如此简单。因为这种抽象的意志自由学说，意味着人的自由选择是没有任何理由和根据的，这样一来，连行为者本身也就"整个儿是一种'不可说明的'东西，道德责任同样没有寄托和归属"②。布拉德雷把这种学说称为抽象的非决定论的学说。依他所见，这种学说同样抛开了人的理性、性格，以及造成人的性格的环境，使意志成为某种"偶然的"行为"机会"，把它视为某种"非理性的联系"，根本无法说明人的自由行为和道德责任。布拉德雷深刻地说："非决定论的学说主张，在任何情况下和既予的位置中，行为都不是既定性格的结果。非决定论的自我或意志完全不是人，不是性格，而仅仅是无性格的抽象，他是'自由的'，因为他是中立的，人们把他极妙地称之为'一种意志着无的意志'。"③ 在这里，布拉德雷已把决定论与抽象的非决定论这两种表面上截然不同的学说当成了殊途同归的谬误。决定论否定行为的自觉

---

① F. H. Bradley, *Ethical Studies* ( Oxford: Oxford University Press, 1927), p. 36.

② Ibid., pp. 9 – 11.

③ Ibid., p. 12.

主体意志力，与抽象非决定论排除行为者的性格及其与环境的关系虽然在形式上有所不同，但两者的实质同样是没有认识到行为者本身的性格构成，使主体意志流入空虚，或被锁于因果决定论之内，或超然于理性之外，成为无法说明的任意偶然性，都导致了行为与责任的两极分裂。

按照布拉德雷的见解，解释人的意志自由与道德责任的关键，仍在于了解人的性格。他坚持了格林的观点，认为只有人的性格才全面包含了主体的主观内在气质和它与外在客观环境的关系这种主客体（内外）统一的双重意义。性格显示着行为主体性存在，也融汇了主体的理智和道德能力，它具备解释人的意志自身与道德责任的基本条件。因此，把握了人的性格，也就找到了解答意志自由与道德责任之关系的钥匙。

性格是什么？布拉德雷认为，性格是主体人在与外在环境的联系和作用中形成的一种内在品格。"人的性格不是被创造的，而是自我创造的，它来自和源于人的气质与环境"①。换言之，性格是主体的自我创造，但这种自我的创造与一定的客观环境有着必然的关系，它的构成体现着一种主客体的联系和统一。以性格解释意志自由与道德责任的关系，既可以避免那种纯主观预断（非决定论），也可以使人的意志自由（行为）和道德责任具有主体依托，克服决定论的错误。一句话，人的性格本身可以满足说明道德责任所需的三个必要条件，这就是布拉德雷的观点。

为了使这一论证更为彻底，布拉德雷还做了几点补充性说明。首先，他从强迫与责任的关系中分析了道德责任的主体性依据。他认为，如果我们从很低级的角度来考虑意志，确乎可以认为人的意志也带有相对的强迫性。然而，这并不等于说意志是消极被动的，否则，

① F. H. Bradley, *Ethical Studies* ( Oxford: Oxford University Press, 1927), p. 22.

就无责任可言。绝对的强迫会完全否认人的意志，使人的行为成为一种非我的服从，它"是人在没有他的实际意志和反对他的实际的或事先假设的意志的情况下，人的精神或肉体状态中的产物"①。而相对的强迫则不然，"它不仅仅是警告，也不只是要求，也是一种威胁；因为强迫直接或间接地源于我的意志"②。也就是说，绝对的强迫完全超出了行为主体的意志，相对的强迫则仍然与行为主体的意志相联系，前者无责任可言，后者则包含着责任在内。决定论无异于一种绝对的强迫，非决定论却又没有看到相对的强迫之于主体行为的客观性。

其次，布拉德雷具体分析了性格的构成。他认为，人的性格既不是天生的和不可改变的，也不是变化无常的；正确的解释是："性格是相对固定的。"③人的性格反映着人的整体，它在人的气质与环境的相互作用中逐渐系统化、固定化。同时，"这种固定性只是相对的"，因为它永远存在着改变的可能性，其原因在于两个方面："首先，我们不能穷尽所有可能的外部条件；其次，我们永远不能把整个自我系统化。"④每一个人对自身所面临或牵涉的外部环境的认识和把握总是相对的，正如对自我本身的认识和塑造也不可能完全彻底一样。因此，由内在气质和外部环境作用所造成的性格也就不可能达到绝对的稳定化、凝固化，它永远是处于造就之中的。即令如此，性格也不失其相对的稳定性，一般说来，它是基本不变或"很少改变的"。我们可以把人的性格称为人的"第二本性"⑤，它既有赖于作为某种加工的气质材料（matter），也是尚未完全系统化、凝固化的自我人格。

总之，人的意志自由是存在的，人的自由"是一种赤裸裸的'非

① F. H. Bradley, *Ethical Studies* (Oxford: Oxford University Press, 1927), p. 49.
② Ibid., p. 49.
③ Ibid., p. 51.
④ Ibid., p. 53.
⑤ Ibid., p. 53.

必须'（not-must），是一种纯粹的否定"①，一种"应当"（ought）。但它有着内在的人格基础，是可以说明的、理性的主体意志行为。只有这样理解，才能解释人既是行为的主体，又是道德责任的承担者。很显然，布拉德雷对意志自由与道德责任的关系论述，是在反对两种极端传统观点的基础上折中而成的。这种折中并不是简单的调和主义，相反，它颇似于康德的做法，以理性为基础来确立人的自由主体性。客观地说，布拉德雷的观点在理论上避免了机械决定论和非理性主义自由观的两极分化，也确实看到了意志自由与道德责任之间的内在关系，和这种关系所包含的主客体双重因素。这是他的成功之处。而且，与格林相比，他的见解显然更为全面和深刻。格林更多的是囿于欲望、理性、意志三者的关系来论意志自由问题，他很少涉及非决定论的另一个极端观点，也没能系统地分析"性格"这一概念的具体含义。可以说，布拉德雷在考察的角度和分析的内容方面都充实和发展了格林的思想。遗憾的是，布拉德雷在根本上并没有超出康德和黑格尔的理论。对机械决定论和抽象非决定论的最好反驳不是"理性"或"人的性格"，而是人的"社会实践"，这是马克思主义的历史唯物论在总结德国古典哲学经验教训后得出的科学论断。

## 三　自我实现原则：目的与手段

"自我实现"是格林与布拉德雷所共同主张的伦理学原则，也是新黑格尔主义伦理学的一个核心命题。仔细看来，格林与布拉德雷对这一命题的论述各有不同：格林注重从自我与社会的关系中确立自我实现的原则；布拉德雷更多的是从道德价值的目的性与手段性、整体自我的有限与无限的统一角度来论证这一原则的。

在《伦理学研究》中，布拉德雷直接从"我为什么应该有道

---

① F. H. Bradley, *Ethical Studies* (Oxford: Oxford University Press, 1927), p. 56.

德?"这一问题的分析入手，提出了道德的目的善与手段善之间的关系问题。他认为，"为什么"的问题，实际上是一个理性（理由）问题。理性教导人们有目的的行动，使自身的行为合乎理性的要求，这种要求便是一种道德行为的目的。因此，"我为什么应该有道德?"这一问题也就成了"什么德性是善的"问题，也就是我们应当怎样使行为合乎善的目的的问题。由此推理，所谓"我为什么应该有道德"，实质上包含着目的善与手段善的相互关系。

在布拉德雷看来，任何善都没有自在的性质，只有当它与某种目的相联系时才有意义。"善"等于"对……是善的"（good = good for…）。因此，他说："善是一种手段，一种手段是对某种其他东西的手段，而这又是一种目的。……善总是对某种其他东西为善的，……要成为善，这种目的必须作为一种手段。"这就是说，善作为一种道德目的并没有孤立的"自在存在"，只有与某种别的事物相联系才显露其意义。这种联系本身使得作为目的的善同时也具有了手段的意义，"善的本质是借助于某种其他的东西而存在的"，这就是善本身所包含的目的与手段的统一性。[①]

那么，善的目的究竟何在? 其目的性与什么东西相联系才有意义? 布拉德雷回答道："要指出目的本身的最一般表述，要指出这种实践的'为什么'，只有在自我实现中才能找到。"[②] 目的体现在人的行为之中，行为总是人的自我的主体性行为，除了自我本身以外别无他求。因此，道德的基本目的只能是自我的实现，一切目的只有与自我实现相联系才有道德价值。自我实现之所以是道德的最一般的目的，其根据也就在于人本身的目的性。人类的一切行为都是以自身为目的的，"为我的行动就是我的行动，在此行动之外没有任何

---

① F. H. Bradley, *Ethical Studies* ( Oxford: Oxford University Press, 1927), p. 59.
② Ibid., p. 64.

目的。……简言之，因为道德目的意味着行动，而行动则意味着自我实现"①。

所谓自我实现，绝不是任何单个人的欲望满足，也不是他的一己的实现。作为目的的自我是一种"整体自我"（whole self），所以，"我们努力实现的自我是作为一个整体的自我，它不只是一种状态的纯粹集合"②。而且，这种整体自我的目的也不单是眼前的、特殊的、经验的，而且也是未来的、一般的、理想的。从一般意义上说，人的目的总是具体的，目的不可能与具体的个人分开。但同样真实的是，人们在生活实践中，对目的的关注总要超出"这样或那样的环境"，超出个体自我的实在，伸向更广更远的目的境界，这就是人们的"实践的自我实现"。布拉德雷认为，个人的目的从属于"更广泛的目的"，人类整体的理想目的的存在，又包含着较小的具体个人的特殊目的。人们在实现各自较小的具体目的时，同时也在"实现着某种更大的整体目的"。从这种意义上说，"我们所实现的自我与整体是同一的，或者说，我们所实现的自我状态的观念与代表着整体的观念是相联系的"③。由此可以得出结论："不仅人所意愿的和他们在自己的面前所设置的目的是一个整体，而且，被人们视为排除了任何特殊目的或内容的意志本身也同样是一个整体。因为自我是一个整体，只有当它发现了自身，当它的内容充分形成和充分实现后，自我才能满足，这就是我们的实践的自我实现之意义。"④

布拉德雷不单从部分与整体、特殊与一般的关系方面对自我实现原则进行了横向论证，而且，也从有限与无限的历史性角度对这一原则进行了纵向的论证。他指出，我们对自我实现的说明不仅涉及把自我作

---

① F. H. Bradley, *Ethical Studies* (Oxford: Oxford University Press, 1927), pp. 65–66.
② Ibid., p. 68.
③ Ibid., p. 69.
④ Ibid., p. 73.

为整体的问题，还要看到整体自我本身的历史性特征。把自我实现作为一个整体，这使人们很容易想到康德在"同质性"（homogeneity）和"特殊化"（specification）的意义下提出的道德原则，即康德关于人类种族发展的道德要求与个体自我发展的道德要求的见解。在布拉德雷看来，康德确实看到了人类道德目的同质性（人类共相目的性）和特殊化（个体自我的单相目的性）的双重特征，但他没有看到两者相互渗透的综合本质。他说："理想既不是完全同质性的，也不仅仅是最后阶段的特殊化，而毋宁是这些因素的综合。我们的真实存在不是极端的统一，也不是极端的多样性，而是两者的完善的同一性。而'实现你自己'并不仅仅意味着'成为一个整体'，而是成为一个无限的整体。"① 在这里，布拉德雷批评康德把"同质性"与"特殊化"两方面简单调和起来的做法，借助了黑格尔的辩证法来解释道德目的，并进而用黑格尔的历史主义方法把整体的目的性综合引申到纵向的历史考察之中，这即是他的自我实现的无限与有限统一的目的性原则。

目的不单是一个整体，而且也是一种包含着无限与有限统一的历史发展过程。目的的有限性意味着它受到外部条件的某些限制，目的的无限性表明人类道德理想的无限的目的追求。对目的的有限性与无限特征，历来有两种错误的理解。一种理解是，认为无限即是非有限（not-finite），表明目的的无终结意义，这是享受主义者们所执信的观点。在他们看来，无限即是无终结，没有终结则包含着一种绝对的肯定性，对于任何既定的量（快乐量）是有限的，而这种有限的量的系列总和（快乐量的总和）则是无限的。布拉德雷以为，这种理解是一种算术式的机械数量相加，而实质上量的相加永远只能是有限的，快乐的总量不能产生无限的目的意义。另一种理解则主张，"无限不是

---

① F. H. Bradley, *Ethical Studies* (Oxford: Oxford University Press, 1927), p. 74.

有限"，它不是在量的意义上，而是在质的意义上是无限的。这就是密尔等人的功利主义伦理学观点，它把边沁的以快乐（幸福）量为标准的享乐式功利主义，改装成以快乐质为道德标准的普遍功利主义。布拉德雷认为，这种理解同样是错误的，因为"这是一种为抽象的义务所相信的无限"①。

布拉德雷的观点是："无限是'有限与无限的统一'。……否定也是肯定。因此，无限本身有一种区别，也有一种否定，但它只是靠它自身来区别和否定的。"② 作为道德行为的主体，人"既是有限的，也是无限的，这就是我的道德生活持续进步的原因所在。我必须进步，因为我有一种将要成为然而却又永远不是我自身的东西，所以，正如我所是的，我处在一种矛盾的状态之中"③。人的自我实现永远处于一种由有限向无限的发展过程之中。人不断地追求着自我的实现，也不断地实现着自我，但他永远也不能达到绝对的理想境界。人本身是有限的，而在这种有限生命中所表现出来的目的却是无限的，这就是矛盾，有矛盾就有否定，在否定中肯定，在矛盾中追求有限与无限的统一。崇高的道德目的使人们在有限中追求无限，在现实中追求更高的理想实现，这就是有限与无限的统一，也是人类道德不断进步的内在动因。

无限的追求不仅是个人的自我追求，而且是人类整体的自我追求。同时，只有在整体自我中，个体自我的有限追求才能获得无限的意义。因此，人的自我实现是部分（个体）与整体、特殊化与同质性、有限与无限在道德价值的实践中的历史统一。首先，是整体与部分的关系。一个人"只有加入一个整体，才能成为一个整体"，又只有"成为一个整体中的成员"，才能真正地实现自我。其次，是特殊

① F. H. Bradley, *Ethical Studies* ( Oxford: Oxford University Press, 1927) , p. 77.
② Ibid., p. 77.
③ Ibid., p. 78.

与普遍的关系（即自我与他人的关系）。人在整体中的自我实现，必然要求他与别人同质化、普遍化，同时，只有当他的自我获得同质性时，才有真实的特殊化。反过来说，真实的特殊化必定使他具有同质性，这就是行为主体的自我与他人的关系本质，它体现特殊化的个体意志与同质化的整体意志的内在统一。布拉德雷说："他人与我的关系不仅仅是外部的关系。我把自己了解为一个成员，这意味着我意识到我自己的作用，但这也意味着作为在我身上特殊化的整体本身。整体的意志有意地在我身上意志着它自身；整体的意志是各成员的意志，这样，在意志着我自己的作用时，我知道他人也在我自身意志着他们自身。我也知道，我在他人身上意志着我自己，而在他们身上，我发现我的意志已不再是我的意志，然而却又是我的意志。"最后，是自我实现中有限与无限的关系。人类自我的整体实现和同质性意味着人类自我实现的无限性，个体自我只有投入这种无限之中，才能使有限的自我获得无限的价值意义。布拉德雷又说："'实现作为一个无限整体的你自己'意味着'通过实现你自身中的整体来实现作为一种无限整体之有意识的一员的你自己'。当这种整体是真实无限的时候，你的个人意志将整个地被造就成为与整体相联系的意志，那么，在这种意志中，你也就达到了同质性和特殊化之极，获得了完善的自我实现。"即是说，当个人把自身有限的目的和行为与普遍的整体目的和意志统一起来时，他就获得了最大的普遍性的目的实现，同时又最大限度地实现了他自身的特殊化的目的，因而达到了最高的生命价值实现。[1]

透过抽象思辨的语言表达形式，我们不难看出布拉德雷对上述三种关系的分析，实际上也就是他为自我实现的总原则所规定的三条道德律令。这使人们又想到了康德曾经为我们制定的三条道德律令，至

---

[1]　F. H. Bradley, *Ethical Studies* ( Oxford: Oxford University Press, 1927), p. 80.

少在形式上适合这种联想。不同的是，布拉德雷运用了黑格尔天才的辩证法，从伦理学的角度论述了人类道德关系中所蕴含的整体与部分、普遍与特殊、无限与有限的关系意义。他的本旨在于：使人们的个体自我与整体自我统一起来，通过自我与社会的矛盾统一，达到有限自我的无限扩张，从而使自我超越有限，达到无限的整体目的的实现。这种晦涩的论述，实质上是布拉德雷所一贯主张的"内在关系说"的伦理学应用。所谓"内在关系说"，简单地讲就是一个"关系的矛盾→关系的扩展→关系的超越"的发展程序，由此构成事物运动的关系系统，这一系统的基本特征在于它自身的和谐和无所不包这两个合二为一的方面。① 布拉德雷是通过强调人的诸种内在关系来确定整体、普遍无限的绝对意义，因之，他的自我实现原则就是通过个体与整体、同质性（普遍化）与特殊化、有限与无限的矛盾关系的统一，构成这种统一的扩张，最终使自我实现达到超越性的理想实现。这就是道德的目的善与手段善的实践统一的全面含义。

但是，这还只是从一般理论意义揭示了道德的目的价值与手段价值的内在关系，事实上还必须解释一系列的实践问题。布拉德雷充分意识到，传统的享乐主义和功利主义是两种最易于引起人们实际误解的道德主张，因为它们把快乐当作道德的唯一目的，这种"为快乐而快乐"的道德与"普通的道德信念是不一致的"②。他认为，对于普通的人来说，人生的目的在于幸福这是可理解的。但是，"幸福既不意味着一种快乐，也不意味着一定量的快乐。在一般情况下，它意味着他自身的发现，或者意味着他自身作为一个整体的满足，而在特殊情况下，它意味着他生活之具体理想的实现"③。因此，功利主义者们

---

① 参见侯鸿勋、郑涌编《西方著名哲学家评传》第 8 卷，山东人民出版社，1985，第 258~259 页。

② F. H. Bradley, *Ethical Studies* (Oxford: Oxford University Press, 1927), p. 93.

③ Ibid., p. 96.

从心理学基础出发，把快乐当作人们唯一可欲求的目的，并把追求这种目的实现的手段诉诸人的"本能力量"，这无法获得证明，也不可能付诸生活现实。因为它只是一种感性的心理说明。我们可以赞同幸福是目的的命题，但不能因此而以为幸福就是快乐。进而，我们同意快乐是一种好的东西，但它不一定是道德上的善。一言以蔽之，道德的价值（善）必须是基于理性认识之上的目的与手段的统一。

值得注意的是，布拉德雷还详细地分析了所谓"积极的快乐"与"消极的快乐"之间各自不同的道德性质。他认为积极的快乐有助于人类的生命发展，具有道德善的价值。相反，消极的快乐并不具有道德善的价值。即令是有善性的快乐，其价值也不是绝对的。因为快乐本身不是目的，目的只是生命自身。生命包含着快乐（尽管人们对生命偶尔抱有悲观主义态度），但是，我们绝不能因此而推出"追求生命的实现就是追求快乐"[1]的结论。只有生命自我的实现是绝对的，快乐只是相对的、附加的、非本质的。由此可见，布拉德雷的反功利主义和快乐主义立场与格林是一致的，他的分析批判虽不及格林的细致具体，但同样抓住了它们所特有的狭隘经验主义与心理主义的方法论缺陷。

## 四 "善良意志"与"为义务而义务"

如前所述，布拉德雷主张道德的目的在于自我实现；或者反过来说，自我实现即道德的善。但是，这种自我实现的具体道德内容是什么？既然自我实现不等于快乐，也不是抽象的或纯个体的，那么，自我实现究竟是什么样的道德行为？

布拉德雷告诉人们，真实的自我实现是一种意志的行为，道德的善实质上也就是意志的善。从这种意义上说，道德的目的即人的善良意志

---

[1] 参见侯鸿勋、郑涌编《西方著名哲学家评传》第 8 卷，山东人民出版社，1985，第 136 页。

的实现。他这样写道："简言之，善即善良意志。目的是为意志的意志；从它与我的关系上看，目的就是我自身的善良意志的实现；或是作为善良意志的我自身的实现。在这种特点中，我对我自身来说是一个目的，而且我是一个绝对的和最终的目的。除非是一种善良意志，一切都不是善的。"① 很显然，布拉德雷的自我实现伦理学通过黑格尔式的关系论证，最终靠近了康德的善良意志学说。他甚至公开申言，这种善良意志学说"不是形而上学的杜撰"，而是"生命和道德意识的真理"。因为一个人道德品质的好坏根本取决于他内在的意志力是否善良。②

什么是善良意志？布拉德雷从四个方面进行了规定。首先，善良意志是普遍的意志。道德目的本身是绝对的无条件的，作为这种目的之表现的善良意志也必然是非特殊的、普遍的。布拉德雷说："道德目的概念本身就应该是一种绝对的目的，而不是有条件的目的。……所以，这种意志也就不是特殊之人的特殊意志，它对你我都一样，从我们共同的准则和目的的特点看来，它又高于你我，因此，它是客观的和普遍的。"③ 其次，善良意志是自由的意志。意志的真实道德意义在于它完全是行为主体的自律行为，它不为任何外在的原因和目的所限制。用布拉德雷的话说："它不受限制，其存在与属性不归因于任何非它自身的东西，也不是由非它自身的东西所创造的。因此，（合理地说），它也不能由非它自身的东西所激励。它既没有任何自身以外的目的或目标；也不为任何其他东西所构成或为其所决定。"④ 再次，善良意志是自律的意志。善良意志的普遍性和目的性特质，使它普遍内化为人们的自觉意志行为，它不单是一种行为的自由根据，而且也是行为者自觉意识的表征。他说："善良意志是一种把普遍化为

---

① 参见侯鸿勋、郑涌编《西方著名哲学家评传》第 8 卷，山东人民出版社，1985，第 143 页。
② 同上书，第 143 页。
③ 同上书，第 143 页。
④ 同上书，第 144 页。

自身或把自身普遍化为意志，因此，我们可以说它是他自身的一种规律并意志于其自身的规律。而且，因为它是普遍的，因此它在意求着对自身有效的东西的同时，也意求着对一切有效的东西。"[1] 这一论述，颇似于康德的道德意志普遍律。[2] 最后，善良意志是形式的。这就是说，由于善良意志的普遍性、目的性和自律性，决定了它必须是超特殊内容的纯粹意志形式，而不是功利主义伦理学的追求物质快乐的欲望冲动。因此，布拉德雷说："善良意志就是一种仅仅为形式所决定的意志，它把自身作为纯粹的意志形式来实现。这种形式的意志可以看作是前面所谈到的各种［意志］特征的真实表达，即普遍性、自由与自律的真实表达。在形式上，它们都是一种东西。我是自律的，只是因为我是自由的；我是自由的，仅仅因为我是普遍的；我是普遍的，仅仅因为我是非特殊的；而只有当我的意志是形式的时候，我才是非特殊的。"[3] 通过这一系列的逻辑推论，布拉德雷实际上是以新的形式重复了康德曾经论证的三条道德律令的内容，折回到康德的形式主义伦理学老路。

把善良意志最终归结为纯意志形式，使布拉德雷重新树立了人的双重自我的对立。在他看来，虽然我的真实目的是我的善良意志，即纯形式化的意志，但这并不是说我就是一种单纯的形式。事实上，人有着双重的人格存在：一方面是"理性的自我"；另一方面我有着"经验的本性"，它有一系列"此我"（this me）的特殊状态，这就是我的"欲望""厌恶""激情""快乐""痛苦"等。这种经验本性的我可以称为"感觉的自我"或"经验的自我"。布拉德雷说："在这种自我中，人必定追求所有的内容、所有质料和所有可能充塞这种形

---

① 参见侯鸿勋、郑涌编《西方著名哲学家评传》第 8 卷，山东人民出版社，1985，第 144 页。

② 参见康德《道德形上学探本》，唐钺译，商务印书馆，1957，第 16 页。

③ 同上书，第 145 页。

式的东西，因为所有的质料必定来源于'经验'，它必须在外部世界并通过我对它的知觉，或我对我自己的一系列内在状态的知觉所给予、在所有情形下，它都是感觉的，它们是与非感觉的形式相反的东西。"① 与康德不同的是，布拉德雷认为这种经验的自我"也是道德主体的一种因素"，而不能完全将它排除在道德主体之外。事实上，"形式的实现，只有通过一种对抗性，通过必定战胜对立面才有可能。道德的本质正在于这种冲突和这种胜利"②。这意思是说，善良意志的实现，必须而且只有通过以理性的、形式的和普遍的意志战胜感觉的、内容的和特殊的经验自我，才能获得其实在的道德价值。道德的本质就在于它是"形式自我压迫感觉自我的活动"③，只是通过这种双重自我的矛盾才使我们有可能触及道德上的"应当"和"义务"的实质意义。

依布拉德雷所见，"应当"与"义务"是两个相互联系的范畴，它们的实质意义就在于道德主体自身的双重人格矛盾及理性自我对经验自我的超越。他这样写道："如果我们的自我不超越其一系列的状态（指人的欲望、快乐等经验的心理的状态——引者注），如果它不超出或超越这些共存的和连续的现象；那么，'应当'就没有意义。……一个主体的两种因素的对抗性是应当的本质。应当是一种要求，它所表达的既不单是某种东西的东西；也非完全不是某种东西的东西；而是既是又不是的东西；简言之，它表达的是某种存在的东西。……在应当中，自我是被要求的，而这种自我是我的感觉的自我，……它为非感觉的形式的意志所迫使，这种非感觉的形式的意志既超出经验的因素之上，又与它平等。"④ 即是说，"应当"的道德本

---

① 参见侯鸿勋、郑涌编《西方著名哲学家评传》第 8 卷，山东人民出版社，1985，第 145 页。
② 同上书，第 146 页。
③ 同上书，第 146 页。
④ 同上书。着重点系引者所加。

质在于通过主体双重人格间的矛盾确立善良意志的超越地位，使其成为支配主体道德行为的根本力量。因此，所谓应当实际上也就是主体道德的意志表达，而这一点正是道德义务的确证。换句话说，如果说应当是善良意志的内在要求，那么，义务则是对这种意志要求的自觉服从。所以，布拉德雷又说："应当是形式意志的要求，而义务则是服从；或者更合理地说，意志所激起的低级自我的冲动或形式的实现，都是在这些执拗的（难以约束的）欲望质料中，或在反对这种质料中所实现的。"① 正是在这种意义上，布拉德雷才认为善良意志不仅是纯粹形式的和肯定的——它适应着非感觉自我的理性要求；同时也是实际的和否定的——因为它只有通过与感觉自我的矛盾或对抗，并最终否定和超越感觉自我的内容状态，才能实现自身。"应当"是这种矛盾和超越的道德表达；义务是对"应当"要求的道德服从。义务必须与善良意志同一。

如同善良意志是纯粹形式的意志一样，义务也必然是纯粹形式的，它不能带有任何经验的成分。换言之，所谓义务就是康德式的纯粹义务，是"为义务而义务"。布拉德雷用康德的口吻说："义务必须是为义务而义务，否则，就不是义务。进一步说，善不仅仅是靠一种外来主体（foreign-subject）所实现的形式的实现，而是靠主体自己来实现的他自己的自我实现。……在各种情况下和各种行为中，除非人们有意识地为义务而履行义务，否则就不是义务，而这意味着为纯粹的形式实现而实现，除了纯粹的形式之外，它不是任何东西的实现。因此我们看到，在任何情况下，如果人们出自快乐而履行一种行动，或欲求纯粹的形式，都不可能是义务行为。因为它可能是出自低级的本性，为自己的某种嗜好而选择去实现形式，这不可能是实现自

---

① 参见侯鸿勋、郑涌编《西方著名哲学家评传》第 8 卷，山东人民出版社，1985，第147 页。着重点系引者所加。

身的形式，因此，在任何情况下，这种行为都不是道德的行为，因为在任何程度上，它都没有获得其目的。"① 从布拉德雷的这段论述来看，他所谓的"为义务而义务"，就是指出自纯粹的善良意志动机的行为。一方面，他承认人的双重自我的矛盾性，肯定道德上的"应当"所包含的矛盾意义；另一方面，他又主张作为道德行为的动机必须是超越这种矛盾之上的纯粹的形式意志。这实际上是用黑格尔的方法来论证康德式的形式主义义务论。

此外，布拉德雷还认为，道德的行为与合法的行为是有区别的，这种区别的标志是：前者是"为义务而履行义务"，后者则是为了某种较远的目的而履行义务，虽然这种行为可以是合法的，但不一定是道德的。"除了人们有意识地为普遍的形式而行动外，任何行动都不是道德的。"② 由此可见，当布拉德雷论及道德要求的时候，他的观点是黑格尔式的，能够正视矛盾；而当他谈到义务的时候，他的观点却是康德式的，主张的是一种超矛盾或无矛盾的善良意志动机。这使他的义务论也同样带有折中调和的色彩。

迄今为止，我们还只是涉及布拉德雷关于义务的一般理论，更重要的是，他通过个人与社会的关系对个人义务与权利进行具体论述。这是布拉德雷在《我的岗位及其义务》一文中所阐述的基本内容，被人们认为是最能代表新黑格尔主义伦理学的典型作品。在该文中，布拉德雷严厉地批判了宗教禁欲主义、抽象整体主义和个人主义的道德原则。他认为，禁欲主义是对人的一种纯粹的否定，它与人类道德实践的基本目的相悖。我们承认善良意志是一种否定与肯定的统一，但它的本质是自我肯定的，是通过否定达到肯定，而不是绝对的否定。况且，它所否定的仅仅是非道德的因素，而不是主体道德目的本身。

---

① 参见侯鸿勋、郑涌编《西方著名哲学家评传》第 8 卷，山东人民出版社，1985。
② 同上书，第 147 页。

因此，禁欲主义不过是"一种精神上的不可能性，是一种自我矛盾的虚幻"①。同时，善良意志行为也不是一种狭隘的个人目的实现，个人主义也不能作为人类道德的目的。善良意志是"实现着一种高于此人或彼人之上的目的的意志"，但它也绝不是一种"抽象的普遍"，"因为它属于应该实现的本质，除了在其特殊之中并通过其特殊之外，它没有任何真实的存在。（对于道德来说），不论善良意志是什么，如果它不是活生生的有限存在的意志的话，它就没有意义。它是一种具体的普遍，因为它不仅高于其具体（details）之上，而且也在具体之中，并通过具体，它只是具体所是的东西"②。因此，布拉德雷既反对狭隘经验个人主义，也反对脱离具体（特殊）的抽象整体主义。他继而认为，个人之于社会，犹如人体的每一器官之于整个人体。社会是一个有机的系统，个人是社会有机体中的一个组成部分，或者说，个人是"在系统中跳动的心脏"③。个人离不开社会，社会也不能是没有心脏的躯体，犹如人体与各器官之间须臾不可分离一样。义务就是作为道德主体的自我对自身作为社会有机体的一个器官的功能（function）的自觉意识和履行，也是对自我在社会生活中的岗位及其义务的意识和履行。

布拉德雷指出，我们必须澄清两种错误的认识，一种是"窃自于希腊思想家"的"坏的形而上学梦想"。它以为，"国家先于个人，整体有时大于部分之和"，仿佛部分离开整体就不真实。事实上不是如此，"家庭、社会、国家和一般的每个个人的共同体都是由个人所组成，而在它们之中，除了个体以外一切都是不真实的"④。另一种看法是，认为自我是一种在"排斥其他自我的意义上的'个体'"，把

---

① 参见侯鸿勋、郑涌编《西方著名哲学家评传》第 8 卷，山东人民出版社，1985，第161 页。
② 同上书，第162 页。
③ 同上书，第163 页。
④ 同上书，第164 页。

个人视为孤立的存在，这同样是"一种纯粹的幻想"。布拉德雷以为，既没有脱离个体或先于个体的社会和国家，也没有脱离社会和国家的孤立的个体。孤立的个人和超于或先于个人的社会只能在理论上设想，却无法获得其实在性。他说："事实上，我们称为个体的人，是由于共同体并依赖于它的力量才成为个体的。因此，共同体不是纯粹的名称，而是某种真实的东西，个体也只能视为许多人中的一员（如果我们尊重事实的话）。"① 例如，一个英国人，如果排除了他的出身、他所受的教育等因素，就只能是一个谁也不是的抽象。同样的道理，小孩只是一个未开化的"自然"，离开父母的哺养和社会的教育，也无法说明他的本质。换言之，离开社会没有任何个人的存在。应该承认，布拉德雷的上述分析和例子是包含着深刻道理的。它使我们想到马克思曾在《关于费尔巴哈的提纲》中所提出的一段经典性论述："人的本质并不是单个人所固有的抽象物，实际上，它是一切社会关系的总和。"② 尽管布拉德雷并没有像马克思那样从人类社会实践的高度去概括人的本质，但他确乎从一般理论上洞见了个人与社会的辩证关系及人的社会本质属性。

基于这一合理的出发点，布拉德雷进一步剖析了他的观点与其他错误观点之间的原则区别。他认为，这些流行的观点所主张的"普遍"是抽象的，而他的"普遍"则是具体的，此其一。其二，他们的"普遍"是主观的，而他的"普遍"则是客观实在的。其三，他们的"普遍"是超特殊的，而他的"普遍"只能寓于特殊之中。因此，布拉德雷指出，人类的道德生活应该是整体与个体的同一，人类的道德世界是一个整体，它包括外在与内在，或曰肉体与精神两个方面。从家庭到民族、国家的体系和制度，这些就是道德的外在的肉体

---

① 参见侯鸿勋、郑涌编《西方著名哲学家评传》第 8 卷，山东人民出版社，1985，第 166 页。
② 《马克思恩格斯全集》第 3 卷，人民出版社，1960，第 5 页。

的方面，作为整体自我的意志（或曰"公共精神"）是其内在的灵魂的方面。依布拉德雷所见，外在的肉体必不可少，但没有内在灵魂的躯体也无异于死亡的僵尸。因此，他意味深长地说："没有公共精神的民族是不会强大的，而除非使它的成员都公共精神化，它就无法拥有公共精神，即把公善作为个人的东西，或者将它铭刻于心。"① 可见，布拉德雷所强调的是作为整体自我的意志和精神，以及这种整体意志或精神在个体自我的普遍内在化。

如何达到这一目的？布拉德雷认为，首先必须使社会的整体意志指向社会的每一个个体，即所谓"道德体系特殊化"，使每个社会成员都把社会道德要求内化为自己的义务感。另一方面，个体在行为中要自觉把社会道德个体化、具体化。前者是社会给予个人的特殊岗位及义务要求，它表明个人在社会有机体中的地位和作用；后者是个人把"客观的有机体的系统化的道德世界"（作为普遍道德意志的实在）内化为自觉的主体意志行为和道德义务感，"我的内在义务就是对外在功能的响应"②。换言之，我的义务即对自己所处的社会岗位之责任的履行。布拉德雷认为，这两个方面的和谐无须任何假设的支撑，因为它们原本就是同一问题的两个方面，是一种"道德有机体"的基本构成，这种和谐既避免了个人主义的幻想，也打破了专制主义的神话，"它粉碎了专制主义与个人主义的对立，它否定这两者，同时又维护着两者的真理"。即是说，道德有机体的理论既剔去了专制主义与个人主义的糟粕，杜绝了这两个极端的危险，又保留了它们的合理因素。这种综合调和，正是布拉德雷所企求的目的。

为此，布拉德雷还特别论及了权利与义务的相互关系。他以为，一般地说，权利代表着对普遍的强调，义务则代表着对特殊的强调，

---

① F. H. Bradley, *Ethical Studies* (Oxford: Oxford University Press, 1927), p. 177.
② Ibid., p. 180.

或者说："权利是普遍的表达，是对特殊与普遍关系中的普遍方面的强调。它包含着特殊，因而也包含着特殊与普遍之间的不一致性（discrepancy）的可能性。"① 由于权利倾向于普遍，所以在社会生活中它常常意味着社会普遍法律对个人特殊意志的要求。相反，"义务是对普遍的肯定之中的特殊意志的维护"②。它表达的是个人特殊的意志和目的。但是，权利与义务两者不可分割，只有它们的统一才能产生道德价值。布拉德雷说："善是两者（指权利与义务——引者注）的同一性，而不单纯是两者的关系。……权利和义务是善的不同因素，它们必须相辅相成。除了在特殊之中外，普遍无法得到肯定，而特殊也只能在普遍之中肯定自身。"只有在普遍意志（权利）中，才有特殊意志（义务）的实现；反之亦然。由此，布拉德雷最后得出了五个结论：第一，人们没有无义务的权利；第二，也没有无权利的义务；第三，义务不是本能的冲动；第四，义务并不包含恐惧等外在因素，它是纯粹自律的形式意志的表达；第五，权利与义务都不可能有超道德界的存在。③

## 五 道德理想

道德理想主义是新黑格尔主义伦理学的一大特征，布拉德雷也不例外。如前备述，布拉德雷与格林两人的伦理学都是以自我实现的道德原则为核心而展开的。在他看来，人类的最高道德价值目标就是自我实现。这种自我乃是个体与社会整体的同一化的自我，自我实现即自我完善，最终达到"善自我"的境界。"善自我"的内涵包括三个方面：首先，实现善自我的最重要条件是人们对自身岗位及其义务的自觉意识和践履；其次，善自我必须在现实生活世界中实现；最后，任何善自我的实现都是一个不断由现实达到理想的过程。实现善自我

---

① F. H. Bradley, *Ethical Studies* ( Oxford: Oxford University Press, 1927) , p. 207.
② Ibid., p. 212.
③ Ibid., pp. 212 – 213.

的理想是人类的道德义务，用布拉德雷的话说："在善自我中还留有我们尚未进入的更深的领域，人们把一种理想的实现视为一种道德义务。"① 因此，道德与自我实现是同一的、共同扩展的。这种自我永远是一种与理想相联系着的自我，它依赖于我对岗位义务的自觉履行，依赖于社会共同理想的支撑。在此意义上，我永远是实现理想自我的主体，而共同的道德是自我实现的最高目标。

人类共同道德理想的必要性，证明了共同的社会道德的必要性。因之，布拉德雷又指出："共同的社会道德是人类生活的基础。它在社会的特殊功能中的特殊化，并在其基础上树立更高的社会完善之理想和理论生活之理想；而且，共同的道德既是社会渴求后代的摇篮，也是保护他们的保姆。"② 只有共同的社会道德才能给人们提供更高更完善的价值，并为人类的持续发展提供保障。社会是一个真实存在的有机体，如同道德理想本身一样。通过道德理想的不断实现和追求，人类不断求得完善和发展。

道德是现实的、肯定的，又是理想的、否定的。它不断在自我实现的现实过程中表现出来，又意味着一种"应然"却尚未"实然"的理想状态，因而它又必须不断地否定过去，趋向未来。"应当"恰恰表达了道德的这种理想本质，也表达着道德本身。"哪里没有完美，也就没有应当；哪里没有应当，也就没有道德。"③ 这就是"应当"所蕴含的道德与理想的关系。

理想的崇高性激励着人们不断地追求善自我的实现。但是，有一种观点认为，人们对善自我的追求完全是利己主义的。另一种观点又认为完全是利他主义的。布拉德雷认为，这两种观点都失之偏颇。在他看来，利己主义是一种自私的道德情感，自私即"求其所好，避其

---

① F. H. Bradley, *Ethical Studies* (Oxford: Oxford University Press, 1927), p. 222.

② Ibid., p. 227.

③ Ibid., p. 234.

所恶，行其所需"①。但是，事实上任何自我都不完全是由利己主义的习惯和欲望所造成的。同样，任何善自我也并不都是利他主义的，否则，自我实现就会或失之于狭隘，或流于抽象。布拉德雷认为，善自我既包括快乐的自我（情感的自我），也包括理想的纯粹意志的自我。人们的自我实现不是脱离快乐的抽象，而是现实生活中具体的自我实现。因此，利己主义和纯粹利他主义都是非科学的。布拉德雷指斥传统的享乐主义混淆了"快乐的思想"（pleasant thought）与"对一种快乐的思想"（the thought of a pleasure），也因此混淆了人们对快乐的沉思和把快乐作为满足目的这两者间的界限，以至于把快乐的追求当作自我实现的目的。正确的解释是，一方面，自我实现可以给人们带来快乐，但快乐绝非自我实现的目的或本质。另一方面，善自我的理想追求也不是纯粹利他主义的，它是对个体自我与整体自我的共同肯定。不错，人类确实存在着自我牺牲的伟大精神，但自我牺牲也是一种自我实现的表现，是为了实现更高的理想而做出的努力。布拉德雷如是说："自我牺牲是故意的放弃，是部分地或全部地为那种更高的存在而放弃。"②

概而言之，布拉德雷认为："道德是一个没有终止的过程，因而是一种自我矛盾，既然如此，它就不会自行停滞不前，人们可以时刻感觉到它超越现存实在的冲动。"③ 人类道德的发展永无止境，其自我实现也是一个无限的过程，正是道德的这种未来理想性品格，使得它与宗教常常密切相关。布拉德雷认为，对于宗教我们无可多言，只能把它当作一种现存的事实。宗教的信仰意味着人类所特有的神圣性的理想意识，在这一点上，宗教与道德并无二致，区别在于："在道德中还只是将要存在的东西，在宗教中却或多或少地在某些地方已实际

---

① F. H. Bradley, *Ethical Studies* (Oxford: Oxford University Press, 1927), p. 252.
② Ibid., p. 310.
③ Ibid., p. 313.

存在着"，因此，"道德作为一种实现的过程，存在于宗教之内"①。于是乎，和格林一样，强调道德理想性品格的结果，使布拉德雷也不得不调和道德与宗教之间的矛盾，使两者同时以人类神圣精神的身份，在人类理想王国的殿堂内缔结姻缘，甚至使道德充当了一个带有依附性格的温情淑女，投进了宗教的怀抱。在这一点上，无论是格林，还是布拉德雷都没有超出他们的前师康德和黑格尔。

## 六　从黑格尔归于康德

至此，我们终于完成了对布拉德雷伦理学理论的考察。客观地说，布拉德雷似乎用着与格林相同的口吻给人们叙述了一个相近的道德故事：它有着理性的崇高；充满对未来理想的期望；经过理性方式的蒸馏，一切都显得纯净而美妙，人间固有的自然本能和情感都涂上了理想化的色彩，剩下的只是理想的超越、纯粹主体性的升华和纯洁无瑕的道德世界。这就是布拉德雷仰仗着黑格尔的理性辩证法方法为我们提供的康德式的伦理学体系。这种充满理想精神和超越风格的道德理论，无疑使几百年沉溺于当下经验生活的情感和功利思考的英国民族为之耳目一新，它和格林的伦理学一道构成了英国近现代伦理思想史上奇特的一幕：在英国经验主义思维方式与功利主义伦理学密集交织的文化道德之网中突破出来，独树理性主义的伦理学旗帜。

同格林一样，布拉德雷借助了黑格尔的理性主义辩证法作为建立自己伦理学体系的基本方法。理性之于布拉德雷，如同之于格林一样重要，它成了建立人类道德的基础，被视作道德关系普遍化的知识条件，也是自我实现之道德理想的精神支柱。虽然布拉德雷从确立意志自由开始展开整个伦理学体系的逻辑，但这一起点的确立首先在于人类普遍理性的假定。同时，以理性取代感性经验，以精神排斥物质欲望，同样是

---

① F. H. Bradley, *Ethical Studies* (Oxford: Oxford University Press, 1927), p. 334.

布拉德雷所坚持的理论立场。因此，他反对功利主义、享乐主义乃至宗教禁欲主义的道德原则，反对囿于经验、急功近利的英国传统的道德理论。这一切都与当时的实证主义和功利主义伦理学形成了鲜明的对比，如果说格林的伦理学形成已经标志着理性主义伦理学与功利主义伦理学的分庭抗礼的明朗化，那么，布拉德雷的努力则在一定程度上加重了理性主义伦理学在当时两极对立的天平上的分量，曾一度使经验主义（尤其是功利主义）伦理学在英国威风扫地。然而，这种变革毕竟是短暂的，它多少倚赖于异域民族的文化和道德的间接力量，远远不能与英国本土的道德文化传统长时间地抗衡下去。在布拉德雷得意之时，他便遭到了来自现代新实在论者（摩尔、罗素）和美国实用主义者（詹姆斯等人）的反攻，并很快衰退下去了。

与格林不同的是，布拉德雷没有首先去论证道德的一般形而上学知识论基础，而是直接抓住意志自由与道德责任这一古老而关键性的理论疑难。尽管布拉德雷采取的方法有着明显的折中调和色彩（颇似于康德），但无可否认的是，他对这一问题的说明，不仅使黑格尔曾经贡献给哲学认识论领域的自由与必然的辩证理论在伦理学中具体化，而且确确实实洞穿了道德中的意志自由与道德必然（责任）之间关系的一般本质，即主体意志自由与道德责任的必然统一，以及道德权利与道德义务的统一。但是，布拉德雷没有像马克思那样超越康德、黑格尔，在根本上还只是翻新康德的"善良意志"学说，最终复归于康德的"为义务而义务"的形式主义伦理学结论。正因为如此，布拉德雷和格林一样，强调人的精神因素（动机）在道德生活中的作用，强调普遍精神（格林的"民族精神"与布拉德雷的"公共精神"）和共同道德理想（"共同善"）的崇高价值。这在某种意义上部分地反映了人类道德生活的本质特征——理想性和超越性。但在本质上仍然是非科学的，离开了人类的社会物质生活条件和行为效果，道德永远得不到现实的解释，甚至容易滑向抽象的形式主义和信仰主义，难以与宗教划清界限。这既是西方理性主义伦理学长期未能避免的一种消极后果，也是布拉德雷伦理学本身的一种理论教训。

从格林到布拉德雷的新黑格尔主义伦理学的发展时间并不太长（不到半个世纪），但其间已经完整地形成了它所独有的伦理学特征：即理性主义→整体主义→理想主义。而当我们更具体地考察这一伦理学流派的逻辑递嬗时，还会发现这样一种理论现象：无论是格林，还是布拉德雷，他们的伦理学并不是十分地道的黑格尔主义，而毋宁是康德与黑格尔两者的综合，并且从格林到布拉德雷，伦理学上的康德色彩渐见浓厚，表现出一种从黑格尔归于康德的演变趋势。从格林对意志自由的论述到布拉德雷对意志本身的四种规定，从格林关于道德义务的强调到布拉德雷关于"为义务而义务"命题的具体论证，都明显地表现出越来越鲜明的形式主义义务论这一康德式的伦理学特征。或许我们可以说，格林与布拉德雷的伦理学是以黑格尔的观念辩证法，重新进行了一次从黑格尔哲学到康德伦理学的逻辑演绎。这既是一种新的综合，也是一种改造；它既使得新黑格尔主义伦理学不同于一般理性主义，也使它有限地发展了传统理性主义伦理学。

英国新黑格尔主义伦理学是流行于世纪之交的一种现代人本主义道德思潮，虽然它适应了英国现代资本主义发展的暂时需要，但是，由于它的基本方法仍然停留在 19 世纪的德国古典理性伦理学水平，只注意到了当时社会生活的政治道德需要，缺乏对当时新兴科学成果的关注，使其理论尤其是伦理学的方法论远远落后于时代，造成了方法论上的保守倾向。加之黑格尔哲学（特别是历史哲学）在现代西方日益受到大多数人的冷落乃至于讥讽和批判，致使英国新黑格尔主义伦理学同整个新黑格尔主义哲学思潮一道朝起暮落，昙花一现。20 世纪初即受到多方面的攻击，并很快为以摩尔等人为先导的现代西方元伦理学思潮所淹没。布拉德雷后，英国的新黑格尔主义思潮近乎销声匿迹。

# 第二部分
# 现代西方伦理学的发展（一）
## ——元伦理学

20世纪伊始至60年代，现代西方伦理学进入了一个全面发展的新时期，其总体趋势是：与哲学上的科学主义和人本主义思潮相呼应，带有现代科学主义色彩的逻辑经验主义元伦理学和形形色色的人本主义伦理学成为两大伦理学主流。与此相伴，现代宗教伦理学思潮也构成这一时期的一支重要伦理学流派，它与前两者一起构成了现代西方伦理学发展的三条基本线索。我们将在第2部分至第4部分分别按照上述线索，系统地探讨现代西方伦理学的历史发展。

元伦理学（meta-ethics）是20世纪西方伦理学思潮的主脉之一，人们通常把这派伦理学称为"分析伦理学"（analytic ethics）或"批判伦理学"（critical ethics）。"元伦理学"一词的词头"元"（meta）出自拉丁文，本意是"在……之后"，或"超……之外"。所以，"元伦理学"也可理解为超传统伦理学的伦理学，它是与传统规范伦理学（normative-ethics）相对立而提出来的。大致地说，元伦理学与规范伦理学的理论分野在于：规范伦理学所关注的是为人们的道德行为制定和提供各种原则、规范，并借助于形而上学或经验科学方法来确证这些原则、规范的正当性与合理性。自柏拉图、亚里士多德开始，到康德、近代功利主义，都是以此为伦理学本旨的。因之，在广泛的意义上，西方古典伦理学都可以视作规范伦理学。元伦理学与此不同，它立足于"严密的科学逻辑基础"，着力分析伦理学的概念、判断及命令表达的逻辑关系、功能、证明，研究伦理学语言、语辞（术语）的意味或意义。从这一点来看，又可以把规范伦理学称为实践的或行为的道德哲学，把元伦理学称为理论的、批判的或分析的道德哲学，或者谓之"元规范伦理学"（meta-normative-ethics），亦即关于"伦理科学的科学"。

历史上，规范伦理学一直是西方占统治地位的道德理论，虽然从17~18世纪开始，一些思想家也曾试图开辟一条道德语言以及"常识""公理"等意义分析的研究新途径，如苏格兰常识学派、普赖斯

（Richard Price，1723～1791）、西季威克等人，但是，直到 20 世纪初，元伦理学才作为一种独立形态的道德理论出现在西方伦理学舞台上。1903 年，英国新实在论者摩尔出版了《伦理学原理》一书，它标志着现代西方元伦理学的兴起。在该书中，摩尔首次明确而系统地把伦理学划分为规范伦理学（实践的或行动的伦理学）与分析的伦理学（即元伦理学）两大类，在原则上探讨了元伦理学的基本理论问题，从而开了现代经验主义（或曰科学主义）元伦理学思潮的先河。

摩尔的伦理学一般被称为"直觉主义"（intuitionism），它与普里查德、罗斯等人的新直觉主义伦理学一道组成了现代西方元伦理学发展的第一阶段。继而从 20 世纪 30 年代开始，随着以"维也纳学派"为代表的逻辑实证主义哲学思潮对新实在论的取代，出现了罗素（晚期）、维特根斯坦、石里克、卡尔纳普、艾耶尔、史蒂文森等的"情感主义"（emotionalism）伦理学，形成了现代元伦理学发展的第二阶段。至 20 世纪 50 年代又产生了黑尔（一译"黑厄"）、诺维尔－史密斯和图尔闵等的"语言分析伦理学"，形成所谓"规定主义"（prescriptivism）伦理学，它可以看作是现代西方元伦理学发展的第三个阶段。

由于元伦理学理论的发展不断更换着理论形式，其过程十分曲折和复杂，有的研究者也按照他们各自对伦理学特性（status）的不同看法，将元伦理学又划分为"认识主义"（cognitivism）和"非认识主义"（non-cognitivism）。① "认识主义"主张，伦理学是一种知识，伦理学的判断和逻辑分析可以包含真理。摩尔等直觉主义者属于这一类。与之不同，"非认识主义"则认为，伦理学不可能成为一门真知识，或者说它不能成为一种具有真正严密的逻辑必然性的科学。因为

---

① 详见 Roger Hancock，*Twentieth Century Ethics*（New York：Columbia University Press，1974），"导论"部分第三节；V. Ferm（ed.），*Encyclopedia of Morals*（New York：Greenwood Press，1969），"主要伦理学观点"条目，第 309～323 页。

它的判断、概念、术语不能容纳知识真理，只能表达感情、信念、态度或命令。情感主义属于此类。

由此可见，现代元伦理学思想本身也并非千篇一律，而是不断变化、各有差异的。但不论我们从哪一种角度去划分判别，都不能不承认摩尔是现代科学主义（或曰现代经验主义）元伦理学的开路人，甚至是20世纪西方伦理学发展史上第一人。因之，摩尔所代表的直觉主义伦理学，也就理所当然地成为我们探巡元伦理学思潮发展的第一站了。

# 第五章

# 直觉主义伦理学

## 第一节  直觉主义伦理学的形成

"直觉主义"的一般意义是指这样一种伦理学观点：它认为，伦理学的价值意义不能靠经验和理性的方法来认识，而只能凭直觉（intuition）来把握。因此，直觉主义一般都反对近代经验主义伦理学，特别是功利主义、进化论等自然主义伦理学派用自然的对象来规定伦理学判断的做法，表现出反自然主义（anti-naturalism）的伦理倾向。在这种宽泛的意义上，人们通常把从西季威克开始到摩尔、普里查德、罗斯等人的伦理学统归于直觉主义范畴。西方有些学者虽然承认摩尔与罗斯等人在伦理学方法上具有共同的特征，却把摩尔与他们区别对待，认为摩尔并非一个完全地道的直觉主义者。这主要是根据摩尔的伦理学所享有的特殊地位——把他作为现代分析哲学和元伦理学的开创者——来考虑的。[1] 同时，从事实上来看，摩尔直觉主义的

---

[1]  Cf. Roger Hancock, *Twentieth Century Ethics* ( New York: Columbia University Press, 1974 ), p. 41; G. J. Warnock, *Contemporary Moral Philosophy* ( London: Macmillan Publishing Company, 1967 ), p. 4.

伦理学也确乎不同于其他直觉主义者的伦理学。摩尔从"善"的一般价值角度来考虑伦理学问题；而其他直觉主义者大多倾向于围绕道德上的"义务"范畴来建立自己的伦理学体系。所以，学术界亦把摩尔的伦理学称为"价值论直觉主义"，而把普里查德、罗斯等人的伦理学称为"义务论直觉主义"。

直觉主义伦理学正式形成于 20 世纪初期的英国，它有其深远的理论渊源和科学文化背景。如前所述，英国传统伦理学中占绝对统治地位的虽然是规范伦理学，但从 17 世纪狭隘经验论伦理学以后，也出现过各种反经验主义的伦理学倾向，它们虽在根本上并没有摆脱经验主义伦理学路线，却对狭隘经验论伦理学的纯自然主义方法表示出强烈不满。如剑桥新柏拉图派的昆布兰就曾指出，道德价值是内在的、单纯的、非自然的。18 世纪的情感派也反对以狭隘的经验利益来决定行为的道德价值，认为与其说人类的道德认识是一种经验推理，不如说是依靠人类所固有的"道德感"（所谓"第六感官"）而直觉到事物（行为）的善恶价值。与此类似，苏格兰常识学派，如托马斯·里德（Thomas Reid）等人也承认他们的道德哲学曾得益于 18 世纪较早把"直观"应用于道德哲学研究的 R. 普赖斯（R. Price）的理论。① 他们强调人的道德常识（common sense）在道德价值的认识和判断中的重要作用，认为人类有关善恶、正当、义务等常识乃是与生俱来的。人们对事物或行为的道德判断不是依赖于经验性的结果，而更多的是他们所具有的道德常识。

作为学院派的理论传统，剑桥新柏拉图派和苏格兰常识学派的上述伦理学观点，无疑对后来的英国伦理学发展产生了深远的影响。但更值得注意的是，这一传统对现代直觉主义的影响还有着一个关键的中介人物，这就是 19 世纪下半叶英国最著名的伦理学（史）家之一

---

① 西方有人把普赖斯看作近代"理性直觉主义"的代表人物。

的亨利·西季威克（Henry Sidgwick，1838～1900）。从伦理学史的角度来看，亨利·西季威克是英国近现代伦理学发展中的过渡性人物，他既是英国近代功利主义伦理学的修缮者，也是现代直觉主义伦理学甚至是现代剑桥分析伦理学的真正先驱。①

亨利·西季威克曾先后就学于剑桥的拉格比（Rugby）学院和三一学院，后成为三一学院的研究员，终生讲授道德哲学，著有《伦理学方法》（1874年）、《伦理学史纲》等书。总体上看，西季威克的道德思想的基本倾向是批判的、分析的。他较早系统地反驳了传统经验主义、进化论和康德等人的唯心主义伦理学，反对伦理学上的自然主义；他批判地分析了"正当""义务""善"等伦理学的中心范畴，并很早就明确指出这些概念具有最基本的简单性、明晰性和不可定义性。他指出："我们能给'应当'、'正当'和表达同一基本概念的其他语词下什么样的定义：这些概念之基本使我们不能作任何形式的定义，……它们不能再分解为任何更简单的概念了。"②西季威克的这些见解直接启发了后来的摩尔，在《伦理学原理》中，摩尔称西季威克是唯一"清楚地认识并叙述了"善的不可定义性的伦理思想家。③也正是通过西季威克，才产生了20世纪以摩尔为代表的现代直觉主义伦理学。在此意义上，我们有理由认为，如果说剑桥新柏拉图派和苏格兰常识学派的有关思想是现代直觉主义伦理学的间接渊源的话，那么，西季威克的伦理学就是其直接的理论来源和雏形了。

① Cf. M. Warnock, *Ethics Since* 1900 (Oxford University Press, 1978), p. 31. Also Cf. V. Ferm (ed.), *Encyclopedia of Morals* (New York: Greenwood Press, 1969), p. 539.

② 转引自〔美〕V. 弗姆主编《道德百科全书》，英文版，第540页。关于西季威克伦理学的系统研究，可详细阅读 J. B. Schneewind, *Sidgwick's Ethics and Victorian Moral Philosophy* (Oxford: Clarendon Press, 1977) 一书，该书从对西季威克的《伦理学方法》一书的系统历史研究中，较为详尽地介绍和分析了西季威克的伦理思想。我们在本书中只能按必要做一个小引述。

③ 〔英〕摩尔：《伦理学原理》，长河译，商务印书馆，1983，第23页。

然而，西季威克等人的理论毕竟还不是促成现代直觉主义伦理学产生的全部原因，能使它得以完成和发展的历史性原因，还在于20世纪初的特殊科学文化背景。我们曾经谈到过现代西方伦理学的发展与其社会基础是基本一致的。一方面，资本主义社会向高度垄断化和科学化、集合化方向发展，产生了对新的道德伦理观念的要求。另一方面，科学对人们生活的巨大影响，导致了人们对科学的两种相对立的态度：一是根据科学技术给社会带来的异化日益加深的现象，提出了反科学主义和非理性主义的主张；二是根据科学对人类社会、文化的巨大作用及其给人类思维带来的深刻影响而主张科学主义。当时英国的部分伦理学家为了调和科学与道德的矛盾，摆脱近代狭隘经验论所面临的危机，力图将伦理学科学化、逻辑化，这就产生了现代西方唯科学主义的元伦理学。以摩尔为代表的直觉主义伦理学正是开这一新的理论潮流的先河。摩尔等人的努力，在形式上使现代伦理学脱离了"自然主义"，由传统的狭隘经验主义蜕变为现代科学主义的逻辑经验主义，从而使伦理学从注重经验事实转向了重视价值判断形式和语词意义的逻辑形式主义的发展轨道。

## 第二节　摩尔的价值论直觉主义

### 一　现代西方元伦理学的开创者

摩尔是现代西方新实在论和英国分析哲学的开创者之一，也是20世纪西方伦理学史上划时代的人物。他最先明确地把伦理学区分为理论的或分析的与实践的或行动的两大类型，实际上提出了元伦理学与规范伦理学的分立，并较早对元伦理学进行了原则性的论证，创立了所谓"常识合理化的直觉主义伦理学"，被西方伦理学界称为20世英国伦理学史上的一次"哥白尼式的革命"[①]。

乔治·爱德华·摩尔（George Edward Moore，1873~1958）出生在伦敦附近的阿普·洛伍德（Upper Norwood）郊区的一个商人之家，有兄弟姐妹八人。摩尔的父亲很重视对子女的文化教育，摩尔8岁时就去道尔威奇公学（Dulwich College）学习，其间受到良好的古典文化教育。摩尔历来重视希腊文和拉丁文，重视人文科学，轻视自然科学，尤其在数学上缺乏才气。1892年，摩尔进入剑桥大学三一学院学习，后与罗素等人交往甚密，常一起讨论学问。在罗素的直接影响下，摩尔在大学三年级转攻哲学。1896年他完成关于道德科学的学位论文。1898年至1904年，他与罗素等人经常一起讨论哲学伦理学问题，终于在1903年完成并发表了他的成名之作《伦理学原理》。1904年至1911年间，他离开剑桥大学致力于学术研究，1911年返回剑桥大学担任讲师，主持道德科学讲座，并先后讲授过哲学、心理学和形而上学。1912年接替斯道特（Stout）任《心灵》（Mind，一译"思想""精神"）杂志编辑，至1947年为止。从1925年起，他还继J.沃尔德（J. Ward）之位，任剑桥大学的精神哲学与逻辑学教授，到1939年9月退休，前后在剑桥大学任教达28年之久。这一背景使摩尔在学生中的影响大大胜过罗素。1940年后，他先后数次偕夫人去美国加利福尼亚大学、哥伦比亚大学等地演讲。1958年逝世，享年85岁。

摩尔的著作以伦理学方面的最具影响，主要伦理学代表作品有《伦理学原理》（1903年），该书被誉为20世纪西方伦理学的扛鼎之作。《伦理学》（1912年）是《伦理学原理》一书思想的简明通俗本和补充本。此外，《哲学研究》（1922年）、他的演讲集《哲学中的几

---

[①] V. J. Bourke, *History of Ethics* ( A Division of Doubleday & Amp, Company, Inc., 1970), p. 280.

个主要问题》（1953 年）和《哲学论文集》（1959 年）等著作也含有一些伦理学见解。

## 二 关于"自然主义谬误"

在《伦理学原理》一书的序言中，摩尔宣称要创立"一种能够作为科学出现的未来伦理学导论"①。因为已有的各种伦理学理论都没有达到科学的层次，伦理学仍在真理的王国之外徘徊。要创立这样一种科学的伦理学，首先必须重新确定和澄清伦理学研究的范围、性质和内容。

在摩尔看来，迄今为止的各种伦理学之所以缺乏严格的科学性，其主要原因在于历来的伦理学家们都忽视了一个至关重要而又十分简单的问题，"即没有精确地发现他们所要回答的问题，就试图作答"②。这个问题就是伦理学本身的性质、方法和范围问题。摩尔认为，伦理学无外乎一门讨论什么是善、什么是恶的学问。它不像亚里士多德所认为的那样，只是局限于"开列各种美德名单"这一层次，而是从探讨伦理学的"本原"——"什么是善"着手，探讨伦理学的一般真理。因此，"怎样给'善'下定义这个问题，是全部伦理学中最根本的问题。除'善'的对立面'恶'以外，'善'所意味的，事实上是伦理学特有的唯一单纯的思想对象"③。

"善"是一个最单纯的概念，它是不能明确定义的，或者说，善这一概念的简单性决定了我们不可能用任何其他的自然的或非自然的东西去规定它。摩尔说："我的论点是：'善'是一个单纯的概念，正如'黄'是一个单纯的概念一样；也正如决不能向一个事先不知道

---

① 〔英〕摩尔：《伦理学原理》，长河译，商务印书馆，1983，第 3 页。
② 同上书，第 1 页。
③ 同上书，第 11 页。译文略有改动。

它的人阐明什么是黄一样，你也不能向他阐明什么是善。"① 首先，"善"只是一个最单纯的不可再分割的词，它表示的是一种性质、一种价值意义，这与一般的事物概念不同。比如说，我们可以对"马"这个词（概念）做出定义，可以用"四条腿"之类的名称进一步规定"马"这个概念。但对于"善"却不能如是作，它无法用其他的东西来加以替代。其次，"善"（good）与"善的东西"（something good）是截然不同的，前者表示一种纯"质"，后者则表示与"善的"这个形容词"相适合的东西的整体"。再则，人们对善的认识只能是直观的，而不是描述性的和推导的，因为善本身是自明的，无须借助其他事物或性质来证明，更不能从别的东西中推导善。"善"与"善的东西"的不同，说明我们不能用任何"自然性事实"（如快乐、欲望满足等）或别的东西（如"理性""意志"等）来定义善。然而，历史上许多伦理学家却忽视了这一根本区别，以至于把"其他别的性质"或"自然性事实"视为与"善性完全相同的东西"，因而导致了"自然主义谬误"。

所谓"自然主义谬误"，是指在本质上混淆了善性质与善事物，并以自然性事实或超自然的实在来规定善的各种伦理学论点。摩尔认为，"自然主义谬误"在历史上有两种表现：一种表现是把善性质混同于某种自然物或某些具有善性质的东西。这即是所谓"自然主义伦理学"，它又具体包括三种形态：第一，进化论伦理学，它以"自然进化"来定义善；第二，功利主义伦理学，它以"幸福""物质功利"来定义善；第三，各种形式的快乐主义伦理学，它以感觉"快乐""享受"来定义善。另一种表现是把善性质混同于某种超自然、超感觉的实在（reality）。例如，康德就把人的"理性本质"或"善良意志"作为善的同义语。

---

① 〔英〕摩尔：《伦理学原理》，长河译，商务印书馆，1983，第13页。译文略有改动。

摩尔认为，上述两种伦理学都没有解决好伦理学的本原问题。进化论伦理学把快乐的增加与生命的增进同一化，进而以快乐或生命进化来定义善，功利主义以"最大多数人的最大幸福"来规定伦理学的善性，而各种快乐主义则把"欲望"混同于善本身。这些自然主义的伦理学都犯了一个通病，即从存在（is）中求应当（ought），使"是然"（what it is）与"应然"（ought to be）混为一体。与其相反，康德等人的伦理学却又局限于形而上学圈子，从"应然"（ought to be）、"应当"（ought）中求实在（to be），进而把"应当"的愿望当作超然的实体。两者形式各异，但在伦理学本原问题上却殊途同归，都犯了"自然主义的谬误"。

依摩尔所见，唯有西季威克才看到了"善"本身的性质是自明的，是一个"不能下定义的""不能分析的概念"。摩尔赞同西季威克对边沁伦理学的批判，认为他正确地指出了边沁的功利主义欲把"公共幸福"当作道德上的正义，从而以公共幸福来定义道德上的善。其错误在于混淆了作为目的善（因自身的缘故而值得存在）和作为手段善（有助于对善的追求）之间的界限。但是，西季威克的伦理学也是一种不彻底的直觉主义快乐论，仍然带有"自然主义谬误"的嫌疑，因为他没有明确区分"快乐"与"快乐的意识"。

在摩尔看来，就边沁功利主义伦理学把公共幸福作为手段善而言，他是正确的，但手段善不能等同于目的善。只有当手段善与目的善具有某种必然的因果关系时才有实际意义。摩尔认为"伦理学的直接目的是知识，而不是实践"①。行动只能被认为是达到理想目的的手段，而不是目的本身。因此，对"什么是善"这一伦理学根本问题的回答，是不能诉诸行动的，而只能诉诸对善本身的自明性的直观。这样，摩尔便从形式主义或非自然主义出发，把真正的伦理科学当作了

① 〔英〕摩尔：《伦理学原理》，长河译，商务印书馆，1983，第26页。

一门纯粹的知识科学，使"善"一类的概念分析成为伦理学研究的基本内容，以所谓自明性的直观方法取代了传统的经验归纳或演绎方法，从而使伦理学由一种规范性的实践科学变成了纯理论性的元伦理学。

## 三　两种价值分类

伦理学的直接目的不是实践，但是伦理学的内容却又不能不涉及实践（行动），摩尔明确地意识到了这一矛盾。他认为，全部伦理学问题不外乎三类：一是研究"什么是善"的伦理学本原问题；二是研究哪些事物就其本身为善（即作为目的善）的伦理学理论问题；三是研究如何达到善的行为（即作为手段善）的伦理学实践问题。[①] 如果说，第一类问题是伦理学的本原问题的话，那么，后两类问题则是伦理学作为一门价值学科的内容构成。它说明伦理学有着两种不同的价值构成，一种是伦理学上的内在价值构成，它是自身具有善性质的事物，即善事物本身，这类事物作为整体本身就具有善的性质，因而它具有"内在价值"（intrinsic value）、"内在善"或曰"目的善"。另一种是伦理学上的外在价值构成，它是指本身并不具有善性质但与善事物本身具有某种必然因果联系的事物，换言之，它可以作为达到善事物的手段。因此，它只具有"外在价值"（extrinsic value）、"工具价值"或曰"手段善"。

具体地说，所谓"内在价值"或"目的善"就是指事物具有独立自在的善性质。"说一个事物是内在善的，意味着即使这一事物完全孤立地存在，不具任何其他伴随物或其他后果，它依然是个善事物。"[②] 而"说某一类价值是'内在的'意思，仅仅是说某一事物是

---

① 参见〔英〕摩尔《伦理学原理》，长河译，商务印书馆，1983，第44页。
② G. E. Moore, *Ethics* (London: Holt Publishing Company, 1912), p. 65.

否具有这种价值和在什么程度上具有这种价值，完全取决于这一事物的内在本性"①。后来，摩尔在一篇题为《善是一种性质吗》的论文中更简明地谈道："说事物'内在善'的意思就是说它因其本身的缘故而值得拥有（worth having for its own sake）。"② 简言之，"内在价值"即事物本身所具有的善的内在本性，意味着它作为目的是善的。与此不同，所谓"外在价值"或"手段善"则是指本身不具备善的内在本性但与善事物有着一定的必然因果联系的行为或事物所表现的价值意义。它或者可以作为达到目的善的手段，或者能够导致具有善性质的事物，所以，它只具有工具价值，这种价值不存在于事物内部，而存在于它与善事物的某种外部关系。③

摩尔认为，对于事物的内在价值的探讨，可以归结为"什么是善的"这一理论问题，而对于外在价值的探讨则可以归结为"什么是应当做的"，或"什么行为是正当的"，或"什么是义务、责任"等伦理学实践问题。对于人们行为的应当、正当、义务等判断，不包含任何内在价值意义，相反，只有当它们与某种目的善相联系时，才有其外在的价值。④ 由此，摩尔进一步具体指出了两种不同价值（善）的区别。这种区别表现在三个方面。其一，目的善是事物之内在本性；而手段善则是某事物（或行为）与善事物的一种外在的因果联系；前者有独立的存在，后者却没有，只能在某种关系中存在。其二，目的善与手段善的不同存在方式决定了两种价值的认知方式的差异；目的善本身是独立的、自明的，人们对它的认识无须推理和事实，只需直觉；手段善没有独立的存在，不具备自明性，因此，人们对它的认识

① G. E. Moore, *Philosophical Studies* (London: Kegan – Paul Publishing Company, 1922), p. 260.
② 〔英〕摩尔：《善是一种性质吗》，载摩尔《哲学论文集》，伦敦基冈—保尔出版公司，1939，第94页。
③ 参见〔英〕摩尔《伦理学原理》，长河译，商务印书馆，1983，第一章。
④ 同上书，第32页。

必须依照它能否带来或有助于产生善，依赖于经验事实的推理。其三，对目的善的直观具有绝对的明晰性和普遍性，它不受任何条件的限制；而对手段善的认识则受各种条件的限制，它只具有一定程度的真理性和确定性。对于某一行为的实际结果，我们只可能在现存既定的条件下进行经验的事实推理。经验总是具体的、有限的，我们无法确定某一结果在无限的人类行为选择中是否有真正最好的效果。或者换句话说，我们的事实推理或经验认识只能囿于已有的结果，却无法预期该行为在人类行为系列中的"总体结果"（total consequence）。①从这些区别中不难看出，摩尔实际上是通过两类价值的区分，把伦理学问题划分为理论的与实践的两个部分，从而以两者的存在方式、认知方式及认识结论等方面的不同为依据，划分元伦理学与规范伦理学的分野，并将前者归于绝对真理的科学领域，把后者归于经验事实的领域。这种双重价值理论无疑表现出一种形式主义的理论优越感，它同样是对英国近代伦理学所特有的现实主义传统的一种反叛。

在摩尔看来，各种传统的伦理学之所以犯有"自然主义的谬误"，除了它们没有正确地弄清楚"什么是善"这一伦理学本原问题以外，重要的一点，还因为它们没有区分两种不同的伦理学价值。功利主义对于手段善的见解是合理的，摩尔甚至也坦率地承认："快乐主义者们所提出的行为方针和我提出的极为相似。"②然则，他们却把手段善与目的善混为一谈了，他们的错误不是他们对手段善的见解，而是没有看到善事物本身与可以导致善的行为或事物是不能同日而语的。为了说明手段善与目的善之间的不同，摩尔还具体提出了所谓"绝对孤立法"和"有机统一性"原理，并以此批判了黑格尔主义的"有机统一—整体"学说。

---

① 参见〔英〕摩尔《伦理学原理》，长河译，商务印书馆，1983，第17页、第90～94页。
② 同上书，第69页。

所谓"绝对孤立法"，就是指在绝对孤立的状态下，某些具有内在价值的事物的价值依然可以独立存在。摩尔指出，要确定某一事物所具有的内在价值的相对独立存在，必须要考虑它孤立存在时所具有的相对价值，这是我们考虑具体个别事物时所必须遵循的方法。① 所谓"有机统一性原理"可以概括为："一个整体的价值，决不能被认为只跟它各部分的价值之和相同。"② 或者更具体地说："这一原理是：一整体的内在价值，跟其各部分价值之和既不同一，也不成比例。"③ 整体价值与部分价值的关系是有机的，它们之间的关系首先表现为，部分价值的实存，是该整体所构成的内在价值之实存的必要条件。但部分价值与整体价值的关系绝不是手段与目的的关系。摩尔批判黑格尔所强调的"有机统一整体"论，认为它至少包含三个错误：其一，把部分的价值仅仅当作手段，而把整体价值当作绝对的目的；其二，进而认为部分离开整体就会失去自身的实存；其三，把部分与整体的关系混同于手段与目的的关系。依摩尔所见，只要我们依照"绝对孤立法"的原则，就必须承认部分的价值也有其本身的实在，部分与整体的关系绝不同于手段与目的的关系。因为首先，"部分是善事物的一部分，前者的实存（真实存在或实际存在）是后者实存的必要条件，而手段却不是这样。如果所谓善的东西实存，则达到它的手段亦必实存的必要性，仅仅是一个自然的或者因果的必然性"④。即是说，部分与整体之间的关系是必要条件的关系，而手段与整体却只是自然性的关系，手段不存在，部分与整体的内在价值不会变化。手段的实存与自然规律有关，而部分与整体"联系起来的必然性，是完全跟自然规律无关系的"⑤。其次，部分的内在价值并不在于它与它所

① 参见〔英〕摩尔《伦理学原理》，长河译，商务印书馆，1983，第57、112页。
② 同上书，第34页。
③ 同上书，第191页。
④ 同上书，第35页。
⑤ 同上书，第36~37页。

属的整体的相互关系，离开它所属的整体，该部分的内在价值仍不会失去。最后，部分价值构成实存整体价值之一部分，但部分与整体并不是手段与目的的关系，部分之于整体也不同于手段之于目的；前一关系表明，手段虽然能达到较大的善的结果，但整体的内在价值仍因其内在本性所定，并不取决手段的实施；况且手段所产生的结果，往往具有或然性，它并不是造成事物内在价值之实存的原因。① 总而言之，一个整体的各部分之间没有任何因果关系，同时，部分的内在价值在于它自身，而不在于它对整体的关系。一只被砍下的手固然不同于一只活手，但这并不能说一只手的价值在于它与躯体的关系。作为手的部分价值是一码事，它与整体的关系却是另一码事。

由此可见，摩尔以"绝对孤立法"和"有机统一性原理"来否定黑格尔的"有机整体""有机关系"的学说，其目的无非有二：一方面是进一步把两类价值区分开来，使其各自具有相对独立的存在意义；另一方面由手段与目的这种关系推出部分与整体之间的相对独立存在意义。这一理论对于黑格尔以及 20 世纪之交的英国新黑格尔主义伦理学过于强调社会整体、忽视社会之部分的个人利益的片面做法，无疑是一种合理的诘难。从理论上看，部分与整体、个人与社会之间的关系的确不能片面地被视为单方面的手段与目的关系，否则就会导致专制主义和反人道主义。这是黑格尔历史哲学中最为保守的地方，因而招致了几乎所有现代西方伦理学家的抨击。然而，摩尔理论的宗旨也并非仅仅为了矫正这一理论偏颇，事实上也没能科学地对目的与手段、整体与部分的价值关系做出全面的解释。他过多地强调了这种价值关系各方的独立性，忽略了它们之间的同一性和依赖性。这种新的偏颇实际上曲折地反映出英国现代社会条件下强调和维护个人的自由、价值和利益的思想倾向，同样有其理论局限和历史局限。

---

① 〔英〕摩尔：《伦理学原理》，长河译，商务印书馆，1983，第 36~37 页。

## 四　快乐主义改造

尽管摩尔把伦理学研究的兴趣集中于理论的直觉主义公理化、形式化的分析上，但这种形式化分析的外衣却包裹着活生生的快乐主义伦理学的血肉之躯。他对"自然主义谬误"的批判和对不同价值类型的区分，最终仍落实到对他所主张的快乐主义伦理观的反证上来，其真实目的乃在于改造传统快乐主义（包括西季威克的直觉论快乐主义）。

摩尔把密尔等人的功利主义伦理学视为一种快乐主义的道德理论，认为它是"最著名和流行最广的""自然主义谬误"的特殊典型。它的失误是把伦理价值与经验事实混为一谈，没有区分"目的善"与"手段善"，最终把快乐和幸福视作"唯一的目的善"，结果是把伦理学混同于心理学，成为一种心理学快乐主义。在他看来，心理学快乐主义者犯了两个错误：第一，他们混淆了"可欲求的"与"已欲求的"、"值得欲求的"和"人们实际欲求的"，简单地将经验事实（"实际欲求的"）与伦理价值（"值得欲求的"）等同起来；第二，他们错误地把快乐当作"唯一的目的"，但快乐本身有优劣高低之分，快乐本身并不是唯一的善，更不是唯一的目的善，这是柏拉图曾经在《斐利布斯篇》中早已说明的。

摩尔具体地分析了传统快乐主义的两种形式：利己主义与功利主义，认为它们的实质都在于把个人快乐作为唯一的最终的目的善。利己主义主张一己的幸福或快乐是最高的善，它"主张每个人的幸福都是唯一善的东西，也就是主张在许多不同事物当中，每一件都是可能的唯一善的事物，这是一个绝对的矛盾！"[1] 功利主义把"最大多数人的最大幸福"作为目的善，但它并没有说明个人幸福与普遍幸福的

---

① 〔英〕摩尔：《伦理学原理》，长河译，商务印书馆，1983，第111页。

关系。而且，从这两种形式的快乐主义当中，人们也无法解决"一己的快乐"与"普遍的快乐"、"个人幸福"与"普遍幸福"都作为"唯一目的善"的矛盾。在摩尔看来，这种矛盾是由于传统快乐主义混淆了目的与手段、个人与普遍的关系所导致的。但是，这并不意味着快乐主义，尤其是功利主义形式的快乐主义完全是错误的。相反，摩尔认为，它的错误不在于其强调行为结果的结论，而在于其论证的方法。或者换句话说，我们反对心理学式的快乐主义，但那种主张正当行为必定意味着可能产生最好结果的行为的功利主义则是合理的。①所以，摩尔反对的是传统快乐主义所使用的经验心理学方法，而不是它的结论，或者干脆说，摩尔是试图用公理直觉主义方法去改造传统快乐主义，使其由一种自然主义的心理快乐理论蜕变为非自然的公理快乐理论，这才是摩尔批判快乐主义的真实情愫。

如果说，摩尔对自然主义伦理学的批判是凭借其常识合理的直觉主义方法的话，那么，当他转向对形而上学的批判时，又不自觉地转回到英国传统经验主义的立场上来了。他认为，斯多亚派、斯宾诺莎和康德等人的伦理学都是以"形而上学的术语来描写至善"。摩尔说："他们常常假定：任何不实存于自然界的事物，必定实存于某种超感觉的实体中"，而"他们所掌握的超乎知觉对象的真理总是关于这种超感觉的实在的真理"②。因此，他们的伦理学往往从这种超实在的假设性预断中推出伦理学法则，把各种假设性的观念（理性、意志）与善性质本身等同起来。摩尔认为，这种做法实际上是把"可能真实的东西"混同于"真实的东西"，结果"把道德法则看作同自然法则相似"，"把应该存在的东西，跟自由意志或纯粹意志所必须遵循的法则，即跟仅仅是它可能采取的一种行为视为同一的"③。这样一来，道

---

① 参见〔英〕摩尔《伦理学原理》，长河译，商务印书馆，1983，第114～115页。
② 同上书，第120页。
③ 同上书，第135页。译文略有改动。

德法则便成了法律原则，"应当做的"变成了"必须做的"。例如，康德伦理学就把"应当做的"视作"被命令去做的"。实际上，意志法则（律令）仅仅是人们认识善性质的一个必要条件，而非善性质本身，正如快乐或幸福只有善事物的外在结果而非善事物本身一样。客观地说，摩尔对形而上学伦理学的这些批判是有积极意义的，它对于康德等人的伦理学所带有的先验唯心论成分的清洗，无疑有着唯物主义的思想成分。但是，摩尔也未能解决好意志与伦理价值的关系，把两者仅仅归结为一种外在的因果联系，势必抹杀人们在道德价值行为中的主体性因素，因而也是非科学的。况且，摩尔对形而上学的批判如同他对快乐主义伦理学的批判一样，都是不彻底的。他以直觉主义革新传统快乐主义，又以经验主义来反对形而上学，其目的无外乎在一种新经验主义的分析方法论基础上，重建一种直觉主义的或曰公理化的快乐主义，使伦理学既超越于狭隘经验之上，又保持经验主义的本质特性。因此，把摩尔的伦理学称为现代经验主义伦理学的初步形式乃是不无根据的。

## 五 关于"行为的伦理学"

从前面的论述中，我们可发现摩尔的伦理学并没有完全否定英国传统的经验主义伦理学，而且他也没有根本忘却伦理学所必然具有的现实实践性品格。摩尔认为，对于伦理学的前两个问题的探讨属于理论伦理学范畴，而对它的第三个问题——"我们应当怎样行为才能达到善？"——则属于实践伦理学的范围，它的根本目的是探讨人们的道德行为，或者是"关于行动的伦理学"。

摩尔指出，如果说我们对理论伦理学的两个问题必须用直觉分析的方法来加以研究的话，那么，对于行为的伦理学问题则只能运用一种崭新的方法——经验考察的方法——来加以解答。因为，"探究我们应采取哪种行为，或者哪种行为是正当的，就是探究某行为和某行为将产生哪些效果。如果不利用因果归纳，任何一个伦理学上的问题都不能予以解答"①。一些伦理学认为"正当的东西"与"有用的东西"相矛盾，目的的正当性也不能证明手段的正当性，其实不然。在摩尔看来，"正当的"只能代表"产生好结果之原因"，正当的行为必然能够产生最大量的善的结果。"如果一行为的结果，不能证明该行为是正当的，那么该行为就不可能是正当的。"② 唯有结果能证明动机，目的的正当性可以证明手段的正当性。这便是实践伦理学的基本原则。在这一原则上，我们可以得出关于实践伦理学的五个重要结论。

结论一："跟直觉主义学派道德学家们通常的主张相反，任何道德法则都不是自明的。"③ 摩尔这里所指的直觉主义学派即 18 世纪至 19 世纪英国的直觉主义（如普赖斯等人）。他的本意是，我们关于伦理学的前两个纯粹理论原则的认识方法是直觉的，因为"什么是善"或"什么事物因其自身的缘故为善"的问题是自明的。但是对于行为的正当性和义务性的实践判断却不是自明的，因之不能用直觉的方法来认识，而只能用因果归纳和经验事实的推理来判断。在这一点上，表明了摩尔以"善"为最高伦理学范畴的价值直觉主义立场，它与后来的以"义务""正当"为基本伦理学范畴，并把"义务""正当"视为绝对自明的普里查德的主张相对照，同时，说明摩尔依然没有抛弃功利主义伦理学的效果论原则。

结论二："为了证明一行为是一义务，一方面必须知道与其共同决定其效果的其他情况是什么，精确知道这些情况的效果将是什么；另一方面必须知道在整个无限的未来总要受我们行为之影响的全部事件。"即是说，对义务行为的了解必须有一种境况的综合解释，判断

---

① 〔英〕摩尔：《伦理学原理》，长河译，商务印书馆，1983，第 155 页。
② 同上书，第 156 页。
③ 同上书，第 157 页。

某一行为的义务意义必须建立在具有全面的因果联系的认识基础上。我们不仅要看到该行为自身的价值大小，还必须确认它的结果对整个"有机整体的价值"的影响，充分估计它的直接效果和间接效果、眼前影响和长远影响。唯其如此，才能在无限可能的选择中，确定一种选择比其他选择好一些，即会产生较大的总价值。摩尔反对只顾眼前利益的狭隘利己主义，力求寻找行为选择的最佳方案。但他同时也意识到伦理学远不能给我们提供全面的义务"一览表"。他说："实践伦理学最多只能希望发现：在某些条件的少数可能的选择之中，哪个选择整个说来会产生最好的结果。"①

结论三：摩尔指出，要在行为的多种选择中找出最佳的可能性选择是极为困难的。因为，第一，在于行为方针实施结果的或然性；要确认一种行为优于另一种行为，必须要考虑两者在"整个无限未来的各种效果"。然而，"最近的"与"将来的"不同时间的条件限制，决定了这种选择和对它的确认具有或然性。第二，关于行为结果的"可能的最近优越性"。摩尔认为，由于前一种或然性所致，必然使我们对选择的确定产生困难，但这并不意味着我们因此而拒绝选择，而应该尽可能地"预测"行为方针的"可能的最近优越性"，或现实的总体结果，摩尔承认："伦理学法则并不具有科学法则的性质，而具有科学预言的性质；后者始终是或然的，尽管这种或然性可能非常之大。"② 第三，关于为常识辩护的独特原则，即我们只能证明在某些其他条件业已确定的情况下，此行为较彼行为更好。法律规则（如尊重所有权）和为常识所承认的法则（如勤勉、节制、守约等）应当作为我们确定行为选择的基本参考。因为在正常的情况下，这些法则具有两个特征：一是在规定的社会状况下，一般地遵守这些法律，作为

---

① 〔英〕摩尔：《伦理学原理》，长河译，商务印书馆，1983，第158～160页。
② 同上书，第163页。

手段来说必定是善的；二是这种状况下的手段善，是促进社会"大善"存在的必要条件，也是"造成文明社会之保存"所必需的。正是这些法律规则和常识法则的基本有效性，才有了对人们行为及其选择的三种限制（制裁），它们是"刑罚制裁、社会非难以及个人良心制裁"①。这些制裁对于劝导人们"遵从现存习惯具有决定意义"。显而易见，摩尔看到行为选择的或然性，也看到了它所受的社会客观制约性。他认肯法律与常识法则对人们行为选择的限制性，该限制性表现为法律及风俗习惯（常识法则）对道德行为的影响的客观性，这是合理的。

结论四：摩尔认为，如果我们认肯前面所证明的"正当的东西"与"义务行为"是同一的，而且两者都"可定义为取得善的手段"这一结论的话，那么，实践伦理学的第四个结论就是："这些'有利的'东西或者'有益的'东西之间的通常区分则消失了。我们的'义务'仅仅是取得最好的东西的手段，而有利的东西一定正好是同样的东西，如果它真正有利的话。"② 这就是说，"正当的""义务"和"有利的"行为价值都是一种外在的工具价值，它们是一种达到目的善的手段，是我们判断行为的伦理学价值尺度。

结论五：关于德性（美德）的意义。摩尔认为，德性的意义基本上如亚里士多德所说的"是实行某种行为的'习惯性气质'"。有德性的行为通常是"可能产生最好效果"的行为，也是义务行为所必须具有的手段善。但是，摩尔反对把德性视作一种内在善或目的善，认为德性只不过是一种"极为复杂的心理事实"而已，它本身并不具备内在善的价值。换言之，德性作为人的一种"习惯性气质"，只有当它能产生最好的行为效果时才是有意义的。

---

① 〔英〕摩尔：《伦理学原理》，长河译，商务印书馆，1983，第167页。
② 同上书，第175页。

毋庸赘述，摩尔关于行为的伦理学的五个结论，实际上也即是他实践伦理学的五个基本原则。贯穿于这一原则的核心是快乐主义的效果论，从他对各种行为选择标准的分析，到对"正当行为"与"义务行为"的界定，都表现出一个共同的倾向，那就是以行为"有利的"或"有益的"效果作为衡量行为之手段价值的根本圭臬，这说明摩尔的所谓实践伦理学仍然是功利主义的（或曰快乐主义的、目的论的）。与传统功利主义和快乐主义伦理学的不同仅在于，他区分了目的善与手段善，并不再把行为的正当性或义务价值作为目的价值来看待，而是将它限制在工具价值的范围。或许我们可以把它称为一种有限制的相对的功利主义理论或快乐主义理论。

## 六　摩尔伦理学的评价

如前所述，摩尔的伦理学具有划时代的理论意义，他首次划分了元伦理学与规范伦理学，进行了现代西方经验主义伦理学领域的一次"哥白尼式的革命"，对 20 世纪西方伦理学特别是元伦理学的产生和发展具有深远的影响。但由于摩尔的伦理学并没有完成对现代元伦理学的系统建构，对传统规范伦理学的分析批判也并不彻底，特别是对功利主义伦理学的某些保留等，既造成了他的伦理学理论本身也有其独特的矛盾性和复杂性，也导致人们对他的伦理思想评价的不一致性。

摩尔的伦理学无疑是现代西方最引人注目的理论之一，研究者对他的评价也有所不同。美国的罗吉尔·N. 汉科克认为，"摩尔有意地扩大了伦理学的范围，使其成为一般的价值理论，而不是把它限定于可特别定义为道德的问题上——道德问题是关于善和恶的行为的问题"①。另一位评论者阿伯拉汉·艾德尔认为，摩尔的伦理学是一种价

① R. N. Hancock, *Twentieth Century Ethics* (New York: Columbia University Press, 1974), p. 29.

值二元论，他说："摩尔的［伦理学］理论包含着与任何一个康德派的理论同样深刻的二元性，根本上是一种价值二元论。"① 而美国当代著名的伦理学家威廉·K. 弗兰肯纳（William K. Frankena）则指出，"摩尔系统地提出了一种直觉主义或非自然主义形式的、非享乐主义的功利主义或目的论伦理学"②。由此看来，要全面地评价摩尔的伦理学确乎是件不容易的事情。

我们认为，可以从两个不同层次的视角来考察摩尔的伦理学理论，或者说用两种方式来评估摩尔的伦理学理论。

首先，从整个西方伦理学发展史的角度对摩尔的伦理学理论作总体的历史评价。这样，我们不难看到，摩尔伦理学所占据的历史地位确实是关键性的。可以说，从 19 世纪下半叶开始的现代西方伦理学运动主要是对近代理性主义的反动。以尼采为代表的现代非理性主义思潮的兴起，标志着欧洲大陆人本主义伦理学从理性主义转向非理性主义的完成。与此相应的是，英美元伦理学对传统规范伦理学的反动，近代经验主义伦理学转向了现代逻辑经验主义（或曰现代科学主义）伦理学，而摩尔的伦理学恰恰是这一流变脉络中的转折标志，正如叔本华、尼采是人本主义伦理学由理性主义转向非理性主义的关键人物一样。如果说，现代英国进化论伦理学已经开始摆脱传统经验论而转向唯科学主义伦理学的话，那么，摩尔的功劳在于他真正完成了这一历史性的转折，使伦理学在根本上摆脱了自然主义和心理主义的范畴，从而开始了西方第一次元伦理学与规范伦理学分裂对峙的崭新格局。从这个意义上说，摩尔不仅是现代英美元伦理学的开创者，而

---

① Abraham Edel, "The logical structure of Moore's Ethical Theory," in P. A. Schilpp (ed.), *Philosophy of G. E. Moore* (Evanston and Chicago: Northwestern University Press, 1942), p. 176.

② William K. Frankena, "Oligation and value in the Ethics of G. E. Moore," in P. A. Schilpp (ed.), *Philosophy of G. E. Moore* (Evanston and Chicago: Northwestern University Press, 1942), p. 94.

且从方法论上改变了西方伦理学的研究方式，使人类道德思维的触须第一次伸到了概念逻辑分析的荒隅。因此，无论我们怎样评判元伦理学理论本身的科学性，但对摩尔这一新的研究方式和领域内的开创性贡献却是不能抹煞的。

用历史的眼光来看，摩尔对元伦理学与规范伦理学的区分是有其理论意义的。它主要表现在以下三方面。第一，它大大拓展了伦理学研究的领域，使伦理学从行为善恶价值的规范系统延伸到关于一般价值理论的价值分析系统，伦理学也因此不再只由一些行为规范、原则或范畴的规范构成，还容纳了一般科学研究所需的逻辑分析和概念分析（尽管在摩尔这里还只是初步的）。第二，它对于伦理学这门活跃的生活经验学科朝科学化、逻辑程序化方向的发展，指出了一个前所未有的新途径。正是这一意义的启示，吸引了尔后的大批分析哲学家不遗余力地寻求伦理学语言、判断、逻辑等观念形式的科学化逻辑程式化解释。第三，它从反面暴露出传统规范伦理学的局限性。我们并不认为摩尔对"自然主义谬误"和心理主义的驳斥完全科学，也不认为他的反形而上学立场完全合理。但是，它们确乎反证了传统规范伦理学（包括经验论伦理学和"形而上学"伦理学）的某些理论缺陷，如经验伦理学的心理主义，形而上学伦理学的先验唯心主义等。

然而，摩尔的伦理学革命也产生了消极的理论后果，它排斥伦理学的规范性，推崇"直观"和理论逻辑分析，使伦理学研究逐渐转向了形式主义，摩尔以后的英美元伦理学几乎都变成了一种学院式的"经学"，远离现实的社会问题而沉溺于对道德概念、逻辑、语言、语词等纯理论纯逻辑的研究之中。这种形式主义成为现代元伦理学的致命要害，以至于当今的元伦理学研究道路越走越窄，渐渐为人们所鄙弃，一些著名元伦理学家也纷纷调整自己的研究方向和内容（如黑尔等人）。

其次，从摩尔伦理学理论本身的逻辑矛盾来评价其理论价值。摩尔从确立伦理学本原入手，把伦理学作为一种普遍的价值学说，同时，他运用了一种直觉主义的分析方法来论证各种伦理学问题。首先是对传统伦理学中的"自然主义谬误"的清洗，把所谓理论伦理学（元伦理学）与实践伦理学（规范伦理学）对立起来，否认规范伦理学的科学性和合理性。但是，摩尔伦理学的基本方法论是矛盾的：一方面，他把"纯粹理论的"伦理学归结于直觉主义分析范畴；另一方面，在触及"有关行为的伦理学"内容时，他又不得不重借英国传统经验实证的方法，以抵抗形而上学伦理学的理论。这种方法论上的不一致性，反映出摩尔伦理学的困难，也是当时理论上的客观需要所致。我们知道，20世纪初，英国本土的哲学伦理学已经失去了17、18世纪的繁荣景象，以亚当·斯密和密尔父子为总代表的情感主义伦理学与功利主义伦理学象征着英国近代伦理学步入衰败的尾声，受到了新黑格尔主义伦理学的猛烈抨击。英国近代经验伦理学传统面临着内外交困的深刻危机。为了摆脱这种双重的困境，摩尔一方面不得不以分析哲学的直觉主义方法（他得益于受到罗素等人的影响），来彻底重建一种新的经验伦理学，使之摆脱自然主义与心理主义的狭隘性；另一方面，面对格林、布拉德雷等人的形而上学的理性主义伦理学的反击，摩尔又不能求助传统的经验主义甚至是功利主义伦理学方法来抵抗。

最后，方法论上的不一致性，导致了摩尔伦理学体系本身的二重性：试图建立一种严格的理论伦理体系，却又无法根绝与传统经验论伦理学的血缘关系；一边指责功利主义和快乐主义犯了"自然主义谬误"，另一边又宣布只反对它们的"理由"而不反对它们的"结论"。摩尔坦率地说："当我抨击快乐主义时，我仅仅抨击这样的学说，它主张只有快乐作为目的或者就其本身而言是善的；我既不抨击这样的学说，它主张快乐作为目的或者就其本身而言是善的；我也不抨击关于什么是我们能采取的最好手段，以获得快乐或者达到任何其他目的的任何学说。一般说来，快乐主义者们所推荐的行为方针跟我要推荐的是十分相似的。我同他们争论的，并不是关于他们的大多数实际结论，而仅仅是关于他们似乎认为是以证明其结论的那些理由；并且，我极力否认，其结论的正确性是什么足以推定其原理的正确性的根据。"① 显然，摩尔与传统快乐主义（实际上就是功利主义）的对立，仅仅是方法上，或者毋宁说是狭隘经验主义与现代直觉主义分析方法的矛盾，但它们的结论却是一致的。确实，摩尔并没有真正背叛功利主义或快乐主义，他坚持快乐是一种善的价值，坚持价值判断标准的目的论或效果论。在《伦理学》一书里他强调指出："我们的理论主张，任何包含有更多快乐的整体，总比包含有更少快乐的整体更为内在，无论两者在其他方面是否可能相同；而除非一个整体包含有更多的快乐，它就不会比其他整体更内在。"② 由此可见，摩尔的价值理论仍然是一种快乐主义的或目的论的，它与传统快乐主义的区别仅仅在于：它反对把快乐当作唯一的目的，主张一种非自然主义的快乐论。在这一点上，弗兰肯纳的评价是公允的。

## 第三节　普里查德的义务论直觉主义

### 一　义务论直觉主义伦理学概说

义务论直觉主义伦理学是随摩尔的价值论直觉主义之后出现的一种新型直觉论伦理学。从总体上讲，它与摩尔的伦理学是基本一致的。首先，它们都主张把伦理学建立在一种自明的逻辑基础上，反对传统经验主义伦理学将"价值"与"事实"混为一谈。其次，无论

---

① 〔英〕摩尔：《伦理学原理》，长河译，商务印书馆，1983，第69页。
② G. E. Moore, *Ethics* (London: Holt – Publishing Company, 1912), pp. 61 – 62.

是价值论，还是义务论，都把直觉作为道德认识的唯一方式，认为人们对道德概念和本性的把握，既不能诉诸经验事实或自然事实的简单规定，也不能靠所谓形而上学的"知识论"来获取。因此，"反自然主义"与"反形而上学"是整个直觉主义伦理学的共同特征。最后，从理论内容来看，直觉主义伦理学都基本上立足于对英国本土的伦理学传统的批判改造来展开其伦理学理论。这一理论背景，使他们多少保留着与英国传统经验主义伦理学的某些亲缘关系，始终没有彻底摆脱传统理论的影响。相比之下，这种影响对义务论直觉主义伦理学要弱一些。

上述几个方面的一致性，使价值论与义务论达到了基本的统一，这就是反自然主义的伦理学立场和直觉主义的方法论。但是，具体分析起来，两者又不尽一致。首先，价值论与义务论虽然同属于直觉主义派别，但两者的理论起点不同：价值论以道德价值的一般意义——善的概念作为逻辑起点，认为"善"是伦理学的核心概念；由此围绕着所谓"内在善"与"外在善"、"目的善"与"手段善"等一系列理论问题展开伦理学体系的建构。与此不同，义务论则把"义务"或"正当"作为伦理学的基本范畴，认为伦理学的主要任务是澄清和确立"义务"的一般伦理意义，以及它与行为价值（善）的关系等问题。其次，从理论倾向上看，虽然两者直接以批判英国传统经验伦理学为前提，并承接了18、19世纪的英国直觉主义伦理思想，但更进一步地看，价值论直觉主义似乎更注重对传统快乐主义或功利主义的批判改造，而义务论直觉主义却更专注于对康德等人的义务论伦理学的批判改造。两者的历史批判方向各有偏重，所探讨的理论问题也随之互有差异。

义务论直觉主义基本上与摩尔的价值论直觉主义同时或略晚一些。在某种意义上讲，义务论直觉主义更能集中体现出现代直觉主义伦理学的基本特征。这派伦理学的主要代表人物有号称"牛津派"的普里查德和他的学生罗斯（D. Ross）、凯里特（E. F. Carrit）和"剑桥派"的布洛德（C. D. Broad），他们的主要著作有普里查德的著名论文《道德哲学建立在错误之上吗?》（1912 年），以及由其弟子罗斯所编辑的遗著《道德义务论》（1949 年，文集），此外还有罗斯的《正当与善》（1930 年）、凯里特的《道德理论》（1928 年）和《善概念的不确定性》（1937 年）、布洛德的《五种类型的伦理学理论》（1930 年）等。其中尤以普里查德、罗斯的影响最大。

## 二 "义务"的不可推导性

哈罗尔德·阿瑟·普里查德（Harold Arthur Prichard，1871 ~ 1947），曾经在克利夫顿和牛津的新学院就学。1898 年被选聘为三一学院的研究员，1924 年因病退休养病，1928 年被选聘为"怀特（White）道德哲学"教授，直到 1937 年因病退休。随后，他精心撰写的道德哲学的权威性著作，终因病魔而未完成。后来他的学生罗斯将其手稿编成《道德义务论》（文集），在他殁世后两年出版。虽然普里查德来不及发表他的伦理学鸿著，但从他早期的论文中已经可以窥见其伦理学的基本雏形。

与摩尔不同，普里查德主张的是一种以义务为基础的直觉主义伦理学。在他这里，道德哲学的核心范畴不是"善"或"善性"等道德价值概念，而是"责任""义务""正当"等道德义务范畴。他认为，"责任"或"义务"是伦理学中最基本的概念，它是客观的、绝对自明的，因此是不可定义、无须推理的。人们既不能从别的非伦理学事实或非伦理的属性中推出"义务"，也不能把它归约为任何其他的伦理属性。[①] 在普里查德看来，以前的各种伦理学之所以长期陷入

---

① Henry A. Prichard, "Does Moral Philosophy Rest on a Mistake?" *Mind*, Vol. 21, No. 81 (1912), W. Sellars and J. Hospers (ed. ), *Readings in Ethical Theory* (New York: Prentice Hall Publishing Company, 1970), p. 91.

贫困和矛盾之中，根本原因在于它们都未能洞察到责任的"直接的自明性和绝对的伦理学本性"，他们企图用一些其他的伦理属性来规定责任，或是把责任诉诸"行为结果的善性"（如功利主义）；或者是诉诸某种引起善的行为的动机（如康德）；结果使"责任"丧失了绝对客观的和自明的意义。他说，所有对道德问题的回答之所以失败，就在于这样两种错误的陈述："或者，他们陈述道，我们应当如此这般的行动，是因为……这样做将有利于我们的善；即……对我们有益，或者更好地说，是有利于我们的幸福；或者，他们陈述说，我们应当如此这般的行动，是因为在这种行为中或通过这种行为所实现的某种东西是善的。换言之，'为什么'的原因或者按照行为的幸福来陈述；或者按照包含在这种行为中的某种东西的善性来陈述。"① 很明显，普里查德在这里批判的正是西方传统的效果论和动机论。

针对以往的观点，普里查德指出，人们作某种特殊道德行为的"义务"或"应尽性"（obligatoriness）是不可推论的。义务或责任的客观性与自明性，如同数学上的 $7 \times 4 = 28$ 一样清晰明了，它无须借助某种认识或推导，而是通过人们的理智直觉来直接把握。对于这种概念，人们可以怀疑它的确实性和真理性，但却不能求助任何别的东西来规定它。正如我们可以怀疑 $7 \times 4 = 28$ 是否正确，而除了再一次用数学计算一次外别无他法一样；对于"我为什么做这种道德行为"的责任意义，我们也只能通过直接再一次地去把握而不能提供任何别的理由来加以证明。因此，责任是唯一的、客观的、不可推论的。同时，这种唯一性和不可推论性也就决定了责任或义务同善的概念一样是不可定义的。即是说，我们无法用任何非伦理的自然事实（如心理快乐等）和别的伦理属性（如善性等）来定义

---

① Henry A. Prichard, "Does Moral Philosophy Rest on a Mistake?" *Mind*, Vol. 21, No. 81 (1912), W. Sellars and J. Hospers（ed.）, *Readings in Ethical Theory*（New York: Prentice Hall Publishing Company, 1970）, p. 87.

它。这就是义务所具有的不可推论性所产生的不可定义性的必然逻辑结论。

普里查德认为，对于以行为效果的善性来规定义务或责任的功利主义伦理学主张，我们只需做出简单的反驳就可以否定。事实上，断定某种行为将导致善的结果这一前提，并不能证明人们有应该履行这种行为的义务。相反，人们对行为的义务直觉并不涉及该行为的结果。我们对"应该偿还债务"或"应该说真话"等道德义务的觉悟，仅仅是因为我领悟到这是应当做的，而不是企求某种目的的实现或获取某种结果，更不是为了取得幸福、利益或快乐才如此行动的。

但是，确定我们的义务行为不涉及行为的效果，是否像康德那样把道德上的义务行为完全归于动机呢？否！如果说义务行为的履行是因为行为本身所包含着的善性或应该被履行的原因，也是不能成立的。因为这种主张只能作两种解释：一是把对这种本身包含内在善性的行为的履行看作是出于某种义务感，这就是康德式的纯义务的动机论；另一种解释是，认为行动的内在善性意味着人们对它的履行是出于对其内在善性的欲望而为的，这就是通常的一般动机论。普里查德指出，前一种解释是先验的同语反复，因为它等于说人们对义务行为的履行是出自义务感的动机。对于第二种解释，普里查德认为只要我们指出义务与动机毫无关系就可以将它驳倒了。因为，人们对善性的认识并不能保证他因此而领悟到自己的责任。人们很可能知道自己的动机，但并不能进一步把握住这些动机是否是善的。因之，无论是什么动机（"义务感""内在善性的欲望""仁爱""家庭感情"或"公益精神"等）都不是责任的源泉。普里查德说，上述种种解释，都必定落入一种两难的困境，"这种两难是：如果我们认为一种行为为善的动机是责任感，那么，就出自我们应当做这种行为的感觉而言，它源自我们对善性的理解；而我们对其善性的理解又将预设我们应当做该行为的感觉。……另一方面，如果我们认为一种行为为善所牵涉的动机是某种内在善的欲望，比如说帮助朋友等，但对这种行为的善性的认识同样不能产生去做这种行为的责任感"①。

## 三　责任与善性

如前所述，普里查德不仅反对以行为效果的善性或动机的善性来规定义务和正当，而且也反对用其他的伦理属性来规定责任。前一个反对是针对传统效果论和动机论的，后一个反对则是针对摩尔的价值论直觉主义的。

在普里查德看来，把善这种伦理属性看作是比责任和正当更根本的东西，并因此以善来规定责任和正当，这实际上颠倒了责任与善的关系。他指出："潜存于这种观点之中的谬误是：当它把一种行为的正当性建立在行为的内在善性之上时，就意味着这善性是该行为的动机，而实际上一种行为的正当性与错误性与任何行为动机问题根本无关。因为，……行为的正当性，不是在这种已经包括在行为之中的语词的更充分意义上来涉及行为的；而是在更狭窄或更普遍的意义上来涉及行为的。在这种意义上，我们把行为和动机区分开来，一种行为仅仅意味着某种意识的起因（origination），而在不同的情形下或在不同的人中，一种起因却可以为各种不同的动机所促发。"② 普里查德认为，如果把行为的义务性或正当性归结为行为的内在善性，实际上无异于把它们归结为行为的动机，同样是错误的。依他所见，义务与善，或者说正当性与善性是有根本区别的。这种区别在于："一种正当行为的正当性仅在于该行为所存在的起因之中；然而，一种行为的

---

① W. Sellars and J. Hospers ( ed. ), *Readings in Ethical Theory* ( New York: Prentice Hall Publishing Company, 1970), pp. 89 – 90.

② Ibid.

内在善性却只在于它的动机。"① 也就是说，义务行为只与起因相关，而善行为却与动机相关。在这里，普里查德把"动机"（motive）与"起因"（origination）作为两种不同的东西，他认为，动机意味着某种目的，一种动机预示着某种效果，而起因则属于行为本身。"应当"这个词是"只涉及行动"，"因为，正是行动，而且也只是行动才至少直接地在我们的力量（power）之中"②。因此，普里查德把善性与责任设想成两种不同的伦理属性，相互间不可互约，因为动机表示着行为主体的某种精神状态，它是主体所难以完全控制的，而力量则是行为主体履行义务的必要条件。进一步说，责任要求行为者行动时不考虑其动机和目的，即令出自某种错误的动机，他也可以履行自己的责任。比方说，他可以因恐惧别人的权威或法律的制裁而偿还债务，只要他决心这样做，哪怕没有还成，也算他履行了自己的义务。而善却不同，它要求人们出自某种完全包含着内善性或必然使内在善性得以实现的动机。按康德的说法，如果一个人不是出自善良的动机去还钱，即便还清了也没有道德价值。所以，康德的观点是以"纯义务感"的动机出发来谈义务的。普里查德还进一步指出，把行为的正当性归结于动机，"意味着一种道德上为善的行为之所以在道德上为善，不仅仅因为它是一种正当的行为，而且因为它是一种因其为正当而被人们所做的正当行为，即是说，人们是出自一种义务感而做的行为"③。正如我们在前面所说的，这等于用义务来说明义务，同语反复，不足为训。

其次，普里查德认为，动机论的见解忽略了两个问题。第一是"目的"与"意图"的语义问题。由于它总是设想义务行为是出自某

① W. Sellars and J. Hospers（ed.），*Readings in Ethical Theory*（New York: Prentice Hall Publishing Company, 1970），p. 92.

② Ibid., p. 88.

③ Ibid., pp. 92 - 93.

种目的，因而常常把目的与手段的关系混淆了。他以为，"一切永恒的真理在于，因为没有目的，也就没有手段"。换言之，义务不依赖于任何目的或手段的解释。第二，"想把义务感建立在对某种东西的善性基础上的企图，实际上是一种想要按照某种我们想作为善的东西的模式来在道德行为中寻找一种意图的企图。而这种对潜在于一种义务之中的某种善性的期望，随着我们停止对意图的寻找便立即消失"①。动机论常常被设想是因为有某种实际存在的目的或意图才引起我们去行动的，这无疑是一种假设。任何义务的行为或正当的行为并没有什么预先存在的目的或意图，而仅仅是我们直觉到义务的存在，并直觉到如此行动便能使行为成为正当的。

最后，普里查德还指出，应该把道德与德性（virtue）区别开来。他说："我们必须把道德与德性作为相互独立的善性类严格区分开来，尽管它们是相关的，但两者既不是各为一个方面的彼此的某个方面，也不是对方的一种形式或种类，亦不是可以彼此推导的；我们必须同时允许有这样的可能，即同样一种行为或是德性上的，或是道德上的，或者同时并举。"② 在普里查德看来，某一种德性行为确乎也具有道德意义，但严格讲来却又不同。德性行为是出自某些情绪和欲望的内在善性而做的。例如，我们可以出于同情来帮助别人等。或者，如同亚里士多德所说的，德性的行为是有意志的或是伴随着快乐的行为，但它不是出自义务感的行为。与此不同，我们冠以道德名义的行为在严格意义上是出自对义务感的直觉而履行的行为。总而言之，德性行为是回答"什么是幸福生活"的问题；道德行为是回答"什么是有德性的生活"的问题。③

---

① W. Sellars and J. Hospers（ed.），*Readings in Ethical Theory*（New York: Prentice Hall Publishing Company, 1970），pp. 92–93.

② Ibid., pp. 92–93.

③ Ibid., p. 94.

不难看出，普里查德的真实意图乃在于，通过对动机论与目的论的分析批判达到两个目的，一是力图使自己的直觉义务论与传统的动机义务论区别开来。对于这种区别，普里查德采取了小心翼翼的语义分析方法，认为康德等人的义务论是一种纯动机论，而他的义务论则是建立在直觉把握上的义务论。为此，他特别区分了"动机"和"起因"两个概念的含义。第二个目的是通过对动机论的分析，把义务与善性区别开来，从而把自己的义务论直觉主义与摩尔的价值论直觉主义区分开来。对此，普里查德除了武断地把善性与动机混为一谈外，并没有提供更多的论据。特别是他对德性（行为）与道德（行为）的区分不仅没有充分的证明，而且也没有超出一般概念分析的语义学层次。我们知道，"德性"与"道德"确乎有所区别，但这种区别并不像普里查德所说的那样完全独立而又毫无关系。相反，"德性"是人在生活中逐步形成的内在的道德品性，道德是这种品性的客观外化表现，也是评价人们行为的一种善恶价值标准。两者间并没有不可逾越的界限，也不可能截然分割开来，对于道德主体的行为来说尤其如此。

## 四 责任的境况理解

为了进一步确证其义务论的直觉主义观点，普里查德假设了三种反对意见并做出明确回答。第一种意见是，即使人们接受了他的严格的"知识理论"（theory of knowledge），在具体的境况中也很难了解自己的责任内容。他指出，我们关于责任的知识的确与我们所遇到的具体境况密切相关，但我们仍然可以从境况中直觉到并履行我们的义务。比如，我们见到某人躺在路旁便感到有责任去帮助他，即使他已经睡着了或是已经死去，我们也会感到自己有帮助他的责任，就好像我们看到 7×4 这一数学算式就会立刻算出它等于 28 一样。第二种意见可能是，即使我们在境况中能够意识到责任，但人们可能对境况的看法一致，而对于应该在此境况下做些什么的问题上产生歧义。普里查德解释道：我们所谈的只是那些具有完备的道德直觉能力的人才能感到责任所在。人们对具体的责任要求产生分歧，是因为人类的道德发展的不平衡性，有的人甚至是道德上的畸形者或道德盲人，这也如同有些人可以领悟 $7 \times 4 = 28$，而另一些人却不知其故一样。第三种意见是，人们在境况中感受到了自己的责任，但许多责任却是相互冲突的，对此人们应该如何处置呢？普里查德的解释是：责任的确是复杂的、多种多样的，甚至是相互矛盾的，但各种责任本身都具有程度的差别，我们可以通过考察哪一种责任最为紧迫来做出行动。换言之，在各种责任中分出轻重缓急，择重者、急者先行。

　　通过对上述三种反对意见的假设和解答，普里查德阐述了对具体责任的境况理解这一实际伦理学问题。但是，他遇到了理论上的麻烦：一方面，他想坚持义务的绝对自明性原则，把人们在实际情况中对行为责任的认识、行为方针的选择及对相互矛盾的义务行为或责任感的鉴别取舍仍规定在直觉的前提之下；另一方面，当他面临境况中的责任发生矛盾或人们希望寻找最佳行为的依据时，又不能不承认人们有鉴别、认识和取舍的必要。那么，这种鉴别的过程是直觉顿悟，还是认识推理？诚然，一般具有常识的人可以直觉到 $7 \times 4 = 28$ 是正确的，但实际上，人们对这一算术试题的直觉已经包含了理性的推理演绎。普里查德显然是混淆了人类直觉知识与道德义务感之间的原则不同。人类道德的直觉能力并不是天生自明的，它是人本身的文化知识的一种内化与积淀。直觉是人的综合能力的反映，道德直觉更是人们内在道德情感、意志和理想等多种因素融合在人们身上的综合表现，它不仅受到人们不同的主体条件的影响，而且也受客观社会条件（经济、政治、文化、教育等）的制约。对于这些恐怕是普里查德没有考虑到的，因而，他的所谓"直觉"也只能是一种既定的人性事实，因之，无法真正解决具体的道德实践中的现实矛盾。

综上所述，普里查德的伦理学大概有这样几个特点。第一，他坚持以责任或义务概念作为伦理学的本原，以直觉主义为伦理学的基本方法，这使得他的伦理学在根本上具有现代直觉主义的一般特征，同时又区别于以摩尔为代表的价值论直觉主义。因此，把普里查德称为"义务论直觉主义的代表人物"是当之无愧的。值得注意的是，普里查德的义务论直觉主义具有某种极端性，这突出地表现在：他完全把义务、责任、正当等范畴与善、善性分割开来，否认它们之间的联系，强调其区别，并把义务、责任作为伦理学的最高范畴。因此，普里查德的伦理学被称为极端的义务论直觉主义。① 为了克服普里查德这种义务论直觉主义的极端性，调和他与摩尔之间的理论矛盾，普里查德的学生罗斯提出了温和的义务论直觉主义伦理学主张。

第二，普里查德的直觉义务论并没有达到科学的境界。他力图寻找一种绝对自明的伦理学起点，但并没有科学地揭示出道德义务的本质，反而同康德一样把义务变成了某种先验既定的道德观念。而且，从根本上看，普里查德的理论缺乏系统的论证，一方面，他没有系统地阐明道德责任的具体内涵，缺乏对道德责任的产生以及与道德客观要求的必然性关系的进一步说明，更没有揭示人类道德责任的社会客观基础，而是抽象地以所谓"紧迫性"来解释具体的道德责任的矛盾。另一方面，普里查德简单地把道德责任概念与数学公理相提并论，严重地忽略了自然科学与社会科学所具有的不同特质。

总的看来，普里查德的伦理学还只是一个十分粗糙的草图。由于他未能完成其伦理学专著，只是提出了问题，而且对这些问题的解答显得相当贫乏和简陋。因此，我们认为，普里查德最大的功劳是从另

---

① Cf. V. Ferm( ed. )，*Encyclopedia of Morals* ( New York: Greenwood Press, 1969)，"普里查德"条目。

一个角度提出了伦理学概念的明晰性和客观逻辑性的问题，并在一定程度上切中了摩尔的价值论与传统功利主义伦理学的亲缘关系。但是，他没有系统地解决自己所提出的理论问题。对这些问题的回答和系统阐述，正是他移交给其弟子罗斯的理论任务。

## 第四节 罗斯的温和义务论直觉主义

威廉·大卫·罗斯爵士（Sir. William David Ross，1877～?）出生于苏格兰，曾在爱丁堡大学和牛津波利奥尔学院就学，从1900年开始，先后在牛津奥里尔（Oriel）学院出任讲师、研究员和指导教师，1929年出任该院院长。罗斯还在1923～1928年出任了牛津大学的"怀特道德哲学"副教授。1935～1936年，他又任阿伯丁（Aberdeen）大学的"西福德讲师"（Cifford Lecturer），主讲伦理学。1938～1939年，被聘为美国哥伦比亚大学的客座教授。1941～1944年，出任牛津大学的副校长，随后又兼任了三年代理副校长，至1947年退休。由于学术上的杰出成就和声誉，罗斯曾在1938年受封为爵士。

罗斯是西方著名的古典哲学著作的编纂者和研究家。他翻译并注释的亚里士多德著作一直被西方学术界视为权威性的范本，在亚里士多德哲学伦理学的研究方面颇有造诣，并翻译了《尼各马克伦理学》。同时，罗斯还撰写了许多极具影响的伦理学专著（论文），他的《正当与善》(The Right and Good，1930年)、《伦理学基础》(Foundations of Ethics，1939年) 两部专著，被西方学者视为20世纪伦理学界为数不多的佳作。此外，他在1954年发表的《康德的伦理学理论》(Kant's Theory of Ethics) 和其他论文，也都是研究他的伦理思想的重要史料。

在现代英国直觉主义伦理学派中，罗斯是一位集大成者，也是两种不同理论倾向的直觉主义的调和者。他修缮了普里查德的极端义务论，力图重新联结被普里查德割裂了的"善"与"正当"——道德价值与道德义务之间的有机联系，创立了一种"较为温和的义务论理论"①。同时，在详细分析和批判当时的各种伦理学思潮的基础上，总结了有关伦理学本性的一般见解。他既坚持反规范、反自然主义伦理学立场，驳斥了里德（Reid）等人对直觉主义的攻击，又坚持了客观认识主义的方法原则，批评了卡尔纳普和艾耶尔等人的极端非认识主义和情感主义伦理学，捍卫了直觉主义伦理学的基本理论。

## 一 伦理学的本性与目的

伦理学究竟是一门什么性质的科学？它的研究目的和范围应该如何确定？这是自摩尔以来现代西方元伦理学家重新思考的一个中心问题。人们知道，虽然在摩尔以前，19 世纪下半叶层出迭见的各种非理性主义伦理学思潮开始了对传统伦理学的全面反省和检讨，但它们大都没有，或者说来不及严格地涉及伦理学自身的本性问题，即是说，人们还没有注意到伦理学究竟应该成为一门规范性学科，还是一门纯理论的学科，伦理学能否成为一门具有严格逻辑必然性的学科，它与自然科学的区别何在，如此等等。但是，自摩尔在《伦理学原理》一书中明确做出元伦理学（"分析伦理学"或"理论的伦理学"）与规范伦理学（"行动的伦理学"或"综合式的伦理学"）的区分之后，关于伦理学本性的思考便被元伦理学家们提到议事日程上来。普里查德严肃地提出了"道德哲学建立在错误之上吗？"这一重大伦理学问题，实际上代表了对整个西方传统规范伦理学的反诘和对于伦理学本性的重新思考。

———————————

① Cf. V. Ferm( ed. )，*Encyclopedia of Morals*（New York: Greenwood Press, 1969），"罗斯"条目。

应该说，罗斯在这一问题上所面临的是多种矛盾相冲突的局面：摩尔的价值论与普里查德的义务论的矛盾，直觉主义与反直觉主义或者说是非自然主义伦理学与自然主义伦理学（培里、里德等人）的矛盾，以及认识主义与非认识主义（即"维也纳学派"和艾耶尔等人的情感主义）的矛盾，等等。这迫使罗斯不能不认真地提出一个全面性的答案。因此，罗斯伦理学的第一要义，便是对伦理学本性与目的的回答，而这一解答是随着他对伦理学研究的逐步深入而不断明朗化的。

罗斯在他第一部颇有影响的伦理学著作《正当与善》中就曾指出，伦理学的研究"是考察三个概念的本性、关系和意蕴（implications），这三个概念在伦理学是基本的——它们是'正当'、一般的'善'和'道德上的善'"①。后来，罗斯在《伦理学基础》一书中更为明确和全面地指出："我在伦理学的一般概念上所做的工作是：伦理学常常被人们描绘成一种规范科学，它是作为制定正当或善行为的规范或规则的。在我看来，这在一种意义上是真实的，而在另一种意义上却是不真实的。在某种意义上，伦理学去从事这种工作，可能犯了好管闲事之过。许多明白人已经知道了他们应当怎样行动，正如道德哲学家可能告诉他们的一样。他们不仅以令人钦佩的清晰性和正确性在困难的生活境况中看到了他们的具体义务，而且他们也有着各种原则，〔甚至是〕在某种一般性程度上的原则，而道德哲学家并不能使这些原则更完善些——如说真话、守诺言、追求你周围的幸福，如此等等。"② 在罗斯看来，伦理学研究的根本任务不是制定各种规范、原则、体系，因为人们在日常生活中已经能够直觉到这些东西。因此，规范伦理学是多余的，伦理学的本旨是对其基本概念的解释分析。这

---

① W. D. Ross, "Right and Good", in W. Sellars and J. Hospers ( ed. ), *Readings in Ethical Theory* ( New York: Prentice – Hall Publishing Company, 1970), p. 91.

② W. D. Ross, *Foundation of Ethics* ( Oxford University Press, 1939), pp. 311 –312.

样，罗斯实际上否认了伦理学的规范科学本性，使它成为一种纯概念的逻辑分析了。

罗斯认为，与物理学这样的自然科学有所不同，伦理学不能诉诸观察和试验，而必须以在思维的日常语言和方式中已经定型的意见为出发点，"使这些思想明确和清晰，并通过它们的相互比较"，"清除各种意见中多余的或错误的陈述"，直到各种意见和谐一致。罗斯把这一过程叫做日常道德意见的"净化"过程，这正是伦理学所应当从事的工作。① 在罗斯看来，今天的伦理学已经较以往的伦理学更加成熟和发展，它已经不再停留在制定规范的经验层次，开始了从事更高的关于道德语词、概念、陈述及其关系的逻辑明晰性的分析工作。按照这种研究要求，伦理学关于伦理语词、概念等的研究应该包括两个基本步骤。第一，指出"可能存在于这些语词用法中的各种暧昧性，并区别它们在道德思维中的最基本的意义"。比如说，它们在逻辑上的意义与在美学上的意义等。第二，"我们试图研究我们用这类语词基本包含的事物的本性"②。换句话说，研究伦理语词或概念的基本意义与它们所指称的事物之本性便是伦理学研究的两个基本途径和任务。为此，罗斯又进一步明确指出："第一步的研究是一种语言用法的研究，并达到可以用词典来合理陈述的结果；……第二步研究则是反省我们称之为正当性特征的本性；这包含着对它是否可以定义的研究；倘若是可以定义的，那么，又在什么语词形式下是可以定义的。"③ 这就是罗斯对伦理学本性与研究目的、方式等基本问题的新规定。

罗斯认为，要从人们日常道德意见中做出一般的逻辑分析，确实是件极为复杂的工作。因为人们关于道德问题的普通日常意见往往处

---

① W. D. Ross, *Foundation of Ethics* (Oxford University Press, 1939), p. 3.
② Ibid., p. 314.
③ Ibid., p. 315.

于极其复杂的结构之中。但即令如此，我们仍可以从中发现两条基本的线索：一方面，有一类包含着与义务、正当和错误、道德法则或法律、各种命令观念紧密相连的意见；另一方面，有许多包含善的、被追求的目的的观念中的意见。罗斯把这两种意见视为人类关于道德观念的基本类型，前者称为"希伯来式的观念"；后者称为"希腊式的观念"①。也就是说，在罗斯看来，人类的道德意见代表着他们的人生行为观念，可以基本划分为两种类型：一种是服从型的，这就是对法律或道德法规的服从，如同希伯来人对神的法则（如"摩西十诫"）的服从一样；另一种则是追求型的，即以对目的的追求和实现作为道德善的观念，古希腊的道德观就是这种道德意见的典型代表。

我们姑且不论罗斯对人类道德意见的类型划分是否科学，需要注意的是，罗斯通过这种划分和分析的实际意图仍然在于通过历史的考察，把"正当"与"善"作为伦理学研究的基本概念来看待。他的基本思想是把伦理学规定为一种非规范却又是客观自明的道德概念和语词的逻辑分析科学，并把对道德语词的用法、语词的基本意义及其它们所指称的事物之本性作为伦理学研究的基本内容，以求得伦理学概念、语词的逻辑明晰性和确定性。因此，伦理学不是规范的创造，而是语言的逻辑分析、净化。从这一点来看，罗斯基本上是遵循着摩尔倡导的日常语言分析的哲学路线，坚持和发展了摩尔对伦理学概念之本性的研究出发点理论和整个现代直觉主义伦理学的方法论原则。

## 二　"正当""义务"的分析意义

应当首先说明，在罗斯这里，"正当"、"责任"或"义务"都是同一种意义的伦理学范畴，它们都是作为与"善"相区别的概念来使用的。依罗斯所见，既然伦理学的基本任务是研究伦理学基本语词和

---

① W. D. Ross, *Foundation of Ethics* (Oxford University Press, 1939), p. 3.

概念的意义，那么，"正当"就是伦理学研究的首要概念了。

和普里查德一样，罗斯认为，道德上的正当性是无法定义的。这种不可定义性有两个方面的证明：首先，我们不能用任何非伦理的语词来规定正当，因为"任何非伦理学的语词的结合都不能表达我们用正当性所意味的东西的本性"。具体地说，我们不能用自然性的语词（如快乐、满足、利益、幸福等）来定义伦理学的语词（如正当等）。正因为如此，罗斯用和普里查德一样的口吻来指责传统功利主义伦理学以行为所带来的快乐、幸福来规定行为是否正当。其次，如果不能用非伦理学语词来定义正当，那么，是否可以用伦理学语词来定义正当呢？罗斯否定地回答，伦理学语词也"不能表达我们用'正当'所意味的东西"。比如说，"善"就不能定义"正当"，因为它们两者各自的意味和依据的基础都不相同（待后详述）。因此，罗斯得出结论，既然正当既不能用非伦理学语词来定义，也不能用其他伦理学语词来定义，那么唯一的结论就是："道德的正当性是一种不可定义的特征，即使它是一种更广阔的关系，诸如合适性等，除了重复'道德上的正当'这一短语或一个同义语外，我们无法陈述它的特异性（differentia）。"为了证实这一结论，罗斯逐一批判了几种流行的理论观点。①

首先，他指出摩尔对传统享乐主义和功利主义的批判是有意义的，但他只注意到了伦理学的价值意义，片面地强调"善"的不可定义性，而当他涉及"正当"这一概念时却犯了同功利主义相同的错误。他自以为"正当"是可以定义的，甚至认为"正当""义务"意味着"产生最大量的可能的快乐"②。这无异于用具有善的性质的东西来规定正当，颠倒了"正当"与"善"的关系。这不仅意味着把

① W. D. Ross, *Foundation of Ethics* ( London: Oxford University Press, 1939), p. 316.

② W. D. Ross, "Right and Good", in W. Sellars and J. Hospers ( ed. ), *Readings in Ethical Theory* ( New York: Prentice – Hall Publishing Company, 1970), pp. 110 – 112.

正当作为从属于善的非自明的、间接的范畴来考虑，而且也犯了传统功利主义的通病。

罗斯认为，在一般意义上说，正当、义务和善性都是非自然的和不可定义的，人们不仅可以通过直觉把握它们，而且还可以直观到某些有关"显见的正当"（right of being prima facie）的其他命题和关于善性的某些命题。然而，对于行为结果的善性质的考虑虽然涉及如何决定一种行为的正当性，但却不是对行为正当性的规定。

除了摩尔的这种理论以外，还有康德的动机义务论。康德用义务感作为行为正当性的唯一根据，认为只有出于纯粹义务感的行为才是正当的行为或有道德价值（善）的行为。对此，罗斯把康德的义务论称为"完全责任的义务"（duty of complete obligation），并对它进行了逻辑上的反驳。第一，从康德的原则看来，"我应当"意味着"我能够"，这显然是不合逻辑的。一个人应当履行正当的行为，但并不是说他必定能够履行正当的行为。第二，用逻辑上的归谬法也可以证明康德动机义务论不能成立。如果按照康德的逻辑，我们的义务是出自某种义务感的动机，那么，如果我说"出自义务感而做 A 行为是我的义务"，就意味着"出自做 A 行为是我的义务感而做 A 行为是我的义务"。罗斯说："在这里，整个表达与表达本身的部分是相矛盾的。"因为整个句子说"出自——做——A 行为——是我的义务——的感觉——去做——A 行为——是我的义务"，而该句的后一部分无外乎说"仅仅做 A 行为是我的义务"，但这与康德想要表达的思想是相互矛盾的。他实际是想告诉我们，只有出自义务感而行动才是我的义务，现在的结果却是，只有做 A 行为才是我的义务，这是一个明显的逻辑矛盾。[①]

---

① W. D. Ross, "Right and Good", in W. Sellars and J. Hospers ( ed. ), *Readings in Ethical Theory* ( New York: Prentice – Hall Publishing Company, 1970), p. 108.

罗斯对康德的这两点批驳确有某些合理性，特别是第二点反驳独具慧眼，在一定程度上证明了康德纯动机义务论在逻辑上的缺陷。但罗斯的反驳仅此而已，他并没有更进一步洞穿康德理论的形式主义要害。相反，最终只能在文字上做逻辑游戏，是一种逻辑的形式主义来对一种超实际的形式主义的反诘，无异于空对空的对抗，缺乏真实的力量。况且，罗斯的归谬逻辑也有些牵强的成分。

## 三 "显见的义务"与"实际的或绝对的义务"

对摩尔价值论和康德义务论的批判分析，使罗斯否定了传统的动机义务论和摩尔价值论所带有的"理想功利主义"，从而确定了义务的客观性、唯一性和不可定义性。然而，罗斯并不是重复普里查德的工作，相反，他充分意识到并力图弥补普里查德极端义务论的缺陷，提出了有关义务划分和分析的新见解。

罗斯指出，从一般的理论原则上看，义务和正当性是显见的、简明的，但在实际经验中，各种义务和正当性都是"以一种高度复杂的方式混合在一起的"。一个人遵守国家法律，部分产生于感恩的义务，部分出自遵守诺言的义务，部分是由于法律代表了一般的善。[①] 因此，对义务的特性不能简单而论，而应该具体区别"显见的义务"与"实际的或绝对的义务"。

所谓"显见的义务"（prima facie duty）[②]，是指我们日常所能够看到的普通的常识性义务，普里查德曾把这种义务称为"要求"

---

① W. D. Ross, "Right and Good", in W. Sellars and J. Hospers (ed.), *Readings in Ethical Theory* (New York: Prentice - Hall Publishing Company, 1970), pp. 488 - 489.

② 有人译为"自明的义务"，这与罗斯的原义不符，也偏离了"prima facie"的原义。也有人译为"初定的义务"，可取，但与原义不十分贴切。"prima facie"原义为"显而易见的""乍见的"，罗斯取用该拉丁文的意思是指人们日常生活一切普通的常识性的广为人知的义务。而他认为，真正具有自明性的是"正当""义务""善"等道德基本概念。

（claims），或者准确地说，它是人们可以在日常生活中看到的类似义务的东西。它实际上也许不一定是真正的义务，而是"以一种特别的方式与义务相关的某种东西"。"显见的"（prima facie）仅仅表示最初在道德境况中表现出来的表象（appearance），它既可能是一种真实的义务，也可能变为一种义务假象。①　"实际的或绝对的义务"则表现着我们义务的全部本性，代表着实际"趋向我们的义务的特征"。罗斯认为，这两种义务特征的区别在于：实际的义务代表行为的一种"部分结果性的属性"（parti-resultant-attribute）；而显见的义务则是一种一般意义上的"总体结果性的属性"（toti-resultant-attribute）。②　从前一种意义上说，行为的义务性或正当性是相对的。例如，对于违背诺言的行为而言，它可能趋于错误而失去正当。但在具体境况中，为了解脱他人的灾难而违诺，则是实际上的正当行为，这样一来就可以区别于康德的义务论了。在后一种情况下，行为的义务性和正当性总是显现出某种一般的普遍意义，它不管实际的情况，而是就通常的意义来肯定正当和义务的。比如，在一般意义上遵守诺言都被视为是正当的。由此来看，对义务的自明性并不能笼统而言，显见的义务确乎是一般的、普遍的，在形式上代表着"总体的"结果，而实际的义务只能代表部分的结果属性。但实际上，实际的义务才是真实绝对的义务，显见的义务却可真可假，没有必然的逻辑真理性。

不仅如此，罗斯还认为，对行为的义务和正当的自明性之直觉也不能笼统而论。普里查德认为，行为的正当性如同数学上的 $7 \times 4 = 28$ 的公理一样自明，人们认识义务和正当性的唯一方式也只能是直觉。但是，这必须通过经验，才能使生活中的义务性由明显达到自明。罗

---

① 　W. D. Ross, "Right and Good", in W. Sellars and J. Hospers（ed.）, *Readings in Ethical Theory*（New York: Prentice – Hall Publishing Company, 1970）, p. 484.

② 　Ibid., p. 489.

斯说："从我们生活的开始义务的一原则就是明显的，但不是自明的。它们如何达到自明呢？回答是：它们是逐渐对我们变得自明的，正如数学公理对我们是自明的一样。"① 通过经验，我们发现了 2×2＝4，用同样的方式我们也可以直觉到正当的自明性，并通过特殊的义务行为经验，进一步理解到自明义务的一般原则。在罗斯看来，义务的自明性与数学公理的自明性既有类似，又有重要的不同，其原理在于，"任何数学的对象（如图形、角）都没有那种趋于使它们产生相反结果的双重特征；而道德行为则经常（正如每个人都知道的一样），而且确实永远（正如我们在反省中必须承认的一样）有不同的特征。这些不同的特征很容易使它们同时成为自明正当的或自明错误的。比如说，任何对某人是善的行为，大概会对某个他人产生伤害，反之亦然"。很明显，罗斯的这种解释比普里查德的见解更为合理，它至少承认了道德义务这种复杂的社会科学属性与数学公理一类的自然科学属性之间的特殊差异。

区分了显见义务与实际义务的不同后，罗斯具体地罗列了七种显见的义务，并指出了它们各自所依据的不同条件和具体要求。②

第一种义务是忠诚的义务（the duties of fidelity）。它包括遵守诺言和讲真话。

第二种义务是赔偿的义务（the duties of reparation）。第二种义务与第一种义务都是"依赖于我自己以前的行动"，比如说，我与他人的谈话，或曾经撰写的著作，或我已做的不义行为，等等。这些义务要求我们诚实如故、改过是非。

第三种义务是感恩的义务（the duties of gratitude）。这种义务依赖于别人以前的行为，例如，他曾经服侍或关照过我。这种义务要求

① W. D. Ross, "Right and Good", in W. Sellars and J. Hospers (ed.), *Readings in Ethical Theory* (New York: Prentice - Hall Publishing Company, 1970), p. 491.

② Ibid., pp. 491 - 492.

我要知恩报恩，不要忘恩负义。

第四种义务是公正的义务（the duties of justice）。这种义务基于一种快乐或幸福分配的事实与可能性，它要求人与人之间要合理地分配善性的结果。

第五种义务是仁慈的义务（the duties of beneficence）。这种义务依赖于这样一种事实，即在这个世界上还有其他的存在，而我们可以在德性、理智或快乐等方面使他们的存在状态和条件变得更好一些。这种义务要求我们胸怀人类、普救广施、博爱仁慈。

第六种义务是自我完善的义务（the duties of self-improvement）。它要求我们应当通过德性和理智的增进使我们自己的存在状态不断完善，使之达到自我完善的境界。

第七种义务是勿恶的义务（the duties of non-maleficence）。它要求我们不要伤害他人，不行恶作歹。罗斯还提醒人们注意，这种义务是"唯一以否定的方式来陈述的义务"，我们应该把它与第五种义务——仁慈的义务区别开来，仁慈的义务是以肯定的方式陈述的关于自我对待他人的义务。勿恶的义务是仁慈义务的第一步，人们只有首先做到勿行恶，才能谈得上行之以仁慈。①

罗斯认为，上述义务的罗列只是一种"暂时性的""不严格的"划分，因此还必须作几点说明。其一，罗斯指出，严格说来，这些义务术语并不确切。因为，我们说"忠诚"或"感恩"的严格意义是指某种动机状态，而我们已经证明过，义务并不具备某种动机的意义，而毋宁意味着采取某种行动。这就需要人们注意防止把这些义务作为行为动机来看待的错误做法。其二，这种义务的划分并没有，也不可能达到某种"终极真理"的目录开列，它不过是人们日常生活中

① W. D. Ross, "Right and Good", in W. Sellars and J. Hospers (ed.), *Readings in Ethical Theory* (New York: Prentice – Hall Publishing Company, 1970), p. 485.

显见义务的一般概括而已。其三，这种义务的划分并不能解释在具体环境中各种实际义务的冲突现象，而只是为了进一步解释这些冲突做一个预先的介绍。①

那么，应该怎样认识实际经验中"义务相互冲突"这一现象呢？罗斯认为，权衡实际行为中所发生的相互冲突的义务时，主要是看该行为所包含的自明正当性是否高于其自明错误性，如是则该行为是义务性行为；反之则不然。在这里，罗斯似乎无意中承认有某种权衡行为之正当与错误的标准，但实际上，他并不以为有这种判断标准存在。因为行为的自明正当性与自明错误各自独立、互不相关。任何普遍的原则也不能把它们混在一起，因而也就无法比较它们的高低。实际上，人们对行为的正当性与错误性的直觉，是一种带有"侥幸"意味的直观把握，并不是他有什么权衡行为的普遍标准。这样一来，罗斯到底还是否认了任何自然主义的规范伦理学的可能性，面对无法解释的理论矛盾也不肯放弃自己的直觉主义伦理学立场。

从罗斯对"显见义务"与"实际义务"的区分中，我们可以看出其某些合理性。他在一定程度上克服了普里查德极端义务论的片面性，洞察到伦理学原则的自明性与数学公理之间的特殊差异，使其直觉主义显得更为温和圆通。同时，罗斯批判地总结了以往各种义务论的利弊，列出了一个不无实际意义的显见义务的目录，从而总结性地概括了现代义务论直觉主义伦理学的基本内容。这确实是一项颇有理论价值的工作。但是，罗斯的划分及其说明是矛盾的。他主张的是直觉主义的义务论，而实际开列的却是一种义务论与目的论相混杂的伦理义务目录，有些条目与摩尔的"理想功利主义"，甚至与传统功利主义伦理学没有区别（例如他关于公正的义务解释）。无怪乎美国当

---

① W. D. Ross, "Right and Good", in W. Sellars and J. Hospers (ed.), *Readings in Ethical Theory* (New York: Prentice – Hall Publishing Company, 1970), p. 486.

代著名伦理学家弗兰肯纳评价道："在对后四种义务的探讨上，罗斯是一个目的论者。勿作恶的义务……仁慈的义务、自我完善的义务和公正的义务，都是'在我们应该产生尽可能多的善的普遍原则'下出现的。"[①] 诚然，罗斯已经意识到这种义务划分所存在的矛盾，并申明它是"不严格的"。但是，他发现了问题却并没有解决问题，也没有真正解决好如何处理实际经验中的义务矛盾这一关键性的实践问题。

## 四　正当性与善性

如前备述，罗斯认为，"义务"或"正当"和一般的"善""道德上的善"是伦理学中三个最基本的概念。这种观点与普里查德只承认义务才是伦理学的基本概念的见解明显不同，也不同于摩尔把"善"当作伦理学中唯一的自明范畴的做法。换句话说，罗斯的目的正是调和两位前人的观点。如果说，在《正当与善》一书中，罗斯还只是集中于这几个范畴的分析并力图缓和普里查德对义务范畴的极端解释的话，那么，在后来的《伦理学基础》中，则主要是通过系统地考察各派观点，辨析"正当""义务"与"善"的相互关系了。

首先，罗斯认为，"正当"、"应尽"、"义务"和"善""价值"是两类主要的伦理学特征（characteristics），它们之间是有所区别的。他说："有两种或两组主要的伦理学特征：一方面被人们指称为'正当的'、'应尽的'、'我的义务'等语词；另一方面则被人们指称为'善的'、'有价值的'。许多人都不倾向于承认在这两组特征之间有任何明确区分之不同，而倾向于用'善的'和'正当的'语词无区别地应用于各种行为。我却最终主张，在我们所有语言的通常用法中，可以在这两个词之间引出一种明确的区分。"[②] 依罗斯所见，原有

---

① V. Ferm ( ed. ), *Encyclopedia of Morals* ( New York: Greenwood Press, 1969)，"罗斯"条目。

② W. D. Ross, *Foundation of Ethics* ( London: Oxford University Press, 1939 ), pp. 10 – 11.

的各种伦理学都没有意识到这种区分的必要性，重要原因在于它们仅仅停留在对"正当的自然主义定义"层次。进化论伦理学以自然进化来规定正当和善，不能说明正当性和善性的基础；因果快乐主义同样是以"心理学的"见解来规定它们。与此不同，逻辑实证主义者卡尔纳普则认为，"正当"不是判断，而是要求；艾耶尔认为它只是好恶的情感表达，也因此否认了正当的客观自明性。罗斯反驳说："他（指艾耶尔——引者注）否认它们是判断，说它们仅仅是好恶的表达。果真如此，人们为什么还要争执不休？我们努力证明的又是什么呢？难道是甲去证明他喜欢这种既定的行为，而乙却证明他不喜欢这种行为吗？显然不是。"① 在这里，罗斯反对的是艾耶尔主张的非认识主义，认为他抹杀了正当本身的自明真理性和客观性，虽然罗斯并不承认有什么道德判断的标准，但他却始终维护着正当、善等伦理学概念的认识意义和客观意义，当然也就不会苟同于艾耶尔等人的情感主义观点，这也是现代直觉主义伦理学与情感主义伦理学的重大分歧之一。而在这一问题上，直觉主义显然更具有合理性。

为了进一步论证正当的一般本性，罗斯做了两个区分：一是"应尽性"（obligateness）与义务的区别；二是正当性与道德上的善的区分。对于前一个区分，罗斯只做了简单的分析。他认为，行为的应尽性并不依赖于它是否被履行这一事实，而正当则略有不同，它包含行为者本身的意向（intention）。他总结说："事实上，应尽性不是一种依附于行为的特性，而义务则是依附于个人身上的特性。"②

对于第二个区分，罗斯做了较为详尽的分析，概括起来有如下三个方面的内容。第一，道德上的善与正当是各自独立的，不能将两者混同起来。道德上为善的行为并不必然是正当的；反过来说，正当的

---

① W. D. Ross, *Foundation of Ethics* (London: Oxford University Press, 1939), p. 41.
② Ibid., p. 56.

行为不一定在道德上是善的。这种非依赖性在于行为的善性主要依赖于履行该行为的动机，而正当则不是如此。罗斯说："如果我们说一种正当行为的意思是指在客观上是正当的，……我们就必须维持道德善性与正当性之间的完全非依赖性（complete-non-dependence）。因为，一种行为在道德上为善，主要是依赖于人们做这种行为的动机，而动机的善性既不能得到保证，也不能被这种行为所产生的结果之本性所保证。……因此，一种道德上的善行为，在客观上可能是错误的，而一种在客观上是正当的行为可能在道德上是恶的或中立性的。"① 罗斯的这段陈述不外是普里查德的老调重弹，其本旨是把善性诉诸行为动机，把正当诉诸行为本身；行为的正当性与动机无关，而只与行为的意向有关。在这里，罗斯把普里查德的"起因"换成了"意向"，并把它视作与动机不同的东西，但对于它们的区别究竟何在，罗斯同样没有更清楚的说明。所不同的是，罗斯在坚持正当性与善性的非依赖性的同时，又在普里查德的立场上退却了一步，因此有其二：罗斯认为道德上的善与客观上的正当并非毫无关系。

罗斯写道："另一方面，我们不应认为，在道德善性与客观正当性之间没有联系，一种道德上的善行为客观上不见得比一种道德上的恶行为或中性行为更为正当；或者说，一种客观上的正当行为不见得比客观上的错误行为在道德上更善。因为一种道德上的善行为的动机或者是义务感，或者是实现某种特殊善的欲望，作为善的存在，这样一种引发的行为，比那种动机是自利或恶意的行为来说，与客观义务的相符性就大得多。"② 在罗斯看来，行为的正当性确实与道德上的善不相一致，但出自善良动机的行为总是更能符合客观上的义务，在这种意义上，行为的善性与正当性又不是完全没有联系的。这样，罗斯

①　W. D. Ross, *Foundation of Ethics* (London: Oxford University Press, 1939), pp. 165 - 166.

②　Ibid., p. 166.

修正了普里查德的观点，使直觉主义的义务论与价值论有了某种结合的可能。

进而，罗斯认为，在具体境况中，义务行为与道德上的善行为在某些情形下还是相互一致的。他说："在第三种意义上，道德上的善行为在第一种情况下（即在行为者直觉到了他的义务的情况下——引者注），必然是正当的，它是与行为者对他的义务的思考相和谐的行为。在第二种情况下（即行为者没有想到他的义务——引者注）则不是如此。这种行为可能在行为者没有想到他的义务的情况下被履行的，那么，我们就不能说这种行为与行为者对他的义务的想法是和谐一致的，因为他没有这种想法。"① 罗斯把行为者是否有某种义务的想法或意向当作该行为的善性与义务是否一致的依据，这多少带有一些康德动机义务论的残迹。我们看到，罗斯还明确指出，一种"出自中立的或恶的动机"而履行的行为是不能为善的，也无法与行为的义务达到一致。然而，罗斯毕竟时刻警惕着自己滑入康德义务论的圈子的危险。他就此止步了，直至申明这种见解是有具体情况限制的，而在一般情况下，"正当性从来就不保证道德善性"②。

最后，罗斯还具体分析了善的本性。他认为，善在作为"宾词"使用时往往有三种基本意义：一是与"做一个有价值的值得羡慕的对象"同义；二是与"做一个有价值的使人感兴趣的对象"同义；三是与"做一个实际使人感兴趣的对象"同义。在第一种意义上，"善"代表着一种非自然的性质，是不能定义的；在第二种意义上，"善"是非自然的，但却代表了一种可定义的关系；在第三种意义上，"善"的性质则是自然的了。因此，罗斯一方面反对艾耶尔等人的绝对情感主义理论，否认"善"所表达的总是人们在做出价值判断时表

① W. D. Ross, *Foundation of Ethics* (London: Oxford University Press, 1939), p. 167.
② Ibid.

达的自己的主观情感；另一方面，他又承认，在第三种意义上，"善仅仅是用来表达一种态度，而不表示一种特征"①。如此一来，罗斯不仅使普里查德的极端义务论与摩尔的价值论达到了调和，而且也使直觉主义与情感主义伦理学产生了某种交互一致的见解。就此而论，我们可以说罗斯对"善"的语义分析已经渗透了一些情感主义的成分。

## 五 "牛桥"：直觉主义伦理学的归宿

当我们结束对罗斯伦理学的探寻时，我们不难发现已经走到了现代直觉主义伦理学理论长廊的尽头。在罗斯这里，我们找到了现代直觉主义伦理学的发展逻辑和归宿。

首先应该指出的是，罗斯的直觉主义伦理学的基本倾向是义务论的。他关于伦理学本性的观点，对义务、正当等范畴的分析，以及对两种不同义务的区别和比较等，构成了他伦理学的全部中心内容。而且，罗斯始终没有从根本上脱离义务论直觉主义的轨道。但是，罗斯大胆地修正了普里查德的极端义务论，并在批判的基础上综合与调和了普里查德的义务论与摩尔价值论之间的理论分歧。他否认了前者以责任作为唯一至上的伦理学自明范畴的极端见解，把正当或义务、一般的善、道德上的善共同作为伦理学中的三个最主要的概念。这意味着罗斯有意综合价值论与义务论，并力图扩大义务论直觉主义伦理学的研究领域。其次，他小心翼翼地划分了两种不同的义务，从方法论上指出了义务的自明性与数学公理的自明性之间的异同。最重要的是，他较为全面地探讨了义务与善性的关系，使价值理论与义务理论达到了新的结合。对此，西方一些学者把罗斯的这种调和理论称为"牛桥"（Ox-bridge）理论。② 它的实质也就是一种道德折中主义。最

---

① W. D. Ross, *Foundation of Ethics* ( London: Oxford University Press, 1939 ) , p. 284.

② Cf. V. Ferm ( ed. ) , *Encyclopedia of Morals* ( New York: Greenwood Press, 1969 ) , p. 505.

后，罗斯关于"善"的语义分析，在一定程度上洞穿了摩尔价值论直觉主义的某些困难，但他却在某种观点上滑向了情感主义伦理学的立场。这不仅损伤了直觉主义伦理学的逻辑严谨性，而且客观上也暴露出直觉主义伦理学本身的矛盾性和不彻底性。

由此可见，折中调和主义是罗斯伦理学的基本特征，也是整个现代直觉主义伦理学的必然逻辑归宿。摩尔强调伦理学价值的直觉特征，在改造英国传统功利主义伦理学的基础上建立了一种"理想功利主义"或"非自然主义、非享乐的快乐主义"，这代表了当时英国"剑桥派"（即以剑桥大学为中心）直觉主义伦理学的一般倾向。而以普里查德为代表的"牛津派"（即以牛津大学为中心）则站在另一端，创立了一种义务论直觉主义伦理学，把康德的动机义务论改造成现代直觉主义的义务论。在20世纪初至20世纪40年代，这两派观点展开了长时间的论战，伦理学研究始终犹如一架钟摆在纯价值论和纯义务论之间摆动。正是基于对这一理论状态的充分意识和反省，罗斯开始调和这两极的观点，系统考察了19世纪以来到20世纪中期的大部分英国伦理学家（派）的理论，最后选择了较为温和的义务论直觉主义，把直觉主义伦理学推上了一个新的综合层次。从这种意义上说，罗斯的伦理学是现代英国直觉主义的一次全面总结，它标志着现代英国直觉主义伦理学从价值论与义务论的分庭抗礼走到了握手言和的联盟席上。这是罗斯伦理学的最大贡献所在，也是现代直觉主义伦理学发展的归宿。因之，与其说"牛桥"理论的产生代表着罗斯温和义务论直觉主义伦理学的最后完成，不如说是现代英国直觉主义伦理思潮演化的逻辑必然。这种必然一方面表明了它的发展轨迹，另一方面给后来的伦理学发展留下了一种暂时的分节号：它告诉人们，元伦理学的直觉主义道路已经走到尽头，新的理论途径的探索又成为必然。因此，在直觉主义步入困惑之日，便是情感主义伦理学兴起之时。事实上，罗斯后期对情感主义伦理学的某些让步已经开始显露出这一重大理论变革的先兆。

# 第六章

# 情感主义伦理学的形成

## ——罗素和维特根斯坦

## 第一节　情感主义伦理学的哲学背景

### 一　情感主义伦理学的旨意与历程

情感主义伦理学（Emotionalism ethics）是现代西方元伦理学的典型理论形式之一。[①] 它的理论宗旨在于，把伦理学作为一种非事实描述的情感、态度或信念的表达，认为它不具备逻辑与科学那样的普遍确定性和逻辑必然性。因此，伦理学的命令不属于科学命题的范围，或者反过来说，如果伦理学命题是事实的陈述，那么它既不具备命令的意味，也不可能提供普遍的行为规范。因为科学只提供真理，不提

---

[①] "Emotionalism" 亦可译为 "情绪主义"。鉴于国内已经通行的译法，我们仍译为 "情感主义"，但它的内涵与18、19世纪英国的 "情感论"（Sentimentalism）是不能同日而语的。

供行为命令。所以，伦理学不具备科学性、知识性和规范性特征。换言之，反自然主义、非认识主义和反规范性是情感主义伦理学的基本特点所在。从这一意义上说，它属于元伦理学中的非认识主义派别，在理论上与直觉主义伦理学有着迥然不同的特点。

严格说来，情感主义伦理学的代表们对直觉主义伦理学是持批判态度的。① 两者的主要分歧表现在以下几个方面。其一，两者虽然都坚持反规范伦理学的立场，把伦理学纳入一种语言逻辑分析的范围之内，但直觉主义基本上并不否认伦理学作为一门知识的可能性，甚至用直觉的方法来求得对伦理学知识的自明客观性证明。因此，西方研究者们仍把它归入"非自然主义的认识主义"范畴。与其不同，情感主义者大多否认伦理学具有科学知识的品格，主张用逻辑语言分析和经验实证的方法取代"私人性"的日常语言分析和直觉，表现出明显的"非自然主义的非认识主义"伦理学倾向。②

其二，大致说来，直觉主义者的主要兴趣集中于伦理学方面，这是因为他们比较注重日常生活语言分析的哲学倾向所带来的结果。而情感主义的大多数代表人物并没有把主要兴趣投入伦理学研究方面。例如，艾耶尔就曾指出，作为情感主义伦理学理论的主张者，"维也纳学派作为一个整体来说，对伦理学并不怎么感兴趣"③。事实上，除稍后的史蒂文森以外，绝大多数情感主义者更注重对数学和逻辑的研究，并在此基础上寻找确定的具有严密逻辑性的科学哲学体系。因之，他们关注的不是日常语言（或"自然语言"）的直觉分析（罗素、维特根斯坦后期思想及史蒂文森有所例外），而是理想语言（或"人工语言""逻辑语言"）的逻辑证明。这不仅使他们的哲学区别于摩尔等人的新实在论，形成了独树一帜的逻辑

---

① A. J. Ayer ( ed. ), *Logical Positivism* ( New York: The Free Press, 1959), pp. 22 – 23.

② Cf. V. Ferm ( ed. ), *Encyclopedia of Morals* ( New York: Greenwood Press, 1969), p. 310.

③ 同注①，第 22 页。

实证主义哲学流派，而且也铸造了区别于直觉主义的新伦理学理论。

"逻辑实证主义"（logical positivism）是一个较宽泛的概念，在一般意义上是指罗素、维特根斯坦、"维也纳学派"、艾耶尔等人的哲学，有时也用来泛指稍后一些类似的科学哲学分支。罗素和维特根斯坦早期的逻辑原子论（logical atomism）是"维也纳学派"哲学思想的直接来源。在伦理学上，虽然罗素早年主要受摩尔的影响，但他和维特根斯坦最早提出了现代情感主义伦理学原则，这同样成为影响"维也纳学派"、艾耶尔、史蒂文森等人的主要理论因素。有鉴于此，我们把罗素和维特根斯坦的伦理思想作为现代情感主义的形成阶段；把"维也纳学派"（主要是石里克、卡尔纳普、赖欣巴哈、克拉夫特等人）的伦理学作为其发展的第二阶段；而史蒂文森的温和情感论则是这派伦理思想的总结。这样，我们一方面可以清楚地窥见现代元伦理学从直觉主义向情感主义的递嬗逻辑；另一方面也可以更系统地把握情感主义伦理学派自身的演化过程，同时，也使我们全面了解西方元伦理学理论由直觉主义→情感主义→规定主义（prescriptivism），即由摩尔、罗斯→罗素、维特根斯坦、"维也纳学派"、史蒂文森→图尔闵、黑尔等人的历史发展的来龙去脉。

## 二　逻辑实证主义哲学与情感主义伦理学

逻辑实证主义哲学是现代情感主义伦理学的哲学方法论基础。作为一股世纪性的新兴哲学思潮，逻辑实证主义哲学理论之复杂和影响之深远都是令人瞩目的。在此，我们只能大致了解其基本的哲学观点，以期洞察它们与该派伦理思想的内在联系。

概而言之，逻辑实证主义哲学的主要原则可以从以下三个方面来把握。

1. "拒斥形而上学"的哲学立场

这里所说的形而上学不是我们习惯上所指的与辩证法相对应的形而上学方法，而是指西方传统哲学本体论意义上的形而上学。它最早源自亚里士多德以后的所谓"第一哲学"（即"物理学之后的科学"）的概念，后逐渐泛指对世界本原、宇宙目的、人生等哲学本体问题的总体性研究，如世界的本原问题、宇宙与人生的目的问题等。这种形而上学哲学曾经构成了西方古典哲学的重要组成部分和特色。直到18世纪英国的休谟和德国的康德才开始对这种"玄学"的确实性和可能性提出疑问。休谟在《人类理解研究》一书的结尾曾意味深长地指出："如果我们手里拿起一本书来，例如神学书或经院哲学书，那我们就可以问，其中包含着任何数和量方面的抽象推论么？没有。其中包含着关于实在事物和存在的任何经验的推论么？没有。那么我们就可以把它投在烈火里，因为它所包含的没有别的，只有诡辩和幻想。"① 休谟的本意是否认传统形而上学，特别是经院神学可能容纳任何具有严密逻辑的科学事实，因而只能是一种空洞无物的幻想。康德在其"批判哲学"中也察觉到，"形而上学"既非后天综合命题，也非先天分析命题，而是一种先验的哲学假设，它需要充分的证明才能成立，但人类理性的限制又意味着这种证明的困难。这种批判性的见解，实际上也动摇了传统形而上学的客观必然性。休谟和康德对形而上学的怀疑直接影响到现代西方哲学，逻辑实证主义正是受到休谟的启发，把哲学批判的矛头首先对准了形而上学。

逻辑实证主义者认为，20世纪以前虽然已有人开始怀疑形而上学，但没有真正彻底地取消这种学说。"维也纳学派"的创始者之一卡尔纳普就曾谈到，20世纪前已经出现过许多反形而上学的见解，他

---

① 〔英〕休谟：《人类理解研究》，关文运译，商务印书馆，1957，第138页。译文略有变动。

们大致可以分成三类：其一，认为形而上学与我们的经验知识相矛盾（如休谟）；其二，断言形而上学超出了人类的知识界限（如康德）；其三，认为从事形而上学的研究没有意义（如马赫等老实证主义者）。① 在逻辑实证主义看来，这些反驳部分切中了形而上学的要害，但并不彻底。一切传统的哲学都缺乏科学的基础，因此，"对于哲学问题我们不予以回答，我们抛弃一切哲学问题，不论是形而上学还是伦理学或者认识论"②。

逻辑实证主义者认为，哲学并没有任何超越于经验科学之上的优越性，它应该像数学与逻辑那样具有严密的逻辑必然性，或者是具有充分的经验证实依据，这样才能成为一门"严格的科学"。他们认为，"只有数学和经验科学的命题才有意义，而一切其他命题都是没有意义的"③。任何命题的科学性，都在于它能否进行严格的逻辑分析。这种逻辑分析包括两个方面：一是其分析的程序必须保持严密的逻辑性；二是具有经验上的可证实性。但是，对于形而上学来说，这两个方面的条件都无法满足。因此，卡尔纳普做了代表性的总结："在形而上学领域内（包括一切价值哲学和规范理论），逻辑分析产生了否定的结果：即在这一领域内的所有命题都是无意义的。"④ 形而上学的命题之所以没有意义，根本原因在于它是"不能被证实的"。因为，形而上学者要建立形而上学的命题，就必须要超出经验科学的层次，这就不得不割断它与经验科学之间的联系，因而也就失去了经验的证实基础。⑤ "维也纳学派"的创始人石里克也曾明确地提出把"取消

---

① Cf. R. Carnap, "The Elimination of Metaphysics Through Logical Analysis of Language," in A. J. Ayer (ed.), *Logical Positivism* (New York: The Free Press, 1959), p. 60.

② R. Carnap, *Unified Science* (Chicago: The University of Chicago Press, 1934), pp. 21 – 22.

③ 〔美〕R. 卡尔纳普：《哲学和逻辑句法》，傅季重译，上海人民出版社，1962，第18页。

④ Cf. R. Carnap, "The Elimination of Metaphysics Through Logical Analysis of Language" in A. J. Ayer (ed.), *Logical Positivism* (New York: The Free Press, 1959), pp. 60 – 61.

⑤ 〔美〕R. 卡尔纳普：《哲学和逻辑句法》，傅季重译，上海人民出版社，1962，第6页。

形而上学"作为科学哲学的"转折点"，认为传统的"形而上学已完全失败"，哲学的唯一出路是重新寻找新的基点，这就是对语言的逻辑分析。①

## 2. 哲学逻辑化

从反形而上学的哲学立场出发，逻辑实证主义取消了一切哲学基本问题的合理性，最终把哲学本身变成了一种逻辑语言分析。逻辑实证主义理论的奠基者之一罗素就曾把逻辑视为哲学的本质，而所谓哲学问题实际上就是逻辑问题。② 另一位逻辑实证主义者艾耶尔甚至更干脆地说："哲学是逻辑的一个部门。"③

既然哲学的本质是逻辑，那么，哲学命题实质上也就是逻辑命题。因此，哲学所应从事的工作主要是哲学命题的逻辑分析，亦即对哲学命题的表达形式的分析。它主要包括语言的逻辑、结构、功能、界限和它所指称的意义等内容。这样一来，哲学研究在逻辑实证主义者这里就成了一种纯粹的语言逻辑分析活动。卡尔纳普说，哲学"即是句法方法的应用"，而"关于一种科学的哲学就是对这种科学的语言进行句法分析"④。著名的逻辑实证主义哲学家维特根斯坦在其哲学研究生涯中就全力以赴地从事"语言批判"工作，力图找到人类思维或思想的表达意义及其界限。⑤ 总而言之，把哲学从传统的形而上学本体论和认识论的形态改变为科学的语言逻辑分析，是整个逻辑实证主义哲学的又一个共同特征。这种语言分析的实质，就是使哲学成为

---

① M. Schlick, "The Turning Point in Philosophy," in A. J. Ayer ( ed. ), *Logical Positivism* ( New York: The Free Press, 1959), p. 57.

② 参见〔英〕B. 罗素《逻辑是哲学的本质》，载侯鸿勋、郑涌编《西方著名哲学家评传》第八卷，山东人民出版社，1985，第465页。

③ 〔英〕A. J. 艾耶尔：《语言、真理与逻辑》，尹大贻译，上海译文出版社，1981，第60页。

④ 〔美〕R. 卡尔纳普：《哲学和逻辑句法》，傅季重译，上海人民出版社，1962，第38、51页。

⑤ 参见舒炜光《维特根斯坦哲学述评》，生活·读书·新知三联书店，1982。

一种纯形式的逻辑概念分析和概念与判断表达形式的逻辑规则、使用语号等方面的"语言游戏"。

然而，在关于语言分析的具体方式上，逻辑实证主义者们并不完全一致。以卡尔纳普为代表的人工语言学派（含罗素与维特根斯坦前期的《逻辑哲学论》）认为，人们日常使用的语言常常暧昧不清，这种语言上的不精确性导致了哲学甚至科学中无休止的争论。要解决这一疑难，必须建立一套精确化的人工语言系统和逻辑句法规则。以史蒂文森等人为代表的日常语言分析学（包括早年的摩尔）则认为，解决日常语言中的逻辑混乱更为根本，因而十分强调对日常生活语言的分析。这种对逻辑分析对象——语言特性的不同见解，导致了这样一种明显的理论现象，即人工语言分析学派偏重于逻辑和数学，而日常语言分析学派则较为偏重伦理学。

3. "可证实性原则"

如前所述，逻辑实证主义者主张"通过语言的逻辑分析克服形而上学"，之所以作如是观，其重要的原因之一是他们认为形而上学（包括价值哲学）的命题都缺乏坚实的证实基础，因而只能是"伪陈述"（pseudo-statement）或"伪装的命题"（disguised-proposition）。要剔除这种虚伪的成分，必须把哲学、伦理学等纳入严密的逻辑分析程序中来。他们认为，对哲学命题的真假判断必须一律诉诸它在经验上的"可证实性"，或者用艾耶尔的话来说："实证原则就是认为一种陈述的意义是由它可能被证实的方式所决定的，而该陈述被证实就在于它被经验的观察所检验。"[①] 这种"证实原则"也就是逻辑实证主义哲学的第三个基本特征，即逻辑经验主义特征。

命题的可证实性包括两种方法，也就是逻辑证实的方法与经验证实的方法。只有为这两种方法中的任何一种证实为有真假意义的

---

① 〔英〕A. J. 艾耶尔等：《哲学中的革命》，李步楼译，商务印书馆，1986，第58页。

命题，才是有意义的命题。经验的证实有两种形式。一是经验的直接证实。当一个命题为人们的直接经验所证实时才有真假可言，它就是有意义的。还有经验事实的间接证实。当一个命题或判断能够被分解成表达经验材料的简单句（记录句）时，也具有真假意义。二是逻辑证实。凡与数学和逻辑规则相符合的命题或具有严密逻辑必然性的命题与判断，都是有意义的。应该特别指出的是，逻辑实证主义的所谓"经验证实"基本上沿袭了老实证主义者（如孔德、密尔、斯宾塞等）的经验主义方法原则，而它的所谓"逻辑证实"则更多的是得益于现代数学与符号逻辑的影响（罗素、怀特海、弗莱格等）。

在逻辑实证主义者们看来，数学和逻辑的确定性与经验事实的确定性一样是毋庸置疑的，因为它具有严格的逻辑必然性和普遍真理性。艾耶尔谈道："逻辑和数学原则之所以是普遍真实的，仅仅因为我们从不承认这些原则除了真实之外还有任何东西。理由是我们不可能取消这些原则而不发生自相矛盾，而不违反约束我们语言用法的规则，并因而使我们说的话荒谬可笑。换言之，逻辑和数学真理是分析命题和重言式命题。"[①]

由上可见，"拒斥形而上学"、哲学逻辑化和"可证实性原则"，构成了逻辑实证主义哲学的基本内容。这一哲学基础的确立，不仅改变了西方传统经验主义哲学的发展方向——由狭隘的感觉经验主义向科学程序化的逻辑经验主义的发展，而且也改变了伦理学研究的出发点和方法论：对形而上学的排斥，取消了一切从某种超经验的先验普遍原则（或实体）来建立伦理学体系的绝对主义企图（参阅本书导论），从而把伦理学排斥在科学领域之外。这就是为什么逻辑实

① 〔英〕A. J. 艾耶尔：《语言、真理与逻辑》，尹大贻译，上海译文出版社，1981，第83页。

证主义者坚持情感主义伦理学立场的根本缘故所在。同时，把哲学改变为一种纯粹的语言分析的做法，又使得逻辑实证主义改变了传统伦理学的规范性本质，把伦理学的研究归于一种语言的逻辑和判断，以及语言、语词的意义等问题的分析圈子，使伦理学成为一种地道的语言规则和意义的逻辑分析，这就是所谓元伦理学的革新。最后，由于逻辑实证主义坚持"可证实性原则"，在一定程度上避免了传统经验主义伦理学的心理主义缺陷，但同时，元伦理学的基本立场，也导致了他们伦理学理论上的形式主义倾向，而且对伦理学情感主义见解的过分固执，也使他们难免落入主观主义的窠臼，最终使其科学主义的哲学出发点与情感主义伦理学结论之间形成了无法统一的分裂局面。

## 第二节　罗素的道德情感论

### 一　罗素及其哲学

伯特兰·罗素（Bertrand Russell，1872~1970）是 20 世纪西方最著名的哲学家、数学家、思想家和社会活动家之一。他不仅是现代西方逻辑原子主义的缔造者，而且是整个分析哲学的重要领袖式人物。他终生勤奋研究，成果卓著，在哲学、数学、逻辑及诸种社会科学方面都有极高的造诣，一生著书八十余种，论文几千篇。同时，罗素的一生充满着现实人道主义的热情，从青年时代起至生命晚期一直积极投身于各种社会政治活动，是一位具有独特品格、集超人智慧与勇气于一身，兼备哲学家、思想家、科学家和社会活动家诸种气质的杰出人物。

罗素出生于英国威尔士曼摩兹郡特雷莱克的一个贵族之家。祖父约翰·罗素勋爵（Lord John Russell，1792~1878）曾于 1846 年至

1852 年和 1865 年两度出任英国首相，是英国辉格党（自由党前身）的重要代表人物。罗素的父母亲也是英国激进的改革派，其父安伯利·罗素勋爵曾是 J. S. 密尔的学生和朋友。罗素不幸在两岁时丧母，两年后父亲也不幸辞世，罗素与其兄便由祖父母抚养。不久祖父又去世，祖母便成了罗素唯一的抚育者和启蒙老师。她先后给罗素请来好几位外籍保姆和家庭教师，使罗素掌握了德、法、意等外国语言，为他后来的成长打下了良好的基础。

罗素从小偏爱数学，1890 年进入剑桥大学三一学院专攻数学，由于不满意老师的教学，在四年级时便转攻哲学，结交了许多著名人物，如怀特海（A. N. Whitehead）、麦克达加、摩尔和凯恩斯等人。其中，怀特海成了罗素的良师和亲密合作者，麦克达加也使罗素受到了当时的新黑格尔主义哲学思想的影响，曾一度成为布拉德雷的崇拜者。这是罗素人生中第一个重要的变化时期。

1894 年，罗素以优异的成绩毕业于当时的剑桥大学道德科学系。次年以《论几何学的基础》一文被选为该校的研究员，从此开始了自己独立研究的生涯。最初，罗素对当时流行的各种社会主义理论兴趣盎然，他不仅认真研究过马克思的《资本论》《共产党宣言》等著作，还大量接触了许多著名的工人领袖，如倍倍尔、李卜克内西等。但不久，罗素的兴趣又重新转向数学，静心研读了集合论的创始者康托尔（G. Cantor）和弗莱格（G. Frege）等人的数学著作。1900 年，罗素参加了在巴黎召开的国际数学家大会，结识了意大利著名数学家皮亚诺（G. Peano），开始把研究方向转向符号逻辑，第二年发现著名的"罗素悖论"。不久他与怀特海合作，于 1906 年共同发展了"类型论"，再经过五年努力便合作完成并出版了三大卷的《数学原理》。

1910 年，罗素回剑桥大学当讲师，专讲数学和逻辑。1912 年，奥地利青年维特根斯坦在弗莱格的劝告下慕名由曼彻斯特大学转到剑桥大学听罗素讲课，从此开始了 20 世纪两位最杰出的哲学家的幸遇合作，并创立了逻辑原子论哲学，引发了欧洲 20 世纪 20 年代的哲学变革。

第一次世界大战爆发后，罗素遭受了磨难，他曾因拒服兵役而被罚 200 英镑，不久被赶出三一学院，继而又因写文章有侮盟国而坐牢 6 个月。1917 年，罗素曾为俄国十月革命欢呼，1920 年被邀请访苏俄，受到了列宁的接见，但却被列宁的革命言词所吓坏。1920 年 8 月~1921 年 9 月，罗素曾偕夫人多拉·罗素（Dora Russell）访问中国，在北京大学等处讲学，着重介绍了爱因斯坦的相对论和当时的行为主义哲学社会观，回国后写出了《中国问题》（1922 年）一书。从这以后，罗素忙于研究著书，以文养家。1938 年 8 月罗素赴美讲学，先后在芝加哥大学、加州大学、哈佛大学等著名学府讲授哲学（史）、逻辑等学科，曾受到美国教会和保守派的诽谤攻击，并因此被解除纽约市立学院的特邀教授之职。1944 年 5 月罗素返回英国，继续在剑桥大学三一学院教学，并积极投入各种和平运动。由于卓越的思想成果，1950 年罗素获诺贝尔文学奖，被誉为给人类贡献了丰富的"捍卫人道主义理想和思想自由的多种多样意义的重大作品"的作家。尔后，罗素不仅继续开展哲学研究和社会活动，而且也开始用笔名写小说、散文，甚至取得了很高的成就。1967 年到 1969 年，步入高龄的罗素意识到人生已近黄昏，便撰写并出版了他的《自传》一至三卷，诚实而深情地回溯了坎坷的人生历程。在《自传》的前言中他写道："简单而又无比强烈的三种激情主宰了我的一生：爱的渴望、知识的追求，以及对人类苦难的极度同情。"[①] 1970 年 2 月 2 日，罗素以 98 岁的高龄，带着他对人类和智慧的崇高理想，告别了他为之思索和奋

---

① 转引自杜任之主编《现代西方著名哲学家述评》，生活·读书·新知三联书店，1980，第 152 页。

斗了一生的世界。

罗素一生著述丰厚，在现代西方思想史上恐怕很少有人能出其右。他的主要的伦理思想代表作有《伦理学要素》（*The Elements of Ethics*，收入其《哲学论文集》，1910 年）、《社会重建原理》（一译《社会改造原理》，1923 年）、《我的信仰》、《为什么我不是基督教徒》（1927 年）、《婚姻与道德》（*Marriage and Morality*，1929 年）、《宗教与科学》（1935 年）、《权力论》（1938 年）、《西方哲学史》、《伦理学和政治学中的人类社会》（1954 年），等等。

与罗素本人的生平相似，罗素的哲学和伦理学也是常变不居的。为此，布洛德和艾耶尔曾经谈到，罗素常常是几年就创造一种"新哲学"①。艾兰·乌德把罗素说成"是一位没有哲学体系的哲学家。换句话说，他是一位属于各派哲学的哲学家"②。确实，罗素的哲学发展多有转折，早年受新黑格尔主义和密尔经验实证主义的影响，后逐渐转向逻辑与数学，在新实在论的基础上提出了逻辑原子论和"中立一元论"。他较早提出了"理想语言"的见解，后期又偏向日常语言分析，把兴趣投向了宗教、教育、道德和政治等问题。从他的整个社会政治思想来看，民主自由主义和人道主义基本代表了他的主要社会立场，这促使他常常跨出书斋，为世界和平事业呐喊不止。在伦理学上，罗素的思想也多有变化。最初，罗素对伦理学并无特别兴趣，后受摩尔《伦理学原理》一书的影响，提出了一种类似于摩尔的伦理学主张。到中后期，罗素接受了来自自然主义伦理学派的批判，改变了自己的初衷，提出了情感论伦理学观点。而且随着对社会现实问题的日益关切，他也越来越多地触及一些现实的社会道德问题（如性道德等）。因此，我们拟将罗素伦理思想的发展划分为前后两个时期，谓

---

① 〔苏〕A. C. 鲍戈莫洛夫等主编《现代资产阶级哲学》，娄自良、郑开琪译，上海译文出版社，1985，第 162 页。

② 〔英〕B. 罗素：《我的哲学的发展》，温锡增译，商务印书馆，1982，第242 页。

之为"分析伦理学时期"和"情感伦理学时期",其大概的分界线可确定在 20 世纪 20 年代末。

## 二　前期: 摩尔伦理学的诠释

罗素前期的伦理思想主要集中在他的《伦理学要素》一文里,他曾坦率地承认,这篇作品"是在摩尔的《伦理学原理》的影响下写成的"①。这篇专文代表了罗素早期对伦理学的基本看法,也是我们了解他整个伦理思想的当然起点,况且,事实上罗素在该文中所做的工作并不完全是对摩尔的重复。

### 1. 伦理学的对象与范围

自摩尔开始,由于伦理学被区分为"关于什么是善"和"什么行为是善"两大领域,亦即分析伦理学和规范伦理学领域,使伦理学对象本身成为一个突出的基本理论问题。罗素在坚持摩尔立场的前提下,对这一问题做了深入的分析。

第一,罗素指出,长期以来,人们习惯于把伦理学的研究设想为"人们应当履行什么行为"或"应当避免什么行为"的问题研究,也就是把伦理学当作一种"特殊的实践研究"。这种观点有着双重的缺陷:首先,它混淆了"真"与"善"之间的内在联系,把伦理学当成了一种科学以外的"实践命题",这就全然误解了伦理学的真实对象。依罗素所见,伦理学的对象(subject-matter)"是发现关于德行与恶行的真实命题,而这恰好是真理的一部分,正如关于氧气或乘法表的命题是真理的一部分一样"②。如果把伦理学只当作对行为善的价值研究,甚至把它与"真"(科学)分割开来,就不可能建立科学的伦理学。因此,罗素指出,伦理学的目的"不是实践,而是关于实践

---

① Bertrand Russell, "The Elements of Ethics," in W. Sellars and J. Hospers ( ed. ), *Readings in Ethical Theory* ( New York: Prentice – Hall Publishing Company, 1970), p. 3.

② Ibid.

的命题；而关于实践的命题本身并不是实践，如同关于气体的命题本身并不是气体一样"。伦理学如同其他自然科学一样，并不关注人类行为本身，而是关于这些行为的价值命题的真理探讨，它属于科学界，而不是科学的"局外人"。他总结说："因此，伦理学研究的不是某种科学以外的和与科学并驾齐驱的东西，而仅仅是诸种科学中的一种。"①

第二，罗素认为，传统的观点"过度地限制了伦理学的范围"。依据传统观点，似乎伦理学只是研究行为本身的善恶，告诉人们应该履行什么行为或应当规避什么行为，这就大大地限制了伦理学研究的范围。事实上，当人们涉及行为选择时，并不单是关注行为本身，而且还必须进一步寻找选择这种行为的理由，也就是说，他们必定要考虑到选择和履行这种行为所带来的"各种结果的善性和恶性"。比如说，当我们问到为什么应该增进相互信任、加强友谊时，当我们说讲真话是善行为时，我们肯定会想到因为这些行为可以给我们带来善的东西，我们才会如此行动，这就是我们选择这些行为的理由，它是任何道德哲学所必须回答的问题。只有弄清这一点，伦理学的研究才具有合理性。因此，罗素说："伦理学的第一步，……便是关于我们使用善恶的意义是什么的研究。"② 这样，罗素便从伦理学的研究范围过渡到另一个伦理学的理论——"善恶的意义"上来。

2. 善与恶的意义

同摩尔一样，罗素也认为"善"与"恶"是组成一切复杂的伦理观念的"最简单的构成要素"，"因此，它们是不能分析的，或由

---

① Bertrand Russell, "The Elements of Ethics," in W. Sellars and J. Hospers (ed.), *Readings in Ethical Theory* (New York: Prentice – Hall Publishing Company, 1970), p. 3. 着重点系引者所加。

② Ibid., p. 4.

别的更简单的观念所构成的"①。然而，如同传统伦理学对伦理学对象和范围存有误解一样，对"善"与"恶"这对基本的伦理学概念也常常出现各种误解。从根本上来说，这种误解主要表现在对善恶的不可定义和简单性的忽视，其原因有以下几个方面。

首先，人们误以为"善"的概念与"红色"等简单概念有所不同。我们可以感知到"红"的颜色，但却无法感知到"善"，因之，"善"是一种比"红色"更为复杂的概念，它不能凭直觉感知，而只能凭分析或归纳来理解。罗素指出，这种错误的认识前提是导致人们认为"善的概念可以分析成某些别的概念，如快乐或欲望对象的一种理由"②。罗素认为，"善"的概念在本性上与"红色"等概念并无不同，它们都是最简单的不可定义的概念。

其次，在罗素看来，人们之所以误认为善是可定义的，还在于存在着一种常见的混淆，这就是把某种观念和对观念的理解混为一谈。他们认为，"除非他们能够定义某一观念，否则就不能理解它"。所谓理解，即对概念意义的理解，"如果这种概念传达了所有的意义，它必定已经被理解了"③。这种对概念与概念之理解的混淆，是由于人们没有看到在分析的意义上，对一种可理解的观念的定义是不可能的，对某种观念的理解与对它的定义并不是一码事。

再次，罗素指出，有的人可能以为，我们可以根据应当来定义善，这就必然涉及正当与善的关系问题。依罗素所见，主张以"正当""应当"来定义"善"，不过是"把应当置于善的位置，作为我们不能定义的最终概念而已"。但是，事实告诉我们，善比应当具有更一般的意义，因为"善的"比"应当做的"意义要广泛得多。我们没有理由怀疑埃斯

---

① Bertrand Russell, "The Elements of Ethics," in W. Sellars and J. Hospers( ed. ), *Readings in Ethical Theory* ( New York: Prentice - Hall, Inc. 1970), pp. 4 - 5.

② 同上书，第5页。着重点系引者所加。

③ 同上书，第5页。

库勒斯（Aeschylus，古希腊著名的悲剧诗人——作者注）的一些已经遗失的悲剧是"善的"（good），但认可这一点并不意味着我们应当重写这些悲剧，实际上也不可能重写。这说明"应当"的行为还受着一些条件（主体的能力、机会等）的限制，而"善"却不存在这些限制，任何善的东西或行为之为善本身就像红色之为红色一样明晰无疑，无须借助于别的东西来规定它。"因此，善的概念比任何关于行为的概念更为宽泛、更为基本，我们可以用善的概念去说明什么是正当的行为，但我们不能用正当行为的概念去说明什么是善的。"① 罗素忠实地捍卫了摩尔的价值论直觉主义立场，反对义务论直觉主义者颠倒正当与善的关系。为此，罗素还进一步分析了正当与错误的概念，认为这一对概念过于狭窄。

最后，罗素分析批判了传统功利主义的观点。因为它把"善的"与"被欲求的"（desired）等同划一，认为善的东西就是行为者希望得到的或害怕失去的东西。罗素明确指出，善与恶是独立于个人的主观意见之外的对象的性质，换言之，对象的性质不等于对象本身。要辨明这种差别，就不能不涉及有关道德行为的评价标准问题，仅仅停留在个人的主观欲望或意见上是不能真正判断某事物（行为）的道德性质的。在实践中，人们往往对同一事物有着不同的看法，尽管我们很难确定哪一种看法正确，但它的客观存在本身就已说明把善混同于它所意指的对象的做法是行不通的。

### 3. 意志自由与决定论

回答自由意志与决定论的关系问题是解决好道德评价及其方法的一个基本理论前提。罗素清楚地意识到这一问题，并在《伦理学要素》中做了独特的分析，这是他超出摩尔伦理学的地方。

众所周知，所谓决定论实质上就是所谓"因果性"问题，这是西

---

① Bertrand Russell, "The Elements of Ethics," in W. Sellars and J. Hospers( ed. ), *Readings in Ethical Theory* ( New York: Prentice – Hall, Inc. 1970), p. 5。

方传统经验主义伦理学长期难以咽下的一服苦药。18 世纪末叶，休谟虽然把传统经验主义伦理学推上了发展的顶峰，但也没能解决这一疑难。但是，他敏锐而深刻地洞察到了"是"与"应当"之间的不可通约性问题，从此使"是"不能推出"应当"这一结论成为长期遗存于西方伦理学史上的一个争论焦点。19 世纪末叶，新康德主义也曾明确地提出了"事实"与"价值"两个领域的分裂并存问题。

罗素认为，从一般意义上说，道德与因果必然性（或曰价值与事实）之间并没必然的联系。因为，"因果性属于对存在着的世界的描述，而我们已经看到，从存在的东西中，是不能引导出什么是善的推论的"。同时，行为的善恶意义也"完全独立于自由意志之外"。① 但这并不等于说行为的内在善性与恶性同因果性毫无关系。因为，当我们接触到"行为"和"应当"一类的概念时，常常不能不触及决定论的问题。一种正当的或善的行为，往往是在某种既定的环境下所有可能的行为中最具善的结果的行为。因之，正当行为实际上也就包含着某种可能性的意味。

罗素提出了一个颇有意思的解释，他认为，决定论与道德的关系不是相互排斥的，相反，自由意志的主张才真正有使道德失去解释的危险。依他所见，人们通常是这样来理解决定论与道德之关系的，即认为在决定论的前提下，除了既予的行为之外，任何别的行为都是不可能的，因而对行为的道德评价和道德责任的解释就必定为决定论所取消。罗素认为，这种解释实质上取消了行为的根据和原因，因为它否定了决定论与人们道德行为的全部关系，使人们的道德行为成为某种无原因、无根据的非理性行为。罗素指出，决定论并不消灭正当与错误之间的差别，正如它并不消灭善与恶的差别一样。② 主张决定论并不排斥道德行为的评价和道德责任的存在。恰恰相反，只有坚持决

---

① W. Sellars and J. Hospers, *Readings in Ethical Theory* ( New York: Prentice – Hall, Inc. 1970), p. 27.

② Ibid., pp. 19 – 20.

定论，才能找到各种行为的原因和根据，说明和评判行为的道德性质。真正消灭道德并使道德评价和道德责任无法解释的不是决定论，而是所谓的"自由意志"。因为如果行为是毫无原因、无根据、无限制的，那么，它不仅会成为非理性的无法说明的怪诞之举，也不可能"影响别人"，因之也就使道德行为的评价和责任失去了依附，仿佛如疯子的行为一般莫名其妙。罗素说，"事实上，没有人真的主张正当的行为是无原因的。说一个人的决定不应当为他关于其义务的信念所影响，这可能是一个荒谬的悖论；然而，他允许他自己决定一种行为，因为他相信这是他的义务，他的决定有一种动机，即有一个原因，……"，而人们"对决定论的反驳主要归因于对决定论含义的误解。因此，最后不是决定论而倒是自由意志产生了破坏性的结果"①。换句话说，罗素主张的是坚持对道德与道德行为的客观解释。在他看来，所谓决定论也并不是简单的对自由意志的否定，而是行为本身所具有的客观依据和原因，它并不排除人们行为选择的可能性，诚如一个人做一种道德行为，可以做得较好，也可以做得更好一样。

确认了决定论对道德解释的客观必然性后，罗素总结指出，"伦理学的基本概念是内在善与内在恶"，它们不能"从事物的任何其他性质——如它的存在或非存在等——中推论出来。因此，实际所发生的与应当发生的毫无关系，应当发生的与已发生的也毫无关系"②。这就是说，事实与价值没有必然联系，因之，对事实的因果性解释也无关道德价值本身。但它作为对人们行为动因的因果说明（决定论），也并不妨碍道德评价与道德责任；相反，对于解释人们的道德行为的原因或根据来说乃是必要的。道德评价的复杂性恰恰在于人们对行为原因和可能性结果的复杂反省。虽然我们无法穷尽行为的所有原因和

---

① W. Sellars and J. Hospers, *Readings in Ethical Theory* ( New York: Prentice – Hall, Inc. 1970), p. 20.
② Ibid., p. 27.

全部可能性的结果，但这正好说明坚持决定论对于我们说明道德本身的必要意义。因此，罗素坚定地认为，决定论对道德的影响就在于"对各种环境下的可能性行为的限制。如果决定论是真实的，便有了这样一种意义，在这种意义上，除了事实上已经发生的行为以外，一切行为都是可能的；但还有一种与伦理学有关的意义，在这种意义上，任何行为都是可能的，它是在深思熟虑中被沉思的（假如它在物理上是可能的话），即如果我愿意去履行这种行为，我就将履行它"①。不难看出，罗素的基本立场是：决定论并不是既成的事实规定，而是对人们行为动机和可能性结果的原因说明，这种原因说明使人们的行为选择具有理性思考的前提，从而避免行为的主观随意性和非理性。这一思想在某种程度上正确地说明了伦理学中自由与必然、意志选择与道德责任的内在联系，使道德行为的解释有了某种客观的依据。当然，罗素的见解还远远没有达到科学的解释，更不可能像马克思主义那样从人类社会历史发展的客观规律（历史主义）与个人道德意志与行为的辩证关系中，来解释决定论和道德的关系问题。

总的看来，罗素早期的伦理思想基本上是对摩尔理论的诠释。但是，罗素毕竟是罗素，而不是摩尔。尽管他在整体上还没有超越摩尔的理论水平，但他的解释和论证却有着不同于摩尔的独特之处，他是以一种更纯正的逻辑分析和经验证实方法，确证了摩尔所提出的元伦理学理论的基本原则。特别是他关于决定论与道德的关系的论证，发摩尔之未发，大大深化了现代经验主义伦理学理论，也极大地影响到尔后的石里克等人。

## 三　后期：道德情感论的提出

《伦理学要素》发表不久，便受到了自然主义伦理学的代表人物

---

① W. Sellars and J. Hospers, *Readings in Ethical Theory* (New York: Prentice – Hall, Inc. 1970), p. 28.

桑塔耶那等人的攻击。桑塔耶那在其《学术的时尚》 （*Winds of Doctrine*）一书中尖锐地指出，罗素的伦理学主张实际上是一种蒙昧主义和教条主义，他把伦理学固置在逻辑实在的基础之上，使伦理学价值理论丧失了真实的内容。桑塔耶那认为，在人的欲望、情感和兴趣以外，不存在任何价值，道德价值是以个人主体的偏好（preference）为基础的，只有与个人自身的欲望、兴趣相联系，才有所谓的道德价值意义。① 桑塔耶那的批判不啻一声惊雷，使罗素从摩尔非自然主义的认识主义伦理学美梦中惊醒，旋即大胆地否定了自己早期的伦理学理论，从此"不再认为'善'是不可定义的"，并看到"这个概念所拥有的任何客观性都是政治的，而不是逻辑的"②。这一认识促使罗素从早期的非自然主义的认识主义伦理学立场转向了非认识主义的情感主义伦理学。

1. 价值源于欲望和情感

从 20 世纪 20 年代起，罗素完全改变了自己原有的观点。他认为，价值问题不能诉诸逻辑分析，而是科学以外的事情，它"完全在知识范围之外"。价值本身并不具备客观实在性，它不过是人们欲望和情感的表达而已。价值是主观的，"正是我们创造了价值，而赋予某事物以价值的正是我们的欲望"。在《宗教与科学》一书中，罗素这样写道："……关于'价值'的问题完全是在知识的范围以外。这就是说，当我们断言这个或那个具有'价值'时，我们是在表达我们自己的感情，而不是在表达一个即使我们个人的情感各不相同但却仍然是可靠的事实。"③ 在这里，伦理学不再是"诸种科学中的一种"，价值也不再是客观事实的表达，价值判断也就不是什么科学的命题而

---

① G. Santayana, "Hypostatic Ethics," in *Winds of Doctrine* (London: J. M. Dent and Sons Limited, 1926), pp. 138 – 154.

② W. Sellars and J. Hospers, *Readings in Ethical Theory* (New York: Prentice – Hall, Inc. 1970), p. 3.

③ 〔英〕B. 罗素：《宗教与科学》，徐奕春、林国夫译，商务印书馆，1982，第123 页。

是个人情感的表达了。换言之，价值所蕴含的不是科学真理，而是个人主观的情感或精神状态。罗素一改初衷，把价值问题从原来的认识主义意味中拉到了主观情感主义的层次，从而较早地提出了现代情感主义伦理学的基本观点，开启了元伦理学的另一个发展方向。

罗素看到，仅仅证明价值属性的客观自明无法解释实际的道德问题。事实上，人们对某一事物或行为的价值属性的看法常常是千差万别的，根本无客观自明而言。这种价值判断或认识上的分歧，说明人们的价值观念更多的是与某种主观因素相联系着。罗素认为，最基本的主观因素是个人的欲望和情感。每个人的欲望各有不同，因而使他们对事物的价值判断产生分歧。"首先，整个善恶观念显然与欲望有某种联系。"① 其次，伦理学与政治也密切相连，因为不仅是个人的欲望，而且各社会集团的欲望也影响着人们价值观念的变化。集团的"集体欲望"影响着个人的欲望，正如个人的欲望也影响着"集体欲望"一样。由此，罗素进一步发现了政治与道德的关系，指出了两者的交互影响。

罗素还认为，个体情感的复杂性是研究伦理学的困难之一。个人的道德判断有着事实陈述的外形，但实质上它并不表达事实真理，而毋宁是自我的愿望和情感的显露。当某人说"这本书是好的"时，他似乎在做一种事实陈述，但他实际想表达的却是个人的情感，相当于"我希望大家都想要它"，或者更确切地说："要是大家都想要它，那该多好啊！"很明显，在这一语句中，他并没有陈述什么，而只不过是"对他自己的个人愿望的一种肯定"而已。罗素说，这种愿望"是个人的，但它所向往的内容却是一般的"，"正是这种个别与一般的奇妙的连锁关系，使伦理学产生了这样大的混乱"②。

---

① 〔英〕B. 罗素：《宗教与科学》，徐奕春、林国夫译，商务印书馆，1982，第123页。
② 同上书，第125~126页。

为了论证这一结论，罗素具体分析比较了"伦理句"与"陈述句"的差别。他举例说明，假如有某个哲学家说："美乃是善"，这句话可以解释成两种不同的语句：（A）"要是大家都爱美多好"；（B）"我希望大家都爱美"。从这两个语句中可以看出，（A）句并未做任何断言，它表达了这位哲学家个人的愿望，因此无所谓真假可言。（B）句则不同，它不仅是一个祈使句，而且也是一个陈述句。但它陈述的不是某种客观的事实，而只是这位哲学家自己的"心灵状态"或"情感状态"。罗素认为，第一个句子属伦理学范围，但它没有断定任何事物，没有真假的科学意义。第二个句子甚至不能归于伦理学，而只属于"心理学或传记文学的范畴"，它与科学的陈述离得更远。① 如果我们可以确认上述分析，那么，就可以得出如此结论："伦理学不包含任何陈述，……而是由某种一般的欲望所组成，……科学可以探讨欲望的各种起因和实现这些欲望的方法，但它不可能包含任何真正的伦理句，因为科学所涉及的是什么是正确或错误的问题。"② 科学陈述真理，不能表达情感价值；伦理学表达情感和价值，但它不能获得客观的真理性，因为情感的基础是个人的主观愿望，而不是客观的必然事实。

通过对伦理句与陈述句的分析，罗素把真假的科学问题与善恶的价值问题（甚至包括美丑好恶的美学价值问题）完全割裂开来了，从而把伦理学、美学从科学的王国中驱逐出去。罗素忘记了自己曾经执信的观念，否定了伦理学成为科学的可能，他说："严格地讲，我认为并不存在道德知识这样一种东西。"③ 在他看来，伦理学只是一种关于目的的价值研究，而价值又根植于个人的主观情感和欲

---

① 〔英〕B. 罗素：《宗教与科学》，徐奕春、林国夫译，商务印书馆，1982，第 126 页。
② 同上书，第 126 ~ 127 页。
③ 〔英〕B. 罗素：《为什么我不是基督教徒》，徐奕春译，商务印书馆，1982，第 55 页。

望，因此，伦理学只能是情感的。至于达到目的的手段，当然需要科学研究，但那已经超出了伦理学所能容纳的范围。制定道德行为准则及其探索这种准则体系的逻辑结构，不是伦理学本身所能企及的。因此，罗素反对建立什么绝对的道德价值标准，在他看来，既然道德只是个人欲望与情感的表达，那么，一个必然的逻辑结论就是："在人的欲望以外，并不存在道德标准。"① 道德只是相对的，在主观情感的基础上不可能建立普遍绝对的价值判断标准。罗素在1948 年与英国耶稣会 F. C. 科普尔斯顿神父的辩论中重申："我不喜欢'绝对'这个词。我并不认为存在什么绝对的事物。"② 可见，由于罗素执着于道德情感主义的立场，使他不由自主地滑向了道德相对主义。

2. 道德与宗教及其他

在罗素后期的诸种有关著作中，还表现出这样一种明显的特点：即从较为广阔的社会政治、文化角度探讨一些现实的道德问题，其中主要涉及科学与道德、宗教与道德、法律与道德、文化教育与道德，以及西方社会中的性爱道德问题。这些问题构成了罗素后期伦理思想的重要内容，有必要概略地提及一下。

关于科学与道德。如前所述，罗素早期主张科学与道德是同一系列中两个相容的学科。后来，罗素改变了原有的主张。他公开申明科学与道德的性质是迥然不同的，科学不讲"价值"，伦理学不可能包含真理。科学的本质是陈述事实，它具有严密的逻辑程序；相反，伦理学命题或道德只属于个人的主观情感世界，它不是逻辑的，而是"政治的""感觉的"。"使道德区别于科学的只是欲望，而不是任何特别的知识。"③

---

① 〔英〕B. 罗素：《为什么我不是基督教徒》，徐奕春译，商务印书馆，1982，第 56 页。
② 同上书，第 165 页。
③ 同上书，第 56 页。

关于宗教与道德是罗素谈得最多的问题。他认为，全部西方哲学的发展已经表明，哲学始终包括两个相互交织的部分，一是"关于世界本性的理论"，即所谓"形而上学"；二是"关于理想生活方式的伦理学说或政治学说"①。伦理学与宗教是人类对自身理想生活的两种思考方式，两者有着原始的关联。人们通常把伦理学研究划分为两部分，其一是研究道德准则；其二是研究善本身（目的）。就前者而言，人类的行为准则有许多渊源于宗教的仪式。在人类原始生活中，这些准则曾起过重要的作用，虽然原始的宗教神学衰亡了，但这样古老的道德准则却保留了下来。② 罗素的这一见解自有其深刻之处，它实际上是对道德起源的一种文化观照，他洞见到道德与宗教在原始意义上的同体关系，这无疑给我们研究人类道德的起源与历史变迁提供了一个新的文化学角度。

关于道德与法律、教育。罗素着重从它们的社会作用上谈其异同，他认为，道德和社会的法律、教育是相互并行的社会控制手段，从消极的意义上看，它们都是一种社会压力。在他晚年撰写的《伦理学和政治学中的人类社会》一书中，他甚至谈道："伦理学的整个主题都产生于社会、团体对个人的压力。"③ 道德与法律同属于保持社会共同生活的方式，但有着不同的特征：道德是内在的、更根本的；法律是外部的、表面的。他说："采用刑法的方法……从而达到单纯外部协调的目的。这也就是社会指责的方法"；"但也有更根本、一旦奏效更令人满意的另一方法，那就是这样改变人的性格与欲望，使满足一个人的欲望尽量与满足另一个人的欲望一致，把冲突的机会减少到最低限度"④。由于罗素把个人欲望当作人类道德的根源，因而也就把

---

① B. Russell, *History of Western Philosophy* ( New York, 1945 ), chapter 31 " Logical Positivism".

② 〔英〕B. 罗素：《宗教与科学》，徐奕春、林国夫译，商务印书馆，1982，第 119 页。

③ V. Ferm ( ed. ), *Encyclopedia of Morals* ( New York: Greenwood Press, 1969 ), p. 514.

④ 〔英〕B. 罗素：《为什么我不是基督教徒》，徐奕春译，商务印书馆，1982，第 58 页。

道德的社会作用看作一种个体欲望之间的协调手段，这当然是狭隘的。但同时，他也合理地指出了道德和法律之间在社会作用方面的不同特征。

罗素特别强调社会教育对于改善人类道德状态的积极意义，以及对性爱道德的提高的重要性。依他看来，道德的目的在于协调社会生活，使个人进入"高尚生活"的境界，而"高尚的生活是受激励并用知识引导的生活"。"没有知识的爱与没有爱的知识，都不能产生高尚的生活"①。知识教育与爱的感化是两种改善人类生活的重要途径。教育与爱不可或缺，在某种意义上，爱比知识更重要。诚然，对于一个病人来说，能干的大夫比忠诚的朋友更为有用，但爱可以引导有智慧的人们去追求知识，找到更好的生活方式。没有爱的情感，知识与教育则不能产生效用。罗素还认为，爱本身有着不同的纯洁度，小孩的爱比成年人的爱更为强烈和淳朴，因为成年人的爱情容易掺杂功利的成分。

罗素特别严肃地分析了西方社会现实中的性爱道德问题。他考察了人类的婚姻制度与性道德的历史渊源关系，他指出，嫉妒与多妻制的冲突是形成"一套切实可行的性道德"的最大障碍②，并提出性道德的四个基本要求：第一，性道德应阻止早生早育现象；第二，未婚青年在不生孩子的前提下应该享有性关系的自由；第三，离婚自由；第四，"应该尽可能把性交从经济的腐蚀中解脱出来"，也就是说，要消除性关系中的任何肮脏的金钱交易。③ 依据这些要求，罗素主张冲破传统旧道德观念的束缚，进行开明的性知识教育，并把宽容、仁慈、诚实和正义作为男女双方在性爱关系、结婚、离婚等方面的基本

---

① 〔英〕B. 罗素著《为什么我不是基督教徒》，徐奕春译，商务印书馆，1982，第52页。着重点系原作者所加。
② 参见上书，第129页。
③ 参见上书，第130~131页。

美德。① 在《婚姻与道德》一书中，这些思想得到了进一步详细的阐述。

总之，罗素反对封建道德对性爱的禁锢，主张开明的性生活和性交往，同时，也反对把性爱关系经济化、资本化，强调道德对性生活的制约性。他说："性生活不能不要伦理，就像经商、运动、科学研究或人类的其他任何活动不能不要伦理一样。但是它可以不要那种纯粹建筑在古代禁律基础上的伦理，那种禁律是由生活在与我们完全不同的社会里、没有教养的人提出的。在性方面，就像在经济和政治方面一样，我们的伦理仍然受着恐惧的支配，而现代的发现已经使这种恐惧变得不合理了。"② 又说："性道德必须从某些普遍的原则中推理出来，……首先应当保证，男女间要有非常深厚、非常认真严肃的爱情，它拥有着双方的整个人格、导致双方更充实、更提高的结合。"③ 由此看来，罗素一方面反对传统道德对现代性爱关系和生活的束缚；另一方面又客观地指出了现代性关系的新的道德要求，同时提出了建立性道德的普遍意义和性关系中爱情的基础。这些见解在很大程度上是合理的。但遗憾的是，罗素的这些主张曾遭到当时许多保守派特别是教会组织的猛烈抨击，甚至因此而遭到美国教会的弹劾，造成了曾经轰动欧美的一桩奇案和新闻。④

综上所述，罗素后期的伦理思想是十分复杂多变的。他不仅改变了前期摩尔式的观点，首次提出了现代情感主义伦理学的见解，而且不单关注伦理学的理论研究，也把伦理学研究的范围扩充到现实社会

---

① 〔英〕B. 罗素：《为什么我不是基督教徒》，徐奕春译，商务印书馆，1982，第135页。

② 同上书，第207～208页。

③ 〔英〕B. 罗素：《婚姻与道德》，载《为什么我不是基督教徒》，徐奕春译，商务印书馆，1982，第208页。

④ 参见《伯特兰·罗素是如何被阻止在纽约市学院任教的》，载〔英〕B. 罗素《为什么我不是基督教徒》。

问题的"实用道德"上来，甚至提出了建立某种性爱道德的规范原则的主张，因而使其伦理学再一次从元伦理学理论转向了现实的伦理学规范研究，不自觉地违背了自己的哲学立场。这种转变过程也许是罗素伦理思想发展的独特轨迹，显示出他非凡的理论家兼社会活动家的品格。无论这种实践探究成功与否，这种努力本身已经显示出罗素超越其他元伦理学家的思想境界。

## 四　矛盾与出路

毋庸赘述，罗素的伦理思想是一个充满矛盾、常变不定的发展过程，从认识主义到非认识主义或情感主义，从元伦理学到规范伦理学，是其基本的逻辑线索，它反映出罗素伦理思想的复杂性和矛盾性，也给我们的总体评价造成了许多困难。我们认为，罗素的伦理思想是不严谨的，它既缺乏理论上的逻辑一贯性，也没有形成完整的理论体系。这一方面是因为罗素的整个哲学思想的前后变化，另一方面也与罗素本人的学术活动生涯密切相关。但是，无论人们怎样评价罗素的伦理思想，都不能不承认它所客观存在的理论矛盾。

首先是前后期伦理思想的矛盾。从罗素的伦理思想发展中，我们似乎发现了两个迥然不同的罗素：一个是摩尔直觉主义伦理学的忠实附和者；另一个是现代情感主义伦理学的开路人。前期的罗素，笃信摩尔伦理学模式的真理性，几乎完整地接受和诠释了摩尔的基本观点，即使是对决定论与道德关系的新论证也洋溢着摩尔"理想功利主义"的气息。然而，来自现代自然主义伦理学派的诘难，最终使罗素改弦易辙，从非自然主义的认识主义伦理学突然转向了非认识主义的情感主义伦理学。这仿佛是一种难以解释的矛盾。难道桑塔耶那的批判真有使罗素伦理思想脱胎换骨之力？

回答是双重的：既是且非。我们认为，桑塔耶那的批判只是罗素伦理思想转变的外在契机，根本的原因还在于现代西方伦理学发展本身的内在矛盾。我们知道，自摩尔把伦理学划分为"分析伦理学"（即元伦理学）与"规范伦理学"（即"关于行为的伦理学"）以来，英、美伦理学的发展便出现了空前的两极递向运动：一极是从摩尔开始的以逻辑分析（逻辑实证）为基本研究方法的元伦理学朝纯形式主义的方向发展；另一极是以培里、桑塔耶那、杜威为代表的以经验实证为基本研究方法的自然主义伦理学朝主观现实主义（在哲学上表现为新实在论）的方向发展；前者以科学主义为旗帜，后者基本上沿袭了人本主义伦理学路线。两种不同倾向的伦理学理论在当时进行了激烈的交锋。桑塔耶那对罗素的公开批判仅仅是这场交战的一个侧面。这场交战造成了双方既相互疏远又相互渗透的局面。一方面，自然主义者在不改变其伦理学根本立场的前提下，吸收了元伦理学有关逻辑分析的研究方法，力图使其主观主义伦理学理论获得某种理论上的逻辑客观性；另一方面，元伦理学自身的形式主义缺陷又使得它常常在实际道德现象的解释中处于无能为力的窘境，因而也不得不变换其理论形式（从直觉主义到情感主义就是一例）。但是，为了确保其理论的逻辑严密性和科学性，不得不采取一种双重化的逻辑处理，使"价值问题"与"事实问题"处于并行不悖又各居一方的分裂地位。因此，在休谟那里已经出现的"是然"与"应然"的分裂便越来越深，最终以牺牲"价值表达"的科学地位为代价确保"事实陈述"的科学性和逻辑性。这就是狭隘的唯科学主义哲学出发点所带来的伦理学后果：伦理学命题作为纯主观情感的、非逻辑、非科学的"伪命题"（pseudo-proposition）被弃置于科学王国的大门之外。这才是罗素由摩尔的直觉主义走向情感主义的真实原因所在。

第二，元伦理学理论与道德实践规范的矛盾。由于罗素在后期把伦理学狭隘地圈在情感的领域，而武断地把道德准则的制定和研究从伦理学中分割出来，归诸科学。这不仅造成了伦理学本身的贫乏，而且也带来了他自己伦理思想的矛盾：这就是所谓元伦理学与规范伦理学的矛盾。既然伦理学命题只是主观情感表达，不属于科学知识的范围，那么，如何给人们具体的道德实践提供行为准则和价值判断标准？即令按照罗素本人的观点，把制定道德行为准则的工作推给科学，又如何解释伦理学本身与它所研究的对象之间的关系？再者，如果伦理学命题或曰价值判断只表达个人的主观欲望、情感，又怎样解释个人之间的相互道德关系？凡此种种，罗素的伦理学理论是无法提供一个彻底的答案的。他力所能及者，仅仅是告诉了人们一个简单的事实：伦理学研究必须面对人类情感、欲望等活生生的道德经验现象，而不能囿于狭隘的"逻辑分析"的圈子。这不啻给现代元伦理学的主张者们出了一道难题，一道使他们不得不认可却又无法解答的难题。

必须提及的是，罗素本人并不是没有意识到这一矛盾，而是在后期迫不得已地违背了自己的理论初衷，从纯逻辑分析的象牙之塔走到了纷纭复杂的现实之中——这毋宁是罗素值得庆幸并当引以为自豪的非凡之举。正是他特有的学术气度和灵活性，以及他关注现实生活的热情，激发他大胆地背叛了元伦理学的原则，严肃地探讨了实际的道德问题（如关于性爱道德等问题）。这从侧面反映了现代西方元伦理学的局限和困境，同时也表现出罗素伦理思想发展的独特性和合理性。从一般理论意义上看，我们当然可以责怪罗素的伦理学理论缺乏统一的逻辑和一贯的原则立场，然则，当我们从社会历史的要求和伦理学本身的特征来考察的时候，又不能不对罗素忤逆某些元伦理学教条的做法表示赞赏和钦佩。

还应该说明，罗素在伦理学上虽有"变色龙"之嫌，但他对元伦理学的背叛并不在于他提出情感主义伦理学见解，恰恰相反，他对道德情感论的论证非但没有违反元伦理学的唯科学主义原则，反而是创造性地为元伦理学规避科学主义与价值评价的两难矛盾开辟了一条新路——无论这条新路能否最后走出迷宫。罗素对元伦理学的背叛主要是他不自觉地在否认伦理学的规范性和科学性的同时，又在制造着自己的道德规范（如他关于性爱道德的四种美德的理论），颇有些明知故犯、自相矛盾的味道。然而，罗素毕竟是现代西方伦理学史上"首次提出'情感'理论的学者之一"①。某种意义上，也可以说他是现代情感主义伦理学的理论先导。众所周知，20 世纪 20 年代初，英国著名的语言学家奥格登（C. K. Ogden）和理查兹（I. A. Richards）在《意义的意义》（The Meaning of Meaning，1923 年）一书中，始提出价值词（value-word）的情感意义的见解，对道德命题作情感主义解释的倾向已初见端倪。但他们并没有开展论述。② 罗素和维特根斯坦（见下节）的道德情感论是现代最早的道德情感主义理论形态。正因为如此，他们的道德情感论远非一种完整的伦理学体系。因之，我们认为，罗素的功绩也仅仅在于提出了问题，但他并没有系统地论证自己的新观点，或者如西方学者所言："他只是坚持了这种理论，而并没有对它进行论证和支持。"③

## 第三节　维特根斯坦的绝对情感主义

### 一　一个并非伦理学家的伦理学

路德维希·维特根斯坦（Ludwig Wittgenstein，1889 ~ 1951）是 20 世纪最重要的哲学家之一，有人曾把他和尼采、海德格尔、萨特列为现代四个最主要的哲学家，不论这种见解是否得当，但它从侧面反映出维特根斯坦在现代西方哲学史上所具有的突出地位。

---

① V. Ferm ( ed. ), *Encyclopedia of Morals* ( New York: Greenwood Press, 1969) , p. 512.

② C. K. Ogden and I. A. Richards, *The Meaning of Meaning* ( London: ARK, 1985) , pp. 124 – 125. Also A. J. Ayer, *Freedom and Morality and Other Essays* ( London: Oxford University Press, 1984) , p. 28.

③ V. Ferm ( ed. ), *Encyclopedia of Morals* ( New York: Greenwood Press, 1969) , p. 512.

正像人们很难用一种传统哲学的规范来衡量维特根斯坦的哲学而又不能不研究他的哲学思想一样，我们也难以传统伦理学的眼光来忖度他的伦理学，更没有理由忽视这位对人类思想做出杰出贡献的思想家的伦理思想。严格地说，维特根斯坦确乎算不上一位地道的伦理学家，也少有关于伦理学的理论专著，在这一点上，他不及罗素。但是，我们不能不注意到，维特根斯坦所特有的理论思维品格和思想表达方式，决定了他的伦理学见解（尽管为数寥寥）具有不可忽视的影响。维特根斯坦的哲学论著在数量上可能难以与绝大多数现代哲学家相媲美，但其理论见解的深刻与独到又使他在现代西方哲学史上具有很少有人能与之比肩而立的卓越地位。同样的结论也适用于对他的伦理思想的估价，虽然他有关伦理学的言词屈指可数，却字字掷地有声，大有"语不惊人死不休"之概。

这位深沉而卓杰的思想家于 1889 年 4 月 26 日诞生在奥地利首都维也纳的一个富裕的教徒家庭。他的生平如同其生活本身一样宛似一泓清泉，平静而幽深。他的父亲曾信奉耶稣教，后转向新教；母亲是一位罗马天主教徒。维特根斯坦很晚才开始接受教育，14 岁上学，起先在奥地利和德国学习数学和工程，后毕业于柏林高等技术学校。1908 年他转到英国曼彻斯特大学学习航空工程，在那里对罗素的数学著作发生了兴趣，1911 年在大数学家和数理逻辑学家弗莱格教授的引荐下转到剑桥大学，在罗素门下研究数学和哲学。1913 年他离开剑桥，从事自己的独立写作，但不久第一次世界大战爆发，维特根斯坦被迫在奥地利军中服役。不过，他并没有因此而辍弃自己的写作，至1918 年 8 月，终于在军营中完成了自己的第一部哲学著作《逻辑哲学论》。不久，维特根斯坦被俘，只得通过外交途径将书稿辗转递交给罗素，获得罗素的高度评价，并极大地影响了罗素。[1] 1919 年，维特

---

① Cf. B. Russell, *My Philosophical Development* (London: Unwin Books), 1975.

根斯坦获释后曾很想出版自己的著作，不幸遭到拒绝，后来在罗素的帮助下先在杂志上刊载，到 1922 年才以德、英两种文字出版。①

第一次世界大战后，维特根斯坦放弃了哲学研究，转回奥地利当了 6 年的乡村教师（1920～1926），后返回维也纳从事过寺院的园丁工作和建筑设计工作，这期间与"维也纳学派"的石里克、威茨曼等人取得联系，对该派的思想产生了很大的影响。② 1929 年，他返回英国剑桥大学重操哲学旧业，并以他的《逻辑哲学论》一书作为博士论文，由摩尔和罗素口试，准获哲学博士学位。同年他加入英国国籍并定居下来，1930 年正式成为剑桥三一学院的研究员，开始讲学和从事另一部哲学著作《哲学研究》的写作。1939 年，维特根斯坦接替摩尔出任哲学教授。第二次世界大战爆发后，他又弃职到英国多家医院工作，直到 1944 年才回到剑桥大学讲课。这时候他已经开始厌烦教学职业，1947 年辞职到爱尔兰的乡村写作，1951 年 4 月 29 日在剑桥辞世，留下《哲学研究》一书的手稿，后由他的得意门生安斯康姆（G. E. M. Anscombe）译成英文，以德文、英文对照本出版。

除了《逻辑哲学论》和《哲学研究》两本主要著作外，还有一些由其学生整理出版的遗著，它们是《关于数学基础的评论》（1956年）、《蓝皮书与棕皮书》（1958 年）、《1914～1916 年的笔记本》（1961 年）、《论确定性》（1969 年）、《哲学规范》（1974 年）、《关于颜色的意见》（1977 年）、《哲学评论（1929～1930）》和由他的学生冯·赖特（G. H. von Wright）编纂的《杂评》（1977 年）（英译为 *Culture and Value*）。维特根斯坦没有伦理学专著，唯一专门谈论伦理学的是一篇讲义，后编为《伦理学演讲》，这是他 1929 年 11 月在剑桥大学的一次演讲稿，后由他的学生整理后发表在 1965 年一月号的

---

① 《逻辑哲学论》先是在 1921 年以德文在《自然哲学年鉴》上发表，次年正式出版。
② Cf. F. Waismann, *Wittgenstein and the Vienna Circle* (Basil Blackwell Publisher, 1979).

《哲学评论》（*Philosophical Review*）杂志上。此外还有威茨曼记录整理的《维特根斯坦与维也纳学派》（1979 年）及前面的两部哲学著作也都散见其伦理思想主张。迄今为止，有关维特根斯坦伦理思想的研究文著不多，其中 O. A. 约翰逊的《道德知识》（1966 年）、A. 彼切尔的《维特根斯坦的哲学》（1964 年）、H. F. 彼金的《维特根斯坦与正义》（1972 年）和 R. 李的《维特根斯坦伦理观点的某些发展》（1965 年）等著作和论文，较为集中地探讨了维特根斯坦的伦理思想。

## 二 伦理学的语言界限

同绝大多数哲学家一样，维特根斯坦的伦理思想与其哲学也是密切相连的。有趣的是，维特根斯坦的哲学发展历程与罗素有着惊人的相似之处：这就是从早期的逻辑语言分析转向后期的日常语言分析。不同的是，维特根斯坦的这种转变更为彻底，正如 D. 皮尔斯所指出的："在本世纪的头 20 年间，罗素逐步发展了他的逻辑原子论的基本思想，后来，在他的后期著作中，他抛弃了某些论点，但这并不是全部抛弃。维特根斯坦在本世纪 20 年代成了罗素的学生，接受了罗素的这些思想，但比罗素更深刻地修正和发展了这些思想，而最后，又比罗素所做的更彻底，更全面地批评和抛弃了这些思想。"①

大概是因为维特根斯坦哲学的这种转变，人们常常把他的哲学划分为前期和后期。前期的维特根斯坦哲学和罗素的哲学一样是一种逻辑原子论。他认为，世界是"事实的总和"，是一切实际"事态"（the state of affairs）的存在，"逻辑空间中的事实就是世界"，就是各种事物的结合。逻辑是描绘原子实在的"表现形式"，事实的"逻辑图画"就是思想。所谓思想无外乎有意义的语言和命题，语言是语句

---

① A. J. 艾耶尔等：《哲学中的革命》，李步楼译，商务印书馆，1986，第 22～23 页。

（sentence）或"命题的总和"。语言与实在的关系是一种实在的逻辑描画与实在的事实表现的关系。任何语言都是有一定意义的，它能描画简单事态和复杂事态。因此，逻辑的形态也就是实在的形式，而逻辑形式既属于逻辑本身，也属于哲学本体论。[①]

维特根斯坦坚持了与罗素一致的逻辑原子论哲学立场，把哲学的本质还原为逻辑。但他又不完全同于罗素，他更强调语言的哲学意义，甚至认为"全部哲学就是一种'语言批判'（Sprachkritik）"[②]。这一见解使维特根斯坦推出了又一个哲学论点，即语言的功能和界限问题。他认为，人类可以说的东西是有界限的，也就是说任何有意义的命题或表达都是有界限的，这就构成了语言和思维本身的界限。因此，人们只能表达界限内的东西，只能思考和说出有意义的命题。而对于这种界限以外的东西，我们既不能表达，也不能思考，而只能诉诸情感体验和信仰的观照。

语言界限的标志就在于命题是否有意义，或者换句话说，是否可以描述为可能的或实在的事态。有意义的命题包括两大类：真命题与假命题。描画实存事态的命题是真命题，而描画可能的但并不是实在的事态的命题是假命题。凡有意义的命题（真的或假的）都是科学的描述，属于科学之列。相反，没有意义的命题则不能归于科学的范畴，所谓没有意义的命题，也就是既不能确定为真，也不能确定为假的那类命题，维特根斯坦把它归于"形而上学的"命题。如"上帝是永恒的和不可知的""人生为善或为恶"等一类命题。它们既不是对实在事态的描画，也不是对可能事态的描画，非真非假。因此，它超出了我们的语言之外，是不可说出的，无法描画的，因而也就在科

---

① 参见〔奥〕L. 维特根斯坦《逻辑哲学论》，郭英译，商务印书馆，1985，第23～37页。

② 参见上书，第38页。

学之外，而对于不可说的东西我们只能保持缄默。①

维特根斯坦的这一思想直接影响到他的伦理学见解，由于他把语言的界限确定为是否具有真假科学意义这一点上，使得他完全把"真"（科学）与"善"（道德）和"美"（美学）割裂开来，从而把后者排斥在科学之外，当作无法进行逻辑描画、无法言说而只能凭借情感和信仰来体验的一种超越性的东西。在他看来："人具有一种冲撞语言界限的倾向。这种对语言界限的冲撞想赋予伦理学以意义。但我所描述的一切都是世界之内的，在对世界的完全描述中永远不会有伦理学命题，甚至在我描述一个杀人犯时也没有。伦理学的命题不是一种事态。"② 这种以语言的表达界限来否定伦理学命题的科学性的原则构成了维特根斯坦伦理思想的绝对非认识主义的情感主义的核心。

20 世纪 30 年代伊始，维特根斯坦的哲学转入一个新的方向，这就是被人们称为"后期维特根斯坦哲学"的日常语言分析哲学，其代表作是他的《哲学研究》。该书公开抨击了《逻辑哲学论》中的逻辑原子论思想。这种彻底的否定性自我批判在现代西方哲学史上是较为罕见的。罗素曾经对维特根斯坦的这一转变大感失望，认为《哲学研究》一书几乎没有什么"新东西"③。

在《哲学研究》等后期著作中，维特根斯坦认为，语句或命题的意义不在于它是表现事实的逻辑图画，而在于语言在日常生活中的"用途"（Gebrauch）、"使用"（Verwendung）、"应用"（Anwendung）。换句话说，在《逻辑哲学论》中，维特根斯坦认为，任何一个语句都是一幅逻辑的图画，只要我们通过分析便可知道它是否有意义，而这与语句或命题表达的特殊的具体境况并无关系。后来他在《哲学研究》

---

① 参见〔奥〕L. 维特根斯坦《逻辑哲学论》，郭英译，商务印书馆，1985，第 97 页。
② From F. Waismann, *Wittgenstein and the Vienna Circle* ( Basil Blackwell Publisher, 1979)，p. 93.
③ Cf. B. Russell, *My Philosophical Development*( London: Unwin Books, 1975).

中却摒弃了这一主张。他认为，语句与语词的意义就是它在被表达的具体境况（场合）下的"用途"，一个语句的意义与它所应用的具体境况是紧密相关的。语句的用途也就是它本身在被使用的境况中所充当的角色。因此，他强调语言与行动（活动）的同一化关系，提出了著名的"语言游戏"理论。

所谓"语言游戏"，维特根斯坦做了这样的解释，他说："我也把语言和行动——两者交织在一起——所组成的整体叫做'语言游戏'。"① 提出"语言游戏"的目的，在于强调语言与生活的不可分割。所以，他又解释说："这里'语言游戏'一词是要突出这样一个事实：说语言是一种活动或一种生活方式的一部分。"② 这样，维特根斯坦把语言与使用（"说"）语言的特殊活动、目的、生活方式等日常生活实践联系起来了，因而也由逻辑原子论走向了日常语言哲学归途。

维特根斯坦还批判地考察了休谟等人以来的经验主义，认为他们都是从私人的感受印象出发来研究语言的，因而他们所研究的语言也就只是一种唯心主义的"私人语言"，这是站不住脚的。因为，"私人语言"的要害在于它主张语言都是个人印象与感觉的当下表达，它容易导致两个困难：（1）私人语言表达不能保证前后的一贯性；（2）使语言表达活动失去了确定的"规则"。他认为，任何个人私下都很难遵守语言的必要规则③，因而"私人语言"在逻辑上是不可能的，必须确定某种语言和使用语言的一般规则，才能避免休谟等经验主义者的绝对唯心主义唯我论。显然，维特根斯坦的这一批判不乏其合理性，至少，他看到了休谟等人的狭隘经验主义理论中潜在的个人主观主义和唯我论的危险，杜绝了以经验者个人的主观感觉印象来确定或进行

---

① L. Wittgenstein, *Philosophical Investigations* vol. Ⅰ, English trans. by G. E. M. Anscombe ( Basil Blackwell Publisher, 1985), Section 7.

② 同上书，第 1 卷第 23 节。

③ 同上书，第 1 卷第 202 节。

语言表达活动的做法。但是，维特根斯坦并没有放弃原有的哲学立足点，始终把哲学当成一种语言学，从而以语言活动的特性和界限来考察哲学问题。他强调"私人语言"的主观性和唯我论特征，恰好为他坚持其情感主义伦理学立场找到了更充分的理论依据。因为，道德语言都只是个人的私人情感欲望表达，所以，伦理学和美学、宗教一样，都只作为无法用语言表达或者只是以"私人语言"表达的东西而搁置在科学之外。从这一点来看，维特根斯坦对语言的哲学探讨，既使他获得了有关人类语言研究的崭新成就，也使他失去了对伦理学进行具体地科学探讨的可能性前提。

## 三 伦理学及其价值特性

维特根斯坦依据他对语言的哲学分析，用语言的界限作为科学的事实描述与非科学的价值表达之间的分水岭：凡能够说出的或能用有意义的命题描述的属于事实的领域，具有必然的逻辑性和科学性；凡不能说出的或不能用语言表达的属价值的领域，它只能诉诸人的心灵或精神状态，用明喻或寓言加以表达，或是诉诸"私人语言"的象征性比喻。因此，不具备进行逻辑分析的可能性，只能排斥在科学之外。

维特根斯坦认为，伦理学是一种价值研究，它处于我们语言的表达极限之外。他采用了摩尔《伦理学原理》中对伦理学的一般解释，即"伦理学是对'什么是善'的一般研究"。同时，他进一步扩展了摩尔这个概念的范围，认为"伦理学包括了被人们一般称为美学的最本质的部分"。他定义说："……伦理学是研究什么是有价值的，或研究什么是真正重要的；或者我会说伦理学是研究生活意义的，或是研究什么生活是值得的；或者是研究生活的正确方式"。[①] 维特根斯坦的

---

① L. Wittgenstein, "Lecture on Ethics," in O. A. Johnson（ed.），*Ehtics*（Canada C. B. C. College Press, 1984), p. 380.

这一定义，显然大大超过了摩尔的价值伦理学规定，毋宁是一种人生哲学或价值哲学的同义语。

做出这一定义的动机，是维特根斯坦认为伦理学是某种绝对价值或意义的研究。他认为，在生活中我们可以触及两种不同的价值表达，或者说我们的价值表达有两种意义：一种是不重要的或相对的意义表达；另一种是绝对的或伦理学意义的表达。前者称为"非心理学的"（non-psychological），后者是"心理学的"（psychological）①，而这恰恰是伦理学的"独特特征"。有例可鉴，当我们说"这是一把好的椅子"时，是相对于某种预先确定好的目的而言，它意味着这把椅子对于某种目的来说是"有用的"。这种相对性决定我们所说的是一种相对的价值判断，它并不是伦理学意义上的价值表达，而毋宁是表达一种事实。另一种情况就不同了，比如说，有甲、乙两人看见我在打桌球，甲说："你打得不好。"我回答道："是的，我知道自己玩得不行。"甲说："那就对了。"而乙却说："你应当玩得更好些。"在这里，甲、乙两人所作的表达是两种不同的价值判断，甲是相对于我的水平而认肯了我的解释，他不过是表达了对我所说的话进行一种事实陈述而已；而乙则不然，他是在做一种绝对的价值判断。依维特根斯坦所见："每一种相对的价值判断只是一种事实陈述"，因此，甲所表达的不是伦理学意义上的命题。相反，乙的表达却包含绝对的意味，"应……做得更好"意味着有某种绝对的价值标准，他不是相对于我的实际行为而言的，因而它是一种伦理学意义上的"价值判断"②。

维特根斯坦指出，"尽管所有相对价值的判断可以表现为纯粹的

---

① Cf. F. Waismann, *Wittgenstein and the Vienna Circle* ( Basil Blackwell Publisher, 1979), p. 92.

② L. Wittgenstein, "Lecture on Ethics," in O. A. Johnson, ed., *Ehtics* ( Canada C. B. C. College Press, 1984), p. 381.

事实判断，但并不是事实陈述都能够或只能够是绝对的价值判断"①。
这就是说，相对的价值判断只是事实的判断，它所表达的只是事实，
没有伦理学；反之，绝对的价值判断只是伦理学的表达，而没有事
实。于是，科学事实与伦理学价值就产生了这样截然的分野：前者是
我们语言所能说出的实际的事态分析或描述；后者却在我们的语言之
外，不触及事实，只表达愿望，因之不能成为科学。维特根斯坦说：
"如果伦理学是某种东西，那么，它就是超自然的，而我们的语言却
只表达事实；正如一只茶杯只能盛一杯水，而如果我们再加上一加仑
水就会流溢一样。……在事实范围内，命题所关注的只有相对的价值
和相对的善、正当等等。"② 作为研究绝对价值的伦理学（维特根斯
坦如是观），它是我们的语言所无法企及的，语言"是唯一包含和传
达意味（meaning）与意义（sense），即自然的意味和意义的容器"③。
语言所不能容纳的东西必然是"超自然""超科学的"。由此，维特
根斯坦否认了伦理学命题的实在性和科学性，认为在科学的领域内
"不可能有伦理学的命题"，因为"命题不能表达任何更高的东西"④。

很明显，维特根斯坦的上述论证仍然是其哲学方法在其伦理学中
的彻底贯彻，其实质在于用他对语言的哲学规定来忖度伦理学的价值
判断，以语言的真假意义标准来衡量关于善恶价值的伦理学研究，从
而以语言的可表达与不可表达的标准把伦理学判断视作一种绝对价值
判断而排斥在人类知识的界限以外。这种语言的逻辑分析，促使维特
根斯坦进一步得出了伦理学知识的否定性结论，即伦理学的非认识主
义结论。

---

① L. Wittgenstein, "Lecture on Ethics," in O. A. Johnson, ed., *Ehtics* (Canada C. B. C. College Press, 1984), p. 381.
② Ibid., p. 382.
③ Ibid., p. 382.
④ 〔奥〕L. 维特根斯坦：《逻辑哲学论》，商务印书馆，郭英译，1985，第95页。

## 四　伦理学是超验的

既然伦理学命题只是一种语言表达之外的东西，既然伦理学命题本身就不可能存在，那么，作为一种科学的伦理学也不可能建立。这就是维特根斯坦所得出的最终结论。

在维特根斯坦看来，世界只是一种事态的存在，而"任何事态本身都没有一种我所谓的绝对价值判断的强制力量"①。或者换句话说，在事实之中不存在什么伦理学，"伦理学是超验的""是不可说的"②。因此，我们不可能建立一种真正的伦理学知识或科学，甚至也不可能写出一部真正的伦理学著作。维特根斯坦这样写道："在我看来，我们任何时候都不能思考或说出应该有这种东西。我们无法写一部科学的著作，它的对象可能是内在崇高的，且超越于所有其他对象之上。我只能通过比喻来描述我的感情，如果一个人能够写出一部确实是关于伦理学的著作，这部著作就会用曝光毁灭世界上所有其他著作。"③由此可见，维特根斯坦通过对伦理学知识的否定，得出了一种绝对情感主义的伦理学结论。伦理学所容纳的虽然是内在的、崇高的，但它并不能诉诸有意义的语言表达，只能是个人内在情感和心灵状态的一种观照，因而无法形成科学的理论系统。

由此，维特根斯坦把伦理学、美学和宗教相提并论，认为伦理学所使用的语言和宗教所使用的语言都是一种"明喻或寓言式的"，只有这种性质的语词和语言才能描绘我们的伦理经验和宗教经验，然则，明喻或寓言并不具备真实性。④ 正如我们可以虔诚地信奉上帝向

---

① L. Wittgenstein, "Lecture on Ethics," in O. A. Johnson, ed., *Ehtics* ( Canada C. B. C. College Press, 1984), p. 382.
② 〔奥〕L. 维特根斯坦：《逻辑哲学论》，郭英译，商务印书馆，1985，第95页。
③ L. Wittgenstein, "Lecture on Ethics," in O. A. Johnson, ed., *Ehtics* ( Canada C. B. C. College Press, 1984), p. 382.
④ Ibid., pp. 383 – 384.

他祈祷而并不能确定上帝是否真实存在一样，我们在使用伦理学语词来描述自己超验的崇高心灵状态和情感时，也无法确定它是否真实。伦理学所能达到的不过是以这种明喻式的方式来追求对某种绝对价值的一种虚假的描述而已，对于这些描述我们绝对不能做出"任何正确的逻辑分析"。然而，即令伦理学的这种表达是荒谬的，但是，"它们的荒谬性正是它们的本质"，因为人们这样做的目的，"正是去超越这个世界，这就是说超越有意义的语言之外"①。因此，虽然维特根斯坦坚决否定了伦理学作为一门科学的可能性，认为它碰到了语言的边界，甚至还嘲笑那些谈论或撰写伦理学著作的人是在我们的语言"囚笼壁上"盲目碰撞，但他同时也意味深长地告诉我们：伦理学、美学和宗教都一样，对于我们的生活情感和心灵精神的超升来说是绝对必要的，我们坚信科学的真理性，同时也执着于生命的升华和颤抖，海德格尔的哲学乃是可以理解和体悟的。他写道："就伦理学渊源于谈论某种关于生活之终极意义、绝对善、绝对价值的欲望这一范围来看，它不能成为科学。它所谈论的在任何意义上都于我们的知识无所补益。但它是人类精神中一种倾向的纪实，对此，我个人不得不对它深表敬重，而且我也不会因为我的生活而对它妄加奚落。"②

这样一来，在维特根斯坦这里，伦理学就成了一种非科学而超科学、无意义却超意义的东西，反过来，任何科学的研究都不可能涉入伦理学王国了。所以，他仿照叔本华的口吻说："德化亦难，立德更不可能（To moralize is difficult, to establish morality impossible）③。"其

---

① L. Wittgenstein, "Lecture on Ethics," in O. A. Johnson, ed., *Ehtics* (Canada C. B. C. College Press, 1984), p. 385.

② Ibid., p. 385.

③ 叔本华曾在《论自然中的意志》（*Über den Willen in der Natur*）中谈到"德化容易立德难"（to moralize is easy, to establish morality difficult），Cf. F. Waismann, *Wittgenstein and the Vienna Circle* (Basil Blackwell Publisher, 1979), p. 118。

至武断地下结论："即使一切可能的科学问题都获得解答，我们的人生问题也仍然没有触及到；当然不再有其他问题留下来，而这本身就是答案。""生命的解答在于这个问题的消灭。"① 我们不必去揣摩维特根斯坦这种晦涩语言的堂奥，但至少可以领悟到这样一种意味：即是说，在他看来，伦理学问题（包括人生问题）的超科学性决定着它本身既存在又不存在，对于我们知识无法解答的问题，不回答本身也是一种回答，这就是沉默。事实上，我们并没有给予人们以绝对价值科学的力量，也"不可能引导人们达到善，只能引导他们达到此地或彼地"，因为"善在事实的范围之外"②。在这里，维特根斯坦不仅否认了伦理学作为一门科学的可能性，而且也把伦理学和宗教放在同一个位置了，认为它们都是超事实、超自然的绝对的东西。这不免抹杀了伦理学和宗教之间的本质区别，使伦理学成为某种信仰主义的观念系统了。事实上，伦理学与宗教确乎具有形式上的类同，就它们对人类心灵状态和精神生活的关注而言，就它们强调某种理想观念的未来超越性特征而言，就它们对个人内在信念和身心修养的特别强调而言，伦理学和宗教的确有着形式上的一致性，甚至在人类实践中的文化作用（功能）方面有着内涵上的一致。然而，作为一门社会科学，伦理学在根本上是不能与宗教同日而语的。无论是伦理学所包含的情感意义、精神理想特征，还是它的实际的文化功能，都拥有其自身的现实生活的客观基础和经验依据，它是人类道德生活的真实反映和规律性的总结，而宗教则是对现实的"倒立的"反照，是一种纯粹的精神虚幻，两者的本质特征是截然不同的。

---

① 〔奥〕L. 维特根斯坦：《逻辑哲学论》，郭英译，商务印书馆，1985，第 97 页。译文略有变动。

② L. Wittgenstein, *Culture and Value* (Chicago: Chicago Univeristy Press, 1980), p. 3. Original from Vermischte Bemekungen, Maine Frankfurt – Surkape, 1977.

## 五　是情感主义？还是超验主义？①

我们曾在前面谈过，维特根斯坦在伦理学上有着自己独辟的见解。这些见解既有类似于罗素后期情感主义的特点，也有与罗素迥然不同的地方。我们知道，罗素后期提出了情感主义伦理学的一般见解，从时间上看，维特根斯坦提出绝对情感论的时间（以 1929 年的《伦理学演讲》为主要标志）与罗素差不多。这就告诉我们，维特根斯坦与罗素后期都提出了一种不同于摩尔的直觉主义的新伦理学理论，而在伦理学上，维特根斯坦也并不如在哲学方面那样，是在罗素的直接影响下进行研究的。因此，对于他们在伦理学方面所体现的不同特征也就没有什么奇怪的地方了。值得研究的是，他们两人以不尽相同的研究方式得出了一个相同的结论：肯定了伦理学知识的不可能性，并把伦理学诉诸超科学的情感欲望。

然而，维特根斯坦对情感主义的论证并不同于罗素。首先，两者的理论根据有所不同。罗素的伦理学情感主义的主要依据是，道德源于人们欲望和情感满足的需要，伦理学就是关于人的欲望情感之善性的研究，而善性最终依据于人们行为结果对其欲望与情感的意义。从这一点上说，罗素的伦理思想还带有明显的古典感性主义和功利主义的痕迹，离摩尔并不太远。与其不同，维特根斯坦并不是从人的欲望和情感需要出发来考察伦理学的，他虽然认肯了摩尔的一般价值规定，但对这一规定作了无限制的扩张，使伦理学成为了一般的绝对价值学说。在此前提下，他运用严格的语言逻辑分析方法确定伦理学的非认识主义和情感主义特性，这一做法使他对伦理学科学性的否定更

---

① "Transcendentalism" 一般指哲学上的先验论或先验主义，也有超验或超越的意思。笔者在此冠以 "超验主义"，其用意在于表征维特根斯坦伦理思想的 "超经验" 特征，这并不全等于传统哲学意义上的先验论。笔者认为，维特根斯坦虽然以为伦理学是某种超经验、超科学、超语言的东西，但并没有明确主张伦理学是某种形式的先天观念，而仅仅指向它的超经验事实性特征。

为彻底。

其次，关于伦理学的地位和作用，维特根斯坦与罗素的结论也似乎颇为不同。前者完全否定了伦理学对人类知识的积极意义，只是把它作为"人类精神的纪实"而享有某种生活的必要性，伦理学与宗教别无二致。相反，罗素却把道德伦理视为改造人类社会的一种不可缺少的力量，把它与法律作为同等的甚至更为重要的维持和促进社会进步的力量，道德不是知识，但道德能促发人们追求知识，甚至道德比知识更重要。因此，在维特根斯坦这里，伦理学的地位和作用是消极的（但非否定性的），而在罗素这里却是积极的。这一方面显示出维特根斯坦伦理学情感主义的彻底性和极端性，另一方面也显示了罗素情感主义伦理学所包含的积极性和现实性。

最后，关于伦理学的性质，维特根斯坦与罗素同样表现出鲜明的对比：罗素虽然是现代西方伦理学史上"主情说"的开创者之一，但他始终恪守着经验主义伦理学的立场。他认为，尽管伦理学命题不是事实的陈述，但它是以人的欲望、情感、意志等生活经验为基础的。因此，罗素的情感主义还只是近代经验论情感主义（休谟、亚当·斯密）的"加工品"。在维特根斯坦这里却不尽然，伦理学被视为与宗教无异的一种绝对价值的表述，它是超经验、超事实的，在时空结构上它与宗教并无不同。如此一来，伦理学便由情感主义滑向超验主义了，其间夹杂的神秘主义意味使其道德情感主义由一种非认识主义导向了信仰主义。所以，伦理学非但不是科学，而且是人类精神生活的一种依托性的东西，人类需要伦理学无异于需要宗教。

从这三个方面的比较分析中，我们实际上已经道出了维特根斯坦伦理学的基本特征：这就是它所表现出来的非认识主义→绝对情感主义→超验主义的发展趋向。值得深思的是，为什么维特根斯坦与罗素的伦理思想之间会出现如此不同的结论和特征呢？作为反对休谟经验主义唯我论的维特根斯坦又怎么会在伦理学上滑向超验主义呢？我们认为，对前一个问题的解答应该从两位哲学大师的哲学倾向中去寻找，而后一个问题的答案则在维特根斯坦自己的哲学理论之中。如前所述，这两位思想家在哲学上有着相同或相似的理论倾向与历程，他们同是逻辑原子论的创造者，也同样从逻辑原子论走向了日常语言分析哲学。但是，维特根斯坦的哲学本身远比罗素的更为彻底，青出于蓝而胜于蓝。这一事实决定了他们认识和分析问题的程度、具体方式不可能一味苟同。两者相比，维特根斯坦的哲学也有其独特的一面，他对于语言的哲学研究已为罗素远望不及。在这一点上，维特根斯坦在现代西方哲学史上是当之无愧的魁首。这一成就使他对伦理学的逻辑分析超出了一般逻辑命题的分析层次，达到了对人类语言这一特有的文化形式的深层把握。人类的语言与人类情感表达需要的差距，语言自身功能和界限对人类思想表达的牵制，语言本身与语言活动（表述）之间的空隙，以及科学语言在道德情感领域中的无能性等，都为维特根斯坦所彻悟。况且，与罗素相比，他只是一位纯粹的哲人，而缺少罗素那般对现实生活的强烈意向和热情洋溢的实践行动。凡此种种，足以说明为什么维特根斯坦始终贯注于以严格的语言哲学分析来处理伦理学问题，而罗素却不能如是观焉的根由所在。

正是由于维特根斯坦对语言的绝对化的哲学解释，使语言本身成为他哲学中一个全能的巨人。这固然表现出他对人类语言的深刻见解（如关于人类语言的功能、界限、表达方式、种类及规则等），但不幸地导致他过于执信语言这一文化形式的魅力，把它当作了一种绝对化的魔尺。当他用这把尺子来忖度伦理学问题时，意外地感到了困惑：语言的功能在道德表达中无能为力，说明伦理学不具备充当科学角色的资格。同时，维特根斯坦敏锐地察觉到了休谟经验主义中的唯我论危险，注意到经验的客观意义和语言的"普遍规则"，以期避免休谟的"私人语言"所产生的主观主义后果。但他太过于强调绝对的东西，以至于把人类的道德经验当作一种绝对的价值判断。一方面承认伦理学命题和判断依附于人们的情感、精神和信念；另一方面又把伦理学作为一种绝对的价值，最终把伦理学当成了一种既寄居于人的情感之内、又超于现实生活之上的绝对价值观念，把它作为一种只可意会不可言传的超验的非事实性的东西弃之于科学门外，这就是维特根斯坦的伦理学从情感主义滑向超验主义的理论原因。就此而论，与其说他的伦理学是一种绝对的情感主义，不如说是一种超验主义。因之，我们有理由说，正如维特根斯坦以语言的可表达和不可表达之标准来确定伦理学的非科学性一样，我们也可以因为他的伦理学并没有超出语言的逻辑分析范围来确认其非科学性。或者换句话说，形式主义研究方法的局限使维特根斯坦的伦理学最终没有达到科学的层次。

# 第七章

# 情感主义伦理学的发展

## ——维也纳学派和艾耶尔

## 第一节　石里克及其《伦理学问题》

### 一　石里克与维也纳学派

弗里德里希·阿尔伯特·莫里茨·石里克（Friederich Albert Moritz Schlick，1882～1936）是维也纳学派（Vienna Circle）的创立者，也是现代西方元伦理学派的重要代表。

维也纳学派组成了现代西方逻辑经验主义哲学思潮的主脉，它是继摩尔、罗素、维特根斯坦等人之后形成的一个强大的分析哲学团体，最初是由石里克从德国来到奥地利维也纳大学担任哲学教授之后发起并组织的有哲学家和数学家等构成的一个民间性的学术团体。它的主要成员除石里克本人之外，还有 F. 魏茨曼（Friederich Waismann）、R. 卡尔纳普（Rudolf Carnap）、O. 纽拉特（O. Neurath）、H. 费格尔（H. Feigl）、

V. 克拉夫特（Victor Kraft）等人。此外，维特根斯坦、艾耶尔等人也与维也纳学派有着密切的关系。

总的看来，维也纳学派的中心旨趣是哲学、逻辑和数学。他们力图建立一种具有严格逻辑品格的分析哲学，因此，逻辑上的严肃性和理智上的责任感是该学派努力贯彻的一种新的哲学精神。[①] 这种学术本旨决定了"维也纳学派"对伦理学的基本态度，即大部分成员都不太重视伦理学。按照该派的观点，伦理学的研究不具备严格的逻辑性，伦理学难以获得经验或逻辑的证实。例如，R. 卡尔纳普就认为，伦理学有两种含义，第一种含义是从心理学或社会学的角度对人类行为，特别是对源于人的情感或意志的行为的研究。在这种意义上，伦理学只属于经验科学，而不属于哲学。第二种含义是关于行为的价值规范（善与恶、正当与错误等）的研究。这种研究也不能诉诸严密的逻辑分析或经验证实，只能纳入形而上学的领域，而"属于形而上学、调节伦理学、认识论的一切原理，实际上都是无法证明的，所以不是科学的。在维也纳学派里，已经习惯于把这些原理看作是没有意义的"[②]。卡尔纳普的这一观点，基本上代表了维也纳学派的总体看法。

然而，对伦理学科学性的怀疑和否定，并没有阻止维也纳学派去研究伦理学，有的成员甚至还特别关注伦理学问题。石里克、克拉夫特等人就是比较突出的代表人物。对此，艾耶尔的见解是合理的。他说："维也纳学派作为一个整体对伦理学并不怎么感兴趣，但这并不阻止石里克认为，如果把伦理学陈述引入哲学圈子，就必须按他所设想的方式来处理。"[③] 事实上，石里克对伦理学的研究在维也纳学派中是最为突出的，他不仅是该派的组织者，也是该派伦理思想的主要代

---

[①] A. J. Ayer and Others（ed.），*The Revolution in Philosophy*（London: Macmillan and Co. Ltd., 1956），p. 67.

[②] R. Carnap, *Unified Science*（Chicago: Chicago University Press, 1934），p. 29.

[③] A. J. Ayer（ed.），*Logical Positivism*（New York: The Free Press, 1959），p. 22.

表人物。诚如克拉夫特所指出的，对于维也纳学派来说，"伦理学基础的奠基工作是由石里克所从事的"。[①]

　　1882 年 4 月 14 日石里克出生于德国柏林的一个工厂主家庭，一直都在柏林上学。1900 年进入柏林大学，时年 18 岁。大学期间，他荣幸地在著名量子力学创始者 M. 普朗克手下研究物理学，四年后便获得博士学位。1911 年至 1917 年间，石里克应聘在罗斯托克（Rostock）大学任讲师、副教授。1918 年出版《普通认识论》（*Allgemeine Erkenntnislehre*）；1921 年他被任命为基尔（Kiel）大学的教授；次年受聘到奥地利维也纳大学担任由马赫（Mach）设立的归纳哲学讲座教授，这个位置曾由马赫本人和波尔茨曼（Boltzmann）担任过。在维也纳大学，石里克着手筹建了维也纳学派，组织一些学者经常讨论各种哲学、逻辑、数学等方面的问题，形成了 20 世纪 20 年代至 30 年代一个重要的分析哲学中心。在维也纳任教期间，石里克出版了一系列著作和论文，其中主要的伦理学代表作有《论人生的意义》（*Vom Sinn des Lebens*，1927 年）、《伦理学问题》（*Fragen der Ethik*，1930 年）。此外，还有他在完成博士学位论文后写的《人生智慧》（*Lebensweisheit*）等。1936 年，石里克不幸被他以前的一位学生枪杀（据说是因为石里克曾经没有让该学生的一篇有关伦理学的学位论文通过）。石里克之死，使维也纳学派的活动受到了很大的影响。紧接着是第二次世界大战的爆发，有些成员遭到了法西斯的迫害，纷纷逃往美国等地。这实际上已经宣告了维也纳学派的解体，分析哲学的重心也开始从欧洲大陆移向英、美。可以说，石里克一生的学术生涯与维也纳学派的命运休戚相关，这从侧面可以反映出石里克在该派中的核心地位。

---

[①]　V. Kraft, *The Vienna Circle: The Origin of the Neo - positivism*, English trans. by A. Popper (New York: Philosophical Library, 1953), p. 183.

石里克的伦理学与其哲学并不完全一致。如果说，石里克在哲学上所奉行的是一条逻辑经验主义哲学路线的话，那么，在伦理学上，他似乎更倾向于英国近现代经验主义伦理学的观点。我们知道，石里克的哲学走过了一条由批判实在论到逻辑经验论（即由马赫到维特根斯坦）的历程。他同意维特根斯坦和卡尔纳普的观点，主张以语言的逻辑分析作为哲学的基本方法，强调对命题的逻辑、语言意义等问题的分析，基本上主张现代逻辑经验主义的观点（详见 6.1）。这种哲学前提直接影响了他的伦理学，使他在原则上保持了现代情感主义的伦理学立场。但是，总体看来，他在坚持和发挥罗素和维特根斯坦等人的道德情感论的同时，又在不同程度上受到了德国现代人本主义伦理思想的影响（如布伦坦诺的价值观，叔本华、尼采等人的人生哲学等），甚至也受到英国实证论哲学和功利伦理学某些观点的感染，以至于艾耶尔认为他的一般伦理学观点与功利主义的观点具有非常类似的地方。①

## 二　"规范科学"与"事实科学"

作为维也纳学派伦理学的"奠基者"，石里克的伦理学有着不同于罗素和维特根斯坦伦理学的特点，这首先表现在他对伦理学本身的特性和目的的见解之中。尽管维特根斯坦是对石里克影响最大的同时代思想家之一，但在伦理学方面，石里克并没有固守维特根斯坦的绝对非认识主义的情感主义立场。也就是说，他并不简单地根据语言的特性分析来否定伦理学的科学性质，武断地把伦理学命题归结为人类纯粹情感的表达。相反，石里克认为，伦理学乃是一个真命题的知识系统，它的目的也只是真理。因之，伦理学本身还属于纯粹理论科学的范围。石里克在《伦理学问题》一书卷首开宗明义地指出："如果

---

① A. J. Ayer ( ed. )，*Logical Positivism* ( New York: The Free Press, 1959 )，p. 22.

存在有意义的，因而是能够回答的伦理学问题，那么，伦理学就是一门科学。因为对伦理学问题的正确回答将构成一种真命题的体系，而关于某一对象的真命题体系恰恰就是关于该对象的'科学'。因此，伦理学是一种知识体系，而不是别的东西，它的目标只是真理。"[1]　科学的意义在于其命题的真实性，伦理学命题同样具有这一特征，因而它也是一种科学。

在石里克看来，科学的品格决定了伦理学同其他科学一样，只能是一种纯粹理性的科学，它追求一种知识或理解，"因此，伦理学问题也是纯理论的问题"。而"它的实践应用（如果这是可能的话），就不属于伦理学的范围了。倘若有人为了生活与行动结果的应用而研究这些问题，他所研究的伦理学确有一种实践目的，但伦理学本身除了真理以外并无别的目的"[2]。这样一来，石里克就把伦理学限制在纯理论的范围之内了，而对于伦理学本身的特殊实践功能却被拒斥在科学以外。可见，石里克对伦理学科学品格的承认是极为有限的。从根本上讲，这种限制的结果，仍然没有把作为一门特殊实践学科的伦理学置于科学的层次。抛弃了现实的实践问题，伦理学研究无异于一种纯形式的逻辑语言分析，如同脱离土壤的树不可能成活一样。在这个意义上，石里克与维特根斯坦的非认识主义主张又不谋而合。

作为纯理论知识的伦理学不涉及道德实践问题，又以什么作为研究对象呢？石里克认为，传统的观点总以为伦理学是研究道德价值问题或为人的行为提供准则与规范的实践科学，这混淆了伦理学与应用科学的界限。伦理学只是一种理论或知识，"它的任务不是生产道德

---

[1]　F. A. M. Schlick, *Problems of Ethics*, English trans. by D. Rynin ( New York: Dover Publishing Company, 1962), p. 1.

[2]　Ibid.

或建立道德，抑或是把它们授予生活"①。换句话说，伦理学不提供道德规范，不研究具体的道德应用问题，只提供知识和解释。但是，这也不意味着伦理学是一种语言学研究，甚至说它是语言学的一个分支。首先，石里克认为，真正的伦理学问题不是一种确定概念和意义的问题，而是解释它们并帮助人们认识它们的内容，以及各概念间的一般联系的知识理解问题。其次，把伦理学规定为确定"善"的正确意义——善的概念定义，而不涉及它的内容及其与其他伦理学概念的关系，这种做法是"荒谬的"。石里克不点名地批判了摩尔等直觉主义者关于善的不可定义性的说法，认为它实际上是以善的不可定义性为借口来逃避解释其内容的任务。石里克指出，这种做法是"危险的"，即令善是不可定义的，我们也可以了解它的意义和内容，正如我们不能定义"光"却可以凭视觉感知它一样。② 然而，我们绝不能以为人天生具有所谓"道德感"，因为它只是一种假定，也不可能说明"道德判断的多样性"③。

石里克认为，伦理学的解释有两种不同的方式："一种是探讨善与恶的外在的和形式上的特征；另一种是探讨善与恶的内容上的实质性特征。"④ 关于道德善的形式特征是康德伦理学的全部重心所在，康德把善作为命令，把恶作为禁令。与此不同，宗教神学把上帝所要求的视为善，反之为恶。在这些情况下，善的形式特征（即康德的无待命令与上帝之声）就成了善的真正本质。石里克指出，这种把善的概念仅仅等同于形式上的"应当如此"（康德）和"被要求如此"（宗教）的做法，排除了善的实质性内容。石里克说："哲学的伦理学则持一种相反的意见，认为道德律的制定者是人类社会，或行为者自己

① F. A. M. Schlick, *Problems of Ethics*, English trans. by D. Rynin ( New York: Dover Publishing Company, 1962) , p. 4.
② Ibid., pp. 9 – 10.
③ Ibid., p. 10.
④ Ibid.

（幸福论），或甚至是任何人（绝对命令）。"① 这些抹杀道德内容，只注重道德形式特征的做法，是传统伦理学的"最大错误之一"。

石里克认为，我们对善的形式特征的了解"仅仅构成了我们决定其内容，即陈述内容特征的最初步骤"，但善的内容特征更为重要。善的内容是一种特殊事实的表达，当我们把一种行为作为善的东西来介绍给某人的时候，我们表达的是自己"欲望它的事实"；如果把这类个别情况集中起来，就可以找到善的内容中的相似因素，而"这些相似的因素就是'善'概念的特征，它们构成其内容"。但是，实际上又会出现这样的情况，即人们不可能建立某种共同的东西。一夫多妻在某个团体中被看作是善的，在另一个团体中却又被视作恶的事情。在此境况下便出现两种可能性："其一，可能有几种不可还原的不同的'善'概念"，即不同人（或团体）的"善"概念无法通约；"其二，可能是道德判断上的分歧"。石里克认为，这种分歧不是人们的最终估价，"而只是由于他们的见解、判断能力或经验"② 等方面的差异所导致的结果。由此之故，石里克一方面肯定人们对善的内容特征的认识难以归宗如一，具有相对性，另一方面又把这种相对性的结果诉诸人们的经验和判断能力等因素。这使他看到了人类道德观念的相对性和差异性，找到了反规范伦理学的有力论据。

在石里克看来，传统伦理学大多热衷于建立一种道德规范或原则系统，然后就万事大吉了。诚然，我们可以用一种形式的律令组成道德规范和原则。用这种"形式的律令来概括一类善的行为或品质所展示的共同特征，即一种样式的行为必定具有如此这般的属性，以便被称作'善的'（或'恶的'）。这种规律也可以叫做一种规范"。但是必须知道，"这种规范只不过是一种事实的表达，它所给予的仅仅是

① F. A. M. Schlick, *Problems of Ethics*, English trans. by D. Rynin（New York: Dover Publishing Company, 1962）, p. 11.
② Ibid., pp. 9 – 10.

这样一些条件，在这些条件下，一种行为、品质或性格被实际称为'善的'，这就是说，被给予一种价值"①。这种规范的建立只是确立善的概念而已。同理，我们可以进一步在更高一个层次上来考察这种表达个别规范之间的共同特征，从而"把所有的规范都归入一种更高的类型——即更一般的规范之中。用这种更高的规范，我们可以重复同样的程序，如此等等，直至到一种完全的情况下，最后达到一种最高的、更一般的包含了一切其他特殊情况的律令，并且可以应用于人类行为的每一种情况中。这种最高的规范可能就是'善'的定义，并表达善的最普遍本质，这可能就是哲学家们所称之为的'道德原则'"②。在这里，石里克表达了两个重要的思想：第一，传统伦理学的实质，都在于建立某种普遍的道德规范体系；第二，规范伦理学建立规范原则系统的理论意图、方法和逻辑。

依石里克之见，规范伦理学的上述企图固然令人振奋，不幸的是，实际上这种企图不可能找到事实的依据来证实其合理性，每一个人或团体都不会因为有了这种理论上的普遍规范而放弃他们各自的道德见解和不同立场。那些把伦理学视为一种单纯规范体系的人们自以为可以在这种纯规范体系面前得"意"忘"象"，驻足不前了。但是，他们犯了一个致命的错误，这种做法实际上把"规范科学"与"事实科学"混淆起来了，因为他们撇开了道德相对性的事实。解释是科学的本质，但解释并不能提供规范，"除了解释以外，科学不能做任何事情，即使作为一种规范科学，也永远不能建立或确立一种规范"③。因为"规范总是在科学和知识之外或之前开始的。这即是说，规范的起源只能为科学所认识，而不在科学之中。换言之，如果伦理

---

① F. A. M. Schlick, *Problems of Ethics*, English trans. by D. Rynin ( New York: Dover Publishing Company, 1962), pp. 14 – 15.

② Ibid., p. 15.

③ Ibid., p. 17.

学家以指出规范来回答'什么是善的'这个问题，那么，这只是意味着他告诉我们'善'实际上是什么意思，但它决不能告诉我们'善'必须或应当是什么意义"①。伦理学的研究不是给人们制定或提供道德规范和原则，任何规范原则都是无意义的。伦理学只能对道德相对的事实做出解释，解释"是什么"或"为什么"的事实性陈述，不具有任何"应当"的意味。因此，石里克反对把伦理学作为一种规范伦理学，而主张它是一种"事实科学"（factual science），它不该向人们去宣告各种虚假的价值和规范，而应该基于人们的本性和生活事实，一言以蔽之，"即使伦理学是一种规范科学，也不能因为这一点就说它不是一种事实科学。伦理学完全与实际的东西打交道"②。

## 三 "因果解释"与"道德责任"

把伦理学归结为一种事实科学，使石里克进一步论证了伦理学解释的具体方法和原则。与罗素相似，石里克恪守着因果律这一传统经验主义哲学的古老概念，并把它引入伦理学领域。依石里克所见，伦理学是一种事实的解释，伦理学的中心问题是解释道德行为的原因。规范伦理学研究的是"实际被视为行为准则的东西是什么？"，而解释伦理学却探究"它为什么被看作是行为准则？"。前一个问题空洞无味，后一个问题则直接导向问题的深刻性。③ 即是说，规范伦理学只停留在"是什么"的层次，而解释伦理学却追究到"为什么"的深层，以求得对道德行为的原因解释。

道德行为的原因也就是道德行为的产生动机。石里克说："伦理学的中心问题是对道德行为的因果解释"；那么，"我们必须把伦理学

① F. A. M. Schlick, *Problems of Ethics*, English trans. by D. Rynin ( New York: Dover Publishing Company, 1962), p. 18.
② Ibid., p. 21.
③ Ibid., p. 26.

的中心问题放在一种纯粹心理学问题的位置。因为毫无疑问，动机或任何形式的行为，因而包括道德行为的规律的发现，都是一种纯粹的心理事件。唯有这样描述心灵生活之规律的经验科学，才能解决这个问题"①。换句话说，关于道德行为的伦理学实际上是一种心理事实的解释。长期以来，人们习惯于把各门科学严格地割裂并对立起来，更耻于把伦理学问题诉诸心理学的研究。而事实上，对于"人为什么要合乎道德地行动"这一中心问题，"只能靠心理学来回答，……在这一点上，并不是科学的堕落，也无损于科学；……在伦理学中，我们不追求独立性，而只追求真理"②。石里克强调伦理学对心理学的依赖关系，甚至认为伦理学应该成为"心理学的一部分"。这不单是坚持对道德现象作经验主义的因果解释，而且是进一步把这种解释归结到心理学范围内，以至于把两者视为从属关系。

从心理学角度解释道德行为的动机，必定要触及人们一直纠缠不清的所谓决定论与自由的关系问题。人们习惯于认为，只要承认行为的因果关系，就是主张决定论，因而也必定会否认人的自由和道德责任。"因此，决定论与道德责任是不能相容的。道德责任要以自由为先决条件，也就是说，它要免除因果性。"③ 石里克认为，这委实是一种误解和混乱的逻辑推理。在石里克看来，只有休谟正确地看到了所谓自由与决定论的关系在伦理学中的特殊本质，他区分了"意志的自由"与"行动的自由"，并指出道德只与行为的自由相关。④ 可惜绝大多数伦理学家忽略了这一区别，由此就导致了对因果性与道德责任之关系问题上的一系列混淆。石里克将这些混淆表列如次⑤：

---

① F. A. M. Schlick, *Problems of Ethics*, English trans. by D. Rynin ( New York: Dover Publishing Company, 1962), p. 29.

② Ibid., pp. 29 – 30.

③ Ibid., p. 146.

④ Ibid., p. 150.

⑤ Ibid., p. 158.

**表7-1 对因果性与道德责任关系的系列混淆**

| 自然法则 | 国家法则 |
| --- | --- |
| 决定论（因果性） | 强制 |
| 普遍有效性 | 必然性 |
| 非决定论（机会） | 自由 |
| 无原因 | 无强制性 |

从表7-1中可见，人们之所以把决定论（因果性）和道德责任看作是不相容的，或者说认为道德责任只能以意志自由为前提，关键的问题是把上述两种不同系列的概念混淆起来了，实际上它们是不可同日而语的。道德行为的法则是基于人的欲望、情感之上的自然法则，它绝对不同于国家的法律。因之，行为的因果性并不等于对行为动机的强制，前者对于人类道德行为而言有着普遍有效性，任何人的行为都有其本身的原因和结果；而后者却不适用于对人的行为的解释。由此便有：行为的道德责任在于其动机的内在非决定的发动和客观外在的结果，责任如同行为一样可以是非强制性的，但不可能是无原因的。

石里克指出，"我们只能在一种因果语境（context）中才能谈论动机，因此，责任的概念是如何依赖于因果概念，也就是说，依赖于意志决定的规则性也就一清二楚了。事实上，如果我们把一种决定设想得无缘无故（在一切严格性上这可能是一种非决定论的预先假设），那么，行动就会完全成为一种机会问题，因为机会与没有原因是同一的，没有任何其他的与因果性相对立的东西"①。没有无原因的行为，也没有无动机的行为。承认动机的存在，必定要承认行为的因果关系的存在，而道德责任的本性恰恰是人们对行为因果的认识和理解。尽管人们永远无法证明决定论本身，但必须承认它在我们实际生活中的

---

① F. A. M. Schlick, *Problems of Ethics*, English trans. by D. Rynin (New York: Dover Publishing Company, 1962), p. 156.

确实有效性。"我们只有在因果性原则支配着（holds）的意志过程的范围内，才能把责任的概念应用于人类行为。"① 换言之，只有找到人们行为的原因和动机，其道德责任才有所附丽。石里克秉承了罗素早期的基本思想，坚持决定论（因果律）与道德责任、必然与自由之间的统一原则，这无疑是合理的见解。但石里克的解释要比罗素早期的解释细致得多、详尽得多，更富于理论启发性。

## 四 "快乐情感"与"相对价值"

动机是道德行为的基本原因，而人类的动机一般"总是为情感所决定"，人们总是努力追求快乐的情感，避免痛苦的情感，因此，快乐是构成行为动机的最基本的情感。石里克认为，快乐有两种：一种是"自然的、基本的、无须任何解释的"，这种快乐是心理经验意义上的；第二种是非自明的，但却可以"激起哲学的惊奇"，这种快乐"是美学的和伦理学所拥有的"②。"自然的、原始的"快乐是"伦理学与美学的快乐"之基础和构成因素，前者表现为心理学的法则，这种法则支配着各种情感的结合。因而，对快乐情感的解释首先是心理学的解释，但这绝不意味着我们把行为动机的解释完全建立在人的"自然的或原始的"快乐之上。石里克尖锐地批判霍布斯等人太过于相信朴素的原始情感，忽略了道德行为的社会因素。他认为，对行为的因果解释不仅仅是对动机的解释，而且也要考虑到行为结果的社会意义。

快乐是个人行为动机的心理基础，而它与社会对行为效果的肯定结合起来才是行为道德价值的完整解释。因为，人们的情感不只是系于动机，而且也伴随着动机的实现。由此，石里克从另一个角度提出

---

① F. A. M. Schlick, *Problems of Ethics*, English trans. by D. Rynin（New York: Dover Publishing Company, 1962）, p. 158.

② Ibid., p. 161.

了两种情感，即"动机感情"（motive-feeling）与"现实化感情"（realization-feeling）。"动机感情"是人们意志行为的过程中，几种不同的"在见目的"（ends-in-view）的相互冲突，最后有一种获得突出的地位并抑制了其他的"在见目的"，但更重要的是所谓"现实化感情"，它是与实现着的"在见目的"相联的感情状态，即一种快乐状态的观念。① 石里克认为，尽管"动机感情"与"现实化感情"之间常有脱节，但总是有某些力量使之平衡，并"通过从动机到现实化的行为的自然过程，就使动机与行为更新，各种冲动……就会改变，以至于动机感情与现实化感情彼此间产生一致"②。

感情的作用使动机转化为冲动，冲动是某种"推动""驱使""推进"，是一种"力"（force）、一种行动的"发生"（spring）。石里克说："构成冲动本质的品质是遗传性的或获得的对某种感情刺激的反应倾向。"如同人们的感情可能是肯定的（快乐）或否定的（痛苦）一样；冲动也可能是肯定的或否定的；冲动的特征，也和力的特征一样由其方向和大小来表现。石里克解释道："一种冲动就像一种力一样，以某种方向和大小来表现其特征。前者为愉快和不愉快的感情结合的特殊观念（或等级观念）所给予，后者则为感情的强度所给予"，而"一种冲动的'力量'（strength）仅以其胜过其他冲动为条件，行动的强度、履行行动的强力（power），依赖于行为者有效的总体能量（energy）"③。在这里，石里克运用心理学的方法，使动机与冲动的经验主义解释大大超过了以往的道德经验论者。

石里克并不赞同传统经验论者对动机的具体解释，特别是关于所谓"利己主义"的冲动。接传统观点的理解，利己主义是个人道德行

---

① 参见 F. A. M. Schlick, *Problems of Ethics*, English trans. by D. Rynin（New York: Dover Publishing Company, 1962），p. 174。

② Ibid., p. 177.

③ Ibid., p. 61.

为最根本最原始的冲动，这是一种误解。石里克认为，利己不是一种
"快乐的意志"（The will to pleasure），因此它不能形成行为的冲动。
他说："如果没有快乐的观念，那么就不能够显现为一种冲动；换言
之，没有趋向快乐的冲动，因而利己主义不可能是这种冲动。快乐永
远不是被欲求的，而只能是被想象地带着快乐。因此，认为利己主义
是直接指向某人的个人福利的冲动，而'个人的福利'可以与快乐同
一化的主张是不可能的。"①

利己主义不是动机。在石里克看来，它不过是一种"自顾性"
（inconsiderateness，或译为"非他顾性"）；与其相对，利他主义和好
意则是一种"他顾性"（considerateness，或译为"贴体性"）。② 而冲
动则不然，它是感情刺激的反应，它不仅是指个人的冲动，而且还有
"社会的冲动"，社会的冲动限制着个人利己的快乐。③ 人类道德的社
会意义决定了人的道德行为动机不可能只是"自顾的"，人类的感情
也受着社会的影响。某种情感的性质往往因其与社会的联系而被规
定，快乐的感情不仅对行为者本人是积极的肯定的，而且也要有利于
社会的福利。进一步说，对行为的估价也受着社会的制约，这具体表
现为两个方面，一方面，人们对行为的道德估价必定与社会（团体）
的状况和要求相适应，随着社会生活的改变，其价值估价也要改变。
道德价值对人类社会状况的依赖表明："道德的内容实际上是由社会
决定的。"④ 另一方面，行为的道德意义常常为社会舆论所左右，只有
被社会确信为可以"有利于它的福利和保存"的行为才是道德所要求
的。依此，石里克从行为的动机分析中引申出道德价值及其评价
问题。

---

① F. A. M. Schlick, *Problems of Ethics*, English trans. by D. Rynin（New York: Dover Publishing Company, 1962）, p. 71.
② 同上书，第 3 章第 8 节。
③ Ibid., p. 189.
④ Ibid., p. 93.

石里克指出，谈到价值问题又不能不涉及现有的几种观点。第一种观点是所谓客观价值说，即认为有某种衡量行为道德价值的外在价值标准。石里克断然否认了这一说法，他认为，尽管道德行为有其社会意义，但这并不意味着道德价值是绝对的客观的。快乐存在于人们的感觉经验之中，不可能成为超出行为主体经验的东西。追求客观价值标准的企图在于"它追求客观事实本身中的价值区别，却又不涉及偏爱和挑选的行动，而只有通过这些偏爱和挑选，价值才在世界上产生"①。第二种价值评价理论是以布伦坦诺（Brentano）及其学派为代表的所谓"价值经验"（value-experience）说。它认为每一个人都只能知道他所体验的，一种基本的价值经验必须是首先使我（行为者）能确信可以给自己以快乐的东西。石里克认为，这种观点也有问题，因为它所提出的"价值经验"难以得到证实，并带有向绝对价值证明过渡的危险，把某种价值经验视为独立于人的感情之外的价值存在。第三种是一些思想家们试图通过证明道德经验如同数学和逻辑经验一样是自明的、绝对客观的，以此来证明有绝对客观价值存在。石里克批评了罗斯的直觉主义伦理学，认为他把伦理学公理看成是 $2 \times 2 = 4$ 一般自明的，并以此证明价值是客观的。在石里克看来，我们绝对不能把伦理学的事实与逻辑相提并论，即便是"在与逻辑和数学的比较中，我们也不能发现关于绝对价值的命题的可证实性意义"②。

总之，石里克认为，绝对价值是不可能的。他总结道："因此，我们结论：如果存在'绝对的'价值，在此意义上，它们绝对与我们的感情无关，它们可以构成一个独立王国，但它们在任何方面都不能进入我们的意志和行为的世界，因为它仿佛如一堵不可穿透的墙将我们关在外面。即使它们不存在，生活依旧进行；而对于伦理

---

① F. A. M. Schlick, *Problems of Ethics*, English trans. by D. Rynin (New York: Dover Publishing Company, 1962), p. 104.

② Ibid., p. 110.

学来说，它们可能不存在。……因此，……价值也只有在它们使自身被感觉到的范围内才能存在，这就是说，只有相对于我们时才能存在。"①

对绝对价值的否定，目的在于确定价值的相对性，正是基于上述否定性结论，石里克提出并论证了所谓"相对性价值"。

首先，他认为，价值只有相对于主体才能存在。石里克明确地说："对绝对价值的存在给予否定的回答后，我们感到最后还要确定这样一种主张：每一个关于客体价值的命题的意义都在于这样一种事实：这个客体或这个客体的观念在某个感情主体中产生出一种快乐或痛苦的情感。一种价值只能相对于主体存在，它是相对的。如果世界上没有快乐和痛苦，也就没有价值。一切都将是冷漠的。"但是，价值对主体的依赖并不是毫无限制的，作为价值相对性依据的主体也不是随心所欲的情感怪物。也就是说，"价值的实存依赖于主体的存在和情感，但这种主体性不是无法解释的怪物（caprice），它并不意味着主体可以随心所欲地宣布客体是有价值的或是无价值的"。② 在石里克看来，价值只能存在于一种主客体的联系之中，客体的价值只有与主体的感情和存在发生关系才能产生，但这并不等于说价值是纯主观的或随主体好恶而定的。痛苦是一种否定性的价值，它与主体的痛苦情感相联系，但并不因为主体的厌恶而自行消失。因此，石里克保持了他的价值观与自由观的一致，机智地避免了价值理论的主观唯我论。他耐心地解释了价值所包含的主客体联系的内在机制。他指出："当一个特殊对象在一种特殊关系中对一个特殊主体表现时，主体此刻的构成性和气质（disposition）是固定的；这样，主体对这个对象的构成性反应的感情也就被决定了；这就是说，他在此时此刻拥有一

---

① F. A. M. Schlick, *Problems of Ethics*, English trans. by D. Rynin ( New York: Dover Publishing Company, 1962), p. 119.
② Ibid., p. 120.

种明确的价值或反价值（disvalue）。这种事实完全是客观的。"① 换言之，价值本身虽然是相对的，但价值的主体却是一种客观的存在，它的内在构成与特性是关系性的。

其次，石里克认为，价值只能建立在感情之上，道德评价无外乎某种情感的反应。石里克说："价值只能建立在快乐感情之上，它将使幸福的概念与最有价值这一概念同一。"② 价值的情感基础，决定了它只能相对于行为主体的情感、性格、气质等因素才能形成。石里克历史地考察了西方伦理学，认为早在阿里斯提卜和昔勒尼学派的理论中就可以看到古人对价值相对性的广泛研究了。但直到近代的康德、费希特等人，才把自然与道德对立起来，使道德价值与人们的情感相分离。在石里克看来，这种理论比古代思想家们要逊色得多。离开人的快乐感情，价值无从谈起。

不难看出，石里克的相对性价值理论多少与古典快乐主义伦理学有着历史的联系。客观地说，他对价值理论的相对性见解并不是一种简单的道德相对主义，而是一种主客体关系性的洞见。石里克在一般意义上正确地把握了道德价值的基本特征，特别是他看到了人类道德行为的价值所包含的充分主体性意义，这就是它所包含的主体情感、需求、意志和目的的积极现实化的肯定意义。同时，石里克并没有因为价值的相对性、主体性而全然否定其关系性和客观性的特征，而是力图以特定的主客体关联情景——这种关系所发生的时间和各自的固定属性——来解释相对性价值的内涵。这确乎在一定程度上弥补了维特根斯坦对伦理价值的绝对化和对主体情感的纯主观化这种两极片面见解的理论缺陷，自有其深刻且合理的理论意义。问题是，石里克虽然意识到道德价值的相对性和道德评价的客观性，但他并没有更进一

① F. A. M. Schlick, *Problems of Ethics*, English trans. by D. Rynin ( New York: Dover Publishing Company, 1962 ) , pp. 120 – 121.

② Ibid., p. 183.

步分析道德行为的价值与对该行为的道德价值判断之间的关系。事实上，人们常常容易忽略道德价值理论中这样一个非常微妙的关系：行为的道德价值与对该行为道德价值的评价之间究竟关系若何？两者是不是一码事？若否，又如何解释它们的差异性？凡此种种，都是石里克所未及说明或不能说明的。

严格地说，行为的道德价值与对它的道德评价两者既相互同一，又相互矛盾。马克思主义伦理学认为，道德价值是一种主客体关系的道德属性。人们行为的道德价值无疑与行为者的主体因素密切相联，同时又有赖于客观的道德评价。在一般意义上说，只有两者达到统一时，道德价值才有真实的意义。但历史地看，两者间常常是相互背离的，这是因为：第一，行为主体的愿望、意志、情感等因素与道德的社会要求常常发生矛盾；第二，行为主体的自我评价与社会的客观评价并不一定统一；第三，在阶级社会中，道德评价的标准本身是相对的、阶级性的，它与主体个人和整个人类道德发展的总体趋势、要求等存在着多种差距。正因为如此，马克思主义伦理学坚持以历史唯物主义来指导伦理学研究，坚持以历史主义与道德主义的统一原则来评价人们的道德行为。而这一切却是石里克还未触及或未能解释的空白领域。

## 五　两种道德与两种伦理学

在《伦理学问题》一书中，石里克还从伦理学史的研究角度提出了两种道德和两种伦理学的重要见解，并进行了具体的比较分析。

石里克认为，西方普遍流行的道德是一种反利己主义的道德。这种道德的特征是：要求为了同类的欲望而压制个人的欲望；它所要求的是一种"他顾性"，其本质是要求个人放弃自我的追求。石里克把这种道德称为"要求道德"（the moral of commands）或"放弃道德"（the moral of renunciation）。代表这种道德的是基督教、佛教和以康德为首的理性主义伦理学。① 与此相反，古代的经典道德，如苏格拉底、斯多亚派和伊壁鸠鲁等，却是一种"非常不同的道德"，这种道德的基本问题不是"对我的要求是什么"，而是"我必须怎样去幸福地生活"。"它的来源是行为者本身的个人欲望，因此，它所具有的不是要求的品格，而是欲望的品格。"故此，石里克把这种道德称为"欲望道德"。如果说，"要求道德"是以一种"他律的要求"为基本特征的话，那么，"欲望道德"则是以"自律"为基本特征的。②

两种不同的道德传统，构成了两种不同的伦理学。代表以外在他律为目的的"要求道德"的理论是一种"自我限制"的伦理学；代表以主体内在自律为目的的"欲望道德"的理论则是一种"自我实现"的伦理学。或者换句话说，前者是放弃的、否定的、消极的；后者是主体的、肯定的和积极的。

依石里克所见，导致"要求道德"与"欲望道德"或自我限制伦理学与自我实现伦理学之间相互区别和相互对立的根本原因，是对"善"这一概念的不同理解。在苏格拉底等古代伦理学家那里，"善"不仅仅在道德意义上使用，而且也常常在"超道德的意义上被使用"，如"好工匠""好公民"等。③ 因此，"善"既有道德的价值意义，也有非道德的一般价值意义。在道德意义上，"善"不单包含着社会对个人的要求和赞同，也包括个人自身的决定、造就、人生技巧和完善。同时，古希腊人也意识到了"善"的两种意义的统一性，并始终把它作为一种积极完善的肯定性概念来使用。古希腊罗马之后，"善"的意义却被"放弃道德"的主张者们限制在一种狭隘的意义内了。"善"仅仅被当作社会整体对个人所要求的东西，它只是"被人类社

---

① F. A. M. Schlick, *Problems of Ethics*, English trans. by D. Rynin ( New York: Dover Publishing Company, 1962) , pp. 79 – 80.

② Ibid., p. 80.

③ 在英文中，"good"一词可译为"善"，也可译为"好"，所以，这里所说的"好"与"善"实际是同一个词。

会用来表示一种赞同"，而不涉及"人的决定"。这样一来，"善"概念本身所包括的原意就会狭隘化、强制化了。石里克说："对于希腊人来说，'善'最初意味的不过是可欲求的东西，用我们的话来说，就是用'快乐，（ηδωνη）来想象的东西；因此，古代伦理学绝大部分都是一种快乐理论，即享乐主义。即使今天，在最一般意义上，'善'也意味着同样的东西。但是，从这开始，在我们的放弃道德的影响下，便产生了较为狭窄的道德上的善的意义。在此种意义上，善意味的仅仅是为人类社会所欲望东西，它是作为一种异己的欲望与个体相对的某种东西，它可能与个人的欲望一致，也可能不一致。……因而，在此意义上，关于善的伦理学就不只是一种快乐理论，而是应尽的理论，即一种'义务论'。"① 从这一论述中，我们可以从石里克对两种传统道德和两种传统伦理学的宏观比较中所做出的结论概括为表7-2：

表7-2　石里克对两种传统道德和传统伦理学的比较

| 类别 ＼ 内容 | 代表者 | 基本特征 | 基本问题 | 理论形式 | 结论 |
|---|---|---|---|---|---|
| Ⅰ类 | 苏格拉底 斯多亚派 昔勒尼派 伊壁鸠鲁 | ①欲望的与快乐的 ②自顾性与自我实现 ③"善"的广泛性（即个人完善与社会赞同的统一） | 我必须怎样去幸福地生活 | 自我实现伦理学或伦理学快乐论（或曰"快乐伦理学"） | 利己主义 享乐主义 |
| Ⅱ类 | 基督教 佛教 康德等人 | ①要求的与放弃的 ②他顾性与应尽性 ③"善"的狭隘性（即只有社会赞同而不涉及个人决定） | 对我的要求是什么 | 自我限制伦理学或伦理学的义务论（或曰"放弃伦理学"） | 利他主义 克制主义 |

---

① F. A. M. Schlick, *Problems of Ethics*, English trans. by D. Rynin（New York: Dover Publishing Company, 1962), p. 83.

　　依据这些分析，石里克进一步指出，从总体上看，西方古代的伦理学理论基本上是"建立在欲望之上的，而不是建立在要求之上，因为希腊人不能想象除了个体自身必须是他自己的道德立法者以外的东西"。但"近代伦理学（主要指康德等人——引者注）把要求与放弃的事实作为中心"，"使它冒着提出无意义的问题和完全误入歧途的风险"，去强调一种自我克制的道德，把伦理学建立在要求与义务之上。这就构成了历史上两种截然不同的伦理学理论。毋庸置疑，石里克是倾向于前者而鄙弃后者的，这使他的伦理思想多少带有现代人本主义伦理学（如新黑格尔主义伦理学和尼采的某些观点）的特点，他对古代道德和伦理学的偏爱，使人们很容易想到尼采的某些见解。

　　但是，石里克绝非简单的道德复古论者，更不是古代快乐主义伦理学的卫道士。其伦理学的深刻性就在于：他一方面看到了传统道德理论的不同特征和内在本性；另一方面，他又深入地剖析和综合了两者各自的理论意义。他指出，尽管古希腊的伦理学是以个人的自我实现为宗旨的，但它同时也重视对个人行为的道德规范。"道德规范在每个团体中也被阐述为要求"。同样，近代伦理学虽然强调对个人的道德要求和限制，但它又包含着"更接近于理解伦理学问题之伟大重要性的某些灼见"。因为对"放弃"与"利他主义的"强调，已经"隐藏着一种导向道德的最本质点的暗示"①。这是什么意思呢？我们换句话来解释一下，在石里克看来，任何伦理学都不可能纯粹地强调道德的某一方面的本质。人类道德的本质不仅仅是个人的道德完善，而且更重要的是达到个人完善与整个人类社会完善的统一和谐，这就是为什么道德的本质内容是社会性的缘故所在。在这一点上，古代伦理学同样顾及了道德的社会要求本质，而近代伦理学对这种社会要求

---

① F. A. M. Schlick, *Problems of Ethics*, English trans. by D. Rynin（New York: Dover Publishing Company, 1962）, pp. 83 – 84.

本质的强调更表明它对道德的这一本质特征的深刻洞察。

于是，在这种历史分析的综合基点上，石里克主张两种道德和两种伦理学的和谐统一。他说："对我们来说，在一种作为快乐理论的伦理学与一种作为道德责任理论的伦理学之间；或者说，……在善或快乐理论与义务理论之间，肯定没有不可克服的对立。"① 换言之，它们是可以综合一致的。但石里克认为，两者的非对抗性并不意味着它们的平均综合，而是有主有次的，两者间基本关系的含义是："后者要建立在前者的基础之上，或者从前者推导出来。因为，根据我们的概念，道德要求或义务最终都要返归到对个体快乐与痛苦感情的分析上来，因为它们不外是社会的平均普遍流行的欲望而已。当然，在实践中，自我实现的道德也应该达到放弃的要求，……它似乎是幸福目的的必要手段。因此，明智的理想和圣徒都是彼此接近的，义务的履行表现为自我实现的条件。"② 石里克给人们提出了两个重要的思想。第一，在欲望道德或快乐伦理学与要求道德或义务伦理学之间，前者是基本的、最终的，后者是从属的，是建立在前者之上并服从于前者的。第二，快乐道德或快乐伦理学与要求道德或义务伦理学之间是目的与手段的关系，前者是目的，后者是达到目的的手段。正如没有无目的的手段一样，也不能离开手段奢谈目的。因此，义务的实际履行也是必要的，它是人们自我实现所必需的实践手段和条件，从这个意义上说，履行义务也是一种自我实现。

石里克认为，要达到两者的和谐统一，首先必须根除任何绝对的观念。如果把义务戒律视为某种绝对的东西，或把快乐的欲望作为超乎一切义务要求之外的东西，那么，"在幸福与德性之间就没有桥梁了"。也即是说，任何一种绝对或极端化都不可能实现两者的和谐统

---

① F. A. M. Schlick, *Problems of Ethics*, English trans. by D. Rynin ( New York: Dover Publishing Company, 1962 ), p. 84.

② Ibid.

一。其次，只有把社会道德要求与个人欲望结合起来，并使社会的道德要求产生于人类自身的需要与本性，也就是使道德要求和义务建立在人的欲望需要之上，并从其中推导出来，才有所谓两者的统一。石里克说："在履行义务与幸福之间存在着一种联系，放弃伦理学与快乐伦理学之间的和谐是可能的，但只有在道德要求本身产生于人类的需要与欲望，在个体的实践情况中，它们估价的一致性才可以得到证明。"① 换句话说，道德要求和义务必须基于主体本身才有意义。康德的错误恰恰就在于他把这种手段或条件性的东西绝对化为目的，使之成为了超乎主体需要和欲望之上的非感性的理性原则，使其伦理学成为了一种纯客观的义务论。功利主义伦理学却在另一个极端犯了同样的错误，它从人们的幸福和快乐入手，最后却得到了一种纯外在性的道德公式，这就是边沁的所谓"最大多数人的最大幸福"。石里克尖锐地指出，这一公式是完全无适用性的教条。因为它幻想着对行为效果作算术式的计算，而在事实上这根本不可能。时间无限延伸，因果性的结果也常常伴有偶然性（机会），如何能计算人们行为的结果呢？而且，这个公式只不过是一种"无意义的词的连接"②。石里克为了把自己的快乐伦理学与功利主义区别开来，特别提出要把所谓"意向伦理学"（ethics of intention）与"结果伦理学"（ethics of result）区别开来，以进一步证明真正的快乐伦理学并不是简单的结果论伦理学。③

最后，石里克还考察了近代情感主义（如沙甫慈伯利），提出了另一种伦理学分类，即所谓"义务伦理学"（ethics of duty）与"仁慈伦理学"（ethics of kindness）。他认为这两种道德理论的对立根源，

---

① F. A. M. Schlick, *Problems of Ethics*, English trans. by D. Rynin ( New York: Dover Publishing Company, 1962), p. 85.

② Ibid., p. 88.

③ Ibid., pp. 89 – 90.

主要是道德价值与道德情感关系的观点分歧。前者认为道德价值与道德情感无关，后一种理论则认为这两方面是紧密关联的，道德价值并不是超拔于道德情感之上的存在，而是寓于道德情感之中，这种理论强调的是道德的情感特征。[①] 在石里克看来，仁慈伦理学与古代快乐伦理学是一致的，它比所谓要求道德或义务伦理学更符合人类的道德事实和真理。

历史的反思是为了寻求理论的历史依据。石里克对上述种种理论的分析比较也是为了确证其情感论的快乐伦理学原则。他采取了明显的折中主义方法，将历史的伦理学理论划分为两大类型，并以此证明快乐伦理学和"欲望道德"的历史合理性。尽管他承认两类传统道德和伦理学各有千秋，但最终仍然把第一类伦理学和道德作为人类道德的基础和方向，其快乐主义和情感主义的理论倾向是十分明显的。顺便应当指出的是，石里克的这种历史划分并不科学，而且多少带有柏格森、尼采理论的影响痕迹。

## 六　并非例外的例外

通观石里克的伦理思想，人们很容易形成这样一种突出的印象：石里克的《伦理学问题》一书似乎并不是一部地道的元伦理学著作，毋宁说更接近一种快乐主义理论。其伦理思想与其说是一种经验主义，不如说是一种心理快乐主义更为切实。这一点就连维也纳学派内部和有关的元伦理学主张者也如是观焉。艾耶尔就曾指出，石里克的伦理学与功利主义"非常类似"。另一位维也纳学派的重要人物克拉夫特也谈道："石里克接受作为享乐主义法则的一般动机法则"[②]。从

---

① 参见 F. A. M. Schlick, *Problems of Ethics*, English trans. by D. Rynin ( New York: Dover Publishing Company, 1962), pp. 205 – 208。

② V. Kraft, *The Vienna Circle: The Origin of The Neo – positivism*, English trans. by A. Popper ( New York: Philosophical Library, 1953), p. 184.

这一点看来，石里克的伦理学确乎是现代元伦理学派中的一个例外。因为他不仅接受快乐主义的道德原则，更重要的是，他否定了摩尔等人的道德直觉主义，也违背了罗素晚期和维特根斯坦把伦理学排斥在科学之外的非认识主义原则，明确宣布伦理学是一种事实科学，在科学的王国里仍有以追求真理为唯一目的的伦理学的一席之地。不同的只是石里克把伦理学限制在纯理论的范围之内。

　　进一步看来，石里克伦理学的这种例外之处主要表现在两个方面。第一，他的伦理学与哲学观点的不尽一致。我们知道，石里克的哲学思想虽有变化，但其基本倾向依然是逻辑实证主义的。但在伦理学上，他却与逻辑实证主义哲学出发点有所背离。对于被其哲学同人斥为非事实陈述的"伪科学"，石里克却高抬贵手，认为伦理学所表达的命题仍是有真理意味的，甚至认为它也是以真理为唯一目的的，这不能不说是与其哲学立场的貌合神离。第二，石里克在具体伦理学方法上与整个元伦理学的基本方法也多有差异。一般地讲，现代元伦理学派在方法论上无外乎三种：一是摩尔等人的直觉方法，这种方法以某种"道德直觉（道德感）"来确认伦理命题、概念与判断的自明性；二是维特根斯坦、卡尔纳普等人的极端情感论，它建立在绝对的经验实证和逻辑分析的方法上，表现为绝对非认识主义；三是"维也纳学派"以后出现的语言分析方法，它主张以元语言的逻辑分析来确定和划分价值语言与逻辑语言的界限、功能、使用等。

　　相比之下，石里克的伦理学方法有些概莫能属之势，他在伦理学上既非直觉论者，也不是非认识论者，更不是严格的语言分析论者，而是一个自认不讳的心理快乐论者。

　　我们认为，石里克伦理学的这种例外，主要是他深受传统快乐主义伦理学和现代人本主义伦理思想影响的结果。从前所述我们不难看出，石里克对古希腊快乐主义伦理学深为迷恋和赞赏，同时又多少有些倾心于布伦坦诺、叔本华、尼采等人的理论倾向。对于这一点，我们还可以从石里克早期写的《论人生的意义》一文中找到有力的佐证。在这篇文章里，石里克大量地引证了叔本华、尼采等人的观点来论证人生的本质和价值。他这样写道："人生的核心和最终价值只能存在于作为他们自己的生存和满足他们自己的状态之中。现在，这种状态无疑在情感快乐中被给予了。"① 这显然是叔本华人生哲学的重复。

但是，石里克在方法论上的某些例外，并没有整个地改变其伦理学的情感主义立场。略有不同的是，他所主张的情感主义并不像维特根斯坦那样是以非认识主义为基本前提的，相反，石里克奇妙地把认识主义与情感主义糅合在一起，他虽然否认伦理学是规范科学，但承认它是一门事实科学，真理是它的唯一目的。不过，石里克并不敢放弃他的逻辑实证主义哲学立场，而是把伦理学置于心理学的层次，甚至把它当作心理学的一个部门。在这一点上，他又与元伦理学的基本观点并无二致，倒是显得更为机智和圆通。因此，总的说来，石里克的伦理学是一种认识主义的情感主义理论。这一选择使他避免了维特根斯坦的简单化和绝对化，又使他确保了其逻辑实证主义哲学的尊严。这是石里克的高明之处，也是他的失误：当他借用传统快乐主义理论和现代人本主义观点来摆脱元伦理学的某些困境时，又偷运了许多非理性的心理主义成分。这种结局从侧面反映了现代西方元伦理学在理论上的两难困境：要么，为了保持哲学的科学纯洁性和严密逻辑性而牺牲它对伦理学的研究权利，但这必然会使其哲学成为一纸远离生活现实的空文；要么，为了避免脱离实际的危险而保持对伦理学这一复杂的理论与实践的综合性学科的研究，而这无疑会使其严密的科学哲学的纯洁性受到损伤。事实证明，维特根斯坦和我们将要谈到的卡尔纳普选择了前者，这使得他们在伦理学上言辞贫乏。而石里克大

---

① F. A. M. Schlick, *Philosophy Papers*, vol. 2, ed. by H. L. Moore and Others ( The Netherland: D. Herder Publishing Company, 1979), p. 114.

胆地选择了后者，历尽艰辛却依旧不可避免地陷入进退维谷之境。这一教训告诉人们，现代元伦理学家们使伦理学进入"严格科学"的尝试只能是一种美好的愿望，要真正使伦理学臻入科学必须选择第三条道路：走出形式主义或心理主义的胡同，以历史唯物主义为基础，从人类广阔的历史文化、心理结构及现实社会生活状态的分析入手，去寻求解释道德的科学答案。

## 第二节　卡尔纳普的极端情感论

严格地说，卡尔纳普并没有系统的伦理思想。作为维也纳学派的主要成员，他研究的中心旨趣是关于科学的哲学之可能性问题。他是逻辑语言的极端倡导者和鼓吹者，甚至把主要的精力都放在如何建立一种严格的科学语言系统上。但是，这并不妨碍他提出某些极富代表意义的伦理学见解。在一定程度上，这些见解特别典型地代表了情感主义伦理学的基本立场，这正是我们用心探讨他有关伦理学理论的兴趣所在。

鲁道夫·卡尔纳普（Rudolf Carnap，1891～1970）是现代分析哲学的代表人物之一，也是情感主义伦理学的极端主张者。他出生在德国巴尔门的罗斯多夫，曾在耶拿大学和弗莱堡大学学习。大学时代，他阅读了不少康德的著作。后来，他得到罗素等人的帮助，也受到逻辑实证主义的影响。不久又受到著名数理逻辑学家弗莱格的数理逻辑课程的影响，把研究兴趣转向数学和逻辑。第一次世界大战爆发后，卡尔纳普曾到军队中服役，战后继续从事研究，并以《论时空》一文获耶拿大学博士学位。1926 年，卡尔纳普参加了石里克领导的维也纳学派，同时开始担任维也纳大学的特聘哲学讲师。1931 年担任布拉格大学的自然哲学教授。到第二次世界大战前夕，因政治气氛紧张而被迫移居美国，从 1936 年起执教于美国芝加哥大学，1941 年加入美国国籍。1952 年，卡尔纳普转到普林斯顿大学做高级研究员工作，两年后被聘为洛杉矶加利福尼亚大学哲学教授。

卡尔纳普的哲学著作甚多，其伦理见解主要见于他的《哲学与逻辑句法》，该书是他 1934 年 10 月在伦敦大学的三次演讲稿汇集，其中部分内容曾发表在同年的《心灵》杂志上。此外，还有《统一科学》（英文版，1934 年），等等。

在哲学上，卡尔纳普是逻辑实在论的坚定主张者。他认为，传统的哲学问题都是形而上学的超经验的问题，因而无法得到经验与逻辑的证实。要建立科学的哲学体系，必须彻底拒斥一切形而上学，建立一整套科学的逻辑语言。哲学的本质是逻辑分析，其基本内容是对哲学的逻辑语言、句法、语言规则的分析和证明。因此，拒斥形而上学，主张哲学逻辑化和经验证实原则，是卡尔纳普整个哲学的中心议题。这种类型的逻辑实证主义哲学出发点，使卡尔纳普对伦理学采取了一种否定的态度。

卡尔纳普指出："一切属于形而上学、调节伦理学、认识论的原理，实际上都是无法证明的，所以是不科学的。在维也纳学派里，已经习惯于把这些原理看作是没有意义的。"[①] 这一段话代表了卡尔纳普对伦理学的基本态度。他认为，伦理学历来是作为价值哲学或道德哲学而成为哲学的一个部门，但事实上却有着两种截然不同的含义。其一，伦理学是作为一种经验的科学研究，这时候，伦理学所从事的无外乎是心理学和社会学的工作，它研究的对象是人类行为，"特别是关于从感情和意志而来的行为的起源，以及这些行为对于别人的影响"[②]。在此意义上，伦理学本身并没有特别的意义，而毋宁是对心理学、社会学等经验实证学科工作的重复，而且在这种意义上它只能属

---

① R. Carnap, *Unified Science* (Chicago: Chicago University Press, 1934), p. 26.
② R. Carnap, *Philosophy and Logical Syntax* (London, 1979), p. 9.

于具体的经验科学，不属于哲学。伦理学的另一种含义是"关于道德价值或道德规范的哲学"①。就此而言，伦理学研究的不是经验事实，而是关于善与恶、正当与错误的一种形而上学研究。然而，依卡尔纳普所见，任何关于非经验事实的形而上学研究都无法获得经验的证实，因而不具备严格的科学意义。

为了证实伦理学理论研究的非科学性，卡尔纳普提供了两个方面的说明：首先，从伦理学的规范性特征来看，它不可能表述任何可以证实的经验事实，而只能表达个人的情感、愿望和心理。伦理规范或价值判断都不是真假意义的断定命题。一种规范、规则往往带有一种命令的形式，但这种命令的外壳内并不蕴含真假的意味。也即是说，伦理学的命题只具有断定的形式，而无实际的真假内涵。因之，与其说它是一种心理学命题——它确乎表达着人的情感和欲望，不如把它称为形而上学的伪命题——因为它既没有断定经验事实的真假，也无法获得经验的证实。例如"不要杀人！"这一命令句，将它还原为一个价值判断就是："杀人是罪恶的。"前者在语法上是一个命令句形式；后者虽然"具有一个有所断定的命题的文法形式"，却"只是某种愿望的表示"②，它既不具备逻辑上的必然性，也不享有经验上的可证实性，更无法从这个句子中推演出"任何关于未来的经验命题来"。传统哲学家们恰恰忽视了这些基本的理由，误以为价值判断或伦理学命题是一种有所断定的真假命题。卡尔纳普说："一个价值判断实在说来不过是在迷惑人的文法形式中的一项命令而已。它可能对人们的行为有影响，而且这些影响也可能符合或不符合我们的期望；但它却既不是真的，也不是假的。它并没有断定什么，而是既不能被证明的，也不能反证的。"③

---

① R. Carnap, *Philosophy and Logical Syntax* (London, 1979), p. 10.
② Ibid., p. 11.
③ Ibid., p. 10.

进而言之，即令我们承认从"杀人是罪恶的"演绎出其他命题，也只能是一种心理学式的推演，或者换句话说，"只能从关于一个人的性格和情绪的反应的心理学命题中演绎出来"，但这种命题却只属于心理学而不属于哲学，或者说它"属于心理学的伦理学；而不属于哲学的或规范的伦理学"①。由此，卡尔纳普得出结论，传统的规范伦理学都是非科学的，因为"规范伦理学的命题，不论它们具有规则的形式或价值判断的形式，都没有理论意义，而且都不是科学的命题"②。就这样，卡尔纳普借助于逻辑证实与经验证实这两把利剑，砍下了传统规范伦理学的头颅。

其次，卡尔纳普进一步从对语言功能的具体分析中，否定了伦理学作为科学知识的可能性。他认为，语言有两种作用：其一是表达的作用；其二是表述或描述的作用。语言的表达作用是指个人通过自己的行为和语言来抒发出他暂时的或许多的情感、性格、愿望。语言的表达作用则是指人们对一定的事态的描述或断定。③ 卡尔纳普认为，许多语言只有一种表达的作用而没有表述的作用，而具有表达功能的语言只能抒发情感、表达意愿，没有断定的意义，因而这种语言表达"不含有知识"，如诗歌语言、感叹语句和形而上学命题等。相反，具有表述功能的语言（如"这本书是黑色的"）则能够描述事实，表述具有真假意义的命题，因而能够蕴含知识。

按照卡尔纳普的观点，任何"形而上学的命题，正像抒情诗一样，只有表达的作用，而没有描述的作用。形而上学的命题既不是真的，也不是假的，因为它没有断定什么，它既不会含有知识，也不含有错误；它们完全是在知识、理论的范围之外，在真或假的讨论范围

---

① R. Carnap, *Philosophy and Logical Syntax* (London, 1979), p. 10.
② Ibid., p. 11.
③ Ibid., p. 13.

之外"①。而如前所述，伦理学若是经验意义上的，则无异于心理学或社会学，不属于哲学和规范性的哲学。若作为一种价值哲学，则属于形而上学的范围，在此意义上的伦理学命题与其他形而上学的命题一样都只有表达的功能，没有表述或描述的功能。

卡尔纳普告诉人们，尽管伦理学命题和形而上学命题一样是非科学、非知识、非理论的东西，但这不等于说我们可以忽视伦理学研究的重要性。事实上，这些非理论的性质本身并不是一种缺陷。正如一切文学艺术具有这种非理论性而并不丧失它们对个人和社会生活的高贵价值一样，伦理学本身虽然无法涉入真理的大门，但它对于人们情感的表达和人类道德生活仍具有重要意义。问题在于：一切形而上学（包括伦理学）的东西，都具有一种知识的欺骗性，它使人们造成某种错觉，仿佛形而上学的东西和价值判断可以给予人们以真假的科学知识。

卡尔纳普似乎在仿效维特根斯坦关于语言的哲学见解，以语言的功能和界限来排斥伦理学成为科学的可能性，使价值科学与经验事实科学截然隔离开来，从而推出绝对非认识主义和极端情感论的伦理学见解。从总体上看，我们还可以清楚地发现这样一种理论现象：在卡尔纳普的伦理学见解中，既有受石里克观点影响的痕迹，又有维特根斯坦思想的再现。可以说，他是在综合这两位大师的情感主义思想的基础上来建立自己的伦理学观点的。我们知道，维特根斯坦与石里克两者虽然同主情感说，但在具体方法上却又不尽一致：一个是从语言的哲学界限来研究和确定伦理学的超知识、超科学的特性，把道德价值判断视为纯粹个人感情的表达，表现为伦理学上的非认识主义与情感主义的双重特征；另一个则以道德判断本身所渗透的个人心理情感因素来确认伦理学的情感主义特性，把伦理学视为心理学的一个分支，但它并不否认伦理学作为一门知识的可能。因此，石里克的情感

---

① R. Carnap, *Philosophy and Logical Syntax* (London, 1979), p. 13.

主义伦理学是温和的、认识主义的。卡尔纳普把维特根斯坦和石里克两人的观点综合一处，他对伦理学两种意义的区分最典型地反映了这一点。一方面他把伦理学视为与心理学、社会学相同的经验科学，排除在哲学之外，这与石里克的观点何其相似?! 另一方面，他又根据语言功能的双重区分把伦理学划归到形而上学领域，使之与经验事实科学对立起来，甚至把伦理学命题和形而上学命题等量齐观，排斥在科学知识之外，这与维特根斯坦的观点岂非如出一辙?!

应该指出的是，卡尔纳普的伦理学观点更接近于维特根斯坦，这使他坚持了一条极端的道德情感主义的路线，同时，也使他与维特根斯坦一样犯了一种通病：把知识的科学价值与行为的伦理价值绝对对立起来，使真、善、美截然分割，成为互不通约的东西。这不仅是对西方自苏格拉底、柏拉图以来的古典伦理学传统的反动，也造成了现代西方元伦理学理论的一个致命的矛盾：科学主义的伦理学研究出发点与非科学主义伦理学结论之间的矛盾。换言之，现代经验主义者们恪守着严格的科学逻辑原则来研究伦理学，却又无法保证伦理学本身的科学性。这一矛盾典型地反映出现代经验主义哲学家们在伦理学研究方法上狭隘专门化的局限，同时也说明，随着现代科学技术的日益进步，人类对于价值研究的科学严密性和逻辑性要求也日益提高。但是，无论如何，完全把人文科学与自然科学等量齐观，抹杀人文社会科学所特有的社会历史意义及特殊规律，都是绝对错误的，也不可能最终达到对人文社会科学进行科学研究的目的，卡尔纳普的失足也在于此。

## 第三节　艾耶尔的温和情感论

阿尔弗雷德·朱尔斯·艾耶尔（Alfred Jules Ayer，1910～1989）是逻辑实证主义哲学的重要代表人物，也是情感主义伦理学的主要代表之一。他虽然不是"维也纳学派"的成员，但与这一团体有着密切的关系，并且是较早将逻辑实证主义哲学具体引入英国的重要哲学家。从伦理学上看，艾耶尔虽然没有独具一格的理论地位，但有着较为丰富的伦理学论述，对于情感主义伦理学的发展做出了重要的贡献。

艾耶尔于 1910 年 10 月 29 日出生于英国的伦敦。早在大学时代，艾耶尔就受到 G. 赖尔教授（Gilbert Ryle）的青睐，并在他的帮助下研究了维特根斯坦的《逻辑哲学论》一书。据他本人回忆，大学时代他还广泛阅读了拉姆色（Ramsey）、皮尔斯（Pierce）、F. C. S. 席勒（F. C. S. Schiller）和詹姆斯（William James）等人的著作，但对他影响最大的是维特根斯坦的《逻辑哲学论》。[①] 1932 年大学毕业后，艾耶尔在 G. 赖尔的引荐下，趁旅行结婚之机前往维也纳学习过一段时期，结识了许多维也纳学派的成员。次年返回牛津大学攻读文学硕士，1936 年获得学位。第二次世界大战爆发后，艾耶尔在英国军队服役，1945 年复员，第二年便担任了伦敦大学的哲学教授。1949 年后转到牛津大学哲学系任教授，不久被选为英国研究院研究员。1962 年布鲁塞尔大学授予他名誉博士头衔，1970 年被封为爵士。

艾耶尔的著作甚多，其伦理学的主要代表作品有《语言、真理与逻辑》（1936 年初版，1946 年修订）、《哲学论文集》（1954 年）、《个人的概念》（1963 年）（一译《人的概念》）、论文集《自由与道德——及其他论文》（1948 年）。艾耶尔的伦理思想与其哲学一样，常常缺乏严格的逻辑一贯性，晚年的观点与早期的观点时有出入，这是必须注意的。

## 一 伦理学的内容构成及其特性

同绝大多数逻辑实证主义者一样，艾耶尔的伦理思想也直接根植于他的哲学理论。艾耶尔哲学的基本立场与逻辑实证主义一致，他所

---

① A. J. Ayer, *Part of My Life* (Oxford University Press, 1978), pp. 118 – 119.

研究的中心问题是知识及其科学的表达形式问题。艾耶尔认为，知识通过有真假意义的命题陈述出来。有意义的命题包括两大类：一类是关于事实的命题，也就是休谟所说的经验陈述；另一类是形式命题，大体上相当于休谟的逻辑陈述，它包括数学命题和逻辑命题。事实命题的意义依赖于经验事实的观察加以证实，而形式命题的特性是分析的，其意义在于它是否具有重言式或可分析的特性。除这两类命题外，一切形而上学的、伦理的、美学的命题都是无意义的伪命题，这类命题无真假意义可言，但可以表达情感。进一步说，科学语言可以表述有真假意义的命题，情感语言只涉及人的感情欲望。艾耶尔说："形而上学家的陈述没有字面意义，这些陈述不服从任何真假的标准；但它们仍然可以用以表达情感，或用以激发情感，并因而服从于伦理学或美学的标准。"①

在艾耶尔看来，要科学地研究伦理学，首先必须回答伦理学是否是一种知识这一前提性问题。人们习惯于把知识分为"关于经验事实问题的知识和关于价值问题的知识"。价值问题是伦理学研究的对象，"价值陈述"是一种综合命题，因之也是一种知识。但根据一般经验主义原则来看，价值陈述不是科学的陈述，它不能获得普遍经验的证实。也就是说，伦理学的命题并不是"在实际意义上有意义的陈述，而只是既不真又不假的情感的表达"②。对此，我们可以从伦理学体系的具体构成上找到证据。

艾耶尔认为，伦理学体系的内容由四种不同的因素组成："第一，有一些是表达伦理学的词的定义的命题，或者关于某些定义的正当性或可能性的判断；第二，有一些是描写道德经验现象和这些现象的原因的命题；第三，有一些是要求人们道德行善的劝告；最后，有一些

---

① 〔英〕A. J. 艾耶尔：《语言、真理与逻辑》，尹大贻译，上海译文出版社，1981，第45页。
② 同上书，第116页。

实际的伦理学判断。"① 第四类命题是构成伦理学体系的基本成分，其中，每一类命题都各有其不同的特性。艾耶尔以为，只有第一类命题涉及了一些有关伦理语词的定义问题，具有某些哲学的意味，这就是摩尔等人为之探讨的东西。第二类命题主要是描述道德的经验现象及其原因，与心理学、社会学等经验科学的命题相当，因而可以把这类命题归诸心理学或社会学之中。第三类命题无疑是以情感为媒介（规劝、命令甚至是叫喊等）去影响人们的行为，它既不属于伦理哲学，也不具有任何经验科学的资格，而仅仅是人类情感的表达。至于第四类命题也不属于伦理哲学，因为伦理判断不仅包含着某些概念语言的定义，也混杂着人的情感愿望等主观因素，不具备科学知识的逻辑必然性品格。

由此看来，伦理学所包含的就不仅仅是一些哲学家们所探讨的伦理概念的定义问题，而是伦理学本身的科学特性是否是可能的问题。因此，艾耶尔感兴趣的首先是对伦理学如何成为科学之条件的分析。用艾耶尔的话说："我们所感兴趣的是把伦理的词的整个领域归结为非伦理的词的可能性问题。我们探究的是伦理价值的陈述是否可能翻译成经验事实的陈述。"② 所谓把伦理的词归结为非伦理的词，这就是把价值性的词归结为非价值性的词，或者说把判断词还原为描述词，进而，所谓把伦理价值的陈述翻译成经验事实的陈述，也即是把价值判断还原为事实判断。因为按艾耶尔的哲学观点看来，哲学（包括伦理学）的科学性根据无外乎两个基本条件：一是经验上的可证实性，凡在经验上可观察可证实的命题就是科学的命题，反之否然；二是逻辑上的可分析性，凡逻辑上可分析的命题就是具有普遍科学性的命题，反之否然。而逻辑上的可分析性条件又在于构成命题或陈述的词

① 〔英〕A. J. 艾耶尔：《语言、真理与逻辑》，尹大贻译，上海译文出版社，1981，第117页。
② 同上书，第118页。

必须是描述性或表述性的，任何带有情感色彩的价值判断或情感表达都不是描述性的，因之无法进行逻辑分析。所以，如果能够把伦理语词或价值命题还原成或翻译为描述语词或事实命题，就可以使伦理学进入科学的行列。

依据这一原则，解答"伦理价值的陈述是否可能翻译成经验事实的陈述"这一问题，也就是伦理价值判断与事实陈述是否可以通约的逻辑关系问题，若回答是肯定的，则伦理学可为科学，否则就不具备真正的科学品格。

伦理价值判断能还原成经验事实陈述吗？或者说，伦理命题能进行逻辑分析吗？艾耶尔的回答是复杂的。他接受了维特根斯坦和卡尔纳普的哲学原则，但没有因此得出绝对情感主义的结论，而是更多地承袭了罗素、石里克的温和情感主义。在他看来，既然伦理学体系的内容有着不同的构成，就应当分别做出不同的解释。作为类似于心理学或社会学的伦理命题，带有经验科学的特性，它们是一种"描写的伦理符号"，因此是可以用事实的词下定义的；伦理价值判断则属于"规范的伦理符号"，不能用事实的词下定义。[1] 但是，从根本上说，我们应当承认直觉主义者关于伦理陈述的不可分析的论断。而且，"基本的伦理概念是不能够分析的，因为没有一个标准可以用来检验那些基本的伦理概念出现于其中的判断的效准"[2]。依艾耶尔所见，伦理概念之所以不能分析，倒不是因为它是自明的，而是因为它们本身是一些"伪概念"，由它们所构成的命题并不能表述知识。例如"你不该偷钱"，在伦理学上看，这个判断也就与"偷钱是错误的"或"偷钱是不道德的"是同一说法。在这一语句中，"错误的""不道德的"语言符号具有明显的规范意味。由它们所构成的陈述并没有陈述

---

① 参见〔英〕A. J. 艾耶尔《语言、真理与逻辑》，尹大贻译，上海译文出版社，1981，第119~120页。
② 同上书，第121页。

经验事实（无法得到普遍经验的证实），甚至也不是关于人们的"心灵状态的陈述"，而只是表达着人的"某些道德情操"。所以，当甲、乙两人对"偷钱"做出不同判断时，显然难以证实究竟孰是孰非。

艾耶尔说："值得注意的是，伦理的词不仅用作表达情感，这些词也可以用来唤起情感，并由于唤起情感而刺激行动。"[①] 比如，"你应该说真话"，或"说真话是你的责任"；这类句子中虽然也包含着"说真话"的命令，但它主要的功能是表达说话者的一种道德感情，而它所包含的"命令"意味就较弱了。如果换成"说真话是善的"这样的句子，其命令的意味就与其所含的"建议"、"忠告"的意味差不多，它表达着说话者希望别人或建议别人如此这般去行动的一种愿望情感，并可能引起不同的实际反应。因此，伦理判断句除了表达情感、愿望、希求等东西外，并没有说出任何有真假意义的东西，"它们纯粹是情感的表达，并且因此就不归入真与假的范畴之下"。其道理在于，它们不仅不可证实，而且和一些感叹语词一样均不能表达"真正的命题"[②]。

艾耶尔总结道，伦理学体系内容的不同构成的分析，我们可以说，"作为知识的一个分支的伦理学只是心理学和社会学的一部分"。而作为一种哲学伦理学在根本上是没有科学意义的，因此，"伦理学只在于说明伦理概念是伪概念，因而是不能分析的。进一步描述习惯于用不同的伦理的词来表达的不同情感，以及描述由不同的伦理的词所习惯地引起的不同反应，则是心理学家的工作。如果人们用伦理科学一词的意义是指详细论述一个'真实的'道德系统，那么，就不能有伦理科学这样的一个东西了。因为，我们已经看到，伦理判断只是情感的表述，不可能有任何方法去决定任何伦理系统的效准，并且，

---

① 〔英〕A. J. 艾耶尔《语言、真理与逻辑》，尹大贻译，上海译文出版社，1981，第123页。

② 参见上书，第123～124页。

去问任何这样的系统是否真实，确实是没有意义的"。① 这就是艾耶尔的最终结论，对伦理学成为科学之可能性条件考察的结果，是对这种可能性的否定。

## 二　道德判断分析

在一般地分析伦理学内容体系的构成并确定其基本特性后，艾耶尔转向了对道德判断的具体分析。1949 年，艾耶尔在《地平线》杂志第 20 卷第 117 期上发表了一篇题为《论道德判断的分析》的文章，对道德判断的性质、意义及进行道德判断的基本原则进行了详细的论证。

艾耶尔认为，按照伦理命题的本性，任何价值判断都不能提升为规范。道德判断在根本上只表达判断者的情感和愿望，并不具备客观的规范意味。"X 是善的" 判断并不意味 "善的这一属性具有描述 X（事物或行为）" 在客观上所指称的东西。因此，对于伦理学家来说，需要研究的并不是，也不可能是描述行为规范的价值判断，而是弄清楚组成这些判断的属性词的意味究竟是什么。艾耶尔说："对于道德哲学家来说，问题不是某种行为正当与否，而是说它是正当的或说它是错误的意思是什么。"② 这就是说，道德哲学家的首要任务不在于追究对行为的价值判断本身，而是弄清楚这种判断中的各价值语词（value-terms）的意义。

在弄清价值语词的意义的基础上，进一步的工作便是寻求对道德判断的证据的理解。艾耶尔认为，证据是道德判断得以成立的理由，但是，道德判断的证据往往与判断者本人所设想为证据的东西无法区分开来。道德判断本身是判断者的主观情感表达，这一点决定了他所

---

① 参见〔英〕A. J. 艾耶尔《语言、真理与逻辑》，尹大贻译，上海译文出版社，1981，第 128 页。

② A. J. Ayer, "On the Analysis of Moral Judgements," in *Philosophical Essays* (London: Macmillan and Co. Ltd., 1959), p. 235.

谓的证据不可能具有客观的或逻辑的必然性。因为这种证据"在科学的意义上根本就不是证据"①。所以，道德判断本身也只能是通过情感的表达（判断者）来影响他人，与伦理命题没有区别。艾耶尔这样说道："我本人对这个问题的回答是，我们的道德判断所解释的理由，仅仅是在它们决定着态度这一意义上的理由。一个人试图通过吸引另一个人对境况的某种自然特点的注意来影响他，这是想来唤起他的欲望的反应。"道德判断的本质是凭借它所包含的情感、态度因素来产生对他人的影响。然而，如果因此而"说道德判断仅仅是某些感情、赞同或不赞同的感情的表述，就过于简单化了"。因为道德感情和态度还只是它所存在于其中的行为模式中的一种要素，只有在某种特别的意义上——在"有助于规定态度的意义上"，道德判断才表达态度。② 在这里，艾耶尔较早提出了道德所意味的态度表达因素，这与尔后的史蒂文森的"两种分歧"理论有某些相似之处。同时，他对道德判断表达态度的范围做了具体限制，表明他并不像卡尔纳普等极端情感论者那样，仅仅抽象简单地把道德判断诉诸人的感情表达。对此，我们还可以从艾耶尔的下面一段话中获得证实。他说："当我说道德判断是情感的而不是描述的、说它们是规劝性的态度表达而不是事实陈述，其结果它们既不能为真也不能为假；或者，如果真理与虚伪的范畴不能应用于它们的话，至少也可以对它们做出划分，这时候，我并不是说没有为善或为恶、正当或错误的东西，或者说它不是我所谈论的问题。因为这种陈述本身也常常可能是一种道德态度的表达。"③

　　艾耶尔虽然力图使自己的道德情感论显得温和一些，却并没有改

---

①　A. J. Ayer, "On the Analysis of Moral Judgements," in *Philosophical Essays* ( London: Macmillan and Co. Ltd., 1959), p. 237.

②　Ibid., p. 238.

③　Ibid., p. 246.

变其基本理论立场：坚持认为由价值语词所构成的道德判断不仅不是一种事实陈述，而且常常使人产生误解，把事实陈述与价值表达混为一谈。他说，"我们仍然有资格说，用一个价值语词去指称经验的内容，会使人误入歧途"，因为，以这种方式很容易把规范的判断偷运到本来是事实的陈述中来，所以"一种评价不是某种非常特别东西的描述，它压根儿就不是描述"①。

既然道德判断的价值意义决定了它不可能是有意义的描述，而只是一种情感或态度的表达，那么人们在实际中又如何使道德判断得以成立呢？或者说，我们进行道德判断的基本原则是什么呢？艾耶尔认为，每个人的道德判断确乎总是带有主观情感意义的。某人认为 X 为善，即表明他赞同 X，并企图使别人也赞同 X。但在同样的情形下，有人会以为 X 为恶，他们赞同的是非 X。甚至还会有第三种观点，认为 X 是中性的，既非善亦非恶。在这种情况下，我们不必争辩孰是孰非，道德判断本身也无所谓真假是非，它原本就是判断者个人的主观情感和态度的表达。但是，我们并不能因此而无视这些不同的道德判断的存在，这就需要有一种普遍的原则来使每个人的道德判断都能成立，这就是所谓"普遍的道德容忍原则"（a principle of universal moral tolerance）。这一原则要求，每个人的道德判断都必须是中立的，任何判断者的个人道德判断都不应当持有优越于或先于其他道德判断的特权。② 因此，相对于某个道德判断者个人而言，他们所表达的是他们自己的主观情感和态度，相互间必须互相容忍，而道德哲学家的工作则在于保证以中立的立场去看待所有的道德原则和人们根据这些不同道德原则所做出的不同的判断。不难看出，艾耶尔在这里所主张的是一种以中立主义形式出现的道德折中主义，它的实质仍然没能跳出主

---

① A. J. Ayer, "On the Analysis of Moral Judgements," in *Philosophical Essays* (London: Macmillan and Co. Ltd., 1959), p. 242.

② Ibid., p. 248.

观主义的窠臼。因为，承认个人主观道德判断的实在性而回避不同个人之间的道德判断的矛盾性，实质上并没能建立真实普遍的客观价值标准。这不能不使艾耶尔的道德判断理论陷入一种困难的选择之中：若认为道德判断仅仅是个人情感态度的表达，就无法保证道德判断的客观性和可信性，人类社会就无道德生活可言；而若要保证后者，那么，所谓道德判断仅仅是个人情感态度的表达的论点就不能成立。这是艾耶尔自身无法解决的矛盾，也是所有情感主义者所共有的难题。艾耶尔所提出的"普遍的道德容忍原则"，正是企图逃避这一矛盾的理论见证。

## 三　自由与道德

自由与道德的关系问题是艾耶尔长期致力于解答的问题。早在20世纪40年代，他就写过《自由与必然》（1946年首次发表）一文，论述了决定论、自由、偶然和责任等范畴，以及它们的相互关系。他认为，人类的行为选择与决定论有着某种联系，这种联系表现为人的自由行为需要某种因果性的解释。如果把人的自由行为和选择视作超因果解释之外的东西，它就会成为一种纯粹的偶然，选择问题就成了一种"机会问题"，最终，选择与道德责任之间的关系及其对它的解释必定是"非理性的了"①。反过来，如果我们一定要寻求对自由选择的因果性解释，又必定会重返决定论，而"假如决定论的假设是有效的，那么，就可以按照过去解释未来，而这意味着：如果一个人对过去有足够的了解，他可以预言未来。但是，在此情形下，未来将要发生的已经被决定了，那么，又如何把我说成是自由的呢？如果决定论是正确的，我就是绝望的命运的囚徒"②。

---

① A. J. Ayer, "On the Analysis of Moral Judgements," in *Philosophical Essays* ( London: Macmillan and Co. Ltd., 1959), p. 275.

② Ibid., p. 283.

这种决定论与非决定论（non-determinism）之间的矛盾究竟如何解决？艾耶尔同样采取了一种折中调和的立场，他既反对把人的自由行为和选择诉诸非理性的偶然性解释，也不愿让人成为简单决定论囚笼中的囚徒。他主张，人作为行动者和选择者是一个自由的主体，但他的行动又不是完全独立于因果性解释之外的。所谓自由的行为主体（agent）应该具备三个条件。首先，人的选择和行动都是自由的。我可以这样选择，这样行动，也可以这样选择而不这样行动。其次，人的行动是自愿的。在此意义上，一个惯偷并不是自愿行动的人。最后，任何人都不能强迫我如此这般地行动。① 同时，满足这三个条件，并不排除人的行为和选择是有原因的，人的自由绝不是惯偷偷东西那样的自由，它必须能诉诸因果解释，只有这样才能有行为者的道德责任可言。

对于上述论述，艾耶尔在晚年做了更深入的补充和修饰。80年代初，艾耶尔花了大量的精力来探讨自由与道德的关系问题，并以此为主题发表了后期的一部重要的哲学论文集《自由与道德》。在《论自由与道德》一文中，艾耶尔坚持认为，人是自由的行为主体，他指出："人是自由的行为主体这一观念几乎支配着我们对道德行为的一切估价。它不仅是道德与法律判断的先决条件，而且正如彼特·斯特劳逊爵士（Sir Peter Strawson）所指出的，也是我们对待别人和对待我们自己的情感态度。"② 但是，在基本坚持以前的观点的同时，艾耶尔也检讨了自己原有的观点并非是充分无遗的，相反，关于自由的第三个条件甚至与第一个条件还有相悖之处，因为说一个惯偷在任何情况下不论他决定做什么，他都会偷东西，这等于使行为的"自由性"

① 参见 A. J. Ayer, "On the Analysis of Moral Judgements, "in *Philosophical Essays* (London: Macmillan and Co. Ltd., 1959), p. 282。

② A. J. Ayer, *Freedom and Morality—and Other Essays* (Oxford: Clarendo Press, 1984), p. 1. 斯特劳逊也是现代英国著名的分析哲学家，这里艾耶尔所引的观点，见诸他的《自由与赞同》。

与"自顾性"条件相互矛盾了。

艾耶尔认为，人的行为不可能是简单地被决定的，犹如机械运动一样。人之所以是自由的行为主体，是因为人的行动不仅有物理的特性，也含有精神的成分。在这种意义上，我们究竟能不能对人的行为做出"充分的因果解释"？这还是一个悬而未决的问题。它说明解释人的行为，既不能脱离因果关系，也不能简单地用它去忖度一切。因此，艾耶尔批判了两种极端的做法：它们或者认为："自由是为因果性规律所排斥的"；或者是"朝相反的方向走得如此之远，以至于主张自由以决定论为先决条件"；抑或采取第三种做法，认为自由与决定两者"相互并行"。在艾耶尔看来，自由与因果性远不是绝对对立的，但自由与那些等同于强制的因果性形式（即绝对决定论）却是相对立的。① 从伦理学角度来看，自由必定包含着责任，而要使责任成为可能，就必须使人的行为得到合理的解释，比如说行为的动机、目的、结果等。诚然，对于不同的人来说，适合于某一个人的行为可能不适合于另一个人，人与人之间履行行为的能力等方面各有差异，但是，从一般特征来看，作为自由主体的人的行为总是与一定的原因、效果相联系的。为此，艾耶尔同意把动机与原因等量齐观，他说："我以为，在自由与因果性之间没有必要产生冲突……我非常赞同把动机作为原因来看待，这部分是因为我并不需要一种原因，特别是在人类行为领域，这种原因在其效果上是被严格决定的。"② 可见，艾耶尔在道德与自由的关系解释上依旧保持着某种经验主义的观点，同时又小心翼翼地回避绝对决定论（即机械决定论）的陷阱。他肯定自由与决定论并不必然产生矛盾，也就肯定了对道德行为的因果性解释，杜绝了对人的行为做完

---

① A. J. Ayer, *Freedom and Morality——and Other Essays* ( Oxford: Clarendo Press, 1984),
　　p. 4.
② Ibid., p. 13.

全主观主义"非理性"解释的可能，从他认为只有对道德行为做因果性解释才能说明行为者的道德责任这一见解上看，是含有很大合理性的。在这一点上，他的观点与罗素早期的观点有着惊人的相似，但同时就他对决定论的保留态度和把动机与行为原因等同划一的思想来看，似乎并没有真正科学地说明自由与道德的关系问题。

总而言之，艾耶尔的伦理思想在根本上仍然是维特根斯坦和维也纳学派的道德情感理论的继续。他基本上坚持了非认识主义的情感论伦理学路线，对已有的情感论观点做了更系统的论述。他对伦理学内容构成及不同构成因素的特性的考察，是罗素以来第一次全面解析伦理学体系构成的尝试。如果说，罗素后期和维特根斯坦提出了道德情感主义的基本原则，石里克、卡尔纳普和其他维也纳学派的思想家们（如赖欣巴哈、克拉夫特）从不同的侧面论证了罗素和维特根斯坦的道德理论的话，那么，艾耶尔的主要贡献则在于他对情感主义伦理学理论的具体展开。他不仅探讨了伦理学体系的内容构成，而且深入分析了道德判断理论的内容、原则等具体问题。他关于道德判断所包含的态度倾向的分析，直接为稍后的史蒂文森所承发；他的所谓"普遍的道德容忍原则"已经使我们看到了尔后黑尔所提出的"可普遍化性原则"的理论雏形。这些见解，都是艾耶尔创造性的理论成果，也是他给后继者打开的新的思考途径。从这个意义上说，艾耶尔是现代情感主义伦理学发展中的一个过渡性人物，他既拓展了前师的理论界限，也启发了后继者的思路。所以，他的工作并不是对维也纳学派或维特根斯坦的重复。

然而，艾耶尔的伦理学理论毕竟是不科学的。他关于伦理学体系构成的看法无疑为人们进一步认识伦理学体系的内容、结构、功能和关系等方面的问题提供了有益的尝试。事实上，一个完整的科学伦理学体系，不仅包括纯粹的一般理论原理，也担负着给人类提供各种实践原则和规范指导的任务，同时，还应当为人们提供完整的进行道德评价、提高道德认识、确立价值理想的方法论指导。这就是为什么从柏拉图、亚里士多德到康德，从近代到现代的绝大多数伦理学家始终把伦理学看作是一门"实践科学"的缘由所在。但是，同其他现代情感主义者一样，艾耶尔不仅拒斥了研究伦理学的形而上学基础的必要性，而且也排除了研究道德实际问题的必要性，把这一重大问题推给心理学和社会学，而把道德哲学的任务仅限制在伦理语词、命题、表达及其意味的逻辑分析范围，实际上使伦理学研究的范围大大狭隘化、形式化了，这不能不说是现代情感主义者乃至整个元伦理学者的一个共同缺陷。

值得注意的是，艾耶尔的伦理思想也有一个发展变化的过程。例如，他晚年就曾明确地检讨了自己关于自由与道德理论的疏忽，修改了《语言、真理与逻辑》一书中的有关伦理学内容的规定，他承认过去对伦理学内容的区分"给贫困的道德哲学套上了枷锁，使之从属于一种无理由的限度之内了"①。这些都说明艾耶尔的伦理思想本身并不成熟，或者说，他对于情感主义伦理学的理论贡献主要在于他的具体解释和有关探索方面，而且他远远没有使情感主义道德理论臻于系统，真正完成这项工作的是稍后的 C. L. 史蒂文森。

---

① A. J. Ayer, *Freedom and Morality—and Other Essays* ( Oxford: Clarendo Press, 1984),
p. 17.

# 第八章

# 情感主义伦理学的总结

## ——史蒂文森

## 第一节　史蒂文森与情感主义伦理学

查尔斯·李斯勒·史蒂文森（Charles Leslie Stevenson, 1908 ~ 1978）是美国现代著名的伦理学家，也是现代情感主义伦理学的集大成者和总结者，在现代西方元伦理学的发展史上有着特别重要的地位。

史蒂文森于 1908 年 6 月 27 日出生在美国俄亥俄州的辛辛那提，曾先后就学于耶鲁大学、纽海文大学和康涅狄格大学，1930 年获文学学士学位。1933 年在英国剑桥大学获硕士学位，随后又在美国哈佛大学、英国剑桥大学及美国的麻省理工学院攻读，1935 年获哲学博士学位。史蒂文森就学院校之多实是很少有的，这使他所受教育广泛。获博士学位后，史蒂文森开始了自己的教学生涯，1937 年，他在哈佛大学任教，两年后转到耶鲁大学担任助教，直到 1946 年为止。1945 年，他还接受了古根海姆研究员职位（Guggenheim Fellowship），1949 年到 1977 年担任密西根大学的哲学教授，随后又在本林顿学院担任哲学教授，1978 年 3 月 19 日逝世。

史蒂文森的著作绝大部分是有关伦理学的，可以说他是现代元伦理学派中少有的几位正牌伦理学家之一。其伦理学代表作品有《伦理学和语言》（*Ethics and Language*，1944 年）、《事实与价值》（*Facts and Value*，1963 年，论文集）等，其中《伦理学和语言》一书影响最大。

史蒂文森是现代西方元伦理学中情感主义流派的终结者和总结者。众所周知，从 20 世纪 20 年代英国著名的语义学家奥格登和理查兹最先在《意义的意义》（1923 年）一书中提出对伦理语词进行情感解释开始，情感主义伦理学便开始了自己的发展历程。维特根斯坦、罗素（后期）在 20 世纪 20 年代末提出了这一理论的原则性见解，经石里克、卡尔纳普、克拉夫特、赖欣巴哈到艾耶尔，这种伦理学理论已经获得了长足的发展。具体表现在：首先，它逐渐以逻辑实证主义为哲学基础，在具体的理论形式上有了基本的逻辑体系、方法模式和理论程序；其次，由于维特根斯坦关于语言的哲学分析的巨大贡献，使情感主义伦理学理论的逻辑论证和命题表述以及对道德语言、语词的分析更加深化，初具规模；最后，从罗素到艾耶尔，这种理论在分析方法和内容上也日趋成熟起来，特别是艾耶尔对语言的情感表达功能和态度表达功能，以及对伦理学体系构成的具体内容等方面的细致分析，使其基本观点、原则、方法等都接近于系统化和理论化的程度。

但是，从总体上看，由于大多数逻辑实证主义的主要兴趣都不在伦理学研究上，且大多缺少对伦理学的专门化研究，因而使情感主义伦理学理论仍一直处于一种不完善的发展状态。这一状况不仅带来了这种伦理学本身系统化研究的欠缺，而且长期处在多种矛盾的纠缠之中。

诸如，道德判断与语言的关系；语言与道德语言的不同功能；伦理语词和伦理语句本身的表达功能及其关系；如何解释知识与价值的科学性质和相互关系；对道德判断的具体的逻辑分析方式、规则等；……这一系列的重大理论问题都是现代情感主义伦理学所面临的基本理论问题。直至艾耶尔为止，这种理论形态还只具备一种大致的框架，缺乏细致而系统的理论论证。因此，我们完全有理由认为，20 世纪 20 年代至40 年代前期，都只是现代情感主义伦理学的形成和发展时期，它所呈现的依旧是一幅粗陋的草图。对这一理论的系统总结和完备阐述，正是史蒂文森所努力的任务，也是他的伦理学研究的基本理论成就所在。

史蒂文森详尽地探讨了关于情感主义伦理学的一系列基本理论问题，历史地考察了自休谟以来的经验情感论的发展及其矛盾，系统地阐述了伦理学语词、语句、判断、价值意义、自由、价值知识与科学知识等重大理论问题，使情感主义伦理学达到了较为完备的综合性层次。就此而言，我们把史蒂文森的伦理学作为现代情感主义伦理学发展的总结形态，是不无道理的。

概略地讲，史蒂文森的情感主义伦理学主要包括以下几个方面的内容：（一）关于伦理学中的分歧与一致的分析；（二）关于伦理学语词的分析；（三）关于伦理学研究方法的分析。下面，我们就依次做介绍。

## 第二节 伦理学中的分歧与一致

### 一 所谓分析伦理学

在《事实与价值》一书的前言中，史蒂文森对伦理学做了这样的概述，他认为，伦理学有三种不同的类型。一种是"描述的"伦理学。这种伦理学"研究道德实践及在这样或那样的人们中间已经流行的各种确信，因而也研究已为人们含蓄地或明确地考虑到的善、应尽等等"①。在这一范围内，其他社会科学家（如社会学家、心理学家等）的研究要远远超出哲学家本身的功夫。第二种是"规范的"伦理学。"它寻求获得关于这样或那样的律令的结论，……而且它常常（尽管并非永远）企图在一般的原则下，诸如在边沁和密尔的最大多数幸福原则或康德的绝对命令下，将那些结论系统化。"② 规范伦理学与描述伦理学的明显区别就在于：前者立足于为人们提供各种一般的伦理原则；后者则立足于对既有的道德现象（行为、意识等）的经验描述。第三种是所谓"分析的"伦理学，或称之为"元伦理学"、"批判的伦理学"，这种伦理学"以划分规范伦理学问题及其术语的意向，尤其是以考察各种可以支持其结论的理由的意向来概观（surveys）规范伦理学"③。因此，亦可把分析伦理学称为关于规范伦理学的分析，即"元规范伦理学"（metanormative-ethics）。

元伦理学的基本性质是分析的，它的基本内容由三个问题组成。首先是分析我们做出规范伦理学结论的理由或根据何在？史蒂文森认为，这是一个"最重要的问题"，与它相关的还有两个问题，这就是：第二，如何把规范伦理学问题的意义与科学问题区别开来？第三，如何把伦理学的关键性术语、语词和科学的语词区分开来？这三个问题"构成了分析伦理学的重大部分"④，也成为史蒂文森伦理思想的三个相关主题。

首先，要分析规范伦理学结论的理由和根据，就必须先弄清楚伦理学问题的产生缘由。史蒂文森认为，伦理学问题最初产生于关于

---

① C. L. Stevenson, *Facts and Value: Studies in Ethical Analysis* (Yale University Press, 1963), p. 5.
② Ibid., pp. 5 – 6.
③ Ibid., p. 6.
④ Ibid., p. 7.

"什么是善"或"什么选择更有价值"这样一些问题之中。要弄清楚这些问题本身，必须先弄清楚伦理学的基本定义及构成伦理学定义表述的各种关键性语词及其意味。这就必然涉及语言，特别是道德语言的复杂性。传统的伦理学似乎都只是停留在规范伦理学层次，满足于制定和寻求各种普遍的一般伦理原则、规范和结论，表现出对伦理学中的语言问题的天生迟钝。比如说，传统的兴趣理论（霍布斯、功利主义等）往往用一些心理学的方法来规定善及价值选择等伦理学根本问题。事实上，对善的定义必定有三个基本要求：第一，人们对对象（人或事物）的善性质一定存在着各种分歧，不可能达到绝对的一致；第二，任何善的意义必须具有吸引力或"磁性"；第三，由于人们对善的理解和感受存在着各种分歧，因此，解决伦理学上的分歧不一定只是通过科学的方法来获得的，也就是说，理性的、科学的方法对于伦理学问题的消解是有限的。传统规范伦理学（如自然主义）的困难在于把伦理学的判断与科学陈述同一化的企图和这种企图的不可能性。①

在史蒂文森看来，规范伦理学依赖于科学知识，但它本身并不构成知识，因为"科学的方法并不能保证在所谓规范科学中具有它们在自然科学中的那样确定的作用"。由此可以得出结论："规范伦理学不是任何科学的一个分支"；也"不是心理学"，"它是从所有的科学中引出的，但是，一个道德学家的特殊目的——即改变态度的目的——是一种活动，而不是知识，它不属于科学的范围。科学可以研究活动，可以间接地有助于接近活动，但它与这种活动并不同一"②。在这里，史蒂文森采取了与石里克不同的观点，他不仅否认了规范伦理学作为知识的可能，而且也否认了把规范伦理学作为心理学的一个分支

---

① C. L. Stevenson, Facts and Value: Studies in Ethical Analysis (Yale University Press, 1963), p. 3.

② Ibid., p. 8.

的做法。这无疑有正确的一面。从严格的意义上讲，无论是否承认规范伦理学的科学性，决不能将规范伦理学与心理学混淆起来。但另一方面，史蒂文森把规范伦理学视作一种活动，而不能作为一门知识，这不过是重复现代元伦理学的一般原则而已，其目的在于，进一步确定"分析伦理学"对规范伦理学的优越地位。

规范伦理学之所以不能成为科学，关键在于它无法解释人们在伦理判断中的各种分歧，更无法洞察到伦理判断的语句、语词的具体意味。在史蒂文森看来，分析伦理学所从事的恰恰是规范伦理学所没有、也不可能从事的工作：分析伦理判断、判断构成形式的意义等问题，这也就是对规范伦理学之结论的根据、理由及其与此相关的规范伦理学的意义和科学问题的区别的分析，就是对构成伦理判断之语句、语词等要素的分析。规范伦理学的基本特征在于它对行为的价值判断和规范，而各种伦理学判断都具有一种"伪命令"的力量，其目的是通过判断的语气、情感、手势等形式去影响所判断的对象，并对其加以修正。传统的兴趣理论就是其典型表现。但是，它的工作只是一种心理的描述和影响，无法真正解决人们在价值判断中所产生的种种分歧，因而无法给人们的道德生活提供什么新的东西。分析伦理学却恰恰相反，它立足于中立的立场，辨析着人们表达各种价值判断的语言形式，从而发现这些语言形式的功能、特征、意味和差异，使伦理学能够成为给人们提供道德生活的知识科学。所以，史蒂文森把他的分析伦理学与传统兴趣理论的区别称为"描述一片沙漠与灌溉这片沙漠之间的区别"①。其本意就在于贬低传统规范伦理学的科学性和实际价值，确证分析伦理学的科学意义，从而为自己建立系统的分析伦理学体系开辟道路。

---

① C. L. Stevenson, *The Emotive Meaning of Ethical Terms*, in A. J. Ayer ( ed. ), *Logical Positivism* ( The Free Press, 1959), p. 269.

## 二　伦理学中的分歧与一致

分析伦理学中的重要内容之一是对伦理语词、语句的分析，而澄清伦理学中所出现的各种分歧的事实是从事这一分析的前提。史蒂文森以前的道德情感论者也都看到了人们在伦理判断上的矛盾现象，并依据这一点来证明伦理学不能成为科学和伦理价值本身的主观情感意义和相对性。但是，这些矛盾现象究竟有哪些具体表现？其内容和根源又是什么？如此等等，都一直是一个时有论及却又悬而未决的问题。因为这种研究的缺乏，产生了情感主义伦理学内部的认识主义和非认识主义的分歧。因为这种问题的悬而未决，使情感主义伦理学的主张者们总是蔽于一些经验情感的现象之幕而无从洞穿，找不到解释这种矛盾及解决它们的理论方式。史蒂文森敏锐地洞察到这一理论矛盾，并力图加以解决。

在史蒂文森看来，我们并不能把人们在价值判断上产生的种种分歧都诉诸个人的情感差异，这当然是极为重要的方面，但绝不是唯一的方面。事实上，这些伦理分歧具有不同的表现和特性，换句话说，有些伦理学中的分歧是情感方面的，有的则不是情感方面的。由此，他提出了著名的两种分歧理论，这就是所谓“信念上的分歧”（the disagreement in beliefs）与“态度上的分歧”（the disagreement in attitudes），并把这两种分歧作为伦理分歧的基本类型。

什么是信念上的分歧和态度上的分歧？史蒂文森解释说，在某种情形下，“一个人相信 P 是答案，另一个人则相信非 P 或某种与 P 不相容的命题才是答案。并在讨论的过程中，每一方都为自己的观点提出某种方式的论据，或者是依照进一步的信息来修正其证据，让我们把这叫作‘信念上的分歧’”[1]。而“在另一些情形下，可能与这种分

---

[1]　C. L. Stevenson, *Ethics and Language* ( Yale University Press, 1945), p. 2.

歧截然不同，我们也可以同样贴切地称之为'分歧'。它们包含着一种对立面，有时是暂时的、缓和的，有时是强烈的，它们不属于信念，而是属于态度——这就是说属于一种相反对的目的、抱负、要求、偏爱、欲望等等"。这即是所谓"态度上的分歧"①。此外，还有一种特殊的伦理分歧，即态度上的信念分歧，它是"一种特别类型的信念分歧"，这种分歧并"不意味着一种说话者们的相反态度，而是意味着他们指向态度的信念的某种对立"②。总而言之，信念上的分歧是人们在认识观念和判断确信上的分歧，它既具有一般的认识判断意义，也体现在伦理判断之中。态度上的分歧则直接显露出人们在价值判断中的感情、倾向、偏爱和欲望等方面的差异，更多地存在于人们的道德活动领域。两者间的含义不同，其意义指称也不一样。

但是，两种分歧也是相互关联、相互渗透着的。史蒂文森指出，人人之间的伦理分歧常常不只是某一个方面的，而是在态度和信念上都有着分歧。一方面，"我们的态度常常影响着我们的信念"；另一方面，"我们的信念也常常影响着我们的态度"。史蒂文森把态度与信念之间的这种相互影响称为两者间的"因果性联系"。并指出，这种因果性联系不仅是"密切的"，而且也是"相互的"。问题在于，当它们同时发生并相互影响时，其中必有一种是居支配地位的。③为了进一步阐明两种分歧的相互关系，史蒂文森还做了以下几点论证。

首先，两种分歧之关系的性质是事实性的（factual），而不是逻辑的。分歧的存在说明人们之间实际存在着不同的判断、认识和态度等。而在此情况中，人们不可能在态度上一致的情况下出现信念上的分歧，或者是在信念一致的时候出现态度上的分歧。"共合的态度"（convergent attitudes）与信念上的一致相联系，态度上的分歧总是与

①　C. L. Stevenson, *Ethics and Language* ( Yale University Press, 1945), pp. 2 – 3.
②　Ibid., p. 4.
③　Ibid., p. 5.

信念上的分歧相辅相成。这是事实，而不是逻辑的可能性。在逻辑上，我们可以设想人们在没有信念分歧的情况下产生态度上的分歧，或者是相反，但事实上却不存在这种可能性。史蒂文森说："这两种分歧不论何时发生，它们两者之间的关系总是事实的，而不是逻辑的。就逻辑的可能性来考察，可能在没有态度上的分歧的情况下存在信念上的分歧；因为即令一种论点必定总是被引发的，在此程度上也含着态度，也不能必然得出依附着相反信念的态度本身也必定是相反的。……同样，在没有信念上的分歧的情况下可以存在态度上的分歧。也许每一种态度必定为某种关于其对象的信念所伴随；但是，依附于相反态度的信念不必是不相容的。"① 然而，这仅仅是逻辑上的可能性，却不是事实的必然。因为，人们对某一对象的认识和判断往往支配着他们对该对象的态度，"信念是态度的向导"。而对某一对象的态度又反衬或影响着他们对该对象的认识与确信。

由此便有其二，在两种分歧之间，究竟哪一种分歧更为根本？史蒂文森认为，信念上的分歧是一切态度上的分歧的根源，而态度上的分歧也留下了信念上的分歧的可能性根源。他说："所有态度上的分歧都根植于信念上的分歧。"② 这是为事实与价值、事实命题与价值命题之间的内在联系所决定的。任何非理性的因素（指态度、情感、欲望等——作者注）都受着理性认识的制约。人们的伦理判断或陈述总离不开他们对事实的认识。也就是说，理性认识是伦理判断中不可缺少的基本因素，要改变人们的态度，首先要从改变人们的信念入手。在这一点上，史蒂文森确乎是主张一种认识主义的情感主义。他在一定程度上坚持了认识（真）与价值（善）、科学与道德的统一论，这使他的伦理观更近似于罗素而悖于维特根斯坦，甚至比罗素走得更

① C. L. Stevenson, *Ethics and Language* (Yale University Press, 1945), p. 6.
② Ibid., p. 136.

远。因为罗素毕竟认为伦理学只具有与科学相似的社会功能，却不完全具备科学的逻辑性和可证实性特征。就此而论，史蒂文森在很大程度上克服了原有的情感主义者把事实与价值、科学与道德截然割裂开来的狭隘的唯科学主义片面性。

但是，史蒂文森所奉行的绝不是赖欣巴哈所批判的那种苏格拉底式的"认识—伦理平行论"（如"美德即知识"的著名命题)[①]，而毋宁是一种有意淡化原有的极端情感主义伦理学的温和主张。因此，他同时又指出，就伦理学而言，我们更需要注意的是态度上的分歧，这不仅因为态度上的分歧影响着信念上的分歧，而且，也因为传统的伦理思想家们更多的是"盲目强调信念上的分歧"[②]。况且，从方法论意义上讲，理性的方法在解决伦理分歧上是极为有限的。所以，我们决不能忽略态度上的分歧对信念上的分歧的影响，不能忽略任何非理性的方法（如情感劝告、说服乃至于宣传鼓动等）在伦理学中的重要地位。

与伦理分歧相对应的是伦理学上的一致。伦理的一致不仅要求人们信念上的一致，也要求态度上的一致，而且只有在两者趋于共同一致的情况下才有可能。[③] 史蒂文森具体地分析了"伦理一致"（ethical agreement）的四种基本类型（见图 8-1）。

类型Ⅰ：人们对同一对象的内在价值判断达到一致。即不论他们在关于该对象的整体价值的判断如何，只要他们一致赞同该对象的内在价值（即目的善），便在态度上趋于一致。

类型Ⅱ：人们对同一对象的外在价值判断达到一致。即是说，当甲乙两人一致赞同某一对象 X 的内在价值（目的善），同时又认为另

---

① 所谓"伦理—认识平行论"是赖欣巴哈对传统理性主义伦理学，特别是苏格拉底的"美德即知识"命题的一种批判性分析概念。它是指那种把"伦理学领域认为是认识亦即知识的一个形式的理论"，即把价值领悟混同于科学认识的观点。参见赖欣巴哈《科学哲学的兴起》，伯尼译，商务印书馆，1983。

② C. L. Stevenson, *Ethics and Language* (Yale University Press, 1945), p. 8.

③ Ibid., p. 31.

一对象 Y 有利于或能够导致目的善的时候，便可达到对 Y 对象所具有的手段善的一致赞同。

类型Ⅲ：人们赞同某一对象，但各自赞同的意义不同。也就是说，某人把该对象作为一种具有内在价值的事物来赞同，而另一个人则把它作为手段善（外在价值）来加以赞同。

类型Ⅳ：甲可以赞同 Y 是内在善的，但却无视 Z，而乙则可以赞同 Z 是内在善的，而又无视 Y。但如果他们都相信 X 能够导致 Y 和 Z 的话，那么，他们将会一致同意 X 是有外在价值的，即作为他们相互分离的目的 Y 和 Z 来说，X 同时具有手段善。

为了清晰起见，史蒂文森把上述四种类型描绘成下列图式（见图 8－1）：

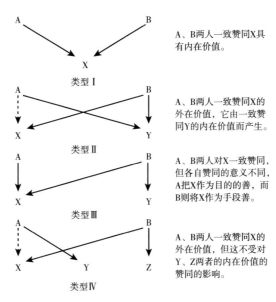

图 8－1  "伦理一致"的四种类型

对于第一种类型，人们很容易理解。例如，就整个人类来说，种族保存就是每个人所共同趋求的目的，因而，人们对这一目的就可以达到一致的赞同。在道德实践中，人们对于达到某一目的的手段也是不难达到一致的，这就是第二种类型的伦理一致。同样的道理也适用于解释第三种类型的伦理一致。复杂的是第四种类型。例如，对于利己主义伦理学来说，每个人的利益就是他自己的目的，这就产生了一种"分离目的"（divergent-ends）的存在，如何使这些"分离目的"趋于一致，也就成了历代伦理学家们苦心探求的难题。史蒂文森认为，我们需要的并不是以"共合目的"（convergent-end）去排斥"分离目的"；也就是说不必简单地以利他主义或整体主义去排斥利己主义或个人主义，关键在于从这种目的的分离中去寻求它们的一致因素，这就是人们在对于手段善或外在价值方面趋于一致，甚至是间接的在分离目的之外的一致，这就是第四种类型的伦理一致。例如，对于个人生存这一目的来说，虽然有许多直接的必要手段，但也有间接的手段。和平对于整个人类来说是维持生存的必要手段，对每个个人也同样如此。因此，在对于和平本身所具有的外在价值上，每个人都不难达到一致。

除了上述四种基本类型的伦理一致以外，还存在两种特殊的态度一致。一种是"复杂的态度上的一致"（complex agreement in attitudes），它是指在日常的实际生活中，人们的道德态度并不一定是分别以前面四种形式表现出来的。相反，各种类型往往同时发生、相互渗透，这种同时发生又相互渗透的态度一致就叫作复杂的态度上的一致。在这种情形中，甲、乙、丙都一致赞同 X，但甲与乙的一致是第一种类型的一致（即在目的善上的一致），而甲与丙或乙与丙的一致却是第三种类型的，如图 8 - 2 所示。

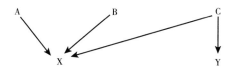

**图 8 - 2**

此外，还有一种类型的态度上的一致，它是两种或更多种类型的同时重叠和结合，我们可将它称为"混合的态度一致"（mixed agreement in attitudes），如图 8 - 3 所示：

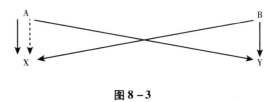

图 8 - 3

由上可见，史蒂文森对伦理一致或态度上的一致的分析，与他有关伦理分歧的分析是相互对应的。这种分析的方式无疑超过了以前所有的情感主义者。无论是从形式上，还是从内容上，都比他的前行者们更为丰富和系统。它的目的也就是为了克服极端情感论，完全否认和排除道德领域中理性认识因素的片面性，以及对人们在价值判断活动中所遇到的矛盾现象的简单归结，使道德情感论与理性认识论保持某种形式上的联系，同时达到对伦理分歧的消解目的。这就是为什么史蒂文森自诩"认识主义的情感主义者"的原因所在，也表现出他的伦理学特别明显的温和倾向与调和立场。

事实上，史蒂文森也确乎较为全面地洞见到伦理学中人们的态度分歧与其知识信念分歧的"因果性联系"。他把"信念"作为"态度"的向导，说明了史蒂文森自觉地意识到了认识理性对人类实践理性的重要指导作用，这与一般地把认识与道德断然分割开来的道德情感论显然是大相径庭的。同时，史蒂文森也没有因此而放弃道德情感论的基本立场，他仔细地分析了伦理分歧和一致的不同形式、内涵，特别是对态度上的分歧的分析更有特色，显示出其伦理分析的独到见解和系统性。更耐人寻味的是，尽管史蒂文森的上述分析带有十足的形式主义程序化色彩，但这种形式里面却包含着丰富的道德现实内容。他关于"共合目的"与"分离目的"的分析，实质上反映出利他主义道德与利己主义道德及整体利益和个人利益的道德关系见解；他对目的善与手段善的一致形式和达到一致的途径的探讨，蕴藏着活生生的价值关系问题的思考。不同的是，史蒂文森的分析与分析方式比他的先行者们更为精致、圆通些，其间关于目的与手段的一致关系分析，从侧面提出了一种目的本身的层次性和多元性、目的与手段关系的多向性关联等理论图式，不无可取之处。

# 第三节　伦理语词的分析

关于伦理学和语言的分析，是史蒂文森伦理学的中心内容，也是所有现代元伦理学家共同关心和探讨的主题之一。围绕着伦理学与语言的关系及伦理语词等复杂的学术性问题，几乎所有的元伦理学家都提出了自己的见解。对此，史蒂文森有着特别明确的认识，并将自己的第一部伦理学专著命名为《伦理学和语言》。

## 一　伦理学的语言、语词

前所备述，史蒂文森指责传统规范伦理学只是停留在制定各种道德规范、命令和结论的简单层次，没有洞见到伦理判断和组成这种判断的各种概念、关键性语句、语词的情感意义。但他同时也谈到，休谟最早明确论及了道德概念和道德判断的情感意义。在《道德原理探究》中，休谟指出："道德概念意味着某种全人类共同的情感，它给一般的赞同推荐同样的对象，并使每个人或绝大多数人在有关它的相同意见或决定上达到一致。"① 这比较明确地揭示了道德概念所蕴含的情感意义。休谟之后，奥格登和理查兹在《意义的意义》一书中特别

---

① D. Hume, *An Enquiry Concerning the Principles of Morals* (Oxford University Press, 1902), p. 272.

提出了关于伦理学语词的情感功能。随之，卡尔纳普、布洛德（C. D. Broad）也提出了一种伦理情感观，分析了伦理学命题的情感表达意义。① 史蒂文森宣称，他的理论与休谟的是一致的，因此，他的论证就是依此前提对伦理学的语句、语词等问题的分析。

在史蒂文森看来，人们对语言的使用，不外乎有两种不同的目的，这就是"一方面，我们用词（如在科学中）去记录、划分和传达各种信念。另一方面，我们用词给予我们的感情以发泄渠道（感叹词或者去创造各种语气（诗歌）；或者去刺激人们的行动或态度（演讲）"②。史蒂文森将第一种用法称为"描述的"，第二种用法为"动态的"（dynamic）；而区别这两种用法的根据仅仅是语言使用者目的的不同。③ 然而，语言的两种用法并不是相互排斥的。恰恰相反，由于人们使用语言目的的复杂性（既想描述事物，又想表达态度、情感或唤起人们的反应等），使语言的两种用法常常混杂在一起。比如，当一个人说："请你关上门！"这句话部分的意思是把自己的有关要求告诉另一个人，使他相信关上门有某些实际的必要这一事实，因而这些词具有描述的意义。但他的主要目的是引导听者去满足他的要求，甚至是以一定的语气、态度和情感（如"请"这个词）来唤起、感化、激励听者如此这般地去行动。在这种意义上，这个语句和构成它的这些语词又是作为动态性来使用的。

由此看来，语言本身有着它复杂的功能和特性，而这些功能和特性又常常极大地影响到人们的各种表述、表达和判断。对于伦理学来说，由于它的基本命题、表达、判断都诉诸一系列的主要是带有价值意义的语句语词。因此，更有注意语言与伦理学的关系的必要，特别

---

① C. L. Stevenson, *Ethics and Language* ( Yale University Press, 1945), p. 265.
② Ibid.
③ C. L. Stevenson, *The Emotive Meaning of Moral Terms*, in A. J. Ayer ( ed. ), *Logical Positivism* (The Free Press, 1959), p. 271.

是要研究伦理学语言的独特本性、特征和功能。这是长期为传统伦理学所忽略的一个重大问题，也是导致伦理判断缺乏语言明晰性、透明性和严密的逻辑性的根源所在。因之，史蒂文森和艾耶尔等人一样，认为伦理学语言语词的分析是哲学伦理学中的中心问题。他说："如果我们要达到对伦理学有一个更详细的理解，防止其问题的混乱，……我们就必须持续地注意伦理学语言、逻辑和心理学因素，这些因素各有其独特的功能。"[①] 这即是说，深刻理解伦理学问题的基本条件是分析伦理学语言、逻辑及它所含的心理因素。这里所说的心理因素也就是伦理学语言表达的情绪、态度、欲望等因素。其中，伦理学语言、语词的分析是达到伦理学理解之最基本的条件。

依史蒂文森所见，语言的意义与人们使用语言的目的和方式密切相关。正如人们使用语言的目的有"描述的"与"动态的"双重特性一样，语言本身的意义也可以基本地区分为描述的和情感的两个主要方面。人们使用语言一是为了描述事物、表述信念。对这种语言的使用方式往往是借助于严格的语言学规则和逻辑规则，以科学陈述和描述性命题的形式出现，它具有真假意义，是构成知识的基本方式，也可以获得实际交流的准确性。所以，语言的描述意义"是一种影响认识的符号特性（disposition）"[②]。与此不同，当人们在动态性的目的上来使用语言时，主要是表达某种情感、态度或欲望，其表现形式也更为丰富形象。比如说，它可以不那么严格地诉诸逻辑规则，而更多的是借用语气、手势、声调及有关语言环境等来完成其表达功能。这就要求我们在分析这类语言时，必须充分注意到说话者的表达动作、语气、声调、表情及相关的说话环境等因素。史蒂文森认为，这种语言也能在实际中起到交流的作用，但它更多的是感染、刺激和唤起人

---

① C. L. Stevenson, *Ethics and Language* (Yale University Press, 1945), p. 37.
② Ibid., p. 67.

们的情感。由于人们情感表达的复杂性和差异性（态度分歧、语言表达习惯等），致使这类语言交流不具备严格的准确性，而毋宁是一种"共同的可接受性"。史蒂文森指出："共同的可接受性并不意味着有效性。"① 因为情绪的感染可以引起听者的响应，但不一定有严格的真理意义。或者进一步地说，语言的动态目的性使用，使其情感意义与情感目的相伴随，而且，语词的情感意义往往比其情感目的有更长久的保存特征。词的情感意义"支援"着情感目的。

除了语言的描述意义与情感意义以外，还有一种"混杂的意义"（confused meaning）。这种意义是语言的描述意义与情感意义的混溶和参与，它常常导致我们分析语言意义时出现困难。史蒂文森将语言的这种"混杂意义"称为一种"语言学病"（linguistic ill），人们要纠正和控制它都非常困难。"只有经过最仔细的分析之后才可以根除，而且也许只有经过一种小心翼翼的诊断这种混乱如何产生以后才能根除它们。"②

就伦理学语言而言，更需要解释的是它所特有的情感意义或者说是它的"动态目的"。依史蒂文森所见，伦理学语言是暧昧的、模糊的，这使伦理判断本身永远无法表达重要的信念。因为它确乎无法与科学的语言相比，"它们有着一种伪命令的功能"。虽然"它们也有一种描述的功能，这种描述功能却为暧昧性和模糊性所伴随"③。因此，对于伦理学语言与语词来说，最根本的是去"引起态度和指导态度"，"伦理学判断不单是引起人们的某种情绪和态度，更重要的还在于改变它们"④。因之，激发情感和改变情感是伦理学语言和语词的主要作用。但史蒂文森并不因此而完全否认伦理学语词的描述意义。

---

① C. L. Stevenson, *Ethics and Language* ( Yale University Press, 1945), p. 152.
② Ibid., p. 78.
③ Ibid., pp. 35 – 36.
④ Ibid., p. 165.

他认为，尽管伦理学的语言、语词的主要功能是唤起和改变人们的情感、态度，但在某种形式上，它也涉及人们态度的真假问题。而正是在这一点上，决定了道德学家与宣传鼓动家的不同。一个道德学家主要是"一个努力去影响各种态度的人"，他成功的主要原因是因为"他的判断具有理性的支持"，也就是说，他所使用的伦理语言、语词并非纯情感的。而对于一位宣传家来说，则是"寻求发挥一种影响"。前者对语言的使用在情感上是中立的，后者却带有明显的情感倾向。[①]

## 二　符号、隐喻

在分析语言、语词及其在伦理学中的特殊功能时，史蒂文森还特别分析了符号和隐喻的情感意义，并以此来揭示伦理语言符号所显示的心理学特征。

史蒂文森所说的符号（sign），主要是指语言学意义上的文字符号。他认为："一种符号可以有两种意义。……它既具有一种影响感情或态度的特性（disposition），又有一种影响认识的特性。"[②] 从心理学意义上来看，符号所指称的乃是一种"气质性的属性"。因此，它和语词一样，同样可以唤起人们的情感反应。符号不仅包括语词本身的文字符号，也包括手势、音调等动作符号。一种符号本身的意义是相对稳定的，但人们对它的反应却是不够稳定的，这种反应常常"随着境况的迁移而明显地改变着"。例如，在一场足球游戏中，"好哇！"这个语音符号，可以表达某种精力充沛的情绪，但在其他的场所却又可能只是一种较为软弱的情绪的表达。因此，对于符号意义的分析，必须具有"历史性"的考虑，即是说，必须考虑到符号及其指

---

① C. L. Stevenson, *Ethics and Language* ( Yale University Press, 1945 ), pp. 234 – 246.

② Ibid., p. 71. "disposition" 亦可译为 "气质"。

称的对象的不同，以及符号表达的境况变化、心理反应过程等因素。

这样一来，我们就可以意识到，人们对"一种符号的聆听与该符号的反应之间的关系"① 有一种复杂的因果性。这种关系带有一种明显的心理学意义。然而，对这种因果性关系的解释是极为复杂的，任何简单化都无法解释它的丰富内涵。符号在人们的眼、耳、神经等感官的刺激效果与人们对这些刺激的反应在形式上是相互的因果关系，但在实际情形中，这种因与果之间并不是简单的对应。同样的刺激会产生不同的反应，也就是说，人们对符号的反应要比对其他东西的刺激所引起的反应更为自由、更为广泛、更具变化的特点。

史蒂文森认为，符号同语词一样，也具有描述的功能，它同样指称着某种具有认识意味的东西，这就是符号的意味（means）。但它更多的是唤起情感和态度，具有某种提示（suggestion）的功能。符号的情感意义是一种"唤起态度的特性"，这种特性如同维特根斯坦所说的那样，是一种"第二级的特性"。同时，它也可以直接产生情感，而不只是影响情感，在此范围内，符号的情感意义又是一种"第一级的特性"②。

与语言、符号相比，隐喻（metaphor）是一种更为巧妙的表达方式。人们通过多种多样的隐喻或隐喻语句来表达各种褒贬好恶、指斥赞美等情感态度，它喻价值评价于巧妙形象的表达方式之中。隐喻或隐喻句在文字上的意义与它所具备的解释意义是不相同的：前者是其形式，后者是它所意欲表达的实际目的，必须严格地加以区别。一种隐喻可以提供一种或多种解释，但它们所提示（suggests）的仅仅是"它们在描述意义上所意味的"，而且隐喻的这种提示性（suggestness）也往往过于暧昧，致使它无法像知识和理性那样传达

① C. L. Stevenson, *Ethics and Language* ( Yale University Press, 1945), p. 54.
② Ibid., p. 60.

真理。

对符号与隐喻的分析，不过是史蒂文森对语言意义的分析的补充而已，但这种补充并不是可有可无的。人类的语言本身也只不过是一种文化符号，直至人类文明发展到今天，语言文字才越来越显示出它独特的信息交往功能，但这并不排除人类在交往中仍然保存着某些非严格化、非逻辑化的符号（语音的、动作的、图示的等）、隐喻等表达方式。从这一点上看，史蒂文森对符号和隐喻的解释使他对语言意义（特别是伦理语言的分析）更加全面和系统，弥补了现代情感主义伦理学家对伦理学语言的功能及使用方式的分析的遗漏。

的确，在人类的日常道德生活中，语言、符号、隐喻等都是人们在道德判断中常常运用的习惯表达方式。人们可以用一种语气（如感叹、惊讶等）、语音情调、手势，甚至是表情（目光、脸色）的变化来表达自己对某种现象的道德评价、态度、倾向等。这是十分复杂而又普遍平常的事实，它远远超过了一般理论所涉及的范围，必然给道德哲学家们提出研究的必要性。特别是随着现代心理学的高度发展，日益充分地揭示出人们相互交往和道德生活中的微观世界，以及对五光十色的日常生活中捕捉人类道德生活现象的各种偶然反映（情绪、语境、情感与态度的当下表达）的细微探讨，使伦理学进一步深入到道德语言表达的深层王国有了现实的可能（如皮亚杰对儿童道德判断中的"游戏规则"的研究等）。[1] 从这一发展意义上看，史蒂文森的研究不仅具有某种创造性，而且给我们提供了研究伦理学语言及其他相关的符号、隐喻等道德判断的表达形式的新途径。通过语言文化分析入手深入人类道德生活的堂奥，与从精神心理分析（弗洛伊德）、生理生命分析（如现代生物伦理学

---

[1]　参见〔瑞士〕让·皮亚杰《儿童道德判断》，傅统先、陆有铨译，山东教育出版社，1984。

"bioethics"），抑或是从宏观的社会文化分析（从威斯特马克到杜克海姆、米德、马克斯·韦伯等）入手探索人类道德的奥秘一样，都不失其价值。问题是，史蒂文森的工作还只是对维特根斯坦语言哲学原则和情感伦理学的语言分析的进一步具体化发展，对伦理学语言的分析还留有广阔的余地，稍后的黑尔、图尔闵等人正是在这块土地上继续耕耘的好手。

## 第四节　伦理学分析方法种种

我们已经了解到，在史蒂文森眼里，伦理学研究的目的是对伦理分歧与伦理一致的多重本性进行系统的语言分析，以期解决人们的伦理分歧，求得伦理一致。因之，在一定意义上，伦理学本身与其说是道德理论的一般研究，倒不如说是一种"元"研究的方法问题。透过史蒂文森的伦理学论著都可以发现这一突出的特点。总的说来，史蒂文森关于伦理学分析方法的论述极为复杂，概括起来主要有三个方面的内容。

### 一　理性的方法与非理性的方法

伦理分歧与伦理一致的分析包括信念与态度两个方面，因此，伦理学分析的基本方法也必须是双重的。信念上的分歧或一致表明人们在认识上的异同，态度上的分歧或一致则反映出人们在情感、欲望等方面的异同。解释这两种分歧和一致的分析方法必须具有理性与经验（或曰非理性）的双重特征。正如"信念是态度的向导"[1] 一样，理性的方法是非理性方法的必要前提。

史蒂文森反对把伦理学归结为纯粹的经验科学，反对把伦理学和

---

[1]　C. L. Stevenson, *Ethics and Language* ( Yale University Press, 1945 ) , p. 18.

心理学同一化，因之也不赞成把伦理学方法仅仅诉诸经验论。他说："经验的方法对于伦理学来说是不够的。在任何情况下，伦理学都不是心理学。"① 相反，伦理学问题的分析必须先求助于理性的方法。因为"态度上的分歧根植于信念上的分歧"，态度上的一致也必须以信念上的一致为前提，要改变人们的态度，先得从改变他们的信念入手，然后通过改变态度达到真正的伦理一致，而要达到这一目的，伦理学的分析首先必定是理性认识的分析。所以，伦理学分析的基本方法有理性的，也有经验的或非理性的。

史蒂文森如此写道："改变态度的一种方式是通过从改变信念入手，这种程序是理性方法的特征；……但是，改变一个人的态度还有另外的方式——它并不是靠改变信念的理性来调解的。和所有心理学现象一样，态度是多种决定性因素的结果，而在其他的因素中间，信念则只表示一组因素。在其他因素根据一种论证的过程控制的范围内，它可能有助于改变人们的态度；这两者都是或都可以用作一种确保伦理论证的手段。这种程序构成了伦理学的'非理性的'方法。"② 伦理分歧具有双重的表现，但重要的是态度上的分歧的表现与消解。态度上的分歧与信念上的分歧相互联系，改变态度上的分歧需要改变信念上的分歧，这决定了伦理学的分析方法首先是理性的方法。"在任何情况下，对内在价值的强调都不允许人们忽略使用关于事实问题的理性，在此理性对伦理学判断的心理学关系，构成了伦理学方法论的特殊方面。"③

依照史蒂文森的见解，所谓理性的方法就是关于事实性问题的真假分析（如逻辑推理），也就是事实的逻辑推理。非理性的方法是以

① C. L. Stevenson, *The Emotive Meaning of Moral Terms*, in A. J. Ayer ( ed. ), *Logical Positivism* ( The Free Press, 1959 ), p. 280.
② C. L. Stevenson, *Ethics and Language* ( Yale University Press, 1945 ), p. 139.
③ Ibid., p. 205.

情感的方式来实施的方法，其中最主要的是所谓"说服的方法"。他说："在某种广泛意义上，最重要的非理性方法可称为'说服的'方法。这种方法依赖于词的纯粹而直接的情感影响——依赖于情感的意义、谈话的语调、隐喻的贴切、声音洪亮、富于刺激、辩论的声调、戏剧性的动作、注意与听者或听众建立密切的关系，如此等等。"① 在这里，史蒂文森给我们提供了"说服的方法"的具体规定，把他关于语言、语词、隐喻等伦理学分析理论进一步具体化。他认为，说服是改变态度的最有效方法。伦理学的本质方面是分析和改变态度，而说服则是这一内涵的最重要特征。他甚至认为："任何伦理判断本身就是一种说服手段"，不同的是，在利用各种不同的说服方式时，"进一步的说服可以加强最初的判断"。说服即是一种态度规劝，伦理学所涉及的主要是人们的态度分歧的情感差异。所以，态度的改变"不是通过改变信念的调节步骤来寻求的，而是通过明显的、巧妙的、拙劣的或精到的规劝（exhortation）来寻求的"②。换言之，理性的方法并不能最终具体地改变人们的态度，尽管信念的改变是改变态度的重要条件，但理性毕竟只能改变人们的信念，而不能直接地改变人们的态度。

史蒂文森一方面强调说服方法的直接现实性意义，另一方面又承认说服的方法与理性的方法的相互依赖和补充。他以为，在实际道德生活的情形中，说服的方法对一些人有稳定的效果，但对另一些人却只有短暂的效果，而且用理性和非理性（说服）的方法总比单纯使用理性的方法或非理性的方法更有实际效果。③ 事实上，"纯粹的说服方法是很少见的"，在伦理学中，"正如很少有完全是说服的论证一样，

---

① C. L. Stevenson, *The Emotive Meaning of Moral Terms*, in A. J. Ayer（ed.）, *Logical Positivism*（The Free Press, 1959）, p. 139.
② Ibid., p. 140.
③ Ibid.

也很少有完全是理性的论证"①。这就是道德说服与科学认识、理性与非理性方法、道德学家与科学家相互关联、不可孤立、不可或缺的缘故之所在。②

最后，史蒂文森还特别指出了理性的、非理性的（non-rational）与反理性的（irrational）方法之间的区别。他指出，说服的方法是非理性的，它与理性和反理性相对立，反理性的方法在"推理使用"（reason-using）的意义上也是属于理性的，因为它同样要通过推理本身运用理性，只是不与其苟同罢了，而非理性的方法则"完全是超理性的用法"③。它在"推理使用"之外，或者更具体地说，它是基于道德经验的层次，运用感性（情感、态度、心理、欲望等）而不是用理性（认识、推理等）来改变伦理分歧。

## 二　分析型式

分析型式（the pattern of analysis）是史蒂文森关于伦理学方法的进一步程序化。在《伦理学和语言》一书的第二章，史蒂文森曾经谈到伦理学分析方法中的"转换模式"（working models）问题。他认为，通过这种"转换模式"，便能有效地把一般陈述语句转换成伦理句，或者是把"宣言式陈述"（declarative statement）转换成"命令式陈述"（imperative statement）。比如："这是善的，意味着我赞同此事，而且也要这样做。"前半句是宣言式陈述，描述了说话者（我）的判断和态度，后半句则是命令式陈述，它致力于改变或加强听者的态度。通过这种语句转换，即把"这是善的"转换成"我赞同此事，而且也要这样做"，我们就可以对语言的意义表达（说话者的意思）

---

① C. L. Stevenson, *The Emotive Meaning of Moral Terms*, in A. J. Ayer（ed.）, *Logical Positivism*（The Free Press, 1959）, p. 142.

② Ibid., p. 140, p. 175.

③ Ibid., p. 141.

与语言意义的影响（听者）做出全面的伦理分析。但史蒂文森认为，这仅仅是我们分析伦理学的语句、语词的初步方式而已，为了使这种伦理学分析方法更具体化、程序化，他提出了两种"分析型式"。

第一种分析型式是关于伦理语词的分析，但它"不涉及单个的伦理语词，而是涉及大量的伦理语词"，即令是涉及某个伦理语词（如"善"）时，这种分析也将展示该语词的多种选择性意义的可能性。这种分析型式的目的是"通过限制伦理语词对说话者自己的态度的描述性指称来排除伦理语词的模糊性（vagueness）"，使它们"所传达的一切信息都作为纯粹的提示来取用"。这种分析型式仅仅是前面所说的"转换模式的延伸而已"①。也就是说，第一种分析型式是在"转换模式"的基础上，进一步通过严格限制伦理语词对说话者的态度的描述意义，使伦理语词明了化，并把它们所传达的信息都视为纯粹的提示，以求得对伦理语词分析的中立性和明确性。

但是，第一种分析型式仅仅展示了我们通过限制所达到的对伦理语词意义分析的可能性，还没有涉及伦理语词的描述性指称的所有境况。因此也还会因伦理语词所使用的境况的变化，使其意义失之于暧昧。对这一缺陷的弥补正是第二种分析型式的任务之一。同时，第一种分析型式还只涉及了说话者的态度，但实际上伦理语词可以指称更为复杂的意义，它远远不限于说话者一方，也涉及听者的反应等。所以，第二种分析型式还要进一步研究这些为第一种分析型式所没有涉及的东西。用史蒂文森的话来说，就是"在两种型式中，都强调了态度上的分歧，而第二种型式的突出特征只是在于补充它所提供的描述性意义和作为结果而产生的方法上的复杂性"②。

由此，史蒂文森进一步辨析了两种分析型式的异同和关系，从中

---

① C. L. Stevenson, *Ethics and Language* ( Yale University Press, 1945), p. 89.

② Ibid., p. 208.

揭示了它们各自的功能和特点。首先，对于两种分析型式来说，改变态度的原因有所不同，"对第一种型式来说，态度为伦理判断所改变；对于第二种型式来说，态度不仅为这种判断所改变，而且也为定义所改变"①。因为，第一种型式主要是分析道德判断的情感意义，不涉及伦理学的定义；第二种型式恰恰并不在于显露新的伦理内容，而是通过研究伦理学定义的形式来显露新的伦理学语言的复杂性。其次，在第二种分析型式中，伦理定义是说服性的，而在第一种分析型式中的伦理定义却是中立性的，没有情感或态度上的倾向性。因此，第二种分析型式中的伦理定义本身就影响到伦理语词的描述意义和情感意义的结合，而第一种则不会如此。再次，两种分析型式所凭借的理由虽然相同，但第一种分析型式的理由（或推理）给予情感陈述的支持是心理学的而不是逻辑的；而且"对于第二种型式来说，这种推理支持着说明定义；对于第一种型式来说，这种推理却支持着伦理判断"②。

史蒂文森同时指出，两种分析型式的区别并不是根本的，而只是"外在的"。一句话，"各种型式间的不同仅仅是语言学的兴趣不同"③。他给出结论道："我们可以结论：一种型式优于另一种型式的选择是一种语言形式之间的选择，而不论采用哪一种语言形式，在可以被传达的信念和可以发挥的影响中，都将有同样的可能性。"④ 因此，两种分析型式相互影响，任何一种都没有使用意义上的优惠特权，不过是人们语言兴趣的偏重而已，两者实际所显露的有关传达信念和改变态度——在分析伦理分歧的双重本性中都是等价的、相关的。

## 三　伦理决定、选择、判断与可避免性

伦理决定和选择与自由的关系问题，一直是现代情感主义伦理学

---

①　C. L. Stevenson, *Ethics and Language* ( Yale University Press, 1945), p. 210.

②　Ibid., p. 236.

③　Ibid., p. 240.

④　Ibid., p. 242.

家所谈论的一个热门话题。从罗素、石里克到艾耶尔等人都一致反对以非决定论来作为道德主体的自由选择和价值的先决条件，坚持以经验主义因果性原理作为伦理学的方法论原则。史蒂文森基本上保持了这一原则传统，并做了新的修正和解释。

如果说，提出伦理学语言、语词的分析型式是史蒂文森从元伦理学本身的理论逻辑要求出发所建立的道德—逻辑方法的话，那么，对伦理决定、选择与"可避免性"等范畴及其关系的论证，则是他从哲学—伦理学的一般理论角度做出的方法论解释。史蒂文森认为，当我们涉及伦理语词被应用实际情况中这一事实时，就不能不涉及伦理的决定问题。所谓"伦理决定"都是"个人性的"（personal）①，一个人的伦理决定无外乎他的"偏爱的证明"。它涉及个人的许多方面（如心理的、情感的、态度的等），所以，需要许多研究领域的知识来研究它。但是，虽然伦理决定是个人性的问题，但"任何个人早晚都会使他的个人问题成为个人间（inter-personal）的问题：他会与别人讨论，或者是希望按照别人所说的来修正他的判断，或者是希望引导别人去修正他们的判断"②。

对于伦理判断所牵涉的"个人间的"问题，史蒂文森没有详谈，而是着重分析了伦理判断所包含的个人方面的问题。他以为，个人的伦理判断不可能是非决定性的，因为它必须有所根据和理由，正如个人的选择不是非决定性的一样。如果某人的选择不是被决定的，那么，它就会成为某种不可逆料、无法预测的东西，也就因此不会有某种人格依据，而毋宁是出自一种"无"的东西。同样，人们的伦理判断也必须有其人格依据和理性逻辑。在另一方面，史蒂文森又不满意以"决定论"这一古老的范畴去解释伦理选择和判断，在他看来，与

---

① C. L. Stevenson, *Ethics and Language* (Yale University Press, 1945), p. 242.

② C. L. Stevenson, *Facts and Value: Studies in Ethical Analysis* (Yale University Press, 1963), p. 55.

其说伦理判断和决定是以决定论为前提的，不如说是与行为的"可避免性"（avoidability）相关联的。当人们做出伦理判断或决定时，总是以情感的方式告诉别人："你应该或不应该这样做。"这实际上是告诉人们有关行为是"不可避免的"或"可避免的"，对自己的伦理选择和决定也是如此。所以他说："很清楚，伦理判断并不以决定论为先决条件。它们只是以可避免性为先决条件，而这只是依据于选择的结果，而不依赖于行为原因的缺乏。"① 可避免性是人们对行为结果的判断所获得的伦理选择依据，也就是说，人们做出自己的选择和决定，抑或是做出伦理价值评价，基本的依据是从结果看某行为或事物的可避免性或不可避免性。它与决定论并不是一码事，因为它并不把某种必然性的东西作为行为发生的原因。

依史蒂文森所见，由于伦理判断具有情感意义，使它具有一种"准命令的力量"，因而具有影响人们态度的功能。这种力量往往是通过说服、规劝的方式表现出来，正因为如此，伦理判断也就成为人们改变和调节行为方式的重要手段。伦理判断并不能完全阻止人们行动的失误，但能通过当事人的选择等中介步骤来施加影响，使他认识到已有行为的正当与否，并告诫他去避免错误的行为，在未来中调节行为的方式。这就是伦理判断与行为的可避免性的关系内涵。

简言之，史蒂文森通过对非决定论的否定，坚持了经验论的基本立场，同时又没有停留在现有的理论水平上，把伦理判断与选择诉诸简单的因果关系的解释，甚至不再认为否定非决定论非得以确认决定论为代价，而是以"可避免性"这一新的概念来替换"决定论"这一内涵抽象而又易于产生歧义理解的古老概念。虽然，"不可避免性"与"可避免性"的概念并不十分科学。我们承认，道德判断确乎意味

---

① C. L. Stevenson, *Facts and Value: Studies in Ethical Analysis* (Yale University Press, 1963), p. 146.

着"应当"与"不应当"这一专门化的伦理语言程式，但"应当"与"不可避免"、"不应当"与"可避免"之间，毕竟难以形成严格对立的逻辑关系，更不能完全解释道德行为（选择、决定等）的实际意义。就此而言，史蒂文森的解释也远远不能从根本上使伦理判断、选择、决定等重大理论问题获得科学的解释，甚至还不及石里克在这一问题上的解释来得深刻、来得合理。

## 第五节　史蒂文森伦理学的评价

作为现代西方情感主义伦理学的总结者，史蒂文森的伦理学无论是在理论形式上，还是在思想内容上，显然大大超过了以往的同类理论，给我们展示出许多新的研究领域。

首先，史蒂文森的情感主义理论是以认识主义和折中调和的方法为基本特征的，它是现代情感主义伦理学发展的逻辑必然。如前所述，史蒂文森一方面坚持了从维特根斯坦到艾耶尔的元伦理学路线，坚持元伦理学与规范伦理学的对立，并执信于前者对后者的优越性。另一方面，他又力图在维特根斯坦、卡尔纳普的极端情感论与石里克、艾耶尔的温和情感论之间寻找平衡和调和，既坚持以语言的逻辑分析作为伦理学研究的基点，又避免以纯粹的语言科学界限来规定伦理学理论本身，在事实与价值之间保留着形式上的联姻，最终获得了温和的认识主义的道德情感论结论。这一结果固然与史蒂文森本人的理论立场与研究方法密切相关，但从更广阔的角度来看，它也是现代西方情感主义伦理学发展的逻辑必然。

我们知道，史蒂文森明确地宣称自己的伦理学是对休谟道德情感论的补充和发展，他在根本上认同了休谟关于伦理判断的情感本质这一观点，考察了自奥格登和理查兹以来的情感论伦理思想的历史发展。事实上，休谟的道德理论如同其哲学一样，不仅是近代经验主义发展的顶峰，也是最早发现并研究道德的情感意义的思想家之一。但是，休谟毕竟没有超出近代经验论的范畴，还没有把道德语言的逻辑分析与道德情感理论的研究自觉地结合起来。这使得他的道德情感论还只是停留在对道德生活的一般经验分析上，缺乏缜密的语言学和逻辑学基础。这是近代情感主义，乃至于近代经验主义伦理学与现代情感主义和现代整个逻辑经验主义伦理学的显著区别之一。

至20世纪20年代，随着现代西方逻辑学、语言学的发展，人们越来越注重对各门学科特别是人文科学的逻辑性与科学性的研究。奥格登和理查兹的《意义的意义》一书最早从语言学研究的角度提出了道德语词的情感意义研究的必要性。它如同春天的晨钟，惊醒了当时处于直觉主义迷梦之中的人们。如果说，罗素还是在没有直接得益于这一著作的情况下由直觉主义转向情感主义的话，那么对于艾耶尔、史蒂文森来说，《意义的意义》一书无疑被他们视为自己理论的最早根据了。但是，我们不应该忘记，奥格登和理查兹的这部著作还只是引玉之砖，真正使情感主义伦理学形成一股思潮的，还当推维特根斯坦有关语言的哲学沉思。

然则，正如我们在本章第三节中所指出的，从维特根斯坦到艾耶尔的情感主义伦理学理论都还只是一张粗略的草图。而且这一发展过程已经表明，现代情感主义所面临的矛盾日趋深刻和明朗。科学语言的认识意义与道德语言的情感意义的差异，事实命题或事实描述与价值命题或价值表达之间的不相容性，真理表达与情感表达的区别，等等，最终导致了现代情感主义学派在元伦理学的研究道路上遇到了一个日益尖锐的矛盾：科学主义的出发点与非科学主义的伦理学结论的对峙越来越严重，以至于人们在认识主义与非认识主义的两极之间踯躅徘徊，无法归宗。

这就是史蒂文森所面临的理论任务：在科学与价值之间，也就是在科学的认识主义与道德情感主义之间必须找到一种理论契合点，使两者在差异中找到同一，在分裂中求得相容。同时，在解决这些矛盾的过程中完成对现代情感主义道德理论的系统化总结。

事实证明，史蒂文森的伦理学成就，就在于他以一位专业伦理学家的身份，认真而全面地对上述问题做出了回答，基本上完成了对现代情感主义伦理学的精工描画。从他的整个伦理思想中可以看出，他至少完成了这样几项工作。

第一，他较为系统地总结了自休谟以来的道德情感理论，分析了同类理论的矛盾和不足，取得了进一步深入研究的理论前提。他第一次较为系统地具体分析了伦理学语言、语词和语句。他不仅一般地辨析了事实命题和价值命题的异同，而且从语言学、逻辑学和心理学的结合层次上分析了伦理学语言、语句、语调的功能特征、表达方式，分析了它们的认识意义、情感意义和心理意义；甚至进一步剖析了语言符号、隐喻，及语音、语调、手势等因素在道德生活中的细微而复杂的功能。这些分析，不仅突破了道德情感论的原有理论水平，也大大深化了伦理学的语言研究，使现代情感主义伦理学有了系统的理论程式。

第二，史蒂文森提出了一系列的新的理论概念和范畴，特别是"两种分析"的理论和对伦理分歧与伦理一致的分析，为阐明科学（真）与价值（善）之间的关系提供了一个新的角度，在很大程度上解决了原有理论在科学与道德的关系问题上所面临的矛盾，至少使认识与价值达到了某种形式上的融合。换句话说，在史蒂文森这里，理性真理与道德价值、理性与情感不再是截然分立，而是相互共容、渗透和影响。这一结论是以前的逻辑实证主义者们所没有达到的。

第三，史蒂文森提出了伦理学分析的具体方法。他强调理性的方法与非理性的方法的区别和结合，避免了方法论与伦理结论之间的背离；他提出了两种分析型式和"可避免性"的新范畴，企图解决伦理判断、选择与伦理必然的关系问题。姑且不论史蒂文森的伦理分析方法是否科学，但他确确实实把现代情感主义，甚至是现代元伦理学的研究方法推进了一大步。我们知道，从摩尔提出所谓"孤立法"开始，现代元伦理学的基本目标之一就是建立一种新的伦理学分析方法。但实际上，从罗素、维特根斯坦到艾维尔基本上都未能达到这一目标。诚然，史蒂文森也未能脱离逻辑分析的哲学路线，但他耐心地论证了伦理学的具体分析方法，使逻辑分析与语言学分析结合起来，把逻辑实证的哲学方法论在伦理学中具体化、程序化了。

尽管如此，史蒂文森在完成对现代情感主义伦理学的理论总结的同时，仍然没能真正克服其理论缺陷，这集中表现在三个方面。首先，史蒂文森仍然囿于形式主义的圈子，坚持以元伦理学排斥规范伦理学，他在形式上完成了"分析伦理学"的建构，但仅仅是使这种方法在形式上更加精致系统，并没有涉入伦理学的实际内容。这种分析方法虽然不无必要，但在根本上毕竟难以帮助人们解决现实的道德问题。对此，史蒂文森本人也曾有过虔诚的表白，他说："语言学分析可望使我们消除种种混乱，但却不能希望它使我们消除那些在社会上被视为没有责任感的人。"① 这种形式主义的弊端是整个现代西方元伦理学的一种通病，史蒂文森自然也难以幸免。

其次，史蒂文森的理论虽然在形式上使原有的情感理论的诸种难题获得了解释，但并没有根除这种理论固有的矛盾。例如，科学与道德的关系、知识命题与价值命题的矛盾和统一，以及伦理语言的表达形式与价值事实之间的矛盾，等等。史蒂文森只能是从语言和逻辑的角度做出一般的理论解释，远远没有上升到历史与逻辑统一的高度。

---

① C. L. Stevenson, *Facts and Value: Studies in Ethical Analysis* ( Yale University Press, 1963) , p. 225.

事实证明，正如没有完全脱离内容的形式一样，任何撇开历史的逻辑分析和远离道德现实的理论建构都不可能获得真正的科学理论。就此而论，史蒂文森的成就仍然是极为有限的。

最后，还应当提及的是，史蒂文森在克服原有理论的矛盾的同时，又制造了许多新的困难，特别是在科学逻辑语言与道德价值语言的区分上，以及语言学规则和逻辑分析规则的结合上，仍然没有得到澄清。难道科学逻辑语言与道德价值语言的区分仅仅是有无情感意义？如果答案是肯定的，那么，又如何解释美学语言、宗教语言和道德语言的异同？况且，一般讲来，科学的、伦理的语言都是价值性语言，这样，人们又必须解答价值语言内部（认识价值、道德价值、审美价值）的特点和功能的不同，对这些语言的意义分析究竟是仅以语言学规则为凭，还是语言学、心理学、逻辑学等学科的综合分析？诸如此类，都是史蒂文森所提出来却不及具体回答的问题。它一方面反映了他在伦理学上的局限，另一方面又给以后的伦理学家们留下了新的理论空间，这就是对道德语言的进一步分析。从这个意义上我们不妨说，史蒂文森既是现代情感主义伦理学的总结者，也是现代语言分析伦理学的开启者。

# 第九章

# 语言逻辑分析伦理学

继情感主义伦理学之后，现代西方元伦理学的发展又有了新的逻辑转折。由于情感主义伦理学在许多基本问题上陷入了难以解脱的理论矛盾之中，诸如，伦理学上的认识主义与情感主义、事实与价值、科学逻辑与道德语言等，致使伦理学本身面临着丧失作为一门科学而存在的危险。既然伦理学只是一种情感理论，如何使它本身具有客观的逻辑性和真理性？如果把伦理学诉诸心理学之类的东西，那么，伦理学本身独立存在的根据何在？又倘若把道德仅仅归为一种情感、态度的主观表达，人们怎么能够把伦理科学与道德宣传和鼓动区别开来呢？

凡此种种，充分说明了情感主义的道德理论难以成为一门真正的科学。史蒂文森的结论已经预示了这一理论必须寻找新的出路，他所提出的关于道德语言分析之重要性的问题，也就成为他后来的道德哲学家们研究的新课题。以黑尔等人为代表的语言逻辑分析学派正是围绕这一理论课题来展开他们的道德理论的。①

---

① 有的研究者把该派称为"规定主义"学派，这主要是根据黑尔的道德理论而做出的一种概括，有一定道理。Cf. G. J. Warnock, *Contemporary Moral Philosophy* ( London: Macmillan Co. Ltd., 1969), chapter 4.

语言逻辑分析学派在根本上是现代分析伦理学的继续。不过，我们只是从严格意义上来说的。一般说来，整个现代西方元伦理学都可称为语言或逻辑分析伦理学。黑尔等人的不同在于，他们把对语言（包括伦理学语言）的逻辑分析由一般的哲学方法论层次转移到道德语言和逻辑的专门化的特殊研究层次上来。因之，他们对伦理学语言和逻辑的分析，具有更为详细具体、更为严格的伦理学意义。

语言逻辑分析伦理学派主要活动于 20 世纪五六十年代，其主要代表人物有黑尔、图尔闵、诺维尔－史密斯（Nowell-Smith）、威尔曼（Wellman）、汉普舍尔（Hempshire）等人。我们将着重探讨图尔闵和黑尔两人的伦理学，以期把握语言逻辑分析伦理学派的基本理论精神，完成对现代西方元伦理学理论发展的总体把握。

# 第一节　图尔闵关于道德判断理由的分析

图尔闵伦理学的最大成就在于他对道德判断的逻辑分析。这种逻辑分析的中心已不是从一般的哲学角度去规定伦理学自身的特性和方法，而是具体寻找道德判断得以成立的逻辑依据，即道德判断的充足理由（good reason）。因此，探讨逻辑推理或理由在伦理学中的地位与意义，便是图尔闵伦理学的主要内容。

斯特芬·艾德尔斯顿·图尔闵（Stephen Edelston Toulmin，1922～2009）出生于英国伦敦，曾就学于剑桥大学，获文学学士学位，1946年获硕士学位，1948 年获哲学博士学位。早从 1942 年起，图尔闵就担任了牛津大学的科学哲学讲师；1947 年至 1951 年任皇家学院的研究员；1949 年到 1955 年任英国利兹大学的哲学教授。随后，从 1960年到 1964 年，他先后出任布兰德斯、华尔坦及马萨诸塞大学的思想史和哲学教授；1965 年至 1969 年又任密歇根州立大学东南辛（East Lansing）大学的哲学教授；1969 年至 1972 年任克劳恩（Crown）大学的哲学教授和院长。不久，图尔闵又转到加利福尼亚、芝加哥大学、纽约州立大学等地担任教授或访问教授，现居美国芝加哥。

图尔闵转教英美，是当今颇有声誉的哲学家和伦理学家。他著作甚丰，内容涉及广泛，其中主要哲学著作有《科学哲学导论》（*The Philosophy of Science：An Introduction*，1953）、《关于形而上学信念的三篇论文及其他》（*Metaphysical Beliefs：Three Essays，with Others*，1957）、《人类理解》（第一卷）（*Human Understanding：Volume I，The Collective Use and Development of Concepts*，1972）、《维特根斯坦的维也纳》（与阿兰·姜利克合著）（*Wittgenstein's Vienna*，1973）、《认知与行动：哲学导论》（*Knowing and Acting：An Introduction to Philosophy*，1976）、《推理导论》（与阿兰·姜利克和 R. 里克合著）（*An Introduction to Reasoning*，1979）、《精神生活的内在性》（*The Inwardness of Mental Life*，1979）、《返归宇宙论》（*The Return to Cosmology*，1982）。他的主要伦理学代表作是他的第一部学术专著《推理在伦理学中的地位之考察》（*An Examination of The Place of Reason in Ethics*，1950）。[①] 此外，他于 20 世纪 70 年代所发表的一些哲学著作中也散含着一些伦理学见解。根据其伦理学的基本精神，我们着重从三个方面来谈谈其基本的伦理观点。

## 一　三种传统方法的检讨

图尔闵认为，在伦理学领域中，尽管众说纷纭，各执千秋，但概括起来都是围绕着这样一个问题而展开的：判断某行为是善是恶、正当与否的根据是什么？或者说，伦理学的"有效论据"（valid argument）如何成立？这种根据或"有效论据"也就是伦理学中的

---

① 在图尔闵的大部分著作中，"reason"一词的基本含义是"推理"或"理由"，若贸然译成"理性"，有误原作理解。

"正当理由"（good reason，或曰"充足理由"）问题。"因此，伦理学中的正当理由问题就具有首要的实践重要性"①，它是伦理学必须首先研究的基本问题之一。

图尔闵指出，关于伦理学中的充足理由问题的传统研究有三种主要方法。第一种是把这一问题归结于某种形式的客观属性，认为人们行为的道德根据在于其所包含的"善""正当"等客观价值属性。这种探究方法可称为"客观探讨法"（objective approach）。第二种是把伦理学中的充足理由说成是人们自身感情或他们所与之相联系的社会集团的感情的"报告"，以个人主观情感或社会集团情感来作为道德判断的根据。这即是所谓"主观探讨法"（subjective approach）。第三种方法与前两种不同，它是把伦理学概念视为仅仅用于说服的纯粹的"伪概念"（pseudo-concepts），认为伦理学命题的表达只是去规劝、说服、命令等祈使动词性语气。这种方法可称为"命令探讨法"（imperative approach）②。为了弄清传统方法的理论得失，确立一种新的研究方法，图尔闵花费了巨大的精力考察和分析了历史上的理论典型。

在他看来，客观探讨法是最古老也最为人们所熟悉的伦理哲学方法。对此，他从三个方面进行了分析。首先是弄清楚这种学说的主旨是什么？其次是它是否真实？第三是它对于回答我们的中心问题——伦理学的充足理由是否有所帮助？

图尔闵认为，摩尔是所谓"客观探讨法"的典型代表人物。他的主要做法是用"善""正当"等属性来划分价值概念，并将这些属性规定为"不可分析的""凭直觉感知的""不可定义的"，等等，甚至把这些概念的属性与"红色""黄色"等客观事物的属性相提并论。

---

① S. E. Toulmin, *An Examination of The Place of Reason in Ethics* (Cambridge: Cambridge University Press, 1950), p. 4.

② Ibid., p. 5.

例如，摩尔指出，"善"是一种最简单的非自然的属性，它既不能分析，也无法用自然的属性来定义，但却能为人们直接感知，因为每个人都具有某种"道德感"。图尔闵在分析了简单性质与复杂性质后指出，"善"既不是什么"非自然的属性"，也不是什么"凭直觉感知的"属性，因为价值与属性是不能同日而语的，价值是人们对行为的道德评价，它必须基于某种充足的伦理理由，而不是凭"直觉的洞见"（intuitive insights）所能知觉的。"善"是一种行为的道德价值，如果把它视为一种纯客观的不可分析的属性，那么，无论是把这种属性规定为"非自然的"，还是"自然的"，都会导致一种似是而非的矛盾结果。作为一种价值判断不仅在于人们自身的道德感，而且也涉及人们自身的主体关系。也就是说，道德判断不是纯客观的感知问题，而是主体关系与客观评价的统一，对这一点的漠视恰恰是"客观探究法"的致命缺陷。① 因此，这种探讨方法是不真实不科学的，它"不仅仅对我们无所帮助"，而且也是我们探讨道德判断之理由的一种"阻碍"②。

如果说，"客观探讨法"片面地强调了道德判断的纯客观性而忽略了道德价值与主体关系的联系的话，那么，"主观探讨法"恰恰是一个极端走向了另一个极端。这种方法认为道德判断仅仅是我们主观感情的表达，判断某事物或行为是善是恶，不过是报告我们对判断对象的好恶情感而已。进一步地说，"客观学说的支持者们总是要强调价值与主体关系、'善'与'快乐'之间的区分"，而主观探讨法的主张者们则恰好相反，他们"否认这种区分"，把主体情感和主观性的人人关系视为"道德判断的唯一根据"③。图尔闵认为，这种做法同样有着明显的缺陷。因为倘若这种方法是真实的，那么，当两个人

---

① S. E. Toulmin, *An Examination of The Place of Reason in Ethics* ( Cambridge: Cambridge University Press, 1950), pp. 25 – 27.

② Ibid., p. 28.

③ Ibid., p. 29.

对某对象或行为的价值判断发生矛盾时，就无法找到一个合理的标准。推而论之，人类的道德判断就会陷入重重矛盾之中，这就是"主观探讨法"的致命弱点所在。

在图尔闵看来，伦理学概念决不仅仅意味着主体关系的或主观情感的因素，"主体关系享有某些——但不是全部——从属性关系（adjectival relations）的特征"①。首先，如果它只意味着主观性的因素，就无法解释人们相互间在道德判断上的不一致性。其次，每个人的道德判断确乎与个人的主观情感直接相关，我说该行为是有价值的，意味着我赞同这一行为。但是，单凭主观情感或人的主体关系不足以保证其评价的一致性。客观探讨法忽视了价值概念与个人的主体满足概念之间的联系，而主观探讨法却又忽视这两者的区别。②

总之，客观论者想强调"价值与属性（'红'、'善'）的相似性"，从而使相反对的伦理判断失去了不相容的差异性；相反，主观论强调价值与个人主观情感的"类似"，把伦理判断混同于个人的主观情感。依图尔闵所见，两者都没有对道德判断做出有益的回答，因而必然会导致其评价推理的荒谬。导致这种荒谬推理的共同原因是它们对道德判断所必需的诸种条件的片面强调。真实的答案应该是："'价值'必须既是一种真实的客观属性，也是说话者的一种［主观］反应。"③ 只有这样，才能使我们的道德判断具有充足的理由。

第三种方法是一种新兴的特殊探讨方式，图尔闵将它称为"命令探讨法"。他指出："这种方法的出发点是，认为我们称某东西是善的或正当的，仅仅是表示（展示）我们对它的情感。"④ 表面看来，这种方法似乎与主观探讨法类似，其实却不然。图尔闵认为，这种方法

① S. E. Toulmin, *An Examination of The Place of Reason in Ethics* (Cambridge: Cambridge University Press, 1950), p. 31.

② Ibid., pp. 32 – 33.

③ Ibid., p. 44.

④ Ibid., p. 45.

是三种传统方法中最年轻的一种，它是以力图克服前两种方法的错误之面貌而出现的。它既不同于客观探讨法把伦理语句视为"非自然的要求"之表达，也不同于主观探讨法仅仅从个人主观经验状态出发来判断某事物或行为的道德价值；相反，"这种学说的要旨是逻辑的，而不是经验的"①。但是，由于这种学说的主张者们偏执于逻辑分析，使他们"把所谓的伦理句同化于各种感叹句——惊叹、突然喊叫、命令等等"②，因之也混淆了伦理陈述和命令、劝告、说服之间的界限。这种方法的主要缺陷是"把在某些方面近似于命令、感叹句的伦理学陈述看作仿佛就是命令和感叹句本身"。如此一来，也就使道德上的评价推理超出了推理的范围之外，成为不可能的事情。③ 图尔闵推出，这种方法最初渊源于休谟，在史蒂文森这里得到了充分表现。

图尔闵总结道："历史地看来，……命令探讨法是客观探讨法和主观探讨法的一种反动，……但它也走得太远，犯有与其反对者同样的错误。"之所以如此，在于它混淆了逻辑命题（logical proposition）与事实命题（matter-of-fact proposition），混淆了逻辑命题中的事实陈述与伦理陈述，以至于把伦理学判断当作一种单纯的语气、感叹、表达。图尔闵反对情感主义的极端做法，认为道德判断决不是情感语气的表达，而毋宁是基于一种理由（正当的或错误的）所做出的一种伦理学推理。因此，就命令探讨法无视伦理推理这一点而言，它同样无助于我们解决伦理学的基本问题。

由上可见，传统的方法都没有给予我们解决问题的希望。客观的方法使人们难以获得价值判断与事实真理之间的一致，使价值成为外于主体的纯客观属性。主观的方法又无法给人们提出一种共同的价值标准，命令

---

① S. E. Toulmin, *An Examination of The Place of Reason in Ethics* ( Cambridge: Cambridge University Press, 1950) , p. 31.

② Ibid.

③ Ibid., p. 53.

探究的方法把事实命题与逻辑命题混为一谈，以逻辑的尺度把伦理学命题划入了纯粹语气表达的范围。因此，图尔闵提醒人们去告别这些传统的方法，确立一种新的伦理学推理原则。依他所见，我们可以从上述三种传统方法的得失中找到新的出路：第一，"除非一种伦理判断具有一种'充足理由'（正如客观探讨法提醒我们的），否则就无法说明该判断与相反的伦理判断的不相容性（incompatibility）"；第二，"我们的感情尤其是我们的赞同和义务的感情与我们的道德判断是紧密相联的（正如主观探讨法所强调的那样）"；第三，"伦理判断的辩护力（rhetorical force）是它们最重要的特征之一（正如命令探讨法所指出的那样）"。① 简言之，虽然我们必须在根本上拒绝三种传统的方法，但它们关于道德判断的不相容性、主观情感意谓，以及它们所包含的命令、说服、规劝等辩护力特征，却是我们应该注意的，也正是在全面考虑到这三种特征的前提下，才能真正解决伦理判断的充足理由这一关键性的理论问题。在这种意义上，三种传统方法既是我们研究方法论的终止，也是我们建立新的研究方法的开端。由此看来，图尔闵对所谓传统方法的检讨分析，是一种折中调和式的重新综合，他的目的在于，一方面使伦理学的逻辑分析摆脱摩尔式的客观认识主义片面性，使道德判断具有必要的主体性基础，因之使伦理学研究超脱于狭隘的经验直觉主义；另一方面，他并不赞同情感主义伦理学完全否认道德判断所必需的普遍理由或根据的极端做法，反对绝对的主观主义和非认识主义，使伦理学具有某种客观的科学品格。同时，图尔闵也批评了史蒂文森的温和情感论，主张把逻辑的与事实的因素结合起来，以防止伦理学成为一种纯粹的逻辑分析。值得肯定的是，图尔闵的批判分析虽有折中的成分，但无疑显示出他冷静和全面的气度，综合三者的长处不单是一种平面的掺和，而是一种有机

① S. E. Toulmin, *An Examination of The Place of Reason in Ethics* (Cambridge: Cambridge University Press, 1950), p. 63.

的再构造，这显然是他的成功所在。不过，图尔闵对传统方法的考察仍然是很有限的，换句话说，他所检讨的仅仅是现代经验主义元伦理学理论本身，并没有达到对西方传统伦理学的全面分析。这一点，恰好表明了他依然在根本上囿于元伦理学的圈子而无以突破，所追求的不过是对元伦理学理论本身的修缮和改装而已。

## 二　道德判断与科学判断

对传统方法的批判性分析，使图尔闵立意要创建一种新的研究方法，这种方法的宗旨在于为道德判断找到充足的理由，建立有效的道德判断的逻辑推理。

图尔闵认为，要解决好伦理学的逻辑推理问题，首先必须了解一般的逻辑推理。他以实例的形式提出了四种基本的推理：（1）数学推理；（2）科学推理；（3）伦理学推理；（4）日常生活推理。这些推理有一个共同的地方，这就是它们的辩证形式。依此，我们可以把推理定义为"具有辩证形式的论证"①。当人们谈论一个命题的真理性或一种论证的有效性时，首先必须有充足的理由和充分严格的推理。一个真实的命题本身必须值得信赖，一种有效的论证必须能为人接受，它们的结论才能使人信服。逻辑问题不但要涉及"主体关系"，涉及论证它和信赖它的人，而且也涉及不同形式的概念，在这一点上，逻辑问题与伦理学问题是相近的。图尔闵说，"伦理学或美学问题也与逻辑问题一样，不仅明确地涉及'主体关系'——涉及'有吸引力的'或'似乎正当的'——而且也涉及不同形式的概念"，这些不同的概念都可以划归为种种"动词形容词"（gerundive）。所谓"动词形容

---

① S. E. Toulmin, *An Examination of The Place of Reason in Ethics* (Cambridge: Cambridge University Press, 1950), p. 69. 另关于"推理"的详细规定还可以参见 S. E. Toulmin, R. Rieke and A. Janik (ed.), *An Introduction to Reasoning* (New York: Macmillan Company, 1979), Part 4。

词"，即是指可以分析为"值得如何"（worthy of something or other），它意味着"值得爱的"、"值得赞赏的"等。

在图尔闵看来，任何命题或判断都由一定的语句所构成，而语句因素的结构与事物（客体对象）的结构是相对应的。就伦理学概念而论，这种"对应性"（correspondence）即是它所表达的东西与它所指称的东西之间的对应。因此，在某种意义上，伦理学判断也就是对该判断对象（事物或行为状态）的"报告"（report）或"图描"（picture）。伦理学概念不是一种语言游戏中的胡言乱语式的使用，它必须有一定的逻辑依据。那么，伦理句是不是一种"描述句"呢？维特根斯坦曾经否认伦理句作为一种描述句的可能，甚至认为不存在什么伦理学的命题，这种看法似乎成为现代情感主义伦理学的一种普遍观点。按图尔闵的见解，这种关于科学真理与伦理评价、描述命题与情感表达、真理与善（价值）等关系的争论，实质上是关于"实在"与"表象"的不同看法。人们通常把科学看作是关于实在的真实描述，把伦理学、美学等视为对事物表象的一种语气表达。这样就涉及以下三个实质性的问题："（1）伦理学是否是一种科学？——这就是说，这种研究的结果是否能直接运用于伦理学？（2）如果伦理学不是一种科学；那么，如何把伦理学的功能与科学的功能区别开来？以及（3）最终，什么样的论证与道德决定相关？"① 对这三个问题的回答，也就是伦理学的基本任务。

在具体回答上述问题之前，图尔闵详细地考察了科学理论和科学概念的历史发展，以及科学解释的范围，然后在分析不同样式的推理之独立性时指出："正如在科学判断与日常判断之间一样，在科学判断与其他形式的判断之间也没有任何矛盾。艺术家与科学家之间的对立并未反映出一种实质性的差异。"② 明白这一点，才能解释伦理学的

① S. E. Toulmin, *An Examination of The Place of Reason in Ethics* ( Cambridge: Cambridge University Press, 1950) , p. 85.
② Ibid., p. 113.

本性问题。

首先，伦理学究竟是不是一门科学？人们众说不一，有的认为伦理学不属科学范围，有的人却持肯定意见，认为伦理学与其他科学一样都是以发现"实在"为基本目的的。图尔闵认为，这些解释并没有解决问题，我们可以通过比较物理的实在与道德的实在及其人们对这两者的不同判断的比较来加以说明。事实上，人们对物理实在的解释具有表达性（articulateness）和辩护力，它除了记录或报告人们的真假经验之外，并不涉及其他经验。虽然站在不同角度的人们会对插入水中的杆子的形状（水中的弯曲状态部分）有不同的视角经验（向左或向右弯曲），但对这种实在的解释仅仅是他们对这一事态之经验的记录和报告。与此不同，人们对道德实在的解释虽然同样具有表达性和辩护力，但它带有着较前者更强的辩护力，因为它的确展示出我们的某种情感和愿望。但是，人们对这两种实在的解释也有相同的地方：无论是人们对物理实在的解释，还是对道德实在的解释，都是他们在一定境况中的经验的结果，而且也不是不可改变的。换言之，人们的道德判断与科学判断既有差异，也有相同。前者表现为道德判断渗透着特有的情感成分，后者表现为它们都是与经验和境况相联系着的、不断变化的经验表达。

图尔闵说："通过比较可见，充分无遗的道德判断像充分无遗的科学判断一样远不是'不可改变的'，它也是（在某种意义上）我们在这些境况中的所有经验的结果，因而是可以争论的。"[1] 他还认为，道德判断与科学判断之间的这种相同点，说明了它们各自都具有相对性。因为两种判断的基础都是个人的经验，而个人的经验是各不相同的。因此，伦理学和科学一样，要获得正确的判断，必须用普遍而公

---

[1]　S. E. Toulmin, *An Examination of The Place of Reason in Ethics* ( Cambridge: Cambridge University Press, 1950) , p. 124.

正的判断来取代建立在相互冲突的个人经验基础之上的判断。①

达到普遍性和公正要求的道德判断就是伦理学原则的形成，同样，获得普遍性和公正品格的科学判断也就获得了科学的规律性认识。图尔闵认为，伦理学中的"原则"（principle）与科学中的"规律"（law）相似，都是经验的概括。他这样写道："诉诸伦理学中的'原则'，就像诉诸科学中的'规律'一样：'原则'与'自然规律'两者都是经验的精简了的概括和浓缩了的比较。"② 因此，从这个意义上来说，道德判断与科学判断的经验本身是相通的，人们对于客体的"真实价值"和对它的"真实颜色、形状"的判断是相同的，这就告诉人们不能把伦理判断当作一种纯粹的感情发泄。

其次，既然道德判断与科学判断相同，那么，又如何区别两者的不同功能？进而言之，伦理学的功能与科学的功能又是什么？这是图尔闵所要讨论的第二个问题。

图尔闵认为，从前面对伦理学与科学的类比中可以发现，科学对实在的解释方式是使人们了解和预期（expect）实在的经验和它的变化。但是，"道德判断肯定不能帮我们去预计（predict）我们的行为和反应"③，因为这只是心理学所做的工作。正是从这种实际功能上，我们找到了伦理学与科学以及伦理判断与科学判断之间的重大区别。当人们说早晨的太阳是红色的时候，他所报告的是他对此情此景的经验，这种判断的表达性只是人们对经验现象的一种"预期"和知识。当我说"温柔是一种美德"时，我并不涉及什么预计或预期，而是想激励我的听者去感受经验、去以某种方式行动。由此可见，"科学判断与道德判断在功能上的区别是：前者关心去改变各种预期，而后者

---

① 参见 S. E. Toulmin, *An Examination of The Place of Reason in Ethics* ( Cambridge: Cambridge University Press, 1950) , p. 125。
② Ibid., p. 139.
③ Ibid., p. 125.

则是去改变感情的行为"[①]；进而言之，伦理学的功能是使人们的情感
与行为相关联，从而使他们尽可能在相容的情景中实现其目的的欲
望。[②] 理解这一点，才能理解为什么许多经验主义哲学家和心理分析
学家把科学与推理、伦理学与辩护或"理性主义化"（rationalisation）
同一化的失误。事实上，科学中既包含有辩护的因素，也包含有理性
的因素。同样，伦理学中的辩护与理性与科学中的这些因素也是相平
行的、类似的。由此，我们也就可以找到伦理学与科学的功能之异同
所在了。

　　从图尔闵对推理的分类、命题与所表达对象的关系，以及他对上
述两个问题的回答中，我们不难发现，他所分析的焦点集中于科学判
断和道德、科学与伦理学及其各自的实际功能的关系问题上。在这
里，图尔闵坚持了经验主义的哲学原则，对上述问题提出了自己的观
点：这就是从道德判断与科学判断、伦理学与科学两者的经验基础上
看它们的相同性，从两者的实际功能上看它们的差异性。这样一来，
单纯凭对伦理学的功能分析而把它归结于纯情感领域的非认识主义片
面性被克服了。道德判断重新获得了一般的经验基础，具备了与其他
科学一样的经验性、普遍性品格，在科学的王国里重新找到了自己的
位置。尤其值得注意的是，图尔闵对道德判断的普遍性和公正要求的
确认，及由此推出的对道德原则的论证，和他对伦理学中的"原则"
与科学中的"规律"的类比，无不反映出他对情感主义伦理学的否定
性倾向，它不仅为黑尔等人的"普遍规定主义"提出了较早的论据，
而且在某种意义上偏离了元伦理学的反规范原则。稍后，黑尔对道德
判断的两大基本特征（即规定性和可普遍化性）的论述，进一步深化
了这一理论见解。

---

① S. E. Toulmin, *An Examination of The Place of Reason in Ethics* (Cambridge: Cambridge University Press, 1950), p. 129.
② Ibid., p. 137.

### 三　道德判断的理由

前面已经论述了图尔闵对伦理学是不是一门科学，和伦理学与科学之功能的区分两个问题的解释，接下来，我们进一步探讨一下他关于第三个问题——如何使人们做出正确的道德决定这一问题的说明。从总体上看，前两个问题的解答是直接为第三个问题的解答服务的，后者才是图尔闵伦理学的最终目标。

图尔闵考察了伦理学的发展。他认为，人类最初的伦理学是一种义务论伦理学，伦理学的实体对象是严格的义务、禁忌、风俗和戒律。在这些情况下，伦理学成了一种道德法典（moral code）体系，道德原则如同自然规律一样，对人们的行为起着决定性的支配作用，因而，个人的道德判断和道德决定很难有独立存在的意义。但是，随着伦理学的发展，人们的道德判断在实际生活中的冲突越来越大，人们的目的、欲望和利益的差异带来了统一的道德原则的破裂，伦理学也因此成为一种目的论伦理学。目的论伦理学给人们提供了不同的道德判断标准的可能性，允许不同的，甚至是相互冲突的行为准则共存，并对原始的朴素义务论伦理学展开了批判性的重建。伦理学的发展历史说明，人类行为规则及其判断标准是不断变化的。因之，如何解释道德判断的正当理由和充分根据，便成为伦理学研究中一个十分尖锐的关键性理论问题。

道德行为的理由即是它的正当性和合理性，对它的评价依据也在于此。一种行为的道德价值在它所拥有的正当合理性和善性本质，但是，如何证明某行为是确实正当合理的呢？由于各种行为的具体境况不同，评价的结果也会出现各种差异。如"遵守诺言"的行为，既有一般的道德意义，也有特殊的道德意义，因而对它的评价也就有一般与特殊之分。一般看来，信守诺言的行为无疑是正当的、有道德价值的，但在某种特殊的情形中却未必如此。图尔闵说："一种特殊行为的正当性问题是一码事，而作为一种实践的实际正当性问题却是另一码事。"① 如果社会的情况变了，人们对行为的道德评价和标准也会随之变化；反过来说，道德评价随着社会的经济、政治或个人的心理状态的变化而改变。图尔闵认为，道德判断有两种理由，或者说有两种道德推理（moral reasoning）：一种是个人行为的道德理由，另一种是社会实践的道德理由。两者所涉及的情况不同，所使用的标准也不同，各自有着"自己的逻辑标准"。对于社会来说，信守诺言当然是正当的，因为废除了这一原则，就会导致大家都处于虚伪的交际之中，引起社会的实际灾难。然而，这并不意味着对一个具体个人的特殊行为来说也是合理的，或许在某种情况下，它对于某个人恰恰是不正当的，是与他自身的当下愿望背道而驰的。而且对于社会实践来说，某一正当的理由也不是一劳永逸的，在此时此地是合理的，在彼时彼地则成为不合理的。对个人的行为来说也是如此。

图尔闵指出，在这种情形中，我们不仅涉及社会实践的范围，而且也涉及对伦理学概念的分析界限。"X 是正当的"判断意义并不能简单地从"X 是正当的"分析中得出，后者是一般的说法；前者则是任意的猜测，它需要有逻辑理由，否则就会落入"自然主义的谬误"②。因此，图尔闵告诫人们，在以事实性形式来表达伦理判断的意义时，不要把事实与价值混同起来，也就是不要把一种道德判断的理由与该判断本身混淆起来，这样才能分清两种道德理由的差别。

两种道德理由的不同，在于两者的基础不同。虽然两种道德理由都与行为的决定相关，但是，"一种是'在道德基础上的推理'，它的目的是社会的和谐；另一种推理……则关注着每个个人自身的善的

---

① S. E. Toulmin, *An Examination of The Place of Reason in Ethics* (Cambridge: Cambridge University Press, 1950), p. 149.
② Ibid., p. 154.

追求"①。也就是说，第一种推理的基础是社会整体的和谐，第二种推理是关于个体的行为选择的，它的基础是个人的幸福。

由此，我们可以进一步推及道德理由与个人自爱，以及伦理学与社会两个方面的问题。在图尔闵看来，道德理由与个人自爱是密切相连的。"伦理学中的合理信念"（reasonable belief in ethics）与"科学中的理性信念"（rational belief in science）既可以相互平行，又有着不同的地方，最重要的是人们在伦理学中的合理信念与实际行为的距离。一般说来，一个具有合理道德信念的人一定能做出合乎道德的行为；反之，如果他否认道德判断的理由，其自爱的情感就会湮没一切道德理由而成为支配其行为的根据，他的行为也就没有什么道德合理性可言了。要使人们的道德判断达到一致，必须要求他们都有理性地做出合理的道德推理和论证。因此，伦理学的正当理由证明，就不只是一个文字答案的问题，更重要的是一个实践问题。

另一方面，就伦理学与社会的关系而言，必须充分认识到伦理学的社会特点。图尔闵批评了休谟的道德情感论，认为道德判断及其理由并不是个人的情感表达问题，而是一种社会性问题。每个人都可以做出自己的道德批判，但它所涉及的远不是判断者自身一人。随着道德判断的一般化、普遍化，它不仅涉及"我"（me）和"此时此地"，而且也涉及"他们"和"彼时彼地"。个人做出道德判断的"正当理由"往往包含着社会伦理的"道德原则"意义。我说"我应当立即把这本书归还给琼斯"，这是一种许诺，也是我自以为是的行为的正当理由，但它也牵涉到"遵守诺言"这一普遍的道德原则。因此，图尔闵主张，个人的道德判断应当首先依据社会的普遍伦理原则，甚至要考虑到社会的现行制度、习俗、法律等客观因素。因为现存的社会

---

① S. E. Toulmin, *An Examination of The Place of Reason in Ethics* (Cambridge: Cambridge University Press, 1950), p. 158.

法律制度等更能符合社会和谐这一基本的社会道德要求，在一定意义上，它们甚至是个人行为的既定指南。以此作为"评价推理"的事实根据，便可以"使我们的感情和行为一致，使每个人的目的和愿望得到满足而尽可能的不发生矛盾"①。因而也能最大限度地发展人性，获得社会福利。这即是伦理学与社会的关系本质。

通过对伦理概念和道德判断的本性、基础目的等问题的分析，图尔闵做出了如下结论："伦理学研究的是欲望与利益的和谐满足。在绝大多数情况下，它是根据既定行为准则选择一种行为或赞同一种行为的充分理由，因为现存的道德法典中实行的制度与法律，给将带来幸福的各种决定提供了最可靠的指南，……"② 同时，对现行社会制度、法律和道德准则并不是盲目地无批判地接受，应当在批判中使它们深化、展开和完善。这样，我们就可以在"可能"与"应当"、事实与价值的鸿沟之间架起桥梁，使道德判断具有充分的合理性。

综上所述，图尔闵的伦理学在根本上是一种专门化了的元伦理学。他不像早期逻辑实证主义者那样，从分析哲学的一般方法论原则出发来论证伦理学的本性和地位，也不像稍后的黑尔那样耐心细致地考证道德语言的特性和功能，而是集中把逻辑分析的方法运用到对道德判断的理由论证上。这无疑使他的伦理学体系显得较为狭窄一些，因而也产生了某种理论上的优越性。首先，由于他集中深入地探讨了道德判断的充足理由问题，使现代西方元伦理学的方法得到了具体的贯彻。我们知道，肇始于摩尔的西方元伦理学思潮虽然发展很快，也产生了巨大的理论影响，但是，迄至图尔闵之前，这种理论并没有形成具体化、专门化的趋势。虽然史蒂文森基本完成了对情感主义伦理学的总结，并开始从细节上展开伦理学体系，但远没有完成对伦理学

---

① S. E. Toulmin, *An Examination of The Place of Reason in Ethics* (Cambridge: Cambridge University Press, 1950), p. 137.

② Ibid., p. 223.

的具体分析。图尔闵对道德推理的系统研究，无疑是元伦理学理论发展史上较早的一次微观探讨。其次，图尔闵对道德判断理由的微观研究，弥补了元伦理学的一个重要缺陷。无论元伦理学家们是否承认道德判断的客观性和科学性，都必须对道德判断本身的具体含义、程序、基础、类型、功能和特点等做出解释。但在图尔闵之前，这项工作并没有人专门做过。图尔闵的伦理学研究之可取之处，恰恰就在于他机智地洞察到这一缺陷，对道德判断本身所包含或涉及的具体问题进行了系统的分析。

况且，图尔闵伦理学本身也含有一些合理的见解。一方面，他对传统伦理学的检讨，暴露了直觉主义的情感主义的缺陷，甚至走向了它们的反面。另一方面，他关于道德判断与科学判断的异同之分析，也在很大程度上避免了极端情感主义的片面性，在一般意义上正确地揭示了科学与伦理学、科学判断与伦理判断之间的统一（基础）和区别（功能）。

但图尔闵的伦理学毕竟没有超出元伦理学的分析范畴，因而也面临着自身无法克服的矛盾：一方面，他力图使分析伦理获得更充分更具体的逻辑基础；另一方面，却又常常因其分析的需要不得不背离元伦理学的某些方法论宗旨，落入传统经验主义，甚至是功利主义的俗套之中（如对个人欲望满足与社会福利的论证等）。同时，为了克服主观情感论的理论矛盾，竭力为道德判断寻找某些客观合理的依据，以至于把现存的社会制度、法律等外在客观因素作为道德行为的"指南"，这就不自觉地偏离了元伦理学的基本主张，倒向了规范伦理学。特别是他在论证道德理由时不时偷用一些功利主义的做法，这不仅破坏了其元伦理学的理论风格（对此，黑尔有过异议）。[1] 而且也表明

---

① R. M. Hare, "Comment on Toulmin's *An Examination of The Place of Reason in Ethics*," *Philosophy Quarterly*, No. 1, 1951.

所谓"元伦理学"确乎难以逃脱规范伦理学的困扰，诚如 L. J. 宾克莱所指出的："图尔闵自称是研究元伦理学的，也就是，他说他在探索伦理结论的充足理由的逻辑，而不实际倡导具体的规范伦理体系。不过，在他的分析中似乎已先假定了一种功利主义的规范伦理学说。图尔闵讲的采纳一种风习的充足理由是，那风习引起的利害冲突会最小，而且是令人和谐如意的。然而这难道不是为某一特种规范伦理学说申辩吗？"① 确确实实，图尔闵关于道德理由的普遍性和客观性的见解，使人们很难把他与功利主义或传统规范伦理学严格区分开来，这些见解也或多或少地影响到稍后的黑尔，使现代西方元伦理学从情感主义蜕变为一种"普遍规定主义"。

## 第二节　黑尔的"普遍规定主义"

理查德·默文·黑尔（Richard Mervyn Hare，1919～2002）是一位 20 世纪活跃在西方伦理学界的著名伦理学家，也是语言分析伦理学的主要代表。他以独特的语言分析方法深入地探讨了道德语言、道德判断、价值语词、道德思维等重要元伦理学理论问题，建立了"普遍规定主义"（universal prescriptivism）的道德理论体系，发展和改造了现代西方元伦理学理论，代表着现代西方元伦理学发展的一个新阶段。

黑尔曾就学于牛津的鲁比（Rugby）和波利奥尔（Balliol）学院。从 1947 年至 1966 年任波利奥尔的研究员和导师；1966 年至 1983 年间，他出任牛津大学的"怀特道德哲学教授"（White's Professor of Moral）和基督圣体（Corpus Christi）学院的研究员。1964 年，他成

---

① 〔英〕L. J. 宾克莱：《理想的冲突》，马元德、陈白澄、王太庆、吴永泉等译，商务印书馆，1983，第 387 页。

为英国科学院院士。1983 年以后，他一直担任美国佛罗里达大学的哲学研究教授。中途也曾到澳大利亚莫纳什（Monash）大学的"人类生命伦理学中心"（Centre for Human Bioethics）做过短暂的研究工作。黑尔的作品绝大部分是伦理学著作，主要有《道德语言》（*The Language of Morals*，1952）、《自由与理性》（*Freedom and Reason*，1963）、《道德概念论文集》（*Essays on the Moral Concepts*，1973）、《道德思维——及其层次、方法和出发点》（*Moral Thinking—Its Level*，*Method and Point*，1981），及最新发表的《描述主义的归谬》（A Reductio Ad Absurdum of Descriptivism，1986），这篇文章载于 S. G. 香克尔编辑的《今日英国哲学》（S. G. Shanker，*Philosophy in Britain Today*，1986）一书中。

黑尔的伦理思想十分丰富，涉及问题广泛，论证详细，又前后多有变异，加之他本人仍活跃于伦理学研究领域，许多问题还有改变的可能。因此，我们只能就他已发表的著作来探讨其伦理思想。此外，黑尔伦理学的主要代表作品都发表于 20 世纪 50 至 60 年代，尽管也有的作品是在 20 世纪 80 年代初才发表的，但我们仍把他作为西方伦理学现代发展时期的代表来考虑，至于他后期的著作，我们也一并考察，以期对他的伦理学有一个全面的了解。

## 一 "道德语言是一种规定语言"

黑尔自诩为"规定主义者"[①]，并把自己的伦理学说称为一种"普遍的规定主义"。所谓"普遍的规定主义"，用黑尔本人的话说，就是"一种普遍主义（它认为道德判断是普遍的）与规定主义（它认为道德判断在任何典型的情况下都是规定性的）的结合"[②]。可见，

---

① R. M. Hare, *Essays on The Moral Concepts* (Berkeley: University of California Press, 1973), p. 33.

② R. M. Hare, *Freedom and Reason* (Oxford University Press, 1963), p. 16.

和图尔闵一样，黑尔所关注的中心，也是道德判断的逻辑问题。

黑尔认为，所有关于伦理学的问题不外乎三个方面。一是"道德问题"，如"我应该做什么""一夫多妻制是错误的吗"等。在这种意义上，"道德的"与"伦理学的"两个词具有大致相同的含义。二是"关于人们的道德意见的事实问题"。比如说，人们对一夫多妻制的正当性或错误性的意见是什么？三是"关于道德词（moral words）的意义问题"，或者说是"关于概念的本性和这些词所指称的东西的本性问题"，如"正当""应当""善""义务"等道德词，和"做 X是善的吗"；等等。与这三个问题相对应，就出现了道德、描述伦理学、伦理学这三者之间的不同含义。人们习惯于把"伦理学"这个词限制在第三种意义上，当作一种分析的或逻辑的问题。而一些旧哲学家们常把"伦理学"视为哲学的一个部分，当成一种形而上学的问题。因此，我们所说的"伦理学"并不等于"道德"，伦理学之于道德，犹如科学哲学之于科学。但是，它也不同于一般的道德事实描述，而毋宁是关于道德语言、语词的意义及其他们所指称的对象的本性等问题的逻辑研究。[①]

然则，在黑尔看来，尽管人们已经意识到道德语言学研究的必要性，却未能很好地解决道德问题，因而导致了一种道德语言的混乱和伦理学研究的困惑。他说："在行为问题日趋复杂和令人烦恼的这个世界里，存在着一种语言理解的巨大需要，而这些问题又是在语言中被提出来并被解答的。因为有关我们道德语言的混乱，不仅导致了理论上的混乱，而且也导致不必要的实际困惑。"[②] 道德的作用在于引导和调节行为，而关于行为问题的伦理学研究是通过语言及其逻辑属性的分析而构成的，不澄清道德语言的混乱，伦理学研究也就成了问

---

① R. M. Hare, *Essays on The Moral Concepts* ( Berkeley: University of California Press, 1973 ), pp. 39 – 40.

② R. M. Hare, *The Language of Moral*( Oxford University Press, 1961 ), pp. 1 – 2.

题。因此，道德语言的分析是解决伦理学疑难的理论关键，也是黑尔首先着手研究的问题。

黑尔认为，道德语言是一种特殊的语言。语言的特殊性在于它们的实际使用功能和意义的差异性，而"道德语言最重要的用法之一便在于道德教导之中"。道德本身是以其特殊的语言功能来指导人们的行为的，这一特征决定了道德语言有着一种特殊的"规定性"（prescriptivity），属于规定性语言一类。但是，在人类的语言系统中，规定性语言并不只限于道德语言，"命令""判断""祈使句"等都是规定语言，它们与语言学中的祈使句（imperative sentence）颇为相似，也常常带有一种命令或要求的语气。因之，如果我们用"从简单到复杂""从最简单的规定语言到通常的祈使句"的方式来考察道德语言的话，那么，尽管我们不能"还原"为祈使句的一部分，也会发现，对"祈使句的研究却是伦理学研究的最好入门"。①

"道德语言是一种规定语言。"② 这就决定了它既有规定语言的一般意义，也有它独特的规定性特征。规定语言包括一般祈使句（或命令句）和价值判断，价值判断又包含有道德的价值判断和非道德的价值判断（如美学中的审美判断、日常语言判断等）。由此，可得图 9 – 1 的分类图式③：

图 9 – 1

① R. M. Hare, *The Language of Moral* (Oxford University Press, 1961), p. 2.
② Ibid., p. 1.
③ 参见上书，第 3 页。"imperatives"通常译为律令、命令等。在黑尔的《道德语言》一书中，它常与"sentence"或"mood"连用，指语言上的祈使句、祈使语气，我们照此译出，而在其他地方则译作"命令"。

从这种大致的分类中，我们可以看出，价值判断与语言学上的祈使句都隶属于规定语言，它们是与描述语言（descriptive language）相区别的。也就是说，它们具有某种相同的语言学特性——规定性。但是，我们并不能因此把它们同一化，更不能把它们"还原"成描述语言。黑尔认为，伦理学上的"自然主义谬误"恰恰在于它所抱有的一种把道德判断或类似的命令"还原"成陈述句或描述句的反逻辑企图。它的最新表现有两种理论形式。

"第一种理论通过把命令句描述为表达关于说话者心灵的陈述来作这种还原。"① 第二种理论是波赖特博士（Dr. H. G. Bohnert）所主张的，他认为，作为一种价值表达的命令句通过某种应用标准而获得某种描述的力量。因此，"关上门"与"X 将要发生"可以相提并论。② 很明显，这两种理论都是错误的。它们的实质是，或是把命令句或祈使句与道德判断混为一谈，或是把命令句与陈述句混淆起来。

黑尔特别分析了艾耶尔与史蒂文森对道德语言的误解。在他看来，艾耶尔对道德语言的思考只是一种"激动于尚未沉淀下来的尘埃之中"的浅见，因为他错误地把命令句与通过命令句形式所表达出来的道德判断当作是同一个东西。而且，艾耶尔坚信伦理学语词的功能仅仅在于"表达情感"或"刺激行动"，认为伦理句可以通过对道德语词的使用而产生命令的效果。③ 艾耶尔的这种观点为史蒂文森所接受，并在他的《伦理学与语言》一书中做了精心的论证。然而，尽管这种理论"在口语的范围内"是无害的，"但由于它把使用命令或道德判断的过程，与事实上表明是不相似的过程同化，而产生了一些哲学上的错误"④。黑尔指出，命令或祈使句与道德判断的区别是显而易

---

① R. M. Hare, *The Language of Moral*( Oxford University Press, 1961), p. 5.
② Ibid., pp. 6 – 8.
③ Ibid., p. 9, p. 12.
④ Ibid., p. 13.

见的。而且，道德判断的功能并不是一种诉诸情感的命令，更不是直接的说服、劝告。"告诉某人某种是事实的东西，与让（或试图让）他去相信它在逻辑上不能同日而语。"① "对于道德哲学来说，这种区分是重要的，因为事实上，那种认为道德判断的功能是说服的见解，导致了把它们的功能与宣传的功能区别开来的困难。"② 即令史蒂文森本人也意识到了这一点。黑尔强调指出，从艾耶尔到史蒂文森对道德语言的误解，都是由于对语言和道德语言的功能误解所致，他们都不同程度地陷入了伦理非理性主义的泥淖。要避免这一点，必须辨明两种区别：其一是"陈述语言与规定语言之间的区别"；其二是"告诉某人某事与让他相信或做某人告诉他的事之间的区别"③。

黑尔通过一系列典型语句的分析详细地回答了上述问题。例如，"关上门"与"你将去关门"这两个句子间就有不同的表达意义，前者是一种祈使语气（命令），后者则陈述你在最近的将来去关门的事实。因此，它们所指的对象的反应也不会是一样的，对于前一语句，听者会以"首肯"的形式做出反应，而后者却是一种"指称"。当然，由于祈使句（命令）与陈述句具有"共同的指称因素"（对象），也会使它们有些共同的地方。或者进一步地说，无论是陈述句，还是命令句都必须服从某种"逻辑规则"。黑尔说："从各种命令可能产生矛盾这一事实中可以得出结论，为了避免自我矛盾，一种命令也像一种陈述一样，必须遵守逻辑规则。"④ 这种逻辑规则主要有以下两条：

"（1）只有在一组前提可以从它们之中的陈述中有效地引出的情况下，才可能从这些前提中有效地引出陈述性的结论。

---

① R. M. Hare, *The Language of Moral* (Oxford University Press, 1961), p. 13.
② Ibid., p. 14.
③ Ibid.
④ Ibid., p. 24.

（2）只有在一组前提至少包含着一种命令的情况下，才可能从这些前提中有效地引出命令性的结论。"①

第一个逻辑规则的要求是，必须在大小前提所包含的陈述中，并且是从它们中有效地引申出来的条件下，才可能从这些前提中有效地引出陈述性的结论，这是陈述达到陈述事实真理所须遵循的逻辑规则。第二个逻辑规则要求，只有在一组已包含命令的情况下（至少有一种），才能从这些前提中有效地引出命令性的结论，这是命令句所必须遵守的。显而易见，前一个逻辑规则主要是针对陈述的，它与道德语言的关系较为间接；后一个逻辑规则则直接关系到我们对道德语言的研究。因为道德语言与命令句或祈使句都具有规定语言的特性，从一般的逻辑意义上看，它们也应该遵守相同的逻辑规则。同时，道德语言必须具有自身表达的逻辑规则，它不是无规则的符号。

通过从语言学角度来探讨道德语言的一般特性的逻辑规则，黑尔建立了元伦理学研究的一个新的逻辑分析起点，也使元伦理学对道德语言的研究更加完善。从摩尔开始倡导对道德概念的逻辑分析，到奥格登和理查兹把道德语词规定为一种情感语词，再到黑尔把道德语言归结为一种规定语言，这一历程反映出现代西方元伦理学对道德语言研究的逻辑发展线索。如果说摩尔等直觉主义者还只是停留在对主要伦理概念的一般逻辑分析的初级层次上的话，那么，发轫于奥格登和理查兹的道德情感主义关于道德语词、语句的具体分析则深入到对道德语言的构成要素内部；而黑尔的道德语言研究，使元伦理学对道德语言的逻辑分析由其结构内部再一次上升到语言学的逻辑层次，使道德语言的逻辑分析与语言学分析达到了新的综合。这一尝试本身的理论价值就在于，它摆脱了情感主义囿于人工逻辑的圈子，寻求严格的逻辑语言系的理想主义困扰，使道德语言的逻辑分析有了面向生活的

---

① R. M. Hare, *The Language of Moral* ( Oxford University Press, 1961), p. 28.

可能。同时也杜绝了因狭隘的逻辑经验主义而产生的对伦理学语言本身之科学可能性的失望。这一逻辑—语言学分析的起点，为黑尔的整个伦理学体系的建立确乎奠定了一种新的基础。我们将看到，正是在这一基础上，黑尔逐步展开了他的"普遍规定主义"的道德理论体系。

## 二 道德判断的双重特征："可普遍化性"和"规定性"

对道德语言的一般逻辑规定的语言学分析，为黑尔提出"普遍规定主义"的伦理学主张开辟了前提。依黑尔所见，道德判断是伦理学研究的主体内容①，从对道德判断的语言逻辑分析中，我们可以窥测到伦理学的基本内容、特征和作用。

黑尔认为，道德判断不可能是纯粹的事实陈述，在这一点上，一些分析伦理学家的见解是合理的。但是，如果一种判断没有给行为评价提供理由或根据，没有进一步的命令前提，它就不可能是道德的判断。② 事实的前提不可能蕴含着道德判断和命令。道德判断确实具有规定性与描述性的双重意义，但它的主要功能是调节行为，只有当它具有规定特性或命令力量时才能履行这一功能。同时，道德判断要完成自身的调节功能，还必须使自身具有普遍化的特征，否则，也不可能保持它的规定性特征。一种道德判断表达着一种普遍的道德原则，它必须兼备普遍必然性和严格规定性的双重品格，才能实施其实际功能。那种认为道德判断只是个人主观情感的表达的见解之所以否认道德判断和道德原则的普遍性，就是因为它只承认道德判断的命令性意义，而忽视了它具有的普遍性特征，因之，把道德原则视为缺乏严格必然性意义的东西而排斥在科学之外。

① 在这一点上，黑尔的理论倾向似乎与诺维尔‐史密斯相同。参见 p. H. Nowell‐Smith, Ethics( Unwind Brothers Co. Ltd., 1954), Part Ⅰ, chapter 1。

② Cf. R. M. Hare, *The Language of Moral*( Oxford University Press, 1961), p. 31.

黑尔批评了卡尔纳普等人的观点，他指出，道德判断不可能是一种随意的个人情感表达，道德原则也必须具有普遍性和规定性。因为道德原则本身不仅包含着它必须具备的"命令性动词"或"价值词"（value-words），而且常常通过价值词来发挥描述词的作用。人类可以用语言说出的东西有两种：一种可称之为"描述的"；一种是"评价性的"；两者的关系也就是陈述与价值判断的关系。黑尔认为，描述性的东西与评价性的东西之间的关系有三个方面。第一，前者常常作为后者的依据，没有对事物的基本事实的描述作为根据，也难以对它做出价值评价或判断。换句话说，对事物的真理性认识是我们对事物做出价值判断的基础。第二，但是，事实描述本身在逻辑上并不蕴含价值评价，反过来，对事物的价值评价也不等于对它的描述。也就是说，我们不可能从事实陈述中推导出价值评价来。在这种意义上，休谟所说的"是"与"应当"之间的不可通约性见解是可以成立的。第三，描述与评价的不可通约性并不是对它们两者间联系的否定，相反，我们无法设想在完全把两者割裂开来的情况下进行描述或评价。①

由此我们可以看出，上述区分与我们对道德判断的分析是密切相关的，只有承认道德语言的描述意义，才能理解道德判断的描述意义，进而确证它所具有的普遍性特征。道德判断是通过价值词或评价性语句来表达的，了解价值词在表达中的描述意义，就不难理解道德判断所含的描述意义。同时，也只有首先确认道德语言的规定性特征，才能理解道德判断的规定性特征，因为道德判断的规定功能是凭借道德语言来实现的。

黑尔分析了西方伦理学界两种流行的观点。一种是道德上的"形式主义"，这种观点承认道德判断的规定性，否定其普遍性，因而把道德判断混同于一般的祈使句。另一种是所谓伦理学中的"自然主

---

① Cf. R. M. Hare, *The Language of Moral* ( Oxford University Press, 1961 ) , p. 111.

义"，它认肯道德判断的描述性和普遍性，却忽略了其规定性。黑尔这里所指的是现代情感主义和杜威、培里等人的自然主义。在他看来，这两种观点与他所主张的"普遍规定主义"都是相反对的。在《自由与理性》一书中，他分析和回答了这两派观点对"普遍规定主义"的反驳，同时指出了它们各自所包含的部分真理。他指出："自然主义的真理是，道德语词确实具有描述意义。……而正是借助于对这种描述意义的拥有，道德判断才是可普遍化的（universalizable）。"在这一点上，黑尔的观点与自然主义者的观点达到了一致，即"两种观点都主张，对特殊事物的道德判断是根据理性而做出的，而通常说来，一种理性的概念带有着一种规则的概念，这种规定某事物的规则也是某种其他事物的一种理由。因此，两种观点都包含着可普遍化性（universalizability）"。①

所谓"可普遍化性"，即是指在理性（逻辑规则）的基础上可以使道德判断达到普遍化的实现。黑尔同意自然主义伦理学对道德判断的描述意义和普遍性意义的认肯。但是，黑尔同时强调指出了自己的观点与自然主义者之间的原则区别。他认为，自然主义者的错误在于他们把具有描述意义的道德规则看成是道德语言的全部意义，因而落入了一种"描述主义"（descriptivism）的极端。而在他看来，"道德语词的'描述意义'并未穷尽它们的意义，在其意义中还有其他因素可以产生与这种推理中的这些语词之逻辑行为不同的东西，这就是我们关于是否可以从'是'中推出'应当'的争论焦点所在"②。进一步地说，自然主义混淆了道德表达与描述表达、价值与事实之间的界限。黑尔宣称，他"过去一直是而且今天仍然是休谟学说的捍卫者"，这种学说的实质是告诉人们"不能从关于概念之间的逻辑关系或词的

---

① 参见 R. M. Hare, *Freedom and Reason* ( Oxford University Press, 1963 ), p. 21。"universalizability" 有人译为"普遍化"，不妥。

② Ibid., p. 22.

用法中推出实体性的道德判断"①。不能以道德判断的描述意义代替它所判断的实体本身，因之也不能把道德判断当作一种道德实体或纯描述表达。

黑尔进一步指出，我们可以承认有一种"实体性"的道德原则，但这并不是说道德判断本身就是一种"纯实体性的"东西，它主要还是一种意义的逻辑问题。历史上的许多伦理学家都忽视了这一点。例如，一些伦理学家把道德原则视为"金科玉律"（golden rule），康德的"普遍道德律"即是如此。表面看来，这种道德原则及根据这种道德原则所做出的道德判断确乎享有"可普遍化性"，但实质上它们不是一种逻辑的推理，而毋宁是一先验的实体性假设。由此看来，对于道德判断和道德原则的可普遍化性有必要做出必要的限制，这就是：道德原则"仅仅是一种逻辑原则，从这种原则中不可能推出任何道德实体"②。

在黑尔看来，一种判断之所以具有描述的意义，是因为它的"谓语"或"谓词"是描述性的语词，而它的语气也是陈述性的。但是，价值判断中的"谓语"或"谓词"不是纯描述性的，它是一种评价性语词（evaluative terms）。对于价值判断来说，它的"可普遍化性"在于它基于一定的逻辑规则而享有的合理性，而不是说描述性是它的全部意义。相反，道德判断的描述意义仅仅是次要的。形式主义观点的真理性，就在于它看到了价值判断，特别是道德判断所拥有的命令意义，但它片面地夸大了道德判断的命令意义，完全排除了它的描述意义，甚至把道德判断与祈使句混淆起来。黑尔指出，虽然日常的祈使句与道德判断都属于规定语言一类，但两者是有区别的。日常的祈使句不可能保持永久的普遍性，它不需要说明逻辑理由，而道德判断

---

① R. M. Hare, *Freedom and Reason* ( Oxford University Press, 1963), pp. 186 – 187.
② Ibid., p. 35.

却不能没有理由，否则就不可能普遍化。比如，我们可以说"任何人不得与其姐妹结婚"。这种命令句无疑有着规定的意味，但它不需要说明为什么，可以用既定的形式来表达。但当我们说"任何人都不应当与其姐妹结婚"时，就是一种"应当判断"（ought-judgement），"应当"与否，不能简单地诉诸命令或规定，必须说明"为什么"，才能有效地调节人们的行为。因此，命令与道德判断是不能同日而语的。为此，黑尔还分析了"一般"（general）与"普遍"（universal）等概念的区别，认为日常的命令句可以是一般的，但未必是普遍的。形式主义者们恰好忽略了这两个概念之间的区别，认为一般的命令就是道德判断的普遍表达，因之，使他们常常不能分清道德判断与道德宣传、鼓动或说服之间的原则界限。

从道德判断的语言逻辑分析中，我们可以总结出关于道德判断的两个最基本的特征：第一，"道德判断是一种规定的判断"；第二，道德判断是一种"可普遍化的"判断。[①] 黑尔总结性地写道："让我们把认为道德判断是可普遍化的论点称为 U，把认为它们是一种规定性的论点称为 P，现在，关于道德判断的描述特点有两个论点需要仔细地加以区分：第一个较强的论点（D）是，道德判断是一种描述判断，即它们的描述意义穷尽了它们的所有意义，这就是描述主义；第二个较弱的论点（D'）是，尽管道德判断在它们的意义中能拥有别的因素，但道德判断确有描述意义。我想确定，P、U 与 D' 三个论点都是相互一致的。……D' 蕴含着 U，P 与 D' 是一致的，因为说一个判断是规定性的，并不是说规定意义是它带有的唯一意义，而只是说它的意义是在其他因素中带有这种因素；……我想表明的是，P 与 U 的结合足以建立道德的合理性，或有说服力的道德论证的可能性——重要的是，……P 远不是建立这种道德合理性的一种障碍，实际上它是建

---

① R. M. Hare, *Freedom and Reason* (Oxford University Press, 1963), p. 4.

立在这种合理性的一种必要条件。……D 确定与 P 不一致，因此，那些描述主义者认为否认 P 是必然的。……道德哲学的主要任务是表明 P 与 U 是如何一致的。"① 这就是黑尔的"普遍规定主义"的蓝图；道德判断是普遍性和规定性的统一，它既区别于纯粹的事实描述，又兼有一定的描述意义。道德判断的规定性决定了它必须是可普遍化的，而道德判断的普遍化只有通过规定性才能发挥其调节和引导行为的普遍作用。"可普遍化性"是道德判断得以实施的内在逻辑根据，"规定性"则是道德判断之功能的逻辑特征，两者不可分割，相互统一。而这种统一是一种具体的过程，往往在特殊的道德语境中表现出来。

黑尔对道德判断的基本特征及其包含的诸种意义的探讨，特别是他提出的"规定性"和"可普遍化性"原理，构成了他伦理学的主体内容。在一定程度上，它打破了元伦理学的逻辑分析界限，在理论上消除了元伦理学长期所面临的逻辑、事实、价值之间的矛盾，使逻辑真理与价值判断之间的对峙得以缓和和沟通。同时，进一步推进了史蒂文森试图在理性（信念）与感性（态度）之间嫁接通道的进程，在主要基点上超越了情感主义的理论框架，使事实、逻辑、价值获得了统一。这无疑是对现代西方元伦理学理论的一大发展，甚至带有某种质的突破。

众所周知，自摩尔把价值与事实二元化并使之对立起来以后，西方元伦理学便长期陷入了一种事实（真理）、逻辑、价值三者交互矛盾的迷雾之中，科学、逻辑和价值的关系仿佛如同一个无法解开的死结。当摩尔提出把非自然的价值与自然的事实之间区分开来的时候，也许他并没有完全自觉到这种分离将导致一场旷日持久的关于逻辑与

---

① R. M. Hare, *Freedom and Reason* (Oxford University Press, 1963), pp. 17 – 18。"U" "P" "D" 在此分别是 "universal" 或 "universalizable" "prescriptivism" "descriptivism" 的简称。

价值、科学与道德、事实真理与价值评价之间的争论，引起它们的两极逆向分离。维特根斯坦充分地意识并洞悉到这一结局，以及它将引起的人们对语言意义的认识的新的裂变。但他对语言哲学的逻辑预制，不幸地导致了他的后继者们对伦理学本身能否成为一门科学这一问题的绝望，带来了现代情感主义者们对伦理学问题的偏执和对现实道德问题的冷漠。这种偏执及其招来的非议终于使他们陷入科学与价值越来越疏远的恶果。

现代情感主义者困惑了：他们如同站在一块因解冻而漂浮在大海之中的冰块上，人类道德生活的彩色世界，随同那绿色的岸慢慢离他们远去……史蒂文森像一位精明的水手惊奇而真实地发现了这种远离生活之岸的危险，他一面小心翼翼地护卫着脚下慢慢消融的冰块，一面尽力地向岸边抛出搭救的缆绳，感情的梦幻者向理性的桅杆发出呼唤，希冀着重新缔结被拆散的良缘。然而，史蒂文森毕竟没有完全从情感主义的迷梦中苏醒，他恍恍惚惚，带着一种半意识的朦胧从事着一种远非这种意识状态所能企及的弥补工作，结果终归是旧梦难醒，复而为梦：情感主义仍然为他忠实地守护着。

黑尔在这一时刻显示出了卓越的天才：他不仅意识到元伦理学所濒临的艰难处境，而且以自觉的行动开始了挽救元伦理学沉沦于幻梦之中的努力。他用道德语言的逻辑分析这一撑竿向现实的生活之岸逼近，同时又打开了曾经为情感主义者们所紧闭的门户，向自然主义，以至于传统规范伦理学派的友邻们伸出双手。对于自然主义者认为道德判断具有描述性意义的"真理"，他坦荡地予以接纳；又向传统规范伦理学关于道德判断和原则的普遍性与规范性的"真理"表示了一种无言的默许和首肯。这种以逻辑方式所进行的理论综合与调解，获得了远远超出于理论逻辑本身的意义。它使元伦理学从非认识主义和反规则伦理学的道路上折向逻辑认识主义与价值规范科学的交汇处。如果说，史蒂文森关于两种态度的分析使理性（科学信念）与态度

（情感欲望）的握手言和具有了逻辑可能的话，那么黑尔关于道德判断的双重特征的"普遍规定主义"理论，则使科学与价值的重新和好成为了一种理论事实。

毋庸讳言，黑尔的这种努力是富有成效的，但同时，它从侧面告诉我们，从摩尔→维特根斯坦→史蒂文森→黑尔的这种理论演进和往返曲折，不正是现代西方元伦理学由创新走向困惑，又由失败走向成功的希望之光的历史轨迹么？如果我们把视线进一步延伸到 20 世纪 70 年代以来的英、美伦理学，还会发现一种"复归规范伦理学"的崭新趋势，这不又说明了黑尔的努力是向西方伦理学发展大趋势的一种积极的靠拢和吻合么？况且，从他对道德判断的基本分析中已经绽露出元伦理学向规范伦理学靠近的势头?!

## 三　价值词

道德语言的规定性为我们理解道德判断的基本特征提供了语言学的前提，道德判断的语言构成又使我们不能不涉及"价值词"和"价值词的逻辑行为"。道德语言和道德判断的规定性如何构成和表现？对这一问题的回答必须通过价值词的逻辑分析才能找到。因此，黑尔集中探讨了"善"、"应当"和"正当"这几个"典型的价值词"。

首先，黑尔对所谓"价值词"作了三点一般性的说明：第一，在我们的语言中，几乎每一个词都可以作为价值词而用于某种情况；第二，对"价值词"与"评价性的词"做出定义是极端困难的；第三，价值词不仅有道德的用法，而且也有非道德的用法，只有它用于"道德语境"（moral contexts）时，才具有道德的意义。比如说"good"这个词，在古希腊人那里不仅用于道德判断或评价，而且也用于一般的日常生活和其他领域。当古希腊人说"好工匠"时，"good"是在非道德意义上使用的，它的意思是某人具有高明绝妙的手艺或技巧。

但当他们说某行为或某人为"good"时，却是在道德的意义上使用的，其意思是"善"、"善良"或"完善"等。

在黑尔看来，价值词的使用意义在于它具有一种"赞扬"（commending）的作用。但在不同的情况下，价值词的使用意义是有区别的。就"善"而言，它的基本用法可分为两种：一种是善的"内在用法"（intrinsic use），即把"善"本身用来表达一种"目的"；另一种用法是善的"工具性用法"（instrumental use），即把善用来表达某种追求道德的行为或条件的外在的东西。词的意义在于它的功能和应用，任何用以表达对象的词都是一样的"功能词"（functional word）。"善"的功能不仅与它所表达的"赞扬"相关，同时也与它所传达的"信息"（information）有关。也就是说，"善"作为价值词的使用既有描述意义，也有评价性的意义。黑尔说："尽管'善'的评价意义是基本的，但它从来就不缺乏第二位的描述性意义。"① 然而，从根本上来说，"善"的描述性意义要从属于其评价性的意义。这是因为：其一，评价性意义是它用于任何对象时所始终持有的意义；其二，"我们要以用这个词的评价性力量去改变任何种类的对象的描述性意义"②。换言之，评价性的意义是"善"的主要意义的功能，它的评价性力量可以改变它所应用的对象之描述性意义。正因为如此，许多道德改革家才运用道德语言、语词的力量去左右人们对某些事物和行为的看法。

黑尔认为，价值词的意义依赖于一定的价值标准，由于价值标准的不同，价值词的意义也会发生变化。有时候，价值词的评价性意义会转到次要的地位，这是因为它所应用的价值标准已经成为某种"习惯的标志"，在这种习惯的标准下，价值词的描述性意义反而会成为主要的。人们已经习惯于它所表达的评价性意义而更关注于它所包含

---

① R. M. Hare, *The Language of Moral*( Oxford University Press, 1961), p. 123.
② Ibid., pp. 118 – 119.

的描述意味是什么。因此，价值标准与道德语言语词有着密切的联系。但从总体来看，"一切评价性的词（无论是基本的，还是次要的）也都是规定性的词"①，正如道德语言统属规定语言一样。

在分析到"应当"、"正当"及它们与"善"的关系时，黑尔认为，"应当"比"善"能够更直接地体现道德语言的规定性。如果说，"善"的功能主要的是表达一种"赞扬"的话，那么，"应当"的功能则是表达一种规定的力量。"正当"与"应当"之间仅仅可以作比较性的描绘，而"正当"与"善"的联系则更为间接。但是，尽管"应当"、"正当"与"善"有所不同，它们之间仍有许多相似性：许多"善"所具有的特征，也为"正当"和"应当"具备。在许多情况下，说某事物（或行为）是善的，与说它们是"正当的"或"应当的"具有相似的意谓。但在某些道德上下文中，它们之间又并不相同，"善"通常表达一种"推荐"、一种赞扬；"正当"表达一种赞同，而"应当"则意味着某种规定或要求。当"应当句"（ought-sentence）用作一种评价时，就蕴含着"命令"的意义。② 也即是说，"应当"的道德用法明显地包含着一种普遍性的公理③，因为"应当句"的规定性与其可普遍化性是相辅相成的。所以，黑尔说："无论是在道德上下文中，还是在非道德上下文中，'应当'都意味着'能够'，因为'应当'是一种规定词。"④ 从这种意义上来说，"应当"这一价值词与命令有着特殊的相似性，这种相似性使道德判断与日常的描述判断区别开来。

在道德判断中，"应当"与"善"是两个主要而典型的价值词，它们的使用常常表达着道德判断的不同依据；反过来，根据不同理由

---

① R. M. Hare, *Freedom and Reason* (Oxford University Press, 1963), p. 27.
② R. M. Hare, *The Language of Moral*(Oxford University Press, 1961), p. 164.
③ R. M. Hare, *Essays on The Moral Concepts* (Berkeley: University of Colifornia Press, 1973), p. 21.
④ Ibid., p. 2.

所做出的道德判断往往通过使用不同的价值词来表达。按黑尔的见解，道德判断的根据无外乎两种："一种是涉及利益，另一种是涉及理想。"① 他把这两种具有不同根据的道德判断称为"功利论的"和"理想主义的"。一般说来，前一种道德判断常常使用"应当"来表达；而后一种道德判断则用"善"来表达。他说："在我们基于他人利益的考虑基础上做出道德判断，并从这一基础中推出道德原则的地方，我们是按照'应当'来表达这些判断的；但当我们基于我们的人类至善理想（ideals of human excellence）来做出道德判断时，我们是按照'善'来表达这些判断的。"② 这就是"善"与"应当"两个价值词运用于道德判断中时所产生的不同区别，这种区别与其说是价值意义上的，不如说是语言功能上的。不过，这种区别也不是绝对的，有些时候，它们也可以相互替用。

应该说，黑尔关于价值词的逻辑分析是有积极理论意义的。它突出地表现在，价值词的分析深化了黑尔关于道德语言和道德判断的理论。语词是构成语言的基本要素，价值词是道德语言中的骸骨。语言本身的特性只有通过语词的特性、语词的组合关系及其具有使用的语言环境（即上下文关系）才能表现出来，道德语言也不例外。从这一点来看，黑尔对价值词的典型解剖，无疑是有助于深入理解道德语言的。同时，正如黑尔所指出的那样，道德判断的表达形式是道德语言，价值词是道德判断和评价的文字载体，价值词的选择和运用直接关系到道德判断的意义表达和功能履行。对价值词的具体分析，实际上也就是对道德判断的语言学和逻辑学论证，它的意义远远超出语词分析本身的一般语言学意义，对于具体探究道德判断的构成、作用及表达形式等都有着十分重要的意义。另一方面，黑尔对几个典型价值

---

① R. M. Hare, *Freedom and Reason* (Oxford University Press, 1963), p. 149.

② Ibid., p. 152.

语词的分析，确乎包含着自己创造性的见解，他不单洞悉到"善"与"应当"之间的不同道德功能，而且揭示了它们在具体的不同种类的道德判断中所表达的特殊伦理意义，在理论上正确地揭示了"善"、"应当"的逻辑含义和使用语境。然而，黑尔对"价值词"的分析，毕竟还停留在一般的语言逻辑分析层次，它远没有达到对道德语言的一种历史的解释，在这一点上，它与现代解释学在语言文化阐释方面的贡献还是有相当距离的，这也许反映出语言的逻辑分析与文化阐释之间的思维层次差异吧。

## 四 道德思维：层次、方法和出发点

20 世纪 80 年代伊始，黑尔发表了一部他后期的重要伦理学著作《道德思维》。该书一方面承发了他 20 世纪五六十年代的基本伦理学观点，另一方面又对他早期的思想做了较大的更改，在一定程度上迎合了 20 世纪七十年代以后西方元伦理学向规范伦理学靠拢的趋势。因此，与他前期的伦理学观点有些矛盾。为了对黑尔的伦理学有一个整体性的了解，我们在此一并论述。

在《道德语言》中，黑尔提出了研究道德语言对于消除伦理学中的"理论混乱"与"实际困惑"的必要性。在《自由与理性》中，他进一步把对道德问题研究视作一种"理性活动"，并认为，研究伦理学概念是解决道德语言学的或道德意见的自由与理性之间的二律背反的关键。[①] 只有解决好这一问题，才可能获得正确的道德推理、道德论证和结论。

在黑尔看来，历史上达到一种道德结论的途径有三种，一是"事实"，二是"逻辑"，三是"倾向"（inclination）。自然主义的方法是

---

① R. M. Hare, *Freedom and Reason* ( Oxford University Press, 1963) , pp. 2 – 3, p. 7.

"从事实性的前提中推出道德结论"①。形式主义是通过逻辑分析来获得其道德结论，而情感论者则是通过欲望、情感或态度来推出他们的道德结论。这样一来，就不可避免地产生了一个问题，即道德推理的中立性问题。黑尔认为，重要的是把"自私的谨慎推理"转变为一种不带偏向的"道德推理"。获得道德的中立性，所谓道德分歧才能消除。道德推理与道德判断相联系，如同后者具有规定性和普遍性一样，道德推理的规则也具有这两种特征。黑尔写道："基本说来，道德推理的规则有二，它们与道德判断的两个特征相对应，这两个特征便是我们在本书前半部中所论证的规定性和可普遍化性。"②

在《道德思维》一书中，黑尔从伦理学思维的高度具体展开了关于道德推理、论证、方法等理论问题。

既然道德问题的研究是一种理性活动，那么，道德哲学的主要目的之一就在于引导人们合理地思考道德问题。依黑尔所见，道德哲学的思维方法包括两个方面或两个步骤：第一是对道德词的意义的理解；第二是合理地说明这些词的逻辑属性。他说："总而言之，道德哲学所采取的第一步是，为了帮助我们更好地思考（即更合理地思考）道德问题，去获得对研究这些问题所使用的词的意义的理解；紧随其后的第二步是，对这些词的逻辑属性予以说明。因而对合理思考道德问题的规则（canons）的逻辑属性予以说明。因此，在其形式方面，道德哲学是现在人们常常称之为哲学逻辑的一个分支，但这仅仅在名称上与那种用来作为事物最可靠之基础的所谓形而上学不同而已。"③ 这就是黑尔一贯所主张的道德哲学的任务是对道德语言、语词及其逻辑规则的逻辑研究。

黑尔明确宣称："我的希望是通过对道德词（moral-words）的探

---

① R. M. Hare, *Freedom and Reason* (Oxford University Press, 1963), p. 86.

② Ibid., p. 89.

③ R. M. Hare, *The Language of Moral* (Oxford University Press, 1961), p. 4.

究，我们将可以产生出支配我们道德思维的逻辑规则。"① 那么，支配
道德思维的逻辑规则是什么呢？黑尔似乎没有正面回答这一问题，但
他告诉我们，道德思维的逻辑规则产生于我们对道德词的逻辑属性的
确认。道德词的属性与道德判断的特征一样有着"可普遍化性"和
"规定性"。从前面对道德语言、判断及价值词的分析中，我们可以发
现，道德判断的这两种属性"与其他的、非道德的、评价性的判断相
互渗透，而第二种属性——即规定性并不为所有的道德判断所拥有，
而仅仅为主要的一类道德判断所具备"，这种具备规定性特征的道德
判断正是我们在道德推理中要着重研究的。② 因此，道德思维的逻辑
规则也就是建立在对道德判断和道德词的两种特征之上的合理的道德
推理。依据这种逻辑规则，我们可以发现，人类道德思维的发展已经
显示出两个层次，即直觉的层次和批判的层次，也可以将它们称为层
次Ⅰ与层次Ⅱ。黑尔认为，道德思维的直觉层次与批判层次的区分在
柏拉图和亚里士多德那里已有萌芽。例如，柏拉图对"知识"与
"正确意见"的区分，亚里士多德对"正当动机与实践智慧、性格美
德与理智美德以及'此'（that）与'为什么'（why）之间的区分"
都显露出道德思维的两个层次。③ 在这里，黑尔所说的直觉层次与批
判层次，实际上近似于康德所说的经验直觉与理性批判。

　　黑尔认为，直觉的道德思维层次也就是伦理学上的直觉主义。这
种层次的道德思维在人类道德思维中是客观存在的，也有其自身的作
用。但从根本说，它并没有给人们提供一种解决道德实际问题的方
法。因为我们常常处于相互矛盾的道德境况之中，在此情形下，道德
直觉远远不能帮助我们解决道德冲突。黑尔说："道德思维的直觉层

① R. M. Hare, *The Language of Moral* ( Oxford University Press, 1961), p. 21.
② Ibid.
③ Cf. R. M. Hare, *Moral Thinking: Its Level, Method and Point* ( Oxford University Press, 1981), p. 25.

次当然存在，而且（从人的角度来说），它是整个［思维］结构中的本质部分。但是，尽管我们很好地具备了这些相对简单的、最初的直觉原则或气质，我们也必然会发现自己处于一种相互冲突的境况之中，因此，就要求我们有某种别的非直觉的思维来解决这种冲突。"①道德直觉的思维层次所发挥的作用是极为有限的，面对充满矛盾的道德境况，它的无能性决定了人们必须超出这一层次，用更高的思维来思考道德问题，这便是批判的道德思维。

关于批判的道德思维，黑尔的说法中有两种不同的含义。当他从历史的角度来谈批判思维时，是与直觉思维相对立而言的，它指的是亚里士多德式的或康德式的传统理性批判思维。当他从语言和逻辑的分析角度谈批判思维层次时，则是指一种语言逻辑批判的思维，亦即元伦理学的批判层次。所以，他在谈到传统直觉思维和批判思维时又指出："我必须在这两个层次上再补加上第三个层次，即元伦理学的层次，当我们讨论道德词的意义和道德推理的逻辑时，我们就处于这两个层次。"② 元伦理学的批判思维层次与传统的两个思维层次之不同，在于"思维的直觉层次与批判层次都是研究道德实体问题的"③。尽管它们使用的方式不同，但都没有摆脱道德实体主义的束缚。元伦理学的批判思维则是一种语言与逻辑的批判性思维，它的目标不是寻求道德实体性基础，而是从道德语言、语词等的逻辑分析中，找到解决道德问题的逻辑方法和规则。

只有元伦理学的批判思维才能解决道德实际中的矛盾冲突，它是"一种不诉诸直觉而是诉诸语言学的思维类型"。黑尔说："我强调这种不同的思维形式，并称之为批判的思维，它不诉诸对任何道德实体

---

① Cf. R. M. Hare, *Moral Thinking: Its Level, Method and Point* (Oxford University Press, 1981), p. 40.
② Ibid., pp. 25 – 26.
③ Ibid., p. 26.

的道德直觉，它首先是根据哲学逻辑所建立起来的规则而开始的，因而它仅仅基于语言学的直觉。"① 在黑尔看来，语言学的直觉与道德的直觉是根本不同的，它们之间的关键区别是：后者立足于各种道德实体；前者却是运用语言和逻辑规则来分析解答各种道德问题，通过道德语词、概念等逻辑分析，达到正确的道德结论。因此，它的推理是逻辑的，结论是有根据的、合理的，而不是当下的顿悟所得。

批判的思维使人们通过道德概念、语词等逻辑属性的分析，达到一种自由的"选择"和"原则决定"（principle-decision），而直觉思维往往为那种"显见的原则"（prima facie principle）所迷惑。从批判思维的层次所做出的"原则决定"是不同于凭直觉思维所感知的"显见原则"的，尽管这两种原则都具有形式上的普遍性，但后者更为一般，前者则较为普遍。一般性并不等于普遍性。"显见的原则"具有一般性，但不能解决特殊的道德问题，只有通过批判思维所做出的原则决定才能解释冲突境况中的特殊道德问题。"永不杀人"与"除了在自卫中，或在通常的情况下，或在法律判决以外永不杀人"这两个道德原则同样具有普遍的形式，但前者较为一般，不涉及具体情况，在实际中无法解释具体的道德问题；而后者却是一种"批判性原则"（critical principle），具有其特殊性，能够解释特殊的道德问题。②

黑尔认为，弄清两个思维层次的区别十分重要，但决不能只停留在这一点上，必须全面地了解它们之间的相互联系和作用。首先，黑尔认为，两个思维层次之间并不是相互对立的，它们各自有其特殊的作用。他这样写道："批判的道德思维与直觉的道德思维不是像功利主义者与直觉主义者之间的大部分争论似乎预先假设的那样的两个对立的程序。它们是一个共同［思维］结构中的不同因素，各自有其部

---

① Cf. R. M. Hare, *Moral Thinking: Its Level, Method and Point* ( Oxford University Press, 1981) , p. 40.

② Ibid., p. 41.

分的作用。"① 现行的行为功利主义（act-utilitarianism）与规则功利主义（rule-utilitarianism）"在语词上"所进行的大部分争论，就在于它们忽视了"道德思维的批判层次与直觉层次之间的区别"，也看不到这两层次之间的联系。规则功利主义囿于直觉的层次，强调"显见的原则"的实在意义；行为功利主义却又止于批判的层次，忽略了直觉思维层次的部分合理性。② 黑尔认为，极端的直觉主义者们常常抱有一种幻想，他们过分地执信于人的直觉能力，仿佛每一个人都是具有一种"超人的思维能力、超人的知识而毫无人类的缺点"的"大天使"（archangel），有着"超人的洞见"（clairvoyance）。如亚当·斯密的"理想观察者"（ideal inspector）就是如此。③ 事实上，这种幻想是不可能实现的。人的思维能力必须求助于后天的教育和培养，任何直觉思维也不能超出理性所能允许的范围。另一方面，直觉思维也有助于批判思维的进行，因为直觉思维获得的"显见原则"有些是合理的，在一般情况下，它们可直接为批判思维所利用。但是，当人们遇到特殊的道德矛盾时，就必须诉诸批判思维。这就是说，道德的批判思维层次是更高的主要思维形式，它高于道德的直觉思维但并不排斥它，有区别又有联系，相对而又相容，这就是两个道德思维层次之间的基本关系。

对道德的两个思维层次的考察，实际上也揭示了伦理学理论研究的不同方法。直觉主义者停留在道德直觉思维的层次，直觉便是他们主张的基本道德方法；而我们强调的则是一种逻辑和语言的批判性思维方法，正是这种方法才使我们对道德问题的思维超越了直觉的层次而达到了元伦理学的批判分析层次，使道德问题有了全面的科学解释。

---

① Cf. R. M. Hare, *Moral Thinking: Its Level, Method and Point* (Oxford University Press, 1981), p. 44.
② Ibid., p. 43.
③ 参见周辅成主编《西方著名伦理学家评传》"亚当·斯密"篇，上海人民出版社，1987。

　　与道德思维的层次和方法相联系的是伦理学研究的出发点（point）问题。黑尔认为，我们可以通过对历史上两种类型的伦理学说的分析来回答这一问题。在他看来，康德与传统功利论伦理学是两种最有代表的学说。康德从普遍化的道德原则出发来考察道德，他强调的是道德的"意向"（intention）；相反，功利论者则是从"人们实际所拥有的实体性的欲望和利益"出发来考虑道德问题的，他们强调的是道德的"被意向的结果"（intended effects）；两者各执一端。依黑尔所见，"一个完整的道德体系既依赖于逻辑事实，也依赖于经验事实"①。康德只说明了"这个体系的形式"，而功利论者只"指明了这个体系的内容"。现在的问题是"如何建立康德与功利论者共同赞成的道德关系？"②

　　对此，黑尔走出了元伦理学的领地，提出了一种既非规范伦理学也非元伦理学的功利主义理论。他认为，一个完整的道德体系应该是形式与内容的统一，它的形式必须具有普遍性的逻辑特征和原则形式。这种普遍性只能从一种"逻辑事实"——道德语言、语词、概念等的逻辑特征中推导出来，只能通过语言和语词的规定性与普遍化性的论据，才能使道德体系本身具有普遍的形式特征，这就是康德曾经追求的，不过他的方式有所不同罢了。同时，一个完整的道德体系的内容必须依赖于经验事实，具有实际的规定性特征，只有这样，才能使道德原则产生实际的作用，就是功利论者所追求的真理。黑尔认为，建立这种道德体系的方法就是把上述两个方面结合起来，构成一种新的功利主义。他明确地说："总之，我们拥护的这种功利主义具有形式的因素（一种要求道德原则合理普遍化的重新系统化）和所提及的实质因素，它使我们的道德思维与现实世界联系起来。我们的功

---

① Cf. R. M. Hare, *Moral Thinking: Its Level, Method and Point* ( Oxford University Press, 1981) , p. 5.

② R. M. Hare, *Freedom and Reason* ( Oxford University Press, 1963) , p. 128.

利理论的规范结果便是这两种因素结合的结果，即是说，它不只是一种规范伦理学理论，也不只是一种元伦理学理论，而是两者的联姻。"①

很显然，黑尔从道德思维的理论研究中已经深深感到了元伦理学的局限和困难，有意识地试图突破元伦理学的限制，走出元伦理学与规范伦理学对峙的维谷之间，在两者间架起桥梁。尽管他表面上强调要建立一种既非纯元伦理又非纯规范伦理学的道德体系，但这恰恰反证了他力图调和两者矛盾的心愿，这显然偏离了元伦理学的理论路线，它是黑尔伦理思想发展的逻辑必然。在前面，我们已经从黑尔关于道德判断的两个特征的论述中发现了这种偏离与转向的明显迹象，并分析了它所预示的理论意义。在这里，我们再一次发现了黑尔所谓"普遍规定主义"伦理学已经表明了西方元伦理学向规范伦理学复归的开始。或许，这种理论蜕变，已经预示着西方元伦理学开始消沉，它本身正面临甚至已经在经历着一场新的理论革命——重新构造和确立自身已是元伦理学并寻找继续发展的出路。

最后，应当特别提及的是，作为一位现代英国的著名伦理学家，黑尔同许多本民族的元伦理学家一样，并没有完全摆脱英国民族的道德文化传统的影响。② 从 17 世纪初开始到维多利亚时代所积淀下来的以求实利、重经验为基本特征的传统英国功利主义道德文化仍有着不屈的现代生命力，对黑尔的伦理学产生了明显的影响，如同对摩尔、罗素、艾耶尔等分析伦理学家一样。它驱使黑尔常常不由自主地冲破

---

① Cf. R. M. Hare, *Moral Thinking: Its Level, Method and Point* ( Oxford University Press, 1981) , p. 5.

② 国内外的一些学者，也有时把黑尔称之为现代"新功利主义"（New-utilitarianism）的代表人物，认为他隶属于"新功利主义"的"规则功利主义"一派。这种看法是颇有道理的。它不仅反映了英国古典功利主义伦理学对黑尔的深远影响，而且反映出现代西方元伦理学向传统规范伦理学复归的新动向。对此，我们将在本书第五部分中论及。

经院式的分析伦理学的樊篱，去感受和正视书斋院外活生生的"现实世界"，坦露出对传统功利主义伦理学所饱含的那种生动可感的现实生活经验意蕴的几许迷恋。或许，这种道德理论现象就是伦理思想家与其特有的民族道德文化的一种不可超脱的感应与牵连吧。

至此，我们已经沿着现代西方元伦理学的长廊走到了当代，黑尔的思想探索已经把我们从现代西方元伦理学发展的历史追寻中领到了当代西方伦理学发展的前沿。

# 第三部分
# 现代西方伦理学的发展（二）
## ——人本主义伦理学

20 世纪西方伦理学的发展态势宛如一幅泼墨大写意画，斑驳陆离，异彩纷呈。要对这一时期的伦理学发展做一个十分准确的历史观照，确乎是一件极不容易的事情。究其原因，不单是由于 20 世纪前 60 年（即本书界定为现代西方伦理学"发展时期"）里，西方社会的政治、经济、文化之发展过程充满起伏和突变（两次世界大战、历史上最严重的经济危机，由于这些因素所导致的民族矛盾、地区争端、文化激荡等），左右着这一时期道德文化观念的变化，使之常常处于一种颠簸不定的状态。而且也由于科学技术的高度发展给哲学、伦理学、文学等带来的强大冲击，一些诸如心理学、社会学、语言学等新型学科对伦理学的渗透，使得传统理论意义上的"英美派"与"大陆派"之间的分化与交汇之两极趋向都在加剧，因而使这一时期的伦理学发展情形显得更加复杂起来。一方面，两者间的分离趋势不断强化，使其伦理学理论的风格迥异殊分；另一方面，因为哲学对语言、文化和人的历史的关注加深，又使得两者之间的相互渗透更为复杂①。因此，我在本书中所选择的对现代西方伦理学发展时期的"三分"（即"元伦理学""人本主义伦理学"和"现代宗教伦理学"之三条发展线索的划分）方案，实际上也只是相对的，当然也是不完善的。②

然而，我之所以仍然坚持这种方案，除了我在本书上卷"导论"中已经谈到的那些理由之外，还因为我仍然坚持认为，这种划分方案——出于学术研究的技术需要——基本上能够反映现代西方伦理学阶段性发展的基本趋势和格局，也优于简单地按时间顺序叙述的传统

---

① 参见〔法〕P. 利科主编《哲学主要趋向》，李幼蒸、徐奕春译，商务印书馆，1988。

② 20 世纪 80 年代国内一些研究者指出了把现代西方哲学划分为分析哲学和人本主义哲学两大派别的做法之局限性，这当然也适合于现代西方伦理学的研究。对此，笔者基本上持肯定意见。但作为一种观念史的研究，似乎又不能完全忽略这种实际状况，毕竟，我们不能把这种概分与传统的唯物—唯心两大阵营的划分等同视之。参见陈奎德《新靡非斯特的幽灵》，载《思想家》（论丛创刊号），华东化工学院出版社，1989。

做法；或者甚至是以唯物—唯心来加以归类的简单两分法。因此，在完成对现代西方元伦理学流变历程的探索后，我们接下来将系统地探寻现代人本主义伦理思潮的流变历程，它与元伦理学形成了现代西方两股最为强劲浩大的主流。

所谓"人本主义伦理学"，是从一般的形而上意义上来说的。它不是指狭隘传统意义上的人本主义（anthropologism），而是泛指一类以现代人学或人性哲学为理论基础，以人的价值存在、自由、选择、行为和责任等为中心主题的现代主体性道德理论。它不是一个严格统一的伦理学派，正如元伦理学也不是一个统一的理论学派一样；而是一种道德理论态度或倾向、一种思潮、一种伦理学理论取向。"人的关切"构成了这种伦理学倾向的共同主题和目标，但这并不意味着各种伦理学或各伦理学家有着完全一致的理论方法和建构方式。事实上，现代西方可以冠之以"人本主义"称谓的各个伦理学派或伦理学家，在许多具体的理论方面，包括理论前提的预制、具体方法论的寻求、认知理论的基础、逻辑和具体结论等，都是殊为不同的。所以，即使是在人本主义或人的哲学的旗帜下，也呈现出千姿百态乃至相互对峙的理论局面。例如，在现象学的奠基者胡塞尔那里，不仅隐含着一种对科学主义和客观实在论的逆反，而且也隐含着对传统"心理主义和人本主义的否定"。[①] 与其相反，以弗洛伊德和弗罗姆为代表的精神分析伦理学，却恰恰是以个体或社会情感心理学为基本方法，来创立或恢复人本主义伦理学的。[②] 况且，在存在主义之后，西方哲学的结构主义和阐释学转向，预示着一种由人本主义走向超人本主义，即"人的消解"（德里达）（de-struction of man）或"人的消亡"（福柯）（the death of man）的新哲学动向，自20世纪60年代以后，人本主义

---

① 参见〔德〕E. 胡塞尔《欧洲科学危机和超验现象学》，张庆熊译，上海译文出版社，1988。
② 参见〔美〕E. 弗罗姆《自为的人》，万俊人译，国际文化出版公司，1988。

思潮也步入黄昏之景。① 由于各派哲学的融合趋势增强，使西方近几十年来嬗变格局变得模糊起来。② 所以，我所谓的人本主义伦理学，当限于 60 年代以前的现代时期，它主要包括现象学价值伦理学、存在主义伦理学、精神分析伦理学、实用主义伦理学、新自然主义价值论等流派。

此外，本书所使用的"人本主义伦理学"也不包括人们通常所了解的那些现代西方宗教人道主义伦理思潮（如人格主义等）。鉴于宗教文化的特殊性这一大前提，我拟将现代宗教伦理学作为现代西方伦理学发展的另一脉络加以处理。

---

① 参见〔法〕P. 利科主编《哲学主要趋向》，李幼蒸、徐奕春译，商务印书馆，1988，第 516～532 页。该书把萨特存在主义哲学视为"主体哲学的最后的、最充分的表现"（同上书，第 567 页），并考察了自卡维勒到拉冈、福柯等人的"反人本主义"哲学的理论方面、模式、表现等重大问题。这种哲学趋势无疑也制约着伦理学理论发展中的人本主义思潮。另参见〔德〕F. R. 多尔迈《主体性的黄昏》第二章，万俊人等译，上海人民出版社，1992。

② 这是当代西方哲学和伦理学中的一个新的演变迹象，在此恕不赘述。

# 第十章

# 现象学价值伦理学

现象学—存在主义运动，是 20 世纪西方社会思潮发展流程中最具理论影响和实践影响的主流之一，从胡塞尔到萨特及稍后出现的形形色色的存在主义，构成了现代西方哲学、伦理学乃至整体文化图景中最为凸显的组成部分。从伦理学意义上看，这一运动呈现出多重环节和多种理论样式。

以胡塞尔为前驱的现象学，虽然最初并没有提出严格意义上的伦理学体系，但它前纳笛卡尔、康德、布伦坦诺等人的主体性、价值论和意向性理论营养，后启存在主义，是现代人本主义伦理学发展过程中一个不可忽略的关节点。胡塞尔对"自然科学态度"和"现象学态度"的区分，对人的意识（主体性）和"生活世界"的自我学关注，都蕴含着极为深远的价值人学意味，甚至在一定程度上预制了存在主义哲学、人学和伦理学的生长方向。因此，我们可以说，正如不理解胡塞尔的现象学就无法涉入存在主义内奥一样，不了解现象学对伦理学的理论（尤其是方法论）预制，就无法真正理解存在主义伦理学本身。

就现象学伦理学和存在主义伦理学的联系而言，往往又是一种多样性价值理论样式的并存和交叉。胡塞尔的"自由中心论或自我学"（ego-centralism or egology）；马克斯·舍勒的"实质的价值伦理学"；尼克拉·哈特曼的"道德现象学"；虽同集于现象学的方法论旗帜之下，却又各有不同的旨趣。存在主义内容则更是异彩纷呈。海德格尔在现象学内部发现了"存在哲学"的新方向，萨特则从"现象学本体论"层次上推出了自己的自由价值理论。而且，"宗教的"和"无神论的"、"现象学本体论的"和"阐释学的"、"构成性的"与"行动的"、"哲学理性的"与"想象诗化的"……各种哲学、伦理学样式风韵千秋，令人目不暇接。尽管美国当代著名的存在主义伦理学家H. 巴恩斯对于"有多少个存在主义哲学家，就有多少存在主义伦理学"这一夸张式的说法颇有微词①，但"存在主义"这一标签下所呈现的具体伦理学理论方法、倾向及由此带来的不同理论特色之差异性事实却是毋庸置疑的。

从历史的角度来看，"现象学价值伦理学"只是对20世纪前期以现象学哲学方法来研究价值经验现象及其伦理本质、构成、来源和实现方式的一种伦理思潮的大致概括而已。因此，这一概念亦是不太严格的。除了出自对西方一些学者习惯用法的认肯外，我对这一概念的使用，与其说是试图提供一种严格的理论界定，毋宁说是出于学术研究的考虑，对一些具有相似的伦理学方法论特征和价值本体设置的思想家的道德理论做一种导论式的解释。而当我涉及"价值"这一伦理学核心范畴时，又深感有进一步追溯其历史渊源或做一番观念溯源学阐释的必要。因之，在正式探讨胡塞尔现象学价值伦理思想之前，让我们先回首一下自19世纪初期以来所出现的各种价值理论。

---

① H. E. Barnes, *An Existentialist Ethics,* esp. "Preface"( Chicago: Chicago University Press, 1978) , p. 11.

# 第一节 价值伦理学溯源

## 一 概念溯源

从"现象学价值伦理学"这一概念中，人们可以领悟到两种理论意蕴：其一是方法论的，这就是20世纪初形成的现象学哲学方法的价值应用及其伦理意义；其二是伦理学本体的，即把伦理学置于直接的对价值经验现象的哲学本体研究地位。历史地看，这两方面虽然在20世纪初的西方伦理学发展历程上才突现出来，尽管以现象学这一新型方法来研究价值问题还只是到了胡塞尔以后才真正开始，但对价值的哲学和伦理学研究却有着深远的历史背景和理论渊源。

谈到"价值伦理学"，首先使我们联想到"价值哲学""价值学"等概念。在某种意义上，我们可以把价值哲学、价值学和价值伦理学视为同质性学说，但毕竟有其范围涵盖和意义界定的差异。对此，我们可以首先从其历史形成中探索它们的不同之处。

"价值哲学"是指以价值（意义）作为哲学本体和主题的一般价值学说。它的发源地是德国，最早至少可以追溯到洛采，甚至还可以上溯到康德。新康德主义者文德尔班、李凯尔特和生命哲学家奥伊肯等人，均是价值哲学的先锋人物。"价值学"（axiology）与"价值伦理学"大体上是两个近似的概念，意指关于价值意义的一般学说。但"价值学"较为广泛，而"价值伦理学"则较为狭窄；前者泛指一般价值领域，包括伦理价值、审判价值、信仰（宗教）价值和认知价值，而后者则只限于伦理价值，即具有善恶好坏（或正当与不当）意义的价值对象（行为、存在和关系等）。根据美国道德哲学教授 J. N. 芬德莱（John N. Findlay）考证，"axiology"（价值学）这一专有名词近似于德语中的"价值理论"（Werttheorie）一词，最早由美国哲学

家 W. M. 奥本（Wilbur M. Urban，1873～1952）于 1906 年出版的
《评价：及其本性与法则》（Valuation：Its Natures and Laws）一书中
引入哲学。① 事实上，奥本本人也自诩为这一学术术语的发明者，他
宣称："'价值学的'这个术语完全是由我独立创造的。"② 但据笔者
所知，这并不确实。早在奥本以前，已经有人使用过这一术语了（如
洛采等），只是未曾严格地规定（稍后详谈）。从伦理学意义探讨价
值问题的早期代表人物是德国哲学家和心理学家弗兰兹·布伦坦诺，
以及他的弟子、德国现象学宗师胡塞尔和奥地利哲学家阿勒克修斯·
门农（Alexius Meinong，1853～1920）、克利斯坦·冯·埃伦弗尔斯
（Christain Ehrenfels，1859～1932）。芬德莱认为，奥地利价值学派是
有所理论贡献的。再后，还有德国哲学家马克斯·舍勒和尼古拉·哈
特曼等人。鉴于这些思想家的理论影响和本书的内容设置与篇幅，我
们只能以素描式的方式，扼要地描述部分思想家的价值理论，对某些
重要的代表性人物则专节讨论。③

## 二　价值哲学：洛采、文德尔班、李凯尔特

"价值"（德文为"Wert"，英文为"value"）一词的严格学术使
用，最初始于近代政治经济学家（如英国古典经济学的奠基者亚当·
斯密、奥地利经济学家冯·纽曼等），他们从经济学的角度，把"价
值"理解为"效用""效益"，并根据商品的这些属性来解释其"生
产""交换""分配"等实际过程。④ 后来，这一概念逐渐为哲学家和

---

① Cf. J. N. Findlay, *Axiological Ethics*, Macmillan Co. Ltd., 1970, Introduction.
② Cf. W. M. Urban, "Valuation: Its Natures and Laws," From F. S. Britman, *The Dictionary of Philosophy*, "value" term (New York: Philosophical Library, 1942), pp. 32 – 33.
③ 凡专门讨论的思想家均未注明英文原名。下同。
④ 参见〔法〕P. 利科主编《哲学主要趋向》，李幼蒸、徐奕春译，商务印书馆，1988，第 438 页。该书作者认为，直到尼采才将"价值"这一概念"一般化"。这种说法似不准确。

伦理学家所启用，并赋予"价值"以哲学本体的地位，以至于到 19
世纪中后期在德国出现了一种价值哲学（如洛采）。

　　大致说，早在康德的伦理学著作中，就已经出现了"价值"这个
词。虽然康德并没有系统地阐明和论证"价值"概念，但他关于人的
理性存在、关于目的与手段等重大道德问题的论述，都带有浓厚的
"价值哲学"意味，给后继者们以深远的理论影响。而且，他也较早
在伦理学意义上直接使用过"价值"这一概念。在论证"善良意志"
这一伦理学主题时，康德认为，善良意志之所以是绝对至上的，是因
为它"具有意志的绝对价值观念"，"善良意志的价值并不因有用而
增加，也不因无效而减少"①。

　　最先从哲学本体论高度阐述"价值"范畴，并着手建立一种价值
哲学的人，是 19 世纪中叶的德国哲学家洛采（Rudolf Hermann Lotze，
1817～1881），他的学生及再传弟子文德尔班（Wilhelm Windelband，
1848～1915）和李凯尔特（Heinrich Rickert，1863～1936）是这一学
说的重要代表。

　　洛采被西方学术界称为"价值哲学的创始人"②。其弟子文德尔
班甚至说："价值学或有关价值的学说是最近才独立出来和日趋完善
的理论。在近代哲学语言中选用'价值'一词是由洛采首先开始
的……"③ 洛采继承德国古典哲学的思辨传统，特别是谢林哲学所主
张的"世界精神"，力图使研究事实领域的自然科学与研究普遍规律
领域的思辨哲学结合起来，以求得形而上学的价值本体领域的确立。
在他看来，人类经验观察和思维的领域有三个：事实的领域、普遍规

---

① 转引自侯鸿勋、郑涌编《西方著名哲学家评传》第 8 卷，山东人民出版社，1985，
　第 183 页。

② H. Schnädelbach, *Philosophy in German 1831 – 1933* ( New York: Cambridge University Press,
　1984) , p. 169.

③ 转引自杜任之主编《现代西方著名哲学家述评》（续集），生活·读书·新知三联书
　店，1983，第 35 页。

律的领域和价值的领域。三者之间的关系是手段与目的的关系。事实领域的经验观察是达到必然性普遍规律的手段，而一切观察的意义和认识的意义标准就在于它们的价值意义。因此，价值的领域是最高的目的领域。

洛采进而认为，在各种价值中，善是最高的价值，因而也是人们追求的最高目的。经验的事实性观察和对事实存在的必然性认识必须靠善来确保其意义。经验事实的认识和形而上学追求的最高目的并不在于事实领域或形而上学本身，而在于它们对善之价值本体的直觉把握。他说："存在的必然性真理性只能由善来保证。"而"形而上学的肇始不在自身，而在伦理学中"①。这样一来，善这一价值本体实际上就成了一种"绝对的目的"，成了一种"应该存在"的理想。它不仅具有一般的伦理学意义，而且也是一切具有价值意义的东西的客观基础。由此可见，洛采对价值本体的设置颇似柏拉图对善的观念的论述，它既具有超验的唯心主义特征，又具有客观绝对主义的特征，无怪乎有人把他的价值论称为"价值的柏拉图主义"②。

后来，洛采还进一步将其价值哲学从客观一般的层次推演到个人生活的特殊领域。他认为，价值不仅是一个具有绝对客观性的本体概念，而且也是一般个体性概念。个人的行为、情感体验、理智活动和"灵魂"都可以根据这一概念来评价它们的价值意义，而这种价值评价的客观性则依赖于它的"普遍的主观性"基础。换言之，个体善性的普遍化，使善这一概念在个体生活的领域获得具体的伦理评价意义，从而达到价值本体意义与伦理评价意义的统一。这一观点显然有康德主义的味道。

---

① Herbert Schnädelbach, *Philosophy in Germany 1831–1933* (New York: Cambridge University Press, 1984), p. 169.

② 李莉：《当代西方伦理学流派》，辽宁人民出版社，1988，第192页。

　　洛采的价值理论兼备哲学形而上本体和伦理学评价的双重品格。他对"价值"的哲学论证，使这一范畴上升到哲学本体论高度，又贯彻于伦理学实践领域，开了现代西方价值哲学和价值伦理学的先河，对后世产生了巨大影响。其弟子文德尔班在谈到这一影响时说："自从洛采把价值概念提高了，放在一个突出地位，并把它当作逻辑学、形而上学以至伦理学的顶峰以来，很多人就想到，要把价值理论当作哲学的新的科学基础。"① 实际上，继洛采之后，不仅文德尔班继承了这位先师的许多思想，而且连生命哲学家鲁道夫·奥伊肯（Rudolf Euken，1846~1926）、现象学价值论者马克斯·舍勒、尼古拉·哈特曼等人都在不同程度上受到洛采价值理论的间接影响。

　　继洛采之后，文德尔班和李凯尔特将价值哲学的研究推进了一步。如果说，洛采已经把"价值"这一概念首先引入哲学，并将其擢升到哲学本体论高度而尚不及具体建构一种系统的价值哲学体系的话，那么，文德尔班和李凯尔特则共同完成了这位先师的理论夙愿，使先验的价值哲学得以确立。

　　文德尔班将洛采的价值本体论与康德的实践哲学（伦理学）精神结合起来，给哲学赋予了理性认识和价值实践的双重品格。他认为，哲学不单是一种认识论，也是一种人生的价值指导。晚年，文德尔班曾经有一个总结性论述，他说："哲学作为一种世界观科学必须满足两种需要。人们期待它提供包罗广泛、基础坚定和尽可能完备的有关一切知识的原理，以及持此原理所获得的信仰，这种信仰将为人类生活提供内在的支持。哲学具有的理论及实践意义在于，它应当既是有关世界的智慧，又是有关生活的智慧。如果某种哲学只满足这一种或

---

① W. Windelband, *A History of Philosophy*, English trans. by J. H. Tufts（Nabu Press, 1979），p. 681.

那一种任务，我们将首先认为它是片面的和有缺欠的。"① 在文德尔班看来，哲学的基本目标，就是对宇宙真理与人生价值的探索。前者是对一般"事实存在"的研究，是哲学本体论（ontology）的研究对象，后者是价值学（axiology）的主题；前者的基本理论形式是理性的"批判判断"，后者则为"评价"。

于是，在文德尔班这里，出现了"事实"（Faktum）与"价值"（Wert）之间的分野："事实"只属于客观自在的领域，它与人的理性（认识）相联系，而"价值"的基础却在于人的意志和情感，"每一种价值首先意味着满足某种需要或引起某种感情的东西"，"如果取消了意志与感情，也就不再有价值了"②。

既然价值依赖于人的情感和意志，又如何保证价值的客观有效性呢？文德尔班告诉人们，价值也是一种普遍客观的存在，它具有客观有效的评价意义，如同存在着康德的所谓"自在之物"一样，也存在着一种"自在价值"。而当我们从评价的意义上来看待这种"自在价值"时，就可以发现，"自在价值"意味着一种"规范意识"，并指导着各种具体的价值行为。他说："正如自在之物一样，也存在着自在价值。我们必须探索它，以便显示出各种具体价值的相对性，而且如果价值只存在于对意识进行评价的关系中，那么自在价值就意味着同一种规范意识。"③ 对"自在价值"与评价意义上的"规范意识"作同一性的逻辑推理，实际上是赋予价值以一种绝对理想的价值规范功能和评价功能。但文德尔班绝不是单纯从伦理学价值评价（善恶）意义上来讲的，而是就整个价值哲学而言的。具体地说，他所指的"评价意义"既包括伦理评价（意志与情感）的善恶，也包括逻辑评价（理性

---

① W. Windelband, *The Concept of Philosophy*, English trans. by R. W. Newell ( Basil Blackwell, 1981 ), p. 19.
② Ibid., p. 254.
③ Ibid., p. 255.

的真假）和审美评价（即所谓"美感生活"的评价）。① 因此，他的价值哲学仍是一种类似于康德真善美统一类型的价值体系。不同在于，他把这一哲学系统的统一基础从以"善"为最高目的转移到了以一般价值为本体的视角上来，从而更显示出其价值哲学的特殊色彩。

文德尔班的学生李凯尔特直接继承了他的原则，并进一步从文化和历史哲学的角度阐述了"价值"概念在哲学中的核心地位。李凯尔特认为，"价值"是区别自然与文化的决定性标准。"价值"不是一种"存在"，而是一种"意义"。"关于价值，我们不能说它们实际上存在或不存在，只能说它是有意义的还是无意义的。"换言之，"价值不是实在，既不是物理的实在，也不是心理实在"②。因此，自然事实无价值可言，只有文化才有价值特性。不独如此，价值还是使任何历史科学具有意义的关键之所在。"没有价值，就没有任何历史科学。"③ 一切历史事件只有与价值存在着某种联系的情况下（即具有价值意义），才能获得其本质和意义。这即是李凯尔特的所谓"价值联系原则"。

但是，在李凯尔特看来，"价值"并不能等同于"评价"。历史学家只判断历史事件是否具有意义，而不对它们作肯定或否定的评价，两者不能等同视之。在这里，李凯尔特一方面坚持了文德尔班把价值作为一般哲学范畴来处理的原则，同时又将其扩充为一种文化哲学的范畴，使它更具有一种人类文化学的意味。难怪他本人在晚期主张把哲学分为认识论、本体论、人类学三大构成。但他究竟没有最终廓清"价值"与"评价"之间的异同。实际上，价值并不是一种纯粹的理想性概念，它既是存在（现实的），也是非存在（理想的）；既是一种意

---

① W. Windelband, *The Concept of Philosophy*, English trans. by R. W. Newell ( Basil Blackwell, 1981), p. 363.

② H. Rickert, *Kulturwissenschaft und Naturwissenschaft* ( Universität Freiburg, 1921), p. 22, p. 99.

③ Ibid., p. 91.

义的形式，也具有其实在的经验内容。而评价则是一种人类的价值认识和活动，从一般意义上说，它隶属于价值哲学的一部分，或者说，它是对价值对象（有人类意义的客体）的认识和反省，是一种价值意识活动。从这一点上看，评价确乎不同于价值，因为评价本身并不直接创造价值；但它又同于价值，因为没有评价，价值也就失去了显现的中介。而且，如果我们把价值视为一种意义性，则评价活动本身也是一种价值活动，因为它本身也具有某种意义。所以，李凯尔特的"价值联系原则"既具有合理的一面，也有不全面的一面。

从洛采，经文德尔班，到李凯尔特，价值理论经历了一个从政治经济学上升为哲学、从一般哲学概念上升到哲学本体论，再由形而上哲学扩充到历史文化哲学的递进过程，从而使价值哲学终于从康德、谢林的理性哲学隐喻中凸现出来，它虽然还不完全是一种伦理学意义上的价值理论，但对尔后的德国现象学价值论思想家们产生了很大的影响，其价值哲学的人学意味更为后继者们心领神会。就此而言，他们的价值哲学是我们理解现象学价值论需要了解的一个理论前提。

### 三 布伦坦诺的"意向性"与"价值公理"

与洛采和享有"历史学派"称谓的新康德主义者的价值哲学相比，布伦坦诺的价值伦理思想具有一种奇特的历史特性：一方面，从严格的伦理学意义上看，他的价值理论并不比前者丰富多少，更不及后来的马克斯·舍勒；但另一方面，由于他独特的哲学方法和对价值、判断等问题的新解释（尤其是其带有心理主义色彩的意向性理论），又使得他对后来的现象学家们产生了深刻的影响，甚至也波及现代经验主义伦理学派（如对语言的意向分析等），以至于德国当代著名的哲学家 W. 施太格缪勒把他视为胡塞尔现象学的直接启示者和舍勒、海德格尔等人的价值哲学与存在哲学之精神"祖父"，同时又认为他的哲学方法与现代英美分析哲学的方法有"许多明显的相似之处"①。由于布伦坦诺思想的这种地位，我们在着手讨论现象学价值伦理学之前，不能不对它有所涉及。

布伦坦诺（Franz Brentano，1838～1917）是19世纪后期德国最著名的哲学家、心理学家和伦理学家之一。他的主要伦理学著作有《从经验立场出发的心理学》（1878年）（*Psychologie vom empirischen Stanpunkte*）、《我们的正当与错误之知识起源》（1889年）（*Von Ursprung sittlicher Erkenntnis*），以及遗著《伦理学的基础与结构》（*Grundlegung und Aufbau der Ethik*）。在这里，我们主要就他对后来现象学价值伦理学的影响，概略地谈谈他的两个主要思想：意向性理论和价值公理学说。

简单地说，布伦坦诺的哲学基本上是对传统经验主义认识论的一种哲学心理学发展。由此，也决定了他的伦理观具有一种心理认知主义的色彩。布伦坦诺认为，哲学之科学的品格要求，首先在于找到明晰性（Evidenz）真理的"所在"。真理问题，即人的意识对整个物理现象世界的真假意识问题。物理现象本身并不包含真理之"所在"，只有当人对之做出心理反应或意识反应时，才产生真理问题。因此，对真理的探讨，首先是对心理现象（心灵）的整体研究，寻找人类意识的要素。从这一点出发，我们发现，任何意识都是对某对象的意识，人的心理活动之基本特性即它的"意向性"（Intentionalität）。"意向性"是各种认知、感情、意愿所直接指向其对象时的特征。人在其意向性体验中获得对象的表象，并对其做出判断；同时又体验到各种感情现象（emotionale Phänomene）。布伦坦诺认为，在诸多感情现象中，爱与恨是两种最基本的感情现象。在判断中，人们不单涉及认知的真假问题，也涉及意志的判断问题。通过对对象的判断，人们

---

① 〔德〕W. 施太格缪勒：《当代哲学主流》（上卷），王炳文、燕宏远、张金言等译，商务印书馆，1986，第41～42页。

以自身的意向性意识，获得一种内在的客观性。人们判断的形式是主观的，但它的内容却是客观的。通过判断，人们可以达到对自明公理的把握。

但是，人们的认知、体验乃至判断不单是对"实已存在"（Was ist）的东西的认识，而且也涉及"应该存在"（Was sein soll）的东西。因此，关于价值（伦理）的学说只有和关于真理的学说联系起来才有可能。布伦坦诺既反对伦理学上的主观主义和相对主义企图，竭力使伦理的价值认识与哲学真理的认识达到默契；又反对康德式的绝对理智主义，主张摒弃那种用纯粹的思维虚构来维持伦理学绝对至上性的做法，力图通过对人的情感体验和心理经验现象的具体研究，找到一种既具备自明客观性又具有个人主体性品格的伦理学基础。基于前者，他将真理认识判断与伦理情感判断进行类比的推理。他认为，如同真理性的认识判断具有真假两极一样，伦理情感判断也具有爱与恨、愉快与不愉快等相对的两面；后者不过是肯定评价与否定评价（真与假的判断）的一种特殊表现而已。基于后者，布伦坦诺认为，我们可以从各种情感行为（现象）本身去发现正当与否的客观性依据。所以，人类的感情现象也具有其客观自明性的依据。而且恰恰是认知判断与行为判断的这种内在联系，使我们有可能找到价值判断的基点，杜绝上述两种极端。

伦理认识在根本上说也就是一种情感价值判断。一如真理的认识在于确定真理的"存在"（是）与"非存在"（否）一样，价值判断首先是对对象的"善"与"恶"的直观把握。知识本身是一种价值（善）。但真理的领域与价值的领域不尽相同。在前一个领域里，不可能存在比较级判断。也就是说，真理只可能有或真或假的两者择一之抉择，而不可能有"比较真的"或"比较假的"判断。但在后一个领域，则可以出现这种比较级判断，即可以存在"比较好（善）的"或"比较坏（恶）的"判断。正由于此，我们在价值领域中，就不单要从各种情感现象（爱、恨、偏好、憎恶、愉快、痛苦……）中，确认一种客观绝对的"价值公理"，而且还要注意到其间的"优选公理"（Vorzugsaxiome），这就是我们对价值对象的比较判断和选择。布伦坦诺以为，这种比较选择大致有三种一般的情形：第一，人们宁愿选择善者，而不愿意选择恶者；第二，人们宁愿选择让善的东西存在，而不愿意选择让恶的东西存在；第三，在同类的善性价值中，人们宁愿选择比较善者。除此之外，还有一种"对价值漠不关心的态度"，即"价值冷漠"的态度。它不愿对价值优选公理做任何判断和选择，因之也就不可能产生任何判断态度和价值体验。

总之，在布伦坦诺这里，价值既不是一种单纯的主观情感选择，也不是一种空洞的理性虚构，而是一种以人的情感经验为基础的内在自明性综合选择。从总体上看，这种价值观更接近于经验主义和直觉主义，但由于它首先立足于主体（人）的意向性行为，并从此引申出人的认知判断和价值判断，并把知识的真理性与价值的自明直觉特征牢固地建立在人类的经验直观和意向性上。这一哲学方法，为稍后的现象学对人类生活世界和人的主体性的探讨，开辟了一条既具有经验人学意味又内含超验客观自明性的新道路。胡塞尔的现象学变革就存有这种理论影响的痕迹。

## 第二节　胡塞尔现象学的主体价值论

在现代西方哲学的发展进程中，胡塞尔无疑是一位里程碑式的思想大家。如果说，尼采是一位旧世纪哲学的破坏者；那么，胡塞尔则是一位新世纪哲学的创造人。他所创立的现象学哲学，如同在 20 世纪初哲学的灰色天幕上升起的一颗闪烁着理性和人学光芒的启明星，它划破了西方世纪之交仍为各种怀疑、否定和迷惘所笼罩的重重帷幕，在新世纪哲学的屏幕上推出了主体（性）、理性和人性的显赫主题，给 20 世纪西方哲学带来了新的希望和梦想。

现象学—存在主义哲学运动是半个多世纪以来西方哲学的再生之梦的象征，胡塞尔理所当然是这一梦想的编织者。于理性和科学的危机中寻求解脱；在经验主义哲学的泛滥中追求自醒；为沉沦于社会政治文化和人性忧患中的人类重新树立自我人性的信念，这就是胡塞尔及其现象学所蕴含的深层内涵和伦理价值动机。唯其如此，他的名字和哲学不独弥漫于 20 世纪各种哲学思潮，而且也影响过并仍影响着西方形形色色的哲学发展：现代人类学（马克斯·舍勒）、主体性存在哲学（海德格尔、萨特）、解释学（海德格尔、伽达默尔、利科）、结构主义和后结构主义（德里达、福柯）等；几乎绝大部分现代非英美哲学至今尚无法摆脱胡塞尔理论的影子。

世纪性的哲学思想家当然也是世纪性伦理学的启蒙者。胡塞尔现象学同样也给伦理学视景带来了智慧之光。他对"严密科学的"哲学理性的孜孜追求，对人类主体意识的深刻理解，对"自我学"结构的深入探索，以及对理性、人性、主体（性）、"生活世界"的精辟洞见，都隐含着一种深刻而严肃的、充满着智慧痛苦和现实焦虑的伦理价值意味。我们对胡塞尔主体价值观的伦理学探讨，正是基于这一独特理论背景和意义而展开的。

## 一 生平与著作

艾德蒙特·胡塞尔（Edmund Husserl，1859～1938）出生于原奥地利摩拉维亚（Moravia）的小城普罗斯涅茨（Prosnitz）（属原捷克斯洛伐克境内），犹太血统。由于早年丧父，长期与母亲生活在一起，深受母亲性格的影响。他 10 岁开始上学，后进入著名的奥尔缪兹公学学习，直到中学毕业。以数学和自然科学成绩见长的胡塞尔中学毕业后进入莱比锡大学攻读数学、天文学、哲学等科目。1879 年转到柏林大学，就学于当时的著名数学家克隆勒克尔（L. Kronnecker）和维尔斯特拉斯（K. Weierstrass）门下，深得数学奥义。1881 年，他再转入维也纳大学学习，两年后应维尔斯特拉斯之邀返回柏林大学做其助手，因维尔斯特拉斯病逝而于次年回到维也纳。在维也纳大学的讲堂里，胡塞尔幸遇著名哲学家布伦坦诺，从此改变了自己的学术志向，投入奇妙无穷的哲学。除了这些大学导师们的影响之外，还有两个人对胡塞尔终身的生活产生过深远持久的影响。一位是他在柏林大学就学期间结识的科学哲学教授阿尔布莱特（G. Albrecht），后者也是他的教父。另一位是 1887 年与胡塞尔缔结良缘的终身伴侣夏洛蒂·斯太因施奈德（Charlotte Steinscheider）。但对胡塞尔哲学思想影响最深的还是他视为父亲的学术导师布伦坦诺。①

从 1887 年起，胡塞尔开始了自己的教学生涯，先是出任大学的讲师，后在哈尔（Halle）大学任讲师。这期间，他将自己曾在布伦坦诺的大弟子斯达姆夫（C. Stumf）指导下完成的学位论文扩充为《算术哲学》一书，于 1891 年出版。这是胡塞尔的第一部学术专著，也是他把数学之确定追求与内在心理学的实质反省统一起来的首次尝试。同期，胡塞尔还两次赴哥廷根大学讲授逻辑哲学，1901 年后，继任该大学的哲学教授，长达 15 年之久。1916 年，胡塞尔转任弗莱堡大学的哲学教授，至 1927 年退休。

从 20 世纪 20 年代起，胡塞尔偶尔赴国外讲学。1922 年，他赴伦敦大学作现象学哲学演讲。1929 年又应邀赴法国巴黎演讲，后发表了著名的《笛卡尔沉思》。1933 年，由于德国纳粹政治势力登台，胡塞尔和爱因斯坦、弗洛伊德等犹太知识界名人一样，受到排挤和迫害，甚至被弗莱堡大学逐出黉门（其时，海德格尔正出任该大学校长）。此间，胡塞尔放弃了去美国加州大学任教的机会，移至弗莱堡市罗托

---

① 参见侯鸿勋、姚介厚编《西方著名哲学家评传》续编下卷"胡塞尔"篇，山东人民出版社，1987，第 69 页。

堡路的旧居继续从事自己的哲学研究工作。1935 年，胡塞尔获准赴维也纳和布拉格应邀做了平生最后的两次学术演讲，主题为"哲学和欧洲人的危机"，后成为他《欧洲科学危机和超验现象学》一书的雏形。由于身体上的病患和沉重的精神压力，胡塞尔于 1938 年 4 月 27 日在家中辞世，死时，只有其学生芬克（Fink）等少数弟子、同人和亲属在场，情景惨然。一位伟大而充满时代忧患意识的哲人悄然长逝了，他给我们留下了许多具有无穷阐释意义的智慧之作，其中，《现象学的观念》(1907 年)（*Die Idee der Phänomenologie*）、《笛卡尔沉思》(1960 年)（*Cartesian Meditations：An Introduction to Phenomenology*）、《欧洲科学危机和超验现象学》(1936 年)（*Die Krisis der europäische Wissenschaften und die transzendentale Phänomenologie*）等著作较为集中地反映了他有关伦理价值的思想。

## 二 现象学及其方法论的价值追求

现象学（Phänomenologie，英文为 phenomenology）是胡塞尔创立的一种新哲学体系。但最先使用这一概念的不是胡塞尔本人，而是 18 世纪德国哲学家兰伯尔特在其《新机构》（1764 年）一书中提出来的，后 19 世纪德国哲学大师黑格尔在《精神现象学》一书中沿用了这一概念。在胡塞尔这里，现象学也没有一种统一的确切界定。研究者们通常是把现象学作为一种独特的哲学认识论方法来加以解释的，但也难于求得一种统一的规定。当代著名的现象学研究权威斯皮格伯格（H. Spiegelberg）在其《现象学运动》(1960 年)（*Phenomenological Movement*）一书中，就把现象学方法分为七个步骤：（1）研究特殊的现象；（2）研究一般本质；（3）研究本质间的本质关系；（4）研究显现方式；（5）研究现象在意识中的构成；（6）终止对现象存在的信念；（7）解释现象的意义。与此相应，便可概括出六种相互关联的现象学研究类型：（1）描述现象学；（2）本质现象学；（3）显现现象学；（4）构成现象学；（5）还原现象学；（6）解释现象学。①

然而，无论人们对胡塞尔现象学的解释是多么复杂，我们都可以从胡塞尔本人的作品中发现现象学所包含的三种最基本的哲学特性：它是一种理性哲学方法，要求以绝对的"本质直观"（Wesensschau）或"现象学的本质直观"（die phänomenologische Wesensschau）去洞观人类的理性基础，寻求在纯粹意识领域建立超验的"认识的本质学说"。它是一种深刻的"思维态度"，决定对意识之绝对确定性和明晰性的批判理解，为建立超实在科学的或"前预定性的"（prepredictive）一般"存在科学"，奠定具有"严密科学"品格的认识论基础。它是一种博大而深沉的人学价值追求，渴望并进行了对超验自我学（transzendentale Egologie）的构成性解释，力图以主体性意识去照亮和显现一切自然的存在和人间的生活世界，期待着达到人性化哲学与哲学人性化的本质统一。

胡塞尔说："现象学是一般的本质学说。"②"它标志着一门科学，一种诸科学学科之间的联系；但现象学同时并且首先标志着一种方法和思维态度：典型哲学的思维态度和典型哲学的方法。"③ 现象学首先是一门关于一般本质的学说，这意味着它必须超脱于经验科学和各种经验实在论与相对主义哲学。胡塞尔批判地反省了 19 世纪后期所盛行的几种哲学流派，如经验论和逻辑心理主义、历史主义（黑格尔、狄尔泰）和"世界观哲学"（Weltanschauung Philosophie）等，认为它们都放弃了对绝对明晰性的哲学寻求，因而不可避免地要陷入相对主义和怀疑论。在胡塞尔看来，对形而上的"存在科学"之追求，永远是人类最崇高的理想，它隐含了人类普遍理性发展的"目的论"意

---

① 参见侯鸿勋、姚介厚编《西方著名哲学家评传》续编下卷"胡塞尔"篇，山东人民出版社，1987，第 125 页。
② 〔德〕E. 胡塞尔：《现象学的观念》，倪梁康译，上海译文出版社，1986，第 7 页。
③ 同上书，第 24 页。

义。从苏格拉底、柏拉图的理性哲学到笛卡尔的内在反省和康德的"理性批判"，无一不是对这种崇高哲学目的的追求。这种追求的最终结果，必定是一门"严密科学的哲学"的诞生，现象学即是"整个近代哲学秘而不宣的期待"，是这种"严密科学之哲学"追求的最高历史形态。

因此，现象学是使人类对绝对真理和永恒价值追求成为可能的伟大哲学。在被称为胡塞尔现象学"宣言"的长篇论文《哲学是一门严密科学》中，胡塞尔庄严宣告："哲学在最初就曾宣称过要成为一门严密科学；而且也宣称要成为一门能满足最崇高的伦理要求并从伦理—宗教观出发，使一种由纯粹理性规范所支配的生活成为可能的科学。"因此，"哲学就其历史目的来说，是一切科学中最伟大、最严密的科学。它真实地描绘出对纯粹绝对的认识之不朽要求（与此相联系的是纯粹与绝对的评价与意愿的要求）"①。由此可见，现象学不仅是一门具有严密科学品格的哲学，而且也是一切价值科学得以成立的理论基础。绝对真理与永恒价值的统一追求是哲学最原始的本义。

然则，要建立这种现象学哲学，必须满足这样几个基本条件。（1）它必须超越一切"自然的"科学态度，因为哲学是一门关于"最高存在"的学问之基础，否则，便无法为一切科学（包括价值科学）提供可能性真理基础。（2）它必须有"全新的思维度"和"全新的出发点"；或者说，它必须找到绝对自明的哲学"开端"，即无前提的哲学"阿基米德点"。（3）它必须拥有"一种全新的哲学方法"，这是前两个条件的根本保证。正是在此意义上，胡塞尔更多地把现象学视作一种全新的彻底的哲学方法，而"现象学的还原方法"（Die phänomenologische Reduktions Method），则是这种方法的"典型

---

① E. Husserl, "Philosophy as a Rigorous Science," in Q. Lauer edited and English translated, Phenomenology and the Crisis of Philosophy ( New York: Harper and Row, 1965), pp. 71 – 72.

方法”所在。

　　何为“现象学还原”？这是理解胡塞尔整个现象学的关键性概念，也是我们洞穿胡塞尔现象学之伦理动机的入门口。对于这一方法，胡塞尔本人曾有多种解释。有时候，他借助古希腊怀疑论哲学家曾使用过的术语“停止判断”（epoché）来表达现象学还原的含义。“epoché”的原义是“排除……信仰”，或“停止判断”。有时候则把它形象地称为“加括弧”（bracketing），意即对已有的一切存而不论。在《现象学的观念》一书中，他谈道：“现象学还原就是说：所有超越之物（没有内在地给予我的东西）都必须给予无效的标志，即：它们的存在，它们的有效性不能作为存在和有效性本身，至多只能作为有效性现象。”① 这一规定可以作为胡塞尔对现象学还原所做的最一般性定义。具体地说，现象学还原的方法即是从一切已有的和现存的东西返回纯粹的或超验的意识领域，亦即停止对一切经验现象存在和既定观念做出判断，返璞归真——复归于纯粹意识和纯粹自我。它包括两个方面。其一是对存在加括弧，从自然经验事实（世界）超向绝对本质，此谓之“本质的还原”（eidetic reduktion）。换言之，把现有经验存在（自然、世界、科学等）和个体心理经验通通悬搁起来，存而不论，以返归先验本质领域，求得绝对自明的哲学始端。其二是对历史加括弧，即排除各种传统的认识观念和信仰，以显露出超验意识和超验主观性领域，此谓之“超验现象学还原”（transzendentale phänomenologische Reduktion）。总之，现象学还原就是“同关于客观世界的一切观点”实现“普遍的决裂”，“通过这种方法论，我理解了我的自我本身及其意识生活”②。

　　不难看出，从胡塞尔对现象学的界定到现象学方法的确立，始

---

① 〔德〕E. 胡塞尔：《现象学的观念》，倪梁康译，上海译文出版社，1986，第11页。
② E. Husserl, *The Paris Lectures*, English translated by P. Koestenbaum（Kluwer Academic Publishers, 1975), p. 98.

终围绕着一个中心：这就是通过现象学还原方法，使哲学从相对的经验主义状态转向本质的、纯粹的超验意识领域，这种转向的目的恰恰是建立一种严密科学之哲学，打开通向纯粹意识自我的主体性大门。而建立这种哲学的理论动机不独是为了一种哲学真理的严密性和绝对性，同时也是为了适应人类崇高伦理要求之目的，使哲学还原其本真意义——柏拉图、康德式的纯粹理性与实践理性相统一的哲学意义。所以，胡塞尔又说："理性的一般现象学还必须为评价和价值的相互关系解决类似的问题。"换句话说，现象学追求的不仅是绝对的理论理性，而且也包括崇高的价值理性，或者毋宁说是两个方面的统一真理。这就是胡塞尔现象学首先给我们展现的真理意义和价值意义。

## 三　自我学构成

经过现象学还原，既定的一切都被排除了，余下的只是一个先验的意识领域，这即是"现象学的剩余"。正是在这个纯化了的超验意识领域，胡塞尔进而展开了他以超验自我为核心的自我学意识构成理论。

胡塞尔认为，在纯粹的或超验的意识领域，呈现出由"自我"（ego）→"我思"（cogito）→"我思对象"（cogitata）的构成性（动态）图景；或者是"自我"（ego）→"意识作用"（noesis）→"意识对象"（noema）的三步结构。在这里，自我不是经验的自我，而是通过现象还原后的超验自我。胡塞尔说："通过现象学的停止判断，我把我的自然人性的自我以及我的心灵生活——我的心理学的自我经验领域——还原为我的超验现象学的自我，即超验现象学的自我经验领域。"[①] 胡塞尔批评了笛卡尔混淆经验自我与超验自我的做法，

---

[①]　E. Husserl, *Descartesian Meditation*, English translated by D. Keynes（Kluwer Academic Publishers, 1971）, p. 26.

使自我"还原"成一种超经验的纯意识自我①，这个自我是纯粹意识领域中最本质的核心，一如莱布尼茨的"单子"（monad）那样绝对自律。② 同时，它又是意识之构成性的始源，一切意义和价值均由此引出。

超验自我通过自身的构成性意识，形成主观性的我思，这便是意识作用，并通过意向（intention）的作用而构成意识对象或我思对象。超验自我是一切意识的"光源"，意识作用或意向性（Intentionalität）则是它向外投射的光束，是这种意识之光的照耀，使外在的客观世界得以照亮，显露于我思的意识之中。或者说，一切客观存在都因为超验自我的纯粹意识构成性作用才显出意义。胡塞尔说："客观世界，即为我而存在的世界，总是而且将来也永久会为我而存在的世界，它仅仅因为我才会存在的世界——这一世界及其全部对象，都从我自己这里，即从唯一与先验现象学还原相联结本居首要地位的自我那里，派生其全部意义与存在方式。"③ 这样一来，胡塞尔便以超验自我为核心，建立了一种具有意识构成性特征的超验自我性结构系统。它不仅使意识具有了绝对的主体性构成，获得了绝对真理的认识论基点，而且也在意识的层面上凸显了自我的先验主体性地位和能动性构成，从而使作为意识主体的人在取得作为绝对真理之主体地位的同时，也取得价值（意义）之创始者的地位。

应该注意的是，为了达到上述理论目标，胡塞尔特别强调了"意向性"问题。他指出，自我是我思活动的动因和源泉，但它是通过

---

① 西方有些研究者认为，胡塞尔的这种"超验自我"，有如东方哲学中的"真人"（Atman）、"菩萨"（Purusha）。H. E. Barnes, A Exitentialist Ethics (Chicago: Chicago University Press, 1978), chapter 8; E. Husserl, *The Paris Lectures*, English translated by P. Koestenbaum(Kluwer Academic Publishers), 1975, p. 98.

② 胡塞尔在其"超验自我"基点上建立的"自我学"（egology）也类似于一种"单子学"（monadology）。

③ E. Husserl, *Descartesian Meditation*, English trans. by D. Keynes (Kluwer Academic Publishers, 1971), p. 26.

"意向性"这一中介而起作用的。意向性是自我的本质特征，因此，这一概念是人们"进入现象学时一个必不可少的、作为出发点和基础的概念"①。胡塞尔从其学术导师布伦坦诺的心理学理论中承袭了"意向性"概念，又赋予它以更绝对的规定。在他看来，意向性不单是心理学意义上经验自我的本质属性，也是意识自身的本质。意识总是对某物的意识，而正是通过这种意识指向，纯粹自我所发出的意识光芒才投向对象。如果说，意识是一条赫拉克利特式的河流永恒不息，那么，纯粹超验自我和意识对象就是这条河流的两岸，而意向性则是架通两岸的桥梁，通过它，我思的意识才发挥其构成性作用。进而言之，因为自我是一切意义的基始，所以，意向性本身也就不只是具备认识论意义上的构成性主体性（能动性）意味，而且也蕴含着主体的价值创造者意味。

于是，表面看来，胡塞尔的这种超验自我学理论似乎只是一种纯哲学认识论主张，但如果我们深入地体察一下胡塞尔的哲学意蕴，并联系他晚年的有关思想，就不难悟出这种哲学意蕴所负载的伦理冲动：它的动机决不止于在纯认识论领域里确立绝对的认识主观性，而且也隐含着为确立人的主体地位和至上意义而寻求最终哲学基点的理论动机。胡塞尔明确指出："自我的本质特征就是固执地作为意向性的体系，并且保持已经作成的体系。它们的指示物就是自我所意味、所思维、所评价、所谈论、所想象或可能想象等的对象。"②同时，在胡塞尔眼里，"主体性之谜"乃是"世界之谜"最后谜底，是"谜中之谜"，只有解开它，才能解除哲学的危机，从而最终解除

---

① E. Husserl, *Ideas: General Introduction to Pure Phenomenology*, English trans. by W. R. Boyce Gibson ( New York: Collier, Macmillan, 1962), p. 246.

② E. Husserl, *The Paris Lectures*, English trans. by P. Koestenbaum ( Kluwer Academic Publishers, 1975), p. 25.

人性的危机。① 而且需要特别指出的是，胡塞尔所观照的人（自我），并不是一种漂浮于经验表面的感性肉身化主体，而毋宁是一种比之于康德的"理性存在"更为纯化的哲学化主体存在。理解这一点，才能理解为什么胡塞尔的现象学不仅影响到现代西方的解释学和语言哲学等认知型流派，而且更直接地预制了从海德格尔到萨特的现代存在哲学和人学本体论类型的哲学之内在理论原因了。从这种哲学思维视角来看，胡塞尔自我学的伦理价值追求确实是崇高而深刻的。

## 四　从"交互主体性"到"生活世界"：理性与人性

尽管胡塞尔的自我学和意向性理论确定了自我主体性地位，但它毕竟存在着极大的哲学局限性。首先，这种超验的自我学仍限于典型的唯我论层次，没有解释人类共同的主体性问题，因而难以达到普遍真理和普遍价值的境界。其次，这种超验自我学的纯粹性只是建立在非时间（非历史）性的静止单向维度之中，难以包容人类自我认识和存在的历史价值或动态图景。最后，尽管胡塞尔着力追求对自我的哲学化（绝对意识化）论证，但毕竟还只是一种形式化表述，没有触及活生生的经验性人的实在（尔后，海德格尔和萨特敏锐地洞察到了这一点，对人的"工具性存在"和"肉身化"予以了充分的关注），因而无法保证人的价值的实在意义。基于对这些困难的充分意识，胡塞尔在后期的著作中做了大量补充和发展。

首先，胡塞尔针对其自我学所隐含的唯我论危险，提出了"交互主体性"概念。他指出："无论如何，在我之内，在我的被先验还原了的纯粹意识生命范围内，我把世界（包括他人）——按其经验意

---

① Cf. E. Husserl, *Crisis of the European Sciences and Transcendental Phenomenology*, Part Ⅰ, (Cambridge University Press, 1986).

义，不是作为（比如说）我私人的综合构成，而是作为非我本身的、事实上对每个人都存在的，其客体对每个人都可以理解的一个交互主体性世界加以体验。"① 在胡塞尔看来，先验自我虽然如同独立存在的"单子"，但由于它具有独特的意向性构成功能，使它不单能构成意识对象，也能构成对他自我（alterego，或译"另一个我"）存在的意识，这和对象化（客体化）意识使我意识到他人和世界的存在，从而构成一种人类特有的共同交互主体性领域。胡塞尔认为，通过这种共同化，"超验交互主体性便拥有一个独立的交互主体性领域；在这个领域中，它构成了对象世界"②。不过，这种交互主体性领域还不是实在的存在领域，而是纯粹的意识领域，一切莱布尼茨的单子和谐系统。每个超验自我都是独立存在的，意向性构成又使它们各自通过意识的构成性作用和相互间的"移情作用"（Einfülung），达到相互间的意识沟通和存在体验，形成交互主体性联系。

然则，交互主体性仅仅解决了自我之间直接的意识沟通问题，还没有说明其意识构成性的时间性流程。所以，胡塞尔又提出了另一个极为重要的现象学概念："限域"（horizon，又译"视域"或"界限域"）。所谓"限域"，指意向性投射的边界或极限边缘。一方面，自我通过先验的还原或现象学还原，构成了纯粹的意识自我；同时，另一方面，它又不断地超出自身而将意向投射于自我之外，照耀着周围的自然、他人和所有存在对象。于是，自我的意识生命便显露出广阔的闪耀着意识光芒的视境，构成共同化的对象世界。不独如此，通过意识的超越性投射，自我还获得了时间性维度。限域不单是意识之面的辐射，也可以投向过去、现在和将来，具有历时性。如果说，当下的意向性作用构成了自我的面的意识限域；那么，限域的时间性形成

---

① E. Husserl, *The Paris Lectures*, English trans. by P. Koestenbaum ( Kluwer Academic Publishers, 1975 ) , p. 90.

② Ibid., p. 107.

则是通过自我的回忆和想象而获得的。通过回忆与想象，自我意识穿透了历史的墙垣，从纯粹的意识自我领域，走向现实的存在领域，追溯过去，指向未来。胡塞尔说："如果我们漫不经心地沿着我的回忆线索进行下去，如果我仿佛不断地把一种虚幻的回忆引向实际的现在，如果我对不断地达到目的的回忆线索进行超验的归纳；那么，我就会洞穿迄今为止的连续的先验的过去。"①

从"交互主体性"到"限域"说，胡塞尔一步一步地使其超验自我学摆脱了那种孤独唯我论状态，慢慢逼近了现实的存在领域，最终步入活生生的朴素的"日常生活世界"（unsere alltägliche Lebenswelt，英译为 everyday life-world）。

"生活世界"是胡塞尔最后的名作《欧洲科学危机和超验现象学》所提出并着力阐释的一个结论性概念，它与"理性"（reason）、"人性"等概念紧密相连，表征着胡塞尔力图实现和表达自己全部哲学的实际价值目标的努力。如前所述，对绝对真理和永恒价值的追求是胡塞尔现象学哲学所隐含的深刻哲学动机和伦理动机。虽然从现象学方法到自我学结构的设置，都还限于纯理论层次，但人的意义与价值始终是胡塞尔孜孜求索的主题。因此，笔者并不认为，从自我学到生活世界的转变，仅仅是胡塞尔力图摆脱其哲学唯我论的一种企图。相反，我确信这一转变同时也恰好表现了胡塞尔始终一贯的哲学追求，是一种以人的真理和价值理想为神圣使命的哲学理论所应有的逻辑发展——由确立人的自我之本体论探索开始，通过对自我本体论结构的普遍化和现实化，最后深入人的实际生活世界。

所谓"生活世界"，在胡塞尔这里并不指涉自然科学意义上的客观世界，它的特殊规定性在于：它是没有任何先定预置的、"先于科

---

① 〔德〕E. 胡塞尔：《第一哲学》，载《哲学译丛》第 3~4 期合刊，1966。译文略有改动。

学"和"外于科学"的生活领域①，是一个"通过知觉实际地被给予的、被经验到并能被经验到的世界"②。根据胡塞尔的观点看来，"生活世界"至少有这样几种具体的意味。（1）它是没有经过科学之理念化的前科学的人生经验世界。人是其主体，活生生的人的知觉经验是其得以显露的基本质料。（2）它由个人的主体性所构成，并在人的交互主体性之共同化构成的经验世界中和时间性之行进中展现的"自我综合"与"我们综合"的意义构成体。（3）它是作为主体的人所努力追求的具有普遍理解性和普遍目的性的人性化领域。因此，它充满着人性和理性的光辉，显露出人的理性运动的历史状态。

依此，胡塞尔在反省近代欧洲科学危机时，一面剖析了自伽利略以来的实证哲学之非人性本质；另一面阐述了超验现象学拯救这场危机的必经之路，这就是重建哲学理性和主体人性。

胡塞尔尖锐地指出，20 世纪初欧洲所面临的种种危机，乃是近代以来欧洲科学危机的总爆发。这场危机的哲学表现是实证主义、怀疑论、非理性主义和神秘主义，它的实质是欧洲传统理性精神的毁灭和人性的沉沦。对于胡塞尔来说，哲学是人类理性精神和一切科学之最崇高的象征，这是哲学自它诞生以来就拥有的特殊荣耀和使命。欧洲科学危机却恰恰突出地表现为对这一使命的背叛，哲学陷入了无理性、无人性状态。他说："在 19 世纪后半叶，现代人让自己的整个世界观受到实证科学的支配，并迷惑于实证科学造就的'繁荣'。这种独特的现象意味着，现代人漫不经心地抹去了那些对于真正的人来说至关重要的问题。只见事实的科学造成了只见事实的人……实证科学正是在原则上排斥了一个在我们的不幸的时代中，人面对命运攸关的根本变革所必须立即做出回答的问题：探讨整个人生有无意义。这些

---

① Cf. E. Husserl, *Crisis of the European Sciences and Transcendental Phenomenology*, Part Ⅰ, ( Cambridge University Press, 1986), p. 70.

② Ibid., p. 58.

对于整个人类来说是普遍的和必然的问题，难道不需要从理性的观点出发加以全面的思考和回答吗？这些问题归根到底涉及人在与人和非人的周围世界的相处中能否自由地自我决定的问题，涉及人能否自由地在他的众多的可能性中理性地塑造自己和周围世界的问题。科学对于什么是理性，什么不是理性，对于我作为自由的主体的人，能够说些什么呢？"① 显然，胡塞尔深刻地洞察到了近代以来欧洲自然科学发展所带来的实证哲学的非人化危险。崇拜自然科学而忽略人自身，违背了哲学的本义，也不是真正的人的理性精神，因为它排除了人类固有的对严肃崇高之理性的形而上追求，使人们只见事实不见作为事实世界主体的人，这是典型的哲学上的"自然态度"。

胡塞尔提醒人们，虽然欧洲人在文艺复兴时期进行了一场深刻的哲学革命，使哲学摆脱了中世纪那种"精神科学"的桎梏，但人们并没能坚持这场革命的哲学真理。在他看来，文艺复兴的根本意义是返归古希腊罗马哲学的"根本性"。这种"根本性""无非是'哲学的'人生存在形式：根据纯粹的理性，即根据哲学，自由地塑造他们自己，塑造他们的整个生活，塑造他们的法律"。进而言之，"理论哲学居于第一位……实践的自主性紧跟着这种理论的自主性。按照文艺复兴的主导思想，古人是自己明智地在自由理性中塑造自己的人"②。实证科学的哲学观恰恰是违背了这一根本哲学原则，"丢掉了……形而上学概念中所考虑的问题，其中包括一切被数不清的称之为'最高的和最终的问题'"③。也就是丢掉了人的理性精神和人性本体问题。

理性，是人类不朽的真理和最高价值，代表了真正人性的发展。依胡塞尔所见："理性是认识论（指真正的认识论，即理性的认识

---

① Cf. E. Husserl, *Crisis of the European Sciences and Transcendental Phenomenology*, Part Ⅰ, (Cambridge University Press, 1986), pp. 5－6. 着重点系引者所加。

② Ibid., p. 8.

③ Ibid., p. 9.

论）的主题，是关于真正的价值（指作为理性的价值的真正的价值）学说的主题，是关于伦理行为（指真正的善的行为，即从实践出发的行为）的学说的主题；在这里，理性是'绝对的'、'永恒的'、'超时间的'、'无条件的'有效的观念和理想的称号。"① 只有真正的哲学，才能解释人这一世界的理性主体。哲学中的"人"乃是一种"理性的生物"，因此，真正哲学的根本解释是对人的理性解释——从崇高的理性价值层次展露人的内在精神和理想追求，它是"一切历史上的哲学运动的最内在的动力"②。正因为如此，理性和人性的危机仍需要哲学的自我解脱；或者说，哲学既是这种危机的造成者，也是它的克服者。"解铃还须系铃人"，唯有实现新的哲学超越，才能解救理性和人性的危机。

胡塞尔从来就以为，意义的危机并非只是一种文化问题，而是一种哲学真理和人性理解的根本性问题。因之，实现新的哲学超越，也就是实现对人性的重新认识和塑造。他如此写道："新哲学的奠基是近代欧洲人人性的奠基，并且这种人性奠基与以往中世纪和古代的不同之处正是表现在通过并只是通过这种新哲学来彻底地更新自己。"③这是一种多么深刻的解悟！哲学的奠基即是人性的奠基：这使我们重新发现了哲学自身的真义和崇高，进而理解到哲学与人、理性与人性的深刻价值联系。于此，我们完全应该倾听胡塞尔诚挚地忠告：社会的危机实际是人的精神危机，对哲学的怀疑或轻慢也是理性崩溃的前奏。胡塞尔说："对形而上学可能性的怀疑，对作为一代新人的指导者的普遍哲学的信仰的崩溃，实际上意味着对理性信仰的崩溃。"④ 而"如果人失去了这些信仰，也就意味着失去了对自己的信仰，失去了

---

① Cf. E. Husserl, *Crisis of the European Sciences and Transcendental Phenomenology*, Part Ⅰ, (Cambridge University Press, 1986), p. 9.

② Ibid., p. 13.

③ Ibid. 着重点系引者所加。

④ Ibid.

对自己真正存有（sein）的信仰"。因为，"人只有通过为真理而斗争，并以此使自己成为真正的人，才有并能够有这种真正的存有。凡真正的存有都是理想的目标"①。

确立哲学和理性的一致性关系，也就是确立理性与人的存有，进而是哲学与人性的一致性关系。胡塞尔告诉人们，理性与人的存有之间"存在着最深刻的本质联系"，它是这个世界上"一切谜中之谜"所在。这种谜底的答案就在于："理性从自身出发赋予存在者的世界以意义；反过来，世界通过理性而成为存在者的世界。"② 即是说，人的理性是给予世界以意义的光源，没有理性之光的世界如同无边的黑夜，而世界在理性之光中的显露又反证着它的人类意义，使人的主体地位显而易见。进而我们又从中洞察到哲学与人性的统一。如果说哲学是对人性的揭示和理性化，那么"这种人性的历史的意义"之重新确立，则是"推动哲学探索的原动力"③。哲学与人性的历史一致，规定了人性的理性本质。人性即是理性存在的本质和不断追求。"凡是人必定是生产中和社会联系中的人，并且，只有当人的整个人性成为理性的人性时，人才是理性的动物（animal rationale）。"不难看出，胡塞尔关于生活世界和理性与人性的论述，渗透着德国古典理性主义哲学（尤其是康德哲学）的理性与理想精神，他所寻求的目标，无一不是曾经为康德所长期苦苦探求的那种将崇高价值理想（实践理性）与绝对真理（纯粹理性）统一起来的哲学目标，尽管其哲学方法和表述有所不同。

正如我们一开始就曾提示过那样，我们不可能企图从胡塞尔的理论中寻摘到多少有关伦理价值的直接论述，但可以真切地感受到其哲学作品中所洋溢的那种独特而崇高的伦理气息。他的哲学是一种彻底

---

① Cf. E. Husserl, *Crisis of the European Sciences and Transcendental Phenomenology*, Part Ⅰ, (Cambridge University Press, 1986), p. 14.

② Ibid., p. 15.

③ Ibid., p. 16.

理性精神的体现，更是对一种理想价值的执着追求。他自称是继承了自笛卡尔以来欧洲哲学内部涌动不息的那种主体性精神，以完成这种哲学始终追求而又未竟的神圣使命：为人类确立绝对真理和永恒价值的哲学基础，还哲学以本来面目。在他看来，无论是哲学还是科学，根本的使命"应该是揭示普遍的、人'生而固有的'理性的历史运动"①。哲学思维决不只限于某种个人性的（如心理学）或文化目标的相对领域，而应该深入洞察人类理性与人性发展的内在目的和理想。作为"人类的父母官"（Funktionäre der Menschheit），哲学家"所进行的哲学思维和它对整个人类生存的影响，决不只有私有的或有限的文化目标的意义"，而是要"打破外部的哲学史的'历史事实'的硬壳，提问、展示和检验它们的内在意义和深藏的目的论"②。

要真正完成这一使命，哲学就决不能像自然科学那样，陷入"实证"的客观主义。胡塞尔指出，由伽利略开创的客观主义自然哲学忘却了哲学的根本使命，使哲学成为了一种只见事实客体，不见人和主体的观念。作为近代物理学的奠基者，伽利略既是"自然的发现者"，又是人的掩盖者；"既是发现的天才，又是掩盖的天才"③。当他"从几何的观点和从感性可见的和可数学化的东西的观点出发考虑世界的时候，抽象掉了作为过着人的生活的人的主体，抽象掉了一切精神的东西，一切在人的实践中物所附有的物体……人们可以说，作为实在的自我封闭的物体世界的自然观是通过伽利略才第一次宣告产生的"④。与这种客观主义自然观相反，超越现象学不仅执着于人性化的哲学追求，而且始终以这种"理论理性"所造就的"主体性"为第

---

① Cf. E. Husserl, *Crisis of the European Sciences and Transcendental Phenomenology*, Part Ⅰ, (Cambridge University Press, 1986), p. 17. 着重点系引者所加。
② Ibid., pp. 19–20.
③ Ibid., p. 63.
④ Ibid., p. 71.

一要义。他坚信："现存生活世界的存有意义是主体的构造……世界
的意义和世界的存有的认定是在这种生活中自我形成的。"① 在这里，
胡塞尔的"主体性"，实际就是一种理性的自觉和价值行为的自主自
律，即以人所特有的理性来把握和创造世界与自身。因此，"只有彻
底地追问这种主体性……我们才能理解客观真理和弄清世界最终的存
有意义……世界的存有……并不是自在的第一性的东西……自在的第
一性的东西是主体性……"② 这就是自笛卡尔开始的"在主体性中"
寻求"哲学之最终根据"的哲学研究方式。③

　　够了，从胡塞尔的哲学自白中，我们已经清楚地看到，无论其哲
学多么晦奥，却始终闪烁着一个明朗的主题：人的主体性——哲学的
人性化与人性化的哲学之本质统一。他沿着笛卡尔—康德式的理性哲
学道路，但他没有像这些先行者那样急于在纯粹理性中引出实践理性
（价值伦理）的具体规范和指令，而是孜孜不倦地沉思着人类理性精
神与人性价值的内在进程，信奉着哲学永远是对绝对真理与永恒价值
的追求这一古老而崇高的学术信念。因为他坚信"只有精神才是不朽
的"。他满怀信心地预言："内在精神生命的长生鸟""将成为伟大而
遥远的人类未来的基础"④。因为他坚信"哲学家是人性的代表""理
性的特使"和"共同精神的拥护者"，所以，他用一种超验自我学的
声音，热切地"呼唤人们去重新发现、重新肯定理性与精神的自律自
主"⑤。因此，我们完全可以说，胡塞尔的现象学主体价值观，是一种
精神的价值观，一种理想的价值观，因而也是一种指向人类未来的人

① Cf. E. Husserl, *Crisis of the European Sciences and Transcendental Phenomenology*, Part Ⅰ, (Cambridge University Press, 1986), p. 81.

② Ibid., p. 82.

③ Ibid., p. 97.

④ Q. Lauer (ed.), *Phenomenology and the Crisis of Philosophy* (New York: Harper and Row, 1965), p. 192.

⑤ Cf. M. Natanson, *Edmund Husserl: A Philosopher of Infinite Tasks* (Illinois, Evanton: Northwestern University Press, 1973), esp. chapters 8 – 9.

学价值观。也许，这就是胡塞尔现象学的价值意味所在，也正是他对自己哲学誓言的承诺。他说："我不想教诲，只想引导，只想表明和描述我所看到的东西。我将尽我的知识和良心首先面对我自己，但同样也面对大家来讲话。当一个人赤诚地为哲学生存的命运而献身时，这就是他的唯一愿望。"① 呜呼！壮哉！

## 第三节　舍勒的现象学人学价值论

### 一　"时代哲学家"与"一流天才"

马克斯·舍勒（Max Scheler，1874~1928）是胡塞尔之后德国哲学和人文科学界又一位卓越的思想家。著名现象学运动研究家斯皮格伯格将舍勒诩为"第一流的天才，新伊甸园的亚当"②。同时，他又是一位"时代的哲学家"。在20世纪前叶的德国历史上，他和稍后的存在主义哲学大师海德格尔似乎享有类似的际遇。舍勒的学术时代正值第一次世界大战前后，而海德格尔恰好以第二次世界大战为其学术历史背景。也正是在这种相似的时代背景下，两位思想家都曾有一段特殊的时代经历：他们先后都充当过德国民族狂热的代言人。不过，单就伦理学而言，舍勒则享有着前超胡塞尔、后为海德格尔所不及的突出地位，以至于新托马斯主义的著名代表人物鲍亨斯基把他誉为"本世纪以来最有创建的伦理学家"③。

确乎，舍勒的哲学地位在某种意义上也可以与海德格尔做一个平行的比较：同作为胡塞尔现象学的后继者，后者从胡塞尔的意识现象

---

① E. Husserl, *Crisis of the European Sciences and Transcendental Phenomenology* (Cambridge University Press, 1986), p. 21.
② H. Spiegelberg, *Phenomenological Movement* (The Hague Nijhoff, 1982), p. 268.
③ 转引自袁澍涓主编《现代西方著名哲学家评传》上卷"舍勒"篇，四川人民出版社，1988，第595页。

学理论图式中，开辟了"存在哲学"的新方向；而前者则从这一图式中洞开了一个人学价值经验的新领域；两者都是现象学哲学的创造性继承者。如果说胡塞尔以现象学的本质直观方法解开了人类主体性价值意义之谜的话，那么，舍勒则是这一谜底的具体解释者。而他天才的智慧和孜孜不倦的探索，不仅使他极大地丰富了胡塞尔的主体价值学观念，而且也预制了 20 世纪中期以来现象学哲学、生命人学、知识社会学、人学价值学和情感心理学的崭新发展，成为 20 世纪德国和整个西方最有力量的哲学代表。① 对此，海德格尔曾满怀知遇之恩在纪念悼文中沉重地写道："马克斯·舍勒——通过他所展示的创造力的全部范围和方式——在今日德国，不！在今日欧洲——甚至在整个现代哲学中成为最强有力的哲学力量。"②

马克斯·舍勒于 1874 年 8 月 22 日出生于德国慕尼黑的一个具有浓厚宗教气氛的家庭。其父从事过牧师和司法工作，母亲是一位虔诚的基督教徒。舍勒年轻时就是一位小有名气的律师。他先后就学于慕尼黑大学和柏林大学，攻读过生物学、生理学、化学和心理学等。后又在耶拿大学攻读哲学，拜读于生命哲学家奥伊肯（Rudolf Euken）门下，1897 年获该大学哲学博士学位。1900 年至 1906 年任耶拿大学讲师。1907 年至 1917 年先后在慕尼黑、哥廷根和柏林的大学担任过讲师，其间也做过自由作家。1919 年至 1927 年任科隆大学哲学教授和该校社会学所所长。1928 年任法兰克福大学哲学与社会学特邀教授，但不幸于同年 5 月 19 日在法兰克福逝世。

舍勒的学术研究领域和所完成的学术成就十分惊人。他先后研究过心理学、伦理学、社会学、价值哲学和哲学人类学等学科，发表了

---

① M. Scheler, *Problems of A Sociolvgy of Knowledge*, English trans. by M. S. Frings ( London: Routledge & Kegan – Paul, 1980 ) , p. 3.
② Paul Good ( Hrsg. ) , *Max Scheler im Gegenwartsgeschehen der Philosophie* ( Bern: Francke, 1975 ) , p. 9.

大量的作品。不独如此，他的非凡之处还特别突出地表现在，他所涉足的每一门学科几乎无一例外地具有独特的创造性和开启性意义。他对个人的精神、心理和情感的研究被视为现代心理学史上一次引人注目的发展。他对"知识社会学"的系统探讨，开创了现代社会学理论中的一个独特领域，并因此而被称为"知识社会学之父"①。他关于哲学人类学的理论至今仍被西方哲学人类学和哲学文化人类学的继承者们视为先导和经典。而他对现象学哲学和价值伦理学的突出贡献则是对胡塞尔现象学的重大发展和引申，② 以至于许多研究者把他视为现象学哲学运动的杰出代表之一，视为现象学价值伦理学派的开创者，甚至把他当作现代西方人学理论的重要创建者之一。从这一视角来看，舍勒确实享有"时代哲学家"的特殊地位和"一流天才"的智慧。

在伦理学上，舍勒是最先从胡塞尔的现象学中发掘并创立现象学价值伦理学的先驱。他所提出的价值理论直接为尔后的尼古拉·哈特曼创立一门系统的道德现象学和价值学奠定了基础。舍勒的伦理学代表作是《伦理学中的形式主义与非形式的价值伦理学》③，以"一种伦理人格主义探讨的新尝试"为副标题，于1913年发表。该书被誉为"本世纪以来一部最重要的伦理学著作"④。此外，他的《论人之

---

① 施太格缪勒认为，舍勒是把胡塞尔现象学付诸具体研究和实施的"第一个人"。参见〔德〕W. 施太格缪勒《当代哲学主流》（上卷），王炳文、燕宏远、张金言等译，商务印书馆，1986，第130页。

② M. S. Frings, "On M. Scheler's Ethical Ideas," in *The Thinkers in Twentieth Century* (London: Macmillan Co. Ltd., 1983), p. 501.

③ 该书名亦可译为《伦理学中的形式主义和实质性的价值伦理学》。但根据著名舍勒研究家和英文翻译家、《舍勒全集》主编 M.S. 弗林斯之见，"实质性"（material）一词易造成误解。就舍勒本意，是指与道德形式化伦理学相对立的、非形式的或有内容的价值伦理学，故译为"非形式的"更贴切些。参见 M. Scheler, *Formalism in Ethics and Non - Formal Ethics of Value*, English trans. by M. S. Frings and R. L. Funk (Northwestern University Press, 1973), "Introduction".

④ J. M. Bochenski, *Contemporary European Philosophy* (University of Colifornia Press, 1974), p. 140.

永恒的东西》（1921 年）、《同情的本性》（1923 年）、《人在宇宙中的位置》（1928 年），以及《个人与自我价值三论》和《哲学论文选》等，都含有丰富的伦理思想。目前，《舍勒全集》已完成编辑出版，共达 13 卷之多。其著作的移译也在迅速扩展。随着现代哲学、人学、价值学和伦理学等科学研究的日益发展，舍勒的著作和思想正产生并扩展着它们之于人类文明的影响。

## 二　形式主义伦理学与非形式的价值伦理学

伦理学，或者更具体地说现象学价值伦理学，是舍勒终生学术生涯中最突出的主题。作为一位伦理学家，他所面临并集中思考的问题是：如何从当时德国所呈现的理论上的康德式极端形式主义伦理学和实际生活中的实利主义道德倾向之间的矛盾状态中开拓出一条新路，使之既能确保伦理学基础的绝对客观性，又能保持现实人格的主体性。在这一两极化困境中，舍勒认为，克服康德的形式化伦理学更为急迫。在撰写其伦理学巨著时，舍勒便开宗明义地宣称，"这些研究的主要目标，是就所有哲学伦理学的基本问题为哲学伦理学建立一种严格科学而又肯定的基础，……"[1]，而"我将试图在最广泛的现象学经验之可能性基础上，写出一部非形式的伦理学"[2]。

在舍勒看来，伦理学功利主义固然是道德生活中肤浅的快乐主义或相对主义的渊薮，但理论上的抽象形式主义却是造成人们道德生活紊乱之更深刻的原因，它是康德留给今天伦理学发展必须逾越的一道高墙。按照这种伦理学的观点，一切伦理命题必定受到下列 8 种预先假定的规定。

（1）每一种非形式的伦理学都必定是一种善物（goods）和目的

---

[1]　M. Scheler, *Formalism in Ethics and Non - Formal Ethics of Value*, English trans. by M. S. Frings and R. L. Funk（Northwestern University Press, 1973）, p. 13.

[2]　Ibid., p. 5.

的伦理学。

（2）每一种非形式的伦理学都必然只是经验的归纳，只具有一种后验的有效性。

（3）每一种非形式的伦理学都必然是一种讲究成功的伦理学。唯有形式的伦理学才能处理好道德的基本宗旨，或者说，唯有它才能把伦理学宗旨基本作为善恶价值之原始载体的意志之上。

（4）每一种非形式的伦理学都必然是一种快乐主义，所以必定会落入感觉的快乐状态之实存上，即是说把快乐作为目的。唯有形式伦理学才能坚定地避免一切诉诸通过感觉快乐状态而展示道德价值并把道德规范的证据建立在这些价值之上的做法。

（5）每一种非形式的伦理学必定是他律的。唯有形式的伦理学才能奠定确立个人自律的基础。

（6）每一种非形式的伦理学都会导致行动的墨守成规，唯有形式的伦理学才能建立意志伦理学。

（7）每一种非形式的伦理学都会使个人成为他自己的各种状态或陌生善物的奴隶，唯有形式的伦理学才能证明并建立个人的尊严。

（8）每一种非形式的伦理学都必然把一切伦理价值评价的基础置于人的自然构造的本能的利己主义之上。唯有形式的伦理学才能为一种道德律令奠定基础，这种道德律令对所有理性存在来说是普遍有效的，它独立于一切利己主义和人的每一特殊自然构造之外。①

这八个方面实质上是舍勒对康德形式主义伦理学基本内核的概括，也因此明确了他要否定并在此否定基础上重建一种非形式的伦理

---

① M. Scheler, *Formalism in Ethics and Non - Formal Ethics of Value*, English trans. by M. S. Frings and R. L. Funk (Northwestern University Press, 1973), pp. 6 - 7.

学的基本任务。舍勒首先在原则上否定了康德，他认为，康德错误地制造了伦理价值形式与伦理价值内容之间的截然对立，并把后者混同于传统经验主义伦理学的主张。传统经验主义伦理学的弊端，并不能证明非形式的伦理学必然以"目的论"为归宿，更不能反证康德的形式主义伦理学才是唯一具有普遍必然性的道德科学。"善物"不是善性本身，也不是道德价值本身。作为一种"价值物"（Wert-Dinge，英译为 things of value），善物是道德价值的依附体，它的变化本身"伴随有善恶意义或意味上的变化"，因此，伦理价值既不等于也不独立于"善物"之外。

　　承认伦理价值与善物之间的这种联系，并不意味着把它们混同起来。在现象学价值观的意义上，伦理价值乃是一种具有实质性或非形式性内容的善恶性质或关系。因此，舍勒指出，必须区分两种不同的"善物"，即把"价值物"（value-things）与"物价值"（thing-values）区别开来：前者意指一种善，是一种具有内容性质的价值；后者则意指某物所具有的价值性质，是一种具有价值的物质。① 换言之，前一范畴所突出的是价值存在的物质性内容，后一范围则是突出价值存在的价值性质。两者均表明一切价值都具有其实质性内容，但又都不能独立代表价值的全部本质，各自只是表明价值的一个方面。

　　按舍勒的理解，"价值物"即价值的实质性内容是可以改变的，但"物价值"即事物的价值性质却是不变的。"价值性质并不随物之变化而变化"②。一种善总与某种善性质相联系才能为善，而"只有在善物中，价值才成为'真实的'"。善之真实性在于它实质内容存在的真实性。"善性质"与"善物"，或曰"价值性质"（物价值）

① M. Scheler, *Formalism in Ethics and Non-Formal Ethics of Value*, English trans. by M. S. Frings and R. L. Funk (Northwestern University Press, 1973), pp. 20–21.
② Ibid., p. 18.

与价值物之间的这种交互联系表明，我们既不能把善物自身归结为一种价值，也不能把价值视为纯粹超善物的存在。只有这样，才能确保价值性质之于具体物质的在先性（先验客观性），同时又使之具有客观实在的内容。

承认价值性质的实质内容并不意味着排除其客观普遍性，正如我们认定价值的客观先验性并不否定其非形式内容一样。相反，我们必须首先预定价值的内在客观普遍性。在舍勒看来，各价值物内，"存在着各种本真的和真实的价值性质，它们构成了一个特殊的客观性领域，具有它们自己独特的关系和关联，而作为价值性质，它们可以是较高的或较低的。实际上，在这些价值性质之中，可以存在一种秩序和一种等级的秩序，这两种秩序都独立于它们所显现的善物领域的现在之外，也完全独立于这些善物的历史变化和运动之外，'先于'该领域的经验"①。这种内在于善物领域的价值等级秩序构造取决于价值主体的"偏好"（perference）规则系统。价值主体的偏好程度显示出物之价值性质的不同高低。舍勒以为，这种偏好规则系统在审美价值领域构成了所谓"风格"，而在实践价值领域则形成"道德"②。本质上，价值哲学和伦理学的基础并不是善物，而是善物内含的价值性质。价值性质是先验的，它根本上指称一种理想意义或命题。因而既不能为特殊的经验归纳所认识，也不能指望靠纯形式的逻辑来把握，而只能靠"本质的当下直觉"所领悟。价值经验是一种独特的现象学经验，它"不包含任何'被意味的'与'被给予的'东西之间的分离"，而恰恰是两者的统一。

价值直觉或价值觉识（value-discern）悖于逻辑演绎和经验归纳，但并不脱离主体的情感基础。人的一切情感都属于主体精神的范畴，

---

① M. Scheler, *Formalism in Ethics and Non - Formal Ethics of Value*, English trans. by M. S. Frings and R. L. Funk (Northwestern University Press, 1973), p. 15.

② Ibid., p. 23.

而价值直觉只能在人的情感中涌现出来，并首先在爱与恨的情感中涌现。舍勒说："感情、偏好和摒弃、爱和恨，都属于精神的总体，拥有着它们自己的独立于归纳经验和思维法则之外的先验内容。在这里，正如思想一样，也存在对行动及其相互关系、它们的基础和它们的交互联系的本质的直觉。"① 价值认识或直觉的情感基础隐含了两方面的内容：其一，它说明价值直觉并非空洞的纯逻辑思维，亦非囿于经验的归纳，而是基于情感的领悟，因此，它不是一种"心理知觉能力"，而是基于价值先验内容的现象学直观；其二，价值直觉的现象学特性规定了它基于情感而又不囿于情感，而是借助于情感的涌动之流而洞穿价值的实质。

价值性质是先验不变的，它具有其理想性存在特征。伦理学的基础为价值之理想性特征所规定。按照布伦坦诺所发现的公理，"一切应当必须在价值中获得其基础——即是说，只有价值才会应当或不应当……"② "应当"是一个反映伦理学最本质特征的核心范畴，它意指一种道德价值的可欲性和非现实性。正是价值的理想性为"应当"设置了前提。依此，舍勒提出了其"非形式的价值伦理学"，并具体提出了建立它所必须具备的三类公理。

Ⅰ：

（1）一种肯定价值的存在本身就是一种肯定的价值。

（2）一种肯定价值的非存在本身就是一种否定的价值。

（3）一种否定价值的存在本身就是一种否定的价值。

（4）一种否定价值的非存在本身就是一种肯定的价值。

Ⅱ：

（1）善是那种在意志领域中依附于肯定价值之实现的价值。

① M. Scheler, *Formalism in Ethics and Non - Formal Ethics of Value*, English trans. by M. S. Frings and R. L. Funk ( Northwestern University Press, 1973), p. 65.

② Ibid., p. 82.

（2）恶是那种在意志领域中依附于否定价值之实现的价值。

（3）善是那种在意志领域中依附于较高（或最高）价值之实现的价值。

（4）恶是那种在意志领域中依附于较低（或最低）价值之实现的价值。

Ⅲ：

在此领域中，"善"（"恶"）的标准在于实现中的被意向价值与被偏好价值的一致（分歧），或在于它与被置后价值的分歧（一致）。①

舍勒所提出的上述三类公理，第Ⅰ类是布伦坦诺关于伦理价值之存在性质的观点的具体阐述。第Ⅱ类是他对伦理价值的特性与等级秩序的解释。第Ⅲ类则是他关于伦理价值之内在关系形成的特殊规定。他把价值偏好和置后（place after）与价值选择区别开来，认为前后两者的不同在于，前者指称道德主体对价值目标的方向性（directness）过程趋向，而后者则着重于道德主体确定价值目标的完成；前者与道德主体的意向性相关，后者则与道德主体的行动实施相关；前者能够具体地反映价值本身的内在等级特征，后者却不能。这样一来，舍勒便从反康德形式主义伦理学开始，进而着手为建立非形式价值伦理学铺设理论公理，并展开筹划了。

## 三 价值类型学：等级、样式、特点和关系

现象学价值理论是舍勒建立其全部伦理学的基础。因此，具体建构系统的价值理论便是舍勒投笔的重心所在。

舍勒以为，价值的等级结构是价值存在的基本样式，它构成了价值领域内的一种先验的本质秩序。他写道："因为所有的价值本质上

---

① M. Scheler, *Formalism in Ethics and Non – Formal Ethics of Value*, English trans. by M. S. Frings and R. L. Funk（Northwestern University Press, 1973）, pp. 26 – 27.

都处于一种等级秩序之中——即是说，因为所有的价值都相互联系，都是较高的或较低的——而且，因为这些关系只有‘在’偏好它们或摒弃它们的（行动中）才是可以理解的，价值的‘感受’有其基础，就其本质必然性而论，也只有在‘偏好’和‘置后’中，这些关系才是可以理解的。"① 价值的等级秩序既是一种质的结构——因为它只能为对价值的本质直觉才能认识；又是一种与主体的价值情感相关的关系结构——因为作为关系秩序的价值是一种实质性的价值，它通过人的情感而显现。进而，舍勒指出，从价值等级秩序中，我们又可发现不同的价值样式（value modalities）或类型。

所谓价值样式，舍勒的定义是："我们把那些在诸种非形式价值性质系统中所获得的作为一种等级秩序的最重要和最基本的先验关系称之为价值样式。"② 这种价值样式构成了它们在人们的价值直觉或"偏好直觉"的非形式的在先性，最具体地反映了基本的价值内容层次。由此，舍勒提出了他著名的"四等级价值样式说"。（1）感觉价值（sinnliche werte），它包括令人愉快的价值和令人不愉快的价值。（2）生命价值（lebens werte），它分为高贵的价值和卑贱的价值，但它并不等于生物学意义上的生命康宁状态或生命类型。所以，舍勒不同意生物行为主义伦理学或柏格森式的生命伦理学对生命价值的解释。（3）精神价值（geistige werte），它具体包括：a. 审美价值，即从美到丑的整个美学价值领域；b. 正当与不当（des Rechten und Unrechten）的价值，这种正当与不当的价值不等于依据法律或知识所确定的正确与不正确的价值，但是立法的基础；c. "纯粹的真理认识"价值，它是哲学所追求的最高价值目标。（4）神圣的和非神圣的价值（wertes des heiligen und unheiligen），它是关于绝对对象的价

① M. Scheler, *Formalism in Ethics and Non - Formal Ethics of Value*, English trans. by M. S. Frings and R. L. Funk（Northwestern University Press, 1973）, p. 89.
② Ibid., p. 104.

值，属于宗教领域。①

在舍勒看来，不同的价值样式反映着不同的价值层次或等级，而衡量它们等级高低的基本标准主要有五个方面。第一，持久性（endurance）。较高等级的价值往往比较低等级的价值更具持久性，如精神价值较之于感受价值。但是，价值的持久性并不是指价值所实存或其载体的实存之客观时间性，而是指它能够存在的性质或精神性存在。舍勒说："一种价值是通过它拥有'能够'长期存在的现象这一性质而成为持久的，不论其物质载体可能存在多久。'持久'已经属于某种价值，在特殊的'价值存在'意义上属于某种价值。"② 第二，不可分性和不可见性。价值越高，便越不可见（即越少可感之经验特性）。第三，相对独立性。较高的价值比较低的价值更具相对独立性，反过来说，较低的价值依赖于较高的价值；且价值的等级越低，其依赖性越大，反之越小。如宗教价值就具有绝对独立性和至上性，而感受价值（如快乐等）则相反。第四，"满足的深度"。"一种'较高的'价值渴望一种'较深刻的满足'"。而"满足"乃是一种"完成（fulfillment）的体验"③。价值越高，人实现该价值所得到的内在满足就越深刻。第五，对经验情感主体之生命体的依赖程度。这种依赖程度越高，价值越低，反之则越高。④

除上述四种最基本的价值样式外，舍勒认为，还有下列八种具体的价值和价值关系形式。（1）个人价值和物的价值。物的价值是通过

---

① M. Scheler, *Formalism in Ethics and Non – Formal Ethics of Value*, English trans. by M. S. Frings and R. L. Funk (Northwestern University Press, 1973), pp. 105 – 110.

② Ibid., p. 91.

③ Ibid., p. 96.

④ 参见上书，第 332～336 页。在谈到主体情感时，舍勒根据"情感'深度'的现象学特点"，将感情也划分为四个层次，即"感受性感情"；"生命体情感和生命感情"；"纯心理感情（纯自我感情）"；和"精神性感情（人格感情）"。并且通过这些感情与主体意志的关系，舍勒说明了不同感情的特点与价值高度。限于篇幅，在此恕不赘述。

善物表现出来的价值物，它可以是物质性的、生命性的、经济的、精神的文化善物（如音乐和艺术品等）。而属于个人的价值则主要有个人自身的价值和美德的价值两种。从本质上说，个人的价值高于物的价值。（2）自我的价值与他人的价值。舍勒认为："'自我的价值'与'他人的价值'之划分，和前一种划分即个人的价值都与物的价值之划分毫无关系。因为自我的价值与他人的价值都可以是个人的价值和物的价值，也可以是'行动的价值'、'功能的价值'和'情感状态的价值，自我的价值与他人的价值具有同样的高度。"而且，"实现一种他人价值之行为，比实现一种自我价值之行为具有更高的价值"。① （3）行动的价值、功能的价值和反应的价值。行动的价值包括认识行为、情感行为、意志行为等。功能的价值涉及听、视、感觉诸方面。反应的价值指对某对象产生的回应或反应所产生的价值意义，包括"共感""复仇"等。就价值高度而言，这三种价值载体之间有一种"先验的关系"，即行动的价值比功能的价值高；在反应中，自发的举止表现又比反应性举止表现的价值高。（4）基本道德倾向（tenor）的价值、道德行为的价值和成功的价值。前两者是与后者相对立的道德价值。 （5）意向的价值和感情状态的价值。"一切意向性经验的价值都比纯经验状态（诸如感受或肉体感受状态等）的价值高。"② （6）关系项（terms of relations）、关系形式和关系的价值。在人际关系中，首先的价值载体是处于关系中的个人（关系项）；其次是他们的关系形式；最后是在这种形式内作为既定经验的关系（如友谊、婚姻等情形）。③ （7）个体价值与集体价值。这一对价值区分并不同于自我价值与他人价值的区分。因为后者的"自我"

① M. Scheler, *Formalism in Ethics and Non – Formal Ethics of Value*, English trans. by M. S. Frings and R. L. Funk ( Northwestern University Press, 1973), pp. 100 – 101.
② Ibid., p. 101.
③ Ibid., p. 110.

与"他人"并不一定就是个体或集体。即是说，"他人"并不一定具有群体的内涵。（8）自我价值与连续价值（consecutive values）。前者指本位价值或自因性价值；后者指内含因果性关系意味的现象性价值，它由"技术性价值"（technical values）和"象征性价值"（symbolic values）——如"圣物"的价值等——两种基本形式所构成。

舍勒认为，上述八种价值或价值关系形式都可以在某种程度上或通过某种方式归结到前面的"四种基本价值样式"。在四种基本价值的样式中，存在着一种先验的等级秩序。"该秩序是这样的：生命价值的样式高于称心的和不称心的价值样式，精神价值的样式高于生命价值的样式，而神圣价值的样式又高于精神价值的样式。"① 各种价值样式都涉及道德价值，但又不等同于道德价值。换言之，道德价值具有不同于上述价值样式的特征。首先，道德价值的载体主要是作为道德行为主体的个人及其意向行为的过程和方向。其次，道德价值含有绝对的义务力量，表现在"应当"或"应然"的意向或意志行为中。这种道德义务包括规范性义务和理想性义务，前者以后者为基础，而后者又以道德价值为依托。道德价值的绝对义务力量来自它所内含的对人类生活与先验价值等级秩序相吻合的客观理想要求。最后，道德价值虽然和其他价值一样具有客观先验性的主体情感基础，但它根本上是落实于主体人格的内在体验之中的特殊价值。

因此，对于道德价值，我们必须划分几个界限。（1）非形式的伦理学与成功伦理学的界限。行为是道德价值的基本载体，但价值伦理学并不把行为的成功与否当作行为之道德价值本身，也不能像康德那样将其诉诸行为的内在动机，而是从行为主体的道德倾向所呈现的意

---

① M. Scheler, *Formalism in Ethics and Non - Formal Ethics of Value*, English trans. by M. S. Frings and R. L. Funk (Northwestern University Press, 1973), p. 110.

志行为来估价。面对一名溺水者，一个瘫痪的人想去救却又不能，说明他已失去"意愿去做"（willing-to-do）的可能性。但我们也不能因此把"救人行为"的道德价值全然归结到健康者是否救活溺水者的"成功"效果上。关键在于洞观该行为意志的过程和所表现的道德倾向性。要达到此目的，须审察该行为的下列因素："（a）境况的现存状态和行为的对象；（b）行为所实现的内容；（c）从这种道德倾向——通过意向、慎思和决心——导向决定的这种［行为］内容之意志及其层次；（d）指向生命肉体的各种活动所导向（'意愿去做'）的运动等级；（e）与这些活动相联系的感受和感情状态；（f）被经验到的内容之实现（'践行'）；（g）已实现的内容所致的状态和感情。"①（2）划分价值伦理学与命令伦理学（ethics of imperatives）的界限。舍勒认为，任何形式的认识（包括道德认识）都必须根植于经验，"伦理学也必须有其'经验'基础"②。康德把道德价值视为超经验的应然存在和命令性意义是片面的。事实上，"'道德'，并不只在于理想意义的领域"③。而道德价值则"既有属于理想的价值，也有属于事实的价值"。若只看到前一方面，"人们就无法看到为了达到某一价值而应该从人类各种属性中采取的'理想化方向'"④。所以，道德价值不只是表达一种"应当联系"，也表示某种"事实性联系"。（3）划清非形式的价值伦理学与幸福主义伦理学的界限。舍勒认为，后者是一种以快乐为道德价值标准的主观伦理学，它局限于经验而忽略了价值性质的先验客观性。非形式的价值伦理学恰恰是在承认道德价值的经验主体情感基础的同时，肯定其本质的先验性。

　　显然，舍勒对价值和道德价值的详尽分析，仍然是和他建立一种

①　M. Scheler, *Formalism in Ethics and Non-Formal Ethics of Value*, English trans. by M. S. Frings and R. L. Funk (Northwestern University Press, 1973), p. 121.

②　Ibid., p. 163.

③　Ibid., p. 165.

④　Ibid., pp. 166-167.

与康德形式主义伦理学相对立的非形式价值伦理学的主旨相统一的。他关于价值类型或样式的探讨已超出了自柏拉图到康德的真善美三者统一的传统框架，并对价值的一般形态和多种关系形式予以了充分的考虑，在理论上为后来的价值伦理学家（如 N. 哈特曼）创立了一个大致的图式。特别是他对一般价值与道德价值的区分的论点确实是发前人之未发。但是，这并不是说舍勒的价值类型学（Typology of Value）已臻于完美和科学。相反，他对各种价值关系的论述，尤其是对如何使价值的先验形式与经验内容统一起来等问题，仍缺乏足够的说服力和逻辑性。虽然这并不影响他构造其价值伦理学的主体骨骼的艰巨努力，但仍然需要为之补充大量的"血肉"而使之丰满起来。

## 四　道德价值主体与道德人格

对道德价值的具体规定，使舍勒得以更具体地陈述其价值本体理论，为道德价值找到独立的主体。在这一根本问题上，他同样批判了康德把道德价值诉诸意志法则和意志善性的狭隘做法。他反驳道：首先，"任何把'善'、'恶'归结为对一种应当法则的履行之企图，都立刻会使这种见解成为不可能……其次，特殊道德价值的载体甚至也不是个人的具体行为，而是他的道德'所能'（to-be-able-to）之方向……第三，'善'、'恶'载体乃是一个个人的各种行动，包括那些意志行动和任何行动"①。这就是说，道德价值的主体既非康德之"应当法则"，也不是某个人的具体行动或意志行动，而是能表明道德"所能"之方向的道德主体个人。道德价值是作为价值存在之个人的内在价值，唯有这种个人才能作为道德价值的主体。舍勒如是说："我们必须坚决摒弃康德的下列主张，即他认为善恶在原始的意义上

---

① M. Scheler, *Formalism in Ethics and Non - Formal Ethics of Value*, English trans. by M. S. Frings and R. L. Funk (Northwestern University Press, 1973), pp. 28 - 29.

仅依附于意志行动。我们可以称作原始意义上的'善'和'恶'，即负载着'善''恶'之非形式价值并先于和独立于一切个体行动的东西，乃是'个人'，即个人自身的存在。因此，我们可以对这种载体作如下定义：'善'和'恶'乃是个人的价值。"①

个人才是道德价值的真正主体。"唯有个人才能（在原始的意义上）成为道德善的或恶的；一切其他事物只有诉诸个人才能成为善的或恶的，无论这种'诉诸'（reference）可能多么间接。个人所有随该个人之善性而改变（根据各种规则）的属性都被称作为美德，而那些随该个人的恶存在（being-evil）而改变的属性则被称为罪恶。意志行动和行为也只有根据行动着的个人自身来理解这些个人的情况下才能是善的或恶的。"② 在这里，我们发现了舍勒道德价值的主体理论与其人学理论的内在联系：在人学中，舍勒把个人和人格视为人与世界之联系的关键。正是通过个人，世界才显露其价值意义，人的价值也才拥有其具体的经验情感载体。在道德中，个人被更加具体化为道德价值的主体，一切善恶意义——无论是通过意志、行动、感情，还是通过人人之"内在交互关系"（internal-inter-relations）表现出来都必须最终诉诸个人。

因此，舍勒进而以为，在道德价值中，"个人的价值是最高的道德价值"③。在一般人学价值系列中，"个人的价值是最高的价值层次，它优于一切以意志、行动和个人的属性作为其载体的价值，正如它也优于一切物的价值和感情状态的价值一样"④。然而，当我们确认个人在道德价值和一般人学价值秩序中的最高地位时，还不得不回答个人与他人和社会之间的价值关系问题。

①　M. Scheler, *Formalism in Ethics and Non – Formal Ethics of Value*, English trans. by M. S. Frings and R. L. Funk（Northwestern University Press, 1973）, p. 28.
②　Ibid., p. 85.
③　Ibid., p. 348.
④　Ibid., p. 508.

舍勒认为，"个人"这一概念包括两重含义，即"个体的个人"（individual person）与"集体的个人"（collective person）。"个体的个人"属于个体世界或"单称世界"（single world），这个世界乃是一切在单一化行动和自为体验（experiencing-for-oneself）之行动中的经验内容。"集体的个人"则属于"集体世界"或"复数世界"（plural world）。"集体世界"并不是个体世界的总和，也不是某种综合形式，"相反，它也是一种被经验到的实在"①。它甚至也不等于集体或社会本身，它和"个体的个人"或"个体世界"一样，都是一种"有限的"实体。

同时，舍勒也反对把个人定义为一种"理性存在"（如康德）。因为这种做法使人观念化或"非人格化"（depersonalized）。对个人的本质性定义应该是："个人是不同本质的行为存在之具体而本质的统一，而这些不同的本质本身先于一切本质性的行为差异（特别是内在知觉与外在知觉、内在意志与外在意志、内在感情与外在感情、爱与恨等之间的差异）。因此，这个人的存在即是一切本质上不同行动的'基础'。"② 换句话说，舍勒的"个人"乃是一种先验既予的价值本体，这种个人原则上是不能作客体的。然而，这并不是说个人具有超脱于集体或共同责任之外的道德存在特权。个人也不等于自我存在或自我意识，他生活于"伦理情景"（ethical contexts）之中。舍勒对"伦理情景"中的个人作了四点说明。第一，不能把个人概念归结为心理存在或意识存在范畴。第二，"个人"只能应用于人的发展的某一层次，而不是全部过程。道德上的个人是指人的发展的最高层次。儿童可以表现出自我意识或自我性，但这不能使他成为一个道德意义上的个人。第三，"个人"首先且最重要的是表征"人与其身体的现

---

① M. Scheler, *Formalism in Ethics and Non-Formal Ethics of Value*, English trans. by M. S. Frings and R. L. Funk (Northwestern University Press, 1973), p. 522.
② Ibid., p. 383.

象性关系"，即他首先是作为该生命体的主人而存在的。第四，必须
把个人概念与传统的"心灵—实体"概念以及心理学上的"性格概
念"区别开来。道德意义上的个人乃是一种价值人格，而非哲学意义
上的"灵—肉"存在。①

　　个人的道德人格决定了个人既具有一种自律的自我责任，也具有
一种对集体的"共同责任"。个人既是内在的，又是社会的，即"内
在个人"（intimate person）和"社会个人"（social person）。后者是
参与团体生活或"道德宇宙"的每一个体在其同一人品（identical
personhood）基础上所建立的共同团结和共同责任联系；而前者则是
一切共同责任赖以建立的内在化主体存在。两者之间，个人的内在人
格无疑要先于其外在人格。舍勒说："无论每一个人所借以陷入道德
宇宙之整体的成员身份多么丰富多样，也无论个人赖以与这种整体及
其方向和意义相连的各种共同责任形式的方向是多么杂多，这些成员
身份形式永远也无法穷尽，个人也无法把他的自我责任归结为各种共
同责任，亦无法把他的义务和权利归结为那些源自这些成员身份的义
务和权利（如家庭的义务、公职的义务、神圣使命的义务、公民的义
务、阶级的义务等）。因为在进入这些成员身份的经验背后，每一个
人都能感觉到（在某种程度上）——如果他试图获得对所有这些成员
身份及其他自己的存在之清晰认识的话———一种特殊的自我存在（同
样也会感觉到一种自我价值和自我反价值）……而在这种可能的自我
经验的本质形式中进入既定的个人，这就是我所称之为的内在个
人。"②

　　这就是说，作为道德价值主体的个人，一方面必须具有超生物学
意义的社会存在特性；另一方面又必须是人的多种社会特质的个体内

———————

① M. Scheler, *Formalism in Ethics and Non - Formal Ethics of Value*, English trans. by M. S.
　 Frings and R. L. Funk（Northwestern University Press, 1973）, pp. 477 – 479.
② Ibid., p. 561.

在化。只有这样，才能确保个人责任与共同责任的统一，才能使个人成为真正的道德主体。然而，在舍勒看来，道德价值的主体最终必须是个人，而不是团体或历史。所以，伦理学的基本原则是价值个人主义。他总结道："伦理学必须执着价值个人主义，因为团体和历史的终极意义和价值恰恰在于它们提供了这样一些条件。在这些条件下，最有价值的个人才能涌现出来，才能自由地发挥出他们的影响。对于价值个人主义来说，一切历史的目标都在于个人的存在和活动。"① 个人是终极目标，团体和历史都只有手段或条件。条件越好，个人价值的实现就越充分。最有价值的个人乃是少数英雄或模范，他们是最高个人价值的化身，代表并最终决定着人类发展的方向。舍勒如此写道："最终决定人类群体的存在、种类、形成和发展的，既不是一种无个人的'观念'（黑格尔），也不是一种自由漂浮的'理性法则的秩序'；既不是一种理性意志（康德、费希特），亦不是通过一种'可改变的命运（fatalité modifiable）'的正式法则而发展起来的理性或知识；既不是生产关系的结果（马克思），甚至也不是带来各种民族血缘混合的暗藏而巨大无边的命运：至少决定着各群体的存在、种类、形成和发展之基础与主要方向的，仅仅是占统治地位的少数个人模范和领袖。"②

这就是舍勒的英雄个人价值观，也是他褊狭的民族精英论的流露。在这种价值观的支配下，他甚至还依据个人"创造性"特征，提出了一种宗教榜样类型学（the typology of examplers）。根据这一学说，人类已出现的榜样类型有 6 种："（1）原始的神圣个人和奠基者。（2）一切与某一代表着他最先遵循的宗教奠基者、遵循他所传播的信

---

① M. Scheler, *Formalism in Ethics and Non-Formal Ethics of Value*, English trans. by M. S. Frings and R. L. Funk ( Northwestern University Press, 1973 ), p. 505.

② M. Scheler, *Person and Self-Value—Three Essays* ( The Netherland: Martine Nijhoff Publishers, 1987 ), p. 136.

仰具有直接联系的个人……（3）能作为其经历磨难或死亡的实际生活之信仰的见证者和烈士。（4）所有积极参与教条形成和构成了一种宗教社团发展的个人（导师）。（5）那些在稍后被视为某宗教团体内部之'神圣的'人类和自身趋向于与奠基者具有直接和原始关系的人类。（6）所谓的'改革家'（路德）。"①

　　显而易见，舍勒从把个人作为唯一道德主体这一论点出发，进而推出了价值个人主义的结论。这一逻辑导致他最终与尼采等人一样滑入了个人英雄主义和价值精英论的泥淖。这一归宿不单是其理论逻辑的必然，也铸造了舍勒本人在其现实生活中扮演了为德意志民族在第一次世界大战期间实行强权政治的辩护士角色。这种价值精英论的失误，并不是它对优秀人类在人类社会和历史的发展中所特有的积极作用的强调，而在于它使这种强调过于偏颇。因而漠视了人民大众的历史作用，割裂乃至否认了英雄与群众、精英模范与人民群体在维护和创造社会历史的活动中所固有的相互依赖关系，看不到个人作用在社会历史进程中的有限性及社会客观条件与历史必然对优秀个人命运的制约。它在理论上的危害是：（1）使价值个人主义落入道德主观主义和相对主义；（2）从道德价值优越论走向社会政治上的权威主义甚至是极权主义；（3）最终与人道主义价值观（自由、平等、公正、博爱等）背离。由于这一理论原因，也使它在实践上倒向社会政治精英论和唯心主义英雄史观，从而左右个人、阶级、民族和国家的价值取向和行为方针，导致非理性的社会后果。

---

① M. Scheler, *Person and Self-Value—Three Essays* ( The Netherland: Martine Nijhoff Publishers, 1987)，p. 149. 另参见 M. Scheler, *Problems of A Sociology of Knowledge*, English translated by M. S. Frings ( London: Routledge & Kegan – Paul, 1980)。该书中有关于"个人灵魂"或"个人心灵"与"群体灵魂"或"群体心灵"的论述。其间对社会"精英"（"elite"或"pare-to"）、"杰出少数"及"个性领袖"与"模范"等问题有较详尽的论述。

## 五　爱的秩序

在舍勒的价值伦理学中，"爱"与"恨"是一对关键性的范畴。在其早期作品中，这一范畴已常常出现。后来，他在一篇题为《爱的秩序》的专题论文中，集中地论述了这一对范畴，并将"爱的秩序"（Ordo Amoris，英译为 The Order or Ordering of Love）擢升到伦理学的核心地位。他认为，作为人类的一种最基本的内在情感或精神气质（ethos）的根基，形成了人类伦理精神世界里最基本的"秩序"，而"对这种形成的研究，则是对道德存在的'人'的强化研究之最重要的问题"[①]。

舍勒指出，一个个体、一个家庭、一个历史时代、一个民族和国家，都拥有其内在的精神本质，亦即精神气质。精神气质的根基"首先是爱与恨的秩序"。爱的秩序是个人生活的支柱，也是社会组织或历史时代的精神范型。它"给主体指明道路，使之看清其世界和其行动与活动的作用"。它也支配着社会历史的发展方向。因此，对爱的价值及其结构秩序的认识，就构成了一种具有根本意义的价值知识，而"这种知识乃是一切伦理学的中心问题"[②]。

在舍勒看来，"爱的秩序"这一概念具有两种意义：一种是规范性意义；另一种是纯事实性或纯描述性意义。前一种意义表现在，爱的秩序是与人的意志相联系的一种内在要求，而且也只有与人的意志相联系，它才能成为一种客观规范。同时，它之所以具有描述性意义，"因为它是我们因之在人与道德相关的各种行动之最初相互混淆的事实背后，在他的各种经验、愿望、习惯、需要和精神成就背后，

---

[①] M. Scheler, "Ordo Amoris," ("The Order or Ordering of Love") in D. R. Lachterman (ed.), *Selected Philosophical Essays* (Illinois, Evanston: Northwestern University Press, 1973), pp. 101 – 102.

[②] Ibid., p. 99.

发现个人目标指向核心之最基本目标和最简单结构的手段，亦即发现基本伦理公式的手段。也就是说，发现个人赖以存在并有道德地生活之基本伦理公式的手段"①。显然，爱的秩序的描述意义不过是一种与价值目标相对而言的工具性意义。

爱的秩序之于个人，如同生命之于人本身。"一个拥有爱的秩序的人，也就是拥有着作为他自己的人。"② 而一个具有爱的秩序的社会和民族，才能进入光明的价值世界。人有着他必然的命运（生命时间）和他生命的特殊环境（生命空间），其命运和环境的改变取决于爱的秩序。人仿佛一个被包裹在价值世界之中的果核。他处于一种客观的价值等级之中，形成了个体命运与整体宿命息息相关的联系。每一个生活于价值世界之中的人都共享着这个世界的意义，也同样承受着这种意义所蕴含的责任与孤独。这就是个人命运与历史宿命的关联，也是人类"团结原则"与"共同责任"的基础。人们"共享一种共同的生活、一道劳作和生产，共享信念与希望，为他人而活着和尊重他人，这些本身就是每一个有限精神存在之普遍命运的一部分。因此……个人命运的观念非但不排除，反而包括对各种道德主体的罪与功的责任之相互性孤独"③。正是通过这种命运的"共享"和责任的相互承诺，使人们深刻地洞见到生活深处所存在的一种"爱的秩序"，并认识到"人之爱"是我们追求神圣理想（价值目标）的指南。爱是人生的力量。爱的增长，是人类追求不息的动力。"爱永远是……一种动态式的生成、一种增长、一种喷涌"，一如涌向初晓旭日的大海波涛，滚滚不息。它体现于人的情感和意志之中，遥寄于上

---

① M. Scheler, "Ordo Amoris" "The Order or Ordering of Love," in D. R. Lachterman ( ed. ), *Selected Philosophical Essays* ( Illinois, Evanston: Northwestern University Press, 1973), p. 99.

② Ibid., p. 100.

③ Ibid., pp. 104 – 105.

帝。它是价值增升的内驱力，也随着价值的增升而不断增长，直至神圣上帝的普遍之爱。因之，爱是有限个人接近无限价值的羽翼，是"世界趋向上帝之途的中间驿站"①。在此意义上说，每个人的爱或每一种爱都是对崇高价值的追求，对无限上帝的爱。尽管个人有限的爱并不完美，甚至常常处于爱恨交织的痛苦之中，一如人时而清醒、时而沉睡或昏迷一样；但它永远不会长期休眠。追求无限是人类"爱的秩序"的内在律动，它的震颤正是爱的秩序之等级显现。恨是爱的反证。恨同样是基于爱的行动，只不过是由于"爱的匮乏"而产生的逆向行为而已。

人生活于爱的秩序之中。爱支配着人的生活、他的情感和行动，也唤醒着知识和意志。爱是人类"精神与理性的母亲"②。但这并不意味着人因此而成为道德仆人。相反，爱与意志的交互作用恰恰表明人永远是道德的主体，他体现着爱、体验着爱、创造着爱。人是爱的主人，因而人才产生良心、悔悟和羞涩。良心是人的灵魂与上帝之间的无言的对话，是爱作用于人的内心使然。③ 悔悟"是道德世界之自我再生的强大力量"，是人对恨与恶的自醒和痛苦意识，反证着爱对于人的伟大力量。④ 而羞涩则是"爱之良心"，是人性中最高尚和最有价值力量的内在感情，"也是爱的能力和一种强劲冲动能力的象征"⑤。虽然它起源于人自身最原始的性羞涩和肉体羞涩，但性道德乃一切道德之基础。无论"肉体—羞涩"（body-shame），还是"精

---

① M. Scheler, "Ordo Amoris, " ("The Order or Ordering of Love") in D. R. Lachterman (ed.), *Selected Philosophical Essays* (Illinois, Evanston: Northwestern University Press, 1973), p. 109.

② Ibid., p. 110.

③ M. Scheler, *Person and Self-Value-Three Essays* (The Netherland: Martine Nijhoff Publishers, 1987), p. 90.

④ Ibid., p. 114.

⑤ Ibid., p. 62, p. 70.

神—心理羞涩"（spiritual-psychic shame），都是人类个体的一种内在的自我感情，预示着一种"转向我们自己"（turning to ourselves）的行动。

通过爱、良心、悔悟和羞涩等一系列范畴的详尽分析，舍勒建立了一个以"爱的秩序"为主纲的道德范畴之网，并依次从多方面缕析了个人的内在心理、情感和精神所含的道德价值意义和生命价值意义，表现出浓厚的个体人学色彩。但不幸的是，舍勒对爱的过于夸张，违背了他的价值个人主义原则。人与人之间的相互性爱和普遍责任究竟如何与价值个人主义协调起来？这仍然是舍勒遗留下来的一个理论裂缝。即令如此，他的爱的理论也不失为一种有价值的伦理学说。在一定程度上，这些见解洞悉到了人类伦理情感和心态精神本质。就舍勒整个人学价值论来说，这些见解也极大地丰富了他关于价值结构和道德主体人格的理论。由此我们可以反溯到，舍勒的现象学人学价值论，乃是一种由宏观到微观、由本质一般到现象经验的虽缺乏缜密逻辑结构却又丰满充实的人学价值论系统。它对人类个体和群体的价值学观察有如一次全面的人格体验，包含了对人类的外在肉体生命和内在精神生命的详细描绘，繁杂而深刻。其间关于价值等级结构的分类、关系、特征以及关于道德主体人格和情感的深邃审察，为尔后哈特曼建立系统的价值现象学勾勒出了大致的蓝图，乃至准备了丰厚的材料。而他固有的漫谈式写作风格和对严格理论逻辑程序的不拘，又给哈特曼留下了理论化的艰巨任务。也正是对前一方面的忠实承袭（尽管哈特曼本人有所微言）和对后一方面的努力改进，使得源自胡塞尔现象学哲学母体的现象学价值伦理学，最终在哈特曼那里较为圆满地完成。

# 第四节 哈特曼的价值现象学

哈特曼与舍勒堪称 20 世纪初期德国伦理学界的"两座高峰"。就时间而言，哈特曼略晚于舍勒；就伦理学理论成就来说，两者各领风骚。如果把舍勒的伦理学视为胡塞尔现象学在伦理学价值领域中具体展示的先例，那么，也同样可以说哈特曼在同一主题上获得了可与之匹敌的理论成就。

## 一 哈特曼及其《伦理学》

尼古拉·哈特曼（Nicolai Hartmann，1882～1950）出生于拉脱维亚的里加，曾在彼得堡等地攻读过医学、古代语言和哲学。1905 年，哈特曼到当时新康德主义的中心马堡大学，拜读于新康德主义"马堡学派"首领柯亨和那托普门下，深受其影响。同时，哈特曼也接受了当时声名鹊起的胡塞尔的现象学、海德格尔的存在本体论、舍勒的价值伦理学的影响。加之哈特曼对古希腊哲学伦理学和康德、黑格尔哲学的偏爱，使其伦理学具有极大的包容力，常常是前纳古人，旁及诸学，见解阔达深邃。他深染德国古典哲学家们的学风，效康德、胡塞尔之独慎书斋的遗风，自 1920 年在马堡大学哲学系执教开始，一直过着严格的儒墨生活。静省于一阁半楼，穷经及古今天下，被他的学生们称为"书呆子式"的哲学导师。1923 年至 1925 年，哈特曼曾与海德格尔有过短暂的共事经历。1925 年至 1931 年转到科隆大学执教，与舍勒共事，颇得其旨。随后又转到柏林大学，直到 1945 年第二次世界大战结束。退职五年后逝世。

哈特曼初攻数学和哲学认识论，在哲学上亲近于唯心主义形而上学，特别是柏拉图、康德、黑格尔哲学。20 世纪 20 年代中叶起，逐渐背离新康德主义，转向"批判的"实在本体论和价值现象学。他接受了康德哲学的批判精神，专注于对存在本质和内在精神统一性的寻求，以满足形而上崇高性的理想追求。这一哲学动机促使他雄心勃勃地醉心于建立一个庞大的价值伦理学体系。1925 年他完成了长达 800多页的《伦理学》巨著，次年出版。1932 年，S. 科伊特（Stanton Coit）将其译成英文出版，经过哈特曼本人审定，视为权威译本。与原文版不同，英译版将原著分成了三卷，共 1000 余页。此外，哈特曼在他逝世前一年还发表过一篇题为《论伦理要求的本质》的文章，侧面反映出他终生对伦理学的偏重。

《伦理学》（*Ethik*）共包括"导论"和三大部分，共 21 编 85 章。其中，每一部分又各汇集于一个主题。"导论"从整个哲学传统的系统考察开始，认为从古代以来，哲学就一直面临着三个最为关键的问题："（一）我们能够做什么？（二）我们应当做什么？（三）我们可以希望做什么？"[①] 其中，第二个问题是具有实践哲学之特点的价值伦理学的首要基本问题，它使我们认识到，在伦理学意义上，人是唯一具有价值目的的主体。当我们着手解决这一基本问题时，又遇到了第二个基本问题："为了参与世界的价值，我们广泛寻求的又是什么？为了在世界的充分意义上成为一个人，我们将把我们自己塑造成什么？理解成什么？又当做出什么样的评价？"[②] 在价值伦理学领域，第二个基本问题的重要性和急迫性甚至超过第一个基本问题。

第一部分的主题是伦理学现象的结构，亦即"道德现象学"（phenomenology of morals），共有七编。着重探讨了伦理学的一般特征、类型；道德（价值）的多元性和伦理学的统一性；伦理学的方法；伦理价值的本质；道德"应与个人存在及价值的关系。哈特曼批判了传统伦理学中的自然主义、相对主义等观点，也批判了康德形式

---

① N. Hartman, *Ethics*, *Vol.* 1, English translated by S. Coit（Unwin Brothers Co. Ltd., 1932）, p. 27.

② Ibid., p. 37.

主义先验论伦理学，以近似于舍勒的理论视角，强调了伦理学价值内容的实质性和丰富多样性，同时又论证了其超越本质性和统一性。

第二部分的主题是道德价值，亦即"道德价值学"（axiology of morals），集中探讨了道德价值的系统、结构、矛盾、类型及关系等。这一部分组成了哈特曼价值伦理学的主体，在很多方面较舍勒的理论分析更为具体和模式化，它与第一部分一起构成了哈特曼价值现象学的基本内容，以至于有些西方研究者认为，研究了这两部分，也就基本把握了哈特曼价值伦理学的要旨。[①]

第三部分的主题是意志自由问题，即"道德形而上学"（metaphysics of morals）。作者批判地分析了伦理学史上种种形式的道德决定论与非决定论，探讨了个人道德自由的本体论可能性，提出了独特的内在价值决定论思想。从其伦理学整体结构来看，这一部分并不是可以随意忽略的，相反，我以为它是对前两部分内容在更高理论层面上的抽象和归宗。

下面，我们将依照哈特曼的逻辑设置，来具体探讨其伦理学理论。

## 二 道德现象学

何谓道德现象学？哈特曼并没有作具体规定。但从《伦理学》一书中，我们不难看出这一概念的意义。在他看来，伦理学作为一门实践性和个人性的价值理论，重要的是探索人的价值存在和价值理想，以及它们的类型结构和内在本质。伦理学是一种本质性价值研究。

于是，他首先对伦理学基本问题做了现象学的解释。他认为，伦理学的基本问题包括两个方面。第一方面可以借用传统的形式表述

---

① Cf. J. N. Findlay, *Axiological Ethics* (Macmillan Co. Ltd., 1970), esp. chapter 3. 对芬德莱的这种看法，笔者持有异议。笔者认为，《伦理学》的三部分乃是一个有机的逻辑整体，并非三个板块的简单拼附。

为："人应当做什么?" 它赋予伦理学以两种基本特征。其一是伦理学的实践性,即对人的实际行为的价值关注。"应当做" 意味着价值选择行为的现实化要求。其二是伦理学的理想性,即对行为的价值期待和目的论追求。"应当" 表明某种东西尚未实现却又是被要求实现的。由此引申出第二方面:价值何在? 人如何成为有价值者? 在这里,伦理学真正显露了它自身的内在本性和神圣使命:为人们揭示生活的价值、理想。因此,价值和价值学才是伦理学生长的土地。哈特曼说:"正是在这样一个阶段——即价值学说(价值学)——上,伦理学才开始了它的真正使命,价值学说是对伦理学内容的关注,它构成了伦理学的基础。"①

　　人的价值是伦理学研究的终极本体,它必须以价值学为依托;而伦理学的价值本性又必须使它全神贯注于作为价值主体的个人。这一理论规定决定了伦理学基本问题的第二方面或第二个基本问题 "在其重要性上超过第一个问题"。"而且,它在较广泛的形而上学意义上,以及在其实践的积极承诺(bearing)方面也都是优先的。"② 也就是说,要解释 "应当做什么" 问题,必须首先解释 "什么是有价值的" 问题,后者是前者的先决前提。

　　伦理学的价值学本质昭示了人自身的本质,表明了人自身存在的价值地位。人的价值即人的意义。人是世界意义的唯一源泉,"他是诸客体中的主体,是认知者、认识者、经验者、参与者;他是存在之镜和世界之镜,依这种方式来理解,他就是世界的意义"。在广袤的宇宙世界中,"他在宇宙中的渺小、短暂和无依无靠,并不损害他在形而上学意义上的伟大性和他对于较低形式的存在的优越性"③。这就

---

① N. Hartman, *Ethics*, Vol. 1, English translated by S. Coit (Unwin Brothers Co. Ltd., 1932), p. 81.

② Ibid., p. 37.

③ Ibid., pp. 37 – 38.

是伦理学的人学意义所在。在这里，哈特曼似乎深受舍勒价值人学精神的感染，从一开始揭示伦理学基本问题，就先确定了作为价值主体的个人在伦理学视野中的最高本体地位。同时他又抱怨人们在这个无比丰富和辉煌的价值现象王国中无所作为。他深深地感叹："人的悲剧在于，他稳坐钓鱼台，饥饿却又不愿伸出他的双手，因为他看不到在他眼前的究竟是什么。因为现实的世界无比丰富，取之不竭，实际生活充满并流溢着各种价值，当我们把握它时，我们就会发现它充满着惊奇和宏伟。"① 在人生活的这个充满价值之光的世界上，价值无穷无尽，千姿百态。它不仅表现在人的存在自身，而且也充溢着人的生活领域，当我们明白了什么是有价值的时候，我们也就发现了生活本身的意义，有了明确的生活目标。

但是，"如何去发现道德价值？"这也是伦理学所要具体引导人们进行价值追求和选择必须处理的一个派生性问题。哈特曼认为，这种追寻不是纯粹的伦理学方法问题，也不是一个纯知识的问题，而是一个实践性的"价值的现象领域"的发现过程。每一个人都在道德意识的驱使下寻求着这个领域，一个人所能发现的价值现象领域越广，越能更广阔更真切地洞见到吸引着他的生活价值前景；而他追求价值实现的力量也就越大；所树立的价值目标就越崇高。要发现丰富的价值现象世界，人们就必须"更加深入地深入到道德生活之中"，正是在这种发现过程中，"道德意识才完全以其全部表现而运转起来"。在这种意识上说，所谓道德意识也即是一种价值意识。②

通过道德意识，人们发现了道德价值现象领域。但究竟何为价值？哈特曼认为，历史上伦理自然主义或效果论伦理学与康德的纯形式主义伦理学，都在不同程度上误解了道德价值的存在本质。前者把

① N. Hartman, *Ethics*, Vol. 1, English translated by S. Coit ( Unwin Brothers Co. Ltd., 1932) , p. 39.

② Ibid., pp. 100 – 101.

道德价值诉诸人的行为效果，实际是把价值等同于价值物（goods-value）；后者把价值诉诸人的意志，仿佛"意志决定或创造着价值，而不是价值决定或创造意志，这样一来，意志就不一定是某种其自身具有价值的东西了，而无外乎就成了一种对意志指向的东西的表达。价值也就成了纯粹意志的指向性概念"①。因之也就不仅否定了价值自身的绝对先验性存在，也完全排除了价值的实质性（material）内容。实质上，"伦理价值不是在人的行动中发现的"，它既非实在的价值物，也不是纯形式的空洞结构，它的存在有三种规定：（1）它不源于实在的物或关系，而是先验的、普遍的和理想的存在；（2）它也不源于人的主观感知或意志，不是形式的，而是"拥有其内容的"实质性结构；（3）它不是被发明的，也不能为思维所直接把握，而只能靠一种内在的当下觉识（discern）所感受。哈特曼也不赞同舍勒过于偏重精神价值的超越性而忽略物质性价值的做法。他认为，价值的自我存在形式既是超验的、理想的，也不能完全脱离物质善的内容。就前者而言，"价值不仅独立于有价值的善物之外，而且实际上还是这些善物的先决条件"。就后一方面而言，"我们也无法在'善物'之外去觉识物的价值"②。

但依哈特曼的观点，价值的存在样式在根本上"是一种理想的存在样式"③。它的本质特征就在于其先验性和理想性。因为它超乎于具体价值经验之外，所以是绝对的、理想的。在此意义上，"伦理学所唯一关注的只是价值自身的先验性"④。因而它"在其本性上是注视着未来的"⑤。根据这一前提，哈特曼批评了尼采把伦理学视为对一切

---

① N. Hartman, Ethics, Vol. 1, English translated by S. Coit ( Unwin Brothers Co. Ltd., 1932), p. 158.

② Ibid., p. 186.

③ Ibid., p. 221.

④ Ibid., p. 203.

⑤ Ibid., p. 164.

价值的"重新估价"的做法，指出价值本身的先验理想性存在决定了价值本身是绝对不变的。伦理学批判不是要重新估价价值，而是要重新估价生活。"价值本身并不改变，它们的本性是超时间超历史的。但对它们的意识却是变化的。"① 因此，所谓伦理精神的革命并不是否定价值的绝对性，而是在生活中不断发现有价值意义的东西。哈特曼写道："伦理学革命的过程是一个真正的发现过程，一个真正的展露价值和揭示价值的过程；另一方面，又确实总是同时存在一个失去价值、忘却价值和价值消失的过程。"② 也正是在这个意义上，我们既看到了价值本身超验存在的永恒样式，又看到了人类在实际生活中对价值之道德意识的有限性。

进而，在价值的自在存在与实际的价值现象领域之间，我们又可看到一种既相互关联又相互区别的内在关系。由于永恒超越性价值的存在，使人们崇高价值追求的目标得以确立；另一方面，因为价值现象领域所呈现的价值丰富性和人们对价值的道德意识的相对狭隘性，又使得人们的价值意识常常处于冲突之中，产生了目的与手段的复杂中介关系和转换；这就是具体生活中价值经验的丰富多样性与伦理价值的统一性。而使这两者联系起来的关键中介就是作为价值主体的个人，通过他的自由选择和内在道德感，主体的个人一方面形成了对先验价值的追求和冲动，从而"形成了他作为一个道德人格的本质"。"如果没有任何纯粹的先验价值，道德人格就不存在。"因为失去了超验的价值目标，人就失去了追求，因之也失去了形成道德人格的内在动因。另一方面，价值又是实质性的，脱离活生生的价值现象，价值自身就成了乌有。所以，哈特曼提出了"价值即是本质"的命题，同时又对这一命题作了两方面的解释：其一，这一命题表明了它的绝对

---

① N. Hartman, Ethics, Vol. 1, English translated by S. Coit ( Unwin Brothers Co. Ltd., 1932) , p. 89.

② Ibid.

不变本性；其二，以此表明价值又是所有道德生活现象的决定性基始（prius）。用更专门的伦理学术语来表示，这两方面的关系是：价值决定"应当"（ought），而"应当"则相当于"应然"（ought to be），但"应当"不等于"应做"（ought to do）。"应然"是绝对的、先验的、理想的；"应做"是相对的、经验具体的。这就是伦理学价值王国中理想与现实、超验与经验、绝对与相对的二律背反。

很显然，哈特曼道德现象学的实质本义不外乎三个方面。第一，它基于胡塞尔式的哲学现象学方法，力图在道德价值的现象学领域中寻找超经验的终极价值本质，因而在现象界之外，设立了一种作为本质的绝对先验的价值本体。这使我们很容易想到胡塞尔对人类意识现象所进行的"现象学还原"，即排除一切经验既定，使哲学返归绝对先验自我。不同在于，哈特曼将这一哲学方法具体应用到了道德价值现象领域。第二，哈特曼的道德现象学实际上是对道德价值的一种绝对主义或本质主义的解释，但同时他又吸收了舍勒"实质伦理学"（或曰"非形式的伦理学"）的主要观点，对价值的自在存在与价值经验的现象存在关系做了具体的区分和联系，使其价值现象学在个人生活和道德意识领域中得到了具体的落实，从而在理论上避免了康德形式主义的危险。这是他与舍勒伦理学的共同特点，也是他们都十分注重道德经验和心理现象的缘由所在。第三，和舍勒类似，哈特曼的道德现象学的最终基点是作为价值主体的个人。由于他专注于个人在价值存在与价值现象之间的中介化作用和能动性地位，使他把价值的绝对性、理想性与个人价值追求的目的性、内在人格性统一起来，显示出强烈的人学价值论色彩。然而，道德现象学还只揭示了价值在伦理学中的一般特性和关系，要洞察道德价值的复杂内容、结构、类型等方面，还有待于伦理学研究的价值学方面。

## 三 道德价值学（一）

道德价值学是哈特曼《伦理学》的第二大部分。在确定先验价值本体及价值形式与内容的一般关系之后，哈特曼花了大量的篇幅来解释道德价值的具体类型结构等问题，可以说，道德价值学是其道德现象学的具体展开。

哈特曼指出，对具体价值的研究必然首先触及价值的主体和价值主体的行为。价值的实现者只能是经验的个人，而价值的实现过程则只能是在个人的行为过程之中。个人的行为是有目的的具体境况行为，因之，价值的实现又必须是境况性的、具体的。个人行为的目的在于对价值的追求，追求的过程即是价值现实化的过程。但价值并不是出现在行为所追求的目标上，而是如舍勒所说的那样，价值往往出现在"行为的背面"。也就是说，一种行为的价值体现在它实施的过程和境况本身。"一种行为的目的乃是一种境况性的价值；相反，它的道德性质则是一种行动的因而也是个人的价值"①。道德目的论的错误，就在于它把道德价值与被追求的境况价值所假定的目的同一化了。

道德价值的现实化是一个过程，不能以目的来说明它，而应以境况价值来加以说明。与价值目的相反，哈特曼认为："一种行动的价值不依赖于该行动的成功，而依赖于它的意向的方向。"② 表面看来，哈特曼的这种观点似乎类似于康德的动机论，因为后者也是价值目的论和效果论的反对者，主张真正的道德价值在于由善良意志所引发的动机。实则不然。因为康德仅停留于行为的动机上，而哈特曼不只是强调行动的意向，而且进一步规定了意向的方向性和过程性，从而把行为的道德价值解释纳入了动态的过程性图景。

在哈特曼看来，价值的自我存在形式是一种理想的存在，但就其

---

① N. Hartman, *Ethics*, Vol. 2, English translated by S. Coit (Unwin Brothers Co. Ltd., 1932), p. 31.

② Ibid., p. 40.

内容实现而言，它又是一种实际的存在。在此意义上，价值不仅有其非现实存在与现实存在的双重本性，而且这种双重性决定了人们在实现价值的过程中必定会遇到各种价值冲突。价值内容的丰富多样性，同时也意味着人们选择和实现价值的多种可能性，也因此蕴含了多种矛盾产生的可能性。但是，我们决不能根据价值内容的多样性而主张伦理价值多元论。确乎，伦理学研究必须包括各种道德价值现象，但这并不意味着作为本质的价值自身的多元化。任何伦理学的价值探索都必须从内容的丰富多样性中求得伦理价值的统一性，否则，其价值目标就不是绝对的，而我们也就很难根据价值行为所意向的方向性来评价其价值了。一个人可以在行动中实现多种具体的价值，但他终生追求的价值方向和终极目的必须是统一的、一元的，正如他不可能同时迈步朝两个不同甚至相反的方向行走一样。①

但是，主张伦理学在伦理价值的理想观念上的统一性或一元性，并不是抹杀具体价值内容的现实化过程中的矛盾性。哈特曼认为，价值矛盾在根本上说并不必然都是相互对立的，只有价值与反价值的矛盾才是必定如此。价值矛盾也可能只是一种价值差异，或者是不同等级或系列中的价值间的冲撞。他说：“一般说来，价值之间的对立并不必然具有矛盾的特征。它们也不一定是存在于理想领域里的基本冲突。甚至在理想领域，价值与价值也不是相互对抗的，而对于具体的实现价值的境况来说，唯有一种价值可以获得实现，而其他则必然受到侵犯。这样，在实践中，各种价值就相互冲撞。”② 正是实践中价值冲突的客观存在，使人们的价值选择和行动产生了责任的意义，选择某种价值而不选择其他价值，实际上也就是人的一种价值承诺和回避。因此，“在现实世界中，一个人不断遇到解决价值冲突的必然性

---

① N. Hartman, Ethics, Vol. 2, English translated by S. Coit (Unwin Brothers Co. Ltd., 1932), p. 76.
② Ibid., p. 77.

和解决这种决定以便使他能够回答其职责的必然性。而无法逃避这种职责恰恰就是他的命运"①。哈特曼的这一观点与尔后萨特的存在主义伦理学关于价值选择和道德责任的观点颇具异曲同工之处。②

价值冲突源于价值差异。但价值的差异等级既不同于亚里士多德式的德性目录排列，也不是价值力量的差异。相反，价值力量的差异与价值等级差异恰恰是相互对立的。按哈特曼的理解，"较高等级的价值可能恰恰是［力量］较弱者，而较低级的价值则恰恰是［力量］较强者"。不独如此，哈特曼还认为，较高等级的价值往往结构较为复杂，而较低级的价值则更为基本，"在力量上，这种基本的价值总是占有优越性"③。那么，究竟如何检验这种价值的等级差异及其与力量差异的比例关系呢？哈特曼提出了五种检验标准④。

（1）价值相对较高，则价值便较有持久性，如精神价值、道德价值之于物质价值。

（2）价值越高，则其载体就越少增加其扩张的性质，也越能减少其分化的性质。

（3）如舍勒所提到的那样，较低价值依赖于较高价值；但反之亦然。如若较低价值基于较高价值，则这种依赖性就自然而然地成为一种价值等级的区别标志。

（4）由于人们在追求价值时，其"满足的深度与高度之间存在着一种本质关系"，而这种关系也伴随着一种价值实现的意识。这种价值意识之不同强度亦可区别价值的等级。比如，人们对物质的满足可能永远是非常强烈的，但这种满足在精神上却是肤浅的；而对艺术

---

① N. Hartman, *Ethics*, Vol. 2, English translated by S. Coit (Unwin Brothers Co. Ltd., 1932), pp. 65 – 66.

② 参见万俊人《萨特伦理思想研究》，北京大学出版社，1988。

③ N. Hartman, *Ethics*, Vol. 2, English translated by S. Coit (Unwin Brothers Co. Ltd., 1932), p. 52.

④ Ibid., pp. 54 – 56.

享受的满足则可能永远是难以理解的，但它却是一种深刻的体验。所以，价值满足的深度与价值的力量并无关系。

（5）最后，一种价值等级的指示器是价值与人们某种特殊价值感的相对性程度。快乐和享受的价值只是对于一种感受性的情感气质才有意义，生物学意义上的价值只是对一种有机体的感受性才有意义，但道德价值并不因此只对一种道德气质才有其意义；它们是自我持续着的与任何一个人的价值感都没有相对性的个人性质。因此，道德价值与其他价值的区别就可明确地显露出来。

需要注意的是，哈特曼不单提出了检验价值等级差异的原则，把舍勒关于价值层次的理论进一步具体程序化，而且还提出了两种新的见解。第一，他认为，不同等级层次的价值之间的相互关系不是单向的，而是相互对向的。舍勒认为较低价值依赖于较高价值，而不是相反。哈特曼则以为不然，较高价值也依赖于较低价值，前者存在的优越性并不能代替它在内容上对后者的依赖性。第二，哈特曼认为，要真正解决价值之间的冲突是不可能的，因为它存在于价值的形而上学本性之中，是价值学和伦理学力所不及的。从终极意义上说，价值理想的存在和人们的价值追求都是无限的，因而人的价值选择必将永远面临着理想与现实的矛盾。

然而，我们仍然可以在价值学意义上给予价值之形而上学本性以具体的理解，这就是正确区分价值的两个方面的关系。其一，是价值领域与存在领域的关系。在根本上说，前者是本质的、理想的、先验的；后者是经验的、实在的。其二，是"被意向的价值"（the value of intended）与"意向价值"（the value of intention）的关系。对此，哈特曼说："被意向的价值与意向价值的载体是不一样的。前者依附于客体，后者则依附于意向主体……主体与客体都是载体，但却是不同价值的载体。"[1]

---

① N. Hartman, *Ethics*, Vol. 2, English translated by S. Coit ( Unwin Brothers Co. Ltd., 1932) , p. 87.

此外，哈特曼还特别涉及了价值学中最为古老而又聚讼最多的问题：个体价值与总体价值（或集体价值）的关系问题。他认为，这一关系的实质也就是个人与全体的关系，两者间的对立既类似于个体性与普遍性的对立，又不尽相同。前者的对立是质的对立，而后者则是量的对立。伦理学的个体乃是一种价值主体，同时又是一种价值客体。也就是说，"他既作为意向性行动的主体，也作为意向性行动的客体；既作为觉识价值的存在（value-discerning being），又作为负载价值的存在（value-carrying being）"。伦理学上的总体性则是一种个人的总体性，它包括个人"相互之间的相互客体性和所有将他们联结在一起或把他们分离开来的行动之多样性"①。哈特曼承认，"集体存在是一种广大范围的价值载体"，但这并不能说明它的价值必然具有更高的级别。因为价值的高低不在于负载者的多寡，而在于价值自身的高度。尽管如此，集体的存在或全体的存在仍然具有实在的性质，而且也有某种价值优越性，因之使个人能为之参与、奋斗、奉献乃至牺牲。他如此写道："集体存在是一种实体，在这种实体中，可以为人们追求的只有遥远的目标和远大的人类事业。在此范围内，个人可以与这些事业合作，而这时候，他常常有意识地加入这些事业的服务性活动中……他意识到了这些事业的优越性，并有意识地将他变成一种手段，在某些情形中，他还要为它们牺牲他的个人存在……在这种公共存在中，他只能通过贡献来参与，而不是以索取来参与。"②

但是，任何集体或团体都必须以个体为基础，因为个体是真正的目的，"个体不会为集体的统一而存在，而集体统一则是为个体而存在的……因为一种组织、一种共同生活结构也是个体为了他自己的私生活所需求的。如果没有个体的私生活，没有任何他自己的价值，团

---

① N. Hartman, *Ethics*, Vol. 2, English translated by S. Coit（Unwin Brothers Co. Ltd., 1932）, p. 106.

② Ibid., p. 107.

体也是毫无意义的"①。换言之，如果集体不是建立在各个个人所关心的共同利益基础上，如果它不是以全体个人的价值为其目的，那么，它也就失去了存在的基础。在哈特曼看来，唯有个人才是价值的真实创造主体和现实载体。"唯有个体才能树立各种目的并去追求它们，但只有当他对这些目的感兴趣并在它们当中看到某些对他自己的价值时，他才会这么去做。因此，团体必须尊重个体的目的。"②

哈特曼不单强调个人之于集体、个人价值（目的）之于集体价值（目的）的优先性和重要性，而且还特别阐述了伟大人物（优秀个人）在价值学意义上的优越地位。他批评那种把伟大人物与普通个人混为一谈，甚至试图把伟大个人的价值层次归结到纯物质性目的或利益目的层次上的做法。他认为，伟大个人是人类高层次价值目标的体现者和创造者，正是通过他们，人类价值追求才得以不断升华。因此，只有在更高价值层次上，才能理解这些伟大个人。哈特曼说："他们（指伟大个人——引者注）对于群众的优越性是价值学意义的优越性，因此，只有在比普遍标准更高的标准意义上才能理解他们。正是这些伟大的个体最先给团体生活带来了光芒和辉煌，打开了更高层次的价值系列，它将扩展到其余的人，无论是单个的人，还是集体的人们。"③

哈特曼的这种观点堪称一种精英价值优越论，尽管它并没有尼采式"超人"理论那么极端，但其间所洋溢的道德英雄主义气息却是浓厚的。从某种意义上看，哈特曼的这种理论确乎也揭示了部分真理：马克思主义唯物史观虽然反对唯心主义英雄史观，强调人民群众的历史创造主体地位，但它并不否认先进人物和社会精英在人类价值创造

① N. Hartman, *Ethics*, Vol. 2, English translated by S. Coit (Unwin Brothers Co. Ltd., 1932), p. 112.
② Ibid., pp. 111 – 112.
③ Ibid., pp. 112 – 113.

方面的先锋模范作用。依据这一观点，承认先进个人在价值追求与价值理想层次（境界）上的先进性，不仅是合理的，而且也是必要的。人类天才、伟人和英雄正是以他们非凡的智慧、深邃的预见、超人的胆略与意志、卓越的天才与想象而率先突破既定的价值框架，超向更高的价值理想殿堂的。问题的关键在于，伟人的价值先进性并不是完全超然于普通群众的价值理想的，它必须拥有其广泛深厚而又现实的群众基础，并与之保持价值方向上的一致。这样，它才能显示其崇高意义，也才能对广大民众发生积极的影响。这一点是哈特曼所未能阐明的。

## 四 道德价值学（二）

哈特曼的道德价值学可以分为两部分。如果说前面所概述的内容还只是他对价值的质的分析的话；那么，接下来所要谈到的则是他对道德价值的具体的量化描述。

在具体分析一般道德价值矛盾［包括（a）价值的二律背反；（b）模式的对立；（c）关系性的对立；（d）质与量的对立］之后[1]，哈特曼把道德价值具体划分为三大类型：[2] I. 限定内容的价值（the values which condition contents）；Ⅱ. 基本的道德价值（fundamental moral values）；Ⅲ. 特殊的道德价值（special moral values）。其中特殊的道德价值又分为三组。

第 I 大类价值的一般特点是它的内容的具体性和丰富性，它们具有其规定性内容。它包括两个系列。

第一个系列是作为主体价值之基础的价值，其具体内容如下：

---

[1] 限于篇幅，这一点在此不做展开论述。在本节后面，笔者将结合哈特曼关于"道德形而上学"的理论做补充说明。

[2] 李莉在其《当代西方伦理学流派》一书中，对哈特曼关于价值类别划分理论的概括有误。她所说的"基本价值"实际上不属于哈特曼价值划分的范畴，而是对一般价值二律背反的分析，见该书第 211～212 页。

（1）生命。哈特曼指出："在第一系列中，最基本的价值是生命的价值。"生命价值包括"生命力"、"生命力量"、"生活的程度"。它是一切价值的基础，"没有这个基础，他及他的全部精神都会飘浮于空气之中。它是他全部耗之不竭的力量源泉"。与生命价值相反，"死亡则是一种反价值。它不仅是对物体生命的一种无化，而且也是对精神生命和人格生命的无化"。与此相连，"生命的衰落、衰败、堕落"，以及对生命的"敌视心态"、过于宠娇、压抑、恶厌、不适和肉体生命的缺陷等，都是生命的反价值，也是悲观主义价值观的滥觞。①

（2）意识。人的意识不仅是一种认知意识，而且也是一种存在意识，它使人超越于动物之上，是主体个人的一种基本价值。"它是精神存在的基础，它的价值是精神价值的基础。"② 一种价值的意识不仅是认识意义和存在意义上的意识。情感性的价值感是价值意识的关键。只有这样，我们才能更深刻地理解形而上学意义上的"人"的概念，才能理解"人是万物的尺度"（普罗泰哥拉）这一哲学命题，也才能把人视为真正的价值评价者和感受者。

（3）能动性。能动性是人参与价值创造的根本特征，它突出地表现为"人格中的首要因素"。与它相对立的是"伦理学意义上的惰性"。惰性是能动性的否定，"是一种反价值"③。哈特曼认为，价值能动性具有这样几个特征。第一，它是人作为一种"创造性劳作者"的表征，人"作为最终的和最高的客体，本身就包括在他创造性劳动目的之中"④。第二，能动性也是其自身的创造者，即是说，人的能动性只能由能动性本身所产生和保持。在此意义上，能动性与善是同一

---

① N. Hartman, *Ethics*, Vol. 2, English translated by S. Coit ( Unwin Brothers Co. Ltd., 1932) , p. 131.
② Ibid., p. 135.
③ Ibid., p. 137.
④ Ibid.

的，一如费希特所指出的那样。

（4）折磨。在人格价值的构成中，痛苦的折磨（suffering）和惰性一样与能动性相对立，但它又有所不同，因为它本身还具有对人格生命的积极价值意义一面。对于缺乏生命力的人来说，痛苦的折磨只是一种恶、一种反价值。对于具有健全生命力的人来说，它却是一种善、一种催人奋进、使人的人性和道德人格得以强化的促进因素，这就是它的价值所在，也是许多人所没有认识到的。哈特曼指出，对于痛苦和折磨的价值，不仅在理性主义和幸福论伦理学的视野之外，而且对于享乐主义和基督教的伦理学来说只能具有恶的否定价值。事实上，折磨本身的价值更为根本，真正的反价值不是折磨，而是忍受折磨的无能性，后者才是一种"内在的屈服、一种沉沦、一种人类的低级化、一种痛楚和内在的不适性"。相反，"一个有能力忍受折磨的人，能够在这种折磨中得到强化。他的忍受力、他的人性、他的道德存在都将在折磨下增长。他的折磨是一种价值，因为他的反应是与脆弱而沮丧的人的反应相反的。这就是在逆运的负荷下，在那种使他自己的能动性无法发挥的外部力量的负荷下积极而肯定的反应"。① 因之，从积极的意义上看，"忍受折磨是一种道德存在和能力的标准，也是他的适应性负荷的标准"②。甚至可以说："折磨是价值意识的特殊老师。"③

（5）力量。道德力量是比能动性和忍受折磨更为根本的人格价值，只有它的存在和强大，才使人的能动性和忍受折磨的能力变得强大起来。决意或意志决定是道德力量最明显的表现形式，它使人的价值追求成为现实化的行动，甚至使人为追求理想而奋不顾身。因此，

---

① N. Hartman, *Ethics*, Vol. 2, English translated by S. Coit (Unwin Brothers Co. Ltd., 1932), p. 139.

② Ibid.

③ Ibid., p. 141.

"力量的价值在牺牲的价值中达到顶点"①。

（6）意志自由。意志自由是人与其他物类存在相区别的显著标志之一。依哈特曼之见，它是一种价值选择的自由，而不是一种非决定论意义上的意志自由。它意味着"人不是被迫去执行他从对于他为善的原则（或价值）中所接受的决定，而是保留着遵守这些原则或反对这些原则的能力"②。因此，它是人的尊严的体现。

（7）远见。"远见是人身上的一种直觉见解，当它达到其最高力量时，就是先知。"远见使人关注和预测理想的目的与远大的未来，使人奋发向上。它是人进入未来的一种人格力量。远见的获得不仅使人打破了现实坚硬的外壳，也使他获得了未来。"正是人的远见给他打开了他唯一可能的行动领域：未来。在这里，才是打开他全部行动能力的钥匙。"③ 但是，远见并不是无限的，它也具有其"危险点"（danger-point），它可以使人成为神圣性与兽性的中介物，但无法使人成为神本身。

（8）目的性功效。哈特曼说："在自由和预见之外，使人格尺度臻于完美的一项因素，是人的目的性功效（purposive efficacy）。"④ 人是唯一拥有目的论力量的存在，目的的追求和实现使人的主体人格得到充分展示。人的目的论价值依附于"结局性联系"（finalistic nexus，或译为"目的性联系"）的三个阶段或三个层次。依哈特曼所见，"结局性联系"是与"因果性联系"相对的人类价值追求过程的特征，它包括目的的树立、实现目的的手段和目的的实现三个阶段。人的目的论恰好与此相应并依附于这三个阶段。用哈特曼的话说，人的目的论"依赖于树立目的的能力，即在各种目标在事件过程中得以现

① N. Hartman, *Ethics*, Vol. 2, English translated by S. Coit (Unwin Brothers Co. Ltd., 1932), p. 143.
② Ibid., p. 148.
③ Ibid.
④ Ibid., p. 151.

实化之前，预测这些目标之内容的能力；依赖于找出这些目标之实现和利用它们的各种手段的能力；依附于那种非低下的能力并通过这些能力的帮助，以引导现实事件过程趋向预先标明的目标"①。所以，人的目的性功效追求过程贯穿于人格价值实现的始终，以至于成为了人的"神圣的第二属性，这就是先置和预定的属性"②。人的这种能力，使他成为世界上独特而高尚的存在，让他得以完成"在价值领域与现实领域之间充当中介者的角色，并因之而同时成为了道德价值的承受者"③。于是，人由于其目的论的预定能力而承受着无法忍受的巨大责任，预定未来也就意味着要对未来做出承诺，使人卷入责任之中。对未来的承诺即是对未来的责任。哈特曼把人的目的性预定称为"最有力量却又是最为危险的天赋"。因为一方面，它表明了人的预知、把握和追求实现未来价值的能力；另一方面，"无限制的目的论能动性意味着无限的责任，即对于一切的责任"④。所以他告诫人们，要对人的目的论做必要的限制，警惕其突破"危险点"。

总之，在这个价值系列中，所有的价值都是作为主体之基础的价值，八种价值可以归为三大要素，即生命、意识和人格的价值，其中第（3）种至第（8）种价值都属于人格化价值的具体内容。

第Ⅰ大类价值的第二个系列是作为价值的善物（goods），它也是主体内限定内容的价值。历史上，对于善物的价值属性有过截然不同的规定。古代伦理学把善物价值仅仅限定在伦理学范围内，过于狭隘；而近代康德却把它完全排除在道德价值之外。这两种观点都"走得太远"。哈特曼认为："善物属于物质性和境况性价值之列。而作为人们追求的对象，它们构成了行动价值的基础。它们不是道德的，但

---

① N. Hartman, *Ethics*, Vol. 2, English translated by S. Coit（Unwin Brothers Co. Ltd., 1932）, pp. 151 – 152.
② Ibid., p. 152.
③ Ibid.
④ Ibid., p. 153.

它们是与道德相关的。"① 但它本身并非价值的全部或最高形式，在伦理学范围内只能是从属性的价值。或者说，作为主体价值之基础的价值系列是内在的价值，而善物则是外在的价值。在具体的道德价值之多样性领域，善物价值（goods-value）是道德善恶的基础；而就伦理学价值统一性层次而言，内在价值才是善恶的内在本质。

善物价值包括若干特殊内容，最基本的是幸福。哈特曼指出，"幸福是善物价值中最为普遍的"。它的价值意义有两个方面：其一，"客观地看，幸福是环境、命运的恩惠"；其二，"主观地看，它又是对恩惠、对幸福的欣赏性参与的一种享受"。在前一种意义上，"幸福不外是一种境况性价值"；而后者则更近似于一种"行动价值"②。幸福包括快乐、满足、欢乐、福祉等。

除幸福外，善物价值还包括：作为基本价值的存在；作为价值的境况；作为价值的权力；以及一些更为专门的善物的价值。

第 II 大类价值是基本的道德价值，它们与人的自由直接相连。因此，对基本道德价值的分析，必须建立在对道德价值与自由的关系之分析前提下。基本的道德价值是作为主体个人所获得的最一般性道德价值，这就是善性（goodness）。唯自由之存在才能为善或为恶，故自由乃道德价值产生的主体前提和内在基础。善或善性是最基本的道德价值，一切善物价值均以它为价值基准。与它相对的是恶或恶性，它是最基本的反价值。善性不可定义，是"应然"之普遍性的内核规定。

除善或善性之外，还有三种从属性的基本道德。

（1）高尚性。高尚性作为一种基本的道德价值乃是善性的非凡体现。

---

① N. Hartman, *Ethics*, Vol. 2, English translated by S. Coit（Unwin Brothers Co. Ltd., 1932）, p. 155.

② Ibid., p. 168.

在价值学意义上，它"等于善性加某种新的东西"①。从较大范围来说，高尚性也即是崇高性，它是"历史的伦理精神（ethos）之向前追求的生命；而在个体身上，它就是那种先锋精神"②。因此，它只属于少数人，是一种凸显非凡的价值，在"伦理精神气质本身，在基本的气质上使人与人区分开来"③。但它并不是个人主义性质的，虽然只有极少数人才能获得它，但这不是说少数人能特殊占有它。人皆可以为尧舜。且它不仅适用于个人，还适用于团体。没有高尚性之追求，人类团体或个体就丧失了价值创造的理想动力。"因此，高尚的倾向首先是去创造价值学意义上的优等类型，即人的理想……没有这种追求，较大团体的伦理精神就会死亡，就会沉沦到一个更低的水平，因为停滞即是沦落。"④

（2）经验的丰富性（或包容性）。在这里，经验者即人的价值经验是也。这种经验越丰富，价值的包容性（inclusiveness）就越大。哈特曼认为："包容性是一般的人生之价值学综合。"⑤ 它在某种意义上可能会损伤伦理价值的统一性，但一般说来，后者又是建立在对前者的有机结合之基础上的，前者越丰富广博，后者就越高越坚实。包容性还表明人的价值追求与实践的范围。人在道德上永远难以臻于完美，他的价值经验的丰富性总是有限度的。但人总是在不断地追求着、创造着价值，使其丰富性和包容性不断伸张。

（3）纯洁。纯洁是人的一种美德，也是一种道德价值。它的反面是原罪、玷污和亵渎。纯洁往往从否定的意义上显露其价值内容，其原旨即是不被污染。⑥ 只有自由的人的纯洁才有道德价值意义，它表

---

① N. Hartman, *Ethics*, Vol. 2, English translated by S. Coit (Unwin Brothers Co. Ltd., 1932), p. 197.
② Ibid., p. 196.
③ Ibid., p. 193.
④ Ibid., p. 198.
⑤ Ibid., p. 206.
⑥ Ibid., p. 211.

明人是在独立自主的情况下对恶的避免和对善的保持。唯有具备纯洁心灵的人，才能保持自己坚贞的对价值理想的信念。

在基本的道德价值中，善性最为基本，后三者是从属于它的。它们与作为主体之基础的道德价值（生命、意识和人格）相互联系着，但又不能同归于一类，而毋宁是后者的一般伦理表现形式。

第Ⅲ大类价值是特殊的道德价值，包括三组。

第一组，包括公正、智慧、勇敢、自我控制。[①]

哈特曼认为，公正是对法律法则和平等原则的表达，是一种最低层次的或最起码的道德价值，意味着合法性与合道德性的一致性关系。公正不仅是社会性的，也是个人性的；它不仅是生活境况性的价值，也是个人品质性的价值。

智慧作为一种特殊的道德价值，主要体现在它的道德认识论意义上，用古希腊思想家们的话来说，伦理的智慧即是生活的睿智与理性，它是达到生活理想的基本途径，也是获得生活幸福的内在能力。

勇敢在伦理价值学意义上表现为一种个人在价值承诺中的"道德冒险"。它既是人的道德力量强大的证明，也是人们承诺道德责任的条件。

自我控制近似于柏拉图的节制概念，但在实质含义上有重要不同。哈特曼认为，作为一种道德价值，自我控制当然表示着一种慎重、规矩的德性，要求人们理智地选择和追求价值目标，约束自身的破坏性欲望冲动，服从某种原则，自我教养。从这个角度看，它也是一种品格教育。但它更多的是表示一种主体内在的道德力量，更接近于斯多亚派的"自主"（εγκρατεια，英译为 self-mastery）概念，其本义是要求人们"把自己掌握在自己手中，成为自己的主人"[②]。所

---

① 这基本上是对古希腊苏格拉底、柏拉图德性学说的袭用。

② N. Hartman, *Ethics*, Vol. 2, English translated by S. Coit ( Unwin Brothers Co. Ltd., 1932 ), p. 249.

以，自我控制并不是纯否定性的压抑或摒弃，更不是一种恶，而是一种价值的建构与转变，一种善。

第二组特殊道德价值，包括兄弟般的爱、诚实与正直、信赖与忠诚、信任与信念、谦逊等。

如果说第一组特殊道德价值主要是对个人德性的一种伦理价值学概括的话，那么，第二组特殊道德价值则是对社会交往中的德性的伦理价值学概括。

（1）兄弟般的爱。哈特曼认为，兄弟般的爱首先是对他人福利的关注，它具有积极的价值内容和自发性。它与仇视、假爱和怜悯不同，具有一种先验性和形而上学品格。也就是说，它是基于对人性的深刻领悟而自发产生的价值行为，在自我的王国内具有情感超越性特征。

（2）诚实与正直。诚实和正直与真理相通，与谎言相许。它与后者的对立是一种价值与反价值的对立。

（3）信赖与忠诚。信赖或值得信赖是人们履行诺言的能力反映，表明个人道德品质的价值意义。忠诚则是一种伦理品质，表明对他人的诚实和爱护。

（4）信任与信仰。信任是个人的一种道德勇气，即敢于相信他人。同时，它也是一种道德冒险，因为信任的对象常具有不确定性。信仰则有所不同，它有真正的有意识的与盲目的虚假的信仰之分。信仰本身具有教育的力量，也是人们建立友谊的因素。拥有信仰和真实信仰能力的人是道德价值的积极追求者，反之否然。因为信任和信仰，使人们充满希望，拥有乐观主义的情感。

（5）谦逊、谦卑和疏远（modesty，humility，aloofness）。这些品格既是人的道德德性，也是道德价值的特殊体现。它们的共同特点在于，保持人的自主和自立，使自身的人格获得独立的意义。

第三组特殊道德价值，包括遥远的爱、发散性美德和人格(个性)。

（1）遥远的爱。遥远的爱是与邻爱相对应的（但不是相对立的），它实质上是对博爱、普爱或泛爱的一种形象描述。邻爱更接近于基本的个人公正，遥远的爱更具有超脱的意味。它是人类道德理想的一种表现。

（2）发散性美德（radiant virtue）。这一概念与遥远的爱有某种联系，它是指一种外向性的价值行为意义，尤其是精神价值的意义。

（3）人格。在论及哈特曼的作为主体之基础的价值时，我们已经涉猎了他对人格价值内容的描述。在这里，他又把人格作为一种特殊价值进行具体分析。在这种意义上，人格即是使个人与众不同的内在特性，但它并非就是个性，因为集体也有个性。只有个人才有人格。所以，人格是一种"个体价值"，是一种自为。每一个人都抱有其自为。人格本身有双重意义：一是作为存在的人格事实；二是人格的价值特征。两方面相互联系，又不能等同划一。前者指个人存在的形而上事实（即本体论意义上的人格）；后者指人格在价值学意义上的特征，更具有伦理学色彩。

以上是对哈特曼关于价值类型、系列、层次和内容的描述。这无疑是西方伦理学史上一次空前的类型模式化尝试，它集古希腊和近代伦理学有关价值类型理论于一身，构成了一个庞大而详尽的价值系统。同时，我们看到，哈特曼又吸收了胡塞尔现象和舍勒价值学的方法，在现代价值学意义上对各种价值系列做了新的表述和分析。但这还不是他道德价值学的全部内容，在《伦理学》第二部分的最后一编，哈特曼还对道德价值的秩序和规律性做了总结性的概析。

首先，他把所有的价值联系归结为六种不同类型的规律，它们又分为三组，兹引如下①：

---

① N. Hartman, *Ethics*, Vol. 2, English translated by S. Coit（Unwin Brothers Co. Ltd., 1932）, p. 389.

$$
第 I 组 \begin{cases} 1. \text{层次化规律} \\ 2. \text{基础性规律} \end{cases}
$$

$$
第 II 组 \begin{cases} 3. \text{对立性规律} \\ 4. \text{补充性规律} \end{cases}
$$

$$
第 III 组 \begin{cases} 5. \text{价值高度规律} \\ 6. \text{价值力量规律} \end{cases}
$$

关于层次化和基础性规律，哈特曼认为，这组规律体现了一种价值渗透和差异的辩证规律，具体可从四个方面来理解。

"1. 较低原则（即价值——引者注）及它们的各种元素重新作为较高原则的表面性因素而出现在较高原则之中，因此，它们可以进入较高［价值］结构的前景或背景中，因而在这些背景中，它们是可见的；或是'会消失的'。在这两种情况下，它们都是渗透性的结构元素。"[1] 这一说明可以理解为较低价值对较高价值的渗透性。

"2. 在其重新出现中，这些元素并不受较高形式之结构的影响。它们根据其在较高的复杂因素中所承担的角色而在多方面发生改变，唯有它们的基本本质保持不变。"这即是说，各种层次的价值之间既相互独立，又相互影响。较低价值在较高价值的渗透中可以发生功能的变化，但不可能发生价值性质的改变。

"3. 较高形式不可能消解于在它们中间重新出现的各种因素之中……"，这就是较高价值的本质不变性和超越性。

"4. 较高原则的超级结构依赖于较低原则，但这种超级结构不是在不中断的连续性中发展的，而是以层次的形式发展的。"换言之，较高价值与较低价值的依赖性是相互的，而不是单向的，价值结构的向上伸长是层次性的，而不是平面的连续。[2]

---

[1] N. Hartman, *Ethics*, Vol. 2, English translated by S. Coit ( Unwin Brothers Co. Ltd., 1932 ), p. 395.

[2] Ibid., p. 396.

从层次化与基础性联系中，各层次的价值之间相互联系的内容和这些关系的基本特征显示出来了。但层次化规律的有效性是有限的，在它之外，还有一种与之相关的规定性关系。它与层次化关系的不同在于：第一，在它之中较低价值不会作为一种构成要求而进入新的价值之中；第二，在层次化中，较高价值的实现也必然使其所浸有的较低价值因素一并实现，但规定性价值却不一定随被规定的价值实现；第三，在层次化中渗透着规定性关系，它不仅体现在较低价值问题规定较高价值问题，而且后者的层次等级也为前者所规定。

关于价值的对立性与补充性规律，哈特曼认为，它是对价值领域中各种不同性质的价值之间的对立或对比性关系的概括。他指出，在价值领域中，各种价值之间的对立并不具有绝对矛盾的关系性质，只有价值与反价值之间的对立才具备矛盾对立的特征。哈特曼把所有价值对立分为三种类型，共包括五种形式。它们是：

$$
\begin{array}{l}
\text{I}.\begin{cases} \text{1. 价值——中性（中立性）} \\ \text{2. 反价值——中性（中立性）} \end{cases} \\
\text{II}.\text{3. 价值——反价值} \\
\text{III}.\begin{cases} \text{4. 价值——价值} \\ \text{5. 反价值——反价值} \end{cases}
\end{array}
$$

哈特曼认为，这五种形式的对立又可分为三种异质性的类型群，前两种形式（即1、2两种）组成类型群I，第三种形式单独构成类型群II，后两种组成类型群III。群I对所有价值是共通的；群III则是特殊的，仅仅在价值内容上形成对比（差异）关系，在性质上则不如此。在他看来，"并非每一种价值都有一种肯定的对立价值，但每一种价值都有一种反价值和一种［价值］中性点。同时（但不必然推出），并非每一种反价值都有一种相对比的反价值，但却肯定有一种与之相对比的价值和一种无差别点"①。举例释之，

---

① N. Hartman, *Ethics*, Vol. 2, English translated by S. Coit ( Unwin Brothers Co. Ltd., 1932), p. 408.

最高善就没有另一种最高善与之相对了，否则这一命题就是自相矛盾的。但却有与之相对的反价值最大的恶，而最高善与最大恶之间必有一种价值中性点（即不善不恶）。反过来也可说明反价值之关系特点。

在此，要特别注意的是"价值中立性"或"无差别点"的问题。哈特曼认为，价值中立性有两种意义：其一，它指某种处于一切价值指称之外的东西，仿佛先于价值与反价值的差异和区分；其二，它指理想意义上的价值与反价值两极对立之内的中间点。前种意义上的中立性不属于价值，也不属于伦理学，只能诉诸哲学本体论与价值学之间的关系解释。第二种意义上的中立性是一种地道的价值中立性，属于价值学之列。

与对立规律相关但在形式上不同的，是补充性关系的规律，它表示人们在具体价值追求中，除了作为其意向价值目标的价值之外，还有其他与之相伴的价值。

最后是关于价值高度与价值力量的规律。所谓价值高度，即价值所处层次和等级，它表示价值的本质差异。价值的力量则是就价值内容而言的，表示价值力量（情感性）差异。对此，哈特曼又以三个准规律形式予以解释。

第一，"力量规律"。哈特曼简明地解释道："力量的规律，即较高的原则（指价值——引者注）依赖于较低的原则，而不是相反。因此，较高的原则总是受到更多的规定，在此意义上，依赖性越大，力量越弱。但是，越是缺少规定，便越基本；而在此意义上，则力量较强的原则也总是较低的原则。"[1] 这就是说，价值的等级与其规定性之多寡成正比，与其力量的强弱成反比。

第二，"实质性规律"。哈特曼说："每一种较低原则（价值）对于

---

[1] N. Hartman, *Ethics*, Vol. 2, English translated by S. Coit (Unwin Brothers Co. Ltd., 1932), p. 447.

基于它而产生的较高原则来说只是粗陋的物质。因为较低原则是力量较强的原则，所以，基于它之上的力量较弱的原则之依赖性就仅仅限于较高形式的范围，而较高形式（formation）又受到物质的确定性与特殊性的限制。"①"实质性"（materiality）一词，是哈特曼从舍勒那里借用过来的，它意指内容的实在性质。就此而论，价值的等级与内容规定成反比，即与其实质性成反比，而与其形式规定（本质）成正比。

第三，"自由规律"。依哈特曼所见，价值的自由规律即是其限制性范围或程度的规律。由于较高价值的形式规定性较复杂，而内容规定性较弱，因之具有超较低价值的相对无限制范围，自由度就相对较大。较低价值则与之相反。换句话说，价值的等级与其自由度成正比，与其内容规定性成反比。可见，价值的自由规律意义，实际上也就是它的存在形式的高度和影响的深度意义。

至此，我们终于完成了对哈特曼道德价值学的大致概览。这一博大的价值理论系统，一方面反映了哈特曼对伦理学价值研究所达到的高度系统化水平，表现了他对道德价值理解的全面和博大；另一方面，也使我们再一次领略到德国思想家的思辨才能。的确，哈特曼的价值理论还多少沾染着近代德国哲学的系统化、思辨性的传统气息，但就其道德价值学的全部内容而言，他似乎已背离了康德、黑格尔而更靠近胡塞尔和舍勒。这主要表现在以下几方面。其一，他的方法论出发点不再是逻辑的、纯理性主义的，而是个人价值经验的、现象学的、"情感主义"的。他崇尚理性、精神和理想（这似乎又是康德以来德国伦理学的一大传统），但并不讳言价值的情感基础和实质性内容，甚至有意突出价值的个人经验性方面。其二，他的道德价值学基点是现实的、个人的，而不是总体的（黑格尔）、理想化的或抽象人

---

① N. Hartman, *Ethics*, Vol. 2, English translated by S. Coit (Unwin Brothers Co. Ltd., 1932), p. 447.

类整体的（康德）。在他这里，个人始终是占据着价值王国的中心，他是这一王国的太阳，是一切价值之光的光源，而不是卫星，更不是借太阳之光反射出光芒而又始终围绕太阳运转的月亮。这既是对康德、黑格尔伦理学的价值学颠倒，也是德国价值伦理学的近代与现代之分的标志之一。

## 五 道德形而上学

"道德形而上学"，这是哈特曼《伦理学》一书的最后一部分。它构成了哈特曼整个价值现象学体系的最深层面，带有总结性意义。在哈特曼这里，道德现象学的主题是伦理价值现象领域的结构；道德价值学的主题是对这一结构的具体模式化和类型化；但它们只是伦理学的一半，另一半就是道德形而上学。[1]

"道德形而上学"是对道德价值的本原和基础的一般理论探讨。伦理学研究以道德价值为最高本体。"道德不仅仅只是其他价值中的一种价值。它是某种完全不同的东西：它是现实的人类生活、人的价值实现。"[2] 伦理学以人的价值生活和价值实现为根本的特性，使它对价值的研究具有特殊的人学意义。然则，由于价值的实现最终必须落实到人的行动上，所以，伦理学必须解答一个新的更为深刻的形而上理论问题："在人身上，决定他与价值相关的行动之力量是什么？"[3] 这就是人的意志自由问题。

价值行动的力量既不是价值感知或感觉，也不是抽象的理想能力，而是一种决定力量、一种价值态度、一种选择和决断。它的主体仍然只能是个人。"个人不仅仅具有价值（或反价值）的特征，而且也是价值

---

[1] N. Hartman, *Ethics*, Vol. 3, English translated by S. Coit ( Unwin Brothers Co. Ltd., 1932), p. 19.

[2] Ibid.

[3] Ibid.

实现或价值失败的原造者。"① 正如道德价值的意义依赖于价值主体的自由一样，道德价值的实现也依赖于他的行动自由。尽管道德现象学和道德价值探讨问题的方式有所不同，但它们与道德形而上学一样，都必然最终导向自由问题。"自由是一切道德现象学之可能性的基本条件。个人的形而上学本性依赖于自由，一如道德的意义也依赖于自由一样。"②

自由与道德价值的这种必然性联系是基础性的。道德的自由是人性、人的价值存在和行动的表征。没有自由，人就不可能是一种价值存在，因之也不可能产生有价值意义的行动。哈特曼论证："如果没有自由的基础，作为道德行为的道德价值就将失去它们的独特意义。在原则上说，它们都是一种自由存在的价值和行动。倘若人不是这样一种存在，他的行动就既不会拥有道德价值，也不会拥有其相反的价值，他本身也就既不会为善，也不会为恶。"③ 道德的自由是一种特殊的自由，其特殊意义表现为形而上的本体论和价值学两个方面。就前者而论，它与个人的存在意义同一。就后者而论，它既表征着主体个人的价值存在，也表征着他的价值行为。

为此，哈特曼先区分了道德自由与法律自由。他以为，把这两者混为一谈是长期存在的一个根本性误解。法律自由，包括政治自由和公民自由，是有严格限制的。法律本身给个人规定了一种明确的限制范围，它所允许或保证的自由不是人的意志自由，而是一种"外在的能动性"，是一种"生活的机会"。"法律自由不讲人能够做什么，而只讲人可以做什么。它的范围不是个人所偏好的范围，而是他获得允许的范围，也正是在这一范围内，个人才得到法律的保护。"④ 道德自由则不只是如此，它意味着人在理解道德原则的情况下，可以自由地发

---

① N. Hartman, *Ethics*, Vol. 3, English translated by S. Coit (Unwin Brothers Co. Ltd., 1932), p. 20.
② Ibid., p. 22.
③ Ibid., p. 40.
④ Ibid.

挥自身的意志力量去创造和追求价值，它不仅应受法律的保护——合道德性以合法性为基础，而且也可以在这个保护圈之外——道德自由度大于法律自由度。所以，在"能够（can）与可以（may）的关系"中，意志自由不同法律自由，它是人的道德力量的证明，它的界限往往是不明确的，甚至是难以捉摸的。由于这一特点，使人的自由决定与道德力量产生了直接的关系。因为人的决定在机会越少、风险越大、界限越不明确的情况下，所要求的道德就越大。这并不是人们所谓的外在自由与内在自由的问题，而是道德自由与价值抉择的问题。

在自由的问题上，人类总无法逃避一种古老的二律背反：决定论与非决定论的二律背反。从决定论的立场来看，人的自由最终会消失；而从非决定论的立场上来看，人的自由又会成为某种无法把握、无法确认的东西。可见，问题的关键不在于在决定论与非决定论之间做出二者择一的抉择，而在于对它们的具体解释和规定。

哈特曼摒弃了非决定论的主张，但又对决定论做了新的解释。在他看来，决定论有两种形式，一种是因果性决定论（causal determinism），另一种是结局性决定论（finalistic determinism）。前者表现为一种人的宇宙自然化，后者表现为宇宙自然的拟人性目的论。两者的错误均在于"把世界归为合一性（uniformity）"，都排除了自由关系在世界中的独特地位。具体地说，前者是把人变为纯粹的自然实体，使人降格（人的物化）；后者则是把自然变为一种指向目的的存在，使物升格（物的人化）。"因此，它们都取消了道德存在于世界中的独特性……也因之消除了人的自由，同时也消除了道德本身。"[1] 按哈特曼的见解，非决定论也会导致同样的后果。

因此，我们必须寻找第三种解释，应该从两种传统决定论的结合

---

[1] N. Hartman, *Ethics*, Vol. 3, English translated by S. Coit (Unwin Brothers Co. Ltd., 1932), p. 75.

部寻找答案。康德的研究已经表明，这两者的"共在"是可能的。从两者的联系过程来看，它们都是同一过程中的不同阶段，区别在于，因果性关系的力量较强，目的性或结局性关系的力量较弱。依据价值层次规律，力量较强者较为基本，力量较弱者为最高阶段；故"因果性联系是一种较低类型的决定，而结局性联系则是一种较高类型的决定"[①]。后者依赖于前者，没有因果联系的基础，结局性联系就只是抽象，如无手段之目的一般。前者在决定中表现为手段性决定，或曰手段性选择；后者为决定之高级阶段，各种原因都成了被选择之手段。人的意志自由是目的论的，但它必须拥有达到目的之手段的选择。这表明人处于双重性位置——他不得不站在两面性决定之中。作为自然的存在，他在因果性意义上是被决定的；作为一个人，他是另一种决定的承载者和目的载体，这种决定是发自理想目的的追求。

在目的性活动中，人发现自身既被决定又决定着，并使自己的决定以"应当"的形式而强加于他的活动。正是在这一过程中，我们发现了道德自由与决定论的真实关系：道德自由以更高形式的决定论为前提。[②] 但这种决定论既非因果性的，也非结局性的，而是源于他自身之目的追求和价值理想的原则决定，即内在化的主体决定。显然，哈特曼并不是一般地反对决定论，而是将原有的传统的外在决定论改造为内在的主体化的价值决定论。从而，使道德自由既不流于非决定的主观随意性和不可确定性，又确保其充分主体价值的崇高理想性。这与他的道德现象学关于"价值即本质（理想）"的命题和道德价值学关于精神价值优越性的基本主张是一脉相承的。[③]

---

① N. Hartman, *Ethics*, Vol. 3, English translated by S. Coit ( Unwin Brothers Co. Ltd., 1932), p. 76.

② Ibid., p. 80.

③ Ibid., pp. 286 – 288.

# 第十一章

# 存在主义伦理学

存在主义是继现象学之后，或者说是直接从现象学观念中生长出来并迅速勃兴的重大哲学伦理学流派，它们一道构成了 20 世纪西方哲学史上最负盛名的现象学 – 存在主义运动，其伦理学亦复如此。

在现代西方诸种哲学和社会思潮中，确乎还没有哪一个流派或学说像存在主义这样对西方现代哲学、伦理学、文学艺术、政治学以及社会实际生活诸方面发生过如此浩大而持久的影响。作为一股世纪性的理论思潮，存在主义不仅是 20 世纪西方哲学最主要的潮流之一，而且是现代西方伦理学的主流之一，同时，存在主义不单触及包括马克思主义、宗教哲学在内的各人本主义哲学思潮和伦理思潮，而且以其独特的"人的关切"吸引了包括东方、非洲在内的差不多全世界人们的注意力，深深渗透进西方广大民众尤其是青年群体的生活方式中。可以毫不夸张地说，存在主义是 20 世纪人类文化现象最突出的表征之一，无疑也是现代西方伦理学最重要的组成部分。

# 第一节 存在主义伦理学的滥觞与雏形

存在主义（existentialism）概念源出于拉丁语"existentia"一词，原词为"存在"（being）、"生存"（subsisting）、"实存"（existence）之义，依词义可直译为"实存主义"。严格地说，"存在主义这一名词并不代表任何一种特殊哲学系统"①。用考夫曼的话说，甚至"不是一种哲学，只是一个标签，它标志着反传统哲学的种种逆流，而这些逆流本身又殊为分歧"②。但它确乎又像一面旗帜，在这面旗帜之下，汇集了 20 世纪阵营最为强大的社会思潮，大批哲学家、文学家、神学家等都簇拥着它大声疾呼，组成了 20 世纪最强劲的文化之音，沉重地撞击着时代的回音壁。在这面旗帜下我们可以轻易列出一串响亮的名字：海德格尔、雅斯贝尔斯、马塞尔、萨特、梅洛－庞蒂、加缪、卡夫卡、波伏娃、布伯、蒂利希、怀尔德……他们都是镶缀在 20 世纪存在主义天幕上的群星，正是他们以各自灼炽多彩的智慧之光，组成了存在主义群星灿烂的星河。但在此之前，至少还曾有过三颗业已在 20 世纪的曙光绽露前夕陨落的启明星：克尔凯郭尔、陀思妥耶夫斯基和尼采。而从更广阔的视域来看，存在主义作为一种哲学伦理学思潮，也从叔本华、柏格森的非理性主义生命意志哲学和胡塞尔的现象学哲学方法论中汲取了丰富的理论养分。鉴于本书前所备述，我们在此仅限于讨论克尔凯郭尔这位公认的存在主义先驱的伦理思想，以窥视存在主义伦理学先期的理论雏形。

---

① 转引自〔美〕F. 科普斯顿《当代哲学》，见〔美〕W. 考夫曼编著《存在主义》，陈鼓应、孟祥森等译，商务印书馆，1987，第 330 页。
② 同上书，第 1 页。

# 一 克尔凯郭尔：存在主义之父

索伦·阿贝·克尔凯郭尔（Sören Aabye Kierkegaard，1813～1855）是公认的存在主义鼻祖。雅斯贝尔斯曾经谈道："克尔凯郭尔和尼采使我们睁开了眼睛。"[①] 法国存在主义者让·华尔也谈道："我们之所以能够认识和了解存在哲学的这些早期预示，正是因为有过一位克尔凯郭尔的缘故。"[②] 事实上，尽管克尔凯郭尔本人生前也许并未意识到他将会对后世产生划时代的历史影响，但他的思路确实预制了20世纪最强劲的哲学伦理学一脉。

克尔凯郭尔1813年5月5日出生于丹麦哥本哈根一个虔诚的基督教之家。其家族姓氏的由来本身说明了这种宗教虔诚。据说，他的祖先原本贫窘不堪，曾借教会牧师的住宅栖身，为报圣恩，家祖便以教会为姓。在丹麦语中，"Kierke"的本义就是"教会"，而"gaard"则意为"庭院""家园"，两字组合即为克尔凯郭尔家姓（Kierkegaard）。据传，一些偶然的机遇曾使克尔凯郭尔一家成为暴发巨富。这种命运的偶然，使其父惊惶失措，全家也因之恍惚不安，加之克尔凯郭尔本人天生体弱多病、初恋失意，因而造就了他忧郁寡欢、心理脆弱的性情。克尔凯郭尔曾回忆道："我是最深刻的意义上的一个不幸的人，从很早的时候起就和一个又一个痛苦紧紧地连接在一起，直到濒于疯狂的边缘。"

克尔凯郭尔5岁上学，1841年获硕士学位，同年10月赴德国柏林深造，但仅四个月后就返回哥本哈根，开始写作。1843年他曾用笔名发表《非此即彼》（二卷本，一译《或者或者》）。同年又出版《反复》和《畏惧与颤栗》。随后几年里，他先后发表《恐惧的概念》（1844年）、《哲学残篇》（1844年）、《人生道路诸阶段》（1845年）、

---

① K. T. Jaspers, *Rechenschaft und Ausblick, Reden und Aufsätze* (München: R. Piper & Co. Verlag, 1951), pp. 132－133.

② 〔法〕让·华尔：《存在主义简史》，马清槐译，商务印书馆，1962，第6页。

《关于人生中的严酷境遇之思考》（1845 年）、《总结性的非科学性跋》（1846 年）、《现时代》（1846 年）、《致死的痼疾》（1849 年）、《基督教的磨砺》（1850 年）、《日记》（1850～1854 年）等作品。这些作品风格不一、随意自由、内容广泛，其中含有丰富的伦理学材料。1855 年 11 月 11 日，克尔凯郭尔病逝于家中。

克尔凯郭尔所处的时代，是民族的内忧外患时代。他深切地体会到 19 世纪初丹麦与英国爆发的"哥本哈根民族战争"所带来的巨大民族失败的痛苦，又为当时风靡欧洲的工人民主革命运动和资本主义世界政治经济震荡所困惑，更为当时各种各样哲学文化观念所忧虑。他反对当时的一些唯物主义和共产主义哲学思想，蔑视当时正如日中天的黑格尔哲学。这一切注定了他必须承受一个动荡时代的政治、经济和文化强加于他的痛苦、困惑，又不幸地忍受着自身生活孤寂失意和疾病所带来的灵肉折磨，因而也不可避免地影响乃至决定他终生的学术活动，尤其是他对人生、价值和道德的看法。

## 二　孤独个体——黑格尔的颠倒

在伦理学上，克尔凯郭尔为他的后继者们留下了这样一些遗产。首先，他猛烈抨击了黑格尔哲学，开了反理性主义和反整体主义的理论先河。这主要表现在两个方面。一方面，他以主体个人的存在取代客观精神或观念的绝对至上地位。他认为，"由热情而来的结论是唯一可靠的结论"，而"我们的时代所缺乏的不是反省力，而是热情"[①]。黑格尔的荒谬恰恰在于他过于依赖"纯粹的理性思维"，把真实的主体个人遗失在客观观念的黑洞内无以自救。真实的只有"孤独个体"的主体性存在，黑格尔的绝对客观观念只能是"向一个饥饿的

---

[①] 〔美〕W. 考夫曼编著《存在主义》，陈鼓应、孟祥森译，商务印书馆，1987，第 9 页。

人朗读烹饪书"式的知识游戏，根本无补于人生实际。因此，克尔凯郭尔自诩"主体性的思想家"，认定"主体问题并不是关于客观结果的问题，而就是主体性本身。因为议论中的问题要求人们做出决定，而一切决定都属于主体性。所以，重要的是必须把一个客观结果的所有痕迹都消灭掉"①。另一方面，由这种反客观、反理性的哲学立场出发，克尔凯郭尔进而否定了黑格尔社会总体主义或国家极权主义的伦理观。他认为，黑格尔是一个建筑了绝对观念之完美宫殿而自己却栖居于茅棚的伟大而渺小的哲学家，他醉心于社会整体（国家），忘却了活生生的个人；偏于群众，漠视单个个体。可是，"群众就其概念本身来说是虚幻的，因为它使个人完全死不悔悟和不负责任，或者至少是削弱了他的责任感，把个人降为零"②。真理在于：正像人的主体性是决定一切选择的关键一样，孤独的个体自我构成了存在的核心，是一切事物关联的枢纽。

所谓孤独个体，在克尔凯郭尔这里即是指唯一具有真实存在的自我体验、自我关切和自由选择的主体性个人，这是他全部哲学和伦理学的基点。它的基本含义有三点。第一，孤独个体是个人自我实存着和真实体验着的主体。在克尔凯郭尔看来，真实存在的既非某种抽象概念，也非具有普遍形式的"公众"（public）或"大众"（mass），而只能是每一个活生生的人。"公众只是一个抽象的名词而已。"③ 唯有个人才是存在的真理。"'个人'是这样一个范畴……这个时代、一切历史以及整个人类都必须通过它。"④ 个人是"心理与

---

① S. Kierkegaard, *Concluding Unscientific Postscript*, English trans. by D. F. Swenson and W. Lowrie (Princeton University Press, 1968), p. 115.

② S. Kierkegaard, *The Point of View*, English trans. by W. Lowrie (Oxford University Press, 1939), p. 114.

③ R. Bretall (ed.), *S. Kierkegaard: Anthology* (Princeton University Press, 1951), p. 26, also p. 262.

④ 转引自高宣扬《存在主义概论》，香港天地图书有限公司，1979，第104页。

肉体的综合"，真实存在着的只有个体（individuum）。他承受着一切，感受着孤独，体验着这种孤独人生所带来的忧郁和绝望，独自决定着自己的行动并选择着世界、人类和历史的一切意义。因此，问题的关键是认识个体，而不是认识观念和公众的普遍形式。"认识个人也就认识了一切人"（unum noris omnes，英译为 if you know one, you know all）。①

第二，孤独个体，意即主体性的个人自我，其基本特性就在于其自由存在。"人既是一种心理与肉体的综合，也是一种暂时与永恒的综合。"② 前一综合特性证明个人真实的心理存在，后一综合特性则是个人自由与创造的确证。个人的存在是一种激情和行动，"行动意味着未来"。生命的有限性决定了个人绝望和死亡的宿命，而个人又以其自由选择创造着他生命的无限。克尔凯郭尔说："什么是我的自我呢？如果人们要求我去定义它，我首先的回答就是：它是所有东西中最抽象同时又是最具体的——它就是自由。"③ 从根本上说，孤独个体的存在意义就是"成为一个自由的个人"。在这个荒谬的世界上，个人孤独绝望，又面临着无限开放的可能性。他必须自己选择"成为他自己"，自己决定自己的命运，而这恰恰是孤独个体绝对主体性的最高证明。

第三，孤独个体在根本上是一种"伦理的个体"。个人绝对自由的存在特性，决定了他在本质上是作为伦理的个体而存在和行动着的。个人的主体性即是一种精神内在性。内在性构成自我最高的生命存在要求，这即是一种伦理的内在性。因此，孤独个体的主体性存在归根结底乃是一种伦理价值存在。克尔凯郭尔如是说："真正的主体

---

① 详见〔美〕R. 托马特《历史导论》，S. Kierkegaard, *The Concept of Anxiety*, English trans. by R. Thomte（Princeton University Press, 1980），p. 15。

② Ibid., p. 85.

③ S. Kierkegaard, *Either/Or*, Vol. 2, English trans. by D. F. Swenson and L. M. Swenson（Princeton University Press, 1944），p. 218.

不是认知的主体，……真正的主体是伦理学意义上的存在主体。"① "伦理学和伦理构成每个存在个体的根本寄托，对每个存在个体都具有一种无法取消的要求。"② 在《非此即彼》一书中，克尔凯郭尔不仅提出了"伦理个体"这一重要概念，而且还把它与"审美个体"进行了详细的比较（稍后详论）。他认为，"伦理个体"的最大特征是其内在主体性，其基本表述命题是"选择你自己"，"而不是认识你自己"③。因为，"伦理学关注于特殊的人类（即个体——引者注），并通过他自己而关注每一个人和他们中的每个人。如果说上帝知道一个人头上有多少头发的话，那么，伦理学就知道有多少人类存在着……"④ 换言之，伦理关切（ethical concerns）显露着存在个体最深刻的主体内在性，表明着孤独个体之高度激情与深刻痛苦的抉择行为。

显然，克尔凯郭尔的"孤独个体"概念是他反黑格尔理性主义哲学的必然的首要成果。它的出现标志着对黑格尔国家总体价值观的彻底颠倒。"孤独个体"对"国家总体"的替代，一如"个体存在"对"绝对观念"的替代一样，这不只是一种非理性主体性和个人主义对传统理性主义与伦理整体主义的理论颠倒，也是一种哲学本体的颠倒。它撕开了近代古典理性主义哲学和伦理学凝重的帷幕，驱散了传统理性主义伦理学王国里整体神圣性和客观至上性的光环，使真实个体凸显于伦理学视域，揭开了非理性个人主体性伦理学的新的一幕。

---

① S. Kierkegaard, *Concluding Unscientific Postscript*, English trans. by D. F. Swenson and W. Lowrie (Princeton University Press, 1968), p. 281.

② Ibid., p. 119.

③ S. Kierkegaard, *Either/Or*, Vol. 2, English trans. by D. F. Swenson and L. M. Swenson, (Princeton University Press, 1944), p. 218.

④ S. Kierkegaard, *Concluding Unscientific Postscript*, English trans. by D. F. Swenson and W. Lowrie (Princeton University Press, 1968), p. 284.

## 三　人生阶段——梦→醒→醉

这是西方伦理学进入现代前夜所发生的历史性一幕：它使西方古典哲学和伦理学摆脱了几千年理性主义的认知方式和道德观，把个人的存在（"是"）这一人学本体论命题提升到最高主题的地位。这不单使传统哲学的认知方式发生了根本性颠倒，而且也使传统伦理的规范性认知由"实践理性"的层次超升到实在个体的本体化层次。因此，在克尔凯郭尔这里，"孤独个体"具有存在、关系和价值的基础特性。

然而，克尔凯郭尔认为，人生并非一种既定的存在，恰恰相反，每一孤独个体都处于永恒敞开的可能性之中，即处于不断的运动造就之中。因之，才有人生的不安、焦虑、忧郁、恐惧和绝望的情愫，才有不同的人生存在状态或层次，这便是不同的人生阶段。据此，他提出了著名的"人生三阶段说"。这一学说也构成了他伦理思想的主体内容。

简略地说，克尔凯郭尔的"人生三阶段说"可以概括为三个字：梦→醒→醉，它们分别表征着人生的审美阶段、伦理阶段和宗教阶段。

审美阶段是普通个人生活的初级阶段，它表征人感性的和世俗的存在境界。审美的人生存在由欲望和情感支配，他既无任何普遍的伦理价值标准和道德责任，也没有确定的宗教热情和信仰。他所拥有的只是一种处于昏昏沉沉状态下的欲望和满足感。但这种欲望远非清醒的意识追求，它所招致的痛苦亦非深刻的人生绝望体验，而只是一种如梦如睡的不祥预感（presentiment）。"因此，在这一阶段，欲望仅仅表现为一种对它自身的不祥预感；它没有运动，没有烦躁不安，而仅仅为一种不明确的内在情绪轻柔地摇晃着。"[1] 克尔凯郭尔认为，儿

---

[1] S. Kierkegaard, *Either/Or*, Vol. 2, English trans. by D. F. Swenson and L. M. Swenson (Princeton University Press, 1944), p. 75.

童和那些浪漫主义诗人即是这种人生境界的典型代表。莫扎特歌剧中的好色之徒唐·璜更是审美存在的感性化身，因为他已成为肉欲的人格化，在勾引所有女人（而非某一个女人）的纵情中体验着自己的存在。总之，审美人生着眼于当下的感性世界，"此时此刻就是一切"乃是其基本人生准则。然而，审美的人生虽能感受到当下的肉体快乐，却无法洞见真实的人生。快乐的结果只是无可名状的痛苦和昏沉。存在被"虚无化了"，乐之欲望变成了死之渴望。于是，人们在痛苦与失望中寻求着超越，这种欲求使他"跳跃"到新的人生阶段：伦理人生或伦理存在。

伦理存在是人生的第二阶段。它的基本特征在于，作为伦理存在者的个人不再是情感王国的梦游者，而是理性的自醒存在。理性使人意识并承诺普遍的道德准则规范和道德义务，使自己的生活和行动获得某种感觉的形式和一贯性。克尔凯郭尔说，在人生的伦理阶段，"欲望苏醒了，正如通常所发生的那样，人们首先意识到了他在苏醒的这一时刻已经做过一场梦，而这时候梦已过去"①。因此，在伦理阶段，人所关注的不再是肉体的欲望，而是理性精神的自觉；不再是放纵、昏然和好情，而是善良、正直、节制和仁爱。故而伦理阶段可以产生为普遍的道德原则或理想而牺牲的英雄，一如苏格拉底为智慧而献身，索福克勒斯悲剧中的安提戈涅为神圣而抛弃自我那样。这些道德英雄超脱了唐·璜式的感性人格，具有理性化和道德化的人格。"伦理是普遍的东西，它本身是神圣的"，所以为伦理而存在而献身的人也是神圣的。

伦理存在的关键是存在的抉择，即道德原则的决定。这是孤独个人之绝对自由的象征，也是他绝望和烦恼的根源。因为这种存在的抉

---

① S. Kierkegaard, *Either/Or*, Vol. 2, English trans. by D. F. Swenson and L. M. Swenson (Princeton University Press, 1944), p. 78.

择并非普遍价值的选择，而是一种非此即彼的人生决断。也就是说，它不单是对道德善恶的选择，而且也是（且更根本的是）对道德（善恶）与非道德（非善非恶）的人生抉择。"我的非此即彼首先并不意味着在善恶之间进行选择，而是意味着是选择善与恶，还是排除善与恶的选择。"① 换言之，伦理存在本身就蕴含着一种存在的抉择：或外于伦理而存在；或为普遍理性和道德而献身，成为伦理的存在。因此，在伦理阶段，人经受着一种人生智慧的痛苦意识和决定，使他不得不以全部身心和人格去进行一种本性的决断和人生的创造。在此意义上，伦理选择是最艰难和痛楚的选择。"因为这种选择是以他人格的全部内在性而做出的，是以他净化了的本性和本身所带有的与那种无所不在的渗透于存在之中的永恒力量的直接关系之全部内在性而做出的。"② 所以，人的伦理存在是最真实的。历史上，苏格拉底即是伦理人生的范例，他选择了真理和理智，与情欲人生实现了果断诀别。

克尔凯郭尔还对伦理阶段与审美阶段、伦理选择与审美选择进行了具体的比较分析。他认为，审美人生在本质上并不包含行为的选择。在这一阶段，人的行为跟着感觉和欲望走，缺乏清醒的人生价值意识和信念。所以，从严格的意义上说："审美的选择不是选择。选择的行动在本质上是一种适当而严格的伦理表达。"③ 伦理选择是一种绝对的选择，它所意味的人生是"成为你自己"，通过这一运动，人完成实现其全部人格的崇高使命。而审美选择却是相对的，它所意味的人生只是对"已是"现状的直接感受体验。克尔凯郭尔如此写道："什么是审美的生活？什么是伦理的生活？……我的回答是，一个人

---

① S. Kierkegaard, *Either/Or*, Vol. 2, English trans. by D. F. Swenson and L. M. Swenson (Princeton University Press, 1944), p. 173.

② Ibid., p. 171.

③ Ibid., p. 170.

的审美生活是他通过审美生活直接是其所是的；而伦理生活则是他依靠这种生活成为他所成为的。"① 他以形象的比喻来刻画这两种人生之不同：如果把人生看作是一条流动的河，那么，伦理人生就是涌动于河床深处的潜流，而审美人生则是漂浮于河流表面的浪花。②

然而，伦理人生的承诺并不完善，人的选择也往往会超出伦理准则规范的普遍性，承诺道德普遍责任以外的绝对责任，因之使伦理学自身失去理想性和绝对性。一俟人们失去或越过伦理准则而行动，就会产生罪恶，进而导向沉重的忏悔，犹如《圣经》中的亚伯拉罕所进行的选择一样。当亚伯拉罕聆听到上帝的旨意时，他所面临的牺牲儿子以祭上帝与保存儿子以拒神命的抉择，就是一种典型的非伦理和超伦理的选择。从伦理的观点来看，杀人有罪，是极端之恶；而从宗教的观点来看，杀子祭神是崇高的牺牲。在这里，理性无法判断，价值标准超出了伦理，因而只能向更高层次跃升，这便是人生第三阶段：信仰的阶段或信仰的存在。

信仰的或宗教的阶段是人的存在的最高境界。如果说，审美人生是一种囿于感性欲望之当下体验的沉梦状态，伦理人生偏于理性而只能体悟到整体化普遍化的自我人格或道德人格，因而还只是一种理智自醒状态的话；那么，宗教人生则由于孤独个体能够凭借信仰而直接面对上帝，因而可以彻悟到真正绝对的自我存在，体会到绝望人生尖锐而壮烈的精神颤抖。于是，情感和欲望（梦）经由理性和道德的追求（醒）而达到真正的存在之出神状态（醉）。克尔凯郭尔认为，在宗教阶段，信仰是孤独个体绝对自由的选择，它不仅使人领悟到"孤独存在"的真谛，成为自我抉择、自由创造和行动的独立主体，而且也使这种绝对的孤独个体切入与"无限"（上帝）的直接联系，感受

---

① S. Kierkegaard, *Either/Or*, Vol. 2, English trans. by D. F. Swenson and L. M. Swenson (Princeton University Press, 1944), p. 182.

② Ibid., p. 261.

那绝望存在的烦恼，从而使"有限"（个体人生）与"无限"统一起来，在永恒与无限的神圣追求中获得内在的满足。信仰人生最突出的特征是存在的痛苦，即个人对自我存在之最真切地领悟。痛苦、忧郁、荒谬、绝对和绝望构成了信仰人生的本质内在性（inwardness）。克尔凯郭尔写道："与审美的存在或伦理的存在相关，痛苦只是起偶然的作用，可以说没有痛苦，……而在这里（即宗教存在——引者注），情况却不是这样。对于一个宗教的存在来说，痛苦是某种决定性的东西，而这恰恰就是宗教内在性的一个特征：痛苦越烈，宗教的存在也就越高——而且痛苦是持久的。"① 总之，审美人生沉梦未醒，囿于欲望享乐，无痛苦可言。伦理人生则如梦醒之后人有了普遍理性和道德准则的凭借，如临阳光，个体的孤影消融于普遍伦理的阳光普照之中，亦不必承受孤独个体之人生空虚的绝望和痛苦。唯信仰人生由醒入醉，如痴如狂，独领这孤独人生的一切痛苦、恐惧和绝望，忍受着这绝望带来的人生战栗。

克尔凯郭尔总结道："一共有三种存在的境界：审美的、伦理的和宗教的。""伦理的境界只是一种过渡的境界，因此它的最高表现乃是作为一种消极行动的忏悔。审美的境界是直接性的境界，伦理的境界是要求的境界（这种要求是如此无限，以至于个人总遭受破产），宗教的境界则是满足的境界。"② 这就是克尔凯郭尔所描绘的人生发展图，它是一幅由梦→醒→醉的不断超脱感性、突破理性，最后趋向永恒信仰的人生超度画卷。在这一超越过程中，我们既看到了灵与肉的搏斗和理性人格的暂时胜利，也看到了超理性信念的最后凯旋。这种从感性→理性→超理性或非理性（信仰）的人生发展轨迹，同样反映

---

① S. Kierkegaard, *Concluding Unscientific Postscript*, English trans. by D. F. Swenson and W. Lowrie（Princeton University Press, 1968）, p. 256.

② S. Kierkegaard, *Stages on Life's Way*, English trans. by D. F. Swenson（Princeton University Press, 1940）, p. 430.

了克尔凯郭尔力图从柏拉图、黑格尔式的理性与道德王国超向宗教信仰主义人生哲学的理论企图。正是从这里出发，我们才认识到克尔凯郭尔对人生意义、经验、价值等一系列关键问题的详细刻画所隐含的真正意图。

## 四　自由人生——恐惧、烦恼、忧郁、绝望

如果我们把克尔凯郭尔的人生阶段理论视为他对孤独个体之存在境界和生活历程的纵向动态描述的话，那么，他关于自由人生之诸种情愫的存在心理学刻画则是其本体化人学的具体展开了。在他看来，传统神学、理性伦理学和道德形而上学都只是在一片明净的世界中追求轻松的精神幻想，沉湎于理性的虚幻，始终没有直面真正的人生实存状态，更没有洞入主体人生的内在经验。事实上，我们所需要的不是托马斯·阿奎那式的信仰教条，因为每一孤独个体的生活经历相互殊异，其信仰的主观基础也就无法用某种机械的信条来加以规定。我们更不需要柏拉图式的永恒和黑格尔式的绝对观念，因为每一个体都只是一种"瞬间"的存在，他总是处于有限与无限、暂时与永恒、现在与将来之间；而且，个体的存在只能是个别的、孤独的和具体的，绝对观念之于具体人生，如同食谱之于饥腹。我们所需要的只是去真诚地坦露孤独个体的主体实存状态，他此时此刻的心理、意识和情绪，表达这种赤裸的人生自我。

人的自我不是一种理性的真理，而是一种历史和行动的真理，一种选择，一种绝对无待的自由。克尔凯郭尔说："什么是我的自我呢？如果人们要我去定义它，我首先的回答就会是：它是所有东西中最抽象的，同时又是最具体的——它就是自由。"[1] 而且，"我只能

---

① S. Kierkegaard, *Either/Or*, Vol. 2, English trans. by D. F. Swenson and L. M. Swenson ( Princeton University Press, 1944), p. 218.

发现'自我'的最抽象的表达，即这个'自我'使他成为他所是的人。而这无外乎就是自由"①。自由是人的本质，也是人的宿命。每一个体都独立地面对上帝，自由地决定着自己的一切。自由预示着个人绝对自由的选择，绝对自由的选择即是他孤独的证明，而孤独正是人的伦理生活的开始。克尔凯郭尔把"孤独"视为自由选择的第一种形式，"因为在选择自我时，我使我自己与整个世界分离开来，直到通过这种分离，我在抽象的同一性中终结。而按照自由选择了他自己的个体就是原始能动的根据。然而他的行动与周围的世界毫无关系，因为这个个体已把这个世界归结为无（naught）和仅仅为他自己而存在着的。在这里，所揭示的生活观恰恰就是一种伦理观"②。

人生的自由昭示了人生的伦理意义。但这种伦理意义首先是一种本体化的价值存在意义，它表明着人的孤独存在，而这种孤独存在的基本状态便是恐惧（dread）。恐惧是人的绝对自由的必然结果，它包含着烦恼（anguish）、忧郁（anxiety）和绝望（despair）三种基本样式。

恐惧是孤独个体的必然命运。人选择孤独也就选择了恐惧的人生。孤独的个体面对人生和世界，无依无倚，心悬情颤，处于一种无名而持久的恐惧之中。恐惧不同于畏或怕，因为后者是对某种明确对象产生的主观感受，如失业、患病、天灾人祸等。而恐惧既无确定对象，又无产生的根由。它无处不在，无时不在，弥漫于全部人生却又无可言指和规避，犹如一片无边无形的阴霾笼罩着人生，使人处于一种无法描述的神秘莫测之感受前的战战兢兢之状。人的这种恐惧源自其孤独的心理体验，它表明个人永远为一种异己的力量包围着，使人

---

① S. Kierkegaard, *Either/Or*, Vol. 2, English trans. by D. F. Swenson and L. M. Swenson（Princeton University Press, 1944）, p. 219.

② Ibid., p. 244.

如临深渊。但恐惧并不只是人生之不祥感受，也是其从噩梦中惊醒的最初表征。正是对身外虚无世界的恐惧感，使个体从无意识中苏醒，意识到自我的孤独存在，从而一往无前地选择人生。因而"恐惧是自由的可能性"①。

克尔凯郭尔认为，恐惧作为人生的基本存在状态有三种表现形式。第一是厌烦。厌烦是人面对虚无而在内心深处滋生的一种无可名状的厌恶和烦恼，它又表现为两个方面，一是由外物所引起的厌烦，二是由人对自身的厌烦。厌烦增长到一定程度便使人心烦意乱，心境悒悒而难以自解，这便是忧郁。忧郁是恐惧的第二种也是其较深刻的表现，它是一种"对人生处境的恐惧"②。其深刻之处在于：它不单让人烦恼不堪，且使人从内心忧郁中感悟并趋向宗教世界。当人为厌烦和忧郁所重重挤压时，他实际上已经陷入绝望。因此，绝望是恐惧最深刻的表现形式。"绝望就是致死的痼疾"③。它不是人对某种外物的绝望，而是人对自我存在的绝望，对外物的绝望仅仅是人生绝望的开始。它或表现为人不愿意"成为自己"；或表现为人"成为自己"的绝望。但无论人是否愿意成为他自己，只要他面对孤独人生，他就不得不面对绝望。这种绝望的本质是使人忍受致死的煎熬，欲生不能，欲死不得。绝望不是死亡本身，而是人无法根绝的趋向（unto）死亡的顽症，它是人类普遍的"疾病"。"绝望的人无法死，诚如'利剑无法杀死思想'一样，绝望也无法消耗永恒之物，消耗自我。……绝望恰恰是自我消耗，但它是一种无能的自我消耗，……这是已被提升到一种更高能力的绝望，或者说它是潜能的法则。这是热

---

① S. Kierkegaard, *The Concept of Axiety*, English trans. by R. Thomte, ( Princeton University Press, 1980), p. 25.

② S. Kierkegaard, *Stages on Life's Way*, English trans. by D. F. Swenson ( Princeton University Press, 1940), p. 390.

③ 〔丹麦〕克尔凯郭尔：《致死的痼疾》，R. Bretall ( ed. )，*S. Kierkegaard: Anthology*, ( Princeton University Press, 1951), p. 341。

烈的煽动，或是绝望中的冷火，是持续使人绞痛的溃烂，它是永远内在的、且越来越深刻的无能之自我消耗中的令人绞痛的溃烂。"① 这即是说，绝望并非人生的死亡，而毋宁是人生的一种内在持久而剧烈的痛楚和折磨。它使人对尘世生活万念俱灰，又促使人清醒意识到有限人生与无限人生的差别与统一，看到上帝并将无比热烈的信仰投向上帝。

故而，绝望又是一种超越的人生意识。"随着意识程度的每一次增长和其比例的增长，绝望的程度也不断增长：意识越强，绝望越强。"② 换句话说，绝望也是基于人的意愿而产生的，"人们没有意愿绝望，就根本不会绝望。但是，当人们真正意愿绝望时，他们就会真正超越绝望；而当他们已经真正意愿绝望时，他们便真正选择了绝望所选择的，即在他们的永恒有效中选择了他们自己。人格只有在绝望中才能获得平静，而不能通过必然性获得平静。因为通过必然性，我就永远不会产生绝望，而只有通过自由才会绝望，也因此才能赢得绝对"③。所以，绝望绝不是一种消极否定的人生表现。

由上所述，我们不难领悟到克尔凯郭尔存在主义伦理学的基本主题：在反理性主义哲学和反社会或国家总体主义伦理学的背后，克尔凯郭尔的真正意图是打破黑格尔式理性主义的绝对封闭，用"孤独个体"取代"理性群体"或"国家整体"而充当伦理价值的主角。无疑，他的"孤独个体"按其设计在存在主义伦理学和人生哲学舞台上演出了一台由感性"梦生"到理性"自醒"再到宗教"狂醉"的三幕剧。这是对沉溺于快乐享受的审美人生境界的观众所演出的一场警示性正剧；也是一场向那些止步于道德王国门前的人们所展示的人生

---

① 〔丹麦〕克尔凯郭尔：《致死的痼疾》，R. Bretall（ed.），*S. Kierkegaard: Anthology*，（Princeton University Press, 1951），p. 342。

② Ibid., p. 345.

③ S. Kierkegaard, *Either/Or, Vol. 2*, English trans. by D. F. Swenson and L. M. Swenson（Princeton University Press, 1944），p. 217.

讽刺性悲剧；更是一场鼓励人们自由地投向上帝怀抱的宗教性喜剧。"悲痛需要道德勇气，而喜乐则需要宗教勇气。"① 克尔凯郭尔为此设计的主题是个人的自由人生，它展现的是充满非理性偶然、热情、荒谬和痛苦的人生恐惧、烦恼、忧郁、焦虑和绝望。因之，它的基调是悲剧式的，但又不是完全悲观的，毋宁说，它拥有着一种喜剧式的悲怆与悲剧式的狂痴相互混融的奇特旋律。人生酸甜苦辣，悲欢沉醉，五味俱全，一切尽在不言之中。这就是克尔凯郭尔对人生的领悟。

但是，我们却不能沉浸于这样一幕人生剧情之中，也难以成为克尔凯郭尔人生剧情的接受型观众。因为当他完全撤除黑格尔理性主义哲学的帷幕时，其所编导的人生剧不仅没有弥补黑格尔曾经忽略社会现实背景的这一缺陷，反而使黑格尔思想中原有的辩证法智慧和历史主义的视域也消失了。没有了历史的衬托，没有了社会和文化的观照，也没有那些不可或缺的人类同台者，克尔凯郭尔的"孤独个体"只能是站在一片荒漠上表演。无论他的表演如何充分，演技如何卓杰超群，这位孤独者如泣如诉的表演也无法使我们明了人生的全部真谛：人生存在的文化和历史情景；他的社会现实生活条件；他的本性和本质生成；他的价值实现；等等。这些都没有在克尔凯郭尔的理论中占得一席之位。这一失误是致命的，也是克尔凯郭尔无法弥补的。

尽管如此，我们并不能简单地否认克尔凯郭尔特有的功绩。他对黑格尔绝对理性主义和国家总体主义哲学伦理学的尖锐抨击，毕竟在形式上击中了近代唯心主义伦理学的要害，对人的道德生活和价值的观审确实不能停留于黑格尔建筑的观念宫殿里。而且，克尔凯郭尔不乏真诚地表达了他所处的那个不幸时代和社会里人生的许多真实经验，这使他的学说多少具有真实可信的特定历史价值。尤其需要注意

---

① 〔丹麦〕克尔凯郭尔：《致死的痼疾》，R. Bretall（ed.），*S. Kierkegaard: Anthology*（Princeton University Press, 1951），p. 13。

的是，从理论思维的角度来看，克尔凯郭尔并不像叔本华那样一般地用非理性主义的方法来对抗古典理性主义，而是用一种本体化的人学方法来与之抗衡，并以此陈述其人生哲学和伦理思想。诚如当代美国存在主义思想家怀尔德所指出的："在他看来，伦理学是一门本体论的学科，它使我们深入到存在的根基之中，如果我们不能洞见存在的秘密，我们就不能够理解它们。这个问题不仅仅是一种品质（善）反对另一种品质（恶）的问题，它毋宁是一种真实的选择、真实的生活和真实的存在问题。这种真实的选择、生活和存在，是与那种冲淡了的、表面的选择和生活相对立的。它是处于危急状态之中的真实存在。"① 或许，也正是克尔凯郭尔对个人存在的这种直面心理描述，满足了动荡时代里处于焦灼不安状态下人们的特殊心态，才使他的思想成为尔后 20 世纪两次世界大战前后西方存在主义思潮的主要来源，为一大批存在主义思想家着意发挥，因而形成了 20 世纪的一场存在主义大合唱。

## 第二节　海德格尔的"原始伦理学"

自克尔凯郭尔以后，存在主义作为一种哲学伦理学思潮已经初步形成其基本理论主题和方向，这表现为六个主要方面：（1）开辟了非理性伦理学的新思路，使伦理学的理论视点由理性化的人转向了感情的或心理的人，这一转向与叔本华思想的转向是相似的，但所取的具体方法不尽一致；（2）揭开了传统价值观念批判的序幕；（3）冲破了传统理性主义伦理学确立的整体主义价值观，把道德思维的焦点集结于个体化的人的存在和价值选择之上；（4）由传统的客体化道德倾向转向主体性道德，奠定了现代存在主义伦理学以主体性为突出特征

---

① J. Wild, *The Challenge of Existentialism* ( New York: Greenwood Publishers, 1979) , p. 47.

的基调；（5）在道德思维层次上，使传统道德的规范认知层次上升到本体论的层次；（6）开启了道德相对主义的理论潮流。但是，真正在这一主题方向实现重大进展还是 20 世纪初叶的事情，在胡塞尔创造性的现象学方法论的启迪下，海德格尔、萨特等重要哲学家在胡塞尔现象学园地里开拓出一片存在主义哲学的新天地，从而在哲学的高度对克尔凯郭尔曾经预制的存在主义伦理学题旨做出了重大而具有决定性意义的思想与理论建构。

这一建构时期大致包括20 世纪20 年代至60 年代近半个世纪，因此，存在主义也是 20 世纪最为持久的理论思潮之一。在存在主义伦理学的发展中，海德格尔无疑是第一个做出过重大贡献的思想大师。

## 一 海德格尔其人其书

马丁·海德格尔（Martin Heidegger，1889～1976）是一位身负特殊时代烙印的非凡思想家。他出生于德国的梅斯基尔希（巴登），1903 年在家乡读完小学后就读于康茨坦斯中学，3 年后转入弗莱堡的贝绍尔兹中学。随后考入弗莱堡大学攻读神学、哲学、数学和历史。1913 年他在著名新康德主义哲学家李凯尔特的指导下完成博士论文《心理主义的判断理论：对逻辑学的批判的积极贡献》，并在导师的帮助下于1915 年在母校求得哲学讲师职位。

早在中学时代，年仅 17 岁的海德格尔就从一位名叫格娄贝尔的牧师那里得到一本布伦坦诺的《论亚里士多德以来的"在"的多重意义》而受到最初的哲学触动。大学时代他就开始大量阅读胡塞尔的《逻辑研究》、尼采的《强力意志》和克尔凯郭尔的著作，以及荷尔德林、里克尔的诗作和陀斯妥耶夫斯基的小说。1916 年后，他随胡塞尔来到弗莱堡大学，接替李凯尔特的哲学讲座教授职位，并成为胡塞尔现象学研究的合作者之一，曾深得胡塞尔的赏识。1922 年他被聘为马堡大学的哲学教授，主讲笛卡尔、康德、黑格尔及古希腊和中世纪哲学，其间，写就成名作《存在与时间》，几经周折，于 1927 年刊行于胡塞尔主编的《哲学与现象学研究年鉴》第 8 期，不久另册出版。1928 年胡塞尔退休后，他重返弗莱堡，接替胡塞尔的教授职位，直至离休。

海德格尔几乎终生未出黉门，长期躬身于哲学教职。他的境遇不同于 18 世纪末叶的康德，特殊的时代使他的学究式生涯平添几分政治色彩。1933 年德国纳粹上台后，海德格尔被选为弗莱堡大学校长，虽就职仅十个月之久，但由于他对希特勒及国家社会主义党政治主张的附和乃至吹捧，使其学术的一生被打上了一块不光彩的印记。尽管他本人曾在 1966 年 9 月 23 日与西德《明镜》周刊记者的谈话中多有申辩，却终因这段历史事实的存在而使他无法免于各种指责。

海德格尔一生精于穷思究理，著述亦丰，其主要著作除《存在与时间》之外，还有《人道主义信札》（1947 年）、《尼采》（共三卷）（1961～1962 年）、《工艺与转向》（1962 年）等。

## 二 基本本体论——"此在"与"世界"

海德格尔是现象学哲学运动的新方向——存在哲学的开拓者。[①]他得益于胡塞尔现象学方法的启示，从现象学"走向事物本身！"（zu den Sachen selbst！）这一基本命题中，洞察到以人的存在作为哲学最高本体的新哲学视域，并由此追溯古希腊哲学以来的西方哲学历程，提出建立新本体论的哲学目标。

海德格尔检讨了自柏拉图以来的西方哲学，认为古典哲学一直未能澄清存在的意义，以至于传统本体论把作为哲学最高本体的"存在"（sein）混同于"存在者"（seiende），因而导致了"存在"的本

---

① 〔德〕W. 施太格缪勒《当代哲学主流》（上卷），王炳文、燕宏远、张金言等译，商务印书馆，1986，第 168 页。

体论失落，成了一种"无根的本体论"。他说，传统形而上学"从来没有解答过存在的真理问题，……因为它思考存在时，只是把存在作为存在者来想象，它指的是作为整体的存在者，谈的却是存在。它提到存在，所指的却是作为存在物的存在者"①。所以，哲学应该找回其本体论真义，使本体论复归于存在问题的领悟。他认为："与实证科学的存在状态上的发问相比，本体论上的发问要更加原始。……本体论的任务在于非演绎地构造各种可能方式的存在谱系，而这一本体论的任务恰恰须对我们用'存在'这个词究竟意指什么先行有所领悟。"② 对存在的先行领悟，也就是对存在意义的本原把握，而这种把握首先又取决于对"此在"（Dasein）的把握。

"此在"在本体论探究中的关键性就在于，它是我们理解存在的核心。此在也是一种存在者，但它与众存在者不同，"从存在者状态上来看，这个存在者的与众不同之处在于：这个存在者为它的存在本身而存在。……它的存在是随着它的存在并通过它的存在而对它本身开展出来的"③。这就意味着此在具有比其他存在者优先的地位，这种优先地位表现为三个方面："第一层是存在者状态上的优先地位：这种存在者在它的存在中是通过生存得到规定的，第二层是本体论上的优先地位：此在由于以生存为其规定性，故就它本身而言就是'本体论的'。而作为生存之领悟的受托者，此在却又同样原始地包含对一

---

① 〔德〕M. 海德格尔：《回到形而上学的基础》，见〔美〕W. 考夫曼编著《存在主义》，陈鼓应、孟祥森等译，商务印书馆，1987，第 268 ~ 269 页。

② 〔德〕M. 海德格尔：《存在与时间》，陈嘉映、王庆节合译，生活·读书·新知三联书店，1987，第 14 页。译文中原将"ontologie"译为"存在论"，似过于狭窄。因为"ontologie"（英文为 ontology）一词虽以存在（being）为基本对象，但"being"一词并非只限于"存在"一义，它亦含"是""有"等义，故使"ontologie"一词常有"本质论"（真理意义上的是与非）和"概念论"等意义。依愈宣孟先生的详考，似仍译为"本体论"更妥，故将原译文中所谓"存在论"通改为"本体论"，下同。请读者注意。愈宣孟先生的考析见其著《现代西方哲学的超越思考——海德格尔的哲学》，上海人民出版社，1989。

③ 同②，第 15 ~ 16 页。

切非此在式的存在者的存在领悟。因而此在的第三层优先地位就在于它使一切本体论在存在者暨本体论（ontischontologisch）上都得以可能的条件。"① 这就是说，此在具有着存在状态、本体论意味和作为一切存在者和本体化之基础的三重优越地位。因为此在通过生存而得到规定，人的此在使一切存在者至于澄明状态，具有意义。因之，"此在"的领悟便是一切存在之领悟的关键，因而也是本体论之核心。

这种对"此在"的本体论研究即是海德格尔的"基本本体论"（die Fundamentalontologie）。它的基本宗旨是，从一种未被规定的东西入手去揭示存在的意义，这种未被规定的东西恰恰就是作为"此在"的人。人只是一种可能性，不是实在性。只有他永远能够在未定状态中自我规定，也只有他才能提出存在的意义问题并试图解答这一问题，追寻存在的方式，从而通过其存在本身并在追寻和领悟存在的过程中显露存在的底蕴。② 人的"此在"即人的"在此"（being-here），亦即"在世界之中"，这就是人的"此在"之基本结构。所以，人又是一种"在世的存在"（being-in-world）。"在世"是人最内在和最根本的存在状态，也是此在之先验规定性。它意味着，人"居住"、"逗留"或"停居"于这个世界之中。世界就是人之家，人在世界之中即人的在家。因之，人与世界不可分离，一如人与家之不可分离一样。

理解人的"在世"状态，关键要抓住"在之中"（being-in）这一关节。"在之中"意味着人的"在此"的两重结构：其一是人与物打交道；其二是人与人打交道。"在世的存在"既显示着我在世界之中，也显示着我在人们之中。海德格尔认为，人的在世存在结构决定

---

① 〔德〕M. 海德格尔：《存在与时间》，陈嘉映、王庆节合译，生活·读书·新知三联书店，1987，第 17～18 页。

② Cf. M. Heidegger, *Selected Basic Writings* (London: Routledge, 1977), pp. 95–96.

了他的在世就是与他人、他物打交道。他把人与物打交道称为"烦忙"（Besorgen），把人与人打交道称之为"麻烦"（Fürsorge）①。由此，他把"烦"称为此在的根本状态，"烦忙"与"麻烦"则是烦的两种基本形式。

人的"烦忙"表明人与物之间的存在关系，但绝不意味着物是某种与人分离的独立存在。相反，物与人息息相关，故而不能用"客体""物"或"东西"之类的传统名称来指称这些存在者。海德格尔以"用具"（Zeug）取而代之，认为人与物打交道不是一种主体与客体的简单交涉，就像传统哲学所认为的那样，而是此在的人与用具之"最切近"的交涉。一切用具的存在方式即是它之于人的"上手状态"（in-hand）。人与用具构成浑然一体的存在结构，一切用具皆因它与人的交涉而显示出它们的意义。因此，世界是此在的存在之家，此在（人）则是世界之家的看护者。人是世界的存在中心。"世界本质上是随着此在的存在而展开着的。""展开性"（Erschlossenheit，英文为 opening）是此在之"此"的基本意义。"此在就是它的展开状态。"②应当指明，海德格尔的"此在"即指具体的个人，但他不是莱布尼茨的"单子"，如同一个无窗户的封闭体，而是永远敞开着的、向四周发出存在之光的存在。正是人的这种展开性所特有的"存在之光"，才使周围的世界得以显露。

"此在"之"展开性"的基本本体论性质由"现身"（Befindlichkeit）、"领悟"（Verstenhen）和"言谈"（Rede）三种形式构成。"现身"表明人居留于世界之中的事实性，表现为人的情绪体验。情绪是原始的，它产生于一切认识、意愿和理智之先，显示出此在（人）被抛

---

① "Besorgen"亦有人译为"物烦"，"Fürsorge"亦有人译为"人烦"，此为意译，切合原义，可作参考。参见愈宣孟《现代西方哲学的超越思考——海德格尔的哲学》，上海人民出版社，1989，第164页。

② 〔德〕M. 海德格尔：《存在与时间》，陈嘉映、王庆节合译，生活·读书·新知三联书店，1987，第163页。

状态的本相。"领悟"不同于一般意义上的"理解",它是人在世存在的原始方式,也是其"能在"(able-to-be)的可能性展示。因此,此在的"领悟"毋宁是一种"投射"或"谋划"(Entwurf,英文为project)。人恰恰是通过对存在的"领悟",才使自身成为其所是者,这便是"成为你所是"的基本含义。它是尼采强力意志学说的另一种表达,① 也是存在主义关于自我选择、自我谋划之学说的经典表述。至于"言谈",海德格尔认为:"言谈同现身、领悟在本体论上是同样原始的。"② 它是人"对可领悟状态的勾连",即是人得以理解世界和他人的沟通方式,因而也是人的"原始的"存在方式之一。为此,使言谈也成为了本体论上的语言,成为了阐释学之可能的基础。③

由存在本体论哲学的传统批判,切入此在之基本本体论的结构分析,从而揭示此在之存在结构、状态和样式,是海德格尔确立其基本本体论的大致思路和目标。这一思路的主线是作为存在核心的原始的个人以及他在此的世界状态和本体论—生存论之基本意义。通过对人与用具之存在意义的分析,海德格尔揭示了人的基本存在形式、意义、状态和本体性质:此在的根本形式是"在世界之中",其基本意义是作为存在本体论意义之核心的"烦",而"现身"、"领悟"和"言谈"则显示出人的原始存在状态和基本本体论性质。这就是对此在之基本本体论的理解,也是对此在人学意义的初步揭示:人作为特殊的存在,既不能超出"此在"的结构,却又于"在之中"获得他特有的本体论之优越地位。他的存在之光显露着一切存在者的意义,同时又投射着他自身,而实现"走向事物本身!"和"成为他自己"

---

① 参见本书上卷第 1 部分第 1 章第 3 节。
② 〔德〕M. 海德格尔:《存在与时间》,陈嘉映、王庆节合译,生活·读书·新知三联书店,1987,第 196 页。译文略有改动。
③ 参见上书,第五章。在此,我们可以把握到海德格尔阐释学理论的最初契机。

的未定命运。

在这里，我们已经开始感受到涌动于海德格尔基本本体论结构之中的那种深沉有力的高扬个人存在价值与独断力量的最初律动。但是，从此在之在世界之中的展开状态中，我们尚不能完全体察到海德格尔人学本体论的全部脉络，当他从这种在世存在的理论滩头进一步向前伸展的时候，其所展示的就是一番更加惊心动魄的人的存在景观了。

## 三　人学异化论——共在与沉沦

如果说，海德格尔关于"烦忙"的概念是我们理解其此在及其与世界之关系的哲学本体论端点的话，那么，他关于"麻烦"的概念则是我们进一步探索其关于人际关系及其共同存在结构理论的逻辑起点了。

海德格尔的存在关系理论是一种人学异化论。它不仅包含着对现代人类社会生活的独特解释，也隐喻着深刻的人学和伦理学意味。如前备述，海德格尔认为，此在存在的根本就是烦，或者干脆说，此在即烦。"烦忙"或"烦心"与"麻烦"或"烦神"是其在与物和人打交道时的两种基本表现形式。麻烦的实在，证明着人的存在世界不单是一个客体的用具世界，也是一个人与人共同存在的人的世界。这便是对此在之本体论追寻所展示的"共在"（Mitsein，英译为 co-being）结构。实际上，我们从此在之在此即"在之中"的关键处，已经被展示了一个他人存在的事实，以及这一事实性所昭示的人的共在世界。"由于这种共同性的在世之故，世界向来已经总是我和他人共同分有的世界。此在的世界是共同的世界。'在之中'就是与他人共同存在。他人的在世界之内的自在存在就是共同此在。"[①] "共在"

---

① 〔德〕M. 海德格尔：《存在与时间》，陈嘉映、王庆节合译，生活·读书·新知三联书店，1987，第 146 页。

是每一个"此在"都"在此"的证明,因而,"共在是每一自己此在的一种规定性,只要他人的此在通过他的世界而为一种共在开放的话,共同此在就表明它是他人此在的特点"。而"只有当自己的此在具有共在的本质结构,自己的此在才作为对他人来说可以照面的共同此在而存在"①。这就是说,只有从每一个人的此在与共同此在的相互规定中来理解共在,才能理解此在或"独在",反之亦然。从这一意义上说,人的此在亦是一种共在,或者说共在也是人存在的一种基本规定性。因此,海德格尔认为,既然共在也是人的此在之规定性,那么,所谓"他人"问题即"他在"(other-being)也就成了一个虚假的问题,因为自我存在和他我存在都是一种共同存在。

然而,此在的时间性却又昭示着此在的"各人唯一性",此在与共在的关系依然成立。要理解这一存在关系,就不能不追溯到"烦"这一根本上来。人人间的照面产生了"麻烦",形成了人与人共同此在的相互性特点。麻烦总是因他人的存在而滋生,它使人对待他人的态度出现三种不同的方式:"相互关心,相互反对,互不相照、望望然而去之、互不关涉,都是烦神(即麻烦——引者注)的可能的方式。"② 这三种方式恰好说明了日常的相互共在的特点,表明人与他人关系的三种样式。"相互关心"是积极的;"相互反对"是消极的;而"互不相照、望望然而去之、互不关涉"则属于冷漠的关系样式。麻烦通过这三种样式表现自身。就积极者而言,麻烦又有两种极端的可能性:或"为他人代庖"("代庖控制"),亦即把他人之烦拿过来,以己之烦取代他人之烦,因之使"他人可能变成依附者或被控制者",这种极端的特征是代庖者默不作声,而被控制者则始终蒙在鼓里"蔽而不见";或者是"领先解放"或使他人在其生成的"能在"中"争

---

① 〔德〕M. 海德格尔:《存在与时间》,陈嘉映、王庆节合译,生活·读书·新知三联书店,1987,第149页。
② 同上书,第149页。

先"，即帮助"他人在他的烦中把自身看透并使他为烦而自由"①。这种可能性与前者相对，它不是把"烦"从他人处拿过来，而是将之给回他人，使其在对"烦"的生存论领悟之中解放自己，具有一种"本真的团结"色彩。

总之，麻烦的三种样式都是人与人打交道的可能的结果，它同时显露出一个真理，"此在作为共在在本质上是为他人之故而'存在'"一语，乃是生存论的一个"本质命题"②。"为他人之故"说明我本己存在的非独立性和他人在此的实在性。因此，我对自己此在的领悟中实际上也包含着对他人的领悟。他人确实在此，但这个他人又不是某个特定的他人。他是一种不定的、中性的、匿名的存在。所以，他人又是"无此人"。海德格尔把这种"无此人"的"他人"称为"常人"（das Man，一译"众人"）。他写道："人本身属于他人之列并巩固着他人的权力。人之所以使用'他人'这个称呼，为的是要掩盖自己本质上从属于他人之列的情形，而这样的'他人'就是那些在日常的杂然共在中首先和通常'在此'的人们。这个谁不是这个人，不是那个人，不是人本身，不是一些人，不是一切人的总数。这个'谁'是个中性的东西：常人。"③

"常人"的存在，使每一此在自身蜕变为非本真的人们而失去了本己。"日常生活中的此在就是常人自己。"④ 在"常人"中，此在的我就是常人而不再是我自己。于是，此在仿佛如同一缕轻烟消散在万里云空，再也无法分离出自己的独立存在。此在的个性和自由消失了，他不得不置身于公众和日常生活的"常人"之独裁统治下：常人如何享乐，我就怎么享乐；常人怎样行动，我便怎样行动。一句话，

---

① 〔德〕M. 海德格尔：《存在与时间》，陈嘉映、王庆节合译，生活·读书·新知三联书店，1987，第150页。
② 同上书，第151页。
③ 同上书，第155页。
④ 同上书，第158页。

常人怎样，我便怎样。这就是自我的异化，也是人的异化之根源所在。

依海德格尔看来，在人人间的这种"杂然共在"中，"常人"往往还规定着人人关系的一系列性质，其中，"保持距离"、"平整作用"和"平均状态"是最基本的。"杂然共在"状态下，人们的相互共在首先具有一种"保持距离"的性质。人人争强好胜，步步趋前。但是，由于大家都在"常人"的发号施令下行动，相互间既互不相让，又互不相异，结果是大伙儿都无法领先冒尖。"常人"力量的作用使人人都被"平整"了，大家因之而保持在一种"平均状态"中。"保持距离"、"平整作用"和"平均状态"正是"常人"的存在方式，也是其特有的社会作用。由于这些作用，便无形中构成了一种"公众意见"，使每一自我都淹没在"公众意见"的汪洋大海之中。

海德格尔写道："保持距离、平均状态、平整作用，都是常人的存在方式，这几种方式组建着我们称之为'公众意见'的东西。"① 这种"公众意见"犹如一张巨大无形的网，使一切都"晦暗不明"，它掩盖一切，又把所蔽的东西当作人所共知的东西，这就是"常人"的力量所在。"常人"无所此在，又无所不在。说其无所此在，是因为："凡是此在挺身出来决断之处，常人却也总已经溜走了。"② 因此，"常人"卸脱了每一个此在的责任，也因此抹杀了个体自我的独立自主的个性。说其无所不在，是"因为常人预定了一切判断与决定，他就从每一个此在身上把责任拿走了"。他"仿佛能够成功地使得'人们'不断地求援于它"，所以，"常人能够最容易地负一切责任，因为他不是需要对某种事情担保的人。常人一直'曾是'担保的人，但又可以说'从无此人'。在此在的日常生活中，大多数事情都

---

① 〔德〕M. 海德格尔：《存在与时间》，陈嘉映、王庆节合译，生活·读书·新知三联书店，1987，第156页。
② 同上书，第157页。

是由我们不能不说是'不曾有其人'者［造成的］"①。换句话说，"常人"如同巨大无边的阴影笼罩着一切，统辖着每一个此在。因此，他预定一切，参与一切，又对一切无所承诺。最终他迎合着每一此在的需要，又对他指手画脚，发号施令。另一方面，常人又"不是像飘浮在许多主体上面的一个'一般主体'"②，更不是此在的类，因而并不能作为一个主体履行任何责任，承诺任何决断，而只能成为一个包揽一切又对一切无所事事的家伙。

在"常人"巨大的阴影下，人们的日常生活与其说处于一种杂然相向的共在状态，不如说是陷入了一种相互并列、相互探测窥视、相互猜忌议论的人流旋涡，这就是"此在的沉沦"（Verfallen das Man，英译为 The fallen of man），也是人异化的加深。这种异化加深的过程或此在的沉沦过程，由"闲谈"（Gerede）、"好奇"（Neugier）、"两可"（Zweideutigkeit）三个环节构成。海德格尔说："在原始地杂然共在之间首先插进来的就是闲谈。"所谓"闲谈"，并非以沟通理解为真实目的的相互言谈，而是人人间的道听途说、捕风捉影、人云亦云，它使大家都飘浮于形形色色的语词海洋，维持一种"平均状态"。"好奇"是每一此在之特有的感知世界和占有世界的特性。它的目的不是为了追求真知灼见，而是一味地贪新猎奇，图其表而疏其内，务虚避实、舍本逐末。"闲谈"和"好奇"的结果使一切可见的东西变得隐晦模糊，使可理解的变成了隐秘的和含混不清的，这就是所谓"两可"。

"闲谈""好奇""两可"构成了此在最切近的日常存在方式，是此在沉沦的具体见证，亦即人从本真状态沦入非本真状态的异化见证。沉沦不单使人成为非本真的存在，而且处于相互排斥的自我

---

① 〔德〕M. 海德格尔：《存在与时间》，陈嘉映、王庆节合译，生活·读书·新知三联书店，1987，第 157 页。
② 同上书，第 158 页。

与他人的关系之中。海德格尔如此写道:"在原始地杂然共在之间首先插进来的就是闲谈。每个人从一开头就窥测他人,窥测他人如何举止,窥测他人将答应些什么。在常人之中的杂然共在完完全全不是一种拿定了主意的、无所谓的相互并列,而是一种紧张的、两可的相互窥测,一种互相对对方的偷听。在相互赞成的面具下唱的是相互反对的戏。"①这一段话不啻对此在之在世存在的在此之生动写照,也是此在之在世沉沦的典型描述。海德格尔总结说:"闲谈、好奇、两可,这些就是此在日常借以在'此'、借以开展出在世方式的特性。……在这些特性中,以及在这些特性的存在上的联系中,绽露出日常存在的一种基本方式,我们称这种基本方式为此在之沉沦。"②

此在的沉沦表明此在疏离了本真存在而趋向一种异化的非本真存在状态。但我们决不能因此而以为沉沦是对人的共在的一种消极评价,因为此在的沉沦并非人为,而是他在世存在的一种必然结果,也就是说它是人存在的一种自然方式。它仅仅意味着,此在首先且通常是寓于他所寄居所烦忙的世界之一事实,一方面表明人的失落和异化;另一方面也表明人的展开及其所特有的本真与非本真的双重存在特性。故而,"此在的沉沦也不可以被看作是从一种较纯粹较高级的'原始状态'的'沦落'"③。沦落不是失落于"无",而是失落于人的世界,也就是"混迹于"人们之中,消失在常人的公众意见里。这种沦落首先表现为此在的"自我脱落"和"自我分离",即"从本真的能自己存在脱落而沉沦于'世界'"④。这种沉沦或跌落根源于人自身生存的"烦"和"畏"的本质。

---

① 〔德〕M. 海德格尔:《存在与时间》,陈嘉映、王庆节合译,生活·读书·新知三联书店,1987,第212页。
② 同上。
③ 同上。
④ 同上。

"烦"是此在的存在特性。"畏"不是对某种特定对象的"怕"，而是人面对巨大空无的情绪体验。面临无尽的"烦"和巨大的"畏"，人们争相逃遁，落入烦忙的世界，在常人之境寻求安宁。另一方面，常人的世界又总是对此在敞开着，犹如一张硕大无朋的网，仿佛一切都完美无缺，因而对此在产生一种"引诱作用"和"安定作用"。但这种"安定"并非寂静无为，而是诱惑此在逃入网中，进入一种"畅为"无阻的境界。这就是沉沦的内在原因，也是异化的内在根源。海德格尔说："这种非本真存在中的安定却不是把人们诱向寂静无为的境界，而是赶到'畅为'无阻的境界中去。沉沦于世界的存在现在不得宁静。起引诱作用的安定加深了沉沦。……此在拿自身同一切相比较，在这种得到安定的、'领悟着'的一切自我比较中，此在就趋向一种异化。在这种异化中，最本己的能在对此在隐而不露。沉沦在此是起引诱作用和安定作用的，同时也就是异化着的。"①

然而，这种异化并不是外在的物化，而是此在于一种日常烦忙的世界中的内在失落。用海德格尔的话来说："这种异化并不是把此在交托给本身不是此在的那种存在者摆布，而是把此在挤压入其本真性之中，挤压入它本身的一种可能的存在方式之中。沉沦的起引诱作用和安定作用的异化在它自身的动荡不安之中导致的结果是：此在自拘于它本身中了。"② 更简单地说，此在的沉沦和异化乃是一种自身存在方式的跌落，海德格尔把这样一种状态称为存在的"动荡不安"。它的基本特征是以非本真性假冒本真性，把人"拽入常人的境界"，即诱入共在的"旋涡"。它的实质是"此在从它本身跌入它本身之中，跌入非本真的日常生活的无根基状态与虚无中"③。

---

① 〔德〕M. 海德格尔：《存在与时间》，陈嘉映、王庆节合译，生活·读书·新知三联书店，1987，第216页。
② 同上。
③ 同上书，第216～217页。

从"共在"→"沉沦"→"异化"的概念递演，构成了海德格尔人学异化理论的基本内容。其间，他使用了大量生僻的哲学术语和深奥奇特的表达方式。但尽管如此，我们仍可以从两对最基本的概念中抓住其人学异化理论的骨骸。这两对概念就是海德格尔用以描述此在异化过程的"共在""沉沦"，以及他用以描述的此在之异化本质状态的"本真性"与"非本真性"。概念是事物本质的理论（逻辑）抽象。海德格尔从此在的基本本体论出发，揭示出人的共在的存在方式，这一演绎无疑是对伦理学关于个人与社会或自我与他人关系这一永恒主题的独特表达。作为此在的现实个人在海德格尔的逻辑框架内是最基本的逻辑起点。但他毕竟不同于克尔凯郭尔和尔后的萨特，他充分意识到了人与人之间的共同存在也具有先定的必然性质。就在世的方式而论，此在即是共在。这一认肯在逻辑上使海德格尔一方面超出了克尔凯郭尔和萨特——他正视了人类共同在此的事实；另一方面也使他陷入了一种新的矛盾之中——在对此在存在之本体论优先地位的确认与因为共在之必然性而把"他人"问题归结为"虚假的问题"这一做法之间，海德格尔难以调和统一。这一矛盾连后来的萨特也殊感不满。[①] 事实是，海德格尔把共在视作了此在沉沦和异化的温床，而共在之实在性也预定了人的沉沦和异化的必然宿命。因之，在海德格尔这里，异化如同天命具有绝对必然的先定意味。正因为如此，他并不像某些哲学家（如尼采、萨特等人）那样，以否定的口吻谈论人的共在和异化，或是对人类整体存在的实在价值不屑一顾。相反，他正视这一切，给予它们以积极肯定的价值地位。在这一点上，海德格尔是现实的，也似乎更接近于他的前辈同胞康德和黑格尔而疏离于他的存在主义同行。

海德格尔关于人的存在之本真与非本真状态的分析，是其人学异

---

① 参见万俊人《萨特伦理思想研究》，北京大学出版社，1988，第113、115页。

化论的重要组成部分。以本真性与非本真性作为人之异化与否的两极判断标准，在形式上似乎无可厚非。因为异化的人无疑也是非人性化或非人道化的人，从绝对的人性价值标准来看，这一判断是可以成立的。但问题在于，姑且不说绝对的人性价值标准本身尚有待社会历史的证明，即令是就海德格尔对本真与非本真的先验价值预设或规定来看也大有疑问：若我们撇开特定的社会历史结构及其它对人的存在的制约，或看不到人的存在在根本上只能是一种社会存在这一基本事实，又如何能确定人之存在的本真性与非本真性意义呢？海德格尔大抵是从一种超社会（学）的纯哲学本体论层次上来看这一问题的，因为他的所谓存在之本真即是无任何社会情景的天然个人存在，而当他涉入世界和人类，烦忙和麻烦便预示了他之共在存在的必然沉沦和异化命运，也因之落入非本真存在状态之中。这种理论预制显然是非历史的和非文化的。

需要特别指出的是，海德格尔毕竟不愧为一位深刻而富于人学精神的思想家。他关于共在、沉沦和异化的晦涩论述，虽然带有纯本体论色彩，但其理论的底色却闪耀出鲜明的人学伦理学的亮光：从其对此在与共在的论述中，我们透过厚厚的语言尘埃，可以发现他对个人与人类或自我与他人关系的生存论意义的直面揭示；而从其对沉沦与异化的丝理缕析中，我们加上具体的社会历史和文化的衬托后，又可深刻地感悟到他对现代西方社会中人的现实存在状况与命运的强烈关切，感受到他所处的时代背景。

## 四　人生真理论——畏、死亡、良知、决断

海德格尔向人们揭示出一幅此在沉沦和异化的动态画面，并不是为了简单地证实人生的动荡不安和不幸命运，而毋宁是以富于智慧真诚的思想方式和严肃的人生态度与道德责任感向人们指出一条尽力克服异化、使人返归本真存在状态的道路（尽管其科学性和现实可能性

还大有疑问）：直面人生的大畏和生死，听从良心的召唤，做出本真存在之选择和决断。

当海德格尔告诉我们，现身、领悟、共在、常人、被抛、沉沦……都是此在的存在状态时，他已经意识到了其中所蕴含着的深刻的人生意义，而揭示这一意义恰恰构成了他人生真理论的庄严主题。真理即是人生。人生存在的展开过程就是揭示、解蔽（uncovering）存在意义的过程，亦即不断接近人生真理的过程。在海德格尔这里，真理不是黑格尔式的纯概念、纯逻辑问题，不是简单的生活实用原理，而是"思"与"在"、"意义"与"人生"的统一展示过程。这决定了他把真理与伦理、存在与价值统一起来考察的思维特点，即通过把存在本体论与本体化或存在论意义上的伦理学归宗如一的努力而实现上述统一。这是胡塞尔现象学价值意向的延续，是自克尔凯郭尔以来整个现代存在主义伦理学的重要理论特色之一。

让我们先看看海德格尔关于伦理学的释义。他在谈到古希腊贤哲赫拉克利特关于伦理本质的名言时写道："赫拉克利特的这句话原文是：ἤθος ἀνθρώπω δαίμων（残篇119），人们一般往往译为：'人的德性就是他的守护神'这是现代的想法，却不是希腊的想法。ἤθος（伦理——引者注）的意思是居留、住所。这个字是指称人居住于其中的敞开的范围。……这句话是说：只要人是人的话，人就住在神近处。"① 对"伦理"一词及赫拉克利特名言的阐释学校正，充分表达了海德格尔的下述意图：既然"伦理"的本义是指人"所居住于其中的敞开的范围"，那么，它所昭示的基本意义当是人的生存论意义。因而，对人的伦理人生的理解也必须从其存在状态入手。

要"把握此在的原始存在整体性"，必须从其整体的"现身情态"

---

① 〔德〕M. 海德格尔：《论人道主义》（一译《人道主义信札》），周辅成译，见中国科学院哲学研究所西方哲学史组编《存在主义哲学》，商务印书馆，1963，第124～125页。

开始，这种"现身情态"就是此在之畏（Augst，英译为 Anxiety）。更具体地说："能够把持续而又完全的、从此在之最本己的个别化了的存在中涌现出来的此在本身的威胁保持在撇开状态中的现身情态就是畏"①，此在之沉沦根源于烦，面对"沉沦之避走倒是起因于畏"②，畏是对在此存在和世界本身所产生的现身情态，它不仅是"对……生畏"，也是"为……而畏"，质言之，"畏所为而畏者，就是在世本身"③。如果说烦使此在跌入沉沦和异化的非本真状态，那么畏则是此在脱出沉沦旋涡而返回本真状态的方式之一。因为畏之情态，此在才从对世界存在之大畏中领悟自身、筹划自身，正视自己的特异存在。"畏把此在抛回此在所为而畏者处去，即抛回此在的本真的能在世那儿去。畏使此在个别化为最本己的在世的存在，这种最本己的在世的存在领会着自身，从本质上向各种可能性筹划自身。因此有所畏以其所为而畏者把此在作为可能的存在开展出来，其实就是把此在展开为只能从此在本身方面来作为个别的此在而在其个别化中存在的东西。""畏之所畏"与"畏之所为而畏"都是此在对自身本己存在的现身领会。唯其畏，才有此在对自我之本真存在的领悟和筹划，才能"在此在中公开出向最本己的能在的存在"，即"公开出为了选择与掌握自己本身的自由而需要的自由的存在"。于是，此在在畏中真正体悟到了自身的被抛和孤独、自己的"茫然失其所在"（"不在家"）的自由存在。在海德格尔看来，此在之"茫然失据"并非人生的失落，而是对本己存在根基的真正解悟。唯有这种解悟，人才有人生的自觉，因而才有自由和筹划的自为。④

如果说，畏是使人返归本真自我、超拔沉沦的基本方式，那么，

---

① 〔德〕M. 海德格尔：《存在与时间》，陈嘉映、王庆节合译，生活·读书·新知三联书店，1987，第 318 页。
② 同上书，第 225 页。
③ 同上书，第 227 页。
④ 同上书，第 227 页。

死亡和对死亡的体悟则是彻悟本身自我的最深刻、最内在的方式。海德格尔认为，死亡远非生理上的生命终结，亦不是此在自由存在之可能性的枯竭，一如萨特所以为的那样是自为主体存在可能性的转让和彻底异化。① 相反，死亡是此在独有的一种可能性，是此在个体趋向存在全体、趋向最本真之自我的非凡时刻。他写道："死亡确乎意味着一种独特的存在之可能性：在死亡中，关键完完全全就向来是自己的此在的存在。死显现出：死亡在本体论上是由向来我属性与生存组建起来的。死不是一个事件，而是一种须从生存论上加以领会的现象。"② 这就是海德格尔所谓死亡本体论的立论根据所在。

依照这种死亡本体论理解，死亡包含着三层意义："1. 只要此在存在，它就包含着一种它将是的'尚未'，即始终悬欠在外的东西。2. 向来尚未到头的存在者的临终到头（以此在方式而悬欠）具有不再此在的性质。3. 临终到头包括着一种对每一此在都全然不能代理的存在样式。"③ 此在之存在是一种"尚未"的悬欠，因此它将来的时间性理解包含着无限可能。一当"尚未"终了，此在存在便临终到头。但这种不再在此的终了并非人生命的完成和停止，而是他在此之此的极端可能性和唯一性的积极体现。因此，死亡之"不再在此"的意味仍证明着人存在之"此"的事实性，任何人都不能从他这里拿走这种"此"，也无法代替他的这种"不再在此"，一切由他自己一人承当。所以，死亡也是此在的一种存在性和事实性（Facticitäte），它不可替代，无法消除。死亡是此在之宿命，也是其本真可能性方式。海德格尔说："死亡是完完全全的此在之不可能的可能性。于是，死亡绽露为最本己的、无所关联的、超不过的可能性。作为这种可能

---

① 参见万俊人《萨特伦理思想研究》，北京大学出版社，1988，第76～77页。
② 参见〔德〕M. 海德格尔《存在与时间》，陈嘉映、王庆节合译，生活·读书·新知三联书店，1987，第288～289页。译文略有改动，着重点系引者所加。
③ 同上书，第291页。

性，死亡是一种与众不同的悬临。"①

不独如此，海德格尔还认为，人生来就面临着死，尽管死亡未定而不可测，但它始终是一种"悬临"（Bevorstand）。故此，此在存在状态不单是对存在和世界的畏，也是面临死亡的畏。人终有一死，在此意义上，此在存在向来就是一种趋向死亡的存在（being-toward-death）。"向死亡的存在本质上就是畏。"畏死亡使人超脱对生命死亡的恐惧和"怕"，从对死亡的领悟中"反弹"出来，获得生的力量，勇敢承诺自己的命运，开拓生之希望的路，从而获得完全本真的此在价值。这便是"本真的为死而在"或"先行到死"。换言之，人只有充分意识到死亡特属于本己自我的积极意义，才能先行面对死亡，勇往直前。

最后，海德格尔还详尽论述了摆脱异化沉沦、返归本真自我的具体伦理途径，这便是他的良知和决断学说。

依其所见，"良知"和"决断"（一译"良心"和"决心"）是此在之本真能在的见证。良知首先表现为一种声音，一种内在的呼唤。当此在迷失于常人的杂谈或闲谈之中而对自我"充耳不闻"时，良知便将他从迷梦中唤醒，以打断他去听常人闲谈的"嘈杂之声"，转向倾听内心清晰的良心呼唤。海德格尔说："若说迷失了的听沉迷于日常'新奇'闲谈中各式各样模棱两可的'嘈杂'，那这呼声必定以不嘈不杂、明白单义、无容好奇立足的方式呼唤着。以这种方式呼唤着而令人有所领会的东西即是良知。"② 良知是一种声音，也是一种无声的言谈。但它只对此在主体本身而不指向他人，因之又不同于闲谈。它内在地呼唤此在，使他摆脱其迷失于常人的"无名性状态"，这种状态使他在迷失于杂然共在时不知道自己为"谁"，良知即是使

---

① 〔德〕M. 海德格尔：《存在与时间》，陈嘉映、王庆节合译，生活·读书·新知三联书店，1987，第300~301页。
② 同上书，第324页。

他摆脱此在茫然自失的呼唤。但它并不是为此在安置一片内心的静地。相反，良知的呼唤乃是一种烦的呼唤。同畏一样，它使人回到本己的事实，以充分自觉到自己的"茫然失据"，感受到他"无家可归"的存在情态，从而立意自决。

良知又总与负罪相关，它是同此在自身的单向言谈和内心独白，它告诉此在有罪。海德格尔说："在一切良知经验中充耳所闻或充耳不闻的是：呼声向此在进言说，它'有罪责'，或作为发生警告的良知提示可能的'有罪责'，或作为'清白'的良知确认'无罪责之觉'"①。良知似乎总让此在领悟到他自己的罪责，使其意识到他也是一种有罪的伦理存在。"无论怎样，在……伤害某种'伦理要求'的意义上，罪责存在总都是此在的存在方式。"② 但此在之"罪责"不同于"流俗的"罪恶概念。后者总指某人某物或某社会团体犯有"过失"，应负某种责任的"权益"和"偿还债务"的日常概念，而前者则是一个存在本体论的概念，它是从此在的存在方式入手来看待"罪责"的。这样，此在之罪责就不是犯有过失或有所冒犯，而是一种存在本体论意义上的"不足"、"欠缺"或"虚无性"。所以说，此在的罪责存在也是一种烦的存在。罪责显露出此在的不足或虚无，也就是他的"被抛状态"或"无家可归状态"。换言之，此在的罪责是原始的、存在性的，而非后天经验的，因而它才与人的沉沦和自由密不可分。

从人的原始罪责存在中，我们更深入地触及了此在存在的根须，也因之为道德善恶的价值规定准备了生存论前提。因为"唯有这种'有罪责的'才提供了使此在实际生成着并能够成为有罪责的本体论之条件。这种本质上的有罪责存在也同样原始的是'道德上的'善恶

---

① 参见〔德〕M. 海德格尔《存在与时间》，陈嘉映、王庆节合译，生活·读书·新知三联书店，1987，第 335 页。
② 同上书，第 337 页。

之所以可能的生存论条件。也就是说，是一般道德及其实际上可能形成的诸形式之所以可能的生存论条件。原始的有罪责存在不可能由道德来规定，因为道德已经为自身把它设想为前提"①。这段话的基本意思是，人的罪责特性不是一种道德的价值规定，而毋宁是人之存在的原始方式或先定。此在之存在的未定说明其存在的不足和虚无，它使人具有着一种不可摆脱的罪责。这是一种存在的罪责，它是道德价值规定的本体论前提。正是从人的原始存在、原始状态及其展开和原始良知与罪责的沉思中，海德格尔领悟到了存在之本体化伦理的原始意味及其这种伦理对现有伦理的超越，即价值本体化的超越。这是为什么海德格尔将其伦理学称为一种"原始伦理学"的主要缘故。

良知呼唤本真的自我，向其诉说着原始的罪责，但这只是一个方面，即此在之内在地"说"或"呼唤"的方面。与此相应的还有对良知呼唤之声的"听"的方面，这一方面构成了此在之主体性的回应状态，它便是此在的"决断"。

在海德格尔这里，所谓决断即是听从良知召唤并"愿有良知"的选择。他界定为："与良知的呼唤相应的是一种可能的听。对呼唤的领会暴露其自身愿有良知。而在愿有良知这一现象中就有我们所查找的那种生存状态上的选择活动——对一种自身存在之选择的选择，我们把这一选择活动按照其生存论结构称之为决断。"② 如前备述，良知呼唤着此在返回本真即返回自由而烦的存在。所以，此在对这种呼声的领会便是一种对自身的自由选择。"领会呼声即是选择"，但这种选择不是选择良知，而是选择"愿有良知"③。康德曾经在其道德形而

---

① 〔德〕M. 海德格尔：《存在与时间》，陈嘉映、王庆节合译，生活·读书·新知三联书店，1987，第 342 页。
② 同上书，第 323 页。
③ 同上书，第 344 页。

上学中，用"正义法庭"的观念并通过绝对道德律令表达过这一思想，但他忽略了良知的生存论和本体论意义。良知不是一种道德情感，而是一种存在领会情态。人对"愿有良知"的选择也不是一种简单的善恶价值选择，而是人趋向本真存在的现身情态。它"由畏之现身情态、筹划自身到最本己的罪责存在上去的领会和缄默这种言谈组合而成的"。所以，海德格尔又把这种选择称为一种此在趋向本真存在状态的"缄默的、时刻准备去畏的、向着最本己的罪责存在的自身筹划"，即一种趋向本真存在的决心，而决心就是"本真的在世"①，就是"对当下实际的可能性有所开展的筹划与确定"②。这种决心或决断是面对烦之世界、面对畏与死亡的决断。正如死亡具有"先行到死"的本体论结构一样，决断亦有其"先行决断"状态。先行决断使此在洞悉一切，领悟孤独而自由的人生，从而面对本真的最高可能性选择和决定自己，创造自己。这即是海德格尔决断见解之伦理行为意义。显然，这种伦理行为理论具有一种坚定的内在信念和绝对主体自决的极端意味。也正因为如此，海德格尔强烈地反对传统伦理学局限于"理论主体"（即认知的或理智的主体）并将其与道德实践"教条地割裂开来"的错误做法③，反对从形而上学意义上理解"人的本质"或"人性"，主张从存在本体论和生存论意义上洞观人、人的存在、人的本性和本质，以及人的伦理本质与伦理行为，以期揭示作为"存在爱护者"的人的存在意义和行为意义。④

① 〔德〕M. 海德格尔：《存在与时间》，陈嘉映、王庆节合译，生活·读书·新知三联书店，1987，第 353~354 页。
② 同上书，第 355 页。
③ 参见上书。
④ 参见〔德〕M. 海德格尔《论人道主义》，载中国科学院哲学研究所西方哲学史组编《存在主义哲学》，商务印书馆，1963。

## 五　结束语：引起转变的事业

"海德格尔的哲学是一种能够在哲学史上引起转变的事业，但是另一方面，它本身同时又包藏一种危险，即它会使人们把迄今为止的一切都看作是陈旧过时的。在这种情况下，就必然会引起思想上内在的放纵。"① 这是当代德国著名的哲学史家 W. 施太格缪勒对海德格尔哲学的总体评价。在我们大体完成对海德格尔伦理思想的概观后，同样感到他的"原始伦理学"具有"引起转变"的力量。

如果说，克尔凯郭尔是以一种虔诚而炽烈的宗教热情和诗化语言表达了存在主义伦理学的最初意向和理论雏形的话，应该说，这一理论雏形还仅仅是粗陋而朴素的。它的朴素性在于，克尔凯郭尔的描述方式更近似文学的、审美的，而不是哲学的、形而上的，其思维方式多带有情感跳跃的特征而缺乏哲学理论的沉思和形而上的庄重凝练。因此，作为"存在主义之父"的克尔凯郭尔与其说是创立了这一新的哲学和伦理学流派，不如说是在他所处时代的理性主义思潮汹涌澎湃的茫茫大海上情绪性地敏锐感触到了潮底涌动着的一股清新而激越的逆流。但是，克尔凯郭尔发现并掀起了这股非理性主义的时代逆流，却并未从哲学理论上完成系统构造这一新哲学与新伦理的大业，而这正是海德格尔所做的。

在胡塞尔现象学的哲学新世界里，海德格尔智慧地发现了从"走向事情本身"到"走向存在"的独特途径，并以其深刻的语言阐释学方法和富于人学精神的形而上本体哲学智慧，由这一途径走出了一条新的存在哲学道路，构筑了现代存在主义哲学的壮丽宫殿。他的"原始伦理学"是这座哲学宫殿中最为幽深而富丽的一处。人们自然

---

① 〔德〕W. 施太格缪勒：《当代哲学主流》（上卷），王炳文、燕宏远、张金言等译，商务印书馆，1986，第 209 页。

会因海德格尔哲学语言的艰涩而感受到这座哲学宫殿在其迷人之处的神秘和陌生，但无疑也会认识到它所散发出的特有的哲学新气息总是这般令人穷思神牵，观之欲罢不能，听之余音款款，思之惊心动魄。为什么海德格尔在其存在主义哲学土壤上（尽管他本人讳言"存在主义"这一名称）拓垦出一隅"原始伦理学"园地？这种原始伦理学的本义又是什么？它指向何方？……这是一连串令人沉思的问题。

海德格尔的哲学伦理学指向是鲜明的。他立志求索的是对人这一独特存在最奥秘处的沉思。这一学术宗旨不但规定了他哲学的存在主义特性，也使他更易于从哲学的滩头伸展到人生问题的汪洋大海。他所谓的"走向事实本身"和"走向存在"的根本旨意，实质就是走向人本身。因此，他才没有一般地滞留在存在本体论，而是更进一步地切入以此在（具体个人）为根基的基本本体论。从个别性此在出发，海德格尔为之殚精竭虑的思想主题便是："人是什么？""人怎样活着？"这种人学本体论当是海德格尔从哲学走向人学和伦理学的入口和通道。以这种人学本体论为预制所创立的伦理学也必然是对人之存在、意义或价值的原始具体的而非抽象理性的、本体现实的而非规范理想的本体化的伦理观照。由此，我们才能理解为什么海德格尔坚定地把哲学与人生、真理与伦理、思与在、意义与价值统一起来思考的真实的理论动机。

事实上，海德格尔"原始伦理学"的本义在于，因为他要走向人的现实此在本身，而不是为人的生活和行为提供人为的原则和规范指南。所以，他构思的伦理不是一种单纯的人人价值关系伦理，而是观审人的在世和"住所"（即他以为的"伦理"一词的古希腊文本义）的实在，这就是对人的此在存在意义的哲学回归。从他对此在→共在→沉沦→异化的递进式描述，到他对畏→死亡→良知→决断的逆向追踪这两个一往一返的对向理论图式中，我们不难看出，海德格尔要求从人的原始本体存在状态（烦、畏、良知、罪责等），洞入人的现实在世的异化状态，然后再返归人的原始应然状态（What man was），亦即从此在→异化→摆脱异化的深刻信念和为此所做的艰巨努力。这种"返归"的理论意图，便是海德格尔"原始伦理学"的取向。

应该说，海德格尔的努力是开拓性的、极有意义的。他对人的原始存在状态的观审不似理想却胜似理想。他超脱了康德式的伦理理想主义，敢于直面现实的人生；他对人的沉沦与异化状态之独特揭示，不仅反映了他对 20 世纪前期西方（尤其是德国）文明社会状态下，非文明和非常化的人的生活之特有感悟，而且他对死亡等问题的解释也曲折地反映了他对人、人生、人的命运等问题的深切关怀和强烈期待。因而，他对人的现实存在的揭示更接近于人类自我理解和追求自由的真实图景。诚然，这其中也同时暴露出他努力的失败。同样还是那位施太格缪勒，就曾经感叹，海德格尔的内在悲剧就在于他既不被他的同路者所理解，也不被他的论敌们所理解。① 这种不被理解的悲哀并不单纯是理论和思想沟通的失败，而毋宁是海德格尔理论本身的内在矛盾所致。我们说，海德格尔的内在悲剧更多的在于其理论的矛盾和时代局限。他偏重于个人的现实存在，但片面注重个人的内在主体性，以至于把这种原始意义上的此在作为理解一切的基础，甚至把"集体主义"的解释混同于"在整体状态中的人的主体性"②。他以自己的哲学方式揭示了人的异化并指出了克服异化的方式，但并未触及这种异化产生的社会根源和现实解脱途径；尽管他承认马克思关于异化理论的高明之处③，但他却把克服异化和解放人的希望寄托于人自身的情态领悟（畏、死亡和良知）和主观内心的坚强（决断）。他关

① 参见〔德〕施太格缪勒《当代哲学主流》（上卷），王炳文、燕宏远、张金言等译，商务印书馆，1986，第 209 页。
② 〔德〕M. 海德格尔：《论人道主义》，载《存在主义哲学》，商务印书馆，1963，第 113 页。译文有改动，原译中的"主观性"改为"主体性"（subjectivity），其理由可见万俊人《康德与萨特自由主体伦理思想比较》开篇的注释，载《中国社会科学》1987 年第 3 期。
③ 参见中国科学院哲学研究所西方哲学史组编《存在主义哲学》，商务印书馆，1963，第 111～112 页。

于"向死而在"、"成为全体"、"大畏"和"决断"的论述虽不乏积极的人生理解，但在极端的肯定中却流露出一种主体意志和情绪的"内在放纵"倾向，带有强烈的行动主义色彩。这一点与尔后的萨特有着某种相似之处，也多少感染了 20 世纪初期德意志民族情绪的激进和盲动色彩。反过来说，在海德格尔的伦理学中，我们不幸地找到了德意志民族在第二次世界大战中陷入战争悲剧的理论注脚。然而，尽管如此，海德格尔的哲学伦理学理论确确实实地开辟了一个新的理论方向，也开启了尔后近半世纪的西方哲学伦理学发展的进程，这种"引起转变"的历史地位是不应被人们忽视的。

## 第三节　萨特的自由主体伦理学

在现代现象学—存在主义哲学运动中，萨特是一位继海德格尔之后的又一位关键性人物。如果我们把克尔凯郭尔视为存在主义的预言家，把海德格尔视为存在主义的开拓者，那么，萨特就当被视为存在主义的改革者和实践传播者了。这位曾被西方人士誉为"20 世纪最杰出的思想家"之一的法国知识界泰斗，既是著名的哲学家，也是著名的文学家和剧作家；既被西方学者称为"20 世纪人类的良心"，又被指责为"西方资本主义文明的叛逆者"，并自诩为"共产党人的同情者"和"马克思主义的同路人"。他的特殊性就在于，他不仅在哲学理论上发展了现代存主义，从而成为存在主义哲学、伦理学和美学的重要代表乃至中坚，而且通过文学、戏剧等艺术形式将存在主义哲学原理形象化、具体化和社会化；同时，由于他身体力行，充当了这一哲学思潮的突出的宣传鼓动者，使其学说广泛而深刻地影响了西方许多国家的社会生活（尤其是青年知识分子），还由于他主动向马克思主义积极靠拢，等等，这一切都使他成为 20 世纪最为活跃和著名的学者。就存在主义伦理学的发展而言，他也同样占据着无可替代的地位。

## 一　萨特：时代的明星

让－保尔·萨特（Jean-Paul Sartre, 1905～1980）1905 年 5 月 21 日诞生在法国巴黎的一个中等资产阶级家庭。他幼年丧父，3 岁时因病导致右眼失明，又因母亲改嫁而随外祖父母生活。萨特的外祖父是一名学识渊博的语言学教授，良好的家庭教育使他获得了极好的文学基础训练。1925 年，萨特以优异的成绩考入著名的法国高等师范学院，攻读哲学，并阅读了不少马克思的著作。大学毕业后在全国中学教师会考中夺冠，与后来成为他终身情侣的女作家西蒙娜·德·波伏瓦共享伯仲之誉，后任高级中学教师。1933 年，萨特接受同窗好友雷蒙·阿隆的建议，官费赴德国柏林法兰西学院深造哲学，后入弗莱堡大学哲学系从事研究，就学于现象学大师胡塞尔门下，研究其现象学和克尔凯郭尔、尼采、海德格尔和黑格尔等人的哲学。

第二次世界大战爆发后，萨特于 1939 年被迫入伍当兵，第二年被俘，在纳粹集中营待了 10 个月，后获释返故里，继续中学教师工作，同时进行紧张的写作。1943 年出版了他准备了 10 年之久、花费两年时间写成的哲学代表作《存在与虚无》，并于同年加入法国全国作家委员会，为法国共产党领导的地下刊物《法兰西文学报》撰稿。二战之后，他与阿隆、梅洛－庞蒂等人创办了《现代》杂志。随后发表了大量哲学作品和演讲集。20 世纪 50 年代起，萨特逐渐把精力集中转向政治、历史和经济，不断介入各种社会政治活动，做过许多进步的工作。1955 年 9 月至 10 月，萨特曾访问中国，为《人民日报》撰文赞扬新中国的诞生和成就。1964 年 10 月 20 日被授予诺贝尔文学奖，但他拒绝接受。此后，他一面大量写作和宣传，一面积极介入国际政治工作。1980 年 4 月 15 日，萨特因患肺气肿医治无效病逝，享年 75 岁。法国巴黎为他举行了隆重的葬礼。

萨特一生勤奋好学，涉猎广泛，作品丰富而多样。其主要伦理学代表作除《存在与虚无》外，还有《存在主义是一种人道主义》（1946 年）、《笛卡尔的自由》（1947 年）、《决定论与自由》（1966 年）、《辩证理性批判》（1960 年，第一卷），以及他的许多文学戏剧作品、传记和谈话等。

萨特的一生是值得特别纪念的。作为哲学家，他对存在主义的理论建构有着特殊的贡献，一方面，他在总结克尔凯郭尔、尼采、胡塞尔、海德格尔乃至康德和黑格尔思想的基础上，较为全面地发展和推进了存在主义哲学的理论运动，特别是深度发展了克尔凯郭尔的存在学说。另一方面，萨特不仅是从本体论、方法论、政治哲学和社会历史哲学、伦理学、美学，甚至心理学等诸多方面发展了存在主义，极大地充实和丰富了这派哲学的体系与内容构造，而且在此基础上最先开辟了把存在主义与马克思主义相结合的新思路，力图建立一门存在主义的新型人学理论（"人学辩证法"）。尽管这种结合的尝试未必可行，人们对此也评价不一，但这种尝试本身也说明了萨特对存在主义进行开放性研究的创造性努力，它开创了现代西方存在主义的马克思主义之先导。萨特作为哲学家的特殊贡献不单是理论上的，也有实际的或实践的。他是公开承认自己是存在主义者并为之辩护的人之一，为存在主义哲学的广泛传播，他四处奔走演说，甚至走上街头。可以说，存在主义在 20 世纪之所以能成为一股国际性和世纪性理论思潮，并从学院走向社会生活，与萨特的巨大贡献是分不开的。

作为文学家，萨特把文学艺术作为表达自己哲学观点的具体方式，他凭借小说、戏剧等形式，将其哲学观点形象化和社会化。这不仅使其存在主义哲学的影响迅速扩大，而且也为他赢得了巨大的文学艺术成就，成为诺贝尔文学奖的获得者。这一点也是他在存在主义阵营中占得特殊一席的重要因素。

作为社会活动家，萨特不仅为宣传推行存在主义而不遗余力，而且也确实具有一定的正义感和勇敢精神。他同情并赞许过苏联和中国的社会主义事业，支持法国共产党的斗争，对资本主义社会的黑暗面和资产阶级的虚伪性进行了大胆的批评和讽刺。在国际舞台上，他为第三世界国家做过真诚的声援，他反对美国侵略越南，批评苏联出兵阿富汗，对被压迫民族和国家赋予了极大的同情和支持。这一切使萨特赢得了"现代伏尔泰"的美称，与罗素等少数 20 世纪西方著名学者共享"正义精神之代表"的殊荣。

总之，"只要我们客观地考察这位被自己祖国的领袖德斯坦称颂为'时代的一颗明亮的智慧之星'的思想家兼社会活动家的全部理论和行动过程，人们毕竟会认肯：在现代西方哲学史、思想史和文化史上，萨特有着他无可替代的位置，而他的伦理思想也必然是 20 世纪西方伦理学史中无法取代的重要一章"①。

## 二 绝对自由本体论

萨特在其早期哲学代表作《存在与虚无》一书中，留下了一段耐人寻味的结束语："本体论自身不能表述伦理学戒律，它所唯一关注的，只是关于'是'的东西。而且，我们不可能从本体的直陈式中引出命令式来。然而，它使我们窥见到伦理学是怎样的东西，它将面对境况中的人的实在而承当它的责任。事实上，它已经向我们泄露了价值的起源和本性。我们已经看到。价值是缺乏，这种缺乏与那种自为把自身的存在作为缺乏的东西相关联。正如我们所看到的，通过自为存在这种事实本身，便产生价值，并与其自为的存在相缠。结果，自为的各种任务便能够造成一种存在心理学分析的客体，因为这些任务的目的，全都是要在价值或自因的形式下，产生意识与存在的没有达到的综合。因此，存在心理学分析便是一种道德描述，因为它给予我

---

① 万俊人：《萨特伦理思想研究》，北京大学出版社，1988，第 7 页。

们各种谋划的伦理学意义。"①

在此，萨特实际上向我们表露了其存在主义哲学与伦理学之间的内在联系：命令式不能从直陈式中导出，意味着"是然"（to be）与"应然"（ought to be）之间所蕴含的哲学本体论与伦理学之间的理论分野。然而，就其存在主义哲学而言，本体论已非传统意义上的形而上学。它的真实本体对象已不是一般的存在，而是作为自为存在的人。对人的存在本体论研究，也是对人的存在方式、自由价值特性等人学问题的直接把握，它揭示了人的价值的"起源和本性"，彰显了"各种人类谋划的意义"，因而又是一种道德描述。显然，这是萨特对其哲学本体论与自由价值伦理学之间内在联系机制的一种含蓄的回答，也是我们了解其伦理思想所必须首先认识的前提。

萨特的哲学本体论不同于传统形而上学的规定。他认为，所谓本体论应以"作为总体性实存的存在结构"为对象。他在《存在与虚无》一书中把自己的哲学称为"现象学本体论探讨"，它集中描述人的现象存在以及人的世界之存在状态，回答它们"怎样"或"是什么"的问题；而不是像传统形而上学那样去穷究非人世界的本原与因果，沉湎于抽象的"为什么"的问题。萨特把自柏拉图以来的传统哲学都视为形而上学式的，其基本特征是以本质先于存在这一原则为出发点。相反，他的本体论哲学则以"存在先于本质"为第一原理。

所谓存在，有两种基本形式：自在的存在与自为的存在。前者的特征在于它永远是充实满足的，它只能"是其所是"或"非其所非"。而自为的存在则是一种永远缺乏、不断追求着的意识存在。缺乏是自为存在之内在否定性根源。自为的内在否定性也即人的意识的虚无化能力，它使人处于一种永不满足、不断超越的运动之中。因

———————

① J-P. Sartre, *Being and Nothingness*, English trans. by H. E. Barnes (London: Lowe and Brydon Limited., 1957), pp. 625-626. 着重点系引者所加。

此，人总是一种"是其所非"或"非其所是"的存在。在萨特看来，一切都因为自为（人）的存在才有了意义，因而对存在的把握关键在于对人的存在的理解。

人作为自为的意识存在，具有意向性、创造性、否定性或虚无化、超越性的特征。意向性是人之自我意识和主体能动性的显示；创造性是人的自由行动本质；否定性是人的主体力量的确证；而超越性则显示人的自由创造行动之目的性构成和趋向。萨特把这种对人的存在的描述称为自为存在的"本体论证明"①。由人存在的上述特性出发，萨特将其本体论推进一步，提出其关于自为的绝对自由本体论。在他看来，人作为一种意识存在所具有的上述特性表明，人的存在根本即是他的绝对自由，自为存在即自由存在，或者干脆说自为即自由。他说："自为是自由的，自为的自由是对自为的一种界限。"② 自为与自由是相互同一的本体论范畴，两者间无法分割。"我们所谓的自由与'人的实在性'无法区别。人并非是为了随后获得自由而先存在，人的存在与他的自由的存在之间别无二致。"③ 质言之，正如因为意识的永恒缺乏而使人具有永久的超越性构成一样，自为与自由的同一决定了人的绝对自由就是人的本体存在的实质。由此，萨特的现象学本体论也常常被称为人的自由本体论或人学本体论，并以此作为他与其老师胡塞尔现象学本体论的基本区别之一。

然而，萨特的自由本体论哲学有悖于海德格尔的共在理论而更亲近于克尔凯郭尔的个体自我的绝对本体论。他遵循的路径是：由意识之现象学本体论→自为存在的绝对自由本体论。而从这一逻辑递嬗中，我们便可以看出萨特的哲学本体论与其自由主体伦理学之间的联

---

① J－P. Sartre, *Being and Nothingness*, English trans. by H. E. Barnes (London: Lowe and Brydon Limited., 1957), pp. 625–626. "Introduction", pp. Ⅸ–Ⅺ.

② Ibid., p. 129.

③ Ibid., p. 25.

系。换言之，从人的意识存在之构成性结构的本体论证明入手，确立自为的绝对自由存在，从而以个人的绝对自由为核心推演出人的价值选择、道德责任、相互价值关系等伦理学理论，便是这一联系的内在机制所在。把握这一机制，无异于领到了一把打开萨特自由主体伦理学大门的钥匙。

## 三　自由的两种理解：本体的与境况的

以人的自由为中心的本体论的确立，为萨特提出和建立其主体自由伦理思想开辟了哲学道路。但他同时清醒地意识到，这种主体伦理学所面临的是一种由宗教、传统理性主义和实证主义所构成的顽固的思想氛围。要建立起真正彻底的自由主体伦理学，首先必须冲破这一氛围，否定一切决定论的神话，这便是其自由主体伦理学所仰仗的反决定论前提。依萨特所见，形形色色的决定论是长期禁锢人的自由主体精神的桎梏，它们基本地表现为三种形式：上帝的假设；人性论的神话；对先验既定价值原则与伦理规范的固执。

我们知道，萨特全部思想的第一命题是"存在先于本质"。它的意义在于表明人有超乎所有物之上的高贵尊严和自由。但是，人类为了免于存在的孤独，总以昂贵的代价假设有一个全能的上帝，把它视为一个"超越的技术家"，而人不过是上帝以一定技巧和规则创造出来的东西，最终"个人就成为神智中的某一观念的实现"。这一信仰一直保持到莱布尼茨和笛卡尔。前者把个人视为单子，他只是宇宙和谐的单子系统中的部分而依附于这一系统的创造者。单子系统的和谐组成是其创造者上帝之完美存在的事实证明。笛卡尔以理性怀疑论作为哲学的起点，但理性和怀疑却最终无法涉及上帝。上帝完美的观念证明确乎存在一个毋庸置疑的上帝实体。这种上帝的假定，扼杀了人自身的自由。上帝成为人的一切价值的可能性来源和行为道德标准的制定者，也就是绝对的主体。萨特说，这是人类自由的不幸。事实上，人只存在于一个"只有人没有上帝的世界上"。他生来就无依无靠，孤身自立。唯有如此，他才有无限自由的可能，才能成为真正的价值主体。他说："陀斯妥耶夫斯基说：'假如上帝不存在，一切事情都是可能的这就是存在主义的出发点。"① 因此，撤除上帝的昂贵假设，把无限的自由主体性归于人自身，是萨特为人的自由打开的第一扇大门。

与上帝假设殊途同归的是 18 世纪思想家们以无神论为代价所创造的一种人性论神话。他们取缔了上帝，却没有取消先验观念的假设，创造出所谓"人类的共同本性"概念。"它意义表明，每个人都是一个普遍概念——人——的特殊例子。……于是，在此地也是人的本质先于我们在自然界中所发现的人的历史存在。"② 这同样是对个人独立存在和自由的否定，因为它在取缔上帝的同时，也取消了人的绝对自由，把人变成了为某种抽象人性概念所规定的东西。萨特认为，正如人间本无上帝一样，人类也没有什么先验抽象的共同本性。"人，不仅就是他自由所设想的人，而且还只是他投入存在以后，自己所意愿变成的人。"③ 诚然，正像我们撤除上帝的庇护就必然会带来人的孤独一样，人性观念的否定也会使人陷入某种无所附丽的绝望。"由于人是自由的，没有我所倚赖的人类本性，所以我就不能用信赖人类善良或人类关心福利的方法来期待我所不认识的人。"④ 也就是说，没有什么共同人性可供我们参照和依赖，每个人都必须自我选择和决定，自由地创造自己。这种自由是个人自我在绝望之巅的自我跳跃。

如果说，对上帝的否定是给整个人类还以绝对的主体自由的话，那么，对共同人性的否定是进一步把自由还归于每个个人，而紧接着

---

① 〔法〕J－P. 萨特：《存在主义是一种人道主义》，见中国科学院哲学所西方哲学史编写组编《存在主义哲学》，商务印书馆，1963，第 342 页。
② 同上书，第 337 页。
③ 同上。
④ 同上书，第 346 页。

对固执于传统价值观念和伦理规范的反动，则是具体表明萨特直接从伦理学的角度来论证个人的绝对主体自由了。

20世纪60年代中叶，萨特曾发表《决定论与自由》一文。在该文中，他在集中批判实证主义伦理学的基础上，阐述了伦理原则规范与道德自由的关系。他认为，所谓伦理学可以概括为"命令、价值和价值学判断的总体所构成的一个阶段、一种社会环境，或者全体社会的常理（commonplaces）"①。但这些规范命令并不是对个人自由的限定，而毋宁是某些与个人的可能性相联系着的东西。其含义有二。一是人的可能性本身只能是与无条件性相联系，这和实证主义有条件的可能性相反。后者以为，社会的主体（人）是偶然的，但却是严格有条件的。人是一系列外在原因相互作用的结果，个人被钳制于严格的因果锁链之中，人的自由成了社会环境之因果必然性的抵押品，人必须按社会道德原则规范而行动。萨特说，这种做法是把社会伦理视为对个人自由的纯粹规范，使人的行为中的可能性变成了主客观双重因素②，这同样会使个人主体自由化为泡影，受到严格限制。事实是，人的偶然性存在的事实，决定了他的存在和行为完全是主体自为的。伦理原则和规范的既存与人的可能性之联系的内涵，不是前者对后者的限定，而是意味着人的行为具有尚未实现的可能，意味着它们可以引导人们去自由地行动，追求未来的可能性。二是人的可能性意味着不可预计性。即是说，伦理原则规范与个人可能性的联系内涵在于前者对人的引导和激励，而不是去规定人的未来行为。实证主义把预断视为对人的行为模式之严密推理计算的结果，这种做法无异使人的自由可能变成自在必然。实际上，伦理原则或命令并不能规定一切，更

---

① J-P. Sartre, "Determinism and Freedom," in M. Rybalka (ed.), *The Writings of Jean-Paul Sartre*, English trans. by R. G. McCleary, Vol. 2 (Northwestern University Press, 1974), p. 242.

② Ibid., p. 243.

无法推断人的未来行动。这说明可能性与因果律没有任何关系。相反，伦理原则和规范只是预先假设人总能够对一种因果系列选择这样或那样的行为方式。外在的决定因素也意味着"允许行为者有一种内在的能力，这种能力超出外在因果力量，而决定他自己的行为"①。在此意义上，伦理命令或原则规范也是一种非限制性的可能性。萨特说："因此，一种规范，作为无条件的可能性，把行为者规定为一种意识之中的主体，这个主体即是他的多样性的综合统一。规范并不靠简单地对一个主体规定已经存在于［他的］自我意识之中的行动，来使这个主体进入自救，而是通过肯定这个主体在意识中总是可能的，来使主体自救，尽管任何可能都被置于外在的环境。只有意识中的主体才能履行规范。一个被肯定为这样的主体也只有通过履行规范的义务才能实现他自身。在此意义上，一种规范所显露的基本可能性，就是使自身成为一种意识中的主体的可能性——与外在的条件相联系——并通过履行他的义务。换言之，规范向我显露出我的可能性（这是规范的一种客观特征，在此意义上，我的可能性同时也是每一个人的可能性）。但是，它是在这样的程度上向我显露的，即它向我显露作为行动的可能性主体（不管行为的内容如何，可能也不只是关注我一会儿），并显露出作为主体而产生我自身的我的可能性。"②

这是萨特对伦理学中的自由与"必然"（规范和义务）关系的一段典型论述。他一方面承认伦理命令、原则规范和价值判断等对人的行为和自由的外在客观性制约；同时又认为这种外在客观性制约并不是主体自由的否定，而是给每一个"意识中的主体"（即自觉主体）提供或指示自由行动的可能性，使个人从这种可能性的自由行动中显

---

① J – P. Sartre, "Determinism and Freedom," in M. Rybalka ( ed. ), *The Writings of Jean – Paul Sartre*, English trans. by R. G. McCleary, Vol. 2 ( Northwestern University Press, 1974), p. 244.

② Ibid.

示其主体自觉和主体自由的超越意义，并由此获得其行为义务感的真实基础。这一观点确乎包含了一个极为深刻而又为人们长期苦恼的合理洞见：伦理规范不只具有规范性品格，更重要的是具有其理想引导性品格，只有让它们深入人的主体意识并成为其内在的信念和意志（道德内化），才能具有现实的伦理意义。

萨特对上述三种决定论形式的分析批判，核心在于否定决定论，为证明人的绝对自由奠定基础。在他看来，历史上关于自由的伦理理论大致分为三种类型，这就是自然权利说（霍布斯、法国唯物主义者）；功利主义自由观（边沁、密尔等）；所谓"自由唯心主义"（笛卡尔、康德）。前两种无异于决定论的翻版，第三种也不彻底，甚至也是一种唯心主义的"骗局"，但有某些合理因素。康德在形式上看到了人的自由之于普遍伦理学的绝对必要性，但他的观点是抽象的。他说："虽然伦理学的内容是千变万化的，但其中有一种形式是普遍的。康德说'自由'要求自身和他人皆自由，这是对的。"但是，康德却"相信形式的东西和普遍的东西足以构成一种伦理学"，这未免太抽象，"不足以决定行动"①。在《笛卡尔的自由》一文中，萨特指出，笛卡尔是第一个不把自由与必然对立起来的人，他将自由诉诸人的意志，认为自由是人的一种绝对自律的要求。而"正是在这里，体现了笛卡尔学说的意义。笛卡尔完全懂得，自由概念涉及一种绝对自律的要求。这种自由的行动已是一种崭新的产物，……通过它……便有一个世界，一种善，一种永恒的真理"②。但笛卡尔却依旧执着于理性主义传统，其自由仍是不彻底的。

于是，萨特提出了自己的自由观。他认为，自由有两种理解：一是所谓"自由的本体论理解"，一是自由的境况理解；前者可概括为

---

① 中国科学院哲学所西方哲学史编写组编《存在主义哲学》，商务印书馆，1963，第356页。

② J - P. Sartre, *Situations* (Paris: Gallimard, 1947), pp. 332 – 333.

本体论上的自由，后者则可以称之为境况中的自由。

自由的本体论理解是指人的绝对主体自由的哲学证明。这种自由不是认识论上的概念，而是一种人学存在意义上的概念。萨特的这种自由规定包含着哲学本体论和本体化伦理学的双重意味。他认为，人的存在本身即是自由。我即自由，自由是判决给我的，它超乎任何本质原因或动机之外，除了自由我别无限制。他写道："我是被判定在我的本质之外、永远在我行为的原因和动机之外的存在。我被判定为自由，这意味着，我不能自由地终止自由的存在。"① 因之，正如人的存在只能在他的创造和行动中理解一样，人的自由也只能从他的存在和行动本身中去理解，这就是自由之本体论理解的基本含义，它具体表现在八个方面：（1）人的存在是一种自由的行动；（2）存在即行动；（3）自由的存在意味着人的行动自律；（4）自由的行动具有意向性和目的性；（5）因此它是对一切既定的虚无；（6）无条件的选择；（7）荒谬的事实性；（8）一种不断超向未来的总体谋划。

然而，萨特又告诉我们，虽然从本体论上理解，人的自由是绝对的、自主自律的、有目的的和超越性的。但是，我们不能不触及这样一个困难，这就是自由与事实性的关系问题，亦即人的绝对自由与具体境况的关系问题。萨特把这称为理解自由的"逆向方面"，也就是对自由的境况理解。② 他指出，人的自由是个体的、绝对的和无根据的，也是牵涉的、相关的和具体境况中的。我们反对决定论，但并不否认人的自由所必然牵涉的各种环境和条件，相反，人的自由只有在具体境况中才能实现。他说："自由在存在中显露的对抗永远不是自

① J－P. Sartre, *Being and Nothingness*, English trans. by H. E. Barnes（London: Lowe and Bryolone Limited., 1957），p. 439.

② 萨特自由观的这一方面内容，常为人们忽略，由此带来一些片面的解释和评价。有鉴于此，笔者特意花费较大篇幅论述这一问题，而对萨特的本体论自由解释则扼要示之。对此，有兴趣的读者可参见万俊人《萨特伦理思想研究》中的有关章节；参见万俊人《萨特自由观的重新评价》，《江汉论坛》1987 年第 12 期。

由的危险，而只能导致使它能够作为自由产生的结果，只有介入到对抗世界之中，才能有自由的自为。在这种介入之外，自由、决定论和必然性的概念都将丧失全部意义。"① 事实上，自由"并不意味着获得人们所希望的一切"，而毋宁是"靠他自身去决定他自己的希望"。换言之，"成功对于自由并不重要"，关键在于主体能否在具体境况中自己主宰自己、谋划自身。监禁的囚犯似乎最不自由，但即令如此，他依旧没有丧失其自由可能性。他可以决定是否逃跑，无论成功与否，只要能如此决定，就证明他尚能自由地谋划自己的未来和价值。

每一个人不能不自由地存在，同时又不能不在具体境况之中存在，这是自由的事实性。"作为自由的事实存在，或者不得不在世界之中的存在，是一而二、二而一的事情。而且，这意味着自由最初是与既定相联系的。"② 这种既定或境况与其说是人的自由的限制，不如说是人的自由必须超越的对象。正是通过对既定的超越，人才获得真实的自由价值。萨特说："只有在境况中才有自由，只有通过自由才能有境况。人的实在处处遇到非它所创造的抵抗和阻碍，但是，这种抵抗和阻碍只有通过并在人的实在所是的自由选择中才有意义。"③ 萨特把这种情况分为四个主要方面：

萨特认为，人的自由所涉的第一种境况是人存在位置的既定事实。我被抛入这个世界，必然会落入某在世境地（我的国家、我生活的具体空间、房子等）。因之我必须首先确认我的自由与"此地"的既定位置关系，同时又必须通过内在的否定超越我的此在。这一方面表明我与既定此在的事实性关系，另一方面则表明我在具体境况中的

---

① J‑P. Sartre, *Being and Nothingness*, English trans. by H. E. Barnes (London: Lowe and Bryolone Limited., 1957), p. 483.

② Ibid., p. 486.

③ Ibid., p. 489.

自我超越。两方面相互关联，而我的自由是其中的关键，"只有在我用我的目的创造的自由选择中，并通过这种选择，我的位置的事实性才能对我显露，自由是发现我的事实性所不可缺少的"[1]，因而，我又必须对我的自由所发现的我的诞生的位置负责，亦即对我的偶然的自由诞生负责。

如果说，我的位置表明着我自由存在的空间结构的事实性，那么，我的过去则从时间系列上显示着我自由存在的事实性。它说明除非我把我的过去虚无化，除非我把它作为我未来的自由谋划的反证，否则我是无法保证我的自由的。过去只是我已逝去的自由可能性，是我自由存在之历史"悬搁"（suspense），它"是没有力量构成现在、描绘将来的"[2]。但是，过去却是我的自由所不能不与之相关的既定境况，没有过去我的现在的自由也无法认识，更无法揭示我未来自由的超越意义，一如没有我的自由超越也就无所谓我的过去一样。

第二是我的环境。我的环境与我的位置有某种形式上的联系，但两者不能等同。所谓我的环境是指围绕着我的工具性事物及它们带来的"共同效应"。其有利的效应促进着我的自由，而不利者却阻碍着我的自由。但无论如何我都无法规避它们。我必须改变它们。我的自由就是清除障碍、利用工具，在改变环境中求得自由的实现。面对复杂环境，我的自由不是封闭自己，而是在开放自我中求得自由超越。萨特说："每一种自由的谋划都是一种开放性的谋划，而不是封闭性的谋划，尽管它是个体化的，但它包含在它未来的修改的可能性之内。"[3]

第三是我的同类。在我的自由所遇到的种种既定事实中，他人的

---

[1] J－P. Sartre, *Being and Nothingness*, English trans. by H. E. Barnes（London: Lowe and Bryolone Limited., 1957）, p. 494.

[2] Ibid., p. 496.

[3] Ibid., p. 507.

存在是我的自由之唯一可能的限制。相对于其他境况（位置、过去和环境）来说，我的自由总是处于主体目的性地位。而相对于他人，我的自由则有着被客体化或工具化的可能。萨特写道："生活在一个被我的同类所缠绕的世界上，不仅可能在每一个路口遇到他人，而且，也发现我自身介入了这个世界。在这个世界中，工具丛（instruments-complex）能够具有这样一种意义，它是我的自由谋划最初没有给予它们的。"① 这说明，在人的世界中，具有工具性意义的已经不再只是物的东西，而且也可能是人的自由本身，这就是人的自由的异化。自由的异化在于他人存在的事实，虽然"他人现在的原始事实"并不能从自为的本体论结构中推导出来，但却是我自由的真正危险。这样一来，我与他人的关系便落入一种超越与被超越、主体与客体的非对称性的矛盾之中。作为主体，我的自由必然要超越他人的自由，他的自由便成为一种被超越的超越。反之，由于他人亦是主体，他的主体化作用（如"注视"）使我又成为客体，作为主体，他人的自由必定会超越我的自由，我的自由则成为被超越的超越。这是人的自由所面临的一对永恒矛盾，它使人人间的共同主体自由成为不可能。但他人对我的自由的限制并不能说明人的自由是有界限的，相反，它恰恰说明了人的自由的无限性。因为除了人的自由之外，没有其他东西能限制人的自由。这使"我们把握到一个更为重要的真理，以前我们看到，由于我们把我们自己保持在自为存在的领域里，只有我的自由能够限制我的自由。现在我们看到，当我们把他人的存在包括在我的考虑之中时，我发现自由在这个新的层次上的界限也在他人的自由存在之中。因此，不管我们把自身置于什么层次，自由能够遇到的唯一界限是在自由之中发现的。正如斯宾诺莎所言的思想只能为思想所限制一

---

① J－P. Sartre, *Being and Nothingness*, English trans. by H. E. Barnes（London: Lowe and Bryolone Limited., 1957）, p. 509.

样，自由也只能为自由所限制"①。人的自由的这种自我限制不仅说明了其绝对自律的性质，而且也说明了人的自由的牵涉性和总体性。因此，人不单要追求自我个人的自由，也要顾及同类的自由，重要的不是不去承认这种总体性，而是要始终坚持以人的自由为目的。因为"我们要求的是以自由为目的的自由，是在各种特殊环境下均有的自由。我们在要求自由的时候。发现自由完全依赖于他人的自由。而他的自由又依赖于我的自由。自然，自由作为人的规定是不依赖他人的，但是，只要牵涉存在，我们就不得不在我要求我自己的自由的时候，同时也要求他人有自由"②。

第四是我的死亡。萨特认为，死亡也是人的自由的事实性。死亡并非人存在的最终意义，也不是进入另一种生活的大门，它与人的诞生一样是无根据的、荒谬的。事实是，死亡绝非海德格尔所谓的人之最本真的可能性，也不是我的特殊可能。我既不能发现它，也不能等待它，亦不能对它采取某种态度而对它来谋划我的自由。恰恰相反，死亡"无异于既定"③，它是我自由可能性的丧失和极端异化，使我自由存在的可能异归于他人。

至此可见，萨特的两种自由解释既相互关联，又各有特点，其一是从纯理论意义上对自由的本体论理解，它具有绝对主体性、个体化和无条件性的特征。其二是对实践意义上的自由所做的境况性解释，它具有相关性、牵涉性和总体性的特征。但两者都立足于确论人的主体自由，只是对自由的境况性解释更具伦理学色彩，因而这种解释也更直接地预制了萨特关于人的价值和价值关系的理论。

---

① J-P. Sartre, *Being and Nothingness*, English trans. by H. E. Barnes ( London: Lowe & Bryolone Limited., 1957), p. 525. 着重点系引者所加。
② 中国科学院哲学所西方哲学史编写组编《存在主义哲学》，商务印书馆，1963，第355~356页。
③ 同上书，第547页。

## 四　主体价值论：选择与责任

萨特自由观的逻辑展开和伦理学延伸，便是其主体价值理论。由个人的自由理解，他进一步推出了人的价值选择、道德责任、烦恼和不诚等一系列伦理理论范畴。

既然人是自由的主体，那么自由的选择就是他实现主体价值的唯一方式。萨特指出，我们"不能把自由与其选择区别开来，这就是说，不能把自由与个人自身区别开来"①。个人存在、自由和选择二者归宗如一，因而使人的选择与其存在和自由一样也是绝对主体性的和无条件的。一方面，作为自由存在的每一个人都孤立无援，面对无限可能性，他必须选择。"自由是选择的自由，而不是不选择的自由。事实上，不选择是选择了不选择。"② 另一方面，人的选择又是无条件的。首先，它是一种未来可能性的选择，未来无法预测，选择无限可能。它无既定标准，也无现存的参照，唯一的是人的自由选择。其次，选择也是一种自我主体意识的表现。人的意识是"非位置性的"，因而基于自我意识基础上的选择也是不确定的和充满偶然的。意识"就是我们的原始选择。选择的意识与我们所具有的自我意识是同一的。一个人必须是有意识的，以便进行选择；一个人必须选择，以便表示有意识，选择和意识是一码事"③。主体意识是主体自由选择的自觉和基础。再次，选择同自由一样也是具体的。萨特反对那些把存在主义的选择视为是"任意的"选择之指责，因为他所说的选择也是而且总是"一种境况中的选择"。境况中的选择同样会产生牵涉性，人在选择自我时也在选择他人乃至整个人类。所以每个人都不能不选

---

① J－P. Sartre, *Being and Nothingness*, English trans. by H. E. Barnes ( London: Lowe & Bryolone Limited., 1957), pp. 567－568.

② Ibid., p. 481.

③ Ibid., p. 462.

择，也不能不为其选择负责，这就是境况中选择所具有的伦理意义所在。最后，自由选择也是人孤独存在的证明。就选择之外部境况而论它是牵涉的，但就选择本身而言它却是独立自主的。我处于一个陌生的世界，没有上帝，没有任何既定的价值标准，面对一片空白的人生，我只能靠我自己。萨特说："如果上帝不存在，我们便找不出有什么价值或戒律可借以证明我们的行动是正当的。所以，在光辉的价值领域里，我们后无托辞，前无辩护。我们无可辩解地孤身独立地存在着。"① 选择，证明我孤立存在的自身意义。因之，与其说这种孤独感给人类洒下了悲观绝望的阴影，不如说，它是个人绝对自由主体性的一种证明，即个人至上存在价值和选择自由的存在心理学证明。

于是，萨特指出：自由是价值的基础，选择是价值的唯一来源。在他看来，价值就是人自由选择的意义。他说："所谓价值，也只是你挑选的意义。"② 价值"仅仅能对一积极的自由才能显露，这种自由通过这样来认识它的唯一事实，创造它作为价值的存在。由此引出，我的自由是价值的唯一基础，而且没有任何东西、绝对没有任何东西能证明我采取这样或那样的特殊价值，以及这样或那样的价值范围。作为一个价值赖以存在的存在，我是无法证明的"③。然而，人的价值"是道德学家们解释得极不充分的问题"。原因在于，人们没有认识到人的价值具有双重的特性。"这双重特性是无条件的存在和非存在。"所谓价值的无条件存在特性，是指价值的现实性和绝对性。它与人的自由行动同质。其非存在特性是指价值的非实在性，它是某种"超乎存在之外"的东西，因此，"价值处处皆有，又处

---

① 中国科学院哲学所西方哲学史编写组编《存在主义哲学》，商务印书馆，1963，第342页。
② 同上书，第358页。
③ J – P. Sartre, *Being and Nothingness*, English trans. by H. E. Barnes (London: Lowe & Brydone Ltd., 1957), p. 38.

处皆无”①。由此，萨特指出了价值意义的两个基本方面。

首先，萨特认为，人的自由本身就是一种价值。他说："什么是自我的存在？它是价值。"② 人的存在是一种主体自由存在，而这种存在本身便决定人具有超于一切物类之上的尊严和高贵。萨特指责古典唯物主义者把人视为受因果必然性锁链制约的东西，犹如桌椅石头，这是不可谅解的。他宣称要重新"把人类世界建立为一个和物质世界有所不同的价值总体"③，并以此作为存在主义哲学的最高使命。正是依据这一点，我们将他的伦理学视为一种存在主义的自由主体伦理学。

其次，萨特认为，人的价值即是人的自我创造。他把道德选择喻为"艺术作品的创造"，认为"艺术和伦理学相通的地方，是在于我们在两方面都有创造和发明可言"。这即是说，人的行为的道德价值不在于它履行了某种既定的价值标准和道德规范，而在于人的自我创造——自由地选择和行动。人本身并无终极的目标，也无先验的价值本原。传统人道主义者们"根据某些人物的最高成就，来赋予人类以价值"的做法是荒谬的。在存在主义这里，人绝不是一种最后的目的实现，而毋宁"总是在造就之中"。因此，人类盲目追求"自因的存在"（即自为与自在之完美统一的存在）的做法，只是一种想把自己变成上帝的"无用的热情"。每一个人必须摒弃追求完美的幻想，在行动中造就自己。而每个人"在选择他的伦理观点的时候，就是在造就自己"。④

人的绝对自由意味着选择的无限可能，也意味着人的价值的无限可能。在萨特这里，人的存在、自由、选择和价值之间，似乎存在一

---

① J–P. Sartre, *Being and Nothingness*, English trans. by H. E. Barnes (London: Lowe & Brydone Ltd., 1957), pp. 92–95.

② 中国科学院哲学所西方哲学史编写组编《存在主义哲学》，商务印书馆，1963，第92页。

③ 同上书，第350页。

④ J–P. Sartre, *Being and Nothingness*, English trans. by H. E. Barnes (London: Lowe & Brydone Ltd., 1957), p. 354.

种奇特的函数关系：人的存在越孤独，自由便越多，选择便越有可能性，因之人的价值也就越高；反之否然。具体地说，人的选择与价值的同质就在于其选择的可能性与价值实现的可能性之间的同一性。抽象地看，萨特的观点确乎不无道理。但实质上，由于他撇开了人的现实生活条件，把个人选择视为某种超时代、超历史和超社会、摆脱一切客观道德价值标准和文化条件的纯主体自我行为，使他不能不陷入一种选择的无限可能性与具体实际选择的无可能性的二律背反之中：一方面是人有无限的选择可能；另一方面却又无法确立任何可能的具体选择。在《存在主义是一种人道主义》的著名演讲中，萨特列举了一个具有自嘲性的典型例子。

有一青年和他母亲生活在一起，其兄在德军入侵的战争中战死。他想参军替兄报仇，可又怕母亲因孤独而陷入痛苦和绝望。于是，他面临着一种两难选择：或弃母从军，或拒役侍母。两种选择牵涉到两种不同的道德价值：一个是尽孝侍母，献身于个人的伦理选择；另一个是尽忠报国，承诺目标较远但结果难以确定的集体（国家）的伦理选择。但他必须两者择一。他请教萨特，萨特却告诉他，求助于基督教伦理不行，因为基督教伦理告诉人们："要仁爱，要爱你的邻人，要选择比较艰难的路走"等。但究竟哪条路更难？守母尽孝和报效祖国都是仁爱，何者更善？无以奉告。又，求助于康德伦理学？也不行。因为它主张"不要把任何人当作手段，而应当作目的看待"。于是，若选择留家侍母，把母亲当作目的，就必然会把那些作战的军人和民族当作手段。反过来，若把后者作为目的，又必定会把母亲当作手段。两者无法成全，究竟如何？萨特自己也束手无策，而只能含糊其词地答复青年："你自由地选择和创造罢！没有一种普遍的伦理能指示你应该如何作。"①

---

① J – P. Sartre, *Being and Nothingness*, English trans. by H. E. Barnes (London: Lowe and Bryolone Limited., 1957), p. 345.

由此不难看出，萨特的价值选择理论陷入了一个无法摆脱的矛盾：价值选择的无限可能性与具体价值选择的无可能性。自由选择的绝对化最终导致了选择的贫困化。这说明萨特的价值论仍停留在抽象的王国，没有具体解释人的自由选择与价值的关系，它最多也只能给人们笼统地指出选择的可能性方向，却无法告诉人们进行具体选择的操作方式和价值标准，使人从绝对自由选择的主人变成了不自由的奴隶。诚如恩格斯所言："它看来好像是在许多不同的和相互矛盾的可能的决定中任意进行选择，但恰好由此证明它的不自由，证明它被正好应该由它支配的对象所支配。"①

为了摆脱上述矛盾困境，萨特不得不诉诸人的责任和烦恼等范畴。他认为，责任是自由选择的必然后果。诚如人们不能不自由地选择一样，他也不能不为此承当道德责任。首先，人必须对自己的自由存在和他所在的世界负责。人被判定为自由的存在，他肩负整个世界。"责任"的原意就是指"作为对一件事或一个客体的无可争议的原造者"（author）的意识。从这点上说，自为的人的责任是压倒一切的。因为他的存在，世界才有了意义。他是世界存在的作者和主人，也是其守护者和承当者。没有上帝，人必须负责一切，包括他自身的存在本身。唯其如此，才显示出他作为世界之主的崇高身价，人的责任也才获得至上的主体意义。所以，责任无法推脱。"不管我做什么，我一刻也不能把自身从这种责任中撇开。因为，我对我逃避责任的欲望本身也负有责任。"②

另一方面，人还必须对其选择行为负责。如果说，人的自由存在带来人的责任这一逻辑具有某种先定必然性的宿命意味，因而使人对世界和自身的存在负有自由存在的本体责任的话，那么，人对自己的

① 《马克思恩格斯选集》第 3 卷，人民出版社，1972，第 154 页。
② J‑P. Sartre, *Being and Nothingness*, English trans. by H. E. Barness（London: Lowe and Bryolone Limited., 1957），p. 556.

自由选择所必须承担的责任，则带有某种后天偶然性的特殊意义，从而产生了人必须对自我选择承担责任的伦理要求。依萨特所见，由于选择的牵涉性，我不仅要对自我及其行为的一切后果负责，而且也要对一切人负责。因为"我是创造某种经我自己挑选的人的形象，我在挑选自己的形象时，也选定了人类的形象"①。这就是人的道德责任的本体根源。然而，正如人的自由具有本体上的和境况中的两种意义、人的选择具有绝对无条件性和牵涉性双重意义一样，人的责任也具有特殊（之于个人自我）和普遍（之于世界和人类）的双重品格。同时，和人的自由一样，人的责任在任何情况下都是绝对的，无论哪一种责任，对于人这一责任主体来说都责无旁贷。这种沉重的责任感给主体带来了崇高和尊严，也给其精神和心理带来了无法解脱的烦恼。

"烦恼"是萨特道德描述中的一种极为重要的范畴。它包含两方面的基本意义：（1）对人的存在的本体论体验（或意识）；（2）对人与人关系（责任）的伦理学理解。

萨特认为，烦恼首先是对人的自由存在的反省意识，也是自由存在本身的一种样式。"存在是一种特殊的自由意识，这种意识就是烦恼。"② 人是一种意识的存在，他通过意识而反省自己的自由存在意味，烦恼即是其反省意识的基本形式。正是通过烦恼，他才意识到自己的自由，或者说"烦恼本身是对自由的反省理解"③。这便是烦恼的哲学本体论意义。

其次，烦恼是对人人关系即责任的伦理理解。萨特说："人生来就带着烦恼，这意思是说，任何人如果专心致志于自己，并表明他不仅是他自己所选择的人，而且也是同时挑选全人类和自身的立法人。

---

① J‑P. Sartre, *Being and Nothingness*, English trans. by H. E. Barnes (London: Lowe & Brydone Ltd., 1957), p. 339.
② Ibid., p. 33.
③ Ibid., p. 39.

那么，他就无法避免掉他的全面的和深刻的责任感了。"① 选择产生责任，责任带来烦恼，这是人对自身价值选择后果的深刻道德反省，人无法逃避和掩饰，如同克尔凯郭尔所说的"亚伯拉罕的烦恼"——在天使和儿子面前他必须做出选择：或听从天使吩咐，弑子以祭天神；或拒斥天使之命以保儿子性命。但如何证实天使之命的真实性呢？若实，他当然选择前者；若否，他就必须对儿子的生命负责。然而，在做出牺牲与拒绝天命之间他都必须做出选择，必须为这一选择承担全部责任，这就是亚伯拉罕烦恼的根源。萨特还列举军官指挥作战时所遇烦恼的例子来说明这一点。这些例子表明了他的两个基本意图：第一，烦恼源于个人对多种可能性价值系列目标不能确定自我选择的困境；第二，选择的责任感所带来的烦恼无论多大，都不能使人停止选择。换言之，烦恼不是选择和行动的羁绊，而毋宁是"行动本身的一部分"②。

但是，这并不意味着实际中每个人都能自觉正视和承受这种烦恼，恰恰相反，一些人往往通过"不诚"（mauvaise foi，英译 bad faith）或自我欺骗来逃避责任和由此带来的烦恼。所谓"不诚"，即通过"将烦恼本身虚无化"来达到逃避烦恼的一种态度。③ 其表现有三：一是以拒斥自由选择来逃避对自身和他人的责任，以便免于烦恼；二是拒不承认自身的自由，以否定自由选择的事实；三是所谓"严肃精神"，即把价值视为某种身外之物，并依此设定种种目标去消极地服从它们或无意义地追求它们，从而将一切都归咎于外在必然。三种形式都只是一种自我欺骗的不同表现而已。要解除这种自我欺骗，必须向人们陈述价值关系的真实内容，以期使他们做出自己真实的价值选择。

---

① J-P. Sartre, *Being and Nothingness*, English trans. by H. E. Barnes (London: Lowe and Bryolone Limited., 1957), p. 339.
② Ibid., p. 341.
③ 参见 J-P. Sartre, *Being and Nothingness*, English trans. by H. E. Barness (London: Lowe and Bryolone Limited., 1957), p. 44, p. 48.

## 五　价值关系论：自我与他人

按照萨特的逻辑，人具有绝对自由的选择权利，也就必须为此承担责任。个人的选择必定涉及他人。但这种牵涉的具体内涵如何？这就不能不触及一个"十分可怕的问题"——"自我与他人的相互关系问题"。

萨特直接从人的存在结构中引申出关于人与人相互关系的理论。他认为，人的存在有多重结构，最基本的是"自为的存在"，它是人的主体存在的"本体论结构"，其基本特性是它的"自我性"（selfness）。第二层结构是"为他的存在"，它不是自为存在的本体论结构，而是由他人存在的事实所导致的人的存在的另一个方面，其基本特征是经验的冲突，即自我与他人之间的相互排斥和否定。最后是"共他的存在"，它是为他的存在之结构的特殊引申，其基本特性是虚幻性和不可能性。共他的存在只是一种"心理学上的秩序"，也只有在极其偶然和严格的条件下才有可能出现。

萨特首先从自为与他为的存在结构中考察自我与他人的关系。他批评胡塞尔从纯粹的先验意识自我出发，把人人关系视为一种"交互单子式"（inter-monadic）的意识关系；也反对黑格尔把人的存在关系最终归于绝对观念的运动并最终使个人从属于整体的错误做法；亦不满意海德格尔将人的存在关系归结为"共在"，因之而把他人问题视为虚假问题的"心理学幻想"①。他认为，人与人之间的关系首先是一种存在对存在的关系，在这种关系中，个人自我的存在是最基本的。其次，人人间的相互关系的本质不是"共在"，而是一种不平衡的或非对称性的否定关系。"注视"是我与他人发生关系的基本中介，它如同古希腊神话中墨杜莎（Medusé）的神眼，使人化为顽石

---

① 参见万俊人《萨特伦理思想研究》，北京大学出版社，1988。

（物）。我与他人的相互注视，使对方都产生"羞耻感"。当我注视他人时，我是主体；反过来当他注视我时，我却是客体，而他则反客为主。于是，我与他人的关系便始终处于一种相互客体化的关系之中，主客轮换，永不平等。一方力图把另一方变成客体，而另一方则努力通过反客化而获得超越，所以，"'人的实在'永远不能摆脱这种两难的困境：一个人必须要么超越'别人'；要么让自己被'别人'所超越。意识与意识之间各种关系的本质不是共在，而是冲突"①。

对此，萨特以人的"两种态度"为例说明之。他认为，人们对待他人的态度无外乎两种：一种是爱、语言、受虐狂。所谓爱的实质，不过是对他人自由的一种剥夺和占有。"恋爱者并不欲求像某人占有东西那样去占有一个被爱者，他要求一种特别类型的挪用（appropriation），他要求去占有一个作为自由的自由。"② 语言不过是"一个主体把他自身作为一个为他的客体来体验的事实"③。而受虐狂则是"通过我的为他的客体性，而引起我自己被迷惑的企图"，是"面对他人的主体性深渊的眩晕"④。对他人的第二种态度是冷漠、欲望、恨与虐待狂。冷漠是我"能够把自身作为注视他人的注视来选择，而且能够在他人主体性崩溃的基础上建立我的主体性"⑤，即毁人立己的态度。欲望"是通过他人为我的客体性来把握他人的自由主体性的企图"⑥。恨就是在充分认识到其他企图无效的情况下，自由地"决定追求他人的死亡"，恨是"在恨一个他人时恨所有的他人"⑦。

———————

① J－P. Sartre, *Being and Nothingness*, English trans. by H. E. Barnes (London: Lowe and Bryolone Limited., 1957), p. 429.

② Ibid., p. 367.

③ Ibid., p. 372, p. 378.

④ Ibid., p. 429.

⑤ Ibid., p. 380.

⑥ Ibid., p. 382.

⑦ Ibid., pp. 410－412.

而虐待狂则是"一种通过暴力使他人实体化的努力"①。这就是人人关系相互冲突的实证。萨特认为，这些态度最终都要归于失败，原因在于他人永久的不可理解性。"他人在原则上是不可理解的，在我追求他时，他逃避我；而在我逃避他时，他占有我。即使我们应当按康德的道德格言行动，把他的自由作为一个无条件的目的，这种自由仍然会依我把它变成我的目标这一唯一的事实而成为一种被超越的超越。另一方面，我可以通过把仅仅作为客体的他人利用为一种工具，以便实现这种自由来为他的利益而行动。……因此，尊重他人的自由是一句空话，即便我会采取尊重这种自由的谋划，我采取的对于他人的每一种态度，都可能是对我们主张尊重的自由的一种侵犯"②。因此，无论如何，我与他人的关系只能是对抗的、否定性的主客体非平衡关系。他人是我的主体性和自由价值的最大威胁和侵犯。"他人即是冲突。"我与他人之间的"间隔"永远不会弥合。③

萨特的这一极端观点始出，就曾遭到许多人（包括存在主义内部，如梅洛－庞蒂等）的非议。为了淡化这种唯我主义的观点，他稍后提出了"交互主体性"④ 和"相互性"两个重要范畴，以修正其价值关系理论。"交互主体性"⑤ 概念源自胡塞尔的现象学，萨特对此做了某些修饰，将这一范畴引入自己的哲学伦理学。在《存在与虚无》一书中，萨特曾谈到"为他的交互主体性"，已开始从人与人之间存在和行动关系的意义上来使用这一概念，但尚未充分展开。在

---

① J－P. Sartre, *Being and Nothingness*, English trans. by H. E. Barnes ( London: Lowe and Bryolone Limited., 1957) , p. 399.

② Ibid., pp. 408－409.

③ 详见萨特《禁闭》（又译《间隔》），载《萨特戏剧集》（上册），人民文学出版社，1985，第122~152页。

④ 交互主体性（inter-subjectivity）一译"主体间性"或"相互主体性"等。译法不一。本书取此译，是因为它更契合原义和更具汉语表达的明晰性。

⑤ E. Husserl, *Descartesian Meditations*, English translated by D. Keynes( Kluwer Academic Publishers, 1971) , p. 90.

《存在主义是一种人道主义》的演讲中，萨特明确指出："他人，对于我自己的存在是必要的，对我们的自知之明，也是必要的。由于如此，所以我们在发现我的内在存在时，也同时发现了其他人。……我们发现了一个可称之为交互主体性的世界，这世界，即是人们决定他自己的本性和他人本性的世界。"① 显然，萨特的观点缓和了。他人不再只是地狱，而且也是我认识自己和世界之必要条件，因之我们可以提出人人之间的交互主体性问题。交互主体性也就是我与他人互为主体。但这种关系只能是相对的、有条件的，并非康德所想象的那种人人间的绝对共同主体性。② 人人间的绝对共同主体性是不可能产生的。

在萨特中晚期的鸿篇巨制《辩证理性批判》中，进而又提出了"相互性"范畴作为对人人价值关系的一种补充。他认为，在人人之间由于"第三者"的中介化作用，使我与他人之间形成了一种相互性关系，通过这一中介，个人进入一定的集体或群体之中，通过集体实现各个人的单称目的。然而，"尽管相互性与异化和物化完全相反，但它并不能把人从异化和物化中拯救出来"③。相互性并不能完全消除人人间相互主客体化的矛盾，而只是一种为实现各自目的的暂时的有条件妥协。萨特说："相互性意味着：首先，他人是一个手段。在此程度上我也是一个手段；这就是说，他人是一个超越目的的手段，而不是我的手段。其次，我把他人作为实践来认识，这就是说，作为一种发展着的总体化来认识，同时，作为一个进入我的总体化的谋划的客体而统合他。再次，在我赖以谋划趋向我自身的目的的相同运动中，认识他趋向他自己的目的的运动。最后，通过把他构成为我的目

---

① 中国科学院哲学所西方哲学史编写组编《存在主义哲学》，商务印书馆，1963，第351 页。译文略有改动。

② 关于萨特与康德对共同主体性问题的分歧，可参见万俊人《康德与萨特主体伦理思想比较》，《中国社会科学》1987 年第 3 期。

③ J‒P. Sartre, *Critique of Dialectical Reason*, English trans. by A. S. Smith (London: Jonathan‒Verso, 1982), p. 111.

的的客观工具的同样行动，我发现自身也是作为一个客体和他的目的的工具。"① 这就是构成人人之间相互性关系的必要条件，它们可分为两类。前两个条件可以概括为待他，后两个条件可以概括为待己。两方面对向相待，构成相互性关系的基本形式。前者要求把我与他人同时作为手段，使大家同归于统合的目的；后者要求同时认识我与他人目的性谋划，同时把自己作为对方目的的工具。因此，相互性关系的实质也就是人与人之间相互目的和手段的同时谋划协调。但这种关系常表现为两种倾向，它既可能是肯定的，也可能是否定的。在肯定的情况下，每个人都使自己成为他人目的的手段，即同时成为一种"超越目的"的手段。自我与他人因此达到手段上的一致而处于自我目的的分离。在否定的情况下，相互性"只有在相互拒绝的基础上才能完成"。这便是斗争，"在这种斗争中，每个人都把他自己降低为他的物质性，以便作用于他人的物质性。通过论辞、策略、欺骗和演习，每个人都允许他自身被他人构成为一个虚伪的客体，一种欺骗性手段"②。可见，在萨特这里，相互性并不等于共同主体性的确立，而只是以牺牲个人的主体目的性为代价来实现各自分离的目的。这一情况，使萨特对建立人类真正的道德关系始终怀疑不定，以至于他终于未能完成其撰写一部伦理学的计划——令他晚年也曾谈到博爱和人道主义道德关系的可能。③

于是，我们可以肯定地说，萨特的价值关系理论是失败的。他最终没有找到实现人的价值的真实途径，也未能给我们提供一个成功的价值关系模式。他过于强调人人价值关系中的自我性方面和消极因素，轻视或没有看到这种关系中的非个体的理想的积极因素，因之也

---

① J - P. Sartre, *Critique of Dialectical Reason*, English trans. by A. S. Smith (London: Jonathan - Verso, 1982), pp. 112 - 113.

② Ibid., p. 113.

③ 限于篇幅，兹不赘述，请参见万俊人《萨特伦理思想研究》，北京大学出版社，1988，第五章。

就无法洞见人类作为一个整体的超个人的崇高目的（人类理想）以及这一总体目的和理想之于个人的积极作用和一定条件下的优越地位。马克思曾经深刻而科学地指出："（1）每个人只有作为另一个人的手段才能达到自己的目的；（2）每个人只有作为自我目的（自为的存在）才能成为另一个人的手段（为他的存在）；（3）每个人是手段同时又是目的，而且只有成为手段才能达到自己的目的，只有把自己当作自我目的才能成为手段。"① 这一论断无疑是对萨特观点的科学超越。

## 第四节　存在主义伦理学的初步评价

本章对存在主义伦理学的考察仅仅是一种历史断面的扫描。但通过上述三位思想家的伦理学理论，我们已经足以掌握作为一股伦理思潮的存在主义从开源到汇合，再到形成浩大理论之势和实际冲击力的大致流变脉络了。如前所述，存在主义伦理学堪称一股世纪性的伦理思潮，它几乎影响了西方世界一代人的生活和价值观念。这一特点是其他伦理学派所难以比拟的。因此，我们首先应该明确存在主义伦理学在整个现代西方伦理学发展史上的特殊地位。

历史地看，存在主义伦理学是现代西方非理性或反理性主义道德思潮的高峰。自 19 世纪下半叶起，古典理性主义伦理学在达到康德—黑格尔完美时代的巅峰状态之后，便开始遇到了真正的理论挑战。在它的故乡德国，由叔本华和尼采所组成的唯意志主义人生哲学首先向康德、黑格尔建筑的理性伦理学堡垒发起了攻击，意志、欲望、生命力量等非理性化范畴开始成为伦理学理论的基石。与此呼应的是克尔凯郭尔对黑格尔哲学的激烈抨击，个人第一次成为伦理道德的本体和核心，被认为是一切时代、历史和整个人类都必须通过的唯

---

① 《马克思恩格斯全集》第 46 卷（上册），人民出版社，1972，第 196 页。

一关隘。① 这种对理性主义伦理学的理论反动，已经远远超出了传统的经验个人主义伦理学与理性整体主义伦理学相互抗衡的范畴，具有全新的理论转向性质。也即是说，它所反映的已不再是或从理性、观念出发或以经验、情感为道德出发点这一伦理学方法论上的分歧，而是彻底变换道德本体并同时要求改变伦理学方法的一种根本性或原则性改变。叔本华、尼采的意志伦理学和克尔凯郭尔的个体存在本体化伦理学无疑是这一转向的开端，也是为什么他们都不约而同地集中攻击康德、黑格尔伦理学的内在缘由所在。

继之，从法国又涌来了以居友、柏格森等人发起的第二次反理性伦理学的浪潮。他们以生命冲动或生命原始力量为基础开始了超越传统理性主义、重建新生命伦理的大胆尝试。他们的理论方式是法国式的、浪漫主义的，但他们的原则同样是非理性主义的和反传统的，其理论矛盾也是直接指向康德、黑格尔的。

但是，从德国的唯意志主义伦理学到法国的生命伦理学，虽然开创了现代反传统和反理性主义伦理学思潮的先导，却（1）并没有完成这一历史转向的全部理论任务，叔本华对理性的有限承认、居友对道德形而上学的保留以及柏格森对社会"职责"的相对认肯，等等，都不同程度地表现出理论革命的不彻底性。（2）没有完成破旧基础上的理论立新，要建构足以替代康德、黑格尔近乎完美的理性伦理学体系的新伦理尚有距离，尤其是在理论方法上。正是这两大未竟的理论任务，决定了现代非理性主义伦理学发展并未终结。以海德格尔、萨特为中坚代表的存在主义正是对这一历史境况的理论承诺，也是继唯意志论、生命伦理学之后的第三次现代非理性主义伦理学浪潮。它的特殊历史地位和贡献就在于以下方面。

---

① Cf. S. Kierkegaard, "Diary", in R. B. Winn, *A Concise Dictionary of Existentialism* ( New York: Philosophical Library Co., 1960), p. 51.

第一，它克服了其先导理论自身的不彻底性和方法论上的不完善性，使这派伦理学达到了空前的理论水准。无疑，不论是叔本华、尼采的理论多么反动，不论克尔凯郭尔对黑格尔的攻击多么激烈，也不论法国生命伦理学家们对超理性的道德经验有多么深刻的感悟和直觉，都不同程度地存在一个共同缺陷：理论准备的不足，使他们在反传统的道路上过于步履匆匆。或急进而失全面，或失之于片面而简单，或因匆忙而显得理论功力不足，如此等等。相比之下，存在主义的大师们幸运地得到了胡塞尔现象学的培育，现象学方法论是一种带有全新性质的哲学方法，它寻求的是通过"本质直观"而直接切入事物本身的彻底的哲学观审方法。我们看到，正是从胡塞尔的门下，或者说正是从胡塞尔开辟的现象学世界里，海德格尔、萨特创造性地拓出了一片存在主义哲学的新领地，从而找到了在破除传统理性主义伦理学的废墟上重建新伦理、新价值的基础和方法。

第二，海德格尔和萨特的具体理论构造和旨趣虽有不同，但他们都精心建立了自己圆通而庞大的伦理思想体系。从人的存在出发，他们首先建立起了各自的哲学本体论（"基本本体论"和"现象学本体论"或"绝对自由本体论"），然后由此出发，系统而不失严谨地提出了关于人的价值、存在、价值关系等主体理论构造，基本上完成了存在主义价值观念体系的设置和论证，这一点是他们的前驱者们所未能达到的，也是其理论与实际影响远远超出前人、波及全球和多门学科的理论原因所在。由此，我们可以从现代西方所出现的三次非理性主义伦理学浪潮的递进中看出，存在主义伦理学不仅与前两次浪潮一脉相承，而且也是其现代发展的高峰。

从社会实际的视角来看，存在主义伦理学本身的产生和发展，也是现代西方社会政治、经济和文化状况的集中反映。当今著名哲学史家科普斯顿说："存在主义的积极性，无疑是20世纪的社会和政治动荡的心理学理解"①。这一判断同样适合于存在主义伦理学。如果说，从克尔凯郭尔的伦理学中，我们看到的更多的是其个人生活经验、情绪和性格的主观反映，那么，从海德格尔和萨特的伦理思想中就远不止于此了。也就是说，他们的伦理学和整个 20 世纪的存在主义伦理思潮所反映的，更根本的是他们所属时代和社会的政治、经济和文化大背景。我们曾经在本书上卷"导论"中谈到，20 世纪西方乃至世界社会背景的两大突出特点是"战争与科学"。科学的崭新发展给 20 世纪的思想家们以两个方面的深远影响：一方面，科学的进步促动了思想方法论研究的深化，这就是 20 世纪科学哲学和元伦理学勃兴的根本社会文化原因；另一方面，科学在西方文明框架即垄断资本主义社会条件下的负面作用，使人们对异化、物化和现代科学的非人道化现象的关注日趋强烈，因之而引起的对人的关切也构成现代思想家们思考和研究的焦点。而战争（特别是两次世界大战）的直接而长期的社会影响，则使这种"人的关切"更为强烈、更为直接和现实。这正是存在主义伦理学形成并产生广泛而持久社会影响的直接社会根源。

在存在主义者们眼前凸现的现象世界，是海德格尔喻为的"无家可归的世界"（the homeless world）；是马塞尔诉之为的"破烂不堪的世界"（the broken world）；是萨特称之为的"被抛弃""被判决的世界"（the abandoned or condemned world）；是加缪所说的"荒谬的世界"（the absurd world）；是梅洛－庞蒂所说的"颠三倒四的世界"（the dislocated world）；也是卡夫卡所描写的"陌生的世界"（the estranger world）。在这样一个充满着危机和不安以及连绵战争灾难（以 20 世纪两次世界大战和 30 年代初的经济危机为主要标志）的现象世界，人们在亲身感受生活的不安与烦恼的同时，更深刻地陷入了

---

① F. Copplestone, *Contemporary Philosophy* (London: Bounce – Otz Publishers, 1956), p. 203.

一种价值观念和情感心理的深层危机之中。存在主义正是在强烈关注这一现象的时刻牢牢抓住了这一社会现象背后的人的现实，也就是人的价值观念和心理情感遭受挫折失败的现实，以及人本身的危机现实。这是存在主义及其伦理学滋生的社会文化—心理土壤。从海德格尔和萨特这里，我们看到，个人的现实存在问题被凸显，乃至被擢升到哲学本体论和伦理学的核心地位。海德格尔关于此在的基本本体论和萨特关于自为存在的绝对自由本体论都是如此。同时，人的价值、异化、价值关系、行动（选择、谋划等）、责任以及各种复杂的心理经验结构和情感状态，不仅占据了他们伦理思想的全部构架，而且也是其伦理学的基本主题。可以说，在西方伦理学发展史上还没哪一个流派能够像存在主义这样具有如此强烈的人学意识和价值关怀感。即令是处于社会历史变动或转折之重要关头的一些伦理学派——如古希腊没落时期的斯多亚派和中世纪末封建神学趋于崩溃时的人文主义学派——在关切和思考人自身存在、价值和命运这一人学伦理学主题上也没能达到存在主义伦理学的高度，无论是在理论上，还是在实际影响上。从这一意义上看，存在主义伦理学的积极意义和历史合理性都是应当注意和认肯的。也正是其强烈的现实感和人学意识，左右了存在主义伦理学家们的理论视线，使他们过多地执着于人的当下存在经验和心理情感现象，因而不由自主地滑向价值个人主义和行动主义，使其伦理学的现实主义特色染上了一层非理性化、情绪化盲动不定的色彩，在实际中产生了一些消极的效果。

因此，我们肯定存在主义伦理学所具有的积极价值——它的现实批判性、人学精神、价值意识以及对人的关切的道德责任感，它对现代西方社会文明中消极现象的揭示和批判，它在道德理论本身的独创性贡献（如海德格尔的共在理论，萨特关于道德必然与道德责任的理论，等等）；同时，也不能接受存在主义伦理学所主张的那种非理性主义、情绪主义或行动主义和极端个人主义的错误主张。相反，我们必须严肃而科学地批判之。事实上，由于这些缺陷，存在主义所倡导的价值观念和道德理论自 20 世纪 60 年代末叶以来已在西方世界逐步失去自己的市场，为人们所冷落。这一事实不仅是存在主义失败的见证，也是我们应该认真反省的历史教训和理论教训。